Technisch-wissenschaftliche
Abhandlungen
der Osram-Gesellschaft
8. Band

# Technisch-wissenschaftliche Abhandlungen der Osram-Gesellschaft

## 8. Band

Mit Beiträgen von

S. Bahrs · A. Bauer · H. J. Booss · E. K. Caspary · W. Danneberg · P. Dehmel
H. Dziergwa · H.-J. Fähnrich · J. Friedrich · R. Fries · H. Gemsa · G. Geutler
G. Gottschalk · I. Hennicke · R. Hofmann · M. Hüniger · W. Jaedicke
R. Knütter · E. Krautz · H. Lange · W. Lehmann · A. Lompe · K. Mahr
H. Paschedag · F. Pascher · A. Paulisch · E. G. Rasch · J. Rudolph · H. Ruffler
H. Schirmer · G. Schilling · W. Schilling · U. Schmidt · L. Schneider · H. Scholz
H. Schultz · W. Schwiecker · I. Stober · H. Tober · J. Ullrich · H. Wickert
E. Wurster

Herausgegeben unter Mitwirkung der
Wissenschaftlich-Technischen Literaturstelle
der Osram-Gesellschaft

von

Dr. phil. Arved Lompe
Honorarprofessor an der Techn. Univ. Berlin
stellv. Geschäftsführer der Osram GmbH

Mit einem Porträt und 240 Abbildungen
im Text und auf einer Tafel

Springer-Verlag
Berlin / Göttingen / Heidelberg
1963

ISBN-13: 978-3-540-03063-8 e-ISBN-13: 978-3-642-45999-3
DOI: 10.1007/978-3-642-45999-3


Softcover reprint of the hardcover 1st edition 1963

Library of Congress Catalog Card Number: 31-5682

Wir gestatten uns, Ihnen den 8. Band unserer

„TECHNISCH - WISSENSCHAFTLICHEN ABHANDLUNGEN"

zu überreichen.

**OSRAM**

Gesellschaft mit beschränkter Haftung

Geschäftsführung

Berlin, im Februar 1964

# Vorwort

Nach einer Pause von fünf Jahren lassen wir wiederum einen Band unserer Technisch-wissenschaftlichen Abhandlungen erscheinen. Er soll einen Überblick geben über die in den Laboratorien unserer Forschungs- und Entwicklungsabteilungen ausgeführten Arbeiten, die einen größeren Kreis von Interessenten finden dürften. Die schon im letzten Band begonnene Tendenz, den Anteil an Originalbeiträgen gegenüber Nachdrucken bereits veröffentlichter Arbeiten zu erhöhen, fand den Beifall vieler Fachkollegen und wird daher fortgesetzt. Demgemäß besteht der vorliegende Band zu rund drei Vierteln aus Originalarbeiten.

Am 17. April 1959 verstarb völlig unerwartet, mitten in verantwortungsreicher und aufopfernder Arbeit stehend, der Herausgeber des 7. Bandes, Professor Dr. Wilfried Meyer. Besonders die Forschungs- und Entwicklungsabteilungen des Hauses Osram erlitten durch den Tod ihres langjährigen Leiters einen schweren Verlust. Seiner Tatkraft und seinem persönlichen Einsatz verdanken wir zum wesentlichen Teil den Wiederaufbau dieser Abteilungen nach dem Kriege. Eine große Anzahl der hier mitgeteilten Arbeiten ist auf seine Anregung hin und mit seiner Förderung entstanden, und seine grundlegenden Untersuchungen über Halbleiter finden in einigen Beiträgen ihre Fortsetzung. Sein Andenken wird bei allen, die unter seiner Leitung tätig waren, stets lebendig bleiben.

Wir hoffen, daß der vorliegende Band eine nützliche Ergänzung der bereits erschienenen Bände sein wird, und daß er die gleiche wohlwollende Aufnahme finden möge wie die vorhergehenden.

Berlin und München, Juli 1963

Arved Lompe

# Inhalt

Originalarbeiten sind durch ein Sternchen (*) vor dem Verfassernamen gekennzeichnet

# Über die neuen wandstabilisierten Xenon-Hochdruck-Langbogenlampen ohne künstliche Kühlung *)

Von

H. SCHIRMER

Mit 1 Abbildung

Vor kurzem ist über die physikalischen Grundlagen der neuen Hochleistungs-Xenonlampen in der Form wandstabilisierter Entladungen niedrigen Druckes und geringer thermischer Wandbelastung berichtet worden[1]). Im folgenden werden einige Eigenschaften, die von Interesse sind, beschrieben.

## 1. Xenon-Hochdrucklampen hoher thermischer Wandbelastung und hohen Betriebsdrucks

Xenon-Hochdruck-Langbogenentladungen hoher thermischer Wandbelastung und hohen Betriebsdrucks sind bereits seit längerer Zeit bekannt[2]). So hat LARCHÉ[2]) wandstabilisierte Lampen beschrieben mit einem Betriebsdruck von 25 at, doch hat er in anderen Konstruktionen bereits tiefere Drucke (10 at) angewandt.

Wegen der großen Leistungskonzentration, verbunden mit hoher thermischer Wandbelastung, erforderten diese Lampen Flüssigkeitskühlung. Hohe Drucke wurden grundsätzlich für notwendig gehalten zur Erzielung ausreichender Lichtausbeuten.

Xenonlampen liefern stets sonnenlichtähnliches Licht, unabhängig von ihrer Temperatur, sofern ihre Gastemperatur nicht sehr stark unter 7000° K sinkt[3,4]).

Dies ist wichtig auch für die neuen Xenonlampen; diese, obwohl kühler als die bisher bekannten Typen, unterscheiden sich hinsichtlich ihrer Farbtemperatur nur unwesentlich von den flüssigkeitsgekühlten Lampen.

## 2. Die neuen Hochleistungs-Xenonlampen (XQO-Lampen)

Die XQO**)-Lampen sind wandstabilisierte Langbogenentladungen, deren Quarzglas nur einer so geringen thermischen Belastung ausgesetzt ist, daß keinerlei künstliche Kühlung notwendig ist.

Das Problem der Auffindung dieser Lampen bestand darin, zu entscheiden, ob Xenon-Hochdruckentladungen geringer thermischer Wandbelastung unter der Voraussetzung exakter Wandstabilisierung so geführt werden können, daß sie dennoch eine ausreichende Lichtausbeute aufweisen.

Es zeigte sich rechnerisch, daß dies möglich ist, wenn der Durchmesser des Entladungsrohres von der Größe 10 mm bis 50 mm oder darüber gewählt wird,

*) Originalmitteilung.

**) Kurzbezeichnung der Osram GmbH.

je nach der zur Verfügung stehenden Stromstärke; die thermische Wandbelastung kann unabhängig vom Durchmesser gehalten werden.

Quarzrohre dieser Größe sind allerdings sehr empfindlich gegenüber mechanischer Belastung durch hohen inneren Betriebsdruck.

Die theoretische Untersuchung ließ jedoch erkennen, daß bei Anwendung der oben angegebenen Rohrweiten — unter der Voraussetzung der Wandstabilisierung und geringer thermischer Wandbelastung — niedrige Drucke, richtig angesetzt, überraschenderweise nahezu dieselbe Lichtausbeute zulassen wie hohe Drucke, ohne den Hochdruckcharakter der Entladung zu gefährden. Diese Erkenntnis führte auf das bis dahin unbekannte Gebiet der nicht künstlich gekühlten wandstabilisierten Xenon-Hochdrucklampen niedrigen Druckes. —

Diese Folgerung ergab sich für alle in Frage kommenden thermischen Wandbelastungen; durch Vergleich der theoretischen Daten der Zustandsgrößen mit den experimentellen der Versuche wurde der Wert der zulässigen Wandbelastung ermittelt. Dieser ist den folgenden berechneten Angaben zugrunde gelegt worden.

Weiterhin wurden Bedingungen, die das Nichtauftreten unerwünschter konvektiver Störungen garantieren, berücksichtigt.

Diese Bedingungen sind experimentell von H. GRABNER[5]) festgelegt worden; er hat gefunden, daß exakte Wandstabilisierung ohne Störung durch Konvektion nur bei Anwendung niedriger bzw. erniedrigter Drucke erreicht werden kann, je nach der Größe des angewandten Durchmessers des Entladungsrohres.

## 3. Die Abhängigkeit der Lichtstärkeausbeute von der Stromstärke

Die XQO-Lampen sind ihrem Charakter nach Hochleistungslampen, da ihre Lichtstärkeausbeute (gleichbleibende thermische Wandbelastung vorausgesetzt!) mit wachsender Stromstärke ansteigt; sie steigt bei kleinen Stromstärken schnell, dann immer langsamer an und ändert sich bei Stromstärken oberhalb 400 A nur noch sehr wenig[1]). Die Lichtstärkeausbeute nicht gekühlter Xenonlampen strebt mit wachsender Stromstärke einem Grenzwert zu, der bei der zugrunde gelegten thermischen Wandbelastung bei ca. 3 cd/W liegt. Bedeutungsvoll ist jedoch, daß wegen des starken Anstiegs am Anfang eine Ausbeute von mehr als 2 cd/W bereits bei Stromstärken von 70 A erreicht werden kann.

Die obere Grenze dürfte bei Stromstärken von etwa 400 A liegen, da höhere Ströme die Lichtausbeute nur noch unwesentlich erhöhen können.

Die untere Grenze praktisch brauchbarer Xenonlampen dieses Typs ist gegeben durch den kleinsten Wert der Ausbeute, der noch als tragbar angesehen wird. Wird diese untere Grenze bei 1 cd/W gezogen, so können noch XQO-Lampen mit einer Stromstärke unterhalb 15 A zur Anwendung kommen, wie im folgenden Abschn. 4 ausgeführt wird.

## 4. XQO-Lampen geringer Stromaufnahme

Für Lampen der Stromstärke 45, 25, 20, 8 A ergeben sich unter Berücksichtigung der erwähnten Nebenbedingungen unter der Voraussetzung einer (niedrig gewählten) Betriebsspannung $U = 110$ V mit den errechneten $I/N$-Werten die folgenden Werte der Lichtstärke $I$ in cd:

| $J$ $(A)$ | 45 | 25 | 20 | 8 |
|---|---|---|---|---|
| $N$ $(W)$ | 5000 | 2750 | 2200 | 880 |
| $I/N$ $(cd/W)$ | 1,6 | 1,3 | 1,2 | 0,6 |
| $I$ $(cd)$ | 8000 | 3600 | 2600 | 530 |

Für $I/N$ der Lampe mit 8 A ist der gemessene Wert eingesetzt worden.

Der Vergleich mit den entsprechenden Daten der Xenon-Kurzbogenlampen (XBO*-Lampen)

| | XBO 1001 | XBO 501 | XBO 301 | XBO 162 |
|---|---|---|---|---|
| $J$ ($A$) | 45 | 25 | 20 | 8 |
| $N$ ($W$) | 1000 | 500 | 300 | 160 |
| $I/N$ ($cd/W$) | 3,5 | 3,0 | 2,0 | 2,0 |
| $I$ ($cd$) | 3500 | 1500 | 600 | 330 |

läßt sofort erkennen:

Die Lichtstärkeausbeutewerte $I/N$ der Kurzbogenlampen werden von den Langbogenlampen gleicher Stromstärke keineswegs erreicht.

Dagegen ist es möglich, bei gleicher Stromstärke mit Langbogenlampen erheblich größere Werte der Lichtstärke ($I$-Werte) zu erhalten als mit Kurzbogenlampen. Der Unterschied wächst mit zunehmender Stromstärke.

XQO-Lampen kleinerer Leistung werden mithin immer dann angebracht sein, wenn eine möglichst hohe Lichtstärke gewünscht wird bei gleichzeitiger oberer Begrenzung der zur Verfügung stehenden Stromstärke.

Infolge dieser Eigenschaft dürften auch nicht künstlich gekühlte Xenon-Langbogenlampen geringer Leistung Bedeutung erlangen können, etwa als Farbabmusterungslampen, zu Beleuchtungszwecken oder als UV-Strahler.

Eine Lampe mit 15 A, die sich aus der Steckdose eines Hausanschlusses betreiben ließe, würde noch nahezu 2000 cd liefern. Die Farbtemperatur dürfte bei den kleinen Typen nur unwesentlich abfallen. Die weiteren Daten wie Rohrlänge, Rohrdurchmesser, Betriebsdruck und auch Fülldruck könnten selbstverständlich leicht angegeben werden.

Es läßt sich zeigen, daß sich auch diese Entladungen kleinerer Leistung noch im guten thermischen Gleichgewicht befinden, also ein gutes Kontinuum zeigen müssen.

Die Ausbeutewerte der XQO-Lampen kleiner Leistung sind — absolut genommen — gegenüber den $I/N$-Werten der Glühlampen freilich nur klein, da die bekannte infrarote Liniengruppe der Xenonstrahlung — leider unvermeidbar — erhebliche Energiemengen verschluckt. Andererseits sind jedoch die Farbtemperaturen gegenüber denen der Glühlampen höher. Nach einer Bemerkung von ALDINGTON[2]) liefert eine Wolframlampe nach Filterung ihres Lichtes derart, daß dieses dem eines Kohlebogens gleichkommt, nur noch 6 lm/W!

## 5. Die Lichtstärkeausbeute der XQO-Entladungen als Funktion der Leistungsaufnahme pro Längeneinheit

Es ist von Interesse, die Ausbeute $I/N$ (cd/W) in Abhängigkeit von der dem Bogen aufgedrückten Leistung pro cm $L'$ (in W/cm) aufzutragen. $L'$ ist festgelegt als Produkt der beiden Faktoren Gradient und Stromstärke

$$L' = G \cdot J .$$

Abb. 1 mit sämtlichen verwerteten Punkten läßt erkennen, daß tatsächlich die Streuung der Punkte nur sehr gering ist. Dies bedeutet:

Die Abhängigkeit der Lichtstärkeausbeute von Rohrradius und Druck kann in dieser Form der Darstellung auch bei XQO-Lampen in guter Näherung vernachlässigt werden.

---

*) Kurzbezeichnung der Osram GmbH.

Die Funktion

$$I/N = f(L')$$

ändert sich lediglich mit der Wandbelastung $Q/O_0$ als Parameter. –

Wandstabilisierte Xenon-Hochdruck-Langbogenentladungen niedrigen Druckes und geringer thermischer Wandbelastung, die keinerlei künstliche Kühlung be-

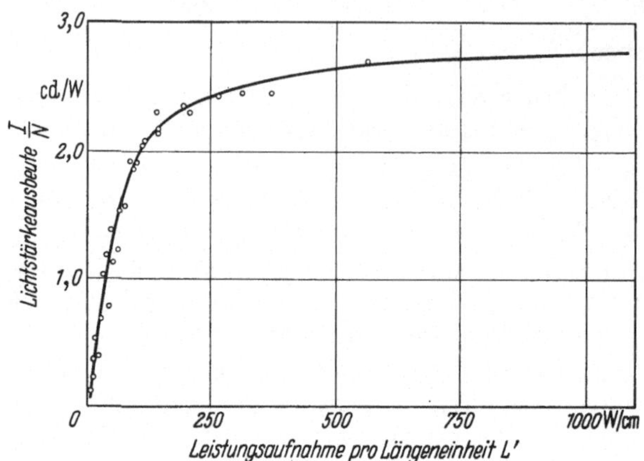


Abb. 1. Die Lichtstärkeausbeute wandstabilisierter XQO-Entladungen als Funktion der Leistungsaufnahme pro Längeneinheit.

nötigen, repräsentieren die zur Zeit stärksten ausgeführten irdischen Lichtquellen hoher Farbtemperatur; es sind Ausführungen mit Leistungsaufnahmen von 1 bis 75 kW bereits hergestellt worden[7]).

## Literatur

1) SCHIRMER, H.: Z. Phys. 156 (1959) S. 55.
2) ALDINGTON, I. N.: Trans. Illum. Engng. Soc. 14 (1949) S. 19;
CUMMING, H. W.: Trans. Illum. Engng. Soc. 16 (1951) S. 3;
LARCHÉ, K.: ETZ 72 (1951) S. 427; Z. VDI 94 (1952) S. 453;
LARCHÉ, K., K. ITTIG, F. MICHALK: Techn.-wiss. Abh. Osram-Ges. 6 (1953) S. 33.
KOPEC, U.: Dtsch. Elektrotechnik 6 (1952) S. 160; ebenda 7 (1953) S. 326;
IHLN, A., R. ROMPE, B. WINDE: Strahlentherapie 94 (1954) S. 100.
3) SCHULZ, P.: Reichsberichte f. Phys. 1 (1944) S. 147.
4) FRÜHLING, H.-G., W. MÜNCH, M. RICHTER: Die Farbe 5 (1956) S. 41;
SCHIRMER, H.: Z. angew. Physik 11 (1959) S. 357.
5) GRABNER, H.: Phys. Verh. 9 (1958) S. 211.
6) LARCHÉ, K.: Lichttechnik 2 (1950) S. 41; ebenda 7 (1955) S. 221; ETZ 74 (1953) S. 346.
7) LOMPE, A.: Lichttechnik 10 (1958) S. 108;
LOWSON, J. C.: IES Lighting Rev. 20 (1958) S. 114;
LOMPE, A.: Elektrizitätsverw. 33 (1958) S. 283.

# Zur Theorie konvektiv-magnetfeldstabilisierter Xenon-Hochdruck-Langbogenentladungen *)

Von

**H. SCHIRMER**

Mit 2 Abbildungen

## 1. Einleitung

BAUER, SCHULZ und STRUB[1] [2]) haben Xenon-Langbogenentladungen in „weiten" Quarzrohren unter hohem Druck betrieben. Es stellte sich ein konvektiver Auftrieb der fadenförmig zusammengepreßten Entladung ein; der auf die Säule wirkende Auftrieb wurde durch ein Hilfsmagnetfeld kompensiert. Die Entladungen von SCHULZ und BAUER sind daher nicht wandstabilisiert im Sinne der XQO**)-Entladungen; sie sind jedoch, wie die folgenden theoretischen Untersuchungen zeigen, als wandstabilisiert an einer virtuellen Wand innerhalb eines virtuellen Radius $R_{virt}$ anzusehen.

Das folgende Kapitel läßt erkennen, daß die gemessenen Zustandsgrößen der BAUER-SCHULZschen Entladungen durch Verwendung eines virtuellen Radius $R_{virt}$, innerhalb dessen gemäß der ELENBAAS-HELLERschen Differentialgleichung konvektionsfrei gerechnet wird, ausgezeichnet darzustellen sind. Es wurde, ausgehend von den angegebenen Gradienten $G$, die Maximaltemperatur $T_{max}$ so lange variiert, bis sich $T(r)$-Kurven ergaben, die die gemessene Stromstärke $J$ darstellten[3]); diese Lösungen lieferten dann den virtuellen Radius $R_{virt}$.

## 2. Die Messungen von Bauer, Schulz und Strub und ihre theoretische Darstellung

Abb. 1 zeigt die Temperaturverteilung bei einem Druck von 35 at, berechnet durch Integration der ELENBAAS-HELLERschen Differentialgleichung.

Die Temperaturverteilung liefert einen virtuellen Radius $R_{virt} = 0{,}19$ cm und eine effektive Temperatur $T_{eff} = 7200\,°K$.

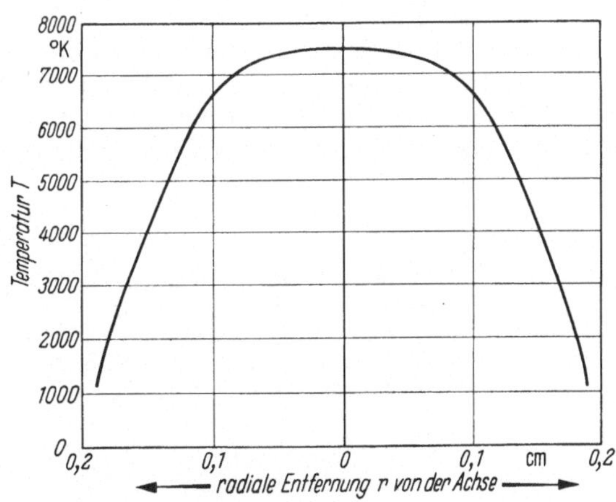


Abb. 1. Temperaturverteilung einer konvektiv-magnetfeldstabilisierten Entladung nach BAUER und SCHULZ, berechnet für einen Betriebsdruck $p = 35$ at und eine Stromstärke $J = 3$ A.

Durch Umrechnung mittels einer Integralgleichung vom ABELschen Typ[4]) kann die theoretische Strahldichteverteilung bei seitlicher Beobachtung berechnet und diese mit der tatsächlich gemessenen nach BAUER und SCHULZ verglichen werden (Abb. 2).

Abb. 2 läßt erkennen, daß beide Kurven maximal nur um $^1/_5$ mm voneinander abweichen; erfahrungsgemäß sind die gemessenen Verteilungskurven in-

*) Originalmitteilung.
**) Kurzbezeichnung der Osram GmbH, siehe den folgenden Beitrag.

folge der optischen Verzerrung durch die Quarzglaswandung am Rand als angehoben anzusehen. —

Die Theorie liefert eine Lichtstärkeausbeute

$$\frac{I}{N} = 1{,}27 \, \frac{\text{cd}}{W}$$

gegenüber einem gemessenen Wert von 1,33 cd/W.

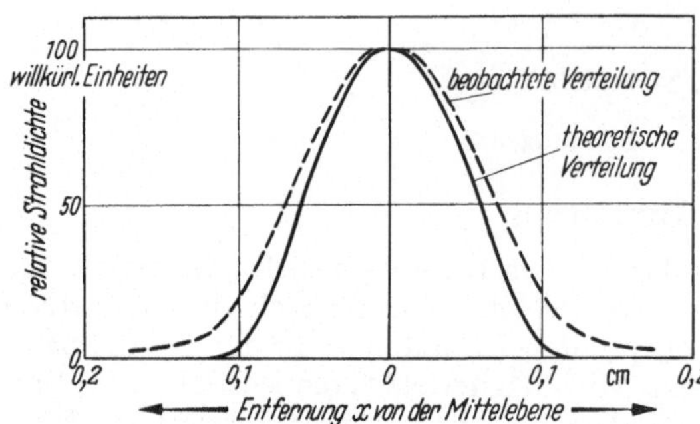


Abb. 2. Vergleich der seitlich beobachteten Strahldichteverteilung mit der theoretischen gemäß Temperaturverteilung nach Abb. 1. $p = 35$ at, $J = 3$ A.

$I/N$ ist hier und im folgenden sowie in den früheren Untersuchungen mittels der Formel[5])

$$\frac{I}{N} = \frac{A\,(T_v)}{W \cdot Lf\left(\frac{U}{V}\right)}$$

berechnet worden; die Verteilungstemperatur $T_v$, der Wirkungsfaktor $W = L/S$ und der Linienfaktor $Lf$ sind durch die Integration der ELENBAAS-HELLERschen Differentialgleichung festgelegt.

Die folgende Tabelle zeigt weitere Vergleichswerte.

Tabelle 1. Vergleich zwischen theoretischer und experimenteller Lichtstärkeausbeute

| $p$ [at] | $J$ [A] | $G$ [V/cm] | $\left(\frac{I}{N}\right)_{theor}$ [cd/W] | $\left(\frac{I}{N}\right)_{exp}$ [cd/W] |
|---|---|---|---|---|
| 28 | 3 | 11,8 | 1,18 | 1,16 |
| 39 | 3 | 14,3 | 1,44 | 1,35 |
| 25 | 1 | 14,6 | 0,21 | 0,36 |
| 35 | 3 | 12,4 | 1,27 | 1,33 |
| 35 | 5 | 11,5 | 1,66 | 1,76 |
| 50 | 6 | 14,4 | 2,10 | 2,09 |

Abb. 2 und Tab. 1 lassen erkennen, daß das Modell konvektionsfreier Entladung innerhalb eines virtuellen Radius offenbar als zuverlässig angesehen werden darf. Dies würde bedeuten, daß der Einfluß der Konvektion im Innern eines konvektiv-magnetfeldstabilisierten Bogens nach BAUER-SCHULZ hinsichtlich Temperaturverteilung und Energiebilanz nur von geringer Bedeutung ist.

## Literatur

1) BAUER, A., P. SCHULZ: Z. Physik 146 (1956) S. 339.
2) SCHULZ, P., H. STRUB: Z. Physik 146 (1956) S. 393.
3) SCHIRMER, H., J. FRIEDRICH: Techn.wiss. Abh. Osram-Ges. 7 (1958) S. 11.
4) FRIEDRICH, J.: Ann. d. Physik (7) 3 (1959) S. 327.
5) SCHIRMER, H.: Z. Physik 156 (1959) S. 55.

# Die Elektronenviskosität eines Lorentz-Plasmas *)

Von

H. SCHIRMER und I. STOBER

## 1. Die Elektronenviskosität eines Lorentz-Plasmas ohne Berücksichtigung des Eigenmagnetfeldes

Ein Plasma wird als LORENTZ-Plasma behandelt, wenn die Wechselwirkung der Elektronen vernachlässigt wird.

Im folgenden möge die Theorie der Viskosität eines LORENTZ-Plasmas — soweit sie durch die Elektronen bedingt ist — behandelt werden. Die BOLTZMANN-Gleichung lautet in diesem Falle, da die äußeren Kräfte verschwinden[1]),

$$\xi \frac{\partial (n_e f)}{\partial x} + \eta \frac{\partial (n_e f)}{\partial y} + \zeta \frac{\partial (n_e f)}{\partial z} = \\ = n_a n_e v \left[ \int\int (f' - f)\, a\, da\, d\varepsilon + \frac{n_i}{n_a} \int\int (f' - f)\, a\, da\, d\varepsilon \right] \tag{1}$$

mit

$$f_0 = \frac{1}{\pi^{3/2}} \frac{1}{w^3} e^{-\frac{1}{w^2}[(\xi - \xi_0)^2 + (\eta - \eta_0)^2 + (\zeta - \zeta_0)^2]} \tag{2}$$

als ungestörte BOLTZMANN-Funktion; $n_e$ und $w$ können, da voraussetzungsgemäß kein Temperaturgradient in irgendeiner Richtung auftreten soll, als konstant angesehen werden.

Dann ist, da $\xi_0, \eta_0, \zeta_0$ als verschwindend klein gegenüber $\xi, \eta, \zeta$ angesehen werden können,

$$n_e \frac{\partial f_0}{\partial x} = n_e f_0 \frac{2}{w^2} \left[ \xi \frac{\partial \xi_0}{\partial x} + \eta \frac{\partial \eta_0}{\partial x} + \zeta \frac{\partial \zeta_0}{\partial x} \right];$$

entsprechend sind die Ableitungen nach $y$ und $z$ auszuführen mit

$$\frac{\partial \xi_0}{\partial x} = 0, \quad \frac{\partial \eta_0}{\partial y} = 0, \quad \frac{\partial \zeta_0}{\partial z} = 0.$$

Mit dem Ansatz

$$f = f_0 \left[ 1 + (\xi^2 - \eta^2) \left(\chi_x(v) + \chi_y(v])\right) \\ + (\eta^2 - \zeta^2) \left(\chi_y(v) + \chi_z(v)\right) \\ + (\zeta^2 - \xi^2) \left(\chi_z(v) + \chi_x(v)\right) \right]$$

ergibt sich für die BOLTZMANN-Gleichung unter Beachtung der Stoßgesetze

$$\xi' = \xi \cos\vartheta + \sqrt{v^2 - \xi^2} \sin\vartheta \cos\varepsilon \\ \eta' = \eta \cos\vartheta + \sqrt{v^2 - \eta^2} \sin\vartheta \cos(\varepsilon + \varepsilon_1) \\ \zeta' = \zeta \cos\vartheta + \sqrt{v^2 - \zeta^2} \sin\vartheta \cos(\varepsilon + \varepsilon_2) \tag{3}$$

die Form

$$\frac{2}{w^2} \left[ \xi \eta \left( \frac{\partial \eta_0}{\partial x} + \frac{\partial \xi_0}{\partial y} \right) + \eta \zeta \left( \frac{\partial \zeta_0}{\partial y} + \frac{\partial \eta_0}{\partial z} \right) + \zeta \xi \left( \frac{\partial \xi_0}{\partial z} + \frac{\partial \zeta_0}{\partial x} \right) \right] = \\ = - n_a v \left[ (\xi^2 - \eta^2)(\chi_x + \chi_y) + (\eta^2 - \xi^2)(\chi_y + \chi_z) \\ + (\zeta^2 - \xi^2)(\chi_z + \chi_x) \right] \left[ \tilde{Q}_a + \frac{n_i}{n_a} \tilde{Q}_i \right] \tag{4}$$

*) Originalmitteilung.

mit

$$\tilde{Q} = 3\pi \int_0^{a_0} \sin^2 \vartheta \, a \, da \tag{5}$$

als Querschnitt, der für die Erfassung der Viskosität maßgeblich ist.

Im Falle starrelastischer Kugeln als Streuzentren mit Radius $a_0$ wird auch $Q$ gleich dem geometrischen Querschnitt $\pi a_0^2$.

Es ergibt sich damit mit

$$\tilde{Q}_{a,i}(v) = \tilde{Q}_a(v) + \frac{n_i}{n_a} \tilde{Q}_i \cdot (v) \,, \tag{6}$$

$$\tilde{\Lambda}(v) = \frac{1}{n_a \tilde{Q}_{a,i}(v)} \tag{7}$$

für die gestörte BOLTZMANN-Funktion $f$ der Ausdruck

$$f = f_0 \left\{ 1 - \frac{\tilde{\Lambda}}{v} \frac{2}{w^2} \left[ \xi \eta \left( \frac{\partial \eta_0}{\partial x} + \frac{\partial \xi_0}{\partial y} \right) + \eta \zeta \left( \frac{\partial \zeta_0}{\partial y} + \frac{\partial \eta_0}{\partial z} \right) + \zeta \xi \left( \frac{\partial \xi_0}{\partial z} + \frac{\partial \zeta_0}{\partial x} \right) \right] \right\} . \tag{8}$$

Die Schubspannungen

$$P_{xy} = - n_e m \iiint \xi \eta f \, d\xi \, d\eta \, d\zeta \,,$$

$$P_{yz} = - n_e m \iiint \eta \zeta f \, d\xi \, d\eta \, d\zeta \,,$$

$$P_{zx} = - n_e m \iiint \zeta \xi f \, d\xi \, d\eta \, d\zeta$$

werden mithin

$$\begin{aligned} P_{xy} &= + n_e m \frac{2}{w^2} \left( \iiint \frac{\tilde{\Lambda}(v)}{v} \xi^2 \eta^2 f_0 \, d\xi \, d\eta \, d\zeta \right) \left( \frac{\partial \eta_0}{\partial x} + \frac{\partial \xi_0}{\partial y} \right) , \\ P_{yz} &= + n_e m \frac{2}{w^2} \left( \iiint \frac{\tilde{\Lambda}(v)}{v} \eta^2 \zeta^2 f_0 \, d\xi \, d\eta \, d\zeta \right) \left( \frac{\partial \zeta_0}{\partial y} + \frac{\partial \eta_0}{\partial z} \right) , \\ P_{zx} &= + n_e m \frac{2}{w^2} \left( \iiint \frac{\tilde{\Lambda}(v)}{v} \zeta^2 \xi^2 f_0 \, d\xi \, d\eta \, d\zeta \right) \left( \frac{\partial \xi_0}{\partial z} + \frac{\partial \zeta_0}{\partial x} \right) . \end{aligned} \tag{9}$$

Da das Medium isotrop ist, sind die drei Integrale einander gleich; sie können durch Einführung von Kugelkoordinaten berechnet werden[2]). Für die Elektronenviskosität $\mu_e$ folgt mithin

$$\mu_e = \frac{2}{15} n_e m w \int_0^\infty \tilde{\Lambda}(z) z^3 F_0(z) \, dz \,. \tag{10}$$

Mit

$$\bar{\Lambda}_\mu = \frac{\sqrt{\pi}}{4} \int_0^\infty \tilde{\Lambda}(z) z^3 F_0(z) \, dz \tag{11}$$

als mittlere freie Weglänge zur Berechnung der Elektronenviskosität ergibt sich schließlich nach Einführung der mittleren Elektronengeschwindigkeit $\bar{v} = \frac{2}{\sqrt{\pi}} w$ als Ausdruck für die Elektronenviskosität eines LORENTZ-Plasmas

$$\mu_e = \frac{4}{15} n_e m \bar{v} \bar{\Lambda}_\mu \,. \tag{12}$$

Das Verhältnis der Elektronenwärmeleitfähigkeit $\lambda_e$[1]) zur Elektronenviskosität $\mu_e$ gemäß (12) und (11)

$$\frac{\lambda_e}{\mu_e} = \frac{5}{3} \left( \frac{\bar{\Lambda}_\lambda}{\bar{\Lambda}_\mu} \right) \left( \frac{3}{2} k \right) \tag{13}$$

ergibt im Falle starrelastischer Kugeln als Streuzentren

$$\frac{\lambda}{\mu} = \frac{5}{3} c_v \,,$$

für ein MAXWELL-Plasma dagegen mit $Q \sim 2{,}6595$, $\tilde{Q} \sim 4{,}1046$[1])[3])

$$\frac{\lambda}{\mu} = 2{,}57\, c_v$$

mit $c_v = \frac{3}{2} k$ als spezifische Wärme.

## 2. Zur Theorie der Viskosität eines zylindrischen Lorentz-Plasmas unter Berücksichtigung des Eigenmagnetfeldes

Die BOLTZMANN-Gleichung erscheint für ein zylindrisches LORENTZ-Plasma unter Berücksichtigung des Eigenmagnetfeldes als Gleichung in Zylinderkoordinaten in zweidimensionaler Form[4])

$$\begin{aligned} X_1 \frac{\partial (n_e f)}{\partial v_x} + R_1 \frac{\partial (n_e f)}{\partial v_r} + v_x \frac{\partial (n_e f)}{\partial x} + v_r \frac{\partial (n_e f)}{\partial r} = \\ = n_a n_e v \left[ \int\int (f' - f)\, a\, \mathrm{d}a\, \mathrm{d}\varepsilon + \frac{n_i}{n_a} \int\int (f' - f)\, a\, \mathrm{d}a\, \mathrm{d}\varepsilon \right] \end{aligned} \tag{14}$$

mit den magnetischen Beschleunigungen

$$X_1 = \omega_\varphi v_r, \qquad R_1 = -\omega_\varphi v_x\,.$$

Mit den Ansätzen

$$\begin{aligned} f &= f_0 [1 + (v_x^2 - v_r^2)(\chi_x(v) + \chi_r(v))]\,, \\ f_0 &= \frac{1}{\pi^{\frac{3}{2}}} \frac{1}{w^3} e^{-\frac{1}{w^2}[(v_x - v_{x0})^2 + (v_r - v_{r0})^2 + v_\varphi^2]} \end{aligned} \tag{15}$$

ergibt sich
$$\frac{\partial (n_e f_0)}{\partial x} = n_e f_0 \left[ \frac{2}{w^2}(v_x - v_{x0}) \frac{\partial v_{x0}}{\partial x} + \frac{2}{w^2}(v_r - v_{r0}) \frac{\partial v_{r0}}{\partial x} \right],$$

$$\frac{\partial (n_e f_0)}{\partial r} = n_e f_0 \left[ \frac{2}{w^2}(v_x - v_{x0}) \frac{\partial v_{x0}}{\partial r} + \frac{2}{w^2}(v_r - v_{r0}) \frac{\partial v_{r0}}{\partial r} \right],$$

und damit wegen

$$\frac{\partial v_{x0}}{\partial x} = O\,, \quad \frac{\partial v_{r0}}{\partial r} = O\,, \quad v_{x0} \ll v_x\,, \quad v_{r0} \ll v_r$$

als BOLTZMANN-Gleichung

$$\begin{aligned} 4 v_x v_r \omega_\varphi (\chi_x + \chi_r) + \frac{2}{w^2} v_x v_r \left( \frac{\partial v_{x0}}{\partial r} + \frac{\partial v_{r0}}{\partial x} \right) = \\ = -n_a v \left( \tilde{Q}_a(v) + \frac{n_i}{n_a} \tilde{Q}_i(v) \right) (v_x^2 - v_r^2)(\chi_x + \chi_r)\,, \end{aligned} \tag{16}$$

die sich von der Gleichung ohne Magnetfeld durch das erste Glied unterscheidet.

Es ist nun

$$(v_x^2 - v_r^2)(\chi_x + \chi_r) = -\frac{\frac{2}{w^2} v_x v_r \left( \frac{\partial v_{x0}}{\partial r} + \frac{\partial v_{r0}}{\partial x} \right)}{n_a v \tilde{Q}_{a,i}(v) \left( 1 + \frac{4 v_x v_r \omega_\varphi}{(v_x^2 - v_r^2) n_a v \tilde{Q}_{a,i}(v)} \right)}\,,$$

$$\begin{aligned} (v_x^2 - v_r^2)(\chi_x + \chi_r) = -\frac{\frac{2}{w^2} v_x v_r \left( \frac{\partial v_{x0}}{\partial r} + \frac{\partial v_{r0}}{\partial x} \right)}{n_a v \tilde{Q}_{a,i}(v)} \Bigg[ 1 - \\ - \frac{4 v_x v_r \omega_\varphi}{(v_x^2 - v_r^2) n_a v \tilde{Q}_{a,i}(v)} + \frac{16 v_x^2 v_r^2 \omega_\varphi^2}{(v_x^2 - v_r^2)^2 n_a^2 v^2 \tilde{Q}^2_{a,i}(v)} = \ldots + \ldots \Bigg]\,. \end{aligned}$$

Es ergeben sich jetzt mit $P_{xr} = -n_e m \iiint v_x \ r f \, dv_x \, dv_r \, dv_\varphi$ (17)

Integrale von der Form

$$\iiint \frac{\frac{2}{w^2} v_x^2 v_r^2}{n_a \ v \ \tilde{Q}_{a,i}(v)} \left( \frac{16 \, v_x^2 \, v_r^2 \, \omega_\varphi^2}{(v_x^2 - v_r^2)^2 \, n_a^2 \, v^2 \, \tilde{Q}_{a,i}(v)} \right)^n f_0 \, dv_x \, dv_r \, dv_\varphi ,$$

die durch die Substitution

$$v_x = (v \sin \vartheta) \cos \varphi, \ v_r = (v \sin \vartheta) \sin \varphi, \ v_\varphi = v \cos \vartheta \tag{18}$$

übergehen in die Form

$$\int_0^\infty \int_0^\pi \int_0^{2\pi} \frac{\frac{2}{w^2} v^4 \sin^4\vartheta \cos^2\varphi \sin^2\varphi}{n_a \ v \ \tilde{Q}_{a,i}(v)} \left( \frac{16 \, v^2 \sin^4 \vartheta \cos^2 \varphi \sin^2 \varphi \, \omega_\varphi^2}{v^4 \sin^4\vartheta \, (\cos^2\varphi - ) \sin^2\varphi)^2 \, n_a^2 \, v^2 \, \tilde{Q}_{a,i}(v)} \right)^n f_0 \, v^2 \sin\vartheta \, dv \, o\vartheta \, d\varphi ,$$

deren Lösung durch Einführung des Winkels $2\varphi = \alpha$ bekannt ist[5]).

Es ergibt sich damit

$$\mu_e = \frac{2}{15} n_e m \left( 1 \cdot 4^\circ \, \omega_\varphi{}^\circ \, w \int_0^\infty \tilde{\Lambda}(z) \, z^3 \, F_0(z) \, dz - 3 \cdot 4^1 \, \omega_\varphi{}^2 \, \frac{1}{w} \int_0^\infty \tilde{\Lambda}^3(z) \, z \, F_0(z) \, dz \right.$$

$$\left. + \ 5 \cdot 4^2 \, \omega_\varphi{}^4 \, \frac{1}{w^3} \int_0^\infty \tilde{\Lambda}^5(z) \, \frac{1}{z} \, F_0(z) \, dz - 7 \cdot 4^3 \, \omega_\varphi{}^6 \, \frac{1}{w^5} \int_0^\infty \tilde{\Lambda}^7(z) \, \frac{1}{z^3} \, F_0(z) \, dz + \ldots \right)$$

bzw.

$$\mu_e = \frac{2}{15} n_e m \sum_{n=0}^\infty (-1)^n \, (2n+1) \, 4^n \, \omega_\varphi{}^{2n} \, w^{1-2n} \int_0^\infty \tilde{\Lambda}^{2n+1}(z) \, {}^{3-2n} \, F_0(z) dz \tag{20}$$

als Ausdruck der Elektronenviskosität eines zylindrischen Plasmas bei Berücksichtigung des Eigenmagnetfeldes.

Die Reihe konvergiert um so besser, je kleiner

$$\frac{\omega_\varphi}{v \, n_a \, \tilde{Q}_{a,i}(v)}$$

gegen 1 ist; dies bedeutet, daß

$$\omega_\varphi \ll \frac{v}{\tilde{\Lambda}(v)} , \tag{21}$$

bzw., da

$$\omega_\varphi = \frac{2\pi}{t_\varphi} ,$$

daß

$$t_\varphi \gg \tau(v) \tag{22}$$

sein muß; die Zeitdauer des Umlaufs eines Elektrons um das $H_\varphi$-Feld muß groß sein gegenüber der Zeitdauer zwischen zwei Stößen des Elektrons mit den schweren Teilchen.

Der Versuch der Berechnung der Elektronenviskosität unter Berücksichtigung des Eigenmagnetfeldes und eines zusätzlichen longitudinalen Magnetfeldes führt auf dreifache Integrale, die nicht mehr in geschlossener Form auswertbar sind.

## Literatur


[1]) SCHIRMER, H.: Z. Phys. 142 (1955) S. 1, 116.
[2]) FRIEDRICH, J.: Techn.-wiss. Abh. Osram-Ges. 7 (1958) S. 22.
[3]) EUCKEN, A.: Lehrbuch der chemischen Physik II,1. Leipzig 1950.
[4]) SCHIRMER, H.: Z. Naturf. 14a (1959) S. 318.
[5]) GRÖBNER, W., N. HOFREITER: Integraltafeln Bd. 2. Wien 1949.

# Beitrag zur Theorie der Transporterscheinungen eines Plasmas bei Anwesenheit magnetischer Felder *)

Von

J. FRIEDRICH

Es werden innerhalb der auf der Lösung der BOLTZMANN-Gleichung basierenden Theorie der Transporterscheinungen eines zylindrischen Plasmas — bei Anwesenheit eines Eigenmagnetfeldes und eines zusätzlichen longitudinalen Magnetfeldes — die Stromdichte- und Wärmestromkomponenten für eine Näherung der beliebigen Ordnung n explizit berechnet. Die Ergebnisse lassen bei der Berechnung der Wärmeleitfähigkeit unter diesen Bedingungen die Einführung einer mittleren freien Weglänge zu.

## 1. Einleitung

Die Theorie der Transporterscheinungen in Plasmen umfaßt die Darstellung der elektrischen Leitfähigkeit und der Wärmeleitfähigkeit der Elektronen auf der Grundlage der BOLTZMANNschen Integro-Differentialgleichung.

Ihre Lösung liefert die Geschwindigkeitsverteilung $f$ der $n_e$ Elektronen (pro Volumeneinheit), definiert durch die Gleichung

$$dn_e = n_e\, f(\xi, \eta, \zeta; x, y, z)\, d\xi\, d\eta\, d\zeta \;,$$

mit $\xi$, $\eta$, $\zeta$ als Komponenten der Elektronengeschwindigkeit $\mathfrak{v}$ und $x$, $y$, $z$ als Raumkomponenten des Vektors $\mathfrak{r}$.

Wird Stationarität vorausgesetzt, dann kann die auf die Elektronen bezogene BOLTZMANN-Gleichung bei Anwesenheit eines magnetischen Feldes geschrieben werden

$$(\mathfrak{X} + \mathfrak{X}_1) \cdot \frac{\partial (n_e f)}{\partial \mathfrak{v}} + \mathfrak{v} \cdot \frac{\partial (n_e f)}{\partial \mathfrak{r}} = n_e \sum_j n_j \int\int\int (f' f_j' - f f_j)\, g_j\, b_j\, db_j\, d\varepsilon\, d\mathfrak{v}_j \;; \tag{1}$$

hierbei ist

$$\mathfrak{X} = \frac{e}{m} \mathfrak{G} \tag{2}$$

die elektrische und

$$\mathfrak{X}_1 = \mathfrak{v} \times \vec{\omega} \tag{3}$$

die magnetische Beschleunigung. Sind ferner $H_i$ die Komponenten des magnetischen Feldvektors $\mathfrak{H}$, dann ist $\omega_i = \frac{e}{m} \frac{Hi}{c}$, $(i = 1, 2, 3)$, die jeweilige Winkelgeschwindigkeit (Kreisfrequenz) eines Elektrons um die $i$-Richtung.

Die auf die Elektronen bezogene BOLTZMANN-Gleichung eines nicht vollständig ionisierten Plasmas, in dem neben den Elektronen $n_a$ Atome und $n_i$ Ionen pro Volumeneinheit auftreten, lautet dann gemäß Gl. (1) bis Gl. (3)[1]

$$\left.\begin{aligned} &\left(\frac{e}{m} \mathfrak{G} + \left[\mathfrak{v} \times \vec{\omega}\right]\right) \cdot \frac{\partial (n_e f)}{\partial \mathfrak{v}} + \mathfrak{v} \cdot \frac{\partial (n_e f)}{\partial \mathfrak{r}} = \\ &n_a n_e \Big[ v \int\int (f' - f)\, a\, da\, d\varepsilon + \frac{n_i}{n_a} v \int\int (f' - f)\, a\, da\, d\varepsilon \\ &\qquad + \frac{n_e}{n_a} \int\int\int (f' f_e' - f f_e)\, g\, b\, db\, d\varepsilon\, d\mathfrak{v}_e) \Big] \end{aligned}\right\} \tag{4}$$

mit $d\mathfrak{v}_e$ als Volumenelement im Geschwindigkeitsraum der Elektronen.

Die Vereinfachung der Atom- und Ionen-Stoßterme (erster und zweiter Summand der rechten Seite der Gl. (4)) ergibt sich auf Grund der Voraussetzung, daß

*) Originalmitteilung.

die Masse der Atome und Ionen als sehr groß, ihre Geschwindigkeit jedoch als vernachlässigbar klein gegenüber derjenigen der Elektronen angesehen werden kann[2]). Der Betrag der Relativgeschwindigkeiten der Elektronen bezüglich der Atome und Ionen ist dann gleich der Elektronengeschwindigkeit $v$ selbst; die Stoßparameter der Atom- und Ionen-Terme werden mit $a$ bezeichnet. Der dritte Summand drückt die Wechselwirkung der Elektronen untereinander aus mit $g$ als Relativgeschwindigkeit und $b$ als Stoßparameter.

Während in den beiden ersten Termen der rechten Seite von Gl. (4) wegen der genannten Voraussetzungen die Integration über die „Ruheverteilungen"

$$f_a = \frac{1}{\pi^{3/2}} \frac{1}{w^3} e^{-\frac{v_a^2}{w_a^2}}, \quad f_i = \frac{1}{\pi^{3/2}} \frac{1}{w^3} e^{-\frac{v_i^2}{w_i^2}}$$

der Atome und Ionen ausgeführt werden kann, stellt die exakte Behandlung des Elektronenwechselwirkungsgliedes gerade eine der in der Theorie der Transporterscheinungen auftretenden Schwierigkeiten dar.

Wird das Wechselwirkungsglied der Elektronen vernachlässigt, dann gibt Gl. (4) die auf die Elektronen bezogene BOLTZMANN-Gleichung eines LORENTZ-Plasmas, die von SCHIRMER[3]) behandelt worden ist.

Mit Gl. (4) einschließlich der Berücksichtigung der Elektronenwechselwirkung als Ausgangsgleichung sind nach einer früher beschriebenen Methode[4,5]) die Komponenten der Stromdichte und des Wärmestroms der Elektronen bis zur zweiten Näherung explizit berechnet worden[1]). Dabei lag das der zweiten Näherung zugehörige Gleichungssystem von neun linearen Gleichungen zugrunde. Es wurde ferner Zylindersymmetrie vorausgesetzt.

In der vorliegenden Arbeit wird gezeigt, daß auch das allgemeine Gleichungssystem von 3 (n + 1) Gleichungen, das der Darstellung einer allgemeinen Näherung beliebiger Ordnung n für Stromdichte- und Wärmestromkomponenten entspricht, explizit gelöst werden kann. Es wird zugleich die früher angekündigte[1]) Beschreibung des Lösungsweges gegeben.

## 2. Die linearisierte Bolzmann-Gleichung eines Plasmas mit Magnetfeld

Zur Lösung der Integro-Differentialgleichung (4) wird für die unbekannte Verteilungsfunktion $f$ der (stoßenden) Elektronen

$$f = f_0 (1 + \mathfrak{v} . \vec{\psi}(v)) \tag{5}$$

angesetzt, eine Übertragung des LORENTZ-Ansatzes[6]) auf drei Dimensionen, wie er auch in der Methode von LANDSHOFF[7]) verwendet wurde; dabei ist

$$f_0 = \frac{1}{\pi^{3/2}} \frac{1}{w^3} e^{-\frac{v^2}{w^2}} \tag{6}$$

die ungestörte BOLTZMANN-Funktion. Entsprechend sind die Verteilungsfunktionen $f'$ der stoßenden Elektronen nach dem Stoß und $f_e$, $f_e'$ der gestoßenen Elektronen vor bzw. nach dem Stoß anzusetzen.

Ansatz (5) schließt als weitere Voraussetzung die Forderung $|\mathfrak{v} . \vec{\psi}(v)| \ll 1$ ein[8]), die sich — bei Beschränkung auf ein LORENTZ-Gas und ohne Temperaturgradient betrachtet — als Voraussetzung eines „schwachen" elektrischen Feldes erweist[4]).

Sie hat zur Folge, daß in der linken Seite der BOLTZMANN-Gleichung nur noch beim Magnetterm das Störglied auftritt und sonst $f_0$, während auf der rechten Seite die gestörte Verteilung (5) vollständig berücksichtigt werden muß und nur die Doppelprodukte des Störgliedes wegen ihrer Kleinheit wegfallen.

Die auf diese Weise linearisierte BOLTZMANN-Gleichung lautet

$$\left.\begin{aligned} &\frac{e}{m}\mathfrak{G}\cdot\frac{\partial(n_e f_0)}{\partial\mathfrak{v}} + (\mathfrak{v}\times\vec{\omega})\cdot\vec{\psi}(v)\, n_e f_0 + \mathfrak{v}\cdot\frac{\partial(n_e f_0)}{\partial\mathfrak{x}} \\ &= n_a n_e\Big[v\int\!\!\int(\mathfrak{v}'-\mathfrak{v})\cdot\vec{\psi}(v) f_0\, a\, da\, d\varepsilon + \frac{n_i}{n_a} v\int\!\!\int(\mathfrak{v}'-\mathfrak{v})\cdot\vec{\psi}(v) f_0\, a\, da\, d\varepsilon \\ &+ \frac{n_e}{n_a}\int\!\!\int\!\!\int f_0 f_{0e}\Big[\mathfrak{v}'\cdot\vec{\psi}(v') + \mathfrak{v}_e'\cdot\vec{\psi}(v_e') - \mathfrak{v}\cdot\vec{\psi}(v) - \mathfrak{v}_e\vec{\psi}(v_e)\, g\, b\, db\, d\varepsilon\, d\mathfrak{v}_e\Big] \end{aligned}\right\} \quad (7)$$

Bevor die lineare inhomogene Integralgleichung (7) gelöst wird, werde sie zunächst einer Umformung unterworfen. Ein beliebiger Vektor $\mathfrak{a}$ vom Betrage $a$, bezogen auf das Dreibein $\left\{i, j, \frac{\mathfrak{v}}{v}\right\}$, kann (in Kugelkoordinaten) dargestellt werden in der Form

$$\mathfrak{a} = \left(\mathfrak{a}\cdot\frac{\mathfrak{v}}{v}\right)\frac{\mathfrak{v}}{v} + a\sin\Theta_a\,(\mathfrak{i}\cos\varepsilon_a + \mathfrak{j}\sin\varepsilon_a)\ ; \quad (8)$$

hierbei ist $\Theta_a$ der Winkel zwischen $\mathfrak{v}$ und $\mathfrak{a}$ (Polabstand) und $\varepsilon_a$ der Azimutwinkel (Länge) von $\mathfrak{a}$ um $\mathfrak{v}$, gezählt von der Ebene ($\mathfrak{v}$, $\mathfrak{i}$). Wird für $\mathfrak{a}$ der Reihe nach $\mathfrak{v}'$, $\mathfrak{v}$, $\mathfrak{v}_e'$, $\mathfrak{v}_e$ eingesetzt, so kann, in die rechte Seite der Gl. (7) eingetragen, die Integration in bezug auf den jeweiligen Azimutwinkel $\varepsilon$ über den zweiten Term von Gl. (8) ausgeführt werden. Sie ergibt wegen der Rotationssymmetrie stets Null.

Damit wird, falls weiterhin auf der linken Seite von Gl. (7) die Differentation

$$\frac{\partial(n_e f_0)}{\partial\mathfrak{v}} = -n_e\frac{2}{w^2}\mathfrak{v} f_0\ , \quad \frac{\partial(n_e f_0)}{\partial\mathfrak{x}} = n_e\left(\left[\frac{T}{n_e}\frac{\partial n_e}{\partial T}+1\right] - \left[\frac{5}{2}-\frac{v^2}{w^2}\right]\right)\frac{1}{T}\left(-\frac{\partial T}{\partial\mathfrak{x}}\right) f_0 \quad (9)$$

ausgeführt und $(\mathfrak{v}\times\vec{\omega})\cdot\vec{\psi} = \mathfrak{v}\cdot(\vec{\omega}\times\vec{\psi})$ beachtet wird,

$$\left.\begin{aligned} &f_0\mathfrak{E} - \left(\frac{5}{2}-\frac{v^2}{w^2}\right) f_0\mathfrak{D} - f_0(\vec{\omega}\times\vec{\psi}) = \\ &= n_a\left[v\vec{\psi}(v) f_0\left\{Q_a(v) + \frac{n_i}{n_a}Q_i(v)\right\} + \frac{n_e}{n_a}\vec{J_e}\right] \end{aligned}\right\} \quad (10)$$

mit

$$\mathfrak{E} = \frac{2}{w^2}\frac{e}{m}\mathfrak{G} + \left[\frac{T}{n_e}\frac{\partial n_e}{\partial T}+1\right]\mathfrak{D},\ \mathfrak{D} = \frac{1}{T}\left(-\frac{\partial T}{\partial\mathfrak{x}}\right), \quad (11)$$

$$\left.\begin{aligned} Q_a &= 2\pi\int_0^{a_0}(1-\cos\vartheta)\, a\, da\ , \\ Q_i &= 2\pi\int_0^{a_0}(1-\cos\vartheta)\, a\, da\ , \end{aligned}\right\} \quad (12)$$

$$J_e = -\frac{1}{v^2}\int\!\!\int\!\!\int f_0 f_{0e}\left[\mathfrak{v}'.\mathfrak{v}\vec{\psi}(v') + \mathfrak{v}_e'.\mathfrak{v}\vec{\psi}(v_e') - \mathfrak{v}.\mathfrak{v}\vec{\psi}(v) - \mathfrak{v}_e.\mathfrak{v}\vec{\psi}(v_e)\right] g\, b\, db\, d\varepsilon\, d\mathfrak{v}_e\,. \quad (13)$$

Die $Q_a$, $Q_i$ sind die bereits früher [2,4]) behandelten Transportquerschnitte der Atome und Ionen gegenüber Elektronen.

## 3. Die Entwicklung der Lösung nach Orthogonalpolynomen

Gl. (10) ist eine Integralgleichung für $\overrightarrow{\psi}(v)$, die sich durch Entwicklung der Lösungsfunktion nach Orthogonalpolynomen algebraisch behandeln läßt. In diesem Fall werde, dem vorliegenden Problem angepaßt,

$$\overrightarrow{\psi}(v) = \sum_{\nu=0}^{\infty} \mathfrak{p}_\nu S_\nu(z^2) \tag{14}$$

gesetzt mit $z = \frac{v}{w}$ und den $S_v(z^2)$ als LAGUERREschen Polynomen der Ordnung $^3/_2$. Sie werden auch häufig als Soninesche Polynome bezeichnet[4,9]).

Die Bedeutung der genannten Polynome ist leicht zu erkennen, wenn beachtet wird, daß, gemäß ihrer Summendarstellung

$$S_m(z^2) = \sum_{i=0}^{m} (-1)^i \frac{1}{i!} \binom{\frac{3}{2} + m}{m - i} z^{2i} , \tag{15}$$

die beiden ersten Polynome

$$S_o = 1 , \; S_1 = \frac{5}{2} - z^2 \tag{16}$$

bereits im ersten und zweiten Term der linken Seite von Gl. (10) auftreten. Wird Gl. (10) mit

$$\frac{2}{3} z^2 S_x(z^2)\, d\mathfrak{v} \quad (\varkappa = 0, 1, 2, \ldots)$$

mit $d\mathfrak{v}$ als Volumenelement multipliziert und integriert, dann wird

$$\frac{2}{3} \mathfrak{E} \int z^2 S_x(z^2) S_o(z^2) f_o\, d\mathfrak{v} - \frac{2}{3} \mathfrak{D} \int z^2 S_x(z^2) S_1(z^2) f_o\, d\mathfrak{v} =$$

$$\mathfrak{E}\delta_{ox} - \frac{5}{2} \mathfrak{D}\, \delta_{1x}$$

wegen der Orthogonalitätsrelation

$$\int_0^\infty S_\nu(z^2) S_x(z^2) z^2 F_o(z)\, dz = \frac{\delta_{\nu x}}{B\left(\varkappa + 1 \, . \, \frac{3}{2}\right)} \tag{17}$$

der Polynome; hierbei ist

$$F_o(z) = \frac{4}{\sqrt{\pi}} z^2 e^{-z^2} \tag{18}$$

$B(p, q)$ die EULERsche Beta-Funktion, die mit der Fakultät durch die Relation $B(p + 1, q + 1) = \left(\frac{p!\,q!}{(p + q + 1)!}\right)$ verbunden ist, und $\delta_{\nu\varkappa}$ das KRONECKER-Symbol.

Gl. (14), in Gl. (10) eingesetzt, und die oben besprochene Behandlung ergeben vermöge weiterer Umformungen[4]) bezüglich des Elektronenwechselwirkungsintegrals (13) nun das unendliche lineare Gleichungssystem

$$\mathfrak{E}\,\delta_{o\varkappa} - \frac{5}{2} \mathfrak{D}\delta_{1\varkappa} = \frac{2}{3} \frac{(\overrightarrow{\omega} \times \mathfrak{p}_\varkappa)}{B\left(\varkappa + 1 , \frac{3}{2}\right)} + \frac{2}{3} w\, n_a \sum_{\nu=0}^{\infty} \mathfrak{p}_\nu \quad {}_{I\varkappa} . \tag{19}$$

Die Integrale $I_{\nu\varkappa}$ setzen sich in der Form

$$I_{\nu\varkappa} = I^a{}_{\nu\varkappa} + \frac{n_i}{n_a} I^i{}_{\nu\varkappa} + \frac{n_e}{n_a} I^e{}_{\nu\varkappa} \tag{20}$$

zusammen als Integrale über Produkte aus LAGUERREschen Polynomen mit den genannten Querschnittsintegralen (12).

Es sei hier noch erwähnt, daß sich — ganz entsprechend den Wirkungsquerschnitten der Atome und Ionen — auch ein „Elektronenquerschnitt" der Form

$$Q_e^{(n)}(s) = 2\pi \int_0^{b_0} (1 - \cos^{2n}\vartheta)\, b\, db \tag{21}$$

einführen läßt mit $s = g/\sqrt{2}\,w$. Alle anderen hiermit in Zusammenhang stehenden Entwicklungen wurden früher[4]) auseinandergesetzt. Insbesondere ist dort eine Tabelle zur Auswertung der $I_{\nu\varkappa}$ gegeben worden, die die exakte Berechnung dieser Größen bis einschließlich $\nu = \varkappa = 4$ (4. Näherung) erleichtert.

## 4. Die Entwicklung der Stromdichte und des Wärmestroms eines Plasmas

Die Bedeutung der LAGUERREschen Polynome (15) läßt weiterhin die einfache Form erkennen, welche die Stromdichte

$$\mathfrak{j}_e = e\, n_e \int \mathfrak{v}\, f\, d\mathfrak{v} \tag{22}$$

und der Wärmestrom

$$\mathfrak{W}_e = \frac{1}{2}\, m\, n_e \int v^2\, \mathfrak{v}\, f\, d\mathfrak{v} \tag{23}$$

der Elektronen bei ihrer Verwendung annehmen.

Mittels Gl. (5) wird zunächst

$$\mathfrak{j}_e = \frac{1}{3}\, e\, n_e \int_0^\infty v^2\, \overrightarrow{\psi}(v)\, F_0(v)\, dv \tag{24}$$

und gemäß Gl. (14) und Gl. (17)

$$\mathfrak{j}_e = \frac{1}{2}\, e\, n_e\, w^2\, \mathfrak{p}_0\,. \tag{25}$$

In ähnlicher Weise liefert Gl. (23) mit Gl. (5), Gl. (14) und Gl. (17)

$$\mathfrak{W}_e = \frac{5}{8}\, m\, n_e\, w^4\, (\mathfrak{p}_0 - \mathfrak{p}_1)\,. \tag{26}$$

Die hierbei vorgenommenen Übergänge vom dreifachen Integral mit den Grenzen $-\infty$ bis $+\infty$ auf das einfache Integral mit den Grenzen 0 bis $\infty$ werden sehr einfach mittels Transformation auf Kugelkoordinaten vorgenommen[10]).

Zur Darstellung der Stromdichte und des Wärmestroms der Elektronen genügt daher die Kenntnis der ersten beiden Koeffizienten $\mathfrak{p}_0$ und $\mathfrak{p}_1$ des Ansatzes (14). Sie sind aus dem Gleichungssystem (19) zu berechnen.

## 5. Das Gleichungssystem für ein zylindrisches Plasma

Für den Übergang auf ein zylindrisches Plasma werde Gl. (19) in Zylinderkoordinaten geschrieben. Zugleich wird nun die Komponentendarstellung verwendet werden.

Im zylindrischen Plasma tritt weiterhin die Nebenbedingung der Stromlosigkeit in radialer Richtung

$$j_{er} = 0 \tag{27}$$

auf[11]), die durch das Verschwinden der radialen Komponente von $p_0$, $p_{r0}$, erfüllt wird. Gl. (27) legt die radiale Zwangsbeschleunigung $\frac{e}{m}\,Gr$ fest.

Wegen der Zylindersymmetrie verschwinden ferner die $\varphi$-Komponenten von $\mathfrak{G}$ und $\frac{\partial T}{\partial \mathfrak{x}}$; es ist also $E_\varphi = 0$, $D_\varphi = 0$. Schließlich tritt auch eine radiale Komponente von $\vec{\omega}$ nicht auf, d. h. es ist $\omega_r = 0$[1,3]).

Unter diesen Voraussetzungen ergibt sich aus Gl. (19) das Gleichungssystem der $3(n+1)$ Gleichungen

$$\left.\begin{aligned}
&(\mathrm{I}): && E_x\,\delta_{0\varkappa} - \frac{5}{2}D_x\,\delta_{1\varkappa} = -\frac{2}{3}\frac{\omega_\varphi}{B\left(\varkappa+1,\frac{3}{2}\right)}p_{r\varkappa}^{(n)} + \frac{2}{3}w\,n_a\sum_{\nu=0}^{n} p_{x\nu}^{(n)} I_{\nu\varkappa},\\
&(\mathrm{II}): && E_r\,\delta_{0\varkappa} - \frac{5}{2}D_r\,\delta_{1\varkappa} = \frac{2}{3}\frac{\omega_\varphi\,p_{x\varkappa}^{(n)} - \omega_x\,p_{\varphi\varkappa}^{(n)}}{B\left(x+1,\frac{3}{2}\right)} + \frac{2}{3}w\,n_a\sum_{\nu=0}^{n} p_{r\nu}^{(n)} I_{\nu\varkappa},\\
&(\mathrm{III}): && 0 = \frac{2}{3}\frac{\omega_\varkappa}{B\left(\varkappa+1,\frac{3}{2}\right)}p_{r\xi}^{(n)} + \frac{2}{3}w\,n_a\sum_{\nu=0}^{n} p_{\varphi\nu}^{(n)} I_{\nu\varkappa},\\
&&& (\varkappa = 0, 1, 2, \ldots, n).
\end{aligned}\right\} \quad (28)$$

Dabei wurde, unter der Voraussetzung, daß diese Beschränkung das sich aus Gl. (19) ableitende System von $3\cdot\infty$ vielen Gleichungen genügend gut approximiert, die Folge der Gleichungen jeweils nach der Nummer n abgebrochen.

Die Lösungen dieser Gleichungen bestimmen die n-te Näherung der Stromdichte- und Wärmestromkomponenten eines Plasmas in allgemeinster Form bei Anwesenheit eines Eigenmagnetfeldes ($\omega_\varphi$) und eines zusätzlichen longitudinalen Magnetfeldes ($\omega_x$), falls $\omega_\varphi \neq 0$, $\omega_x \neq 0$ vorausgesetzt wird.

## 6. Die Lösung des Gleichungssystems

Zur Lösung des Gleichungssystems (28) wird aus (III) zunächst $p_{\varphi\nu}^{(n)}$, aus (I) $p_{x\nu}^{(n)}$ als Funktion von $p_{ri}^{(n)}$ allein ausgedrückt. Es ist

$$p_{\varphi\nu}^{(n)} = \Omega_\varkappa \sum_{i=0}^{n} (-1)^{\nu+i+1}\frac{B_1}{B_i}p_{ri}^{(n)}\frac{\Delta_{i\nu}^{(n)}}{\Delta^{(n)}}, \tag{29}$$

$$p_{x\nu}^{(n)} = \frac{(-1)^\nu}{w\,n_a\,B_0}\left[E_x\frac{\Delta_{0\nu}^{(n)}}{\Delta^{(n)}} + \frac{5}{2}D_x\frac{\Delta_{1\nu}^{(n)}}{\Delta^{(n)}}\right] + \Omega_\varphi\sum_{i=0}^{n}(-1)^{\nu+i}\frac{B_1}{B_i}p_{ri}^{(n)}\frac{\Delta_{i\nu}^{(n)}}{\Delta^{(n)}} \tag{30}$$

$$\text{mit}\quad \Omega_i = \frac{15}{4}\frac{\omega_i}{w\,n_a}\ (i = x, \varphi), \tag{31}$$

$$B_k = B\left(k+1, \frac{3}{2}\right) \tag{32}$$

$$\text{und}\quad \Delta^{(n)} = \det(I_{\nu\varkappa})\ (\nu, \varkappa = 0, 1, \ldots, n). \tag{33}$$

Die symmetrische $(n+1)$-reihige Determinante Gl. (33), deren Elemente die Integrale $I_{\nu\varkappa}$ sind, ist früher ausführlich behandelt worden. Die Determinanten $\Delta_{\varrho\sigma}^{(n)}$ sind die durch Streichung der $(\varrho+1)$-ten Zeile und $(\sigma+1)$-ten Spalte (oder umgekehrt) aus $\Delta^{(n)}$ hervorgehenden Unterdeterminanten (Minoren).

Durch Einsetzen von $p_{\varphi\nu}^{(n)}$ und $p_{x\nu}^{(n)}$ gemäß Gl. (29) und Gl. (30) in Gleichung (II) von (28) entsteht ein lineares System für die $p_{r\nu}^{(n)}$ mit der Lösung

$$p_{r\nu}^{(n)} = \frac{(-1)^\nu}{w\, n_a\, B_o}\left\{E_r \frac{\Theta_{o\nu}^{(n)}}{\Theta^{(n)}} + \frac{5}{2} D_r \frac{\Theta_{1\nu}^{(n)}}{\Theta^{(n)}} - \Omega_\varphi \sum_{i=o}^{n} \frac{B_1}{B_i}\left(E_x \frac{\Delta_{oi}^{(n)}}{\Delta^{(n)}} + \frac{5}{2} D_x \frac{\Delta_{1i}^{(n)}}{\Delta^{(n)}}\right) \frac{\Theta_{i\nu}^{(n)}}{\Theta^{(n)}}\right\}; \tag{34}$$

hierbei ist $\Theta^{(n)}$ die (ebenfalls symmetrische) Determinante

$$\Theta^{(n)} = \det\left(I_{\nu\varkappa} + (-1)^{\nu+\varkappa} \frac{B_1}{B_\nu} \frac{B_1}{B_\varkappa} \frac{\Delta_{\nu\varkappa}^{(n)}}{\Delta^{(n)}} [\Omega_x^2 + \Omega_\varphi^2]\right). \tag{35}$$

Aus (34) ergibt sich nun gemäß der Nebenbedingung (27)

$$E_r = -\frac{5}{2} D_r \frac{\Theta_{10}^{(n)}}{\Theta_{00}^{(n)}} + \Omega_\varphi \sum_{i=o}^{n} \frac{B_1}{B_1}\left(E_x \frac{\Delta_{oi}^{(n)}}{\Delta^{(n)}} + \frac{5}{2} D_x \frac{\Delta_{1i}^{(n)}}{\Delta^{(n)}}\right) \frac{\Theta_{io}^{(n)}}{\Theta_{oo}^{(n)}}. \tag{36}$$

Wie Gl. (11) zeigt, enthält $E_r$ das eingeprägte elektrische Feld $G_r$[11]).

Vermittels Gl. (34) und Gl. (36) liefert Gl. (30) mit $\nu = 0$

$$\begin{aligned} p_{xo}^{(n)} = \frac{1}{w n_a B_o}\Bigg\{ & E_x\left[\frac{\Delta_{oo}^{(n)}}{\Delta^{(n)}} - \Omega_\varphi^2 \sum_{i=1}^{n}\sum_{j=1}^{n} \frac{B_1}{B_i}\frac{B_1}{B_j}\frac{\Delta_{oi}^{(n)}}{\Delta^{(n)}}\frac{\Delta_{oj}^{(n)}}{\Delta^{(n)}}\frac{\Theta_{ooij}^{(n)}}{\Theta_{oo}^{(n)}}\right] \\ & + \frac{5}{2} D_x \left[\frac{\Delta_{1o}^{(n)}}{\Delta^{(n)}} - \Omega_\varphi^2 \sum_{i=1}^{n}\sum_{j=1}^{n} \frac{B_1}{B_i}\frac{B_1}{B_j}\frac{\Delta_{oi}^{(n)}}{\Delta^{(n)}}\frac{\Delta_{j}^{(n)}}{\Delta^{(n)}}\frac{\Theta_{ooij}^{(n)}}{\Theta_{oo}^{(n)}}\right] \\ & + \frac{5}{2} D_r \Omega_\varphi \sum_{i=1}^{n} \frac{B_1}{B_i}\frac{\Delta_{oi}^{(n)}}{\Delta^{(n)}}\frac{\Theta_{ooij}^{(n)}}{\Theta_{oo}^{(n)}}\Bigg\} \end{aligned} \tag{37}$$

und mit $\nu = 1$

$$\begin{aligned} p_{x1}^{(n)} = \frac{-1}{w\, n_a\, B_o}\Bigg\{ & E_x\left[\frac{\Delta_{1o}^{(n)}}{\Delta^{(n)}} - \Omega_\varphi^2 \sum_{i=1}^{n}\sum_{j=1}^{n} \frac{B_1}{B_1}\frac{B_1}{B_1}\frac{\Delta_{1i}^{(n)}}{\Delta^{(n)}}\frac{\Delta_{oj}^{(n)}}{\Delta^{(n)}}\frac{\Theta_{ooij}^{(n)}}{\Theta_{oo}^{(n)}}\right] \\ & + \frac{5}{2} D_x \left[\frac{\Delta_{11}^{(n)}}{\Delta^{(n)}} - \Omega_\varphi^2 \sum_{i=1}^{n}\sum_{j=1}^{n} \frac{B_1}{B_i}\frac{B_1}{B_j}\frac{\Delta_{1i}^{(n)}}{\Delta^{(n)}}\frac{\Delta_{1j}^{(n)}}{\Delta^{(n)}}\frac{\Theta_{ooij}^{(n)}}{\Theta_{oo}^{(n)}}\right] \\ & + \frac{5}{2} D_r\, \Omega_\varphi \sum_{i=1}^{n} \frac{B_1}{B_i}\frac{\Delta_{1i}^{(n)}}{\Delta^{(n)}}\frac{\Theta_{oo1i}^{(n)}}{\Theta_{oo}^{(n)}}\Bigg\}. \end{aligned} \tag{38}$$

Hierbei ist

$$\Theta_{oo}^{(n)}\, \Theta_{ij}^{(n)} - \Theta_{oi}^{(n)}\, \Theta_{oj}^{(n)} = \Theta_{ooij}^{(n)}\, \Theta^{(n)}, \tag{39}$$

gesetzt worden mit $\Theta_{ooij}^{(n)}$ als (n — 1)-reihiger Hauptminor von $\Theta^{(n)}$, der durch Streichung der ersten und $(i+1)$-ten Zeile sowie der ersten und $(j+1)$-ten Spalte (oder umgekehrt) aus $\Theta^{(n)}$ hervorgeht, oder, anders ausgedrückt, durch Streichung der $i$-ten Zeile und $j$-ten Spalte (oder umgekehrt) aus dem n-reihigen Hauptminor $\Theta_{oo}^{(n)}$ von $\Theta^{(n)}$ entsteht. Gl. (39) ist ein Spezialfall des Satzes vom Reziprokenminor einer Determinante[12]).

Die $\varphi$-Komponenten lauten

$$\begin{aligned} p_{\varphi o}^{(n)} = \frac{\Omega_x}{w\, n_a\, B_o}\Bigg\{ & E_x \Omega_\varphi \sum_{i=1}^{n}\sum_{j=1}^{n} \frac{B_1}{B_i}\frac{B_1}{B_j}\frac{\Delta_{oi}^{(n)}}{\Delta^{(n)}}\frac{\Delta_{oj}^{(n)}}{\Delta^{(n)}}\frac{\Theta_{ooij}^{(n)}}{\Theta_{oo}^{(n)}} \\ & + \frac{5}{2} D_x\, \Omega_\varphi \sum_{i=1}^{n}\sum_{j=1}^{n} \frac{B_1}{B_i}\frac{B_1}{B_j}\frac{\Delta_{oi}^{(n)}}{\Delta^{(n)}}\frac{\Delta_{1j}^{(n)}}{\Delta^{(n)}}\frac{\Theta_{ooij}^{(n)}}{\Theta_{do}^{(n)}} \\ & - \frac{5}{2} D_r \sum_{i=1}^{n} \frac{B_1}{B_i}\frac{\Delta_{oi}^{(n)}}{\Delta^{(n)}}\frac{\Theta_{oo1i}^{(n)}}{\Theta_{oo}^{(n)}}\Bigg\}, \end{aligned} \tag{40}$$

$$p_{\varphi_1}{}^{(n)} = \frac{-\Omega_x}{w\, n_a\, B_o} E_x\, \Omega_\varphi \sum_{i=1}^{n} \sum_{j=1}^{n} \frac{B_1}{B_i} \frac{B_1}{B_j} \frac{\Delta_{1i}{}^{(n)}}{\Delta^{(n)}} \frac{\Delta_{oj}{}^{(n)}}{\Delta^{(n)}} \frac{\Theta_{ooij}{}^{(n)}}{\Theta_{oo}{}^{(n)}}$$

$$+ \frac{5}{2} D_x\, \Omega_\varphi \sum_{i=1}^{n} \sum_{j=1}^{n} \frac{B_1}{B_i} \frac{B_1}{B_j} \frac{\Delta_{1i}{}^{(n)}}{\Delta^{(n)}} \frac{\Delta_{1j}{}^{(n)}}{\Delta^{(n)}} \frac{\Theta_{ooij}{}^{(n)}}{\Theta_{oo}{}^{(n)}} \tag{41}$$

$$- \frac{5}{2} D_r \sum_{i=1}^{n} \frac{B_1}{B_i} \frac{\Delta_{1i}{}^{(n)}}{\Delta^{(n)}} \frac{\Theta_{oo1i}{}^{(n)}}{\Theta_{oo}{}^{(n)}} \Bigg\} .$$

Schließlich ist

$$p_{r1}{}^{(n)} = -\frac{5}{2} \frac{1}{w\, n_a\, B_o} \frac{\Theta_{oo11}{}^{(n)}}{\Theta_{oo}{}^{(n)}} D_r$$

$$+ \frac{\Omega_\varphi}{w\, n_a\, B_o} \left\{ E_x \sum_{i=1}^{n} \frac{B_1}{B_i} \frac{\Delta_{oi}{}^{(n)}}{\Delta^{(n)}} \frac{\Theta_{oo1i}{}^{(n)}}{\Theta_{oo}{}^{(n)}} + \frac{5}{2} D_X \sum_{i=1}^{n} \frac{B_1}{B_i} \frac{\Delta_{1i}{}^{(n)}}{\Delta^{(n)}} \frac{\Theta_{oo1i}{}^{(n)}}{\Theta_{oo}{}^{(n)}} \right\} . \tag{42}$$

Diese Gleichungen reichen zur Bestimmung der Stromdichte und des Wärmestroms aus.

## 7. Die Komponenten der Stromdichte und des Wärmestroms

Gemäß Gl. (25) und Gl. (26) für Stromdichte und Wärmestrom sind deren Komponenten, unter Anwendung der Lösungen (37), (38), (40), (41) und (42) des Gleichungssystems (28), sehr leicht zu berechnen. Es ergibt sich mit Gl. (11)

$$j_{ex\omega}{}^{(n)} = \frac{3}{4} e\, n_e \frac{w}{n_a} \left\{ \left( \frac{2}{w^2} \frac{e}{m} G_x + \left[ \frac{T}{n_e} \frac{\partial n_e}{\partial T} + 1 \right] \frac{1}{T} \left( -\frac{\partial T}{\partial x} \right) \right) \left[ \frac{\Delta_{10}{}^{(n)}}{\Delta^{(n)}} - \Omega_\varphi{}^2 \sum_{ij} oioj \right] \right.$$

$$\left. + \frac{5}{2} \frac{1}{T} \left( -\frac{\partial T}{\partial x} \right) \left[ \frac{\Delta_{11}{}^{(n)}}{\Delta^{(n)}} - \Omega_\varphi{}^2 \sum_{ij} oi1j \right] + \frac{5}{2} \frac{1}{T} \left( -\frac{\partial T}{\partial r} \right) \Omega_\varphi \sum_i oi \right\} , \tag{43}$$

$$W_{ex\omega}{}^{(n)} = \frac{15}{8} n_e\, w \frac{kT}{n_a} \left\{ \left( \frac{2}{w^2} \frac{e}{m} G_x + \left[ \frac{T}{n_e} \frac{\partial n_e}{\partial T} + 1 \right] \frac{1}{T} \left( -\frac{\partial T}{\partial x} \right) \right) \cdot \right.$$

$$\cdot \left[ \frac{\Delta_{oo}{}^{(n)} + \Delta_{10}{}^{(n)}}{\Delta^{(n)}} - \Omega_\varphi{}^2 \sum_{ij} (oioj + 1ioj) \right]$$

$$+ \frac{5}{2} \frac{1}{T} \left( -\frac{\partial T}{\partial x} \right) \left[ \frac{\Delta_{10}{}^{(n)}\, \Delta_{11}{}^{(n)}}{\Delta^{(n)}} - \Omega_\varphi{}^2 \sum_{ij} (oi1j + 1i1j) \right]$$

$$\left. + \frac{5}{2} \frac{1}{T} \left( -\frac{\partial T}{\partial r} \right) \Omega_\varphi \sum_i (oi + 1i) \right\} \tag{44}$$

für die $x$-Komponenten; hierbei ist zur Abkürzung

$$\sum_{i=1}^{n} \sum_{j=1}^{n} \frac{B_1}{B_i} \frac{B_1}{B_j} \frac{\Delta_{si}{}^{(n)}}{\Delta^{(n)}} \frac{\Delta_{tj}{}^{(n)}}{\Delta^{(n)}} \frac{\Theta_{ooij}{}^{(n)}}{\Theta_{oo}{}^{(n)}} \equiv \sum_{ij} sitj , \tag{45}$$

$$\sum_{i=1}^{n} \frac{B_1}{B_i} \frac{\Delta_{si}{}^{(n)}}{\Delta^{(n)}} \frac{\Theta_{oo1i}{}^{(n)}}{\Theta_{oo}{}^{(n)}} \equiv \sum_i si \tag{46}$$

geschrieben worden.

Für die $\varphi$-Komponenten folgt

$$j_{e\varphi\omega}^{(n)} = \frac{3}{4} e\, n_e \frac{w}{n_a} \Omega_x \left\{ \left( \frac{2}{w^2} \frac{e}{m} G_x + \left[ \frac{T}{n_e} \frac{\partial n_e}{\partial T} + 1 \right] \frac{1}{T} \left( -\frac{\partial T}{\partial x} \right) \right) \Omega_\varphi \sum_{ij} oioj \right.$$

$$\left. + \frac{5}{2} \frac{1}{T} \left( -\frac{\partial T}{\partial x} \right) \Omega_\varphi \sum_{ij} oi1j - \frac{5}{2} \frac{1}{T} \left( -\frac{\partial T}{\partial r} \right) \sum_i oi \right\}, \tag{47}$$

$$W_{e\varphi\omega}^{(n)} = \frac{15}{8} n_e w \frac{kT}{n_a} \Omega_x \left\{ \left( \frac{2}{w^2} \frac{e}{m} G_x + \left[ \frac{T}{n_e} \frac{\partial n_e}{\partial T} + 1 \right] \frac{1}{T} \left( -\frac{\partial T}{\partial x} \right) \right) \Omega_\varphi \sum_{ij} (oioj + 1ioj) \right.$$

$$+ \frac{5}{2} \frac{1}{T} \left( -\frac{\partial T}{\partial x} \right) \Omega_\varphi \sum_{ij} (oi1j + 1i1j) \tag{48}$$

$$\left. - \frac{5}{2} \frac{1}{T} \left( -\frac{\partial T}{\partial r} \right) \sum_i (oi + 1i) \right\}.$$

$j_{e\varphi\omega}^{(n)}$ ist als „Ringstrom" zu deuten; der Ringstrom verschwindet mit verschwindendem Longitudinalfeld, da er proportional $\Omega_x$ ist. Das Longitudinalfeld kann durch einen in einer äußeren Spule fließenden Hilfsstrom hervorgebracht gedacht werden. Der in dem Plasma entstehende Ringstrom schirmt dann das Magnetfeld der Spule mindestens teilweise gegen das Plasmainnere ab, wie bereits von BIERMANN[13]) bemerkt worden ist*).

Der Wärmestrom in radialer Richtung

$$W_{er}^{(n)} = -\frac{5}{8} m\, n_e w^4 p_{r1}^{(n)}$$

wird schließlich

$$W_{er\omega}^{(n)} = \frac{75}{16} n_e w \frac{k}{n_a} \frac{\Theta_{oo_{11}}^{(n)}}{\Theta_{oo}^{(n)}} \left( -\frac{\partial T}{\partial r} \right)$$

$$- \frac{15}{8} n_e w \frac{kT}{n_a} \Omega_\varphi \left\{ \left( \frac{2}{w^2} \frac{e}{m} G_x + \left[ \frac{T}{n_e} \frac{\partial n_e}{\partial T} + 1 \right] \frac{1}{T} \left( -\frac{\partial T}{\partial x} \right) \right) \sum_i oi \right.$$

$$\left. + \frac{5}{2} \frac{1}{T} \left( -\frac{\partial T}{\partial x} \right) \sum_i 1i \right\}. \tag{49}$$

## 8. Zur Darstellung der Transportkoeffizienten eines Plasmas bei Anwesenheit magnetischer Felder

Gl. (49) gibt sofort einen Hinweis auf die Berechnung der Elektronenwärmeleitfähigkeit eines zylindrischen Plasmas mit Magnetfeld. Gemäß der Definition der Wärmeleitfähigkeit ist, falls kein $\frac{\partial T}{\partial x}$ vorhanden ist,

$$W_{er} = \lambda_e \left( -\frac{\partial T}{\partial r} \right). \tag{50}$$

*) Für den Hinweis auf diese Zusammenhänge danke ich Herrn Dr. SCHIRMER.

Im vorliegenden Fall kann daher gemäß Gl. (49)

$$W_{er\omega}^{(n)} = \lambda_{e\omega}\left(-\frac{\partial T}{\partial r}\right) - \frac{15}{8} n_e w \frac{kT}{n_a} \Omega_\varphi \left\{\left(\frac{2}{w^2}\frac{e}{m} G_x + \left[\frac{T}{n_e}\frac{\partial n_e}{\partial T} + 1\right]\frac{1}{T}\left(-\frac{\partial T}{\partial_x}\right)\right)\sum_i oi + \frac{5}{2}\frac{1}{T}\left(-\frac{\partial T}{\partial x}\right)\sum_i 1i\right\} \tag{51}$$

geschrieben werden. Dann ist gemäß

$$\lambda_e = \frac{4}{3} \cdot \frac{1}{3} n_e \left(\frac{3}{2} k\right) \bar{v}\, \overline{e_{\lambda}}^{(n)} \tag{52}$$

(als Ausdruck für die Wärmeleitfähigkeit nach der kinetischen Theorie[11])) für die „mittlere freie Weglänge" bezüglich der Wärmeleitfähigkeit

$$\overline{e}_{\lambda\omega}{}^{(n)} = \frac{\sqrt{\pi}}{4} \cdot \frac{9}{4} \cdot \frac{25}{4} \frac{1}{n_a} \frac{\Theta_{oo_{11}}{}^{(n)}}{\Theta_{oo}{}^{(n)}} \tag{53}$$

zu setzen. Unter $\overline{e}\lambda\omega^{(n)}$ gemäß Gl. (53) ist mithin die durch das angelegte Magnetfeld und das Eigenmagnetfeld veränderte mittlere freie Weglänge zur Wärmeleitfähigkeit eines Plasmas zu verstehen.

Ein Verschwinden der Magnetterme in Gl. (53) ($\Omega_\varkappa = 0$, $\Omega_\varphi = 0$) führt auf den bereits bekannten Ausdruck für $\overline{e}_2{}^{(n)}$ für ein Plasma ohne Magnetfeldeinfluß[5]). In diesem Fall reduzieren sich $\Theta$ und alle Unterdeterminanten auf $\Delta$ und deren entsprechende Unterdeterminanten, wie aus Gl. (33) und Gl. (35) sofort ersichtlich. Für verschwindendes Magnetfeld stimmen wegen der genannten Reduktion der Determinanten alle berechneten Stromdichte- und Wärmestromkomponenten mit den für jenen Fall abgeleiteten Formeln [1,4,5]) überein. Insbesondere werden gemäß Gl. (47), (48) sofort $j_{e\varphi}$ und $W_{e\varphi}$ verschwinden. Es genügt dann, die BOLTZMANN-Gleichung in zweidimensionaler Form zu behandeln, wie auch früher geschehen[5]).

Für n = 1 und n = 2 stimmt Gl. (53) überein mit den früher[1]) für die erste und zweite Näherung der mittleren freien Weglänge bezüglich der Wärmeleitfähigkeit erhaltenen Ausdrücke. Weiterhin ist die Übereinstimmung der hier angegebenen n-ten Näherungen der Stromdichte- und Wärmestromkomponenten (43), (44) und (51) mit den Formeln für ihre erste und zweite Näherung[1]) geprüft worden. Die entsprechenden Ausdrücke sind bis n = 2 identisch.

Die gleiche Übereinstimmung zwischen den hier gegebenen Formeln n-ter Ordnung und den bereits früher erhaltenen Ergebnissen[1]) für eine Definition der „mittleren freien Weglänge bezüglich der elektrischen Leitfähigkeit eines Plasmas mit Magnetfeld" ist nicht in so einfacher Form zu erzielen, obgleich entsprechende Ansätze naheliegen. Eine solche Erweiterung würde neben der Beweglichkeit zugleich den Diffusions- und den Thermodiffusionskoeffizienten erfassen.

Die hier vorgelegten Ergebnisse haben gezeigt, mit welcher Allgemeingültigkeit frühere Resultate und Übertragungen behandelt werden können. Ein weiterer Schritt zur allgemeinen Erfassung der Transporterscheinungen in Plasmen bei Anwesenheit magnetischer Felder ist damit getan.

## Literatur


[1]) FRIEDRICH, J., H. SCHIRMER, I. STOBER: Z. Naturf. 14a (1959) S. 1047.
[2]) SCHIRMER, H.: Z. Phys. 142 (1955) S. 1.
[3]) SCHIRMER, H.: Z. Naturf. 14a (1959) S. 318.
[4]) SCHIRMER, H., J. FRIEDRICH: Z. Phys. 153 (1958) S. 174, S. 375.
[5]) SCHIRMER, H., J. FRIEDRICH: Z. Phys. 153 (1959) S. 563.
[6]) LORENTZ, H. A.: The Theory of Electrons. Leipzig 1909.
[7]) LANDSHOFF, R.: Phys. Rev. 76 (1949) S. 904.
[8]) WALDMANN, L.: Handb. d. Phys. (Hrsgg. von S. FLÜGGE) Bd. XII. Berlin 1958.
[9]) CHAPMAN, S., T. G. COWLING: The Mathematical Theory of Non-uniform Gases. Cambridge 1953.
[10]) FRIEDRICH, J.: Techn.-wiss. Abh. Osram-Ges. Bd. 7 (1958) S. 22.
[11]) SCHIRMER, H.: Z. Phys. 142 (1955) S. 116.
[12]) KOWALEWSKI, G.: Einführung in die Determinantentheorie, 4. Aufl. Berlin 1954.
[13]) BIERMANN, L.: Physikertagung Heidelberg (Hauptvorträge) 1957. Mosbach Baden 1958, S. 63.


# Die magnetische Lichtbogenstabilisierung an metallischer Rückwand *)


Von

**A. BAUER**


Mit 8 Abbildungen


Die Eigenschaften der Elektrodenstabilisierung und der Wandstabilisierung von Lichtbögen werden kurz aufgeführt. Eine neue Möglichkeit der Bogenstabilisierung auch bei hoher Leistungskonzentration ergibt sich dadurch, daß die Bogensäule magnetisch an eine metallische Rückwand gedrückt wird. Diese als Reflektor auszubildende Rückwand muß bei Bogenspannungen über 20—30 V senkrecht zur Bogenachse in gegenseitig isolierte Stücke unterteilt werden. Das Magnetfeld bewirkt eine mit dessen Feldstärke wachsende Einengung der Bogensäule. Weiterhin wird der Einfluß von Reflektorform und Krümmung der Magnetfeldlinien auf den Bogen untersucht. Einige Ausführungsbeispiele dieser Stabilisierungsmethode, besonders im Hinblick auf Hochleistungsprojektionslampen, werden besprochen.


## 1. Einleitung

Die Strahlung eines elektrischen Bogens kann technisch meist nur genutzt werden, wenn die Bogensäule in ruhiger Brennlage verharrt. Eine gute Bogenstabilisierung ist insbesondere für Sonderlampen, wie Projektionslampen, wichtig. Ruhige Brennlage läßt sich erreichen durch

a) Elektrodenstabilisierung. Sie wird in Kurzbogenlampen genutzt und verliert bei längeren Bögen ihre Wirksamkeit. Vorteil: Hohe Leistungskonzentration und damit Leuchtdichten von 1000 ksb und mehr sind erreichbar. — Technische Nachteile besonders der Edelgaslampen: Kleine Bogenspannung und damit für hohe Leistungen hohe Stromstärken. Die Elektrodenverluste haben einen erheblichen Anteil an der Lampenleistung.

b) Wandstabilisierung. Vorteil: Der wandstabilisierte Bogen ist in seiner Länge und damit in seinem Spannungsbedarf nicht begrenzt. Die Temperaturfestigkeit und die Belastbarkeit der bekannten Wandmaterialien sind jedoch beschränkt. Auf die hieraus erwachsenden Nachteile soll im folgenden näher eingegangen werden.

---

*) Originalmitteilung.

## 2. Forderung an eine Wandstabilisierung

Bei wandstabilisierten Hochdruckbögen wird hohe Wandtemperatur angestrebt, weil mit steigender Wandtemperatur die Wärmeleitung von dem Bogen zur Wand weniger Verluste verursacht. Eine hohe Wandbelastung ist aus verschiedenen Gründen zu fordern. Einmal steigt mit wachsender Wandbelastung die Leistungskonzentration und damit in weiten Grenzen die Lichtausbeute. So nimmt man gelegentlich den Nachteil der Wasserkühlung des Entladungsrohres in Kauf, um Wandbelastung und damit Lichtausbeute hochzutreiben. Weiterhin kann die im allgemeinen mit höherer Wandbelastung verknüpfte höhere Stromdichte den Spannungsgradienten vorteilhaft ansteigen lassen. Hohe Wandbelastung ist insbesondere dann nötig, wenn hohe Leuchtdichten verlangt werden. Dies geht aus den bekannten Zusammenhängen

$$L_0 = P\pi d, \; J_0 = \eta \, L_0 \text{ und } J_0 = B \, d_{eff}$$

zwischen spezifischer Lampenleistung $L_0$, Wandbelastung $P$, Kolbeninnendurchmesser $d$, effektivem Bogendurchmesser $d_{eff}$, spezifischer Lichtstärke $J_0$ und Lichtausbeute $\eta$ hervor, aus denen sich bei passender Definition von $d_{eff}$ für die maximale Leuchtdichte

$$B = \eta \frac{d}{d_{eff}} \pi P$$

ergibt.

So kann, um nur ein technisches Beispiel zu nennen, ein Quecksilberhochdruckbogen in einem wassergekühlten Quarzrohr, dem $P = 270$ W/cm² zugemutet wird, bei $d/d_{eff} = 2{,}4$ und $\eta = 6$ cd/W die maximale Leuchtdichte $B = 12$ ksb erreichen. Die maximale Leuchtdichte, die hier hauptsächlich durch die obere Grenze der zulässigen Wandbelastung gegeben ist, bleibt auch bei wassergekühlter Quarzwand weit unter den von Hochleistungsprojektionslampen verlangten Werten.

Zwar kann man anstatt Quarzglas andere transparente Kolbenmaterialien, wie Aluminiumoxid, nehmen, um eine höhere Wandtemperatur zu erreichen. Eine höhere zulässige Belastung der wassergekühlten Wand ist jedoch kaum zu erwarten, weil der geringe thermische Ausdehnungskoeffizient des Quarzglases aller Voraussicht nach von keinem anderen Material erreicht wird. Jedenfalls ist eine wesentliche Steigerung der Wandbelastung bei Flüssigkeitskühlung auf diesem Wege nicht zu erlangen.

## 3. Das Prinzip der magnetischen Bogenstabilisierung an metallischer Rückwand

Der Forderung nach maximaler Steigerung von Wandtemperatur und Wandbelastung ist nur mit einem Wandmaterial höchster Wärmeleitfähigkeit und höchster Temperaturbeständigkeit nachzukommen, also mit einem hochschmelzenden Metall, dessen Dampfdruck gering ist. Die bei solcher Verwendung unerwünschten Eigenschaften der Metalle, gute elektrische Leitfähigkeit und Lichtundurchlässigkeit, verlangen freilich besondere, außerhalb der bekannten Technik der Wandstabilisierung liegende Maßnahmen.

Die relativ kühle Gasschicht hohen elektrischen Widerstandes, welche einen längs einer Metallwand brennenden Bogen von dieser Wand trennt, und die Potentialschwelle der Metalloberfläche ermöglichen eine Bogenstabilisierung auch an gut leitender Metallwand längs einer gewissen Strecke in Richtung der Bogenachse. Bei Bogenspannungen über 25—35 V muß die Metallwand quer zur Bogenachse in gegenseitig isolierte Stücke unterteilt werden. Eine derartige Bogenstabilisierung wurde von H. MAECKER[1]) aus wassergekühlten, konzentrisch übereinandergesetzten und gegenseitig isolierten Kupferringen für wissenschaftliche Untersuchungen zusammengebaut. Wie sich nun herausstellte, darf die Metallwand auch hohe Temperaturen bis nahe an den Schmelzpunkt annehmen, so daß auf Wasserkühlung verzichtet werden kann und eine technische Anwendung dieser Stabilisierungsmethode in geschlossenen Entladungskolben aussichtsreich wird.

Die Lichtundurchlässigkeit der Metalle ist oft mit guter Reflexion der Oberfläche verbunden. Darum läßt sich eine hohlspiegelartige, rinnenförmige Metallwand so anordnen, daß der genutzte Lichtstrom in einen bestimmten Raumwinkel gelenkt wird.

Abb. 1 zeigt die einfache Anordnung eines rinnenförmigen Reflektors $R$, der die Strahlung des Bogens $B$ in den gewünschten Raumwinkel lenkt. Bei waagerechter Brennlage des Bogens und einer dachartigen Anordnung der Rinne über

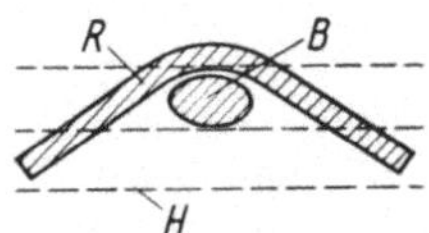


Abb. 1. Querschnitt durch einen mit dem homogenen Magnetfeld $H$ an die spiegelnde Rückwand $R$ gedrängten Hochdruckbogen $B$.

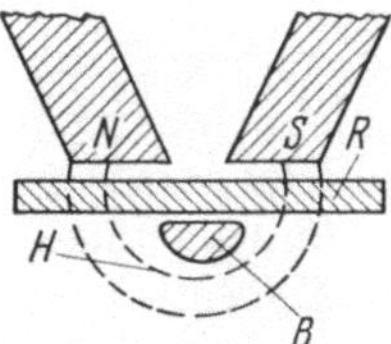


Abb. 2. Querschnitt durch den Hochdruckbogen $B$, der durch ein Magnetfeld mit stark gekrümmten Feldlinien $H$ an die ebene spiegelnde Rückwand $R$ gedrückt wird.

dem Bogen wird dieser durch den Auftrieb in die Rinne gedrängt. Die Hauptrichtung des Lichtstromes zeigt hierbei notgedrungen senkrecht nach unten, was für eine technische Anwendung oft nicht erwünscht ist. Soll die Richtung des Lichtstroms beliebig sein, dann muß ein Ausweichen des Bogens in die Richtung der optisch genutzten Strahlung, in der naturgemäß keine Stabilisierung mit Metallwand möglich ist, durch ein Magnetfeld ($H$ in Abb. 1) verhindert werden. Erzeugt man ein Magnetfeld mit gekrümmten Feldlinien, am einfachsten durch die Polanordnung gemäß Abb. 2, dann läßt sich ein Bogen sogar an einem ebenen Metallspiegel stabilisieren. Hierbei kann also der räumliche Öffnungswinkel $2\pi$ optisch genutzt werden.

Derart durch ein Magnetfeld an einer Rückwand stabilisierte Bögen werden mit steigender Magnetfeldstärke in steigendem Maß eingeschnürt. Eine Einengung der Bogensäule bewirkt, wie in einer früheren Arbeit[2]) näher untersucht wurde, bei vorgegebener Stromstärke oder Leistung eine Steigerung der Strahldichte und des Spannungsgradienten. Beide Effekte sind z. B. bei Projektionslampen, insbesondere Xenonhochdrucklampen, erwünscht.

Die Form des Bogenquerschnittes paßt sich sowohl der Form der Rückwand als auch der Krümmung der Magnetfeldlinien an. So läßt sich der Bogen flachdrücken, wenn man z. B. aus projektionstechnischen Gründen ein dem Bildfensterformat angepaßtes Längen-Breiten-Verhältnis der Lichtquelle wünscht. Eine übermäßige Abweichung von dem kreisförmigen Querschnitt ist allerdings wegen der damit verbundenen Vergrößerung der Wärmeleitungsverluste der Bogensäule unzweckmäßig.

In Abb. 3 sind die Magnetfeldlinien ebenso wie die spiegelnde Rückwand gekrümmt. Hierdurch wird eine mäßige Abweichung von dem kreisrunden Bogenquerschnitt und eine gute stabilisierende Wirkung erreicht. Die Rückwand wurde

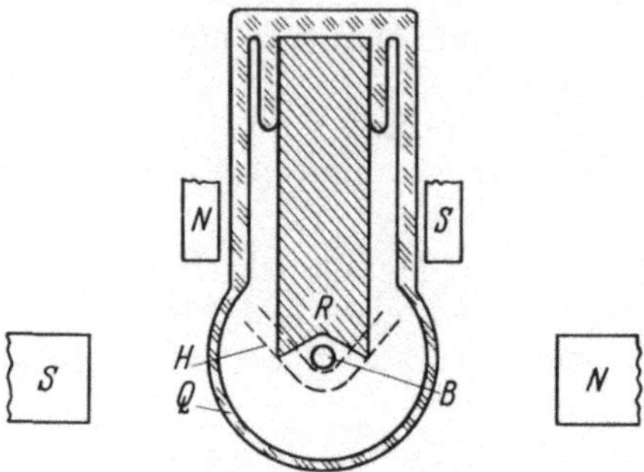


Abb. 3. Querschnitt durch einen Entladungskolben $Q$, in dem ein Hochleistungsbogen $B$ gegen die spiegelnde Rückwand $R$ gedrückt wird. Die Krümmung der Magnetfeldlinien $H$ wird in der Bogenzone durch ein Gegenfeld verstärkt.

hier massiver ausgeführt, damit sie die zwangsläufig größeren Wärmeverluste eines Hochleistungsbogens aufnehmen und abführen kann. Außerdem wurde eine Magnetfeldanordnung mit einem Gegenfeld gewählt. Diese Anordnung ergibt bei passendem Gegenfeld, wie Abb. 3 andeutet, in der Bogenzone beliebig stark gekrümmte Feldlinien, obwohl die Magnetpole in größerem Abstand vom Bogen außerhalb des Entladungsgefäßes angebracht sind.

## 4. Ausführungsbeispiele für die magnetische Stabilisierung an metallischer Rückwand

### 4.1.

In einer Weiterentwicklung der XQE*) 90 W wird, wie Abb. 4 zeigt, ein rinnenförmiges, poliertes Molybdänblech $M$ in den Lampenkolben eingesetzt. Der Bogen wird wie bei der XQE 90 W durch das Eigenmagnetfeld der Stromzuführung $S$ in die Rinne gedrückt. Die metallische Rückwand erlaubt eine Leistungssteigerung von 90 W auf 200 W und mehr, wobei die Wandbelastung auf über 200 W/cm² gesteigert wird. Eine Quarzwand würde einer solchen Belastung nur mit Wasserkühlung standhalten. Durch diese Neuerung wird also eine Wasserkühlung eingespart. Die Lichtstärke in die optisch genutzte Richtung wird auf Grund des Reflexionsvermögens von Mo um rund 60% gesteigert. Eine weitere Verbesserung der Reflexion läßt sich durch eine Verspiegelung mit Platin, Rhodium oder dergleichen erzielen. Da diese Metalle leichtflüchtiger sind als Molybdän, darf die Rinnentemperatur dann nicht über 1400—1500° C steigen. Der geringe Spannungsabfall des Bogens von 30 V gestattet die Ausbildung der Rinne aus einem Stück. Damit ergibt sich eine einfache Lampenkonstruktion.

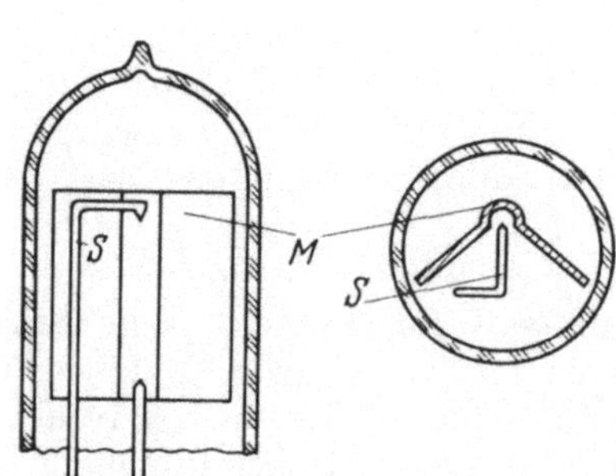


Abb. 4. Xenonhochdruckentladungslampe mit Molybdänrinne $M$, in welche der Bogen durch das Magnetfeld der Stromzuführung $S$ gedrängt wird.

*) Kurzbezeichnung der Osram GmbH.

4.2.

Für wandstabilisierte Xenonlampen des Leistungsbereiches um 1000—5000 W wurde bisher Wasserkühlung des Quarzbrenners vorgezogen, weil der luftgekühlte Lampentyp erst bei höherer Leistung eine befriedigende Lichtausbeute erreicht. Ein Bogen, z. B. von 10 A · 100 V = 1000 W Leistungsaufnahme, läßt sich nach der beschriebenen Methode in der Mitte eines luftgekühlten Quarzrohres stabiliesieren, so wie es Abb. 5 zeigt. Die innenseitig polierte Rinne besteht aus mehreren

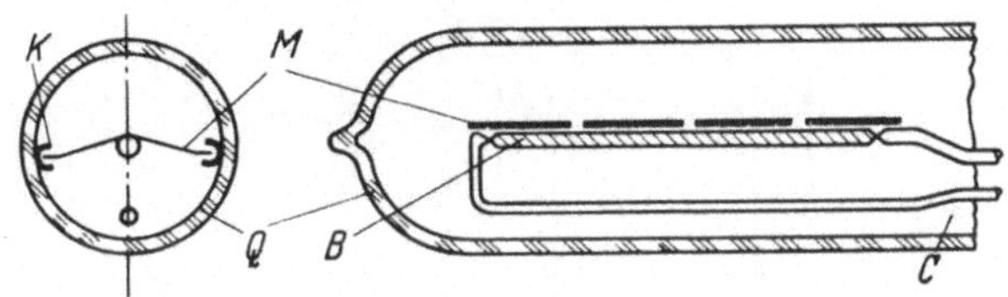


Abb. 5. Querschnitte durch einen Entladungskolben $Q$, in dem ein langer Bogen $B$ in der Rinne $M$ stabil brennt ($K$ Keramikhalterung).

Molybdän- oder Wolframblechen $M$, welche von zwei aufgeschlitzten Keramikröhrchen $K$ gegenseitig isoliert gehaltert werden. Der an der Stelle $C$ kleinsten Elektrodenabstandes gezündete Bogen wird durch das Eigenmagnetfeld der Stromzuführungen in die Brennlage $B$ gedrängt. Die Stabilisierung des 7 cm langen Bogens kann mit einem Magnetfeld gemäß Abb. 3 so gestaltet werden, daß die Lampe geschwenkt und der Lichtstrom in beliebige Richtungen gelenkt werden kann.

4.3.

Ein Bogen hoher Leistungskonzentration, wie er insbesondere für Projektionszwecke verlangt wird, läßt sich nach der neuen Methode ebenfalls stabilisieren. Abb. 6 zeigt als Beispiel die wesentlichen Konstruktionsmerkmale einer mit Xenon gefüllten Versuchslampe, deren Bogenlänge 1,5 cm beträgt. Den Querschnitt durch diese Lampe zeigt Abb. 3. Die Rückwand aus Wolfram oder Molybdän ist hier in schmalere Abschnitte unterteilt, um dem höheren Spannungsgradienten des Bogens und der höheren Wandtemperatur Rechnung zu tragen. Außerdem sind die Wandstücke massiver ausgebildet und nach hinten verlängert, um die von dem Hochleistungsbogen konzentriert zugeführte Wärmeenergie ableiten zu können.

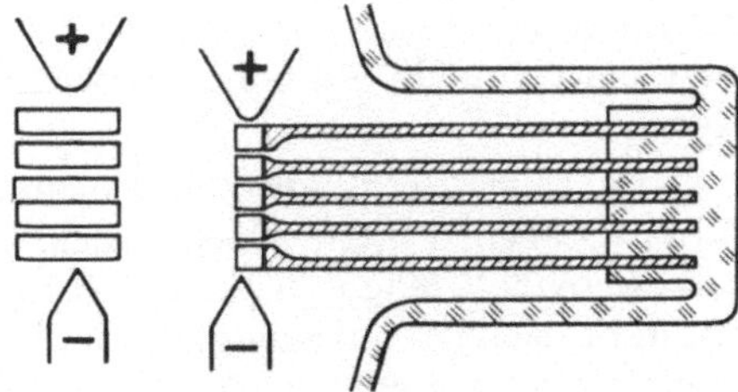


Abb. 6. Querschnitte durch die wesentlichen Bauteile einer Projektionslampe.

Wenn man das stabilisierende Magnetfeld durch den Bogenstrom $i$ erregt, dann verstärkt sich die Bogeneinschnürung mit wachsender Stromstärke, und es ergibt sich eine positive Stromspannungscharakteristik von ungewöhnlicher Steilheit. Das Maximum der Steigung läßt sich dadurch in einen gewünschten Strombereich verlegen, daß der Magnet eine zusätzliche konstante elektro- oder permanentmagnetische Gegenspannung erhält. Das Magnetfeld gehorcht dann der Gleichung $H = \alpha_i - \beta$. So wurden z. B. für eine Magnetfeldanordnung mit verschiedenen Konstanten $\alpha$ und $\beta$ die in Abb. 7 wiedergegebenen Charakteristiken gemessen.

Der mit einer stark positiven Bogencharakteristik verbundene technische Vorteil der einfacheren Strombegrenzung ist bekannt.

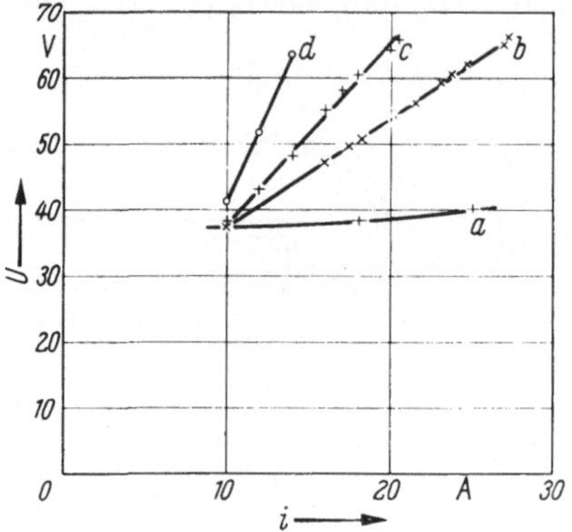


Abb. 7. Stromspannungscharakteristiken eines magnetisch an metallischer Rückwand stabilisierten Xenonhochdruckbogens mit verschiedenen das Magnetfeld $H = \alpha i - \beta$ bestimmenden Konstanten.

*a* $\alpha = 0$ $\beta = 0$ (also ohne Magnetfeld) *c* $\alpha = 8$ Gauß/A $\beta = 80$ Gauß
*b* $\alpha = 4{,}5$ Gauß/A $\beta = 45$ Gauß *d* $\alpha = 13$ Gauß/A $\beta = 120$ Gauß

Ein weiterer Vorteil der höheren Brennspannung und der stark positiven Charakteristik ergibt sich bei Impulsbetrieb. Den Elektroden von Hochstromlampen kann nur eine geringe Strompulsation zugemutet werden[3]). Auf Grund z. B. der gezeigten Lampencharakteristiken kann schon bei konstanter Stromstärke allein durch passende Steuerung des stabilisierenden Magnetfeldes eine Leistungspulsation von $(N_{\max} - N_{\min})/N_{\max} = (U_{\max} - U_{\min})/U_{\max} = (65 - 37)/65 = 0{,}43$ erreicht werden. Wenn man nun die gewünschte hohe Lampenleistung infolge höherer Spannung bei kleinerer Stromstärke erreicht, verträgt die Lampe außerdem eine stärkere Strompulsation. Eine Kinoprojektionslampe gemäß Abb. 6 kann darum auch bei höherer Leistung für einen Impulsbetrieb Verwendung finden.

Abb 8. zeigt Lichtbilder des 1,5 cm langen Bogens einer mit der Stromstärke 25 A betriebenen Xenon-Hochdrucklampe. In Abb. 8a brennt der Bogen ohne stabilisierendes Magnetfeld. Die Bogensäule ist darum typisch konvektionsbestimmt, flackert unruhig und erlaubt nur die senkrechte Brennlage. Die Bogenspannung beträgt 40 Volt. In Abb. 8b wird die Bogensäule durch ein Magnetfeld mit stark gekrümmten Feldlinien eingeengt und nur schwach an die Rückwand gedrückt. Dadurch bleibt der kreisrunde Bogenquerschnitt weitgehend erhalten. Durch ein Magnetfeld mit schwach gekrümmten Feldlinien wird der Bogen eingeengt und flach gedrückt. Die gemäß Abb. 3 hohlspiegelartige Rückwand reflektiert das Bogenlicht in Abb. 8c aus einem engeren Feld. Die Reflexionsgesetze lassen hier auf einen flacheren Bogenquerschnitt schließen. Den beiden letzteren Bögen können die in Abb. 7 gebrachten Charakteristiken aufgezwungen werden. Da die magnetischen Kräfte größer sind als die Konvektionskräfte, brennen diese Bögen in jeder Lage stabil. So wird man z. B. zur besseren Ausleuchtung eines

Bildfensters besonders bei Breitwandprojektion die waagerechte Brennlage vorziehen, wie in Abb. 8c. Die drei Lichtbilder wurden unter den gleichen Belichtungsverhältnissen aufgenommen und gestatten darum einen Vergleich der

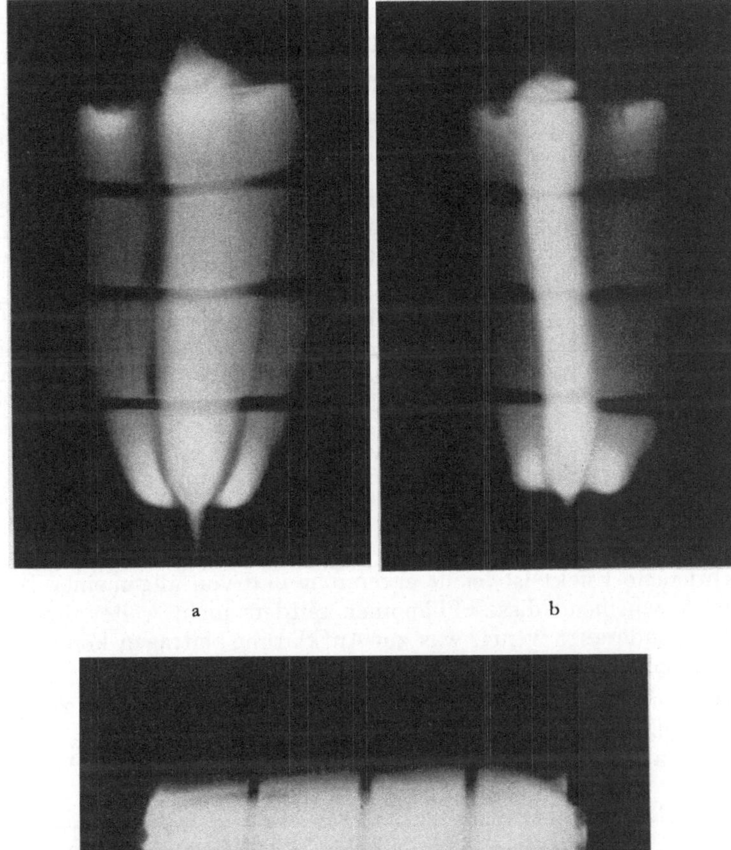

a b

c

Abb. 8a—c. Lichtbogen eines Xenonhochdruckbogens mit metallischer Rückwand.
a) ohne stabilisierendes Magnetfeld;
b) mit stabilisierendem Magnetfeld, dessen Feldlinien stark gekrümmt sind;
c) mit stabilisierendem Magnetfeld, dessen Feldlinien schwach gekrümmt sind.

Leuchtdichten. Man erkennt die Leuchtdichtesteigerung durch die magnetische Einengung, welche sich besonders in Anodennähe auswirkt.

## Literatur

1) Maecker, H.: Z. Naturforschg. 11a (1956) S. 457—459.
2) Bauer, A., P. Schulz: Z. Phys. 155 (1959) S. 614—627.
3) Grabner, H., M. Reger: Techn.-wiss. Abh. Osram-Ges. 7 (1958) S. 61.

# Zusammenhänge zwischen Lichtabsorption und Abklingen der Photolumineszenz*)

Von

H. Dziergwa

Mit 4 Abbildungen

Die Lichtabsorption von Metallionen, die in einem festen Körper gelöst sind, beruht häufig auf verbotenen Übergängen innerer Elektronen. Eine derartige Absorption ist — spektral gesehen — selektiv und naturgemäß schwach. Eine eigenartige Verstärkung tritt auf, wenn man die davon zunächst unabhängige Fundamentalabsorption des Grundgitters durch chemische Eingriffe nach langen Wellen verschiebt. Das Übergangsverbot wird hierdurch gelockert. Der gleiche Effekt wirkt sich auch in der Lumineszenz aus. Das Abklingen ist um so schneller, je mehr Emission und Absorption des Materials spektral zusammenrücken. Ein zweiter anderer Effekt bei der Lumineszenz ist das Nachleuchten langer Dauer, das im Anschluß an exponentielles Abklingen häufig beobachtet wird. Der Grund für das Auftreten ist in dem Umstand zu suchen, daß das Grundgitter an der Lichtabsorption beteiligt ist. Dementsprechend findet man die Erscheinung bei Leuchtstoffen, die mit Mangan einfach aktiviert sind, dagegen nicht bei denen, die wegen ungenügender Grundgitterabsorption einen Hilfsaktivator benötigen.

## 1. Beeinflussung eines Übergangsverbots

Vor längerer Zeit berichteten A. Dietzel und R. Boncke[1]) (1941) über einen merkwürdigen Einfluß von Titandioxid auf die Färbung von Gläsern. Der von ihnen beschriebene Effekt ist leicht erkennbar und von allgemeiner Bedeutung. Dennoch ist anscheinend dieses Phänomen seitdem nicht weiter direkt verfolgt worden; insbesondere ist wenig, was zur Aufklärung beitragen könnte, bekanntgeworden. Es handelt sich dabei um folgendes:

Ein Zusatz von an sich farblosem Titandioxid in Höhe von etwa 20% zu einem Glas, welches eines der Oxide MnO, FeO, NiO, CuO oder $Ce_2O_3$ enthält, verändert deren Farbe gemäß nachstehender Tab. 1. Die mit dem Auge beobach-

Tabelle 1.

| Oxid | ohne $TiO_2$ | mit $TiO_2$ |
|---|---|---|
| MnO | farblos | gelb |
| FeO | blau | gelbbraun |
| NiO | graubraun bis grauviolett | gelbbraun |
| CuO | blau | grün bis gelb |
| $Ce_2O_3$ | schwach gelb | tief gelb bis orangerot |

teten Farbänderungen erwiesen sich im Spektralapparat als eine Vergrößerung der Lichtabsorption im Blau. Diese Lichtabsorption kann weder dem Titandioxid noch dem anderen jeweils beteiligten Metalloxid allein zugeschrieben werden. Sie ist stärker als die Summe der Lichtabsorption beider Oxide. Sie ist demnach kein additiver Effekt, sondern das Ergebnis einer Wechselwirkung.

Auf der Suche nach weiterem Material stellt man fest, daß der Effekt nicht nur an Gläsern beobachtet wird. So findet man einiges, was zu dieser Frage gehört, in der Arbeit von O. Schmitz-du Mont, H. Brokopf und K. Burkhardt[2]), in der sich die Verfasser mit der Lichtabsorption des zweiwertigen Kobalts in oxidischen Koordinationsgittern befassen. Man erfährt, daß auch CoO in die Liste der genannten Oxide aufgenommen werden kann. Der Effekt

*) Originalmitteilung.

ist nämlich, wie DIETZEL und BONCKE angeben, bei Kobalt enthaltenden Gläsern nur schwer festzustellen. Offenbar ist eine so hohe Konzentration an $TiO_2$ erforderlich, wie sie ein Glas nicht aufnehmen kann. Der Effekt wird aber verstärkt und sichtbar gemacht, wenn das $TiO_2$ keine Beimengung mehr darstellt, sondern der wesentliche Bestandteil eines kristallinen Grundmaterials ist. Dem Einfluß des $TiO_2$ ist es zuzuschreiben, daß pulverförmiges Magnesiumtitanat mit gelöstem CoO blaugrün erscheint. Der grüne Anteil ist auf eine zusätzliche Lichtabsorption im kurzwelligen Teil des sichtbaren Spektrums zurückzuführen. Ohne diese Zusatzabsorption wäre die Farbe blau, wie es beim Magnesiumstannat der Fall ist, welches ebenfalls als inverser Spinell kristallisiert. Weiter entnimmt man, daß Rinmans Grün, die bekannte feste Lösung von einigen Prozent CoO in ZnO, seine ungewöhnliche Farbe einer ebensolchen zusätzlichen Lichtabsorption im Blau verdankt. Offenbar wirkt hier das ZnO — nicht verdünnt durch andere Oxide — besonders stark mit seiner Fundamentalabsorption, deren Kante bei 385 nm an der Grenze des sichtbaren Gebiets liegt. Demnach ist der genannte Effekt nicht eine spezifische Eigenschaft des $TiO_2$ oder der Struktur, insbesondere der Koordination, sondern eine Folge der Lichtabsorption des Grundmaterials. Wie die Verhältnisse liegen, zeigen die Abb. 1 und 2 an Hand eigener Messungen der Pulverreflexion. Man erkennt zunächst die Grundgitterabsorption der reinen Materialien und sieht, daß die Kante, ausgehend vom $Mg_2SnO_4$ zum $Mg_2TiO_4$ und schließlich zum ZnO, bei immer längeren Wellen zu liegen kommt. Diesen Substanzen wurde eine geringe Menge CoO zugefügt, wobei der Anteil pro Sauerstoffgehalt der Verbindung jeweils der gleiche war. An den gemessenen Kurven erkennt man weiter, daß ganz entsprechend der obigen Reihenfolge die spezifische Absorptionsbande des eingebauten CoO jeweils immer stärker hervortritt. Der Verstärkungseffekt beschränkt sich jedoch nicht nur auf die eigentliche Bande. Gerade die nicht strukturierte, kontinuierliche und schwache

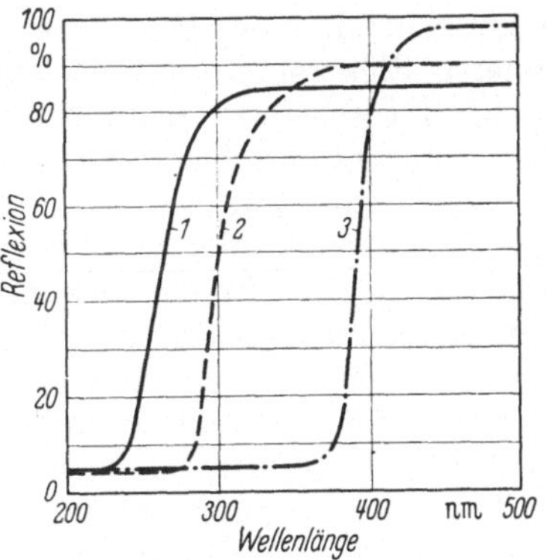


Abb. 1. Werte der diffusen Pulverreflexion der reinen Grundmaterialien.

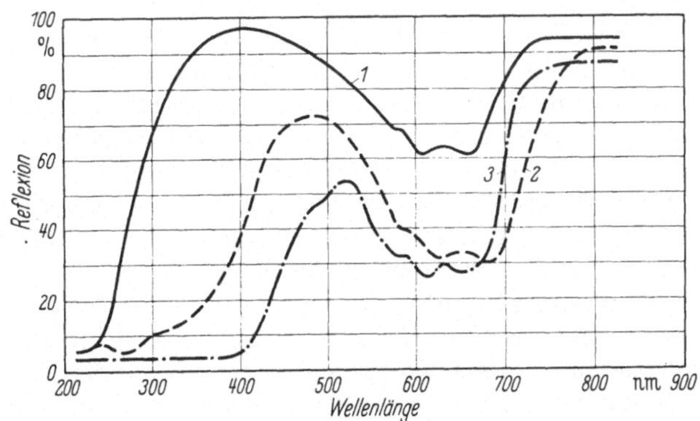


Abb. 2. Pulverreflexion von Grundmaterial mit eingebautem Kobaltoxid (Konstantes Verhältnis Kobalt : Sauerstoff). Kurve *1*: $2MgO \cdot 1SnO_2 \cdot 0{,}01\,CoO$; Kurve *2*: $2MgO \cdot 1TiO_2 \cdot 0{,}01\,CoO$; Kurve *3*: $1\,ZnO \cdot 0{,}0025\,CoO$.

Untergrundabsorption wird besonders betroffen, und zwar um so stärker, je geringer der spektrale Abstand zur Grundgitterabsorption ist.

Zur Erklärung des beschriebenen Phänomens sei folgende Annahme gemacht: Die zusätzliche Lichtabsorption im blauen Spektralbereich ist den $Mn^{++}$, $Fe^{++}$, $Co^{++}$, $Ni^{++}$, $Cu^{++}$ und $Ce^{3+}$-Ionen zuzuschreiben. Auch in Gläsern, die kein $TiO_2$, PbO oder ZnO enthalten, sollen Terme, welche derartigen Übergängen entsprechen, vorhanden sein. Diese Terme sollen nicht durch Valenzelektronen, sondern durch die inneren abgeschirmten Elektronen des betreffenden paramagnetischen Ions erzeugt werden. In dem Spektralbereich (Blau), der hier in Betracht kommt, soll diese Lichtabsorption jedoch außerordentlich schwach sein entsprechend einem Übergangsverbot, welchem die Lichtabsorption durch diese inneren Elektronen unterworfen ist. Der Effekt soll nun darin bestehen, daß — spektral gesehen — beim Näherrücken einer Fundamentalabsorption, bewirkt durch Zusatz von $TiO_2$, PbO oder ZnO, das Übergangsverbot aufgelockert wird, und zwar um so stärker, je geringer der spektrale Abstand zwischen der Absorptionskante der Fundamentalabsorption einerseits und dem verbotenen Übergang andererseits ist. Infolge des Zusammenhanges zwischen Übergangswahrscheinlichkeit und Lebensdauer des angeregten Zustandes läßt sich die eben gemachte Annahme auch so formulieren: Starke optische Übergänge, wie sie eine Fundamentalabsorption darstellt, beeinflussen spektral benachbarte verbotene Übergänge in der Weise, daß die Lebensdauer der Anregungszustände, welche durch diese verbotenen Übergänge entstehen, verkürzt wird.

Man sieht, daß die hier gemachte Annahme sehr allgemein gehalten ist und dementsprechend, falls sie richtig ist, einen Kreis von Phänomenen erfassen müßte, der wesentlich größer ist als der hier beschriebene. Hier sei der Versuch gemacht, das Abklingen der Lumineszenz in die Betrachtung einzubeziehen, weil ja das Abklingen geradezu die Stärke eines Übergangsverbots demonstriert. Lumineszenz entsteht immer durch einen verbotenen Übergang. Denn selbst die kürzeste Abklingzeit, die man in einem anorganischen Leuchtstoff beobachtet, ist immer noch länger als die Lebensdauer eines angeregten Zustandes im festen Körper, wenn er vom Grundzustand aus durch einen erlaubten Übergang erreicht wird, also durch Fundamentalabsorption entsteht. Die Lebensdauer eines derartigen Zustandes dürfte kürzer als $10^{-10}$ Sekunden sein. Demgegenüber ist beim Lumineszenzvorgang die Lebensdauer des angeregten Zustandes um Größenordnungen länger. Wenn man aber den Lumineszenzvorgang als einen Prozeß zu betrachten hat, der durch den verbotenen Übergang eines Leuchtelektrons entsteht, dann müßte auch der oben beschriebene Effekt sich auf den zeitlichen Ablauf dieses Prozesses auswirken. Wenn die gemachte Annahme richtig ist, müßte die Lebensdauer des angeregten Zustandes durch den Effekt verkürzt werden, und zwar um so mehr, je geringer der spektrale Abstand zwischen der Emission und der benachbarten Absorptionskante ist. Eine derartige Fundamentalabsorption ist nun notwendigerweise immer vorhanden, wenn es sich um einen Leuchtstoff handelt, der durch ultraviolette Strahlung gut anregbar ist. Eine große Zahl von Leuchtstoffen, die zur Anwendung kommen, hat man so entwickelt, daß die starke Lichtabsorption bei 250 nm zu liegen kommt. Es ist jetzt lediglich eine logische Folgerung, daß bei allen derartigen Stoffen die Lumineszenz dann kurzlebig sein muß, wenn sie ultraviolett ist, wohingegen die längste Lebensdauer bei den rot leuchtenden Stoffen zu finden sein müßte. Der Verfasser hat bereits in einer früheren Arbeit eine Reihe von Beispielen für diese Regel gebracht[3]). Kürzlich hat E. G. Rasch[4]) über ein Beispiel berichtet, in dem die Regel besonders gut zum Vorschein kam. Es handelt sich um das Calciumorthophosphat mit Zinnaktivierung. Man entnimmt der folgenden Tabelle, daß unter

Umständen drei verschiedene Emissionsbanden zu beobachten sind. Ein derartiger Fall ist bei einem Stoff, der nur einen Aktivator enthält, schon ziemlich selten. Die Abklingzeiten unterscheiden sich um eineinhalb Zehnerpotenzen.

Tabelle 2.

| Material | Glühtemperatur | Emission | Abklingzeit |
|---|---|---|---|
| $Ca_3(PO_4)_2 \cdot SnO$ α-Modifikation | 1180 °C | 345 nm<br>490 nm | 0,7 μs<br>9,5 μs |
| $Ca_3(PO_4)_2 \cdot SnO$ β-Modifikation | 1050 °C | 400 nm<br>490 nm<br>640 nm | 0,8 μs<br>12,5 μs<br>26,0 μs |

## 2. Einfluß von Haftstellen

Eine ganz andere Erscheinung, die beim Nachleuchten häufig zu beobachten ist, hängt ebenfalls mit der Lichtabsorption zusammen. Es handelt sich um das exponentielle Abklingen mit langsamem Ausläufer. Dieser zeigt sich, wenn die

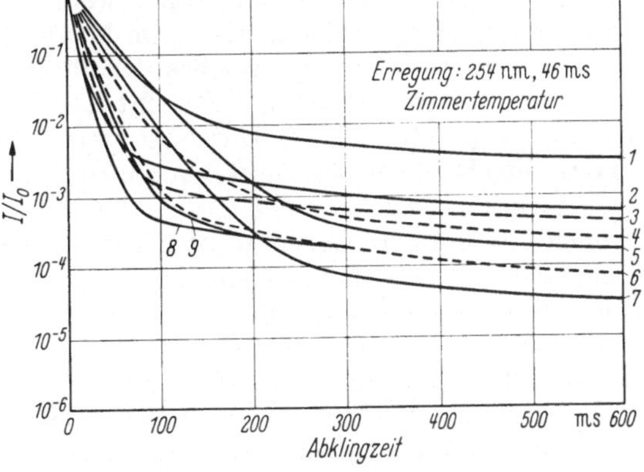


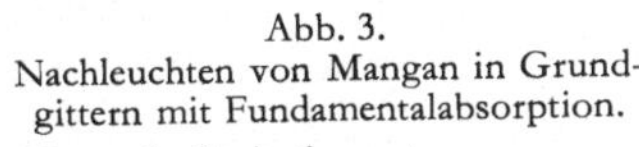

Abb. 3. Nachleuchten von Mangan in Grundgittern mit Fundamentalabsorption.

Kurve *1*: Ca-Antimonat;
Kurve *2*: Zn-Be-Silikat, orange;
Kurve *3*: Zn-Be-Silikat, gelb;
Kurve *4*: Cd-Chlorapatit;
Kurve *5*: Cd-Silikat;
Kurve *6*: Zn-Silikat;
Kurve *7*: Cd-Borat;
Kurve *8*: Cd-Germanat;
Kurve *9*: Zn-Germanat.

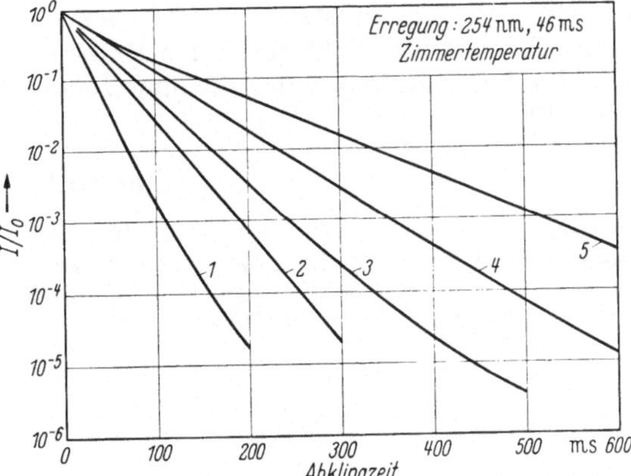


Abb. 4. Nachleuchten von Mangan in nichtabsorbierenden Grundgittern.

Kurve *1*: Ca-Halophosphat (Sb, Mn);
Kurve *2*: (Ba Sr, Li)-Silikat (Ce, Mn);
Kurve *3*: Ca-Silikat (Pb, Mn);
Kurve *4*: $Ca_3(PO_4)_2$ (Ce, Mn);
Kurve *5*: $ZnF_2$ (Ti. Mn).

Lumineszenz über mehrere Dekaden streng exponentiell abgeklungen ist, in einem verbleibenden restlichen Leuchten von wesentlich längerer Dauer. Es tritt sehr häufig bei Leuchtstoffen auf, welche mit Mangan aktiviert sind, jedoch nicht bei allen. Eine Musterung aller in Betracht kommenden Leuchtstoffe ergibt, daß das lange Nachleuchten nur an den einfach aktivierten Leuchtstoffen, insbesondere den Zink- und Cadmiumverbindungen zu beobachten ist. Die Abb. 3 zeigt eine Reihe derartiger Abklingkurven. In Abb. 4 sind als Gegenbeispiele die Abklingkurven einer Reihe von doppelaktivierten Leuchtstoffen dargestellt. Bei den letzteren ist das Nachleuchten bis zur Beobachtungsgrenze streng exponentiell.

Sucht man nach einer Erklärung des beschriebenen Unterschiedes, so muß man sich vergegenwärtigen, daß das Nachleuchten langer Dauer nicht eine Eigenheit isolierter Ionen sein kann. Es ist hierfür vielmehr notwendig — wenn es sich um anorganische Stoffe handelt — die Mitwirkung des Grundgitters oder — wenn es sich um organische Leuchtstoffe handelt — eine gewisse räumliche Ausdehnung einer größeren Molekel. Es läßt sich deshalb der Schluß ziehen, daß bei den einfach aktivierten Leuchtstoffen mit Mangan das Grundgitter am Lumineszenzprozeß mitbeteiligt ist. Man kann sogar noch weiter gehen und sagen, daß das Grundgitter deswegen beteiligt ist, weil es einen Teil der einfallenden ultravioletten Strahlung unmittelbar absorbiert und erst in zweiter Linie an den Aktivator überträgt. Allen Stoffen nämlich, die außer Mangan keinen zusätzlichen Aktivator benötigen, ist eine starke Fundamentalabsorption gemeinsam. In der Regel wird diese Absorption hervorgerufen durch das ZnO oder das CdO, welches in die Verbindung eingeht. Der Effekt tritt aber auch auf, wenn die Lichtabsorption anionisch ist, wie es beim Calciumantimonat und beim Magnesiumstannat der Fall ist. Hier ist es das $Sb_2O_5$ bzw. das $SnO_2$, welches die ultraviolette Lichtabsorption bewirkt. Allerdings muß betont werden, daß nicht das Grundgitter allein am Vorgang der Lichtabsorption beteiligt ist. Die Absorption des Grundmaterials ist vielmehr durch das eingebaute Mangan etwas modifiziert in der Art, daß eine starke zusätzliche Absorption, welche nicht durch die inneren, sondern durch die Valenzelektronen des Mangans hervorgerufen wird, mit der Absorption des Grundmaterials zu einer einheitlichen Absorptionskante verschmilzt. Beide Anteile lassen sich nicht trennen. Daß das Grundgitter aber tatsächlich an der Absorption teilhat, erkennt man unter anderem auch an eben diesem Nachleuchten langer Dauer. Damit es auftritt, ist allerdings neben den gemachten Voraussetzungen noch eine weitere Bedingung zu erfüllen: Es müssen Haftstellen vorhanden sein. Das ist nicht immer der Fall, jedoch sehr häufig. In der Regel dürfte es sich hierbei um Kationenleerstellen handeln. Das bekannteste Beispiel hierfür ist ja das Zinksilikat(Mn). In diesem Material wird der Charakter der Haftstellen dadurch evident, daß sich ihre Zahl durch den Einbau von $As_2O_3$ oder $Ga_2O_3$ vermehren, jedoch durch den Einbau von $Li_2O$ ohne Lichtverlust um Zehnerpotenzen herabsetzen läßt.

## Literatur


[1]) Dietzel, A., R. Boncke: Glastechn. Ber. 19 (1941) S. 217; 22 (1949) S. 179.

[2]) Schmitz-du Mont, O., H. Brokopf, K. Burkhardt: Z. anorg. allg. Chem. 295 (1958) S. 7.

[3]) Dziergwa, H., H. Panke: Z. Phys. 142 (1955) S. 259.

[4]) Rasch, E. G.: Phys. Verh. 10 (1959) S. 159.

# Die Lumineszenz eines Cadmiumgermanates der Zusammensetzung 1 CdO · 4 $GeO_2$*)

Von

H. Lange

Mit 7 Abbildungen

Es ist bekannt, daß zwischen einigen manganaktivierten Silikaten und Germanaten, z. B. denen von Magnesium, Calcium und Zink, sowohl in der Struktur als auch in der Lumineszenz eine enge Verwandtschaft besteht. Die Cadmiumverbindungen dagegen verhalten sich anders. Während das Silikat des Cadmiums noch hinreichend lumineszíert, läßt sich das Germanat nicht zur Lumineszenz anregen, obwohl für die erregende Strahlung (Hg-Resonanzlinie bei 253,7 nm) eine ausreichende Absorption vorhanden ist. Die vorliegende Untersuchung wird aber zeigen, daß im System CdO-$GeO_2$ dennoch ein Verbindung existiert, die ein ganz ausgezeichnetes Lumineszenzvermögen besitzt.

Die Präparate wurden in der üblichen Weise durch Festkörpersynthese hergestellt. Beim Glühen (1020—1060° C) mußten stärkere Oxidationsmittel wie auch Reduktionsmittel ausgeschlossen werden. Im ersten Falle bestand die Gefahr einer unerwünschten Oxidation des Mangans, im zweiten die Möglichkeit der Reduktion zu metallischem Cadmium. Ausreichenden Schutz dagegen bot das Glühen in Quarzampullen mit einer kleinen Öffnung zum Austritt des $CO_2$.

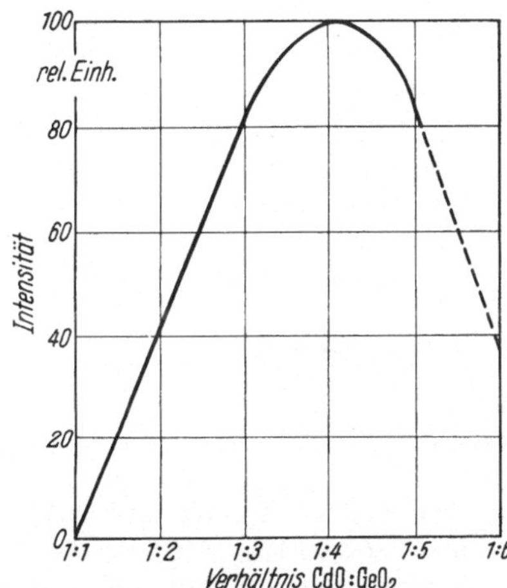


Abb. 1. Abhängigkeit der Lumineszenzintensität von der Zusammensetzung 1 CdO · n $GeO_2$ · 0,05 MnO.

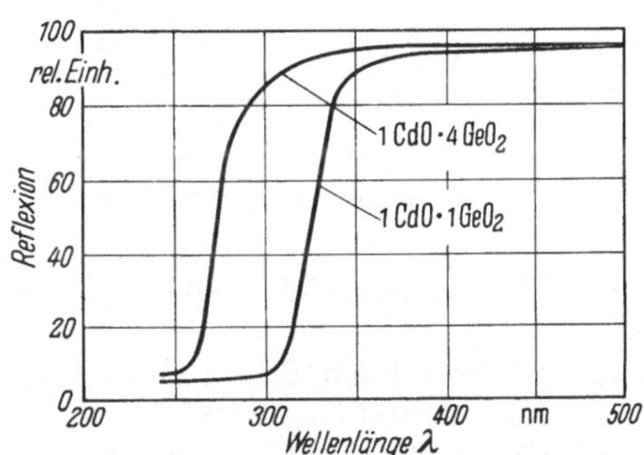


Abb. 2. Reflexionsspektren von Cadmiumgermanat-Verbindungen.

Die ersten orientierenden Versuche ergaben, daß ein stöchiometrisch zusammengesetztes Cadmiummetagermanat(Mn) nicht lumineszenzfähig ist. Erst nachdem der $GeO_2$-Anteil erhöht wurde, beobachtete man eine orangefarbene Lumineszenz. Sie nimmt mit dem $GeO_2$-Gehalt stetig zu, bis sie, bei einem Verhältnis von 1 CdO : 4 $GeO_2$, ein Maximum erreicht (Abb. 1). Der außergewöhnlich große Gehalt an $GeO_2$, bei dem das Intensitätsmaximum auftritt, läßt vermuten, daß sich hier eine neue Verbindung gebildet hat. Darauf weisen auch die Reflexionsspektren hin, die ein besonders kritisches Hilfsmittel sind, die Existenz neuer Verbindungen nachzuprüfen. Die Spektren stöchiometrischer und von Zusätzen freier Verbindungen zeichnen sich nämlich durch steile Absorptionskanten aus.

*) Originalmitteilung.

Abb. 2 zeigt, daß dies sowohl für das Metagermanat als auch für das 1 : 4-Cd-Germanat der Fall ist.

Endlich läßt sich an Hand der Röntgenspektren einwandfrei nachweisen, daß es sich hier um eine neue, bisher nicht bekannte, Verbindung handelt. Tab. 1 enthält die Reflexe mit den entsprechenden Intensitäten. Das Diagramm unterscheidet sich grundsätzlich von dem des Metagermanates.

Tabelle 1.
Röntgenspektrum des 1 : 4-Cd-Germanates

| $d$ | $I/I_0$ | $d$ | $I/I_0$ | $d$ | $I/I_0$ |
|---|---|---|---|---|---|
| 8,06 | 30 | 2,82 | 100 | 2,07 | 5 |
| 5,65 | 5 | 2,73 | 35 | 1,99 | 5 |
| 5,04 | 5 | 2,65 | 30 | 1,91 | 10 |
| 4,00 | 30 | 2,58 | 35 | 1,88 | 10 |
| 3,58 | 30 | 2,40 | 25 | 1,79 | 5 |
| 3,12 | 15 | 2,31 | 10 | 1,77 | 15 |
| 3,02 | 5 | 2,30 | 10 | 1,75 | 20 |

Das 1 : 4-Cd-Germanat besitzt eine besonders gute Lumineszenzfähigkeit. Bereits ohne Zusatz eines Aktivators lumineszierte die Verbindung im Violetten (Abb. 3) mit einer Ausbeute von 71,5% bei $-180°$ C (Magnesiumwolframat

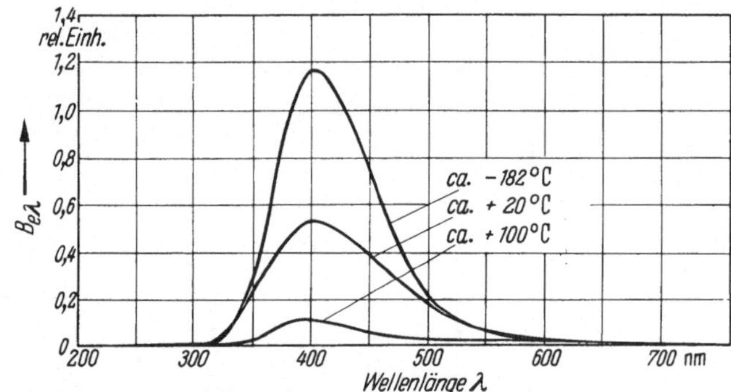


Abb. 3. Temperaturabhängigkeit der spektralen Energieverteilung von 1 CdO · 4 $GeO_2$.

= 100%). Man kann diesen Stoff zur Klasse der Reinstoffphosphore zählen, deren charakteristische Eigenschaften auch hier beobachtet werden: kurzes Nachleuchten ($3 \cdot 10^{-5}$s) und starke Temperaturabhängigkeit. Schon bei 100° C verschwindet die Lumineszenz.

Als Aktivatoren kommen Blei und Mangan in Frage. Die bleiaktivierte Verbindung lumineszierte grün, mit einem außerordentlich breiten Spektrum von mittelmäßiger Ausbeute (etwa 50%), das von 350 nm bis 750 nm reicht. Im Gegensatz zum Reinstoff ist beim 1 : 4-Cd-Germanat (Pb) die Temperaturstabilität bedeutend besser, noch bei 400° C kann man die Lumineszenz beobachten. Das Nachleuchten ist verhältnismäßig lang, es dauert etwa $^1/_{10}$ s.

Eine besonders hohe Quantenausbeute wird erzielt, wenn man Mangan als Aktivator verwendet. Sie übertrifft die des Magnesiumwolframats um 5%. Der Schwerpunkt des Spektrums liegt im Orange bei 610 nm (Abb. 4). Erst oberhalb 300° C erlischt die Lumineszenzfähigkeit.

Vergleicht man dieses Spektrum mit anderen Spektren manganaktivierter Verbindungen, wie z. B. Zinkberylliumsilikat(Mn), Magnesiumsilikat(Mn) oder Calciumsilikat(Mn, Pb), so fällt auf, daß hier bei Variation der Temperatur keine größeren Farbverschiebungen auftreten. Dies deutet ebenso wie die Form der spektralen Energieverteilung darauf hin, daß das Spektrum nur aus einer einzigen Bande besteht, wenn man von dem kurzwelligen Ausläufer absieht, der ohne Zweifel zum Reinstoff gehört.

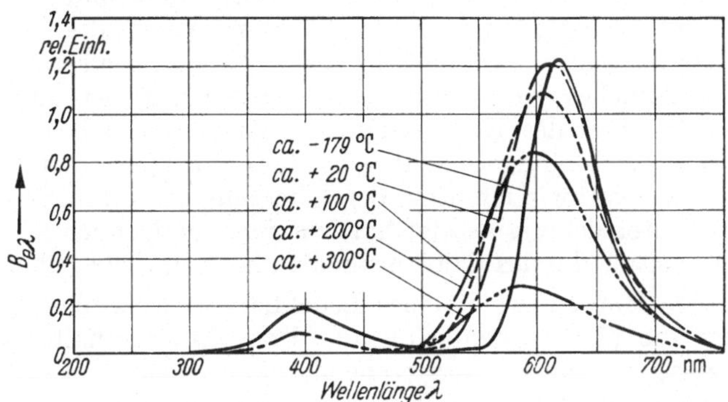


Abb. 4. Temperaturabhängigkeit der spektralen Energieverteilung von 1 CdO · 4 $GeO_2$ · 0,05 MnO.

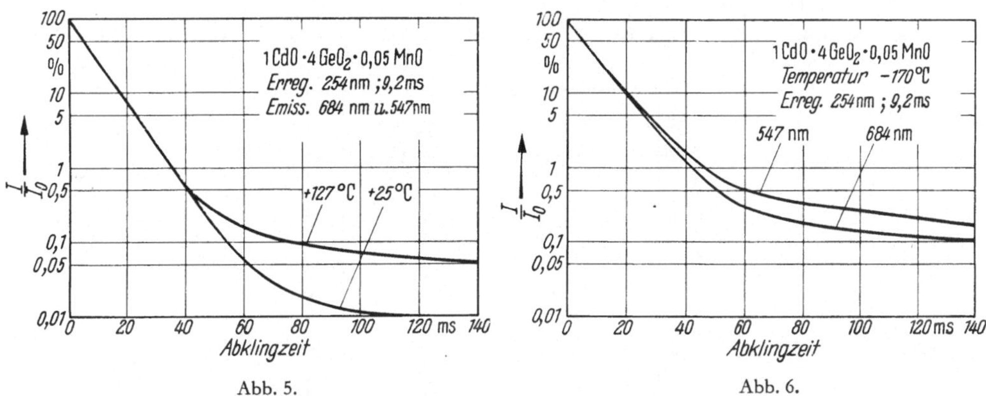


Abb. 5. Nachleuchten von 1 CdO · 4 $GeO_2$ · 0,05 MnO.

Abb. 6. Nachleuchten von 1 CdO · 4 $GeO_2$ · 0,05 MnO.

Auch durch Nachleuchtmessungen läßt sich nur eine Bande nachweisen. Würde sich nämlich das Spektrum aus mehreren Banden mit verschiedenen Abklingkonstanten zusammensetzen, so müßte das Nachleuchten an der kurzwelligen Seite verschieden von dem an der langwelligen sein. Die Abb. 5 und 6 aber zeigen, daß das Nachleuchten bei 25 und 127° C gar nicht und bei —175° C nur wenig von der spektralen Lage des ausgefilterten Bereiches abhängt, d. h. das Spektrum ist wirklich einbandig.

Tabelle 2.
Lumineszenz des 1 : 4-Cd-Germanates

| Aktivator | Lage des Maximums | Quantenausbeute*) | Grenztemperatur | Nachleucht. |
|---|---|---|---|---|
| ohne | 410 nm | 71,5% | 100° C | $3 \cdot 10^{-5}$ s |
| Blei | 510 nm | 48,5% | 400° C | $1 \cdot 10^{-1}$ s |
| Mangan | 610 nm | 105,0% | 300° C | $1 \cdot 10^{-2}$ s |

*) Magnesiumwolframat = 100%.

Tab. 2 enthält als Übersicht noch einmal die wichtigsten Daten über die Lumineszenz der neuen Verbindung.

Die Tatsache, daß aus einem Reinstoffphosphor durch Aktivierung mit Mangan ein Leuchtstoff mit technischem Wirkungsgrad präpariert werden kann, zeichnet diesen Stoff vor allen anderen aus. Die Existenz einer solchen Verbindung war nicht vorauszusehen. Im System $CaO$-$CdO$-$SiO_2$-$GeO_2$ waren bisher als lumineszenzfähige Verbindungen bei UV-Erregung nur $CaSiO_3$(Mn, Pb), $CdSiO_3$(Mn) und $CaGeO_3$(Mn) bekannt, Verbindungen, die aus dem $CaSiO_3$ hervorgehen, wenn man Ca durch Cd oder Si durch Ge ersetzt. Sie alle zeigen ein wollastonitähnliches Röntgenspektrum. Merkwürdig ist nun aber, daß bei gleichzeitigem Wechsel des Kations und des Anions, also beim Übergang vom Calciumsilikat zu Cadmiumgermanat, eine neue Struktur entsteht und zugleich die Lumineszenz verschwindet. Erst der Übergang zum 1 : 4-Cd-Germanat(Mn) führt, wie die Untersuchung gezeigt hat, zu einer lumineszierenden Verbindung, deren Ausbeute sogar die des Calciumsilikates noch um 20% übertrifft.

Die technische Brauchbarkeit eines Leuchtstoffes wird in erster Linie durch das Spektrum, die Lichtausbeute und das Brenndauerverhalten bestimmt. Der spektralen Energieverteilung entsprechend, könnte das 1 : 4-Cd-Germanat(Mn) das Zinkberylliumsilikat(Mn) oder das Calciumsilikat(Mn, Pb) ersetzen. Die Lichtausbeute von 55 lm/W (40 W-Lampe) liegt bedeutend höher als die der genannten Leuchtstoffe. Dagegen ist das Brenndauerverhalten noch nicht befriedigend und zeigt außerdem einen ungewöhnlichen Verlauf (Abb. 7). Während

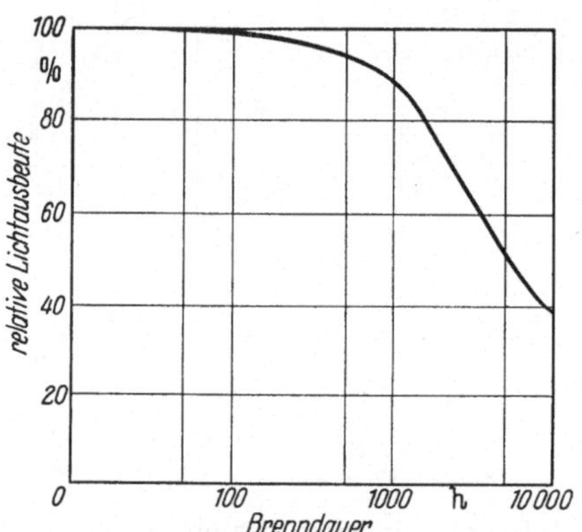


Abb. 7. Brenndauerverhalten von 1 $CdO \cdot 4\, GeO_2 \cdot 0{,}05\, MnO$.

die üblichen Leuchtstoffe ihren größten Abfall bereits nach wenigen Stunden haben, setzt beim 1 : 4-Cd-Germanat erst nach 1000 h ein stärkerer Abfall ein, der dann ständig weiter zunimmt. Eine technische Verwendung dieses Leuchtstoffes wird erst dann möglich sein, wenn es gelingt, das Brenndauerverhalten zu verbessern.

# Photometrische und polarographische Bestimmung von Nitratspuren in Erdalkalicarbonaten*)

Von

G. GOTTSCHALK und P. DEHMEL

Mit 1 Abbildung

## 1. Problemstellung

Sofern die zur Verwendung als Emitter präparierten Erdalkalicarbonate direkt aus entsprechenden Nitraten hergestellt werden, enthalten sie stets geringe Mengen an mitgerissenem oder okkludiertem Nitrat. Es ist nicht unwahrscheinlich, daß $NO_3^-$-Gehalte in der Größenordnung von 0,1—1% während des Formierprozesses merkliche Mengen des W-Metalles der Wendel in Oxid überführen. Ob diese Primärkorrosion tatsächlich die Lebensdauer des Wendel-Oxidsystems beeinflußt, ist jedoch nicht eindeutig geklärt, da bisher zuverlässige Trenn- und Bestimmungsverfahren für $NO_3^-$-Spuren für diesen speziellen Fall fehlten. Eine neu entwickelte bewährte Arbeitsmethode wird im folgenden beschrieben.

Die analytische Problemstellung kann unterteilt werden in Auffindung

a) hochempfindlicher, schneller Analysenmethoden zur genauen Erfassung kleiner Nitrat-Mengen

b) zuverlässiger Trennmethoden zur Abtrennung der eventuell störenden großen Mengen an Erdalkali-Ionen.

## 2. Photometrisches Bestimmungsverfahren[1])

Als brauchbar erwies sich die Überführung von Salicylsäure in die intensiv gelbe Nitrosalicylsäure (alkalisches Medium), die noch eine Erfassung von 5 $\mu g$ $NO_3^-$ erlaubt, wenn folgende Arbeitsbedingungen eingehalten werden:

Gerät: Eppendorf-Photometer

Licht: Hg 405 nm (Photozelle 90 b oder 90 s)

Küvette: $d = 4{,}000$ cm Schichtdicke (bis 300 $\mu g$ $NO_3^-$)
$d = 2{,}000$ cm Schichtdicke (bis 620 $\mu g$ $NO_3^-$)

Arbeitsvolumen: 100 ml (Meßkolben)

Das LAMBERT-BEERsche Gesetz wird im Bereich von 5—620 $\mu g$ $NO_3^-$ streng erfüllt, wobei als Extinktionskoeffizient

$$405 \text{ nm}: [\bar{\varepsilon}] = 11{,}513 \pm 0{,}057 \text{ cm}^2\, \mu\text{Mol}^{-1}$$

anzusetzen ist.

Die Standardabweichung des Grundverfahrens wurde zu

$$s_K = \pm \frac{4{,}4}{d} \qquad \mu g\ NO_3^-$$

gefunden.

Lediglich $SO_4^{2-}$ und Alkalien (außer $NH_4^+$) sind bis zu einer Konzentration von 0,5 molar ohne Einfluß. Halogenide stören stark, so daß eine Auflösung der Erdalkalicarbonate in HCl mit anschließender direkter Bestimmung nicht durchgeführt werden kann.

*) Originalmitteilung.

## 3. Polarographisches Bestimmungsverfahren[2])

Das polarographische Verfahren mit Uranylacetat als Katalysator gestattet die Bestimmung von 0,3 bis 1,5 mg $NO_3^-$, wenn folgende Arbeitsbedingungen eingehalten werden:

Gerät: Radiometer-Polarograph PO 3 m
Spannungsbereich: $-0{,}5$ bis $-1{,}4$ Volt
Ausschlagsfaktor: $K_{75} = (4{,}359 \pm 0{,}070) \cdot 10^{-4}\ \mu A \cdot mm^{-1}$
Arbeitsvolumen: 50 ml (Meßkolben)
Arbeitstemperatur: $20 \pm 0{,}5°$ C (Polarographiergefäß mit Kühlmantel)

Im angegebenen Bereich wird das Lineargesetz

$$c = A_1 \cdot A_2 \frac{K_{75}}{[x]} \cdot h \qquad \mu Mol \cdot cm^{-3}$$

$$= 4{,}5627 \cdot 10^{-5} \cdot A_1 \cdot A_2 \cdot h \qquad mg\ NO_3\ (in\ 50\ ml)$$

erfüllt. $A_1$ und $A_2$ sind am Gerät ablesbare Verstärkungsfaktoren. $h = h_x - h_B$ gibt die Nitratstufenhöhe in Millimeter an, wobei vom Meßwert $h_x$ der Stufenanteil des Urans

$$h_B = \frac{2798}{A_1 \cdot A_2}\ mm$$

abgezogen werden muß.

Als Stufenkoeffizient wurde gefunden:

$$[x] = 29{,}62 \pm 0{,}40 \qquad \mu A \cdot \mu Mol^{-1}\ cm^3$$

Die Standardabweichung des Grundverfahrens ergab sich zu

$$s_K = \pm 22 \cdot 10^{-6} A_1 \cdot A_2\ mg\ NO_3^-$$

Im Gegensatz zum photometrischen Verfahren stört $Cl^-$ hier praktisch nicht. Da aber Fremdkationen starke Veränderungen der Stufenhöhen bedingen, müssen die Erdalkalien abgetrennt werden.

## 4. Trennverfahren

Durch Aufschlämmung der Carbonate in siedendem $H_2O$ und anschließende Filtration werden nur 1—3% der gesamten vorhandenen Nitratmenge erfaßt. Die herausgelöste $NO_3^-$-Menge wächst einerseits mit der Menge der Einwaage und andererseits mit der $H_2O$-Menge sowie der Erhitzungs- und Rührzeit. Dieser beobachtete Effekt zeigt, daß selbst durch längere und wiederholte Waschungen der gefällten Carbonate Nitrat nur unvollständig entfernbar ist. Offenbar ist die Hauptmenge der Nitratverunreinigungen okkludiert und nur relativ wenig adsorbiert.

Eine Auflösung der Einwaagen in Säuren (vorzugsweise HCl) und eine nachfolgende Nitratbestimmung ist praktisch nicht möglich, da das photometrische Verfahren durch den großen Anionenüberschuß und das polarographische Verfahren durch den Kationengehalt stark gestört wird.

Auflösung und Abtrennung der Erdalkaliionen kann in einem Arbeitsgang durch ein „batch"-Ionenaustauscherverfahren durchgeführt werden. Hierzu läßt man einen stark sauren Kationenaustauscher in der $H^+$-Form (z. B. Permutit RS/$H^+$) mit der festen Einwaage reagieren. Im ablaufenden Eluat befinden sich die Anionenspuren.

$$2\,\boxed{R}H + MeCO_3 \rightarrow \boxed{R}_2 Me + CO_2 + H_2O$$

$$2\,\boxed{R}H + Me(NO_3)_2 \rightarrow \boxed{R}_2 Me + 2\,HNO_3$$

## 5. Prüfungsvorschrift

### 5.1 Trennung

$G = 100$ mg der Probesubstanz werden eingewogen und in das Ionenaustauscher-Rührgefäß (Abb. 1) geklopft (Differenzwägung), nachdem der Flüssigkeitsspiegel bis zur Oberfläche des frisch regenerierten und auf $p_H > 5$ gewaschenen Harzes abgelassen wurde. Man pipettiert 10 ml $H_2O$ ein, bedeckt mit einem Uhrglas und wartet das Abklingen der $CO_2$-Entwicklung ab. Nach Spülen des Uhrglases mit wenigen ml $H_2O$ wird die Harz-Suspension 10 Minuten gerührt. Danach wird der Rührer mit einigen Tropfen $H_2O$ abgespritzt und die klare (!) Lösung nach Einführen des Aufsatzes bis zur Harzoberfläche abgedrückt. Es wird mit 5 Portionen von 10 ml $H_2O$ nachgewaschen, wobei vor jeder Zugabe bis zur Harzoberfläche abzulassen ist. Die Eluate von 60—65 ml werden in einem 150 ml Becherglas aufgefangen und durch tropfenweisen Zusatz von 2 n NaOH auf $p_H = 9 - 11$ gebracht. Man dampft vor dem Brenner auf 5—10 ml ein.

Nach Verarbeitung von 4 Proben von je $G = 100$ mg muß regeneriert werden. Hierzu wird 4 mal mit je 25 ml 3 n HCl beschickt, wobei die einzelnen HCl-Portionen jeweils nach 5 Minuten Einwirkung abgedrückt werden. Man wäscht mit Portionen von je 25 ml $H_2O$ neutral.

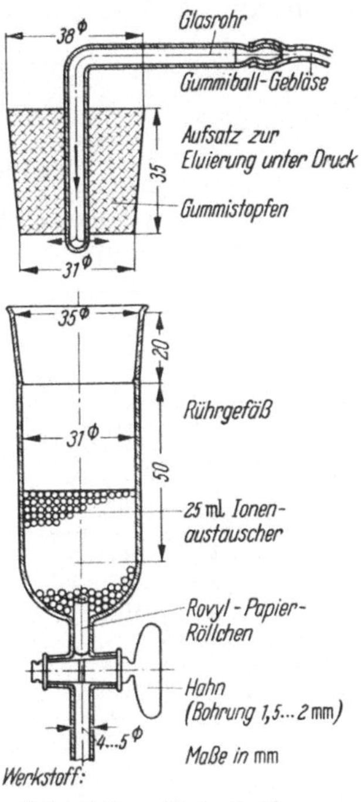


Abb. 1. Ionenaustauscher-Rührgefäß. Maßstab 1 : 2,5.

### 5.2 Photometrie

Die eingeengten Eluate werden in Hartglas-Casserollen überführt, wobei 4 mal 5 ml $H_2O$ zum Nachwaschen des Becherglases dienen. Nach Zugabe von 5 ml 0,1 m Na-Salicylat (in $H_2O$ gelöst) und 0,5 ml 1 m $Na_2CO_3$ wird auf dem Wasserbad zur Trockne eingedampft. Den erkalteten Rückstand versetzt man nach Auflegen eines Uhrglases tropfenweise mit 2 ml konz. $H_2SO_4$, die man unter gelegentlichem Umschwenken 30 Minuten einwirken läßt. Danach wird mit 10 ml $H_2O$ vorsichtig verdünnt und die Suspension (Salicylsäure löst sich erst im alkalischen Medium) mit weiteren 5 Portionen von 10 ml $H_2O$ quantitativ in einen 100 ml Meßkolben übergespült, wobei auch das Uhrglas abzuspritzen ist. Es werden 25 ml 5 n NaOH zugegeben. Die klare gelbe Lösung ist mit $H_2O$ zur Marke aufzufüllen und innerhalb 30 Minuten gegen reines $H_2O$ als Standard zu photometrieren (Meßwert $E_x$).

Nach Umsatz einer Probe im Rührgefäß werden 6 mal 10 ml $H_2O$ durchgegeben und wie die Proben eingeengt, weiterverarbeitet und photometriert. $n_B$ Blindextinktionen $E_B$ werden zu $\overline{E_B}$ gemittelt.

Berechnung:
$$H = \frac{53{,}859}{d} \cdot \frac{E}{G} \qquad \text{Gew. \% } NO_3$$
$$(E = E_x - \overline{E_B})$$

### 5.3 Polarographie

Die eingeengten Eluate werden mit 3 mal 5 ml $H_2O$ in einen 50 ml Meßkolben übergespült und mit 0,50 ml 1 n HCl + 5,0 ml 0,002 m Uranylacetat-Lösung + 2,5 ml 2 m KCl versetzt. Man füllt mit $H_2O$ zur Marke auf. Nach einmaligem Spülen des 8—10 ml fassenden Polarographiergefäßes mit der Lösung wird ein frischer Lösungsanteil eingefüllt und für 15 Minuten ein kräftiger Formiergasstrom durchgeleitet, wobei gleichzeitig auf 20° C temperiert wird (Anschluß an Thermostaten). Man polarographiert und berechnet nach:

$$H = 4{,}563 \cdot 10^{-3}\ A_1 \cdot A_2 \frac{h}{G} \cdot \qquad \text{Gew. \% } NO_3$$

## 6. Praktische Beispiele

Im folgenden werden die Ergebnisse von drei Proben an Ca-, Sr- und Ba-Mischcarbonaten mitgeteilt.

Tabelle 1. Photometrie

| Probe ($d$ in cm) | Nr. | Einwaage $G$ mg | $\overline{E_B}$ ($n_B = 4$) | $E_X$ | $E$ | $H$ Gew. % $NO_3$ | Mittelwerte $\overline{H}$ Gew. % $NO_3$ |
|---|---|---|---|---|---|---|---|
| | 1 | 101,35 | | 1,6273 | 1,5203 | 0,202 | $\overline{H} = 0{,}200$ |
| I | 2 | 100,85 | 0,1070 | 1,5660 | 1,4590 | 0,195 | $s_H = \pm 0{,}006$ |
| (4,000) | 3 | 100,58 | ±0,0130 | 1,6060 | 1,4990 | 0,202 | ($\pm 0{,}001_1$)*) |
| | 4 | 100,50 | | 1,5677 | 1,4607 | 0,200 | |
| | 1 | 100,80 | 0,0701 | 1,0313 | 0,9612 | 0,257 | $\overline{H} = 0{,}261$ |
| II | 2 | 101,15 | | 1,0633 | 0,9932 | 0,264 | $s_H = \pm 0{,}009$ |
| (2,000) | 3 | 100,35 | ±0,0078 | 1,0817 | 1,0116 | 0,272 | ($\pm 0{,}002_2$)*) |
| | 4 | 101,10 | | 1,0073 | 0,9372 | 0,250 | |
| | 1 | 101,15 | 0,0690 | 1,6370 | 1,5680 | 0,417 | $\overline{H} = 0{,}403$ |
| III | 2 | 101,20 | | 1,5523 | 1,4833 | 0,395 | $s_H = \pm 0{,}010$ |
| (2,000) | 3 | 101,00 | ±0,0071 | 1,5567 | 1,4877 | 0,397 | ($\pm 0{,}002_2$)*) |
| | 4 | 101,15 | | 1,5770 | 1,5080 | 0,401 | |

*) ( ) = nach dem $s_k$-Wert des Grundverfahrens zu erwartender $s_H$-Wert.

Gefundene und erwartete $s_H$-Werte unterscheiden sich in jedem Fall statistisch stark gesichert. Die im Mittel 5mal größer gefundene Standardabweichung ist bedingt durch den Austauschprozeß und Inhomogenitäten des Probematerials.

Tabelle 2. Polarographie

| Probe ($A_1 \cdot A_2$) | Nr. | Einwaage $G$ mg | $h_B$ mm | $h_X$ mm | $h$ mm | $H$ Gew. % $NO_3$ | Mittelwerte Gew.% $NO_3$ |
|---|---|---|---|---|---|---|---|
| | 1 | 100,70 | | 46,8 | 28,1 | 0,191 | $\overline{H} = 0{,}205$ |
| I | 2 | 100,25 | 18,7 | 49,3 | 30,6 | 0,209 | $s_H = \pm 0{,}010$ |
| (150) | 3 | 100,30 | | 50,1 | 31,4 | 0,214 | ($\pm 0{,}003_3$) *) |
| | 4 | 100,05 | | 48,9 | 30,2 | 0,207 | |
| | 1 | 101,00 | | 41,9 | 27,9 | 0,252 | $\overline{H} = 0{,}265$ |
| II | 2 | 101,05 | 14,0 | 45,2 | 31,2 | 0,282 | $s_H = \pm 0{,}024$ |
| (200) | 3 | 100,55 | | 45,8 | 31,8 | 0,288 | ($\pm 0{,}004_4$) *) |
| | 4 | 100,30 | | 40,0 | 26,0 | 0,237 | |
| | 1 | 99,65 | | 59,8 | 45,8 | 0,420 | $\overline{H} = 0{,}427$ |
| III | 2 | 100,35 | 14,0 | 61,3 | 47,3 | 0,430 | $s_H = \pm 0{,}005$ |
| (200) | 3 | 100,60 | | 61,6 | 47,6 | 0,432 | ($\pm 0{,}004_4$) *) |
| | 4 | 100,35 | | 61,1 | 47,1 | 0,428 | |

*) ( ) = nach dem $s_K$-Wert des Grundverfahrens zu erwartender $s_H$-Wert.

Gefundene und erwartete $s_H$-Werte unterscheiden sich bei den Proben I und II statistisch stark gesichert, während der Unterschied bei der Probe III rein zufällig ist. Auch hier beruht die größer gefundene Standardabweichung auf zusätzlichen Streuungen durch den Austauschprozeß und Inhomogenitäten des Probenmaterials.

Vergleich der Mittelwerte:

Bei einem Vergleich der photometrischen und polarographischen Ergebnisse nach

$$\tau = \frac{|\bar{H}_1 - \bar{H}_2|}{s_d} \cdot \sqrt{\frac{n_1 \cdot n_2}{n_1 + n_2}} = 2 \frac{|\bar{H}_1 + \bar{H}_2|}{\sqrt{s_1^2 + s_2^2}}$$

(Freiheitsgrad f = 6)

unterscheiden sich die Werte bei I und II statistisch nur rein zufällig ($\tau < 2{,}45$). Der Unterschied bei III ist statistisch gesichert ($\tau > 3{,}71$), doch ist dieser für die Praxis kaum von Bedeutung.

## 7. Zusammenfassung

Der Nitratgehalt von Erdalkalicarbonaten kann nach Auflösung der Proben und Abtrennung der Kationen nach einem „batch"-Austausch an stark sauren Kationenaustauschern in der $H^+$-Form sowohl photometrisch als auch polarographisch bestimmt werden.

Bei Einwaagen von $G = 100$ mg ergibt sich für die Gesamtoperation (Trennung und Bestimmung) eine mittlere Standardabweichung von $\pm 0{,}01$ Gew.% $NO_3$ und eine Bestimmungsgrenze von 0,05 Gew.% $NO_3$.

## Literatur

1) HLUCHÁN, E., I. MAYER: Chem. Zvesti 10 (1956) S. 387 (slowakisch). Referiert in: Z. anal. Chem. 155 (1957) S. 452.

2) KOLTHOFF, I. M., W. E. HARRIS, G. MATSUYAMA: J. Amer. chem. Soc. 66 (1944) S. 1782.

# Ein Beitrag zum System $CaO - SiO_2 - MnO$ *)

Von

**M. HÜNIGER** und **H. RUFFLER**

Mit 15 Abbildungen

Um Einblick in den Reaktionsablauf bei der Bildung des Leuchtstoffes Calciumsilikat-Mn durch thermische Behandlung einer Mischung von Calciumcarbonat, Mangancarbonat und Kieselsäure zu erhalten, wurden die möglicherweise auftretenden Zwischenprodukte hergestellt und ihre Emissionsspektren aufgenommen. Das Spektrum von $\beta$-$CaSiO_3$-Mn ist bekannt. Es wurden die Spektren von $\alpha$-$CaSiO_3 \cdot$ Mn, $Mn_2SiO_4$, $\gamma$-$MnSiO_3$ (Rhodonit) und $(Ca,Mn)SiO_3$ (Bustamit) bestimmt. Bei der Synthese von $\beta$-$CaSiO_3 \cdot$ Mn entstehen zunächst nebeneinander $\beta$-$CaSiO_3$ mit geringerem Mn-Gehalt und Bustamit. Mit Fortschreiten der Reaktion verschwindet der Bustamit als gesonderte Phase, bis alles Mangan in das Gitter des $\beta$-$CaSiO_3$ eingebaut ist. $\alpha$-$CaSiO_3$, in Gegenwart von $MnO + SiO_2$ geglüht, geht in $\beta$-$CaSiO_3$-Mn über. Auch diese Reaktion verläuft über Bustamit als Zwischenprodukt.

*) Originalmitteilung.

## 1. Einleitung

Das System $CaO$-$SiO_2$ ist eingehend untersucht worden[1–5]. Beim Glühen einer Mischung aus 1 Mol $CaCO_3$ und 1—2 Mol $SiO_2$ entsteht zuerst stets $Ca_2SiO_4$, und erst danach bilden sich die Verbindungen $3CaO \cdot 2SiO_2$, $\beta$-$CaSiO_3$ bzw. $\alpha$-$CaSiO_3$. Dabei hängt es von den gewählten Versuchsbedingungen ab, welche Verbindung bzw. Verbindungen am Ende im Glühprodukt vorliegen. So wird z. B. bei schnellem Reaktionsablauf $3CaO \cdot 2SiO_2$ nicht beobachtet. Abwesenheit von Feuchtigkeit[6]) begünstigt die Bildung von $Ca_2SiO_4$, Wasserdampf[1,3]) dagegen die Bildung von $3CaO \cdot 2SiO_2$, Wasserdampf[7]) und mehr noch Salzsäuredampf[8]) oder auch Zusatz von Fluorid oder Chlorid[9]) die Bildung von $CaSiO_3$.

Als Umwandlungstemperatur für den endothermen Übergang $\beta$-$CaSiO_3 \rightarrow \alpha$-$CaSiO_3$ wird 1150° C[5]) bzw. 1126° C[10]) oder 1125° C[11]) angegeben. Obgleich also unterhalb 1100° $\beta$-$CaSiO_3$ die stabile Modifikation des Metasilikates ist, wird aber auch $\alpha$-$CaSiO_3$ schon unterhalb 1100° erhalten, und zwar bei um so niederer Temperatur je schneller die Reaktion abläuft, je feiner die Ausgangsstoffe, je besser die Mischung. So erhielten HILD und TRÖMEL[2]) $\alpha$-$CaSiO_3$ bei 1000°, THILO[4,5]) bei 750°, und wir erhielten es schon bei 500° (s. w. u.).

Mangan stabilisiert die $\beta$-$CaSiO_3$-Modifikation. Es verschiebt die $\beta \rightarrow \alpha$-Umwandlungstemperatur zu höheren Temperaturen. Da $CaSiO_3$-Mn lumineszenzfähig ist, ist es möglich, den Reaktionsablauf bei seiner Entstehung optisch, an Hand von Emissionsspektren, zu verfolgen. $\alpha$-$CaSiO_3$-Mn emittiert grün, $\beta$-$CaSiO_3$-Mn je nach Mangangehalt grün bzw. gelb bis orange. $\alpha$-$CaSiO_3$-Mn ist nur durch Kathodenstrahlen erregbar, $\beta$-$CaSiO_3$-Mn bei Sensibilisierung durch Blei auch durch kurzwelliges UV.

## 2. Untersuchungsmethoden

Zur Bestimmung der einzelnen Phasen und Kristallstrukturen wurden folgende Methoden herangezogen:

a) Strukturbestimmung nach DEBYE-SCHERRER*).

b) Bestimmung der relativen spektralen Strahlstärkeverteilung („Energieverteilung") der Fluoreszenz der Präparate. Sie wurde durchgeführt entweder mit einem 3-Prismen-Glasspektrograph von STEINHEIL mit nachgeschaltetem Multiplieradapter und Kompensationsschreiber oder mit dem Zeiss-Doppelmonochromator (Glasprismen) Type PMQII. Die Präparate befanden sich während der Messung zur Anregung durch Kathodenstrahlen in einer zerlegbaren Hochvakuumröhre. Die Anodenspannungen betrugen zwischen 7 und 12 kV. Die Meßprobe konnte in der Röhre auf die Temperatur der flüssigen Luft abgekühlt oder bis auf 300° C erhitzt werden. Zu diesem Zweck wurde die Probe auf eine als Anode dienende Metallplatte gebracht, die bei vakuumdichtem Abschluß mit einer Kühltasche oder einer Heizpatrone im Wärmeaustausch stand.

c) Bestimmung der spektralen Verteilung des Remissionsgrades. Hierzu wurde die kontinuierliche UV-Strahlung einer Wasserstofflampe unter einem Winkel von 45° auf die glatt gestauchte Oberfläche der in der Mitte der Bodenfläche einer innen verspiegelten Halbkugel befindlichen Meßprobe gegeben und die senkrecht von der Probenoberfläche remittierte Strahlung durch einen Zeiss-Doppelmonochromator (PMQII mit Quarzoptik) zerlegt und mittels Multiplier gemessen. Der Multiplierstrom wurde ins Verhältnis gesetzt zum Strom, der erhalten wurde nach Substitution der Meßprobe durch einen MgO-Standard. Diese

*) Durchführung und Auswertung durch Frau SCHLEEDE-GLASSNER, der wir dafür danken.

Verhältnisszahl wurde über der Wellenlänge aufgetragen. Der MgO-Standard wurde täglich frisch aufgeraucht.

d) Bestimmung des Temperaturverhaltens der Fluoreszenz. Zu dieser Messung wurde das gleiche unter b) beschriebene Elektronenrohr verwendet und die Leuchtintensität relativ zu derjenigen einer auf Zimmertemperatur befindlichen Probe des zu messenden Präparates gemessen.

e) Chemische Analyse.

## 3. Präparation

Die Präparate wurden hergestellt aus $CaCO_3$ (gefällt), $MnCO_3$ (gefällt) und $SiO_2$ (Aerosil von Degussa). Die Komponenten wurden 1 Stunde in der Schwingmühle gemischt bzw. bei kleinen Probemengen unter Aceton im Mörser zusammengerieben. Die Mischungen wurden im offenen Schiffchen im Röhrenofen in stehender Luft bzw. unter Überleiten von Wasserdampf oder dem Dampf azeotroper Salzsäure, bei Schmelzmittelzusatz im bedeckten Tiegel geglüht.

## 4. Versuche

### 4.1. $\alpha$-$CaSiO_3$-Mn

Die spektrale Verteilung der Emission von $\alpha$-$CaSiO_3$-Mn ist bisher nicht bestimmt worden. Wir stellten $\alpha$-$CaSiO_3$-Mn her durch Mischen von 1 Mol $CaCO_3$ + 1,3 Mol $SiO_2$ + 0,0005 bis 0,01 Mol $MnCO_3$ und Glühen in Wasserdampf zwei Stunden bei 1300—1340°. Einige Präparate enthielten zusätzlich 0,016 Mol $PbCO_3$ im Ansatz. Diese ergeben bei Erregung mit UV eine schwache Fluoreszenz von $\beta$-$CaSiO_3$-Mn. Dessen Menge ist aber so gering, daß $\beta$- neben $\alpha$-$CaSiO_3$ in der DEBYE-SCHERRER-Aufnahme nicht erfaßt wird. Es ist uns nicht gelungen, $\alpha$-$CaSiO_3$-Mn so herzustellen, daß sein Emissionsspektrum nicht durch Überlagerung von Banden anderer Herkunft beeinflußt wurde. Verringerte man den Mn-Zusatz und damit die Neigung zur Bildung von $\beta$-$CaSiO_3$, so fanden wir Überlagerung des Spektrums durch eine blaue Bande, die der Fluoreszenz der etwas Titan enthaltenden Kieselsäure zuzuschreiben ist. Erhöht man aber den Mangangehalt in der Ausgangsmischung, so wird wegen der $\beta$-$CaSiO_3$ stabilisierenden Wirkung des Mangans die Bildung von $\beta$-$CaSiO_3$ begünstigt. Da $\alpha$-$CaSiO_3$ zudem nur ein geringes Lösevermögen für Mangan besitzt, bleibt Mangan z. T. uneingebaut. Man erhält durch Manganoxide gefärbte Produkte.

Daß $\alpha$-$CaSiO_3$ nur wenig Mangan in sein Gitter aufnimmt, beruht auf dem Unterschied der Kristallstrukturen von $\alpha$-$CaSiO_3$ und $MnSiO_3$ bei der zur Bildung von $\alpha$-$CaSiO_3$ nötigen hohen Glühtemperatur. Nach LIEBAU, SPRUNG und THILO[12]) und LIEBAU[13]) liegt $MnSiO_3$ oberhalb 1160° in der $\beta$-Modifikation vor, die dem Bustamit $CaMn(SiO_3)_2$ isotyp und dem Wollastonit $\beta$-$CaSiO_3$ sehr ähnlich ist. Es ist aus $SiO_4$-Ketten (3er-Ketten) aufgebaut, während $\alpha$-$CaSiO_3$ (Pseudowollastonit) $[Si_3O_9]^{6-}$-Ringe aufweist.

Die Maxima der beiden Banden, $\alpha$-grün und $\beta$-grün, liegen so nahe beieinander, daß eine Aufspaltung einer komplexen Meßkurve in 2 GAUSSsche Fehlerkurven entsprechend den beiden Einzelbanden unmöglich ist. Aus Abb. 1 ist ersichtlich, daß $\alpha$-grün bei $-170°$ eine etwas längerwellige Lage als $\beta$-grün hat. Bei $+20°$ (Abb. 2) erscheint $\alpha$-grün nach kürzeren Wellen verschoben, während die Lage des Maximums von $\beta$-grün temperaturunabhängig ist.

Abb. 3 gibt in den Kurven *1* und *2* die Temperaturabhängigkeit der Fluoreszenzlichtstärke der Präparate aus Abb. 1 und Abb. 2 wieder; die Kurve *3* dagegen bezieht sich auf ein $\beta$-$CaSiO_3$ - 0,1 Mn, dessen Emission im Orange liegt. Bei Messung der Kurve *2* (grüne Bande von $\beta$-$CaSiO_3$-Mn) wurde eine Überlagerung der zu messenden grünen Bande durch die orangefarbige Bande, welche, wie aus dem Spektrum (Abb. 1 u. 2) ersichtlich, zwar schwächer, doch noch vorhanden war, dadurch umgangen, daß die Messung mit einem $V\lambda$-getreuen Photoelement vorgenommen wurde. Unter Berücksichtigung dieser $V\lambda$-Abhängigkeit läßt sich aus Abb. 2, Kurve *2*, abschätzen, daß sich die Stärke der Photoströme,

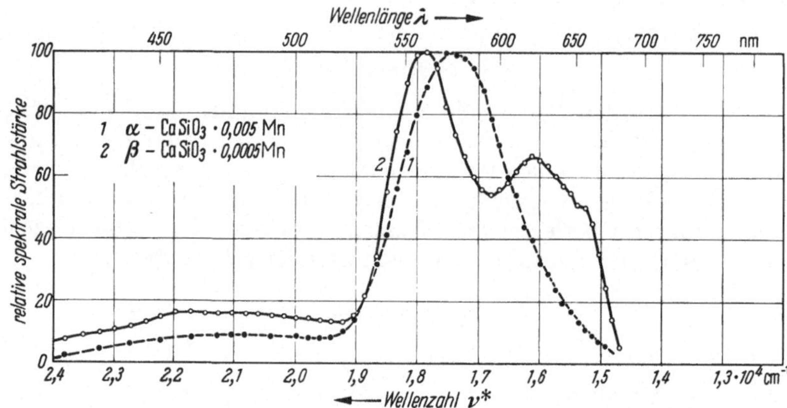


Abb. 1. Fluoreszenzspektren von $CaSiO_3$-Mn bei —170° C.

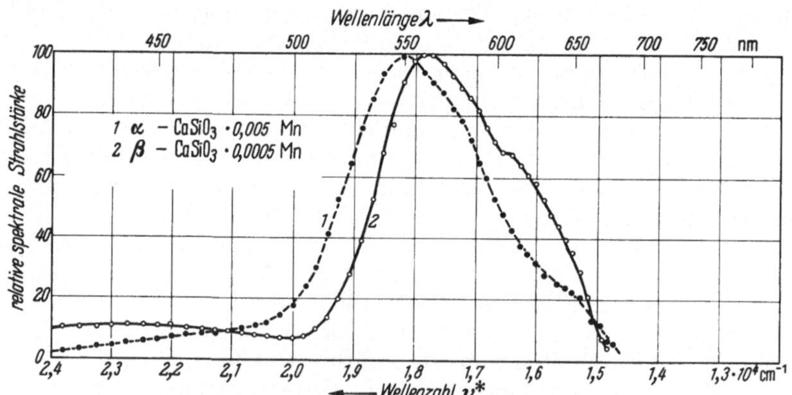


Abb. 2. Fluoreszenzspektren von $CaSiO_3$-Mn bei +20° C.

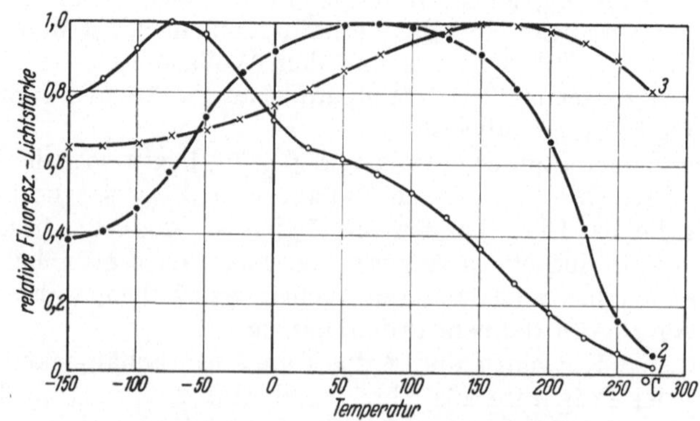


Abb. 3. Temperaturabhängigkeit der Fluoreszenz-Lichtstärke;
*1* cm $\alpha$-$CaSiO_3$-Mn; *2* von $\beta$-$CaSiO_3$-Mn, grün; *3* von $\beta$-$CaSiO_3$-Mn, orange.

hervorgerufen durch jeweils die grüne bzw. orangefarbige Bande für sich allein, wie etwa 1 : 0,15 verhielt. Das bedeutet, daß bei gleichzeitigem Auftreffen der grünen und orangefarbigen Bande der Photostrom im wesentlichen von der grünen Bande bestimmt wird. An der Ausbuchtung der Kurve *1* oberhalb +20° ist eine Überlagerung der Emission von $\alpha$-$CaSiO_3$-Mn durch die Emission von $\beta$-$CaSiO_3$-Mn, welches in geringer Menge darin enthalten war, erkennbar. Das Maximum der Fluoreszenzlichtstärke liegt für $\alpha$-grün etwa bei −75° C, für $\beta$-grün bei etwa +75° C und für $\beta$-orange bei etwa +150° C.

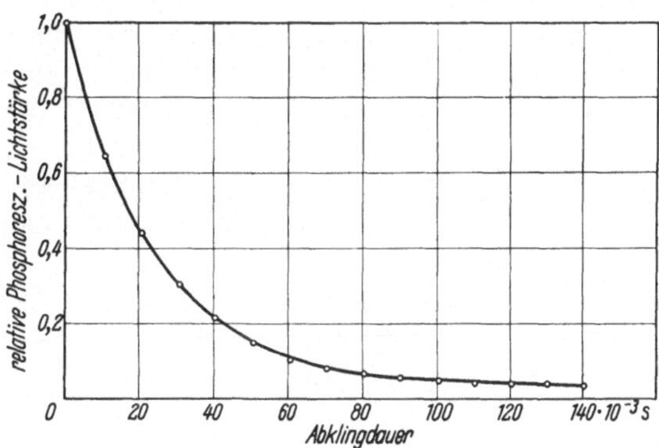


Abb. 4. Abklingverlauf der Phosphoreszenz von $\alpha$-$CaSiO_3$-Mn.

Da oberhalb −75° die Kurven *1* und *2* gegensinnigen Verlauf zeigen, wird bei unserem $\alpha$-$CaSiO_3$-Präparat mit steigender Temperatur die Intensität der $\alpha$-Bande absinken, die der überlagernden $\beta$-Bande ansteigen. Dadurch resultiert eine Verschiebung der spektralen Lage der komplexen Bande nach kürzeren Wellen (vgl. Abb. 2 gegenüber Abb. 1). Diese Verschiebung ist jedoch wohl nicht groß genug, um allein den gemessenen Betrag der Verschiebung zu erklären.

Abb. 4 zeigt das zeitliche Abklingen des Nachleuchtens von $\alpha$-$CaSiO_3$-Mn.

## 4.2. $\beta$-$CaSiO_3$-Mn

$\beta$-$CaSiO_3$-Mn zeigt ein komplexes Emissionsspektrum. Seine Analyse durch Lange[14]) ergab zwei Banden, von denen die grüne eine konstante spektrale Lage,

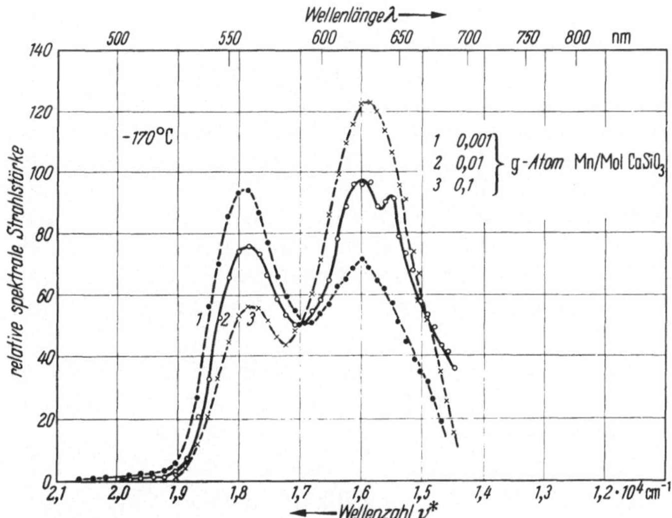


Abb. 5. Einfluß der Mn-Konzentration auf das Fluoreszenzspektrum von $\beta$-$CaSiO_3$-Mn.

die orangefarbige aber eine mit dem Aktivatorgehalt wechselnde Lage besitzt. Das Intensitätsverhältnis der grünen und orangefarbigen Teilbanden hängt ebenfalls vom Mangangehalt ab.

Als Ergänzung zu der Arbeit von LANGE bringen wir die Abb. 5, die die Abhängigkeit der spektralen Lage der Emission von $\beta$-$CaSiO_3$ von der Mangankonzentration wiedergibt. Man erkennt hier deutlich die Verschiebung des Intensitätsverhältnisses der grünen und orangefarbigen Teilbande zugunsten der längerwelligen mit wachsender Mangankonzentration. Die Doppelspitze, die die orangefarbigen Bande der Kurve *2* zeigt, wird auch bei anderen Präparaten gefunden und beruht nicht auf einem Meßfehler, ebenso der Ausläufer in dem langwelligen Spektralbereich. $\beta$-$CaSiO_3$-Mn so zu präparieren, daß die grüne Bande allein auftritt, ist uns nicht gelungen. Stets findet eine mehr oder weniger starke Überlagerung durch eine längerwellige Emission statt.

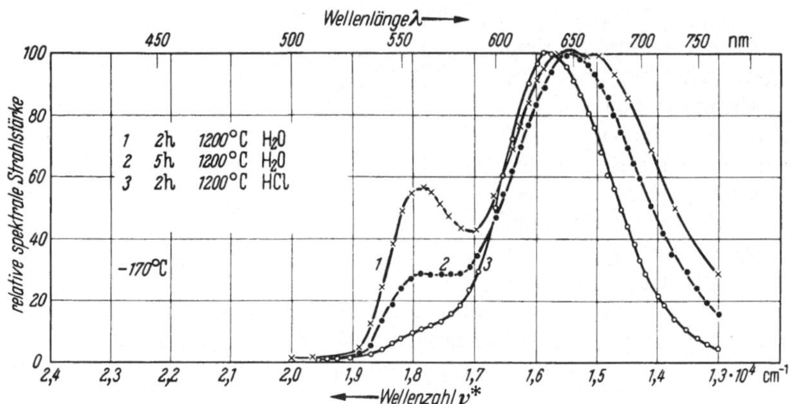


Abb. 6. Einfluß der Glühbehandlung auf den Ablauf der Reaktion 1 $CaCO_3$ + 1,3 $SiO_2$ + 0,1 $MnCO_3$ → $CaSiO_3$-$O_3$ Mn Fluoreszenzspektren bei verschiedenen Glühbehandlungen.

Abb. 6 zeigt, wie sich das Emissionsspektrum bei der Synthese von $CaSiO_3$ mit fortschreitender Reaktion ändert. Kurve *1* entspricht einem Präparat, bei dem die Synthese noch nicht bis zum Ende fortgeschritten ist. Die Strukturanalyse zeigt neben Metasilikat noch reichlich Orthosilikat und Kieselsäure (Cristobalit). Die Körperfarbe ist hellgrau durch noch nicht eingebautes Manganoxid. Das Präparat gemäß Kurve *2* ist schon weiter fortgeschritten in seinem Reaktionsverlauf, wenngleich noch Orthosilikat mittels Debyeogramm nachgewiesen wird. Der Manganeinbau ist weitergegangen, die Körperfarbe schwächer geworden. Das Intensitätsverhältnis grün : orange hat sich zugunsten von orange verschoben. Beim Präparat der Kurve *3* liegt schließlich reines Metasilikat vor. Es zeigt ein Emissionsspektrum, wie es für den $CaSiO_3$-(Pb, Mn)-Leuchtstoff normal ist.

Auffallend ist an der Kurve *1* der Abb. 6 die große Breite der gelb-roten Teilbande, die weit ins rote Spektralgebiet reicht. Diese große Breite findet sich immer bei Präparaten, die sich noch im Anfangsstadium der Reaktion befinden.

Zu ihrer Erklärung möchten wir verschiedene Möglichkeiten diskutieren:

a) Neben Ortho- und Meta-Calciumsilikat entstehen anfangs Calciumsilikate anderer Zusammensetzung in geringer, röntgenographisch nicht nachweisbarer Menge. Falls diese durch Mangan aktivierbar sind, werden ihre Emissionsbanden sich denen des $\beta$-$CaSiO_3$-Mn überlagern.

b) Bei der Synthese von Calcium-Metasilikat entsteht zuerst Orthosilikat. Da dieses kein Lösevermögen für Mangan besitzt, steht das angebotene Mangan der neben Orthosilikat gebildeten, zuerst noch kleinen Menge Metasilikat zum Einbau zur Verfügung. Es kann also $\beta$-$CaSiO_3$ mit hohem Mangangehalt entstehen mit verhältnismäßig langwelliger Emission. In dem Maße, wie mehr Metasilikat gebildet wird, verteilt sich das Mangan auf dieses, und das Emissionsspektrum rückt entsprechend der nun geringeren Mangankonzentration nach kürzeren Wellen.

c) Zu Beginn der Reaktion entstehen rot emittierende Mangansilikate. Mit dem Fortschreiten der Bildung von Calciumsilikat nimmt infolge gegenseitiger Löslichkeit die Menge der Mangansilikate ab, bis sie am Ende als selbständige Phase verschwunden sind.

Um zwischen den angedeuteten Möglichkeiten zu entscheiden, untersuchten wir das Emissionsverhalten der im System $CaCO_3$-$MnCO_3$-$SiO_2$ etwa auftretenden Zwischenverbindungen.

### 4.3. CaO

Ungebundenes CaO ist in bei 1000° und höher geglühten Proben mit $SiO_2$-Überschuß — wir mischten im allgemeinen $1\,CaCO_3 + 1{,}3\,SiO_2$ — weder röntgenographisch noch chemisch feststellbar.

### 4.4. $3\,CaO \cdot 2\,SiO_2$ (Rankinit)

Nach JANDER und HOFFMANN[3]) entsteht die Verbindung $3\,CaO \cdot 2\,SiO_2$ bei der Synthese von $CaSiO_3$ als Zwischenprodukt. Bei 1000° in Wasserdampf wird bei 3—6 h Glühdauer ihre maximale Menge gefunden. Daneben liegen noch $Ca_2SiO_4$

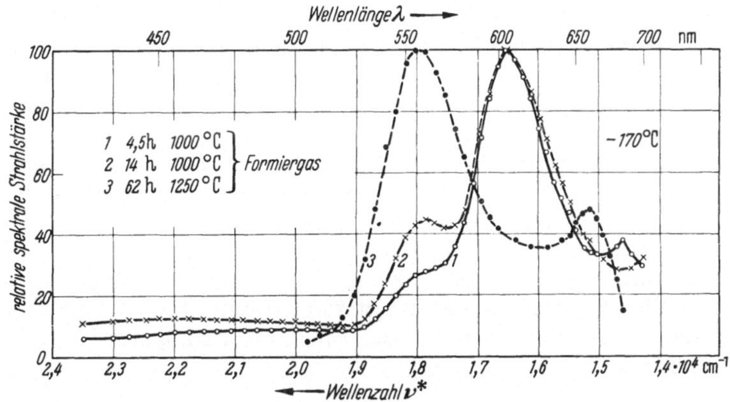


Abb. 7. Fluoreszenzspektrum des Reaktionsproduktes von $3\,CaCO_3 + 2\,SiO_2 + 0{,}003\,MnCO_3$ in Abhängigkeit von der Glühbehandlung.

und schon $CaSiO_3$ vor. Nach BRISI[16]) und nach KING[17]) wird synthetischer Rankinit aus der stöchiometrischen Mischung $3\,CaCO_3 + 2\,SiO_2$ durch langdauerndes Glühen bei 1200—1300° (3 Tage bei 1250—1300° bzw. 80 h bei 1100—1200° + 12 h bei 1200°) erhalten.

Glühversuche an Mischungen aus $3\,CaCO_3 + 2\,SiO_2 + 0{,}003\,MnCO_3$ lieferten aber nicht den erwarteten Rankinit, weder bei 1000° noch bei 1250°. Um Oxidation des Mangans zu vermeiden, wurden die Glühungen in Formiergas (80% $N_2$ + 20% $H_2$) ausgeführt. Abb. 7 zeigt, daß nach 4 h Glühdauer bei 1000° hauptsächlich CaO-Mn neben wenig $\beta$-$CaSiO_3$ und wenig einer tiefrot emittierenden Komponente vorliegt. Abb. 8 gibt zum Vergleich das Emissionsspektrum von CaO-Mn*) wieder.

Bei 14 h 1000° hat der Anteil an $\beta$-$CaSiO_3$ zugenommen. Trotz der langen Glühdauer ergab die chemische Analyse, daß 20% des eingewogenen CaO noch ungebunden sind. Nach 62 h 1000° ist alles CaO gebunden. Das Spektrum zeigt

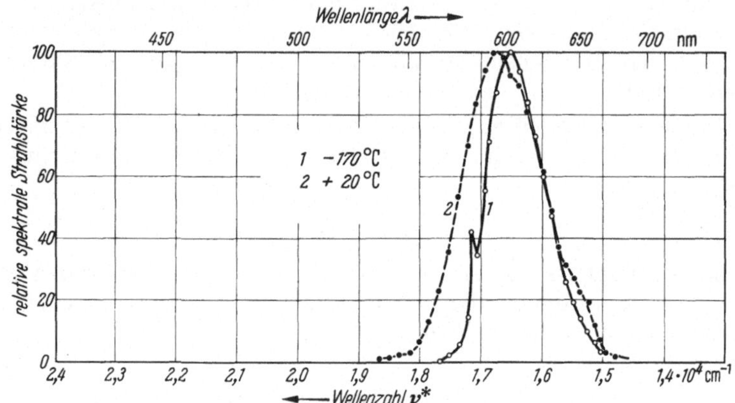


Abb. 8. Fluoreszenzspektrum von CaO - 0,0001 Mn (15 h 1000° geglüht).

$\beta$-$CaSiO_3$ und in der Intensität schwächer eine rote Bande, deren Lage gegenüber der 1000°-Probe nach kürzeren Wellen verschoben ist. Die Strukturanalyse ließ $\beta$-$CaSiO_3$ nicht erkennen, sondern zeigte nur $Ca_2SiO_4$.

JANDER und HOFFMANN[19]) geben ein Verfahren an, nach dem sie nebeneinander durch gruppenweis selektive Löslichkeit ungebundenes CaO, $Ca_2SiO_4$, $3\,CaO \cdot 2\,SiO_2$, $CaSiO_3$ und freies $SiO_2$ annähernd quantitativ bestimmt haben. Die Anwendung dieses Verfahrens auf unsere Präparate hat aber versagt. Offenbar setzt das Verfahren physikalische Eigenschaften (Korngröße, Härte, gegenseitige Durchdringung) der Produkte voraus, wie sie bei unseren Stoffen nicht gegeben waren. Es ist uns nicht gelungen, etwa entstandenes $3\,CaO \cdot 2\,SiO_2$ auf chemischem Wege nachzuweisen. Durch Spektrum und Strukturbestimmung ist erwiesen, daß die Reaktion mindestens z. T. nach $3\,CaCO_3 + 2\,SiO_2 \rightarrow Ca_2SiO_4 + CaSiO_3$ abgelaufen ist. Sollte außerdem Rankinit entstanden sein, so trägt er wahrscheinlich nicht zur Emission bei, denn für die rote Emission wird später eine andere Herleitung gegeben (vgl. Mangansilikate).

### 4.5. Mangansilikate

Analog wie im System $CaO$-$SiO_2$ zuerst das Orthosilikat entsteht, bildet sich auch im System $MnO$-$SiO_2$ zuerst die Orthoverbindung und anschließend das Metasilikat.

### 4.6. $Mn_2SiO_4$

$Mn_2SiO_4$ wurde hergestellt durch Mischen von MnO (aus Oxalat) und $SiO_2$ (Aerosil) im Verhältnis 2 : 1 und Glühen im Vakuum (2 h 1000° + 4 h 1100°,

*) Nach EWLES und LEE[18]) liegt das Emissionsmaximum von CaO-Mn bei Raumtemperatur bei $1{,}645 \cdot 10^4\ cm^{-1}$ (6080 Å).

mörsern, 4 h 1100°). Infolge eines kleinen Gehaltes an höherwertigem Mangan hatte es weißgraue Körperfarbe. Seine Emission liegt im tiefroten Spektralbereich (vgl. Abb. 9).

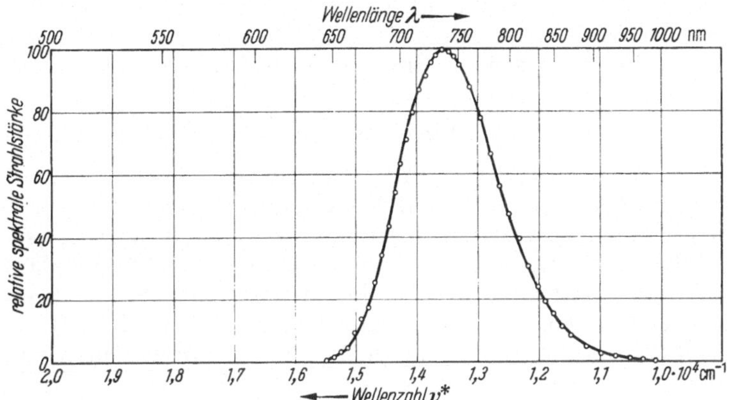


Abb. 9. Fluoreszenzspektrum von $Mn_2SiO_4$ bei —170° C.

## 4.7. α-$MnSiO_3$

Nach Liebau[13]) entsteht $\alpha$-$MnSiO_3$ aus $MnCO_3$ + $SiO_2$ bei ~650° und ist bei allen Temperaturen instabil. Es ist also nicht rein, ohne Überlagerung durch andere Modifikationen zu erhalten. Daher wurde seine Darstellung von uns nicht versucht.

## 4.8. γ-$MnSiO_3$ (Rhodonit)

Da es bei Reaktionen im festen Zustand im allgemeinen für den Reaktionsverlauf günstig ist, eine von zwei Komponenten im Überschuß anzuwenden und andererseits in Silikat-Leuchtstoffen ungebundene Kieselsäure sogar in be-

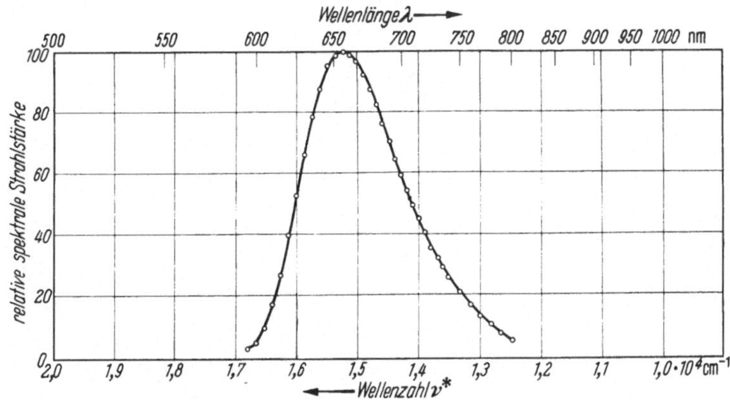


Abb. 10. Fluoreszenzspektrum von $\gamma$-$MnSiO_3$ (Rhodonit) bei —170° C.

trächtlicher Menge ohne Einfluß auf die Fluoreszenzintensität ist, wurde $\gamma$-$MnSiO_3$ aus einer Mischung von 1 $MnCO_3$ + 1,1 $SiO_2$ durch mehrstündiges Glühen in reduzierender Atmosphäre (Formiergas) bei 1100—1220° hergestellt. Die Strukturbestimmung ergab $\gamma$-$MnSiO_3$ + Cristobalit. Die Körperfarbe ist ein sauberes Rosa. Das Emissionsspektrum bei —170° zeigt Abb. 10. Nach Leverenz[15]) erstreckt sich die Emission von triklinem $MnSiO_3$ ($=\gamma$) bei $-180°$ von 1,66 – $< 1{,}33 \cdot 10^4$ cm$^{-1}$. Das Maximum liegt bei etwa $1{,}50 \cdot 10^4$ cm$^{-1}$ (6650 Å).

Der unsymmetrische Verlauf der Kurve legt die Vermutung nahe, daß die Kurve nicht einer einzelnen Bande zugehört, daß vielmehr eine Überlagerung mehrerer Banden vorliegt, sei es, daß $\gamma$-$MnSiO_3$ mehr als eine Emissionsbande besitzt oder daß Fremdphasen zur Emission im Roten beitragen.

### 4.9. $\beta$-$MnSiO_3$

Die von LIEBAU, SPRUNG und THILO[12]) beschriebene Hochtemperaturform des $MnSiO_3$, die dem Bustamit isotyp und dem $\beta$-$CaSiO_3$ sehr ähnlich sein soll, wurde von uns nicht erhalten. Die Strukturbestimmung ergab bis dicht an den Schmelzpunkt der Präparate stets $\gamma$-$MnSiO_3$. Dieser Befund steht in Einklang mit der Beobachtung von GLASSER[20]), daß bei Phasenbestimmungen in abgeschreckten Schmelzen stets nur $Mn_2SiO_4$ und $\beta$-$MnSiO_3$ gefunden wurden. Möglicherweise verlangt die $\beta$-Phase zu ihrer Stabilisierung einen Calcium-Gehalt. Einen Hinweis in dieser Richtung enthält die Bemerkung[12]), daß die Synthese von $Mn_{0,8}Ca_{0,2}SiO_3$ leichter gelingt als die der Calcium-freien Verbindung.

### 4.10. $3\,MnO \cdot 2\,SiO_2$

Eine Verbindung dieser Zusammensetzung, analog dem Rankinit, existiert nach GLASSER nicht. Sie wird auch in der Natur nicht gefunden.

### 4.11. (Ca, Mn)$SiO_3$ (Bustamit)

$0{,}5\,CaCO_3 + 0{,}5\,MnCO_3 + 1\,SiO_2$ (Mole) wurden gemischt und in Formiergas so lange geglüht, bis die Körperfarbe klar rosa war und ein guter Kristallisations-

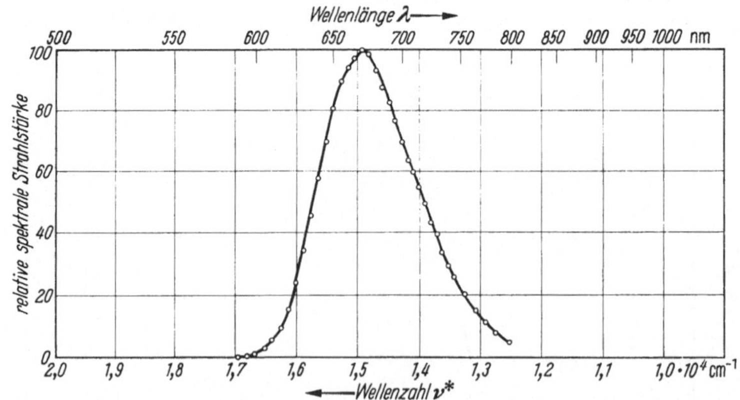


Abb. 11. Fluoreszenzspektrum von $Ca_{0,5}Mn_{0,5}SiO_3$ (Bustamit) bei $-170°$ C.

zustand erreicht war. Der Mischkristall zeigt Wollastonit-Struktur, jedoch mit verkleinerter Gitterkonstante.

Diese Struktur wurde bei 1100° nach 160 h, bei 1200° nach 50 h, bei 1240° nach 15 h gefunden. Gute Kristallisation setzte noch längere Glühdauern voraus. Das Emissionsspektrum (Abb. 11) hat große Ähnlichkeit mit dem Spektrum von $\gamma$-$MnSiO_3$ (Abb. 10). Die Kurve des Bustamits ist gegen die $\gamma$-$MnSiO_3$-Kurve um etwa 200 Å nach längeren Wellen verschoben. Wie diese ist sie offenbar komplex.

Die Abhängigkeit der Fluoreszenz-Lichtstärke von der Temperatur zeigt Abb. 12 für $\gamma$-$MnSiO_3$ und Bustamit, und den Verlauf der spektralen Remission im Vergleich zu $CaSiO_3$-Mn zeigt Abb. 13.

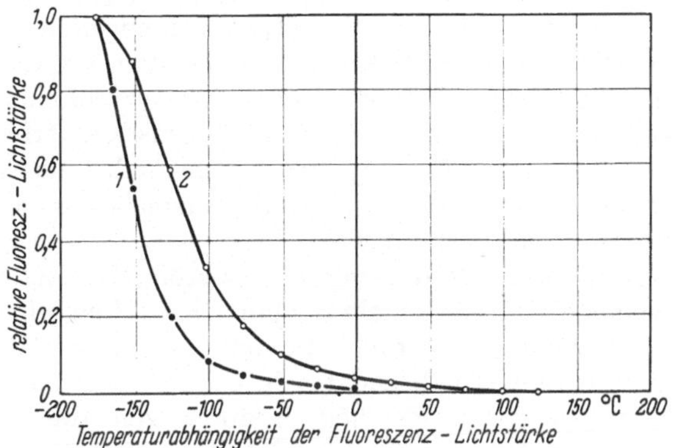


Abb. 12. Temperaturabhängigkeit der Fluoreszenz-Lichtstärke *1* von $\gamma$-$MnSiO_3$ (Rhodonit); *2* $Ca_{0,5}$ $Mn_{0,5}$ $SiO_3$ (Bustamit)[5].

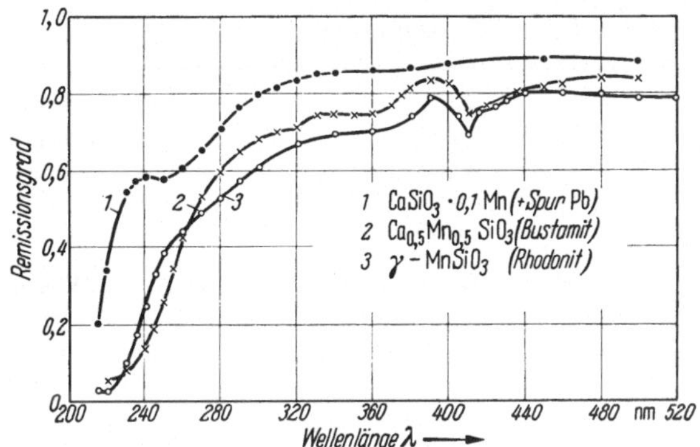


Abb. 13. Spektraler Verlauf der Remission.

Bustamit und $\gamma$-$MnSiO_3$ lassen sich nicht durch Blei für UV-Erregung sensibilisieren. Nach HARRISON[21]) setzen 3 Mol-% $MnSiO_3$ die Löslichkeit von Blei in $CaSiO_3$ von 6 Mol-% auf weniger als 1 Mol-% herab. Es ist anzunehmen, daß das große $Pb^{2+}$-Ion von dem gegenüber $CaSiO_3$ kontrahierten Gitter des Bustamits (50 Mol-% $MnSiO_3$) bzw. $\gamma$-$MnSiO_3$ nicht aufgenommen wird.

## 5. Reaktionsablauf bei der thermischen Bildung von $\beta$-$CaSiO_3$-Mn

Nachdem die bei der Synthese von $\beta$-$CaSiO_3$ - Mn möglicherweise auftretenden Zwischenverbindungen einzeln hergestellt, auf ihre Aktivierbarkeit durch Mn und auf ihr Emissionsvermögen untersucht worden sind, können die Resultate dieser Untersuchungen zu dem Versuch, den zeitlichen Reaktionsablauf bei der $\beta$-$CaSiO_3$ - Mn-Synthese zu deuten, herangezogen werden.

Es ergibt sich, daß von den möglichen Ca-Silikaten nur das Metasilikat als $\beta$-$CaSiO_3$-Mn im Emissionsspektrum der entstehenden Verbindung erscheint. $Ca_2SiO_4$ ist nicht durch Mn aktivierbar. Denn nach GREER[22]) kristallisieren die Orthosilikate $\beta$-$Ca_2SiO_4$ und $Mn_2SiO_4$ zwar beide rhombisch, sind aber nicht isomorph. Die halbbasische Verbindung 3 CaO · 2 $SiO_2$ haben wir nicht erhalten.

Der tiefrote Anteil der Emission beim Reaktionsbeginn (Abb. 6, Kurve *1*) kann durch die Annahme a (s. 4.2.) nicht erklärt werden.

Ebensowenig wird er erklärt durch die Hypothese b, die Annahme, daß etwa als Folge ungleichmäßiger Mangan-Verteilung in der Ausgangsmischung zunächst überrötetes $CaSiO_3$-Mn entsteht, d. h. $CaSiO_3$ mit einem höheren Mn-Gehalt, als dem Mischungsverhältnis entspricht. Die mit steigendem Mn-Gehalt bei visueller Betrachtung zu beobachtende Verschiebung des Schwerpunktes der Emission von Grün nach Orange beruht auf der Abnahme des Intensitätsverhältnisses der Teilbanden (grün und orange) des $\beta$-$CaSiO_3$-Mn. Die spektrale Lage der längerwelligen Bande ändert sich nicht, wenn der Mn-Gehalt beispielsweise von 0,05 auf 0,15 Gramm-Atom Mn/Mol $CaSiO_3$ erhöht wird.

Eine wesentliche Stütze dafür, daß verhältnismäßig Mn-reiches $CaSiO_3$ zur Erklärung der langwelligen Emission nicht geeignet ist, sehen wir in den folgenden Versuchen, bei denen gerade die Probe mit dem geringsten Mn-Gehalt die rote Emission am stärksten zeigt. Während bei den Versuchen zu Abb. 6 die Reaktionsgeschwindigkeit bei sonst gleichen Bedingungen durch Gasatmosphäre (Wasserdampf, bzw. Salzsäuredampf) und Glühdauer gegeben war, nutzten wir

Tabelle 1

| | g-Atom-Mn/Mol $CaSiO_3$ | Körperfarbe | Struktur |
|---|---|---|---|
| 1. | 0,002 | weiß | sehr linienreich, |
| 2. | 0,01 | weiß | Zuordnung nicht möglich |
| 3. | 0,1 | weiß | $\beta$-$CaSiO_3$ |
| 4. | 0,15 | fast weiß (gelblicher Ton) | $\beta$-$CaSiO_3$ |

jetzt die Tatsache aus, daß Mangan die Bildung von $\beta$-$CaSiO_3$ günstig beeinflußt oder umgekehrt, daß bei sehr geringem Mn-Gehalt seine Bildung langsam erfolgt. Um dem Vorwurf schlechter Mn-Verteilung, besonders bei sehr geringen Mn-Zusätzen zu begegnen, wurde Mn in Form einer Mangannitratlösung zur Kiesel-

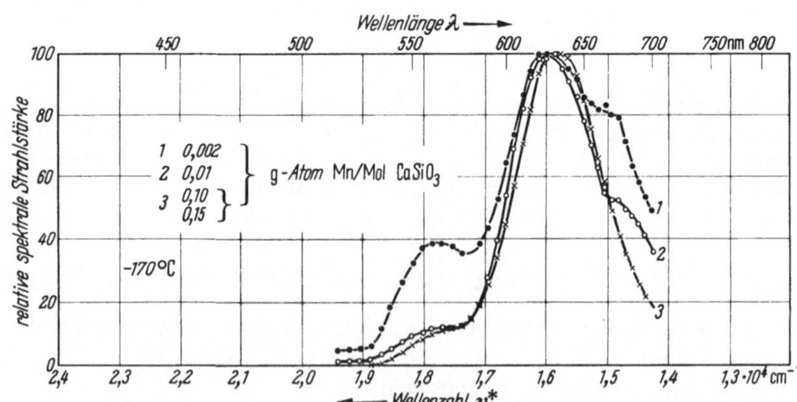


Abb. 14. Einfluß der Mn-Konzentration auf den Verlauf der Reaktion 1 $CaCO_2$ + 1,3 $SiO^3$ + xMnO → $\beta$-$CaSiO_3$-Mn ersichtlich am Fluoreszenzspektrum.

säure gegeben in einer Konzentration und Menge, daß ein gerade beweglicher Brei entstand, der unter Rühren zur Trockne gedampft wurde. Zu der so vorbehandelten Kieselsäure wurde $CaCO_3$ und als Mineralisator 0,006 Mol $CaF_2$/Mol $CaSiO_3$ gefügt und im Mörser unter Aceton innig gemischt. Die Proben wurden je 1 h bei 1160°,

1120° und 1100° im bedeckten Tiegel geglüht. Zwischen den Glühungen wurde gemörsert. Mn-Konzentration, Körperfarbe und Struktur sind aus Tab. 1 ersichtlich, die Emissionsspektren aus Abb. 14.

Diese rote Emission, deren Auftreten durch die Vorschläge a und b nicht erklärt werden konnte, ist offenbar einem oder mehreren Mn-Silikaten bzw. dem Bustamit zuzuordnen.

Nach LIEBAU, SPRUNG und THILO[12]) entsteht im System $MnO$-$SiO_2$ auch bei einem Überangebot von $SiO_2$ zuerst $Mn_2SiO_4$. Durch Aufnahme von $SiO_2$ geht dieses zunächst in das instabile $\alpha$-$MnSiO_3$ und später in $\gamma$-$MnSiO_3$ über. Dieses kann nur 20 Mol-% $CaSiO_3$ lösen. Bei höherem $CaSiO_3$-Angebot werden $\gamma$- und $\beta$-(Mn, Ca)$SiO_3$-Mischkristalle mit Rhodonitstruktur ($SiO_4$-5er-Kette) bzw. Bustamitstruktur ($SiO_4$-3er-Kette) nebeneinander festgestellt.

Vergleicht man unter Berücksichtigung dieser Angaben Abb. 6 mit den für die verschiedenen Mn-Silikate und für Bustamit (Abb. 9—11) erhaltenen Emissionsspektren, dann stellt sich für die Mischung 1 $CaCO_3$ + 1,3 $SiO_2$ + 0,1 $MnCO_3$ der Gang der Reaktion mit großer Wahrscheinlichkeit wie folgt dar:

Bei geringer Temperatur und kurzer Glühdauer bilden sich nebeneinander $Ca_2SiO_4$ und $Mn_2SiO_4$. Mit steigender Temperatur gehen sie in die Metasilikate über. Ob dabei die $\gamma$-$MnSiO_3$-Phase auftritt oder in Gegenwart von sehr viel $CaSiO_3$ übersprungen bzw. schnell durchlaufen wird, läßt sich nicht entscheiden. Infolge der gegenseitigen Löslichkeit von $\beta$-$CaSiO_3$ und $MnSiO_3$ bilden sich $\beta$-$CaSiO_3$-Mn und Bustamit (Ca,Mn)$SiO_3$, wie sich aus dem Spektrum ergibt.

Bei der weiteren Reaktion schreitet die Mischkristallbildung zwischen diesen fort, d. h. das $\beta$-$CaSiO_3$ reichert sich an Mn an auf Kosten des allmählich verschwindenden Bustamits.

## 6. Überführung von $\alpha$-$CaSiO_3$ in $\beta$-$CaSiO_3$ in Abwesenheit von Mangan

Die Umwandlung $\beta$-$CaSiO_3$ $\rightarrow$ $\alpha$-$CaSiO_3$ ist irreversibel. Die Reaktion in umgekehrter Richtung ist nur über die Zersetzung der Hochtemperaturform möglich. Da $\alpha$-$CaSiO_3$ von Säuren stärker angegriffen wird als $\beta$-$CaSiO_3$, glühten wir $\alpha$-$CaSiO_3$-Proben in HCl-Dampf. Während nach der Glühung bei 1000° bzw. 500° unverändert $\alpha$-$CaSiO_3$ gefunden wurde, traten bei 200° Glühtemperatur Zersetzungsprodukte ($CaCl_2 \cdot aq + SiO_2 \cdot aq$) auf. Nur ein kleiner Anteil entzog sich, auch bei langer Glühdauer, stets der Einwirkung. Die bei 200° erhaltenen Zersetzungsprodukte gingen beim Glühen in HCl-Dampf ab 500° wieder in $\alpha$-$CaSiO_3$ über.

## 7. Überführung von $\alpha$-$CaSiO_3$ in $\beta$-$CaSiO_3$ in Gegenwart von Mangan

Völlig anders als in Abwesenheit von Mangan verhält sich $\alpha$-$CaSiO_3$ in dessen Gegenwart.

Wir mischten $MnCO_3$ (0,1 Mol auf 1 Mol) zu $\alpha$-$CaSiO_3$ mit einem Verhältnis $CaO : SiO_2 = 1 : 1$ bzw. $1 : 1{,}3$ und glühten die Mischungen bei 1000°, einer Temperatur, bei der $\beta$-$CaSiO_3$ stabil ist. Die übrigen Bedingungen wurden so gewählt, daß von Versuch 1 bis 3 (Tab. 2) eine fortschreitende Reaktion erwartet werden konnte.

Tabelle 2

| Ausgangsstoff | $CaO : SiO_2$ | Glühung bei 1000° | Struktur | Körperfarbe |
|---|---|---|---|---|
| 1. $\alpha$-$CaSiO_3$ | 1 : 1 | 25 h Vakuum | $\alpha$ | hellgrau |
| 2. $\alpha$-$CaSiO_3$ | 1 : 1,3 | 25 h Vakuum | $\alpha + (\beta)$ | weißgrau |
| 3. $\alpha$-$CaSiO_3$ | 1 : 1,3 | 5 h HCl | $(\alpha) + \alpha$ + Crist | weiß mit bräunl. Ton |

In Versuch 1 reagierte $MnCO_3$ mit $\alpha$-$CaSiO_3$ ohne $SiO_2$-Überschuß. Das Emissionsspektrum (Abb. 15, Kurve *1*) zeigt, daß in der Hauptsache Mn in das Gitter der $\alpha$-Modifikation eingewandert ist. Die grüne Bande hat die spektrale Lage von $\alpha$-$CaSiO_3$-grün. Daneben ist etwas $\beta$-$CaSiO_3$-Mn gebildet worden, kenntlich an der

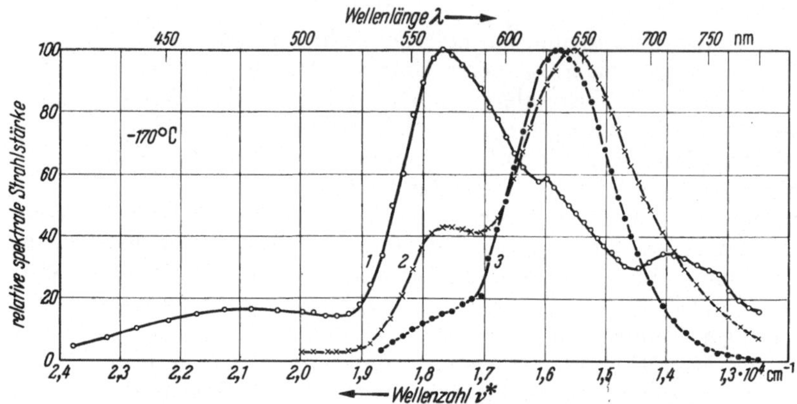


Abb. 15. Überführung von $\alpha$-$CaSiO_3$ in $\beta$-$CaSiO_3$ durch Reaktion mit MnO bzw. MnO + $SiO_2$ in Abhängigkeit von der Glühbehandlung:
*Kurve 1* $\alpha$-CaS $O_3$ Ca : Si = 1 : 1 + 0,1 $MnCO_3$ 25 h; 1000° Vak.
*Kurve 2* $\alpha$-CaS $O_3$ Ca : Si = 1 : 1,3 + 0,1 $MnCO_3$ 25 h; 1000° Vak.
*Kurve 3* $\alpha$-CaS $O_3$ Ca : Si = 1 : 1,3 + 0,1 $MnCO_3$ 5 h; 1000° HCl.

schwächeren orangefarbenen Emission. Seine Menge liegt aber noch unter der Grenze der Nachweisbarkeit durch Debye - Scherrer - Aufnahme. Die bei 1,4 — $1{,}3 \cdot 10^4$ $cm^{-1}$ erscheinende Bande ist vermutlich auf einen kleinen Gehalt an $Mn_2SiO_4$ zurückzuführen.

Die Versuche 2 und 3 gingen von einem $\alpha$-$CaSiO_3$ aus, das in Gegenwart überschüssiger Kieselsäure entstanden war. Die Strukturbestimmung ergab $\alpha$-$CaSiO_3$ + Cristobalit. Bei der gleichen Glühbehandlung wie in Versuch 1 ($\alpha$-$CaSiO_3$ ohne $SiO_2$-Beimengung) erhielten wir ein Emissionsspektrum, das völlig von dem ersten abweicht.

Die Emission im grünen Spektralbereich hat abgenommen, diejenige im orangeroten Bereich stark zugenommen. Die Überführung von $\alpha$-$CaSiO_3$ in $\beta$-$CaSiO_3$ ist unverkennbar. Die langwellige Emission in Versuch 2 ist aber gegenüber der Lage von $\beta$-$CaSiO_3$-Mn nach Rot verschoben, d. h. die orangefarbige Bande von $\beta$-$CaSiO_3$ ist durch eine stärker rote, $\gamma$-$MnSiO_3$ oder Bustamit, überlagert.

Nach der stärker angreifenden Glühbehandlung (Versuch 3, Glühen in HCl-Dampf) ist das Emissionsspektrum identisch mit dem Spektrum des Leuchtstoffes $CaSiO_3$-Pb-Mn mit gleichem Mn-Gehalt (0,1 Mn/1 Ca). Auch in der Fluoreszenzintensität besteht bei Kathodenstrahlerregung kein Unterschied.

Nach den obigen Versuchen greift Mangan $\alpha$-$CaSiO_3$ auf zwei Weisen an. Bei Fehlen freier Kieselsäure diffundiert Mn in das $\alpha$-$CaSiO_3$-Gitter, bei Anwesenheit ungebundener Kieselsäure ist aber die Möglichkeit zur Entstehung von $MnSiO_3$ bzw. Bustamit gegeben. Analog wie bei der Synthese von $\beta$-$CaSiO_3$-Mn verläuft dann die Umwandlung von $\alpha$-$CaSiO_3 \rightarrow \beta$-$CaSiO_3$ über Bustamit. Zunächst bildet Bustamit zunehmend Ca-reichere Mischkristalle auf Kosten des zerfallenden $\alpha$-$CaSiO_3$; dann entsteht Mn-haltiges $\beta$-$CaSiO_3$, bis alles $\alpha$-$CaSiO_3$ in $\beta$-$CaSiO_3$-Mn umgewandelt ist.

## Literatur


1) NAGAI, S.: Z. anorg. Chem. **206** (1932) S. 177; **207** (1932) S. 321.
2) HILD, K., G. TRÖMEL: Z. anorg. Chem. **215** (1933) S. 333.
3) JANDER, W., E. HOFFMANN: Z. anorg. Chem. **218** (1934) S. 211.
4) THILO, E., H. FUNK, E. M. WICHMANN: Abh. deutsch. Akad. Wiss. Berlin, Klasse f. Mathemat. u. Naturwiss. (1950) Nr. 4.
5) THILO, E.: Angew. Chem. **63** (1951) S. 201.
6) KRÖGER, C., K. V. ILLNER: Z. anorg. Chem. **240** (1939) S. 272.
7) STUDER, F., G. R. FONDA: J. Opt. Soc. Am. **39** (1949) S. 655.
8) Pat. Treuh. Ges. (G. KRESSIN): DBP 891122 (24. 9. 1953).
9) General Electric Co. USA (H. FROELICH): U. S. Pat. 2542.322 (15. 8. 1949), DBP 840133.
10) JEFFERY, J. W., L. HELLER: Acta Cryst **6** (1953) S. 807.
11) LINDNER, R.: Z. phys. Chem., N. F. **6** (1956) S. 129.
12) LIEBAU, F., M. SPRUNG, E. THILO: Z. anorg. Chem. **297** (1958) S. 213.
13) LIEBAU, F.: Angew. Chem. **70** (1958) S. 320 u. S. 708.
14) LANGE, H.: Z. Phys. **139** (1954) S. 346.
15) LEVERENZ, H. W.: An Introduction to Luminescence of Solids, S. 173—174.
16) BRISI, C.: J. Am. Cer. Soc. **40** (1957) S. 174.
17) KING, E. G.: J. Am. chem. Soc. **79** (1957) S. 5437.
18) EWLES, J., N. LEE: Electrochem. Soc. **100** (1953) S. 404.
19) JANDER, W., E. HOFFMANN: Angew. Chem. **46** (1933) S. 76.
20) GLASSER, F. P.: Am. J. Sci. **256** (1958) S. 398.
21) HARRISON, D. E., M. V. HOFFMANN: Electrochem. Soc., Enlarged Abstracts, Electronics Division, Spring Meeting—Philadelphia 1959.
22) GREER, W. L. C.: Am. Mineralogist **17** (1932) S. 135.


# Die elektrischen Eigenschaften von Halbleitern im System MgO-$TiO_2$ bei geringen Störstellenkonzentrationen*)

Von

**H. SCHOLZ**

Mit 11 Abbildungen

An Halbleitern des Systems MgO-$TiO_2$ wurden — vorwiegend bei Proben mit geringerem Reduktionsgrad — die Störstellenkonzentration und im Temperaturbereich von 20° bis 400° C die elektrische Leitfähigkeit gemessen. Es wird eine mikrogasanalytische Methode beschrieben, mit der die untere Erfassungsgrenze des Sauerstoffdefizits um eine Zehnerpotenz erweitert werden konnte. Für das untersuchte Teilsystem ergab sich eine lineare Abhängigkeit der Aktivierungsenergie vom Logarithmus der Störstellenkonzentration. Mit Hilfe dieser Beziehung konnte gezeigt werden, daß in einem größeren Bereich das Mischungsverhältnis MgO-$TiO_2$ ohne Einfluß auf die Aktivierungsenergie ist, da diese allein durch den Reduktionsgrad des Spinellanteils bestimmt wird.

## 1. Einleitung und Problemstellung

Die Reduktionshalbleiter aus dem System MgO-$TiO_2$ wurden 1934 von W. MEYER in die Technik eingeführt. Sie sind unter der Bezeichnung Urdox bekannt, die von den bis dahin benutzten Urandioxid-Halbleiterwiderständen übernommen wurde. Ihre elektrische Leitfähigkeit $\sigma$ folgt der Leitfähigkeitsformel in der allgemeinen Form.

$$\sigma = A \exp\left(-\frac{\varepsilon}{2kT}\right) \tag{1}$$

*) Auszugsweiser Nachdruck aus: H. SCHOLZ, Diss. Techn. Universität Berlin, 1958.

Die Mengenkonstante $A$ kann als Produkt betrachtet werden, in dem die Ladung und Beweglichkeit der Ladungsträger sowie die Konzentration der Störstellen $n_0$ enthalten sind.

Die Leitfähigkeit wird bei den Reduktions- oder Überschußhalbleitern im wesentlichen durch die ausgebaute Sauerstoffmenge, d. h. durch die Zahl der erzeugten Störstellen bestimmt. Im Falle der $MgO$-$TiO_2$-Sinterkörper erfolgte die analytische Bestimmung bisher durch Feststellung der Gewichtszunahme nach oxidierendem Glühen. Diese Methode versagt bei einem Sauerstoffausbau $\leqq 0,1$ Gew. %. Die Bedeutung eines Sauerstoffdefizits von 0,1 bis 0,01% geht aber aus der damit verknüpften Änderung der Leitfähigkeit bei Zimmertemperatur um 5 bis 8 Zehnerpotenzen hervor.

Die vorliegende Arbeit wurde ausgeführt, um bereits vorhandene Untersuchungen an diesen Halbleiterkörpern[1], [2], [3], [4] auf den Bereich mit vorwiegend geringerem Reduktionsgrad auszudehnen. Hiermit sollte zur Lösung bzw. Klärung folgender Fragen beigetragen werden:

1. Besteht die Möglichkeit einer exakteren chemischen Bestimmung geringer Störstellenkonzentrationen?
2. Treten mit Ausnahme der Absolutwerte der Leitfähigkeit grundsätzliche Unterschiede gegenüber Proben mit höherem Reduktionsgrad auf (Abhängigkeit der A-Konstanten von der Störstellenkonzentration und der Aktivierungsenergie; Gültigkeit der MEYERschen Regel)?
3. Bestehen quantitative Beziehungen zwischen Konstanten der Leitwert-Temperatur-Formel und der Störstellenkonzentration?
4. Wird das elektrische Verhalten durch das Mischungsverhältnis $MgO : TiO_2$ beeinflußt?

## 2. Die Herstellung und reduzierende Behandlung der Sinterkörper

Die Sinterkörper wurden aus reinen Ausgangsmaterialien hergestellt; $MgO$ (Merck, p.a.) und $TiO_2$ (Degussa, hydrolysiertes $TiCl_4$). In der folgenden Tabelle sind die angesetzten 5 Mischungen nach Gewichtsprozent, Molprozent und Molverhältnis sowie das Porenvolumen der gesinterten Proben aufgeführt.

| Gemisch Gew. % | Molverhältnis $MgO : TiO_2$ | Molprozent $MgO$ | Molprozent $TiO_2$ | Durchschnittliches Porenvolumen % |
|---|---|---|---|---|
| 50/50 | 2,0 : 1 | 66,7 | 33,3 | 28 |
| 60/40 | 3,0 : 1 | 74,9 | 25,1 | 10 |
| 70/30 | 4,6 : 1 | 82,2 | 17,8 | 16 |
| 80/20 | 7,9 : 1 | 88,8 | 11,2 | 12 |
| 90/10 | 17,9 : 1 | 94,7 | 5,3 | 27 |

Der Kürze halber werden im Text die jeweiligen Gemische mit 50/50, 60/40 .... 90/10 bezeichnet.

Die Ansätze wurden nach gründlicher Mischung unter geringem Zusatz von Wasser und Stärke in einer Knetmaschine gemischt und bei 1100° C geglüht. Nach Wiederzerkleinerung und erneutem Anteigen und Kneten wurden mit einer Strangpresse Röhrchen von 7 mm Durchmesser und 1 mm Wandstärke hergestellt und abschließend zwei Stunden bei 1600° C in oxidierender Atmosphäre gesintert. Die zu erwartenden kristallographischen Phasen sind aus dem von COUGHANOUR und DE PROSSE[5] aufgestellten binären System ersichtlich. Danach entspricht das Gemisch 50/50 der Zusammensetzung des Mg-Orthotitanats $Mg_2TiO_4$ (Magnesium-Titanspinell). Bei der Präparation wurde das stöchiometrische, geringfügig von 50/50 abweichende Verhältnis berücksichtigt. Für die folgenden Proben bis einschließlich 80/20 ist die Zweiphasigkeit (Spinell $+MgO$) als gesichert anzusehen, da sich die Untersuchungen von COUGHANOUR und DE PROSSE bis zu einem Maximalgehalt von 82 Gew. % MgO erstreckten. Die Eigenschaften des darüber hinaus mitaufgenommenen Gemischs 90/10 werden in einem gesonderten Abschnitt behandelt.

Durch Titration des freien, nicht an Spinell gebundenen MgO konnte festgestellt werden, daß die Festkörperreaktion praktisch quantitativ unter Orthotitanatbildung verlaufen ist.

Die nach der oxidierenden Sinterung rein weißen Körper hatten bei Zimmertemperatur (extrapoliert) eine spezifische Leitfähigkeit in der Größenordnung von $10^{-20}$ $Ohm^{-1}cm^{-1}$. Durch Reduktion mit Wasserstoff kann die Leitfähigkeit um mehr als 20 Zehnerpotenzen erhöht werden, hierbei tritt Verfärbung über hellblau bis tiefschwarz ein.

Zur Erzielung homogener und möglichst schwacher Reduktion wurde die beim reinen $TiO_2$ bekannte thermische Sauerstoffabspaltung in nichtoxidierender Atmosphäre ausgenutzt. Für jeden Versuch wurde eine Charge von 5 Probekörpern in strömendem Stickstoff bei je 1200°, 1300° und 1400° C 120 bzw. 180 min geglüht. Je zwei Reduktionsreihen bei 1200° und 1400° C in strömendem Wasserstoff sind zusätzlich hergestellt worden, um zum Vergleich wesentlich stärker reduzierte Proben zu erhalten.

## 3. Die Bestimmung der Störstellenkonzentration

Der bei der Reduktion ausgebaute Sauerstoff wird durch Oxidation bei höheren Temperaturen unter Rückbildung des rein weißen Ausgangsmaterials wieder aufgenommen. Bezogen auf die $TiO_2$-Komponente können diese reversiblen Vorgänge wie folgt ausgedrückt werden:

$$TiO_2 \rightleftarrows TiO_{(2-x)} + \frac{x}{2} O_2$$

Das in der Einleitung erwähnte Versagen der an sich sehr einfachen gravimetrischen Bestimmung nach der Reoxidation durch Glühen an der Luft zeigt sich bei geringen Störstellenkonzentrationen durch Gewichtskonstanz oder -abnahme. In allen Fällen konnte Sorptionswasser, bei Anwesenheit von freiem MgO zusätzlich Karbonatgehalt festgestellt werden. Der dadurch verursachte Glühverlust ergab bei unreduzierten Proben Werte zwischen 0,09 und 0,13%.

Um die genannten Störeinflüsse zu vermeiden, wurde versucht, die Reoxidation mit $CO_2$ durchzuführen. Es zeigte sich, daß die Umsetzung bei 950° C quantitativ nach folgendem Schema verläuft:

$$TiO_{(2-x)} + CO_2 \rightarrow TiO_2 + x\,CO$$

Das entstandene CO ist der wieder aufgenommenen Sauerstoffmenge äquivalent und kann mikrogasanalytisch sehr genau bestimmt werden. Hierzu bewährte sich die Jodpentoxid-Methode, die bei 140° C nach

$$J_2O_5 + 5\,CO \rightarrow J_2 + 5\,CO_2$$

elementares Jod liefert, das zur sechsfachen Erhöhung der Empfindlichkeit nach Absorption in NaOH durch Oxidation mit Brom zum Jodat und nach Zusatz von Jodid mit Thiosulfat titriert werden kann. Nach folgendem Umsatz

$$J_2O_5 + 5\,CO \rightarrow J_2 + 5\,CO_2$$
$$J_2 + 5\,Br_2 + 6\,H_2O \rightarrow 2\,JO_3^- + 12\,H^+ + 10\,Br^-$$
$$2\,JO_3^- + 10\,J^- + 12\,H^+ \rightarrow 6\,J_2 + 6\,H_2O$$

entspricht 1 ml 0,005 n $Na_2S_2O_3$: 0,058 mg CO bzw. 0,033 mg $O_2$

Die Titrationen wurden nach einer Methode von GOLDBERG[6]) ausgeführt.

Das Schema der Versuchsanordnung zeigt Abb. 1. Die feingepulverte Probe wird in einem abgeschlossenen $CO_2$-Volumen im Reaktionsofen (*10a*) auf 950° C erhitzt, nach beendeter Reaktion das $CO_2$-CO-Gemisch mit Stickstoff durch ein mit $J_2O_5$ auf Bimssteinträger beschicktes Rohr (*15a*) gespült und das frei gewordene Jod in NaOH-Vorlagen (*16*) aufgefangen. Eine wesentliche Voraussetzung für die möglichst weitgehende Ausnutzung der sehr empfindlichen CO-Bestimmung i ndteilen,

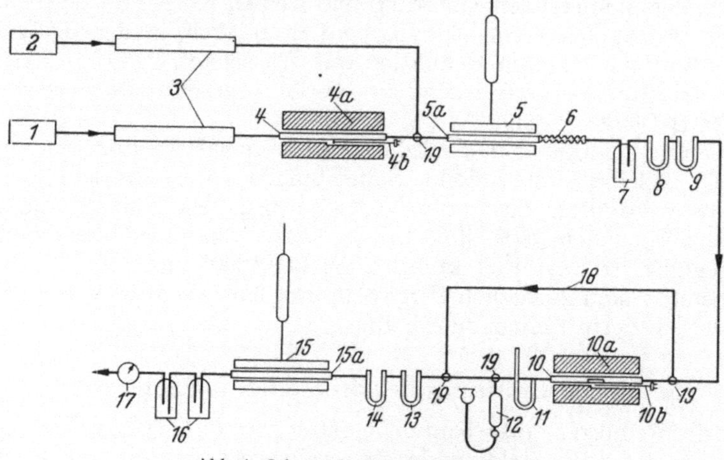


Abb. 1. Schema der Versuchsanordnung.

die für sich oder nach Erhitzung auf 950° C mit $J_2O_5$ reagieren. Der aus Abb. 1 ersichtliche relativ große apparative Aufwand erwies sich nach zahlreichen Versuchen als notwendig.

Nach MEYER und RONGE[7]) werden Reinstickstoff (*1*) bzw. Kohlensäure (*2*) zunächst durch aktives Kupfer bei 200° C bis auf einen Restsauerstoffgehalt von weniger als $4 \cdot 10^{-5}\,\%$ in den Gasreinigungstürmen (*3*) gereinigt. Zusätzlich passiert das Spülgas ein auf 1000° C erhitztes Quarzrohr (*4*). Durch ein in einer Heizgranate (*5*) befindliches $J_2O_5$-Rohr (*5a*) und anschließendem, mit NaOH benetzten Kugelrohr (*6*) werden beide Gase von Verunreinigungen befreit, die die Reaktion mit der Probe stören könnten. Nach Trocknung mit $H_2SO_4$ und $P_2O_5$ (*7, 8, 9*) erfolgt der Eintritt der Gase in das eigentliche Reaktionssystem. Während der Aufheizperiode sind die Dreiweghähne (*19*) so gestellt, daß das mit $CO_2$ gefüllte Rohr (*10*) mit der Analysenprobe abgesperrt ist. Der Druckausgleich wird über das Manometer (*11*) mit der Hg-Ausgleichspipette (*12*) hergestellt. Nach der Reaktion wird das Gasgemisch nochmals über $P_2O_5$ (*13, 14*) getrocknet und dann über $J_2O_5$ (*15a*) geleitet. Die Spülgasmenge von durchschnittlich 2 l/h wird mit einer Gasuhr (*17*) gemessen. Die Heizgranaten (*5*) und (*15*) enthalten o-Xylol (Kp 144° C) als Siedeflüssigkeit.

Durch einen geringen Restwassergehalt des $J_2O_5$ entsteht eine Blindabscheidung von Jod, die nach MAY[8]) proportional der übergeleiteten Gasmenge ist. In einer Vor- und einer Nachperiode wird die Blindmenge ermittelt und bei der Auswertung nach Formel (2) durch den Klammerausdruck berücksichtigt.

Die Sauerstoffaufnahme (Z) bei der Reoxidation wurde bei einer Einwaage (E) nach folgender Formel berechnet:

$$\frac{b - \frac{n}{2}\left(\frac{a}{m} + \frac{c}{p}\right)}{E}\, 0{,}00333 = Z\ [\text{Gew. }\%] \qquad (2)$$

| Hierin bedeuten: | 0,005 n $Na_2S_2O_3$ (ml) | Spülgasmenge (l) |
|---|---|---|
| Vorperiode | a | m |
| Hauptperiode | b | n |
| Nachperiode | c | p |

## 4. Die Leitfähigkeitsmessungen

Die spezifische elektrische Leitfähigkeit $\sigma$ wurde aus Strom-Spannungsmessungen bei Temperaturen zwischen 20° und 400° C nach der Sondenmethode ermittelt. Die Strommessung erfolgte im Leitfähigkeitsgebiet $> 1 \cdot 10^{-8}$ Ohm$^{-1}$ mit einem Lichtmarkengalvanometer, bei Leitfähigkeiten bis herab zu $1 \cdot 10^{-12}$ Ohm$^{-1}$ mit Elektrometerröhren in Brückenschaltung. Der Meßstrom lag zwischen Werten von $1 \cdot 10^{-11}$ bis maximal $1 \cdot 10^{-3}$ A. Die Sondenspannung wurde mit einem Lichtmarkenelektrometer (Meßbereich 0,03 bis 40 V), also statisch gemessen. Als Gleichstromquelle dienten Anodenbatterien. Die Schaltskizze ist in Abb. 2 an-

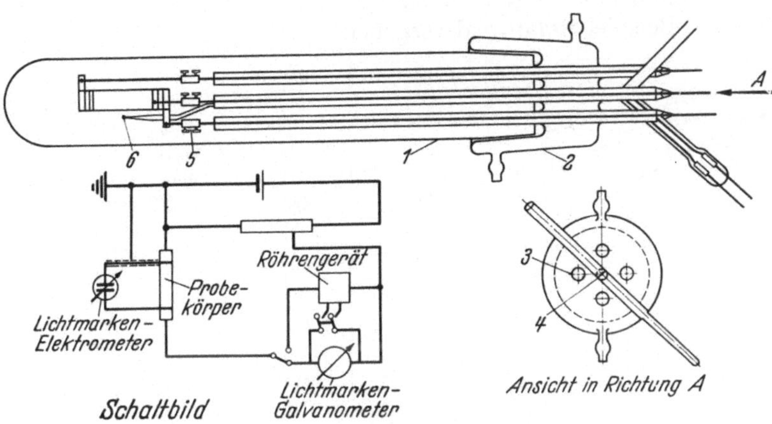


Abb. 2. Anordnung der Probe zur Leitfähigkeitsmessung und Schaltskizze.

gegeben. Zur besseren Kontaktierung der Stromzuführungen wurden die Proberöhrchen an den Stirnflächen und Enden durch Leitsilber metallisiert und mit je vier Schellen als Strom- und Spannungssonden versehen. Die Meßtemperatur wurde in einem Röhrenofen eingestellt, wobei sich die Probe in einem Quarzrohr befand. Die Versuchsanordnung geht aus Abb. 2 hervor. An Hand von Stichproben konnten folgende, zur Methodik grundsätzliche Feststellungen gemacht werden:

1. Innerhalb der Meßdauer trat bei den maximalen Meßtemperaturen keine Änderung der Leitfähigkeit durch Reoxidation auf, es konnte daher ohne Schutzgas gearbeitet werden.

2. Messung bei konstantem Strom zwischen fester und beweglicher Sonde ergab strenge Proportionalität zwischen Feldstärke und Sondenabstand.

3. Änderung der Leitfähigkeit bei Umkehrung der Stromrichtung trat nicht auf.

4. Abweichungen vom OHMschen Gesetz wurden innerhalb der Meßgenauigkeit nicht beobachtet.

## 5. Meßergebnisse

### 5.1. Auswertung

Im folgenden Text wird die Gruppe der Gemische 50/50 bis 80/20 geschlossen behandelt. Zum besseren Vergleich und um Wiederholungen der graphischen Darstellungen zu vermeiden, sind die Funktionen, die sich aus den Daten des Gemischs 90/10 ergeben, mit eingetragen.

Sämtliche an 80 Probekörpern gemessenen Leitfähigkeitsdaten ließen sich durch eine Gerade im lg$\sigma$-1/T-Schaubild darstellen. Die Aktivierungsenergie nach Gl. (1) wurde aus der Geradenneigung, die Mengenkonstante $A$ aus dem Ordinatenabschnitt berechnet. Die Störstellenkonzentration $n_0$ als Zahl der ausgebauten Sauerstoffionen/cm³ ergibt sich unter Verwendung der nach Gl. (2) ermittelten $Z$-Werte, der Loschmidtschen Zahl und der aus dem Gewicht und den geometrischen Abmessungen errechneten Wichte $\gamma$ der Proben nach folgendem Ausdruck:

$$n_0 = Z \cdot \gamma \cdot 3{,}764 \cdot 10^{20}\ [\mathrm{cm}^{-3}] \qquad (3)$$

### 5.2. Graphische Darstellungen

Ein gemeinsames Kennzeichen der Leitfähigkeitsgeraden ergibt sich aus den Ordinatenschnittpunkten, denn innerhalb eines Gemisches weichen die Werte der $A$-Konstanten nur wenig voneinander ab. In der Abb. 3 ist dieses typische Verhalten am Beispiel 50/50 wiedergegeben.

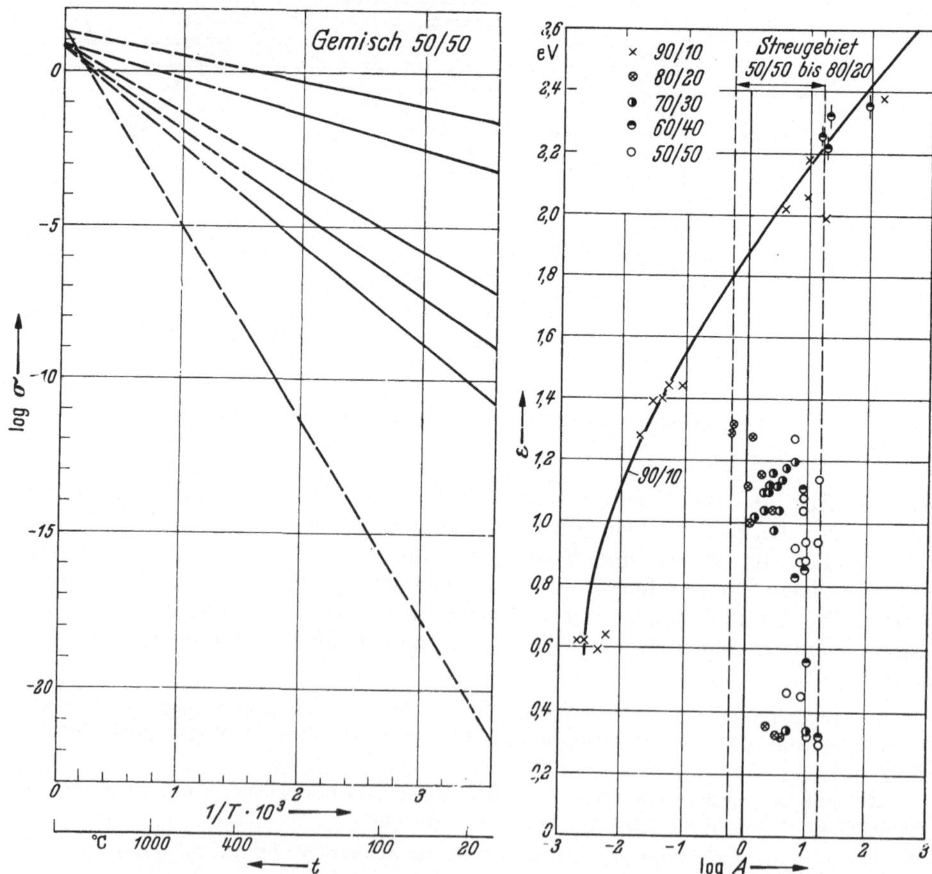


Abb. 3. Temperaturabhängigkeit der spezifischen Leitfähigkeit beim Gemisch 50/50.

Abb. 4. $A$-Konstante und Aktivierungsenergie.

Aus vorstehender Abb. 4 mit der Darstellung $\varepsilon$ über lg $A$ ist eine Beziehung zwischen diesen beiden Größen nicht zu erkennen. Das Streugebiet für die $A$-Konstanten umfaßt 1,5 Zehnerpotenzen bei einem zugehörigen Intervall von 18 Zehnerpotenzen für $\sigma_{20}$. Innerhalb des markierten Streugebiets ist mit zunehmendem MgO-Gehalt eine Verschiebung der Durchschnittswerte für die einzelnen Gemische zu kleineren $A$-Konstanten erkennbar.

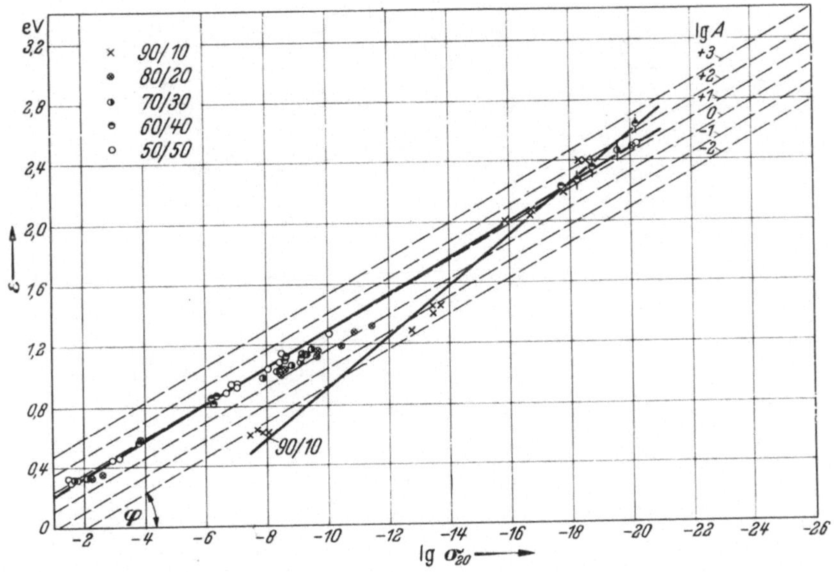


Abb. 5. Linearer Zusammenhang zwischen Aktivierungsenergie und Logarithmus der spezifischen Leitfähigkeit bei konstanter Temperatur. „MEYERsche Regel".

Die Abb. 5 zeigt die als MEYERsche Regel bekannte $\varepsilon$-lg $\sigma_{20}$-Beziehung. Die Auflösung der Gl. (1) in der logarithmierten Form

$$\ln \sigma = \ln A - \varepsilon/2kT \qquad (\text{für } T = \text{const.})$$

nach $\varepsilon$ ergibt

$$\varepsilon = 2kT \ln A - 2\,kT \ln \sigma_T \tag{4}$$

Dieser in der MEYERschen Regel ausgedrückte lineare Zusammenhang zwischen $\varepsilon$ und lg $\sigma_T$ ist nur dann mit der Neigung 2kT verbunden, wenn $A$ eine echte Stoffkonstante ist. In der Abb. 5 sind als Parameter die Geraden für die lg $A$-Werte $+3$ bis $-2$ eingetragen. Die Gerade, um die die Mehrzahl der Werte mit relativ geringer Abweichung streuen, entspricht lg $A$-Werten von $+1$.

Ein bemerkenswerter linearer Zusammenhang konnte zwischen der Aktivierungsenergie $\varepsilon$ und dem Logarithmus der Störstellenkonzentration $n_0$ festgestellt werden, der aus Abb. 6 ersichtlich ist.

Die Kombination dieses Ergebnisses

$$\varepsilon = K_1 \cdot \lg n_0 + K_2$$

mit der MEYERschen Regel

$$\varepsilon = K_3 \lg \sigma_T + K_4$$

führt zu der Beziehung

$$\lg \sigma_T = K_5 \cdot \lg n_0 + K_6$$

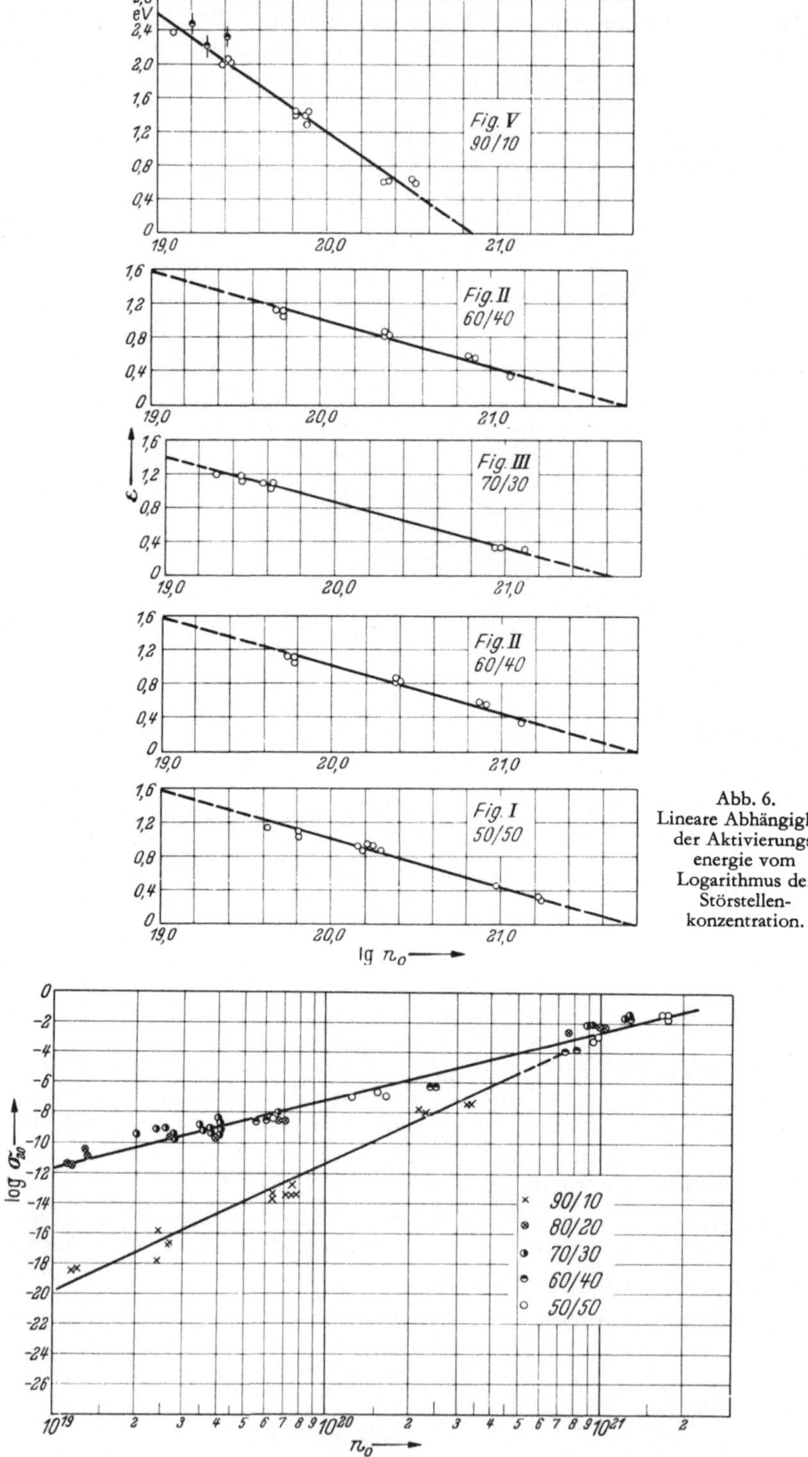


Abb. 6. Lineare Abhängigkeit der Aktivierungsenergie vom Logarithmus der Störstellenkonzentration.

Abb. 7. Linearität zwischen dem Logarithmus der spezifischen Leitfähigkeit bei konstanter Temperatur und dem Logarithmus der Störstellenkonzentration.

also einer linearen Abhängigkeit des Logarithmus der Leitfähigkeit bei konstanter Temperatur vom Logarithmus der Störstellenkonzentration. Die Abb. 7 enthält sämtliche Meßpunkte im Diagramm lg $\sigma_T$ über lg $n_0$.

## 6. Diskussion der Ergebnisse

Zur Frage, ob grundsätzliche Unterschiede zwischen Proben mit geringer und höherer Störstellenkonzentration bestehen, läßt sich aussagen, daß die Leitfähigkeitsgeraden innerhalb eines Gemischs mit steigender Aktivierungsenergie einen stetigen Übergang vom Gebiet höherer Störstellenkonzentration zum unreduzierten Halbleiter zeigen.

Die MEYERsche Regel ist, wie aus Abb. 5 ersichtlich, in allen Fällen erfüllt. Hierzu ist eine Veröffentlichung von WEISE und LESK[9]) zu erwähnen, die u. a. Angaben über die Leitfähigkeit, die $A$-Konstanten und die Aktivierungsenergie für reduzierte $Mg_2TiO_4$-Halbleiter enthält. Es zeigt sich trotz stark unterschiedlicher Präparations- und Meßtechnik eine bemerkenswerte Übereinstimmung; insbesondere liegen die $A$-Konstanten innerhalb des gleichen geringen Streubereichs der eigenen Messungen. Dagegen muß einer abschließenden Feststellung von WEISE und LESK widersprochen werden, nach der die MEYERsche Regel für die $Mg_2TiO_4$-Sinterkörper nicht gilt. Bei der hinreichenden Konstanz der $A$-Werte sind nach Gl. (4) zwangsläufig die Bedingungen der MEYERschen Regel erfüllt. Es läßt sich leicht nachweisen, daß die stark gekrümmte Kurve in der von WEISE und LESK angegebenen $\varepsilon$-lg $\varrho_{400}$-Darstellung sowohl durch irrtümliche Eintragung als auch Weglassung je eines Wertepaares entstanden ist.

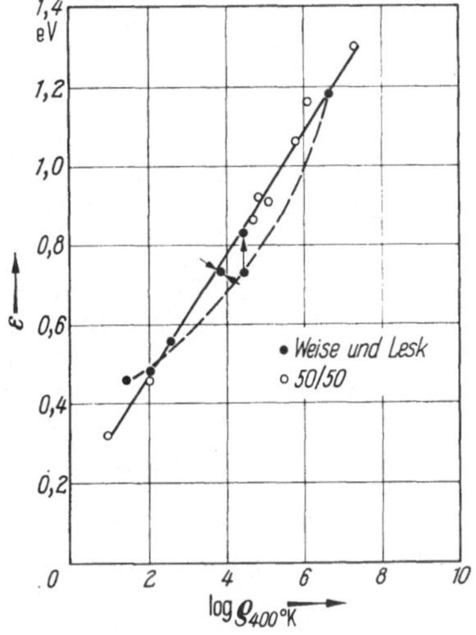


Abb. 8. Bestätigung der „MEYERschen Regel" (ausgezogene Gerade) bei richtiger (korrigierter) Eintragung der Werte von WEISE und LESK.

Die in Abb. 8 gestrichelt eingezeichnete Kurve ist der genannten Arbeit entnommen. Der mit Doppelpfeil bezeichnete Meßpunkt fehlte, die Verschiebung eines weiteren Punktes bei Benutzung der richtigen Werte ist durch den Zeiger markiert. Nach der nun resultierenden Geraden besteht sehr gute Linearität zwischen $\varepsilon$ und lg $\varrho_T$. Zum Vergleich sind die Daten aus dem Gemisch 50/50 eingetragen, aus denen die Übereinstimmung mit den eigenen Leitfähigkeitsmessungen hervorgeht.

Mit der Möglichkeit einer empfindlicheren Bestimmung der Störstellenkonzentration nach der $CO_2$-Methode konnte erstmals in diesem System der nach Abb. 6 vorhandene lineare Zusammenhang zwischen $\varepsilon$ und lg $n_0$ festgestellt werden. Bei näherer Untersuchung ergibt sich gleichzeitig eine Antwort auf die Fragestellung, welchen Einfluß das $MgO$-$TiO_2$-Mischungsverhältnis auf die Leitfähigkeitscharakteristik ausübt.

Auffallend ist in Abb. 6, Fig. $I$ bis $IV$, die annähernde Parallelverschiebung der Geraden. Wird bei Zweiphasigkeit des Systems unterstellt, daß lediglich die Spinellkomponente reduziert und nur hierdurch die Aktivierungsenergie bestimmt wird ,können aus der $\varepsilon$-lg $n_0$-Beziehung des reinen Spinells (Fig. $I$) theoretische Geraden für die übrigen Gemische abgeleitet werden. Hierzu sind nicht die pauschalen $n_0$-Werte, sondern die auf den Spinellanteil des betreffenden Gemischs umgerechneten mit den zugehörigen $\varepsilon$-Daten der Geraden für den reinen Spinell verglichen worden.

Beträgt zum Beispiel bei 80/20 der auf das Gesamtgemisch berechnete Wert $n_0 = 1 \cdot 10^{19}$, so erhöht sich dieser — bezogen auf den Spinellanteil von 40% — um den Faktor 2,5. Aus der Bezugsgeraden (50/50) ergibt sich damit der zu $n_0 = 2{,}5 \cdot 10^{19}$ gehörige Ordinatenabschnitt als theoretischer $\varepsilon$-Wert für $n_0$ (pauschal) $= 1 \cdot 10^{19}$ für das Gemisch 80/20. Die Abb. 9 zeigt die auf diesem

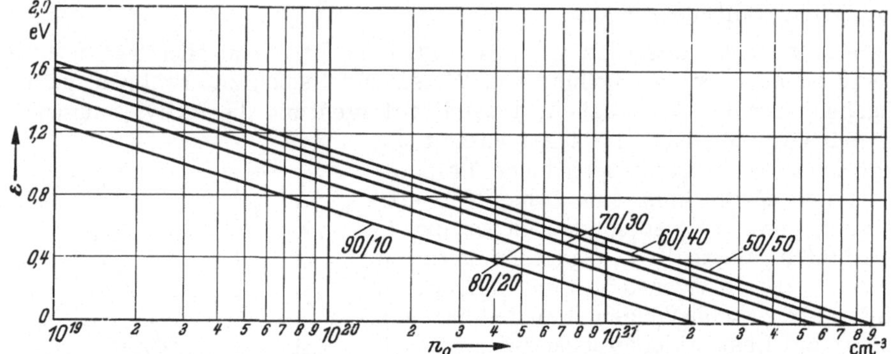


Abb. 9. Lineare Beziehung zwischen Aktivierungsenergie und Logarithmus der Störstellenkonzentration. Theoretische Geradenschar für die Gemische 60/40 bis 90/10 bei ausschließlichem Einfluß des Spinellreduktionsgrades auf die Aktivierungsenergie, abgeleitet von der 50/50-Geraden.

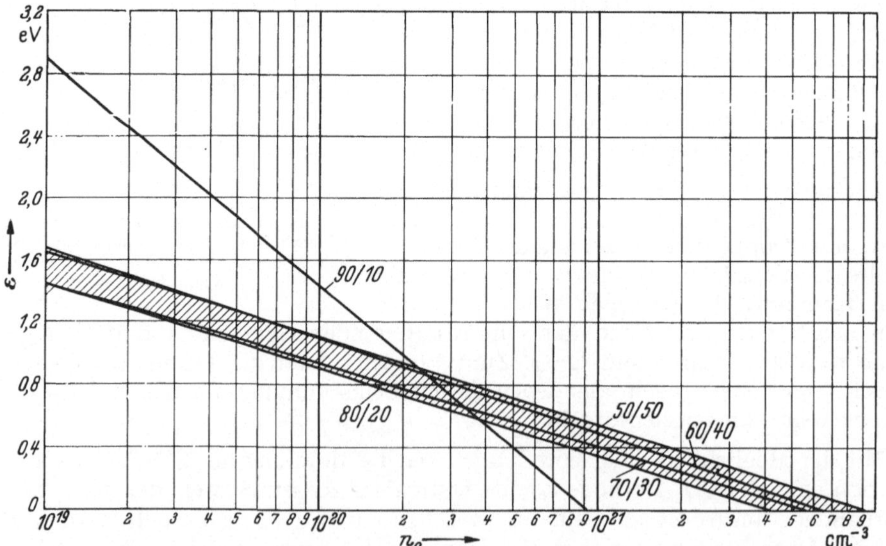


Abb. 10. Lineare Beziehung zwischen Aktivierungsenergie und Logarithmus der Störstellenkonzentration. Experimentell ermittelte Geradenschar.

Wege erhaltene Geradenschar für alle Gemische. Zur weiteren Normierung sind die $n_0$-Werte auf porenfreies Material bezogen. Die Abb. 10 zeigt die Geraden aus den experimentellen Daten, ebenfalls auf porenfreie Proben umgerechnet. Das schraffierte Gebiet ist mit dem in Abb. 9 durch die Geraden 50/50 bis 80/20 eingeschlossenen fast identisch, lediglich bei den Einzelgeraden 60/40 und 70/30 ist eine gewisse Abweichung von den theoretischen zu bemerken. Diese entspricht im Bereich $10^{19}$ bis $10^{20}$ dem Streubereich, der an Parallelproben einer Reduktionscharge auftritt.

Hieraus kann geschlossen werden, daß bei 50/50 bis 80/20 die Aktivierungsenergie vorwiegend, wenn nicht ausschließlich durch den Reduktionsgrad der Spinellkomponente bestimmt wird.

Abschließend kann die letzte Frage der Problemstellung dahingehend beantwortet werden, daß innerhalb der Reihe 50/50 bis 80/20 steigender MgO-Gehalt lediglich eine mechanische Auflockerung der allein reduktionsfähigen Spinellkomponente bewirkt. Vor dem Übergang zum Grenzfall des unter Versuchsbedingungen nicht reduzierbaren MgO tritt zwischen den Zusammensetzungen 80/20 und 90/10 eine Unstetigkeit auf, die im folgenden Abschnitt diskutiert wird.

## 7. Das Gemisch 90/10

Die Leitfähigkeitsgeraden des Gemischs 90/10 sind in Abb. 11 wiedergegeben. Als charakteristische Abweichung gegenüber den Geraden aller anderen Gemische tritt ein Gang der $A$-Konstanten zu niederen Werten mit abnehmender Aktivierungsenergie auf.

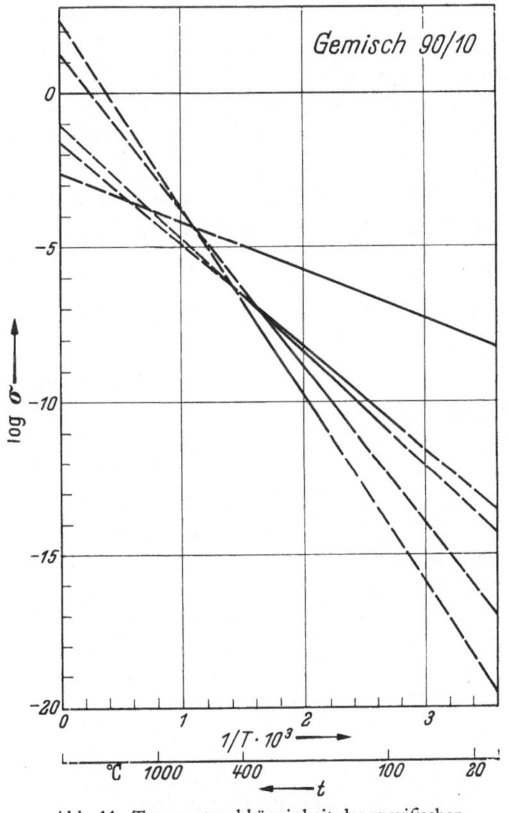

Abb. 11. Temperaturabhängigkeit der spezifischen Leitfähigkeit beim Gemisch 90/10.

Im Gegensatz zu den echten Streuwerten innerhalb eines der übrigen Gemische wird dieser Gang über 5 Zehnerpotenzen in der Darstellung $\varepsilon$ über $\lg A$ der Abb. 4 besonders deutlich.

Die MEYERsche Regel ist nach Abb. 5 hinsichtlich der Linearität der $\varepsilon$-$\lg \sigma_{20}$-Beziehung erfüllt, die Abweichung der Steigung der Geraden vom Wert 2kT ist nach Gl. (4) eine Folge der nicht konstanten $A$-Werte.

Der Zusammenhang zwischen $\varepsilon$ und $\lg n_0$ ist nach Abb. 6, Fig. V, ebenfalls linear; ein Vergleich der 90/10-Geraden in Abb. 9 und 10 läßt aber erkennen, daß sich hier die Aktivierungsenergie nicht mehr allein von der reduzierten Spinellkomponente ableiten läßt wie bei der Reihe 50/50 bis 80/20.

Aus den Ergebnissen von röntgenographischen und keramographischen Untersuchungen*) kann geschlossen werden, daß im Gebiet der Zusammensetzung 90/10 die festen Phasen auch durch den Teil des Gleichgewichtsdiagramms bestimmt sind, der sich durch Extrapolation aus dem sorgfältig untersuchten Bereich bis zu 82 Gew.% MgO ergibt.

*) Nähere Angaben in der Dissertation.

Für das abweichende Verhalten sind hiernach andere Ursachen verantwortlich als eine Änderung der Phasenverhältnisse, wie zum Beispiel Mischkristallbildung. Eine nähere Aufklärung des im speziellen Fall des Gemischs 90/10 vorherrschenden Leitfähigkeitsmechanismus, bei dem ein merklicher Beitrag der MgO-Komponente zu vermuten ist, muß weiteren und vor allem theoretischen Untersuchungen vorbehalten bleiben.

## Zusammenfassung der Ergebnisse

1. Es konnte gezeigt werden, daß das bisher übliche Verfahren zur Bestimmung der Störstellenkonzentration, bei dem die Gewichtszunahme nach oxidierendem Glühen gemessen wurde, bei einem Sauerstoffdefizit von $\leqq 0{,}1$ Gew.% versagt.

2. Unter Ausnutzung der Reoxidation mit $CO_2$ nach dem Prinzip

$$TiO_{(2-x)} + CO_2 \rightarrow TiO_2 + x\,CO$$

wurde eine mikrogasanalytische Methode entwickelt, die mit der Messung der entstandenen CO-Äquivalente den Sauerstoffmangel quantitativ erfaßt.

3. Die Anwendung dieser Methode erweitert die Erfassungsgrenze um eine Zehnerpotenz in Richtung kleinerer Werte.

4. Die Gültigkeit der linearen Beziehung zwischen der Aktivierungsenergie und dem Logarithmus der spezifischen Leitfähigkeit bei konstanter Temperatur (MEYERsche Regel) konnte auch im Gebiet geringer Störstellenkonzentration bestätigt werden; eine gegenteilige Feststellung von WEISE und LESK wurde widerlegt.

5. Ein funktioneller Zusammenhang zwischen der Aktivierungsenergie und der $A$-Konstanten ergab sich nicht, innerhalb eines Gemisches der Reihe 50/50 bis 80/20 waren die $A$-Werte nahezu konstant.

6. Eine in diesem System bisher nicht beobachtete lineare Beziehung ergab sich zwischen der Aktivierungsenergie und dem Logarithmus der Störstellenkonzentration.

7. Durch Umrechnung der Störstellenkonzentration auf den Spinellanteil des jeweiligen Gemischs konnte gezeigt werden, daß auch bei den Proben mit heterogenen Phasen bis zur Zusammensetzung 80/20 die Aktivierungsenergie praktisch nur durch den Reduktionsgrad der Spinellkomponente bestimmt wird.

8. Die Messungen am MgO-reichsten Gemisch 90/10 ergaben starke qualitative und quantitative Abweichungen bei allen Funktionen zwischen den Konstanten der Leitwert-Temperatur-Formel gegenüber denen der übrigen vier Gemische. Aus den Ergebnissen von röntgenographischen und keramographischen Untersuchungen kann geschlossen werden, daß im Bereich der Zusammensetzungen mit einem MgO-Gehalt zwischen 80 und 90 Gew.% ein maßgebender Einfluß des MgO-Gitters auf den Leitfähigkeitsmechanismus einsetzt.

## Literatur


[1]) MEYER, W.: Z. techn. Physik 14 (1933) S. 126.
[2]) MEYER, W.: Z. Physik 85 (1933) S. 278.
[3]) MEYER, W., H. NELDEL: Z. techn. Physik 18 (1937) S. 464, 588.
[4]) SCHWIECKER, W.: Physik. Verh. 3 (1952) H. 8, S. 214.
[5]) COUGHANOUR, L. W., V. A. DE PROSSE: J. Res. Nat. Bur. Standards 51 (1953) S. 85.
[6]) GOLDBERG, J. L.: Mikrochemie 14 (1933/34) S. 161.
[7]) MEYER, F. R., G. RONGE: Angew. Chem. 52 (1939) S. 637.
[8]) MAY, J.: Dresden, TH Diss. 1930.
[9]) WEISE, E., I. A. LESK: J. chem. Physics 21 (1953) S. 801.

# Untersuchungen über die Austauschbarkeit des Phosphors durch Chrom, Selen, Molybdän, Wolfram und Titan im Apatitgitter*)

Von

F. PASCHER

Mit 5 Abbildungen

In der vorliegenden Arbeit wird versucht, neue Verbindungen mit Apatitstruktur zu finden, indem der Phosphor des Apatits durch andere Elemente, wie Chrom, Selen, Molybdän, Wolfram und Titan substituiert wird. Struktur, Einheitlichkeit und Kristallzustand der erhaltenen Präparate sind mit Hilfe von DEBYE-SCHERRER-Diagrammen von Remissionsmessungen und von chemischen Analysen überprüft worden.

## Einleitung

Das hexagonale[1)–3)] Kristallgitter des natürlichen Phosphatminerals Apatit $3\,Ca_3(PO_4)_2 \cdot Ca(F,Cl)_2$, meist durch die Summenformel $Ca_{10}P_6O_{24}(F,Cl)_2$ dargestellt, ist überaus stabil. Seine Bausteine sind innerhalb weiter Grenzen isomorph austauschbar. So finden sich in der Natur noch zahlreiche andere Mineralien, die im Apatitgitter kristallisieren[4)–9)]. Darüber hinaus gelang es, in den Laboratorien viele weitere feste Verbindungen zu synthetisieren, die ebenfalls dieser Kristallgruppe angehören[10)–26)].

Bei der Synthese derartiger Verbindungen ist zu beachten:

Von ausschlaggebender Bedeutung für einen Gittertyp sind die Koordinationszahlen. Sie sind verantwortlich für die geometrische Form der Kation-Anionen-Gruppe innerhalb des Kristallverbandes und sind vor allem abhängig vom Größenverhältnis Kation : Anion, sowie von der Polarisierbarkeit der Gitterbausteine.

Weiterhin muß beachtet werden, daß beim Ersatz einzelner Ionen die Elektroneutralität gewahrt bleibt. Es gibt im Falle des Apatits zwei Möglichkeiten, diesen Valenzausgleich zu erzielen.

Ersetzt man beispielsweise $P^{5+}$ durch $S^{6+}$ oder $Si^{4+}$, so kann

1. für jedes $S^{6+}$ bzw. $Si^{4+}$ ein $Me^{++}$ durch ein $Me^{1+}$ bzw. $Me^{3+}$ substituiert werden (allgem. Formel: $Me^{2+}_{10} X^{5+}_{6} O^{2-}_{24} Y^{-}_{2}$)
2. für je zwei $X^{5+}$ ein $X^{6+}$ und ein $X^{4+}$ eingebaut werden.

## Dargestellte Präparate und deren Beschreibung

Bezüglich Darstellung der Präparate, Durchführung der Röntgen-Struktur-Analyse und der Remissionsmessungen sei auf die Originalarbeit[27)] verwiesen.

Maßgebend für die Auswahl der Ionen, die den Phosphor des Apatits vertreten sollten, war deren Radius. Es sollte untersucht werden, bei welchen Ionenradien die Apatitstruktur instabil wird.

Folgende Ionen wurden zur Präparation von Apatiten herangezogen:

$Ti^{4+}$ (R = 0,65), $Cr^{6+}$ (R = 0,43), $Mo^{6+}$ (R = 0,61), $W^{6+}$ (R = 0,60) und $Se^{6+}$ (R = 0,35).

Es sei zunächst in Tabelle 1 eine Auswahl aus den angefertigten Präparaten mit den zugehörigen Gitterkonstanten, soweit diese berechnet wurden, zusammengestellt.

---

*) Auszugsweiser Nachdruck einer im Oktober 1959 bei der Ludwig-Maximilians-Universität zu München vorgelegten Dissertation.

Tabelle 1. Der Einfluß von Substitutionen und Glühbehandlungen auf das Apatitgitter

| Präp. Nr. | Apatitformel, die der Einwaage entsprechen würde | Farbe | Höchste Glühtemperatur °C | Ergebnis der Strukturanalyse (Gitterkonst. in kX) | | | Bemerkungen |
|---|---|---|---|---|---|---|---|
| | | | | $a$ | $c$ | $c/a$ | |
| 66 | $Pb_{10}P_6O_{24}F_2$ | weiß | 3 h 850—900 | 9,97 | 7,33 | 0,735 | |
| 65 | $KPb_9P_5CrO_{24}F_2$ | gelb | 4 h 800 | 10,03 | 7,37 | 0,735 | |
| 9 | $K_2Pb_8P_4Cr_2O_{24}F_2$ | ,, | 920 | 10,08 | 7,40 | 0,734 | Apatit- |
| 10 | $K_3Pb_7P_3Cr_3O_{24}F_2$ | ,, | 930 | 10,15 | 7,46 | 0,735 | |
| 13 | $K_4Pb_6P_2Cr_4O_{24}F_2$ | ,, | 630 | 10,21 | 7,50 | 0,735 | gitter |
| 12 | $K_5Pb_5PCr_5O_{24}F_2$ | ,, | 780 | 10,28 | 7,55 | 0,734 | |
| 11 | $K_6Pb_4Cr_6O_{24}F_2$ | ,, | 730 | 10,32 | 7,58 | 0,734 | |
| 17 | $Pb_{10}Si_3Cr_3O_{24}F_2$ | rotbraun | 720 | 10,10 | 7,43 | 0,736 | |
| 18 | $Pb_{10}GeP_4CrO_{24}F_2$ | gelbbraun | 830 | 10,06 | 7,39 | 0,735 | Apatit- |
| 19 | $Pb_{10}Ge_2P_2Cr_2O_{24}F_2$ | rotbraun | 830 | 10,12 | 7,43 | 0,734 | |
| 20 | $Pb_{10}Ge_3Cr_3O_{24}F_2$ | dunkel-rotbraun | 830 | 10,23 | 7,47 | 0,730 | gitter |
| 26 | $Na_2Pb_8P_4Se_2O_{24}F_2$ | weiß | 730 | | | | Teilweise |
| 25 | $Na_4Pb_6P_2Se_4O_{24}F_2$ | ,, | 720 | Nur zum | | | |
| 24 | $Na_6Pb_4Se_6O_{24}F_2$ | ,, | 700 | | | | Zersetzung |
| 48 | ,, | ,, | 780 | Teil | | | |
| 57 | ,, | ,, | 610 | | | | unter |
| 57a | ,, | ,, | 670 | Apatitgitter. | | | |
| 59 | ,, | ,, | 400 | 10,15 | 7,46 | 0,735 | $O_2$-Abgabe. |
| 60 | ,, | ,, | 450 | | | | |
| 62 | ,, | ,, | 620 | Kein Apatit | | | Im |
| 62a | ,, | ,, | 720 | | | | $O_2$-Strom |
| 29 | $Pb_{10}Si_3Se_3O_{24}F_2$ | weiß | 760 | 10,13 | 7,46 | 0,736 | Temperatur |
| 30 | $Pb_{10}Ge_3Se_3O_{24}F_2$ | ,, | 770 | 10,29 | 7,50 | 0,729 | etwas zu |
| 30b | ,, | gelblich | 1070 | — | — | — | hoch; beginnende Zer- |
| 45 | ,, | weiß | 710 | Apatit | | | |
| 51 | ,, | ,, | 580—620 | Apatit | | | setzung. |
| 52a | ,, | gelblich | 24h 500 | Kein Apatit | | | Mehrphasig; durch PbO gelb. |
| 54 | ,, | weiß | 5h 600 (640) | 10,29 | 7,55 | 0,734 | Bestes Präp. |
| 54a | ,, | ,, | 11h 600 | Apatit | | | Zu lang |
| 55 | ,, | ,, | 9h 600 | Apatit | | | geglüht |
| 38 | $Pb_{10}SiGePVCrSeO_{24}F_2$ | rotbraun | 760 | 10,16 | 7,44 | 0,732 | |
| 41 | $Pb_{10}Ge_3Mo_3O_{24}F_2$ | gelblich | 1070 | — | — | — | Temperatur zu hoch |
| 46 | ,, | weiß | 700 | Apatitartig | | | |
| 42 | $Pb_{10}Ge_3W_3O_{24}F_2$ | gelblich | 1070 | — | — | — | Temperatur zu hoch |
| 47 | ,, | weiß | 700 | Apatitartig | | | |
| 49 | $Pb_{10}Ti_3Cr_3O_{24}F_2$ | braun | 700 | Kein Apatit | | | Aus Rutil |
| 63 | ,, | ,, | 1000 | Kein Apatit | | | Aus Anatas |

## 1. Verbindungen mit Chromat

### a) Wertigkeitsausgleich durch einwertige Metallionen

Die Darstellung eines Na-Ca-Chromatapatits aus den Ausgangsstoffen $CaHPO_4$, $CaCO_3$, $CaCrO_4$, $Na_2CrO_4$ und $CaF_2$ ist nicht gelungen.

Um den Einbau des größeren $Cr^{6+}$ zu erleichtern, wurde $Na^+$ durch das größere $K^+$ und $Ca^{++}$ durch das größere, vor allem aber leichter polarisierbare $Pb^{++}$ ersetzt.

Unter diesen neuen Voraussetzungen gelang der isomorphe Ersatz des $P^{5+}$ durch $Cr^{6+}$, wobei die Apatitstruktur bis zum Endglied $K_6Pb_4Cr_6O_{24}F_2$ erhalten bleibt. Der Beweis wurde mit Hilfe der Pulverdiagramme geführt, die alle quantitativ ausgewertet wurden.

Die Einwaagen der Ausgangsstoffe entsprachen folgenden Reaktionsgleichungen:

$$6\,(NH_4)_2HPO_4 + PbF_2 + 9\,PbO \longrightarrow \underline{Pb_{10}P_6O_{24}F_2} + 12\,NH_3 + 9\,H_2O,$$

$$5\,(NH_4)_2HPO_4 + \tfrac{1}{2}\,PbCrO_4 + \tfrac{1}{2}\,K_2CrO_4 + PbF_2 + 7\tfrac{1}{2}\,PbO \longrightarrow \underline{KPb_9P_5CrO_{24}F_2} + 10\,NH_3 + 7\tfrac{1}{2}\,H_2O,$$

$$4\,(NH_4)_2HPO_4 + PbCrO_4 + K_2CrO_4 + PbF_2 + 6\,PbO \longrightarrow \underline{K_2Pb_8P_4Cr_2O_{24}F_2} + 8\,NH_3 + 6\,H_2O,$$

$$3\,(NH_4)_2HPO_4 + 1\tfrac{1}{2}\,PbCrO_4 + 1\tfrac{1}{2}\,K_2CrO_4 + PbF_2 + 4\tfrac{1}{2}\,PbO \longrightarrow \underline{K_3Pb_7P_3Cr_3O_{24}F_2} + 6\,NH_3 + 4\tfrac{1}{2}\,H_2O,$$

$$2\,(NH_4)_2HPO_4 + 2\,PbCrO_4 + 2\,K_2CrO_4 + PbF_2 + 3\,PbO \longrightarrow \underline{K_4Pb_6P_2Cr_4O_{24}F_2} + 4\,NH_3 + 3\,H_2O,$$

$$(NH_4)_2HPO_4 + 2\tfrac{1}{2}\,PbCrO_4 + 2\tfrac{1}{2}\,K_2CrO_4 + PbF_2 + 1\tfrac{1}{2}\,PbO \longrightarrow \underline{K_5Pb_5PCr_5O_{24}F_2} + 2\,NH_3 + 1\tfrac{1}{2}\,H_2O,$$

$$3\,PbCrO_4 + 3\,K_2CrO_4 + PbF_2 \quad \underline{K_6Pb_4Cr_6O_{24}F_2}.$$

Bei der Darstellung dieser Präparate erwies sich eine Glühtemperatur von 700—800° C (einige Stunden) als ausreichend. Schon bei 600° bildete sich Apatit, dessen gelbe Farbe reiner und heller war als die der höher geglühten Produkte, bei denen mit zunehmender Temperatur eine zunehmende Verfärbung nach braun festzustellen war. Es wurde jeweils zweimal geglüht und zwischen den beiden Glühperioden gepulvert.

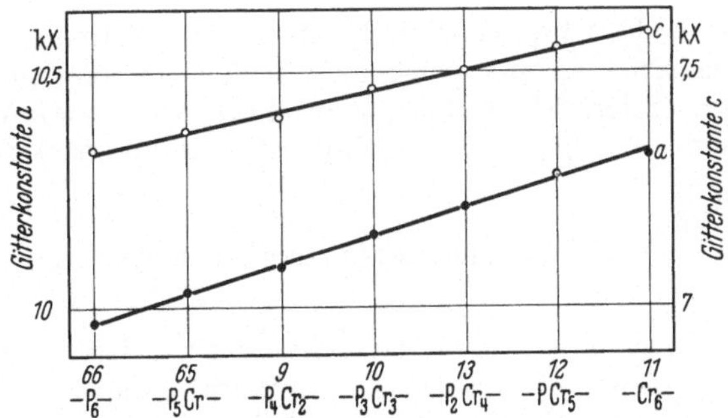


Abb. 1. Gitterkonstanten chromathaltiger Apatite bei gleichzeitigem Ersatz von P durch Cr und Pb durch K (Präp. Nr. 66, 65, 9, 10, 13, 12, 11).

Damit der Gang der Gitterkonstanten beim fortlaufenden Ersatz des $P^{5+}$ durch $Cr^{6+}$ verfolgt werden kann, wurde auch das Cr-freie Anfangsglied, der reine Pb-Phosphatapatit, dargestellt und seine Gitterkonstanten ermittelt.

In Abb. 1 ist der Gang der Gitterkonstanten in der a- und c-Richtung bei fortlaufendem Ersatz des $P^{5+}$ durch $Cr^{6+}$ (gleichzeitig wird $Pb^{++}$ durch $K^+$ ersetzt) graphisch dargestellt. Erwartungsgemäß wird das Gitter mit zunehmendem Chromgehalt aufgeweitet.

### *Remissionskurven*

Abb. 2 gibt die Remissionskurven der sieben hier behandelten Präparate wieder. Dargestellt ist die Remission in Prozenten, bezogen auf $MgO = 100\%$, in Abhängigkeit von der Wellenlänge $\lambda$.

Die Kurven, die nur eine Stufe aufweisen, zeigen, daß die Substanzen jeweils nur eine Phase mit einer charakteristischen Remissionskante enthalten. Die Kanten aller chromathaltigen Präparate liegen praktisch bei der gleichen Wellenlänge; ihre Lage scheint also von der Höhe des $Cr^{6+}$-Gehaltes weitgehend unabhängig zu sein. Die Stufenhöhe zeigt jedoch einen deutlichen Gang. Man kann leicht sehen, daß diese abnimmt mit zunehmendem P-Gehalt.

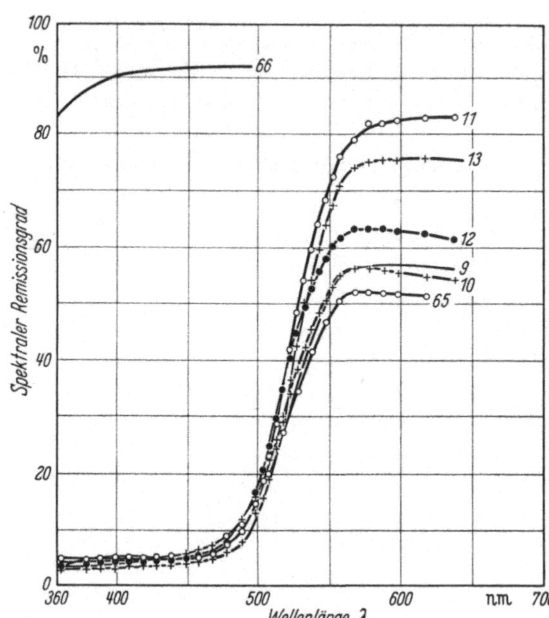


Abb. 2. Remissionskurven der Präp. 9 bis 13, 66 und 65.
66: $Pb_{10}P_6O_{24}F_2$ 65: $KPb_9P_5CrO_{24}F_2$ 9: $K_2Pb_8P_4Cr_2O_{24}F_2$
10: $K_3Pb_7P_3Cr_3O_{24}F_2$ 13: $K_4Pb_6P_2Cr_4O_{24}F_2$
12: $K_5Pb_5PCr_5O_{24}F_2$ 11: $K_6Pb_4Cr_6O_{24}F_2$.

In der Tat ist das P-freie Präparat am reinsten gelb, während zunehmender Phosphor-Gehalt eine Verfärbung nach Grünlichbraun verursacht. Steigende Glühtemperatur scheint den gleichen Effekt zur Folge zu haben. Aus diesem Grunde liegt wohl der flache Ast der Kurve 12 unterhalb der Kurve 13, da Präparat 13 niedriger, Präparat 12 dagegen etwas höher geglüht wurde.

In Gegenwart von Phosphat wird also offenbar das Chromat leichter reduziert. Die Reduktion des Chromates und damit der Gehalt der Präparate an $Cr_2O_3$ nimmt dann natürlich zu mit steigender Phosphatmenge und Glühtemperatur. Die den Farbton ändernden Reduktionsprodukte wirken wie Verunreinigungen und führen zur Erniedrigung der Stufenhöhe der Remissionskurven.

### b) Wertigkeitsausgleich durch vierwertige Kationen erster Art

In einer weiteren Versuchsreihe wurden je zwei $P^{5+}$ durch ein $Cr^{6+}$ und ein $Si^{4+}$ bzw. $Ge^{4+}$ ersetzt. Die Präparate, die aus den Ausgangsstoffen $(NH_4)_2HPO_4$, $PbCrO_4$, $SiO_2$ bzw. $GeO_2$, $PbF_2$ und PbO durch Glühen bei 700—800° C dargestellt wurden, sind sehr stark gefärbt, und zwar je nach dem Chromgehalt orangebraun bis dunkelrotbraun. Auch hier haben sich Apatite gebildet.

Die Gitterkonstanten nehmen ebenfalls in der Reihe

$$Pb_{10}P_6O_{24}F_2 \text{ — } Pb_{10}Ge_2P_2Cr_2O_{24}F_2 \text{ — } Pb_{10}Ge_3Cr_3O_{24}F_2,$$

also mit zunehmendem $P^{5+}$-Ersatz, linear zu.

Die Remissionskurven dieser Präparate verlaufen infolge der starken Färbung der Präparate relativ flach und sind für eine genauere Auswertung nicht brauchbar.

c) Chemische Analyse

Der Apatit $K_6Pb_4Cr_6O_{24}F_2$ wurde einer quantitativen Analyse unterzogen (Analysenmethode und Ergebnisse s. [27])). Nach dem Analysenergebnis sind keine Verdampfungsverluste eingetreten.

## 2. Verbindungen mit Selenat

Selenate sind sehr starke Oxidationsmittel und geben schon beim Erhitzen an der Luft Sauerstoff ab, wobei sie in Selenite übergehen. Dadurch werden die Verhältnisse erheblich komplizierter. Hinzu kommt, daß die Selenate wie die Sulfate leicht Kristallwasser aufnehmen.

a) Wertigkeitsausgleich durch einwertige Metallionen

Ausgangsprodukte und Reaktionsgleichungen:

$$4\,(NH_4)_2HPO_4 + Na_2SeO_4 + PbSeO_4 + PbF_2 + PbO \longrightarrow \underline{Na_2Pb_8P_4Se_2O_{24}F_2} + 8\,NH_3 + 6\,H_2O,$$

$$2\,(NH_4)_2HPO_4 + 2\,Na_2SeO_4 + 2\,PbSeO_4 + PbF_2 + 3\,PbO \longrightarrow \underline{Na_4Pb_6P_2Se_4O_{24}F_2} + 4\,NH_3 + 3\,H_2O\;,$$

$$3\,Na_2SeO_4 + 3\,PbSeO_4 + PbF_2 \longrightarrow \underline{Na_6Pb_4Se_6O_{24}F_2}.$$

Der Vergleich der Debyeogramme mit einer Apatitaufnahme ließ zunächst vermuten, daß sich Apatit gebildet habe. Die quantitative Auswertung ergab jedoch, daß nur zum Teil Apatitstruktur entstanden sein konnte.

Die Remissionskurven zeigten damit übereinstimmend mehrere nur schwer deutbare Kanten.

Bei Variation der Darstellungsbedingungen für die folgenden Präparate konnte nun deren Einfluß auf die Gestalt der Remissionskurven verfolgt werden mit dem Ziel, die Stufe, die vermutlich dem Apatit zugehört, auf Kosten der anderen zu erhöhen bzw. allein zu erhalten.

Für diese Versuche wurde nur das Endglied der Reihe $Na_6Pb_4Se_6O_{24}F_2$ herangezogen. Das wahrscheinlich beste Präparat war Nr. 59. Dieses wurde $2^1/_2$ Stunden bei 400° — kurz 420° — geglüht. Die Remissionskurve dieses Präparates (Abb. 3) besitzt zwei Kanten, von denen die erste bei etwa 280 nm nicht umgesetztem Selenat und die zweite bei etwa 305 nm gebildetem Apatit entsprechen dürfte.

Das Debye-Scherrer-Diagramm dieser Verbindung wurde ausgemessen und die $\sin^2\vartheta$-Werte berechnet. Auch danach scheint sich Apatit gebildet zu haben, doch liegen noch zahlreiche Fremdlinien vor, die nach der in dieser Arbeit angewandten Methode nicht zu indizieren sind.

Versucht man, durch höheres Glühen — Präp. Nr. 60, $2^1/_2$ h bei 450° — die Menge des unveränderten Selenates zu verringern, so ändert sich der Verlauf der Remissionskurve im unteren Teil kaum, während eine kleine Stufe bei etwa 360 nm schon beginnende Zersetzung andeutet. Glüht man von vornherein bei 600—700°, so fehlt wohl die Stufe, die dem Selenat entsprechen dürfte, dafür ist aber die andere Stufe, die dem vermuteten Zersetzungsprodukt zukommt, vorherrschend — Präp. Nr. 48, 57 u. 57a —. Dieser Befund konnte auch durch

Glühen in $O_2$-Atmosphäre nicht grundsätzlich geändert werden. Es scheint also kaum möglich zu sein, einen reinen Apatit der Zusammensetzung $Na_6Pb_4Se_6O_{24}F_2$ zu präparieren (die Remissionskurven der genannten Präparate s. Abb. 3).

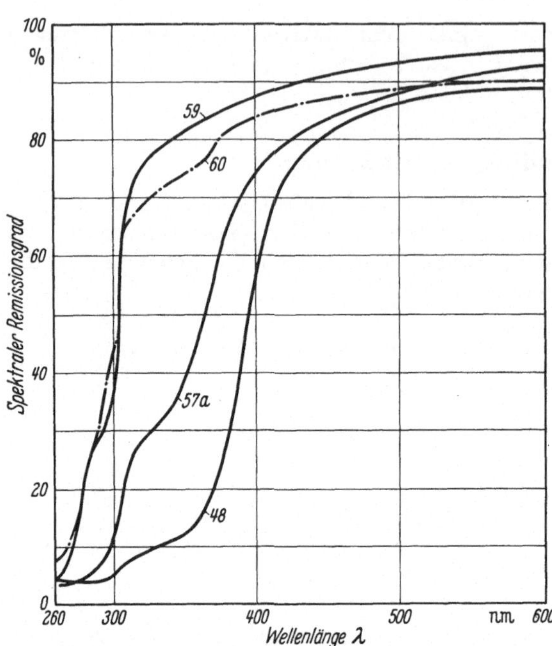


Abb. 3. $Na_6Pb_4Se_6O_{24}F_2$: Remissionskurven für unterschiedliche Glühtemperaturen und jeweils zugehörige $SeO_4^{--}$-Gehalte.
Präp. Nr. 59 60 57a 48 Glühtemp. 400° C 450° C 650° C 700° C
$SeO_4^{--}$-Gehalt 45,6% 45,4% 37,0% 29,5%.

Zum Beweis für die Annahme, daß bei höherer Glühtemperatur Zersetzung der Selenate unter $O_2$-Abgabe erfolgt, sollte $SeO_4^{--}$ neben $SeO_3^{--}$ quantitativ bestimmt werden. Dazu war es nötig, eine eigene Analysenmethode auszuarbeiten.

Die Methode beruht auf der Tatsache, daß Selensäure und Selenate aus HCl aktives Chlor in Freiheit setzen. Dieses wurde in einem inerten Gasstrom — hier ein Gemisch von Stickstoff und Argon —, der gleichzeitig das Zurücksteigen der vorgelegten Absorptionsflüssigkeit verhindern sollte, in KJ-Lösung übergetrieben. Das freigemachte Jod konnte dann mit n/10-Natriumthiosulfatlösung titriert werden. Eine genaue Beschreibung der Methode siehe [27]).

In Abb. 3 sind zu den Remissionskurven der einzelnen Präparate die $SeO_4^{--}$-Gehalte in Prozent angegeben. Der theoretische Wert des $SeO_4^{--}$-Gehaltes ist: 46,05%. Aus dem hohen Gehalt der Präparate Nr. 59 und 60 kann geschlossen werden, daß die vordere Kante tatsächlich dem nicht umgesetzten $SeO_4^{--}$ zukommt. Lediglich die obere Kante bei 360 nm entspricht dem Zersetzungsprodukt $SeO_3^{--}$.

### b) Wertigkeitsausgleich durch vierwertige Kationen erster Art

Als 4wertige Kationen wurden $Si^{4+}$ und $Ge^{4+}$ verwendet. Da sich die Versuchsreihen völlig gleichen, sollen hier nur die Se-Ge-Verbindungen besprochen werden.

Reaktionsgleichung:

$$3\,PbSeO_4 + 3\,GeO_2 + PbF_2 + 6\,PbO \longrightarrow \underline{Pb_{10}Ge_3Se_3O_{24}F_2}.$$

Zuerst wurde bei 700° geglüht (Präp. Nr. 30, Abb. 4). Das Pulverdiagramm beweist Apatitstruktur. Die Remissionskurve zeigt aber zwei Stufen. Zunächst lag die Vermutung nahe, daß eine der beiden Stufen auf unvollständige Reaktion zurückzuführen sein könnte. Präp. Nr. 30 wurde daher noch einmal, und zwar $2^1/_2$ h bei 1070°, geglüht — Präp. Nr. 30b. Die Strukturanalyse ergab für diese Substanz, daß kein Apatitgitter mehr vorliegt. Die zweite Kante der Remissionskurve der ursprünglichen Substanz — Präp. Nr. 30 — deckt sich etwa mit der

Kante von 30b. Die Pulveraufnahme des Präp. Nr. 30 zeigt aber, wie gesagt, noch Apatitstruktur, also dürfte die erste Kante bei etwa **330** nm dem reinen Apatit entsprechen. Es galt nun, durch Variation der Darstellungsbedingungen diese Stufe anzuheben, d. h. den Apatitanteil zu vergrößern. Bei der Umwandlung der Substanz Nr. 30 in 30b handelt es sich nicht um eine reversible Phasenumwandlung, sondern um eine irreversible Zersetzungsreaktion. Bei der Empfindlichkeit der Selenate ist dies keineswegs verwunderlich. Es muß also auch hier unter $O_2$-Abgabe $SeO_4^{--}$ in $SeO_3^{--}$ übergegangen sein. Dafür spricht auch,

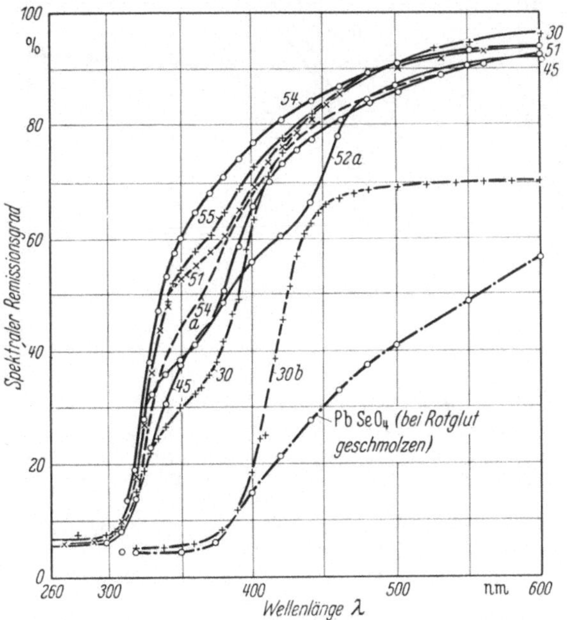


Abb. 4. Remissionskurven der Präparate 30, 30b, 45, 51, 52a, 54, 54a, 55 — $Pb_{10}Ge_3Se_3O_{24}F_2$.

| | | | |
|---|---|---|---|
| 30 | : 1,75 h | 700°—710° (kurz 770°) | Apatit |
| 30b | : Präp. 30 | 1070° | kein Apatit |
| 45 | : 4 h | 690°—700° (710°) | |
| 51 | : 5 h | 580°—600° (620°) | Apatit |
| 54 | : 5 h | 600° (640°) | |
| 54a | : Präp. 54 6 h | 600° (820°) | |
| 55 | : 9 h | 590°—600° | |
| 52a | : 24 h | 500° | |

daß die zweite Stufe mit dem Beginn des Anstieges der Remissionskurve von geschmolzenem $PbSeO_4$ zusammenfällt. So wurde also versucht, ob Glühen bei tieferer Temperatur zum Erfolg führt. Tatsächlich gelang es so, die Apatitkante bei etwa **330** nm anzuheben. Glüht man aber zu tief, so erhält man Remissionskurven mit drei Kanten, von denen die erste gebildetem Apatit, die zweite intermediär entstandenem $PbGeO_3$ und die dritte noch nicht umgesetztem PbO zuzuordnen sein dürfte. Letztere Annahme wird auch durch die gelbe Farbe der Präparate bekräftigt (Präp. Nr. 52a).

Als Optimum der Darstellung ist wohl ein fünfstündiges Glühen bei **600—640°** — Präp. Nr. 54 — anzusehen. Die Remissionskurve dieser Verbindung ist nur im oberen Teil leicht abgeflacht. Längeres Tempern bei **600°** hat schon das Auftreten der Stufe des Zersetzungsproduktes zur Folge — Präp. Nr. 54a und 55 —. Nach kürzerer Behandlung ist das Endprodukt noch gelblich und die Remissionskurve zeigt nicht umgesetztes PbO an.

Die quantitative $SeO_4^{--}$-Bestimmung zeigt, daß man bis zu einem gewissen Grad aus dem Verhältnis der Stufenhöhen auf das Mengenverhältnis der verschiedenen Phasen schließen kann. Abb. 5 enthält die Prozentgehalte $SeO_4^{--}$

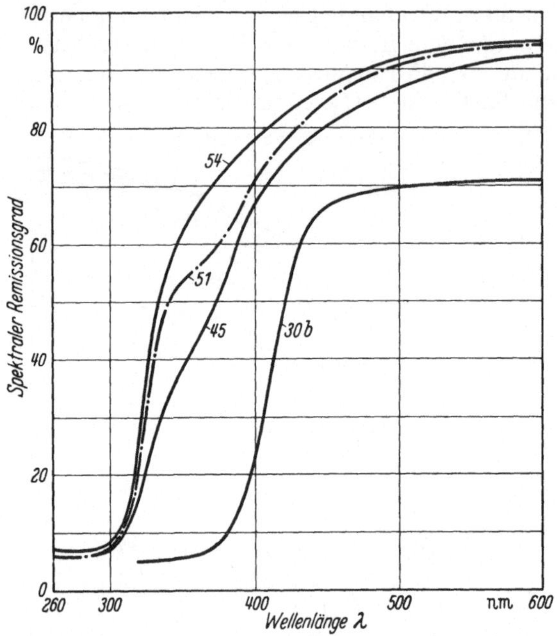


Abb. 5. $Pb_{10}Ge_3Se_3O_{24}F_2$ — Remissionskurven und $SeO_4^{--}$-Gehalte.
Präp. Nr. 54 51 45 30b Glühtemp. 600° C 600° C 700° C 1070° C
$SeO_4^{--}$-Gehalt 12,9% 12,1% 7,4% 1,3%

neben den Remissionskurven und den entsprechenden Glühtemperaturen. Der Zusammenhang ist deutlich sichtbar!

Der theoretische Wert des $SeO_4^{--}$-Gehalts ist: 14,54%.

Schließlich sei noch auf einen zunächst unerwarteten und überraschenden Effekt hingewiesen: Vergleicht man nämlich die Gitterkonstanten der Apatite mit Chromat und Si bzw. Ge mit den entsprechenden, die Selenat und Si bzw. Ge enthalten, so stellt man fest, daß sowohl die Werte für a, als auch die für c bei den Selenatverbindungen größer sind als bei den Chromatverbindungen, obwohl der Ionenradius des $Cr^{6+}$ größer ist als der des $Se^{6+}$.

Tabelle 2. Gegenüberstellung der Gitterkonstanten entsprechender Chromat- und Selenat-Apatite

| | $Pb_{10}Si_3X_3O_{24}F_2$ | | $Pb_{10}Ge_3X_3O_{24}F_2$ | |
|---|---|---|---|---|
| | *a* | *c* | *a* | *c* |
| X = Cr | 10,10 | 7,43 | 10,23 | 7,47 |
| X = Se | 10,13 | 7,46 | 10,29 | 7,53*) |

*) Mittelwert aus Präp. Nr. 30 und Nr. 54.
Ionenradien: $Cr^{6+}$: 0,43; $Se^{6+}$: 0,35.

Man kann sich diese Erscheinung wohl nur so erklären, daß die Dimensionen der Elementarzelle der Apatite nicht nur von den Größen der sie aufbauenden Ionen abhängen, sondern auch in hervorragendem Maße durch deren Polarisierbarkeit bestimmt werden. Infolge der verschiedenen Elektronenverteilung des Hauptgruppenelementes Selen und des Nebengruppenelementes Chrom ist es sicher, daß die Polarisationswirkung der beiden Ionen verschieden groß ist.

Bezeichnend für die überaus große Substituierbarkeit der Bestandteile des Apatitgitters ist schließlich die Tatsache, daß auch die Darstellung einer Verbindung $Pb_{10}SiGePVCrSeO_{24}F_2$ gelang, deren Debyeogramm eindeutig Apatitstruktur zeigt.

## 3. Verbindungen mit $MoO_3$ und $WO_3$

Reaktionsgleichungen

$$3\,MoO_3 + 3\,GeO_2 + PbF_2 + 9\,PbO \longrightarrow \underline{Pb_{10}Ge_3Mo_3O_{24}F_2}$$

$$3\,WO_3 + 3\,GeO_2 + PbF_2 + 9\,PbO \longrightarrow \underline{Pb_{10}Ge_3W_3O_{24}F_2}$$

Zunächst wurde je ein Präparat mit Mo und W bei 1000—1070° geglüht — Präp. Nr. 41 und 42 —. Nach den Erfahrungen des vorhergehenden Kapitels wurde je ein weiteres Präparat bei 700° geglüht — Präp. Nr. 46 und 47 —. Von allen vier Präparaten wurden Röntgendiagramme aufgenommen.

Beim Vergleich dieser Diagramme kann man folgendes feststellen:

1. Die Diagramme der Präparate 41 und 46 ($Pb_{10}Ge_3Mo_3O_{24}F_2$) sind einander sehr ähnlich.

2. Die Diagramme der verschieden stark geglühten Präparate 42 und 47 ($Pb_{10}Ge_3W_3O_{24}F_2$) unterscheiden sich sehr wesentlich voneinander.

3. Die Diagramme der bei 700° geglühten Präparate 46 und 47 (mit Mo und W) sind praktisch identisch.

Aus dieser Gegenüberstellung der Debyeogramme glauben wir, folgende Schlüsse ziehen zu dürfen:

1. Wie beim $SeO_4^{--}$ erfolgt auch beim $MoO_3$ und $WO_3$ bei höherer Glühtemperatur Zersetzung unter $O_2$-Abgabe.

2. Diese $O_2$-Abgabe scheint beim $WO_3$ stärker zu sein als beim $MoO_3$.

3. Beim Glühen bei 700° ist die $O_2$-Abgabe bei beiden Verbindungen noch unwesentlich. Es hat sich in beiden Fällen die gleiche Struktur ausgebildet.

Vergleicht man nun diese beiden Aufnahmen der Präp. 46 und 47 mit einer Apatitaufnahme, so ist unzweifelhaft eine große Ähnlichkeit vorhanden.

Eine quantitative Auswertung der Debyeogramme nach der in dieser Arbeit angewandten Methode und damit eine Festlegung von Gitterkonstanten ist hierfür nicht gelungen. Immerhin glauben wir annehmen zu dürfen, daß den Präp. Nr. 46 und 47 — $Pb_{10}Ge_3Mo_3O_{24}F_2$ und $Pb_{10}Ge_3W_3O_{24}F_2$ — ein apatitartiges Gitter zukommt.

Ganz im Einklang mit den Pulveraufnahmen zeigen auch die Remissionskurven der Präparate Nr. 41/46 und 42/47, daß das Glühen bei 1000° bei der W-Verbindung eine stärkere Veränderung hervorruft als bei dem Mo-haltigen Präparat. Dort wurde die Remissionskante durch stärkeres Glühen zu größeren Wellenlängen verschoben, während sich bei der Mo-Verbindung die beiden Kurven im unteren Teil völlig decken. Erst in der oberen Hälfte weicht die Kurve des höher geglühten Produktes zu etwas größeren $\lambda$-Werten hin ab, woraus man auf größere „Verunreinigungen" in Form des sauerstoffärmeren Oxids schließen kann. Nur beim W-haltigen Produkt entstehen also bei 700° und bei 1000° zwei verschiedene Verbindungen mit verschiedener Kristallstruktur.

### 4. Verbindungen mit $TiO_2$

Da schon bei $Mo^{6+}$ und $W^{6+}$ (Ionenradien: $Mo^{6+}$: R = 0,61; $W^{6+}$: R = 0,60) vollständige Apatitbildung nicht erreicht werden konnte, war es von vornherein zweifelhaft, ob der Einbau von $Ti^{4+}$ (R = 0,65) in das Apatitgitter gelingen würde. Tatsächlich sind auch alle Versuche, Titan enthaltende Apatite zu präparieren, erfolglos geblieben. Wertigkeitsausgleich sollte bei den verschiedenen Präparaten durch $Cr^{6+}$, $Se^{6+}$, $Mo^{6+}$ und $W^{6+}$ erzielt werden. Die Debye-Scherrer-Diagramme all dieser Präparate zeigen keine Apatitstruktur.

Für die bisher angeführten Ti-Verbindungen wurde Rutil als Ausgangsprodukt eingesetzt. Auch die Verwendung von Anatas statt Rutil — es schien denkbar, daß sich infolge der erhöhten Reaktionsfähigkeit beim Umwandlungspunkt Anatas $\longrightarrow$ Rutil (800—900°) ein Apatit bilden könnte — brachte keinen Erfolg. Man darf wohl schließen, daß Titan in seinen Verbindungen nur mit der Koordinationszahl 6 existenzfähig ist, also keine Tetraeder mit Sauerstoff zu bilden vermag.

Die Remissionskurven der Ti-Präparate ergeben für diese zum Teil Einphasigkeit, zum anderen Teil sind sie infolge ihres langsamen Anstiegs und unregelmäßigen Verlaufs nicht leicht zu deuten.

Hier dürfte also die Grenze für die Ionenradien beim Phosphorersatz im Apatitgitter liegen.

## Zusammenfassung der Ergebnisse und Folgerungen

1. Der Einbau von Chrom in das Apatitgitter ist möglich. Wertigkeitsausgleich kann dabei sowohl durch einwertige Metallionen (an Stelle von $Pb^{++}$), als auch durch 4wertige Kationen erster Art ($Si^{4+}$ bzw. $Ge^{4+}$) erreicht werden. Die angestellten Versuchsreihen deuten auf vollständige Mischbarkeit hin. Röntgendiagramme und Remissionskurven sprechen für Einphasigkeit der dargestellten Verbindungen. Zu hohes Glühen ist schädlich, da — besonders bei Präparaten, die noch Phosphor enthalten — durch geringe Reduktion des Chromates Verfärbung eintritt.

Die errechneten Gitterkonstanten steigen mit zunehmendem Chromgehalt linear an. Die Präparate sind gelb bis dunkelrotbraun gefärbt.

2. Substitution des $P^{5+}$ durch $Se^{6+}$ macht größere Schwierigkeiten, da bei der erforderlichen Reaktionstemperatur zum Teil schon Zersetzung unter $O_2$-Abgabe ($SeO_4^{--} \rightarrow SeO_3^{--}$) auftritt. Durch Kombination von Pulverdiagrammen und Remissionskurven wurden beim $Pb_{10}Ge_3Se_3O_{24}F_2$ die optimalen Darstellungsbedingungen ermittelt. Sie liegen bei fünfstündigem Glühen bei 600°. Glühen bei höherer Temperatur, aber auch längeres Glühen bei 600° führt zu Sauerstoffabgabe. Dieses Verhalten konnte auch durch quantitative Bestimmung von $SeO_4^{--}$ neben $SeO_3^{--}$ bewiesen werden. Noch komplizierter liegen die Verhältnisse beim $Na_6Pb_4Se_6O_{24}F_2$. Sicher ist dafür der erheblich höhere $SeO_4^{--}$-Gehalt im erwünschten Endprodukt (46,05% statt 14,54% im $Pb_{10}Ge_3Se_3O_{24}F_2$) verantwortlich, wodurch die durch den Übergang $SeO_4^{--} \rightarrow SeO_3^{--}$ hervorgerufene Störung für die Gesamtverbindung relativ viel stärker ins Gewicht fällt. Es ist daher nicht gelungen, reinen Na-Pb-Selenatapatit zu erhalten. Auch Präparation in $O_2$-Atmosphäre führte nicht zum Erfolg.

Auffallend ist die Tatsache, daß die Pulverdiagramme der Verbindungen $Pb_{10}Ge_3Se_3O_{24}F_2$ und $Pb_{10}Si_3Se_3O_{24}F_2$ noch Apatitstruktur anzeigen, während die Remissionskurven schon zwei deutlich ausgeprägte Stufen besitzen und auch die Analysen erheblichen $SeO_4^{--}$-Unterschuß deutlich machen. Dieser Sachverhalt wird verständlich, wenn man annimmt, daß beim Glühen bei immer höheren

Temperaturen infolge des geschilderten Überganges $SeO_4^{--} \rightarrow SeO_3^{--}$ in zunehmender Menge ein Apatitgitter mit Sauerstofflücken gebildet wird, dessen Remissionskante nach längeren Wellen verschoben ist. Es liegt somit ein Gemisch eines normalen und eines deformierten Apatits vor, damit eigentlich auch Zweiphasigkeit, wobei der reinen Apatitphase die untere Stufe, der gestörten die obere Stufe der Remissionskurve entspricht. Unterzieht man auf Grund dieser Folgerung die Abb. 4 einer näheren Betrachtung, so stellt man tatsächlich fest, daß die Kanten der oberen Stufen (die also dem gestörten Apatitgitter zukommen müßten) nicht mit der Kante des Präp. 30b (bei dem die Zersetzung des Selenates so weit fortgeschritten ist, daß kein Apatit mehr vorliegt) zusammenfallen, sondern wenig nach kleineren $\lambda$-Werten hin verschoben sind. Da ja die Remission einer Substanz in charakteristischer Weise vom Gitter abhängt, geht daraus hervor, daß jenes Gitter, das für die besagten oberen Kanten verantwortlich ist, und das Gitter des Präparates 30b nicht identisch sind. So wird es auch erklärlich, daß die Pulverdiagramme der Substanzen mit zwei Remissionskanten für diese trotzdem Apatitgitter anzeigen.

3. Bei Verbindungen mit Mo und W statt P (Wertigkeitsausgleich durch gleichzeitigen Einbau 4wertiger Ionen) läßt sich die Apatitstruktur mit den in dieser Arbeit verwendeten Methoden nicht eindeutig beweisen. Es wird aber vermutet, daß ein apatitartiges Gitter vorliegt.

4. Titan läßt sich nicht mehr einbauen, ohne daß die Apatitstruktur zusammenbricht. Das $Ti^{4+}$-Ion ist offenbar schon zu groß, seine Koordinationszahl Kz = 6.

Damit glauben wir, die Grenze der Ionenradien für das Apatitgitter, die abzutasten ein Ziel dieser Arbeit sein sollte, gefunden zu haben.

Für fördernde Anregungen und Diskussion bei der Durchführung dieser Arbeit habe ich zu danken Herrn Prof. Dr. E. Krautz, Herrn Prof. Dr. A. Schleede und Frau Dr. Schleede-Glassner, Herrn Dr. H. Ruffler und Herrn Dr. A. Danneil.

## Literatur


1) Naráy-Szabó, St.: Z. Kristallogr. 75 (1930) S. 387.
2) Mehmel, M.: Z. Kristallogr. 75 (1930) S. 323.
3) Mehmel, M.: Z. phys. Chem. B 15 (1931) S. 223.
4) Trömel, G.: Z. phys. Chem. A 158 (1932) S. 422.
5) McConnell, D.: Amer. Mineralogist 22 (1937) S. 977.
6) Hägele, G., F. Machatschki: Naturwiss. 27 (1939) S. 132.
7) McConnell, D.: Amer. Mineralogist 23 (1938) S. 1.
8) Trömel, G., W. Eitel: Z. Kristallogr. 109 (1957) S. 231.
9) Strunz, H.: Naturwiss. 45 (1958) S. 127.
10) Klement, R., P. Dihn: Naturwiss. 29 (1941) S. 301.
11) Klement, R.: Naturwiss. 27 (1939) S. 568.
12) Dihn, P.: Dissertation. Frankfurt a. M. 1941.
13) Klement, R.: Z. anorg. allgem. Chem. 242 (1939) S. 215.
14) Klement, R., F. Zureda: Z. anorg. allgem. Chem. 245 (1940) S. 229.
15) Klement, R.: Z. anorg. allgem. Chem. 228 (1936) S. 232.
16) Klement, R.: Z. anorg. allgem. Chem. 237 (1938) S. 161.
17) Klement, R., P. Dihn: Z. anorg. allgem. Chem. 240 (1938) S. 31, 40.
18) Paetsch, H. H., A. Dietzel: Glastechn. Ber. 29 (1956) S. 345.
19) Wondratschek, H., L. Merker: Naturwiss. 43 (1956) S. 494.
20) Merker, L., H. Wondratschek: Z. Kristallogr. 109 (1957) S. 110.
21) Rothschild, S.: DBP 809832 v. 23. 12. 1948.
22) Moore, R. E., W. Eitel: Naturwiss. 44 (1957) S. 259.
23) Romo, L. A.: J. Amer. Chem. Soc. 76c (1954) S. 3924.
24) Schleede, A., W. Schmidt, H. Kindt: Z. Elektrochem. 38 (1932) S. 633.
25) Trömel, G.: Z. anorg. Chem. 241 (1939) S. 107.
26) Dietzel, A.: Glastechn. Ber. 22 (1948) S. 41; 22 (1948) S. 81; 22 (1949) S. 212.
27) Pascher, F.: Dissertation. München 1959.

# Hochleistungs-Leuchtstofflampen mit Amalgam *)

Von

A. LOMPE und H. DZIERGWA

Mit 2 Abbildungen

Die Abmessungen sowie die elektrischen und lichttechnischen Daten der normalen Leuchtstofflampen sind ein Kompromiß zwischen physikalisch und technisch-wirtschaftlich erreichbaren Eigenschaften. Da bei den Leuchtstofflampen das Licht nur zu einem geringen Teil unmittelbar erzeugt wird und zum weitaus größten Teil mittelbar durch die Umwandlung kurzwelliger Ultraviolett(UV)-Strahlung mit Hilfe von Leuchtstoffen, ist der Wirkungsgrad, mit der die UV-Strahlung erzeugt wird, für die Abmessungen und elektrischen Daten von entscheidender Bedeutung. Besonders zwei Faktoren beeinflussen seitens der Gasentladung die Erzeugung der UV-Strahlung und damit die Lichtausbeute: die Stromstärke der Entladung und der Dampfdruck des Quecksilbers in der Lampe. Beide sind nicht unabhängig voneinander, da mit zunehmender Stromstärke auch der Quecksilber-Dampfdruck ansteigt, wenn nicht besondere Maßnahmen gegen die Dampfdruckerhöhung vorgesehen werden, wie z. B. eine Kühlung der Kolbenwand. Während die Ausbeute der UV-Strahlung mit zunehmender Stromstärke abnimmt, hat sie in Abhängigkeit vom Quecksilber-Dampfdruck ein, wenn auch flaches, Maximum; dies erklärt die bekannte Temperaturabhängigkeit der Leuchtstofflampen. Für einen guten Wirkungsgrad der Lampen muß die in ihnen umgesetzte Leistung so auf die Umgebungstemperatur abgestimmt sein, daß sich die optimale Kolbentemperatur bei normalen Verhältnissen von selbst einstellt. Bei den am häufigsten verwendeten Leuchtstofflampen (40 W, 1,20 m Länge, 38 mm Durchmesser) ist diese Temperatur etwa 40° C. Es ist dies der wesentliche Grund für die relativ großen Abmessungen der Leuchtstofflampen.

Die allgemeine Tendenz, immer höhere Beleuchtungsstärken zu verwenden, die sich besonders in den USA schon früher und in viel größerem Ausmaß als z. B. in Europa zeigte, führte dort zur Entwicklung von wesentlich höher belasteten Leuchtstofflampen. Bei gleicher Länge nehmen diese Lampen die zweieinhalbfache Leistung auf. Steigert man jedoch, um dies zu erreichen, ohne jede weitere Maßnahme die elektrische Leistung, die in einer 40 W-Lampe umgesetzt wird, auf 100 W, so verschlechtert sich der Wirkungsgrad, die ursprüngliche Lichtausbeute nimmt um 25% ab. Da man die Vergrößerung der Stromstärke bei dieser Leistungserhöhung in Kauf nehmen muß, suchte man nach Mitteln, um wenigstens die Erhöhung des Quecksilber-Dampfdruckes zu verringern. Bisher sind drei Ausführungen[1]) bekannt geworden, deren gemeinsames Merkmal darin besteht, daß die äußere Gestalt des Lampenkolbens bzw. die Erscheinungsform der brennenden Lampe geändert worden ist. Durch gleichzeitige Änderung des Grundgases konnte man so erreichen, daß der Verlust an Lichtausbeute im Anfangszustand der Lampen (d. h. am Beginn der Lebensdauer) auf rund die Hälfte des oben angegebenen Wertes herabgesetzt werden konnte.

Gegenüber den normalen Lampen besitzen diese Hochleistungslampen zusätzliche kühle Kondensationsflächen, welche den Quecksilber-Dampfdruck erniedrigen. Derartige Lampen brauchen, wenn sie zum erstenmal in Betrieb genommen werden, eine Einbrennzeit von mehreren Stunden, ehe sich das Quecksilber an den kühleren Stellen niedergeschlagen hat und damit der erstrebte Betriebszustand erreicht wird. Werden sie jedoch später wieder eingeschaltet, so erreichen sie ihren Betriebszustand praktisch so schnell wie die normalen Leuchtstofflampen,

*) Originalmitteilung

sofern ihre Lage in der Zwischenzeit nicht verändert wurde. Beim Zünden der erkalteten Lampe entspricht der Quecksilber-Dampfdruck der Temperatur der Umgebung, so daß besondere Schwierigkeiten hierdurch nicht entstehen. Unerwünscht ist jedoch der Betrieb in geschlossenen Leuchten. Dort kann die Temperatur der Kondensationsflächen den optimalen Wert erheblich überschreiten, was eine Verminderung der Lichtausbeute zur Folge hat. Es zeigt sich also, daß die Beherrschung des Quecksilber-Dampfdruckes mit dem rein physikalischen Mittel der Kondensationsflächen nicht weit genug geht.

Wir haben daher ein anderes Verfahren angewandt, indem wir ein viel wirkungsvolleres, ein chemisches Mittel benutzen. Dieses besteht darin, daß man dem Quecksilber Amalgam bildende Metalle zusetzt. Hochleistungs-Leuchtstofflampen mit Amalgam weichen in Form und Abmessungen in keiner Weise von der normalen Ausführung ab. Lediglich in der Mitte des Kolbens weisen sie eine dunkle, kreisförmige Fläche von einigen Quadratmillimetern auf.

Man kann durch geeignete Wahl des Amalgams den Dampfdruck des Quecksilbers in ziemlich weiten Grenzen so einstellen, wie man es wünscht, d. h. die zu erwartende Umgebungstemperatur, z. B. in geschlossenen Leuchten, berücksichtigen. Amalgamlampen haben jedoch einen gewissen Nachteil dadurch, daß beim Einschalten nach längerer Pause der Quecksilber-Dampfdruck um den Betrag niedriger ist, der durch das Amalgam bedingt ist. Man benötigt daher eine Zeit von einigen Minuten, bis der volle Lichtstrom erreicht wird (Abb. 1).

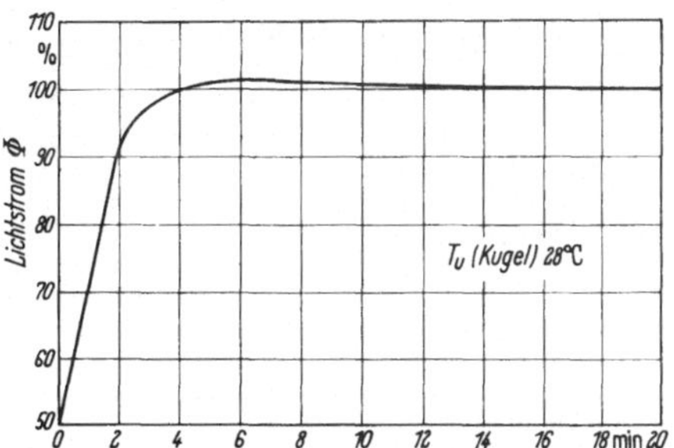


Abb. 1. Anlaufzeit der 100 W-Amalgamlampe.

In den Hochleistungslampen soll die Verringerung des Quecksilber-Dampfdruckes einer Temperaturerniedrigung um etwa 30° C entsprechen. Das bedeutet, daß der Dampfdruck etwa auf den zehnten Teil herabgesetzt werden soll. Da die in der Literatur vorhandenen Angaben über den Quecksilber-Dampfdruck über Amalgamen[2]) nicht ausreichten, um die erforderliche Zusammensetzung des Amalgams exakt zu ermitteln, und diese Angaben zumeist bei höheren Temperaturen (oberhalb 300° C) gewonnen worden sind, war es erforderlich, ein Verfahren auszuarbeiten, mit dem man die Dampfdruckerniedrigung unter den Bedingungen, wie sie in den Lampen vorhanden sind, messen kann. Es wurde eine sehr einfache Methode gefunden. Sie beruht darauf, daß der Gradient der positiven Säule in einer Edelgas-Quecksilber-Niederdruckentladung in seiner Abhängigkeit vom Quecksilber-Dampfdruck eine besonders charakteristische Kurve über der Temperatur liefert. Mißt man in einem Wasserbad den Gradienten als Funktion der Temperatur einmal mit reinem Quecksilber, das andere Mal mit einem Amalgam, so erhält man Kurven gleicher Gestalt, die jedoch auf der Temperaturachse gegeneinander verschoben sind. Mit dieser neuen Methode kann grundsätzlich der Quecksilber-Dampfdruck über Amalgamen gemessen werden; wegen ihrer Empfindlichkeit eignet sie sich gerade für den bisher noch weit-

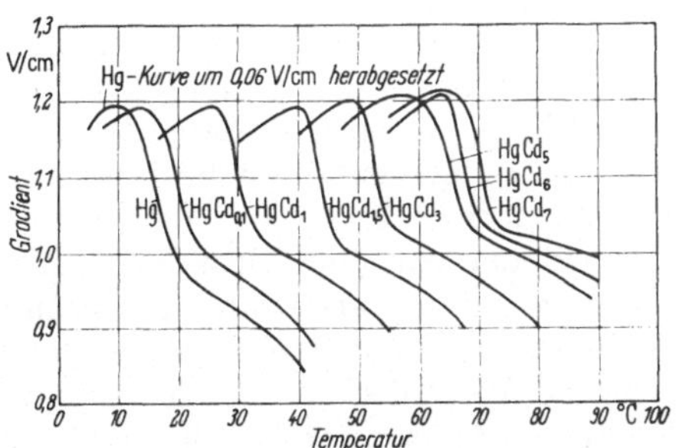


Abb. 2. 3 Torr Ne, 36 mm ∅, 500mA~, Cd-Amalgam

gehend unbekannten Bereich niedriger Temperaturen. Als Beispiel zeigt Abb. 2 eine Meßreihe mit Cadmium-Amalgamen verschiedener Zusammensetzung mit Neon als Grundgas. Eine gewünschte Dampfdruckerniedrigung, welche einer Temperatursenkung von etwa 30° C entspricht, wird demnach durch ein Cadmium-Amalgam der Zusammensetzung Hg $Cd_{1.5}$ erreicht.

In den Hochleistungs-Leuchtstofflampen muß die Unterbringung des Amalgams so erfolgen, daß es nicht in die Nähe der Elektroden gelangt. Dort ist die Kolbentemperatur am höchsten und stark ortsabhängig. Deshalb wird das Amalgam als feste Pille verwandt, die an dem Lampenkolben in möglichst großer Entfernung von den Elektroden zum Haften gebracht wird, also in der Mitte des Lampenkolbens. Unter Beachtung der in den einzelnen Bereichen des Lampenkolbens vorhandenen Temperaturen kann selbstverständlich das Amalgam auch an einer anderen Stelle als in der Mitte angebracht werden.

Nach dem Amalgam-Prinzip wurden zwei Typen Hochleistungsleuchtstofflampen entwickelt: eine 100-W-Lampe mit den Abmessungen der normalen 40-W-Lampe und eine 120-W-Lampe mit den Abmessungen der normalen 65-W-Lampe. Die Abmessungen sowie die elektrischen und lichttechnischen Daten sind in nachstehender Tabelle 1 aufgeführt.

| Leistungs-aufnahme W | ⌀ max. mm | Länge m | Stromstärke A | Brennspg. V | Lichtstrom (100-Stunden-Wert) lm Hellweiß (Farbe 20) |
|---|---|---|---|---|---|
| 100 | 38 | 1,20 | 1.5 | 80 | 5400 |
| 120 | 38 | 1,50 | 1.5 | 95 | 7000 |

Wegen der größeren Stromstärke ist, wie schon anfangs ausgeführt, die Lichtausbeute kleiner als bei den entsprechenden 40- bzw. 65-W-Lampen, die Verminderung bleibt aber in erträglichen Grenzen. Der Lichtabfall während der Lebensdauer entspricht dem der bisher bekannten Hochleistungs-Leuchtstofflampen. Es ist verständlich, daß er wegen der höheren Belastung größer ist als bei den normal belasteten Lampen. Aus diesem Grunde ist auch eine mittlere Lebensdauer von 5000 Stunden zugrunde gelegt worden.

Der im Anfang erwähnte Kompromiß besteht eben bei allen bisher bekannten Hochleistungs-Leuchtstofflampen in einer Vergrößerung des Lichtstromes, wobei sich eine Verschlechterung der Lichtausbeute und des Lichtverhaltens während der Lebensdauer zwangsläufig ergibt. Zu den bisherigen Lösungen physikalischer Art mit Hilfe von Kondensationsflächen ist jedoch nun eine neue, chemischer Art, gekommen, die eine Beibehaltung der bisherigen „normalen" Abmessungen erlaubt und anpassungsfähiger ist. Für die Lampen werden sich in vielen Fällen Verwendungen ergeben, die denen in den USA ähnlich sind, andere Anwendungsmöglichkeiten werden wohl mehr auf unsere hiesigen bzw. europäische Verhältnisse abgestellt sein müssen.

## Literatur

1) AICHER, J. O., E. LEMMERS: Illum. Engng. 52 (1957) S. 579.
GUNGLE, W. C., J. F. WAYMOUTH, H. H. HOMER: Illum. Engng. 52 (1957) S. 262.
VAN BOORT, H. J.: Elektrizitätsverwertung 35 (1960) S. 15.
ARLT, H. J., H. KÜMMRITZ: Elektrizitätsverwertung 35 (1960) S. 9.

2) z. B. für Cadmium-Amalgam W. MEYER-JUNGNICK: Z. phys. Chem. 13 (1957) S. 184. — Eine Zusammenstellung von Metallen unter dem Gesichtspunkt der Aktivität, die für den vorliegenden Zweck eine große Rolle spielt, gibt C. WAGNER in seinem Artikel „Der metallische Zustand der Materie" im Handbuch der Metallphysik Bd. I, Leipzig 1940, S. 73—91.

# Über Gleichstrom-Leuchtstofflampen *)

## (Zur Elektrophorese in Quecksilberniederdruckentladungen)

Von

E. G. RASCH

Mit 2 Abbildungen

Bei Gleichstromentladungen in einem Gemisch zweier Gase mit unterschiedlicher Ionisierungsspannung kann man nach Erreichen des Gleichgewichtszustandes beobachten, daß die positive Säule der Entladung im anodenseitigen Teil mit dem Spektrum der schwerer ionisierbaren Komponente und im kathodenseitigen Teil mit dem Spektrum der leichter ionisierbaren Komponente leuchtet. Beide Teile sind meist durch eine scharfe Übergangszone voneinander getrennt. Diese Entmischung des Gasgemisches ist auf den Abtransport der leichter ionisierbaren Komponente zur Kathode und die dadurch bedingte Verarmung des anodenseitigen Teils an dieser Komponente zurückzuführen.

Man kennt diese Erscheinungen seit längerer Zeit; schon 1893 wies BALY[1]) spektroskopisch nach, daß sich die dem Trägergas zugefügten Beimischungen an der Kathode konzentrieren. Spätere ausführlichere Arbeiten[2–14]) vervollständigten diese Beobachtungen und gaben theoretische Begründungen, die auf eine Erklärung des Massentransportes in der Entladung durch den Ionenstrom hinausliefen*). Praktische Anwendungen des Entmischungseffektes zur Isotopentrennung beschrieben GROTH, HARTECK u. a.[17–21]); EMELEUS und SAYERS[22]) sowie REISZ und DIEKE[23]) verwendeten die Entmischung zur Reinigung von Gasen, und MATWEJEWA[24] suchte den Effekt in der Spektralanalyse zur Spurenanreicherung nutzbar zu machen.

Bei Leuchtstofflampen mit Quecksilber-Edelgasfüllung, die mit Gleichstrom betrieben werden, ist dieser Effekt ebenfalls zu beobachten. Hier sammelt sich das Quecksilber an der Kathode, und der anodenseitige Teil der Lampe bleibt dunkel, weil nur noch das Edelgas angeregt wird und die Spektrallinien des Edelgases den Leuchtstoff nur ungenügend anzuregen vermögen. Aus diesem Grunde werden Leuchtstofflampen nur selten mit Gleichstrom betrieben. Es schien deshalb interessant zu untersuchen, ob unter allen Betriebsbedingungen eine Entmischung von Quecksilberniederdruckentladungen zu beobachten ist und ob sich Bedingungen beim Betrieb von Gleichstrom-Leuchtstofflampen realisieren lassen, bei denen keine Entmischung auftritt. Die im folgenden beschriebenen Versuche zeigen, daß es solche durch gewisse Werte von Fülldruck, Wandtemperatur und Entladungsstrom charakterisierte Zustände gibt und daß sie sich aus einfachen Gesetzmäßigkeiten der Entmischungskinetik erklären lassen.

Mit der Anreicherung des Quecksilbers an der Kathode durch den Transport des ionisierten Quecksilbers und der Verarmung des Anodenraums bildet sich ein Dampfdruckgefälle in der Lampe aus. Neben dem Ionenstrom zur Kathode entsteht dann ein entgegengesetzt gerichteter Strom neutraler, zur Ausgleichung des Druckgefälles zurückdiffundierender Quecksilberteilchen. Im Gleichgewichtszustand stellt sich in der entmischten Säule ein solcher axialer Dampfdruckgradient ein, daß Diffusionsstrom und Ionenstrom zahlenmäßig gleich werden. In der Übergangszone, die die beiden Teile der positiven Säule voneinander

*) Der von KENTY[15]) beschriebene Ausnahmefall für eine Quecksilber-Xenon-Entladung, bei der sich der leichter ionisierbare Bestandteil — das Quecksilber — an der Anode ansammelt, soll hier außer Betracht bleiben. Eine allerdings über den Einzelfall hinausgehende Erklärungsmöglichkeit hat LOEB[16]) gegeben.



*) Originalmitteilung.

trennt, ist die Quecksilberkonzentration so klein, daß der Ionenstrom durch das Quecksilber allein nicht mehr aufrechterhalten werden kann. Hier übernimmt das Edelgas ganz oder teilweise die Rolle des Quecksilbers. Die Lage dieser Zone in bezug auf Anode oder Kathode kennzeichnet die in der Lampe eingestellte Dampfdruckverteilung. Bei einer Veränderung der Entladungsbedingungen verschiebt sie sich entweder zur Kathode oder Anode, je nachdem, ob zur Äquivalenz von Diffusionsstrom und Ionenstrom ein größerer oder kleinerer Dampfdruckgradient erforderlich ist. So wandert beispielsweise die Übergangszone zur Kathode, wenn man in einer entmischten Entladung den Entladungsstrom vergrößert oder die Wandtemperatur und damit den Dampfdruck verkleinert, weil im ersten Fall der vergrößerte Ionenstrom, im zweiten Fall der erniedrigte Dampfdruck zur Beibehaltung des Gleichgewichtszustandes eine Zunahme des Diffusionsstromes erforderlich macht, die nur durch eine Erhöhung des Dampfdruckgradienten möglich ist. Umgekehrt bewegt die Zone sich zur Anode, wenn man den Strom erniedrigt oder die Temperatur erhöht. Im Grenzfall könnte sie sich ganz zur Anode zurückziehen; die Entladungssäule leuchtete dann nur mit dem Quecksilberspektrum, und die Lampe würde mit Gleichstrom beliebig lange brennen, ohne zu entmischen.

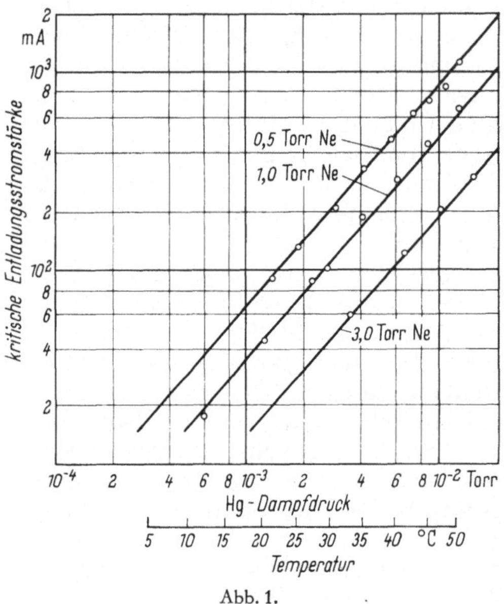

Abb. 1.

Zur experimentellen Untersuchung der Entmischungsgrenzfälle wurden Leuchtstofflampen herkömmlicher Abmessungen benutzt (1,2 m Länge, 37 mm Durchmesser, Oxydwendeln als Elektroden). Die Lampen wurden mit Neon (und einigen Milligramm Quecksilber) gefüllt, weil man damit die Entmischung besonders gut erkennen kann. Darüber hinaus wurden die Veränderungen der Brennspannung zum Erkennen des Grenzfalles herangezogen, da die Anwesenheit schon geringster Mengen angeregten Neons die Brennspannung deutlich erhöht. Zur Regulierung des Quecksilberdampfdruckes befanden sich die Röhren im Wasserbad. Die Messungen wurden so durchgeführt, daß bei einer eingestellten Wasserbadtemperatur der Gleichgewichtszustand abgewartet wurde, in dem die positive Säule entmischt war. Dann wurde der Entladungsstrom verringert; die Übergangszone bewegt sich dabei zur Anode. Die Stromstärke im Grenzfall, bei der sie sich ganz zur Anode zurückgezogen hat, läßt sich sehr genau feststellen.

Diese Messungen ergaben, daß zu jedem Quecksilberdampfdruck und jedem Neon-Fülldruck eine definierte kritische Entladungsstromstärke gehört. Nur beim Überschreiten dieses Stromwertes kann man eine Entmischung beobachten. Trägt man diese Werte über dem durch die Wandtemperatur gegebenen Quecksilberdampfdruck auf, so ergeben sich im doppelt-logarithmischen Maßstab Geraden unter etwa 45°, d. h. es ist Proportionalität mit dem Dampfdruck vorhanden (s. Abb. 1). In Übereinstimmung mit den obigen Überlegungen läßt sich dieser Zusammenhang zwanglos durch die Äquivalenz von Ionenstrom und Diffusionsstrom erklären, wenn man annimmt, daß der Ionenstrom proportional mit dem

Entladungsstrom und der Diffusionsstrom proportional mit dem Dampfdruck wächst. Verständlich ist auch die Abhängigkeit vom Fülldruck. Bei konstantem Dampfdruck, aber steigendem Fülldruck werden die kritischen Stromstärken kleiner, weil der Diffusionskoeffizient des Quecksilbers kleiner wird und die Einstellung der Äquivalenz von Ionen- und Diffusionsstrom einen größeren Dampfdruckgradienten erforderlich macht. Daher kann die Übergangszone schon bei kleineren Strömen an der Anode festgehalten werden.

Man kann die Äquivalenz beider Ströme experimentell untersuchen, indem man den elektrophoretischen Transport des Quecksilbers in der Entladung mit dem thermischen Transport beim Anlegen eines Dampfdruckgefälles in der Lampe vergleicht. Die durch die kritischen Stromstärken charakterisierten Zustände zeichnen sich besonders aus, weil man sie durch ein künstliches Dampfdruckgefälle gut nachahmen kann, das durch einen Quecksilbervorrat bestimmter Temperatur an dem einen Ende der Lampe und durch ein gekühltes Auffanggefäß am anderen Ende entsteht. Der durch die Temperaturdifferenz gebildete Dampfdruckgradient entspricht dann demjenigen im Entladungsgefäß bei einer Wandtemperatur, die der Temperaturdifferenz gleich ist. Unter Anwendung verschiedener Temperaturdifferenzen in Ansätzen an den Lampenenden wurden bei 1 Torr Neondruck die durch Diffusion transportierten Quecksilbermengen gemessen.

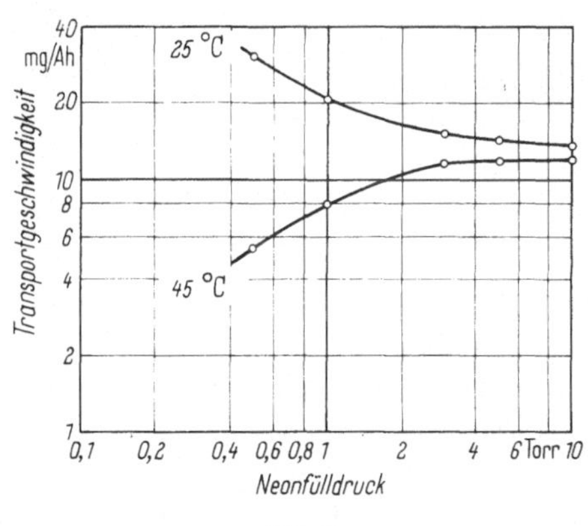


Abb. 2.

Zur Bestimmung der elektrophoretischen Transportgeschwindigkeit wurde die Zeit bis zum Eintreten der Entmischung bei bekannter eingefüllter Quecksilbermenge und mehrmaligen Wiederholungen durch Umpolen der Lampe gemessen. Die Lampen befanden sich ebenfalls im Wasserbad. In der Wahl der Entladungsbedingungen zur Bestimmung der Transportgeschwindigkeit ist man jedoch nicht ganz frei. Um Störungen durch ein verzögertes Einstellen der Entmischung zu vermeiden, muß man bei Entladungsstromstärken arbeiten, die größer als die kritische Stromstärke sind. Es verbietet sich daher die Anwendung höherer Temperaturen (oberhalb 40 bis 50° C), da hier die kritische Stromstärke schon so groß ist, daß man nicht mehr den nötigen Abstand einhalten kann. Bei tieferen Temperaturen (unterhalb 30° C) treten Verfälschungen durch einen Adsorptionseffekt auf, die sich darin bemerkbar machen, daß die transportierte Quecksilbermenge von einer Umpolung zur anderen verringert wird und sich die Entmischungszeiten bei mehrfachen Umpolungen laufend verkürzen. Die sichersten Ergebnisse wurden bei mittleren Temperaturen erhalten oder bei hohen Fülldrucken, wo die Diffusionsgeschwindigkeit des Quecksilbers sehr klein wird und man die Stromstärke, bei der gemessen wird, beliebig groß gegen die kritische Stromstärke machen kann. In Abb. 2 ist das Ergebnis der Messungen graphisch dargestellt. Für zwei Temperaturen ist hier die Transportgeschwindigkeit über dem Neonfülldruck bei einer Meßstromstärke von 850 mA aufgetragen. Man sieht, daß beide Kurven asymptotisch einem Wert von 12,4 mg/Ah zustreben*). Es ist

*) Kenty[15]) hat für Quecksilber-Neon-Entladungen einen Wert von 10,3 mg/Ah angegeben. Leider läßt sich dieser Wert schlecht mit dem hier ermittelten vergleichen, da nicht bekannt ist, unter welchen Bedingungen er bestimmt wurde.

anzunehmen, daß man diesen Wert als verläßlichen Wert für die Transportgeschwindigkeit im gesamten untersuchten Druck- und Temperaturbereich ansehen kann und daß die Abweichungen bei niedrigen Drucken durch die erwähnten Effekte entstehen*). Den gleichen Wert erhält man auch, wenn der in der positiven Säule fließende elektrische Quecksilber-Ionenstrom durch den Ionen-Massenstrom $M$ ausgedrückt wird. Wegen

$$\frac{I_{ion}}{I_{el}} = \sqrt{\frac{m_{el}}{m_{ion}}}$$

($I_{ion}$ Ionenstrom, $I_{el}$ Elektronenstrom, $m_{el}$ Elektronenmasse, $m_{ion}$ Ionenmasse)

kann man schreiben

$$\frac{M}{I_{el}} = \frac{m_{ion}}{e} \cdot \sqrt{\frac{m_{el}}{m_{ion}}} \quad [\mathrm{g/As}]$$

($e$ Elementarladung).

Den Elektronenstrom kann man dem Entladungsstrom gleichsetzen, so daß man nach dem Einsetzen der entsprechenden Werte für $m_{ion}$, $m_{el}$ und $e$ für den auf den Entladungsstrom bezogenen Massenstrom einen Wert von 12,4 mg/Ah erhält.

In der folgenden Tabelle sind die thermischen und elektrophoretischen Transportgeschwindigkeiten für die Entmischungsgrenzfälle zusammengestellt. Zur Ermittlung der elektrophoretischen Geschwindigkeit bei 1 Torr sind die entsprechenden kritischen Stromstärken aus Abb. 1 mit 12,4 mg/Amp h multipliziert worden.

| Temperatur °C | Kritische Stromstärke Amp | Thermische Transportgeschwindigkeit mg/h | Elektrophor. Transportgeschwindigkeit mg/h |
|---|---|---|---|
| 10 | 0,016 | 0,27 | 0,20 |
| 15 | 0,026 | 0,41 | 0,33 |
| 20 | 0,043 | 0,65 | 0,53 |
| 25 | 0,068 | 1,00 | 0,85 |
| 30 | 0,11 | 1,5 | 1,4 |
| 35 | 0,17 | 2,4 | 2,1 |
| 40 | 0,27 | 3,3 | 3,4 |
| 45 | 0,41 | 5,0 | 5,1 |
| 50 | 0,63 | 7,0 | 7,8 |

Wie ein Vergleich der beiden letzten Spalten der Tabelle zeigt, ist eine recht gute Übereinstimmung zwischen beiden Werten vorhanden. Die Annahme einer Äquivalenz von Ionen- und Diffusionsstrom scheint dadurch gerechtfertigt.

Die Bedingungen, die zum Ausbleiben der Entmischung notwendig sind und die sich bei einer im Wasserbad brennenden Lampe einstellen lassen, sind auch bei einer frei brennenden Lampe zu erreichen. Diese Bedingungen werden durch die Forderung nach einer im Verhältnis zur elektrophoretischen Transportgeschwindigkeit möglichst großen Diffusionsgeschwindigkeit des Quecksilbers erfüllt. Dies wird begünstigt durch hohe Wandtemperaturen, niedrige Entladungsströme, durch einen niedrigen Fülldruck und durch ein Füllgas niedrigen Atomgewichts. Deswegen scheiden bei der Auswahl des Füllgases für eine Gleichstromlampe schon alle Füllgase aus, die schwerer als Neon sind. In Argon beträgt beispiels-

*) Es wurde nicht näher untersucht, wieweit die Kurve bei 25° durch den Beitrag eines radialen Entmischungseffektes, wie er von DRUYVESTEYN[10]) angenommen wird, zu deuten ist.

weise die Diffusionsgeschwindigkeit unter gleichen Bedingungen nur den 2,5ten Teil des Wertes von Neon: die Entmischung wird also begünstigt. Will man sie vermeiden, so muß man sehr viel höhere Temperaturen anwenden als bei Neon. Daß aber unter diesen Umständen in Argon-Quecksilber-Entladungen auch keine Entmischung auftritt, hat MORGENROTH[14]) festgestellt.

Außer dem Fülldruck sind die übrigen Parameter, wie Wandtemperatur und Stromstärke, an der frei brennenden Lampe nicht beliebig wählbar. Eine erhöhte Wandtemperatur läßt sich ausschließlich durch einen erhöhten Strom einstellen, der aber die Entmischung begünstigt. Trotzdem kann man erreichen, daß sich die Lampe gerade bei höheren Strömen nicht entmischt, weil sich die erhöhte Wandtemperatur stärker auswirkt als die durch den erhöhten Strom erfolgte Begünstigung der Entmischung.

Es bleibt daher für die Bemessung einer Lampe mit vorgegebenem Füllgas und vorgegebenem Strom (der die erforderliche Wandtemperatur bestimmt) und damit vorgegebener Leistung lediglich ein freier Parameter: der Fülldruck. Dieser Druck ist so einzustellen, daß man mit dem geforderten Lampenstrom bei der sich einstellenden Wandtemperatur unterhalb der kritischen Stromstärke bleibt. Zu jeder Lampe mit vorgegebener Leistung gehört somit ein maximaler Fülldruck, unter dem keine Entmischung auftritt. Für 40-W-Lampen mit normalen Abmessungen ist dieser Grenzdruck mit Neon als Grundgas etwa 0,5 Torr.

## Literatur


1) BALY, E. C. C.: Phil. Mag. 35 (1893) S. 200.
2) WEHNELT, A., J. FRANCK: Verh. dtsch. Phys. Ges. 12 (1910) S. 444.
3) SKAUPY, F.: Verh. dtsch. Phys. Ges. 18 (1916) S. 230.
4) SKAUPY, F.: Verh. dtsch. Phys. Ges. 19 (1917) S. 264.
5) SKAUPY, F.: Z. Phys. 2 (1920) S. 213.
6) SKAUPY, F., F. BOBEK: Z. techn. Phys. 6 (1925) S. 284.
7) RÜTTENAUER, A.: Z. Phys. 10 (1922) S. 269.
8) HAMBURGER, L.: Z. Elektrochem. 28 (1922) S. 545, 29 (1923) S. 135 u. 142.
9) LANGMUIR, I.: J. Franklin Inst. 196 (1923) S. 751.
10) DRUYVESTEYN, M. J.: Physica 2 (1935) S. 255.
11) PENNING, F. H.: Physica 1 (1934) S. 763.
12) KRYSMANNSKI, K. H.: Ann. Phys. 2 (1958) S. 263.
13) FRISCH, S. E., N. A. MATWEJEWA: Dokl. Akad. Nauk SSSR 122 (1958) S. 375.
14) MORGENROTH, H.: Ann. Phys. 3 (1959) S. 373.
15) KENTY, C.: Bull. Am. Phys. Soc. II, 3 (1958) S. 82.
16) LOEB, L. B.: J. Appl. Phys. 29 (1958) S. 1369.
17) GROTH, W., P. HARTECK: Naturwiss. 27 (1939) S. 390.
18) BECKEY, H. D., W. E. GROTH, K. H. WOLGE: Z. Naturforschg. 8a (1953) S. 556.
19) BECKEY, H. D., H. DREESKAMP: Z. Naturforschg. 9a (1954) S. 735.
20) BECKEY, H. D.: Z. Elektrochem. 58 (1954) S. 611.
21) GROTH, W., P. WARNECK: Z. phys. Chem. 10 (1957) S. 323.
22) EMELEUS, K. G., J. SAYERS: Proc. Phys. Soc. 65 A (1952) S. 219.
23) REISZ, R., G. H. DIEKE: J. Appl. Phys. 25 (1954) S. 196.
24) MATWEJEWA, N. A.: Zavods. Labor., Moskva, 24 (1958) S. 741.

# Zur Frage des Leitungsmechanismus oxidischer Halbleiter bei höheren Temperaturen*)

Von

J. RUDOLPH

Mit 13 Abbildungen

Bei den polykristallinen valenzgesättigten Oxidhalbleitern lassen sich bezüglich der Abhängigkeit der Leitfähigkeit ($\sigma$) vom Sauerstoffdruck ($p_{O_2}$) bei hohen Temperaturen und bezüglich des Vorzeichens der Ladungsträger drei Gruppen unterscheiden:

1. $n$-leitende Oxide mit $\sigma_n \sim p_{O_2}{}^{-1/2} \cdot \exp\left(-\frac{\varepsilon + W}{3\,kT}\right)$

2. $p$-leitende Oxide mit $\sigma_p \sim p_{O_2}{}^{+1/x} \cdot \exp\left(-\frac{\varepsilon' - W'}{3\,kT)\cdot}\right)$

($\varepsilon'$ $\varepsilon$,: Störstellenionisierungsenergie; $W$, $W'$: Energie für Bildung von Störstellen durch Aus- bzw. Einbau von $O$),

3. Oxide, bei denen infolge stärkerer stöchiometrischer Abweichungen in der Zusammensetzung die Leitfähigkeit von $p_{O_2}$ unabhängig ist, wobei $n$- und $p$-leitende Zustände auftreten können. Neue Beispiele für Gruppe 1 ($SnO_2$, $GeO_2$, $MoO_3$, $WO_3$), Gruppe 2 ($Y_2O_3$) und Gruppe 3 ($V_2O_5$ $U_3O_8$ CuO) werden mitgeteilt. An Hand einer Übersicht werden diese und frühere Ergebnisse im Zusammenhang mit der Bildungsenthalpie der Oxide diskutiert.

## Einleitung

Die Frage nach Art und Umfang einer Gitterfehlordnung in anorganischen kristallinen Stoffen ist für das Verständnis einer Reihe von physikalischen Eigenschaften in Festkörpern, wie z. B. optische Durchlässigkeit, Lumineszenz, elektrische Leitfähigkeit, Elektronenemission u. a. Erscheinungen von Bedeutung.

Für die eine oder andere Stoffgruppe haben eingehende Untersuchungen der Fehlordnungserscheinungen sehr zur Aufklärung ihres physikalischen Verhaltens beigetragen. Es sei auf die erfolgreichen Bemühungen in dieser Hinsicht z. B. bei den Alkalihalogeniden hingewiesen, die sich dank der einfachen Herstellungsweise in Form von Einkristallen speziell für optische Untersuchungen ihrer fehlordnungsbedingten Eigenschaften anbieten.

Bei den besonders für die Technik wichtigen oxidischen Systemen, die ihres hohen Schmelzpunktes wegen bisher nur schwer in einkristalliner Form zu erhalten waren, wurden zur Erforschung ihrer Fehlordnungseigenschaften bevorzugt Untersuchungen der elektrischen Leitfähigkeit herangezogen. Dieser Weg, der zu Beginn der dreißiger Jahre mit grundlegenden Arbeiten von E. FRIEDERICH und W. MEYER[1]) sowie von C. WAGNER[3]) und W. SCHOTTKY[4]) eingeschlagen wurde, führte zur Erkenntnis des unmittelbaren Zusammenhanges zwischen Störung der stöchiometrischen Zusammensetzung eines Oxids und seinen Leitfähigkeitseigenschaften, woraus sich eine Einteilung der oxidischen Halbleiter [2,3,4]) in die folgenden drei Gruppen ergab:

1. Reduktionshalbleiter, z. B. ZnO oder CdO, die infolge eines unter normalen Bedingungen stets vorhandenen Metallüberschusses im Kristallgitter eine Elektronenüberschußleitung zeigen;

2. Oxidationshalbleiter, z. B. $Cu_2O$ oder NiO, bei denen infolge der Neigung der Metallionen zur Bildung höherwertiger Ionen überschüssiger Sauerstoff im Kristall vorhanden ist (Elektronenmangelleitung);

*) Originalmitteilung.

3. Superoxidationsleiter, wie z. B. BaO, die trotz begrenzter Valenz der Kationen überschüssigen Sauerstoff aufnehmen können und daher ebenfalls eine Defektleitung zeigen.

Sieht man von der zweiten Gruppe der ungesättigten, meist stark fehlgeordneten Oxide ab, so ergibt sich, daß bei den Oxiden mit valenzgesättigten Metallionen eine Fehlordnung sowohl in Form eines Metallüberschusses wie eines Metallmangels im Kristall existieren kann. Die Bedingungen, unter denen der eine oder andere Fehlordnungstyp bei einer Reihe von Oxiden auftritt, sind in einer früheren Arbeit[5])*) im Zusammenhang mit Leitfähigkeitsmessungen an polykristallinen Sinteroxiden untersucht worden.

Im folgenden werden nach einer kurzen zusammenfassenden Betrachtung über Fehlordnungsgleichgewichte und elektrische Leitfähigkeit in polykristallinen Oxiden, die bei höheren Temperaturen mit der umgebenden Atmosphäre in Wechselwirkung stehen, neue Ergebnisse von Leitfähigkeitsmessungen an verschiedenen Oxiden mitgeteilt. In einer allgemeinen Übersicht wird dann gezeigt, daß im Zusammenhang mit der Bildungsenthalpie der Oxide eine Einteilung in Oxide mit bevorzugter Neigung zur Bildung entweder von Kationen- oder von Anionenleerstellen im Gitter in weiterem Rahmen möglich ist. Auf einige Anomalien im Verhalten des einen oder anderen Oxids wird kurz eingegangen.

## 1. Fehlordnungsgleichgewichte und elektrische Leitfähigkeit

Nur im Zustand der völligen Ungestörtheit des Gitters ist mit einer Eigenleitung im Sinne einer thermischen Anregung von Elektronen aus dem Valenz- in das Leitfähigkeitsband zu rechnen. Bei jeder thermischen Behandlung eines Oxids, sei es bei dessen Herstellung oder sei es bei den zur Erfassung der — häufig sehr geringen — Leitfähigkeit erforderlichen hohen Meßtemperaturen, treten indessen infolge Wechselwirkungen mit der umgebenden Gasatmosphäre stets Gitterdefekte auf, die zu erhöhter Störleitfähigkeit führen. Diese Wechselwirkung kann sich in zweierlei Hinsicht bemerkbar machen:

1. Thermische Dissoziation unter Sauerstoffabgabe speziell bei geringeren $O_2$-Partialdrucken,

2. Aufnahme von überschüssigem Sauerstoff im Kristall, besonders bei höherem Sauerstoffdruck, ähnlich z. B. der bekannten Erscheinung eines Einbaues überschüssigen Halogens beim Erhitzen von Alkalihalogeniden in Halogendampf (V-Zentrenbildung). Welche dieser beiden Reaktionen eintritt, O-Abgabe unter O-Lückenbildung, verbunden mit einer $n$-Leitung, oder O-Aufnahme etwa unter Kationenlückenbildung, verbunden mit einer $p$-Leitung, hängt von der Temperatur und vom Sauerstoffpartialdruck ab, wobei die Gültigkeitsbereiche für das Auftreten der einen oder anderen Störstellenbildung für die verschidenene Oxide sehr verschieden sind.

Auf Grund eines einfachen Ansatzes des Massenwirkungsgesetzes läßt sich der Zusammenhang zwischen Überschußleitfähigkeit ($\sigma_n$) oder Mangelleitung ($\sigma_p$) einerseits und Sauerstoffpartialdruck $p_{O_2}$ andererseits für verschiedene Temperaturen $T$ in der Form darstellen (vgl. I):

$$\sigma_n \sim p_{O_2}{}^{-1/x} \cdot \exp\left(-\frac{\varepsilon + W}{3kT}\right) \tag{1}$$

und

$$\sigma_p \sim p_{O_2}{}^{+1/x} \cdot \exp\left(-\frac{\varepsilon' - W'}{3kT}\right) \tag{2}$$

*) Im folgenden zitiert mit I.

Dabei ist $\varepsilon$ bzw. $\varepsilon'$ die Aktivierungsenergie für die Ionisierung der Störstellen (Donatoren bzw. Akzeptoren) und $W$ bzw. $W'$ die Energie für den Ausbau bzw. für den Einbau eines O-Atoms im Kristall. Der Wurzelexponent $x$ sollte je nachdem, ob die mit zwei Ladungsträgern besetzten Gitterlücken einfach oder doppelt thermisch ionisiert werden, den Wert 4 oder 6 haben.

Dabei ist aber ferner zu berücksichtigen, daß entsprechend der Meyerschen Regel[6]) mit zunehmender Störstellenkonzentration die Aktivierungsenergie $\varepsilon$ bzw. $\varepsilon'$ erfahrungsgemäß abnimmt. Das bedeutet aber effektiv eine erhöhte Leitfähigkeit bei höherem Störstellengehalt und somit eine Verkleinerung des theoretischen Wertes von $x$ in Gl. (1) bzw. (2) in um so stärkerem Maße, je größer die Abweichungen in der Zusammensetzung vom stöchiometrischen Wert sind.

Nach einem aus den Beziehungen (1) und (2) folgenden Schema von $\log \sigma$-$\log p_{O_2}$-Isothermen (siehe Abb. 1a) nimmt die Leitfähigkeit $\sigma$ ($n$-Leitung auf der

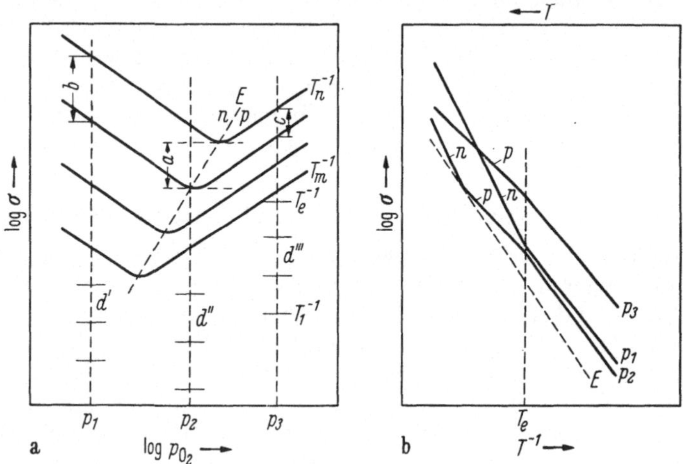


Abb. 1. Schematischer Verlauf der Leitfähigkeit $\sigma$ in Abhängigkeit von Sauerstoffdruck $p_{O_2}$ und Temperatur $T$ für Oxide, die bei höheren Temperaturen mit dem umgebenden Sauerstoff in Wechselwirkung stehen.

linken Diagrammseite) mit wachsendem $p_{O_2}$ ab (abnehmende Dissoziation), erreicht ein Minimum (Eigenleitung), wenn exakte Stöchiometrie des Oxids besteht, und steigt dann infolge Einbaus überschüssigen Sauerstoffs als $p$-Leitung wieder an. Mit zunehmender Temperatur (nach oben) verschiebt sich das Isothermenminimum zu höheren $O_2$-Drücken.

Wie leicht aus dem Diagramm zu entnehmen ist, ist die Größe $a$, der senkrechte Abstand der Isothermenminima, ein Maß für die Aktivierungsenergie $\varepsilon_0$ der Eigenleitung (Differenz der $\sigma$-Werte für die stöchiometrischen Zustände bei zwei verschiedenen Temperaturen). Diese Größe $\varepsilon_0$ sollte danach nur durch Messungen der Leitfähigkeit bei verschiedenen Temperaturen und verschiedenen Sauerstoffdrücken zu erhalten sein. Denn die Temperaturabhängigkeit von $\sigma$ bei konstantem Druck ist auf der linken $n$-Leiterseite (bei $p_1$) durch den Isothermenabstand $b$ ($>a$) und auf der $p$-Leiterseite (bei $p_3$) durch $c$ ($<a$) bestimmt, oder mit anderen Worten ausgedrückt, die $b$ proportionale Gesamtaktivierungsenergie ($\varepsilon + W$ nach Gl. (1)) und die $c$ proportionale Aktivierungsarbeit ($\varepsilon' - W'$ nach Gl. (2)) sind nicht allein durch die Störstellenionisierungsenergien ($\varepsilon$ bzw. $\varepsilon'$), sondern auch durch die temperaturabhängige Änderung der Störstellenkonzentration als Folge der Wechselwirkung mit der $O_2$-Atmosphäre bei höheren Temperaturen bestimmt (Größen $W$ und $W'$). Wenn dagegen bei tieferen Temperaturen, z. B. bei $T_e$ in Abb. 1a, die Wechselwirkung mit dem $O_2$ einfriert (angedeutet durch horizontale Striche

auf den Senkrechten $p_1$, $p_2$ und $p_3$), so ergeben sich Aktivierungsenergien proportional $d'$, $d''$ bzw. $d'''$, die jetzt reine Störstellenionisierungsenergien sind (die Größen $W$ und $W'$ verschwinden); sie sollten auf der $n$-Leiterseite kleiner, auf der $p$-Leiterseite größer als die entsprechenden Gesamtaktivierungsenergien oberhalb von $T_e$ sein.

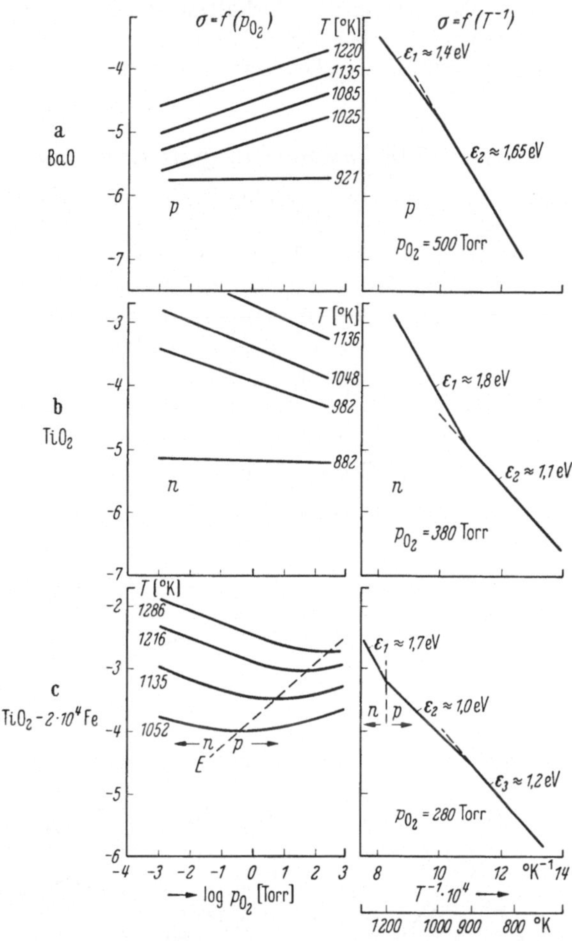


Abb. 2. Beispiele für die Abhängigkeit der Leitfähigkeit von Sauerstoffdruck und Temperatur. a) BaO als $p$-Leiter b) $TiO_2$ als $n$-Leiter c) Fe-dotiertes $TiO_2$ als gemischter Leiter.

Für den temperaturabhängigen Verlauf der Leitfähigkeit (bei jeweils konstantem Sauerstoffdruck) ergeben sich aus dem $\log \sigma$-$\log p_{O_2}$-Diagramm (Abb. 1a) die in Abb. 1b schematisch wiedergegebenen Leitkurven mit einem Knick der Geraden im Gebiet der Einfriertemperatur, wobei die Hochtemperaturgeraden bei $n$-Leitern die größere Neigung (Kurve $p_1$), bei den $p$-Leitern die geringere Neigung (Kurve $p_3$) besitzen. Im Gebiet des Isothermenminimums schließlich ist ein komplizierter Verlauf mit zwei Knickpunkten und mit einem Übergang von $n$- zu $p$-Leitung (Kurve $p_2$) zu erwarten.

Isothermen und Leitkurven der geschilderten Art konnten an einer Reihe von polykristallinen Oxiden gemessen werden (vgl. I). Ein typisches Beispiel sei in Abb. 2 für das in $O_2$-Gegenwart $p$-leitende BaO (Abb. 2a) und das $n$-leitende $TiO_2$ (Abb. 2b) wiedergegeben.

Um das Übergangsgebiet von $n$- zu $p$-Leitung zu erfassen, sind für $p$-Leiter sehr geringe, für $n$-Leiter sehr hohe Drücke erforderlich, die die Messungen erschweren. Indessen läßt sich das Übergangsgebiet — wie in I gezeigt wurde — durch geeignete Dotierung (mit höherwertigen Kationen für $p$-Leiter und niederwertigen Kationen für $n$-Leiter) in das experimentell gut zugängliche Druckgebiet verschieben. Abb. 2c zeigt als Beispiel das Verhalten von $Fe^{3+}$-dotiertem $TiO_2$, wie es für das Übergangsgebiet von $n$- zu $p$-Leitung in bezug auf den Verlauf der Sauerstoffdruckisothermen und der Temperaturabhängigkeit der Leitfähigkeit zu erwarten ist.

## 2. Ergänzende Leitfähigkeitsmessungen an weiteren Oxiden

Das im vorhergehenden Abschnitt beschriebene Verhalten valenzgesättigter Oxide in Gegenwart von Sauerstoff wird — wie in I gezeigt wurde — beobachtet im Sinne von $p$-Leitern für die Oxide des Ca, Sr, Ba, La, Th und Zr sowie im Sinne von $n$-Leitern für ZnO, $TiO_2$ und $CeO_2$. Inzwischen ist auch von KAUER[7]) für MgO eine $p$-Leitung in $O_2$ bei hohen Temperaturen festgestellt worden.

Zur Vervollständigung der Liste werden im folgenden die Meßergebnisse über die Temperatur- und Sauerstoffdruckabhängigkeit der Leitfähigkeit und über das Thermokraftverhalten für eine Reihe anderer gesättigter Oxide mitgeteilt. Bezüglich des angewandten Meßverfahrens sei auf I verwiesen.

### 2.1. $SnO_2$ und $GeO_2$

Ganz im Sinne eines $n$-Leiters besitzt die Leitkurve von polykristallinem $SnO_2$*) (Abb. 3a) den charakteristischen Knick mit erhöhter Aktivierungsenergie bei

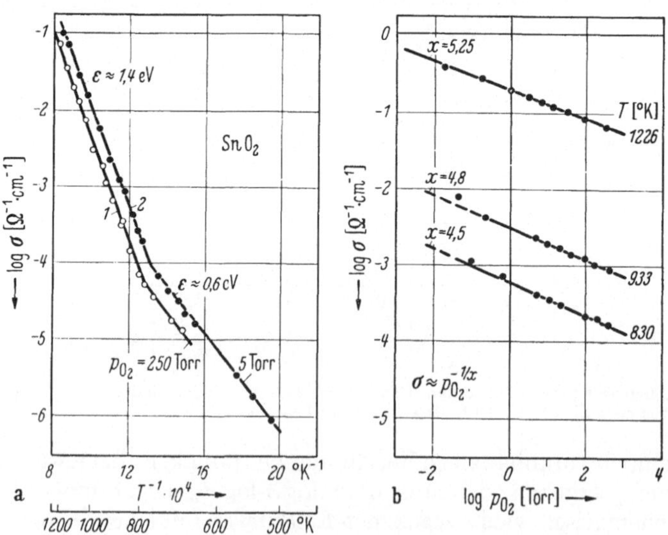


Abb. 3. Temperatur- und Sauerstoffdruckabhängigkeit der Leitfähigkeit einer Sinterprobe von $SnO_2$ (Vorzeichen der Thermospannung : $n$).

hohen Temperaturen infolge der Zunahme der Störstellenkonzentration (O-Lücken) oberhalb der Einfriertemperatur.

Das Thermokraftvorzeichen ist — in Übereinstimmung mit älteren Hall-Effekts-Untersuchungen von G. BAUER[8]) — das eines $n$-Leiters, die Leitfähigkeit

*) Metallisches Sn (p. a., Merck) wurde mit konz. $HNO_3$ behandelt und zu $SnO_2$ verglüht; die Preßkörper wurden bei 1100° C gesintert.

ist bei vermindertem Sauerstoffdruck erhöht (Kurve 2 in Abb. 3a). Die Abnahme von $\sigma$ mit zunehmendem $p_{O_2}$ erfolgt entsprechend $\sigma \sim p_{O_2}{}^{-1/x}$ mit $x \approx 5$ (Abb. 3b).

Das gleiche Bild zeigt sich beim $GeO_2$. Die Temperaturabhängigkeit von $\sigma$ (Abb. 4a) ist für eine Sinterprobe*) durch den Knick mit größerer Aktivierungsenergie bei hohen Temperaturen gekennzeichnet; die Leitfähigkeit nimmt mit steigendem Sauerstoffdruck gemäß $\sigma \sim p_{O_2}{}^{-1/5.2}$ ab (Abb. 4b). Die Thermokraft, deren Messung durch das Auftreten von Polarisationserscheinungen erschwert ist, hat das Vorzeichen eines $n$-Leiters.

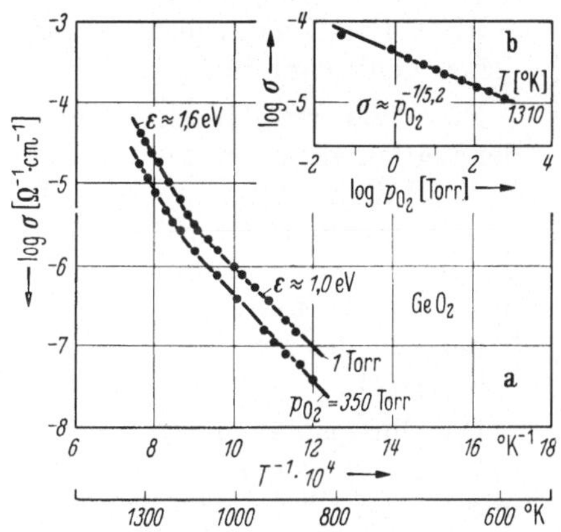


Abb. 4. Leitfähigkeit von gesintertem $GeO_2$ in Abhängigkeit von Temperatur und Sauerstoffdruck.

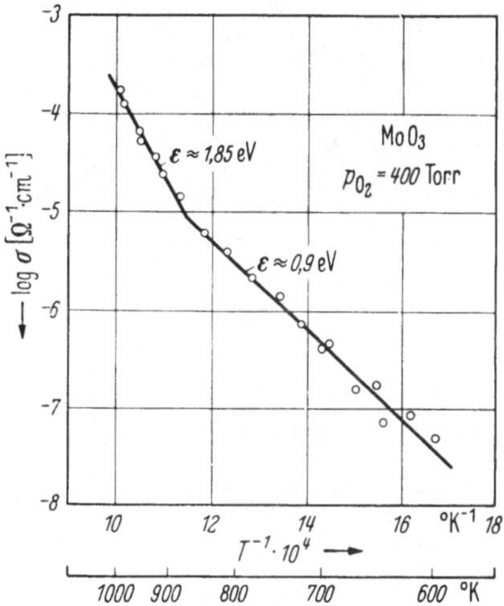


Abb. 5. Leitfähigkeit von gesintertem $MoO_3$.

## 2.2. $MoO_3$ und $WO_3$

Keramische Proben von $MoO_3$**) besitzen in $O_2$ bei einem $n$-Leiter-Vorzeichen der Thermokraft den für $n$-Leiter zu erwartenden Knick im Temperaturverlauf entsprechend Abb. 5.

Wegen der Flüchtigkeit des $MoO_3$ waren Leitfähigkeitsmessungen bei verminderten Sauerstoffdrücken und höheren Temperaturen nicht einwandfrei durchführbar. Indessen zeigte sich bei $p_{O_2}$-Verminderung deutlich ein Leitfähigkeitsanstieg entsprechend dem Verhalten eines Überschußleiters.

Auch $WO_3$ ist unter normalen Bedingungen in Sauerstoff ein $n$-Leiter (W. MEYER[9]). Leitfähigkeit und Thermokraft (mit $n$-Leiter-Vorzeichen) wurden für tiefe Temperaturen (<150° C) von HOCHBERG und SOMINSKI[10]) gemessen. Bei hohen Temperaturen zeigt sich für einen $WO_3$-Sinterkörper***) ein komplizierter Temperaturverlauf der Leitfähigkeit.

Laut Kurve 1 in Abb. 6 erfolgt nach einem anfänglichen linearen Verlauf von $\sigma$ mit $T^{-1}$ (Kurventeil $a$) ein vermindertes nichtlineares Anwachsen von $\sigma$ oberhalb ca. 600° K (Teil b), dann folgt wiederum ein linearer Ast mit erhöhter Neigung (Teil $c$) und schließlich ein flacher nichtlinearer Verlauf, beginnend bei ca. 1000° K (Teil $d$). Den der Leitkurve 1 entsprechenden Thermokraftverlauf (u) mit dem Vorzeichen eines $n$-Leiters zeigt Kurve 1* im unteren Teil der Abb. 6. Im Gebiet $a$ der Kurve 1 ist die Leitfähigkeit $\sigma$ unabhängig vom Sauerstoffdruck (vgl. die

*) $GeO_2$, 99,999%ig von Schuchard, München, drei Stunden bei 950° gesintert.

**) Molybdänsäureanhydrid (p. a. Merck) wurde bei 760° C drei Stunden lang gesintert.

***) Ammoniumparawolframat hoher Reinheit (leuchtstoffrein) wurde an Luft zu $WO_3$ verglüht; Sinterung der Preßkörper bei 1000° C.

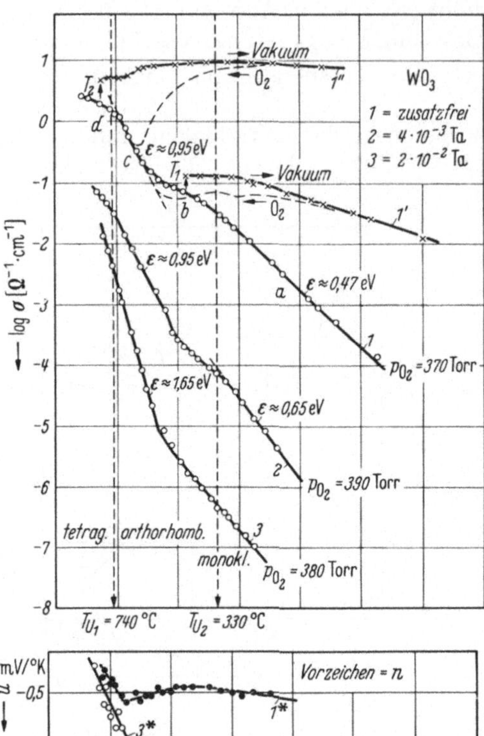

Abb. 6. Leitfähigkeit und Thermokraft einer gesinterten Probe von $WO_3$ ohne und mit $Ta^{5+}$ -Zusätzen.

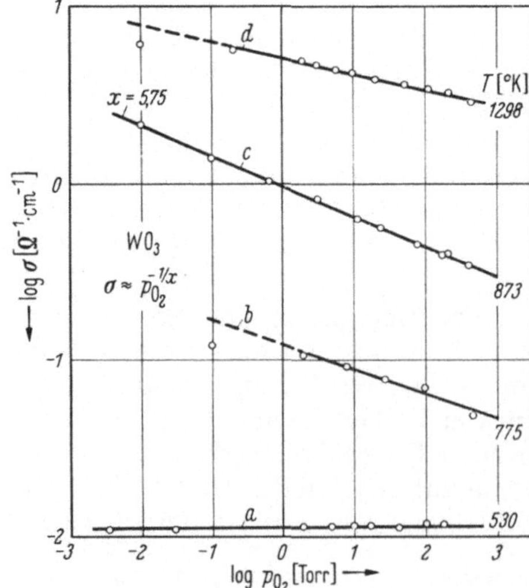

Abb. 7. Abhängigkeit der Leitfähigkeit von $WO_3$ vom Sauerstoffdruck für verschiedene Temperaturen.

$p_{O_2}$-Isotherme bei 530° K in Abb. 7). Im Gebiet $b$ bis $d$ der Leitkurve 1 steigt die Leitfähigkeit beim Abpumpen des Sauerstoffs z. B. bei $T_1$ und $T_2$ an, und im Vakuum werden die Kurven 1′ und 1″ mit erhöhter Leitfähigkeit auch für tiefe Temperaturen bis Zimmertemperatur erhalten. Bei darauffolgendem Hochheizen in $O_2$ führt der $\sigma$-Verlauf entsprechend den gestrichelten Kurven zu den ursprünglichen Leitwerten in $O_2$.

Die Sauerstoffdruckabhängigkeit der Leitfähigkeit, die für die Gebiete $b$, $c$ und $d$ in Abb. 7 (Kurve $b$ bis $d$) wiedergegeben ist, verhält sich ganz im Sinne eines $n$-Leiters; jedoch ist im Gebiet $b$ und $d$ die lineare Abhängigkeit des $\log \sigma$ von $\log p_{O_2}$ deutlich gestört.

Die Unregelmäßigkeiten im Temperaturverlauf von $\sigma$ im Teilgebiet $b$ und $d$ oberhalb von 600 bzw. 1000° K dürften auf die von SAWADA und DANIELSON[11]) festgestellten Gitterumwandlungen des $WO_3$ bei 330° C (Übergang von monokliner zu orthorhombischer Struktur) und bei 740° C (Übergang zu tetragonaler Struktur) zurückzuführen sein. Diese Vermutung wird gestützt durch Untersuchungen am System $WO_3$—$Ta_2O_5$. Bei Dotierung von $WO_3$ mit $4 \cdot 10^{-3}$ Ta nimmt die Leitfähigkeit ganz im Sinne des Einflusses niederwertiger Fremdionen auf eine Überschußleitung stark ab (vgl. Kurve 2 in Abb. 6); die Unstetigkeiten im Verlauf sind bei den Umwandlungstemperaturen jedoch noch bemerkbar. Bei einem $WO_3$ mit $2 \cdot 10^{-2}$ Ta indessen (Kurve 3 in Abb. 6) treten die Unstetigkeiten nicht mehr auf. Das ist im Einklang mit der Beobachtung von BANKS[12]), daß $WO_3$, das einige % Ta enthält, ein neues Kristallgitter ohne die charakteristischen Gitterumwandlungen aufweist. Die Thermokraft (siehe Kurve 3*) hat das Vorzeichen eines $n$-Leiters.

Im übrigen sei bei der Leitkurve 3 des $WO_3$-Ta auf die große Aktivierungsenergie des Hochtemperaturastes von 1,65 eV hingewiesen, die den Energietermabstand von 3,3 eV, weit größer als die aus der optischen Absorptionskante ermittelte verbotene Zone des $WO_3$ von 2,2 eV, ergibt. Die hohe Aktivierungsenergie des Hochtemperaturastes kann auch hier wieder nur durch die infolge erhöhter Dissoziation auftretende Donatorenkonzentrationszunahme mit steigender Temperatur im Sinne der Ausführungen im Abschnitt 1 erklärt werden.

Ein der Leitfähigkeitskurve 1 des reinen $WO_3$ grundsätzlich ähnlicher Verlauf wurde im übrigen in einer neueren Arbeit von SAWADA[13]) für eine $WO_3$-Sinterprobe gemessen.

## 2.3. $Y_2O_3$

Im Gegensatz zu den oben beschriebenen Oxiden ist das $Y_2O_3$ ein typischer Vertreter der unter normalen Bedingungen $p$-leitenden Oxide. Das Leitfähigkeitsverhalten eines $Y_2O_3$-Sinterkörpers*), das in Abb. 8 wiedergegeben ist, zeigt in Sauerstoff eine erhöhte Leitfähigkeit bei 380 Torr gegenüber 1 Torr.

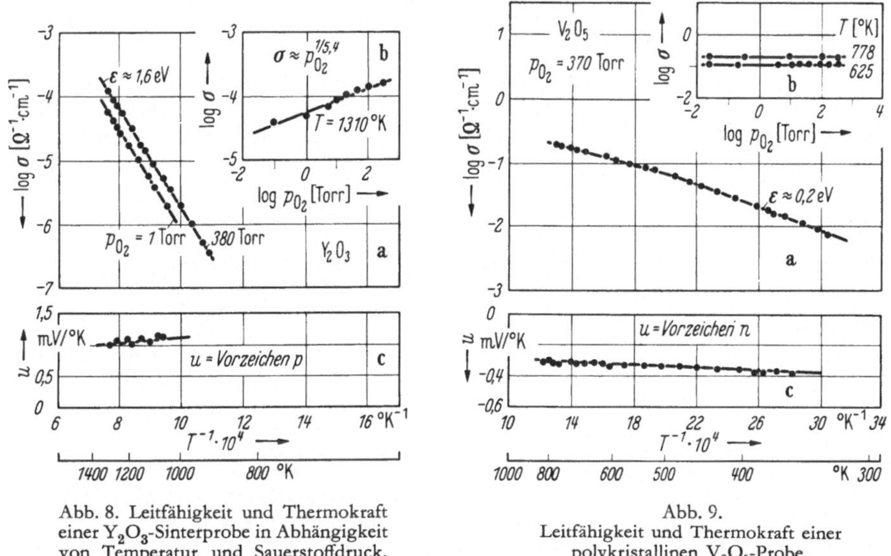


Abb. 8. Leitfähigkeit und Thermokraft einer $Y_2O_3$-Sinterprobe in Abhängigkeit von Temperatur und Sauerstoffdruck.

Abb. 9. Leitfähigkeit und Thermokraft einer polykristallinen $V_2O_5$-Probe.

Die Leitfähigkeit steigt mit dem Sauerstoffdruck entsprechend $\sigma \sim p_{O_2}^{1/5.4}$ an (Abb. 8b), und die Thermokraft hat das Vorzeichen eines $p$-Leiters (Abb. 8c). Der zu erwartende Knick der Leitfähigkeitsgeraden mit erhöhter Neigung bei tiefen Temperaturen war nicht beobachtbar; er tritt möglicherweise erst bei tieferen Temperaturen auf.

## 2.4. $V_2O_5$, $U_3O_8$ und CuO

Während bei den oben beschriebenen Oxiden ein Zusammenhang zwischen der Sauerstoffdruckabhängigkeit der Leitfähigkeit (als Folge der Wechselwirkung der oxidischen Massen mit der umgebenden Atmosphäre) und dem Temperaturverlauf von $\sigma$ bei hohen Temperaturen besteht, ist bei einigen Schwermetalloxiden eine Änderung der Leitfähigkeit mit dem Sauerstoffdruck auch bei höchsten Temperaturen nicht feststellbar. Eine Deutung des Leitfähigkeitsverhaltens, besonders in bezug auf die Unregelmäßigkeiten im Temperaturverlauf von $\sigma$, in bezug auf das Trägervorzeichen u. a. Erscheinungen, bereitet hier Schwierigkeiten.

*) Der Meßkörper war ein bei 1100° C gesintertes $Y_2O_3$, 99,9% von AUER-REMY.

Ein Beispiel für das in diesem Sinne anomale Verhalten eines valenzgesättigten Oxids ist $V_2O_5$*), dessen Leitfähigkeit Abb. 9 zeigt.

Der Temperaturverlauf der relativ hohen Leitfähigkeit in $O_2$ (Abb. 9a) ist durch einen Knick — mit geringerer Geradenneigung bei höheren Temperaturen — gekennzeichnet. Der Knick steht nicht unmittelbar mit einer Wechselwirkung zwischen Oxid und Sauerstoff in Zusammenhang, da die Leitfähigkeit im Gebiet höherer Temperaturen praktisch unabhängig von $p_{O_2}$ (Abb. 9b) ist. Offenbar ist die Konzentration der Störstellen, die entsprechend dem $n$-Leiter-Vorzeichen der Thermokraft (Verlauf in Abb. 9c) mit einem Sauerstoffmangel zusammenhängen, so groß, daß der an sich mögliche Einfluß einer Wechselwirkung mit dem umgebenden Sauerstoff nicht mehr in Erscheinung tritt. Der hier bei relativ niedriger Temperatur (um 200° C) auftretende Knick in der Leitfähigkeitsgeraden dürfte also auf andere Ursachen, möglicherweise auf die im allgemeinen bei niedrigen Temperaturen einsetzenden Chemisorptionseffekte zurückzuführen sein. Das Thermokraftvorzeichen stimmt mit Messungen bei tiefen Temperaturen von Hochberg und Sominski[10]) überein.

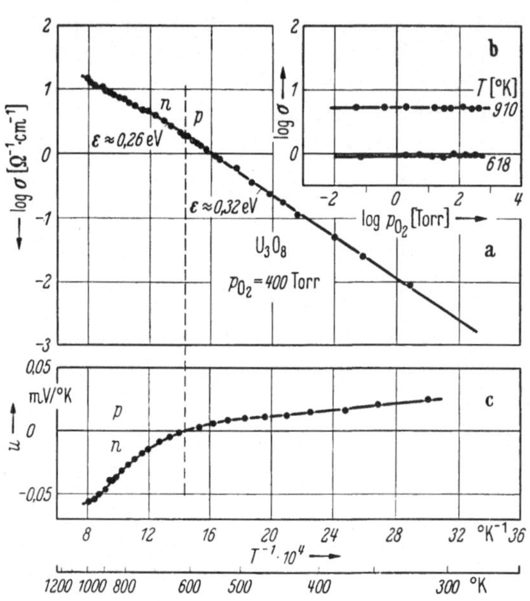


Abb. 10. Leitfähigkeit und Thermokraft von $U_3O_8$.

Eine gewisse Ähnlichkeit mit dem $V_2O_5$ zeigt sich beim Uranoxid, das in temperaturstabiler Form mit höchster Valenz des U auf Grund der chemischen Zusammensetzung $UO_{2,66}$ eine sehr hohe Konzentration von Störstellen besitzen dürfte. Die Leitfähigkeit des $U_3O_8$**) steigt dementsprechend bis zu sehr hohen Werten über $10^1 \Omega^{-1} \cdot cm^{-1}$, wie die Leitfähigkeitsgerade in Abb. 10a zeigt.

Wiederum zeigt sich ein Knick im Leitfähigkeitsverlauf mit verminderter Aktivierungsenergie bei hohen Temperaturen, ohne daß eine Sauerstoffdruckabhängigkeit, sei es oberhalb oder unterhalb der Temperatur des Knickpunktes, festzustellen ist (Abb. 10b). Bemerkenswert ist indessen, wie Abb. 10c zeigt, der Wechsel des Thermokraftvorzeichens bei der Temperatur des Knickpunktes der Leitfähigkeitsgeraden. Eine plausible Erklärung des Leitfähigkeitsverhaltens des $U_3O_8$, bei dem auch mit dem Vorhandensein eines nicht einheitlichen Systems aus Oxiden mit verschiedenwertigem Uran ($U^{4+}$, $U^{5+}$) gerechnet werden muß, ist zur Zeit nicht möglich.

Schließlich sei auf einige ergänzende Messungen der Leitfähigkeit des CuO eingegangen, das in einer Reihe grundlegender Arbeiten, insbesondere von C. Wagner und Mitarbeitern[14,15,16]) untersucht worden ist. Das komplizierte Bild

*) $V_2O_5$ p. a. von Merck; geschmolzene sowie bei 600° C gesinterte Proben verhalten sich ganz ähnlich.

**) Durch Verglühen von Uranylnitrat, p. a. Merck, hergestelltes $U_3O_8$ wurde gepreßt und bei 1200° in Luft gesintert.

des Leitfähigkeitsverhaltens von zusatzfreiem CuO*) und von einigen mit höher- und niederwertigen Kationen dotierten CuO-Proben ist in Abb. 11 wiedergegeben.

Die Leitfähigkeitskurven *a*, *b* und *c* dreier gesinterter Proben von zusatzfreiem CuO liegen innerhalb des Gebietes zwischen den beiden gestrichelten Kurven $W_1$ und $W_2$, die von C. WAGNER[15]) als Extremwerte für die Leitfähigkeit von durch

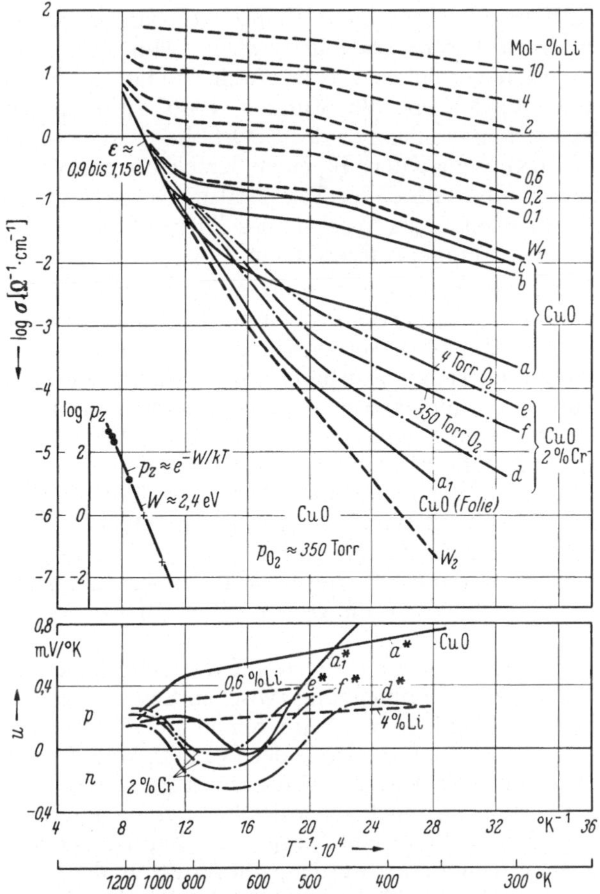


Abb. 11. Leitfähigkeit und Thermokraft von zusatzfreiem CuO sowie nach Dotierung mit $Li^{1+}$ oder $Cr^{3+}$.

Oxidation dünner Cu-Blechstreifen erhaltenen CuO-Proben gemessen wurden. Der relativ große Schwankungsbereich der Leitfähigkeit im Tieftemperaturgebiet hängt nach WAGNER mit der thermischen Vorbehandlung der Proben, jedoch nicht in völlig eindeutiger Weise, zusammen. Abschrecken von möglichst hocherhitzten Proben oder Abkühlen unter etwas vermindertem Sauerstoffdruck begünstigen häufig das Auftreten geringerer Leitfähigkeiten.

Charakteristisch für das Leitfähigkeitsbild des CuO (siehe z. B. Kurven *a*, *b* und *c*) sind folgende Sachverhalte: 1. Bei hohen Temperaturen münden die Kurven

*) Herstellung aus Elektrolytkupfer (Merck) durch Lösen in $HNO_3$ und Fällen mit Ammoncarbonat in Quarzgefäßen. Das durch Glühen bei 800° C erhaltene CuO wurde gepreßt und bei 1000° gesintert. Aus CuO, p. a. von Merck, hergestellte Meßproben zeigten höhere Leitfähigkeiten.

für alle CuO-Proben in eine einzige gemeinsame Gerade ein, aus deren Neigung sich — entsprechend bekannten und eigenen Messungen — eine Aktivierungsenergie $\varepsilon$ zwischen 0,9 und 1,15 eV ergibt. 2. Bei tieferen Temperaturen sind zwei annähernd lineare Kurventeile — mit geringerer Neigung im Gebiet mittlerer Temperaturen und etwas stärkerer Neigung bei tiefsten Temperaturen — beobachtbar. 3. Im gesamten Meßgebiet hängt die Leitfähigkeit praktisch vom Sauerstoff nicht oder nur äußerst gering[14]) (im Sinne des Verhaltens eines $p$-Leiters) ab. 4. Die Thermokraft besitzt im gesamten Temperaturbereich das Vorzeichen eines $p$-Leiters mit einem der Thermokraftkurve $a^*$ der Abb. 11 entsprechenden typischen Verlauf. Dagegen verhält sich eine durch Oxidation einer 0,2 mm dicken Cu-Folie hergestellte CuO-Probe (30 Stunden, 1000° Luft) anders als die CuO-Sinterkörper. Die Leitfähigkeitskurve der CuO-Folie (Kurve $a_1$ in Abb. 11) zeigt ähnlich wie die WAGNERsche Kurve $W_1$ einen Knick bei ca. 500° K mit größerer Neigung oberhalb als unterhalb dieser Temperatur. Gleichzeitig tritt in der Thermokraftkurve $a_1^*$ ein zweimaliger Wechsel des Thermokraftvorzeichens mit einer $n$-Leitung im mittleren Temperaturgebiet ein.

Die Untersuchung des Einflusses von Fremdionen auf die Leitfähigkeit des CuO, die an $Li^{1+}$- und $Cr^{3+}$-dotierten Proben von HAUFFE[16]) für zwei Temperaturen (100 und 200°) durchgeführt worden ist, wurde durch Erweiterung der Messungen über den gesamten Temperaturbereich sowie durch Thermokraftmessungen ergänzt. Die in Abb. 11 wiedergegebenen Leitfähigkeitskurven für die Li-dotierten CuO-Proben*) zeigen — ganz entsprechend wie beim zusatzfreien CuO — den Knick bei ca. 500° K und die Einmündung in den gemeinsamen Hochtemperaturkurvenast. Die Leitfähigkeit steigt mit dem Li-Gehalt (bis zu 10 Mol% Li) annähernd linear an. Abb. 12 zeigt für drei Temperaturen die Streuungen der Meßwerte um die theoretische Gerade bei Proportionalität zwischen $\sigma$ und der Li-Konzentration. Den Verlauf der Thermokraft, die erwartungsgemäß das Vorzeichen eines $p$-Leiters hat, zeigen die gestrichelten Kurven für CuO mit 0,6 und 4% Li in Abb. 11.

Bezüglich des Einflusses von $Cr^{3+}$-Ionen auf die Leitfähigkeit von CuO ergab sich, daß kein eindeutiger Zusammenhang zwischen Leitfähigkeit und Cr-Konzentration zu erhalten ist. Ähnlich wie beim reinen CuO besteht ein Einfluß der thermischen Vorbehandlung auf die Größe der Leitfähigkeit, der sich der Wirkung der Cr-Dotierung mehr oder weniger stark überlagert und zu unvollkommen reproduzierbaren Ergebnissen führt. Überdies können auch geringste Spuren von Alkali, die z. B. bei Verwendung von Glasgeräten bei der chemischen Aufbereitung der Meßproben aufgenommen werden, eine Wirkung der Cr-Dotierung völlig aufheben; der Verlauf der Leitfähigkeit unterscheidet sich dann nicht von dem des reinen oder des Li-dotierten CuO.

Ein Beispiel für das Leitfähigkeitsbild einer CuO-Probe mit 2 Mol% Cr, hergestellt unter besonderen Vorsichtsmaßnahmen**), zeigen die Kurven $d$, $e$ und $f$ in Abb. 11. Die ursprüngliche Kurve $d$ (350 Torr $O_2$) wird nach einer Messung bei Abkühlung unter vermindertem Druck (Kurve $e$, 4 Torr $O_2$) bei anschließender, erneuter Messung bei 350 Torr $O_2$ (Kurve $f$) nicht wieder erhalten.

Kennzeichnend für den Kurvenverlauf ist, daß die Neigung des mittleren Teiles der wiederum aus drei Geradenstücken bestehenden Kurven im Gegensatz zum

*) Dem CuO wurde eine wäßrige Lösung der gewünschten $Li_2CO_3$-Menge zugemischt. Die nach Trocknung und Mörserung geglühten Produkte wurden als Preßkörper bei 1000° gesintert.

**) $Cr_2O_3$ wurde dem CuO, das durch Glühen von Elektrolytkupferpulver in $O_2$ hergestellt war, durch Mörsern (Achatmörser) zugemischt und nach wiederholtem Glühen und Mörsern in Form von Preßkörpern bei 1000° gesintert. Glühungen in $Al_2O_3$-Schiffchen.

reinen, gesinterten CuO oder Li-haltigen CuO größer als im Gebiet der tiefsten Temperaturen ist. Auch der Thermokraftverlauf der Kurven $d^*$, $e^*$, $f^*$ ist auffallend verschieden: Während im Gebiet tiefer Temperaturen die CuO-Cr-Proben $p$-leitend sind, nimmt die Thermokraft im mittleren Temperaturgebiet zunächst ab, geht unter Vorzeichenwechsel in das $n$-Leitergebiet über und kehrt schließlich im Gebiet der gemeinsamen Leitfähigkeitsgeraden bei hohen Temperaturen wieder in das $p$-Leitergebiet zurück. Die Verhältnisse sind ähnlich wie bei der CuO-Folienprobe (Kurve $a_1$ bzw. $a_1^*$). Ohne näher auf das komplexe Verhalten, dessen Erklärung noch weiterer Untersuchungen bedarf, einzugehen, seien einige Bemerkungen zur Frage der Deutung des gemeinsamen Leitfähigkeitsastes bei hohen Temperaturen gemacht.

Der zunächst naheliegenden Annahme, daß diese Leitfähigkeitsgerade eine Eigenleitung des CuO darstelle, bereitet die bisher nicht bekannte Tatsache, daß eine $p$-Leitung vorliegt, gewisse Schwierigkeiten, insofern, als für die Defektelektronen eine größere Beweglichkeit als für die quasifreien Elektronen vorausgesetzt werden müßte. Darüber hinaus wäre es schwer zu verstehen, daß im Gegensatz zu den zahlreichen anderen, thermisch viel stabileren Oxiden, die stets in diesem Temperaturgebiet eine Wechselwirkung mit dem Sauerstoff zeigen, das thermisch relativ instabile CuO bei der hohen Meßtemperatur eine exakte Stöchiometrie, die ja eine Voraussetzung der Eigenleitung ist, besitzen sollte. Die relativ große thermische Zersetzlichkeit des CuO ist ja bekannt; sie zeigt sich in der in Abb. 11 wiedergegebenen Zunahme des Zersetzungsdruckes $p_z$*) mit der Temperatur entsprechend

$$p_z \sim e^{-\frac{W}{kT}}$$

mit einem $W$ von ca. 2,4 eV**). Das bedeutet aber, daß sich thermisch beträchtliche Mengen von $Cu_2O$ bilden, die laut Angaben der chemischen Literatur[17]) im CuO zum Teil gelöst werden.

Formell besteht nun für das System CuO-$Cu_2O$ eine große Ähnlichkeit mit dem System CuO-$Li_2O$. Nimmt man hypothetisch auf Grund dieser Ähnlichkeit als maßgebend für den Hochtemperaturleitungsast eine Art $Cu_2O$-dotiertes CuO an, so wären $p$-Leitungscharakter und Unabhängigkeit der Leitfähigkeit vom Sauerstoffdruck zwanglos zu verstehen. Im Einklang mit dieser Vorstellung wäre auch, daß die aus der Temperaturabhängigkeit des Zersetzungsdruckes des CuO zu folgernde Zunahme der $Cu_2O$-Konzentration ($C_{Cu_2O}$) mit der Temperatur entsprechend $C_{Cu_2O} \sim e^{-1.2/kT}$ bei Annahme einer linearen Abhängigkeit der Leitfähigkeit von der Konzentration der $Cu^+$-Ionen (ähnlich wie beim CuO-$Li_2O$, vgl. Abb. 12) mit der gemessenen Aktivierungsenergie $\varepsilon$ des Hochtemperaturastes der Leitfähigkeit (0,9–1,15 eV)

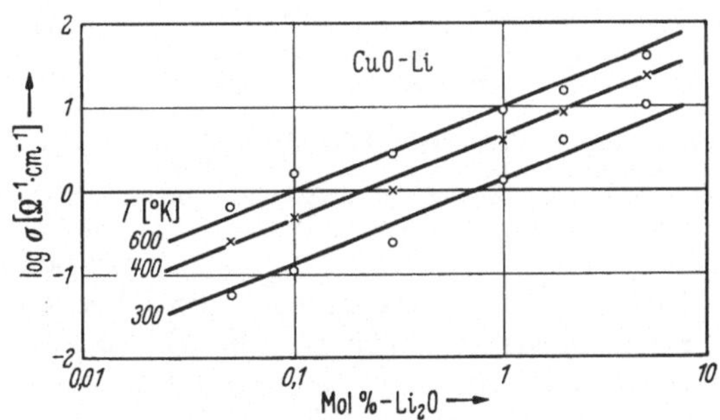

Abb. 12. Zunahme der Leitfähigkeit von CuO mit der Konzentration der Lif+Zusätze.

*) Die Werte stammen aus Angaben des ULLMANN[18]) ergänzt durch eigene Meßpunkte (+).

**) Für die thermische Zersetzung nach $CuO \rightleftarrows Cu_2O + \frac{1}{2} O_2$ ergibt das Massenwirkungsgesetz:

$$C_{Cu_2O} \cdot p_{O_2}^{1/2} = C_{CuO} \cdot K \text{ mit } K \sim e^{-W/kT}.$$

durchaus vereinbar ist. Es sind indessen noch weitere Untersuchungen zur Stütze der erwähnten Hypothese nötig, die im übrigen grundsätzlich nicht im Gegensatz stände zu dem von SCHOTTKY[4]) und WAGNER[14]) vorgeschlagenen Fehlordnungsmechanismus des CuO im Sinne einer Disproportionierung des zweiwertigen Kupfers gemäß der symbolischen Gleichung $2Cu^{2+} \rightleftarrows Cu^{+} + Cu^{3+}$.

## 3. Fehlordnung und Bildungsenthalpie

Zu den zwei Gruppen von gesättigten Oxiden mit gemeinsamen Merkmalen in bezug auf die elektrische Leitfähigkeit $\sigma$ im Sauerstoff, nämlich

1. $p$-leitende Oxide mit $\sigma_p \sim p_{O_2}{}^{1/x}$ und
2. $n$-leitende Oxide mit $\sigma_n \sim p_{O_2}{}^{-1/x}$ kommt
3. eine weitere Gruppe von Oxiden, deren Leitfähigkeit offenbar infolge einer stärkeren Fehlordnung (unterstützt durch eine erhöhte Neigung zur Bildung von Zwischenoxiden mit Kationen niederer Wertigkeit) vom Sauerstoffdruck im allgemeinen nicht mehr merklich beeinflußt wird. Vermutlich spielt dabei auch das Nebeneinanderbestehen von Oxiden mit verschiedener Wertigkeit ein und desselben Kations eine Rolle.

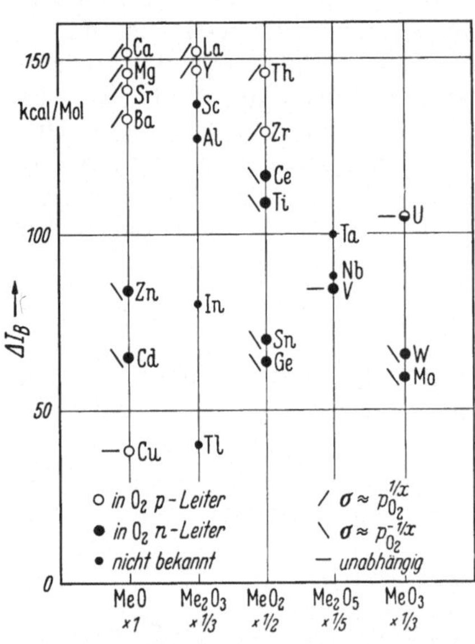


Abb. 13. Übersicht über das Verhalten der Leitfähigkeit gesinterter Oxide in bezug auf Sauerstoffdruckabhängigkeit und Leitungstyp im Zusammenhang mit der Bildungsenthalpie $\Delta I_B$ der Oxide.

Es erhebt sich nun die Frage nach der maßgeblichen Ursache, die die Zugehörigkeit der z. B. nach Wertigkeit und Kristallstruktur so verschiedenen Oxide zu einer der oben genannten Gruppen bestimmt. Unter Berücksichtigung der Tatsache, daß die Wechselwirkung zwischen Oxid und umgebendem Sauerstoff für das Leitfähigkeitsverhalten maßgebend ist, ist es naheliegend, das Verhalten unter dem Gesichtspunkt der Bindungsfestigkeit des Sauerstoffs im Oxid zu betrachten. In Ermangelung des Vorhandenseins geeigneter Daten, wie etwa von Energiewerten für den Ausbau eines O-Atoms aus dem Oxidgitter, soll versucht werden, die Bildungsenthalpien der Oxide (Bildung aus Metall und Sauerstoff) als Anhaltspunkt für die thermische Stabilität heranzuziehen.

In der in Abb. 13 wiedergegebenen Übersicht sind für die 2- bis 6wertigen Oxide der verschiedenen Elemente die Bildungsenthalpiewerte ($\Delta I_B$ in kcal/Mol)[19]), bezogen auf 1 At.-Gew. Sauerstoff, zusammen mit den charakteristischen Merkmalen des Halbleiterverhaltens, die aus der vorliegenden und aus der früheren Untersuchung I sowie aus der Literatur entnommen sind, eingetragen.

Es zeigt sich dabei, daß die $p$-leitenden Oxide mit Leitfähigkeitssteigerung bei Sauerstoffdruckzunahme jeweils die Oxide mit den höchsten $\Delta I_B$-Werten sind; die $n$-leitenden Oxide dagegen, bei denen die Leitfähigkeit mit steigendem Sauerstoffdruck sinkt, liegen durchweg im Bereich der geringeren Bildungsenthalpien.*) Ebenfalls eingetragen sind die drei eine Ausnahmestellung einneh-

*) *Ergänzung bei der Korrektur:* Neuere Messungen haben — ganz im Sinne dieses Zusammenhanges — eine $p$-Leitung mit $\sigma \sim p_{O_2}{}^{1/x}$ für $Al_2O_3$[20]) sowie eine $n$-Leitung mit $D \sim p_{O_2}{}^{-1/x}$ für $Nb_2O_5$[21]) und für $In_2O_3$-Filme[21]) ergeben.

menden Oxide $UO_{2,66}$, $V_2O_5$ und CuO, für die im übrigen die Differenz der Bildungsenthalpien der Oxide mit höchster und nächstniedriger Valenz relativ gering ist.

Zusammenfassend sei bemerkt, daß nach den oben beschriebenen experimentellen Beobachtungen an polykristallinen Oxidhalbleitern das Leitfähigkeitsverhalten der valenzgesättigten Oxide bei hohen Temperaturen in vielen Erscheinungsformen unter dem Gesichtspunkt einer thermisch bedingten Fehlordnung zu verstehen ist und daß das Einteilungsprinzip nach der thermischen Stabilität der Oxide mit der Beobachtung im Einklang ist.

Die Deutung der Leitfähigkeit bei hohen Temperaturen im Sinne einer Eigenleitung ist auch für reinste Oxide nicht zulässig, da infolge der Wechselwirkung mit der umgebenden Atmosphäre eine exakte Stöchiometrie in der Zusammensetzung der Oxide nur innerhalb eines sehr engen Temperatur- und Sauerstoffdruckbereiches besteht. Auch bei tiefen Temperaturen ist stets mit einer Fehlordnung der Oxide, entweder in Form eines Sauerstoffmangels oder eines Sauerstoffüberschusses zu rechnen, es sei denn, die Unterschreitung der Einfriertemperatur (in bezug auf die Wechselwirkung mit dem umgebenden Sauerstoff) erfolgt rasch bei ganz bestimmten und für die verschiedenen Oxide spezifischen Sauerstoffdrücken.

## Literatur


1) MEYER, W.: Z. Elektrochem. 50 (1944) S. 274 (Zusammenfassender Bericht).
2) MEYER, W.: Z. Phys. 85 (1933) S. 278.
3) WAGNER, C.: Phys. Z. 36 (1935) S. 721.
4) SCHOTTKY, W.: J. Elektrochem. 45 (1939) S. 33.
5) RUDOLPH, J.: Z. Naturforschg. **14a** (1959) S. 727 (im folgenden zitiert mit I); ebenda **13a** (1958) S. 757.
6) MEYER, W.: Z. techn. Phys. 16 (1935) S. 356.
7) KAUER, E.: Phys. Verh. (1959) S. 59.
8) BAUER, G.: Ann. Phys. 30 (1937) S. 433.
9) MEYER, W.: Phys. Z. 85 (1933) S. 278.
10) HOCHBERG, B. M., M. S. SOMINSKI: Phys. Z. USSR 13 (1938) S. 198.
11) SAWADA, S., G. C. DANIELSON: Phys. Rev. 113 (1959) S. 1005.
12) BANKS, E.: Briefliche Mitteilung (1960).
13) SAWADA, S., G. C. DANIELSON: Phys. Rev. 113 (1959) S. 803.
14) BAUMBACH, H. H. v., H. DÜNWALD, C. WAGNER: Z. phys. Chem. B 22 (1933) S. 226.
15) GUNDERMANN, J., C. WAGNER: Z. phys. Chem. B 37 (1937) S. 157.
16) HAUFFE, K., H. GRUNEWALD: Z. phys. Chem. 198 (1951) S. 248.
17) Gmelins Handbuch anorg. Chemie, Syst. No. 60, Teil B, S. 26. Weinheim/Bergstraße 1958.
18) Ullmanns Encyklop. techn. Chem. Bd. 11 S. 244. München/Berlin 1960.
19) D'ANS, J., E. LAX: Taschenbuch f. Chemiker u. Physiker, 2. Aufl. Berlin 1949.
20) PAPPIS, J., W. D. KINGERY: J. Am. Ceram. Soc. 44 (1961) S. 459.
21) GREENER, E. H., D. H. WHITMORE, M. E. FINE: J. Chem. Phys. 34 (1961) S. 1017.
22) RUPRECHT: Z. Phys. 139 (1954) S. 504.

# Über die Elektronenemission der Oxidkathode in der Niederdruckgasentladung*)

Von

J. RUDOLPH

Mit 4 Abbildungen

Die Strom-Spannungscharakteristik einer Niederdruckgasentladung mit elektronenemittierender Glühkathode besitzt ein durch ein Spannungsminimum gekennzeichnetes Gebiet, in welchem ein Entladungszustand mit rein thermischer Elektronenemission existiert. Für Oxidgemische mit verschiedenen Emissionseigenschaften zeigt sich, daß diese Emission in der Größe der Elektronenemission der betreffenden Oxide im Vakuum bei Impulsbetrieb entspricht. Dieser Sachverhalt erklärt sich zwanglos aus den heutigen Vorstellungen über den Entladungsmechanismus vor der Glühkathode einerseits und über den Elektronenemissionsmechanismus in der Oxidschicht andererseits.

Die physikalischen Erscheinungen einer elektrischen Gasentladung bei kleinen Gasdrucken (einige Torr) und bei Vorhandensein einer elektronenemittierenden Glühkathode sind in einer Reihe älterer Arbeiten (LANGMUIR[1]), GEHRTS u. VATTER[2]), DRUYVESTEYN u. WARMHOLTZ[3]) sowie in neueren Arbeiten nach 1950 (MALTER, JOHNSON u. WEBSTER[4]), D. A. WRIGHT[5]) u. a.) untersucht worden. In der Hauptsache waren dabei Gesichtspunkte maßgebend, die der Aufklärung des Entladungsmechanismus vor der Glühkathode dienten.

Die Fragestellung der Untersuchungen, über die im folgenden kurz berichtet wird, war mehr darauf gerichtet, festzustellen, wie der Elektronenemissionsprozeß in der Oxidkathodenschicht selbst durch die Gasentladung beeinflußt wird und wie das Verhalten der Oxidkathode in der Gasentladung mit den bekannten Erscheinungen der Glühkathodenemission in der Vakuumröhre vereinbar ist.

Es ist bekannt, daß mit einer Glühkathode in der Gleichstromentladung auch im Dauerbetrieb leicht sehr hohe Elektronenemissionsstromdichten aufrechterhalten werden können, die bei einer Kathode im Vakuum bei Gleichstrombetrieb nicht zu erreichen sind. Dagegen hat sich eine gewisse Übereinstimmung zwischen den Emissionsstromdichten in der Gasentladung mit denen im Vakuum bei Impulsbetrieb gezeigt[5]). Wie weit diese Übereinstimmung in quantitativer Hinsicht geht und warum diese Übereinstimmung besteht, sollen die folgenden Messungen an Hand von Strom-Spannungs-Charakteristiken einer Gasentladung mit fremdgeheizter Oxidkathode zeigen.

Eine typische Strom-Spannungskennlinie in Edelgasen (3 Torr) stellt Abb. 1 dar. Bei kleinen Spannungen $U$ zwischen der auf 1000° K geheizten Oxidkathode (oxidbedeckte Oberfläche etwa 5 mm²) und der — zwecks Unterdrückung einer Entladungssäule auf 1 cm genäherten — Anode (s. Schaltskizze in Abb. 1) zeigt sich zunächst das Bild eines raumladungsbegrenzten Emissionsstromes (Gebiet a). Mit Annäherung der Spannung an die Ionisierungsspannung erfolgt eine stärkere Zunahme des Stromes — bei gleichzeitigem Auftreten eines Entladungsleuchtens an der Anode — als Folge eines beginnenden Abbaus der Elektronenraumladung durch positive Ionen.

Bei einem bestimmten Stromwert sinkt plötzlich die Brennspannung — über eine mehr oder weniger deutliche Stufe — stark ab. In diesem Gebiet c löst sich das Entladungsleuchten von der Anode ab, ist über einen relativ engbegrenzten Strombereich als leuchtende Zone im Raum zwischen Anode und Kathode beständig und geht schließlich bei weiterer Stromsteigerung zur Kathode über. Im

*) Originalmitteilung.

Bereich des Ablösens des Entladungsleuchtens von der Anode und bei dessen Übergang zur Kathode treten Oszillationen von Strom und Spannung (Frequenz einige kHz) auf. Die Meßwerte sind in diesem — gestrichelt angedeuteten — Übergangsgebiet daher nicht eindeutig definiert.

Im anschließenden Gebiet d der Kennlinie, im Gebiet des Spannungsminimums, ist die Oxidkathodenoberfläche gleichmäßig vom Entladungsleuchten bedeckt; die Oszillationen verschwinden; die Entladung brennt stabil bei einer spezifischen Kathodenbelastung von mehreren A/cm² bei einer Kathodentemperatur um 1000° K.

Bei weiterer Steigerung der Belastung steigt die Brennspannung bei gleichzeitig einsetzender Aufheizung der Kathode durch die Entladung an, und es kommt

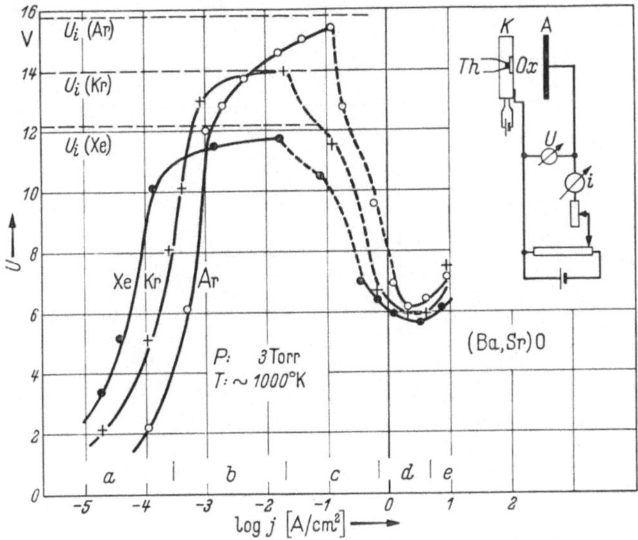


Abb. 1. *i-U*-Kennlinie von Gasentladungen mit geheizter Oxidkathode. Entladung in Ar, Kr und Xe.

schließlich zur Brennfleckbildung verbunden mit Schädigungen der Oxidschicht (Gebiet e).

Für die folgenden Betrachtungen ist das Gebiet des Spannungsminimums allein von Bedeutung. Wie Abb. 2 zeigt, verschiebt sich das Minimum, wenn die Kathodentemperatur gesenkt wird, immer mehr nach kleineren Strömen, bis schließlich bei niedrigsten Kathodentemperaturen, schon bevor sich das Minimum ausbildet, die Spannung stark ansteigt (Pfeile in Abb. 2a und 2c). Stets ist mit diesem Spannungsanstieg eine Kathodenaufheizung durch die Entladung verbunden.

Abb. 2b zeigt für dieselbe Kathode (in voll aktiviertem Zustand) neben der *i-U*-Kennlinie gleichzeitig den Verlauf der mit einem Thermoelement gemessenen Kathodentemperatur, die stets bis zu den Strömen beim Spannungsminimum konstant bleibt, dann aber steil ansteigt. Im übrigen zeigt sich auch hier die bekannte Erscheinung[6]), daß bei bestimmten Strombelastungen sogar eine Abkühlung der Kathode erfolgt. Diese Temperaturabnahme, die hier im Gebiet des Spannungsminimums (Abb. 2b) der Kennlinie deutlich beobachtbar ist, ist als Abkühlungseffekt durch Verdampfung von Elektronen aus der Oxidschicht — ganz ähnlich wie bei der Oxidkathode im Vakuum — zu deuten. Mit anderen Worten bedeutet dies, daß im Gebiet des Spannungsminimums der Elektronenbefreiungsprozeß aus der Kathode in erster Linie als reine thermische Elektronenemission zu betrachten ist.

Für die Potentialverhältnisse an einer elektronenemittierenden Kathode in der Gasentladung gelten die Vorstellungen Langmuirs, nach denen das Feld vor der

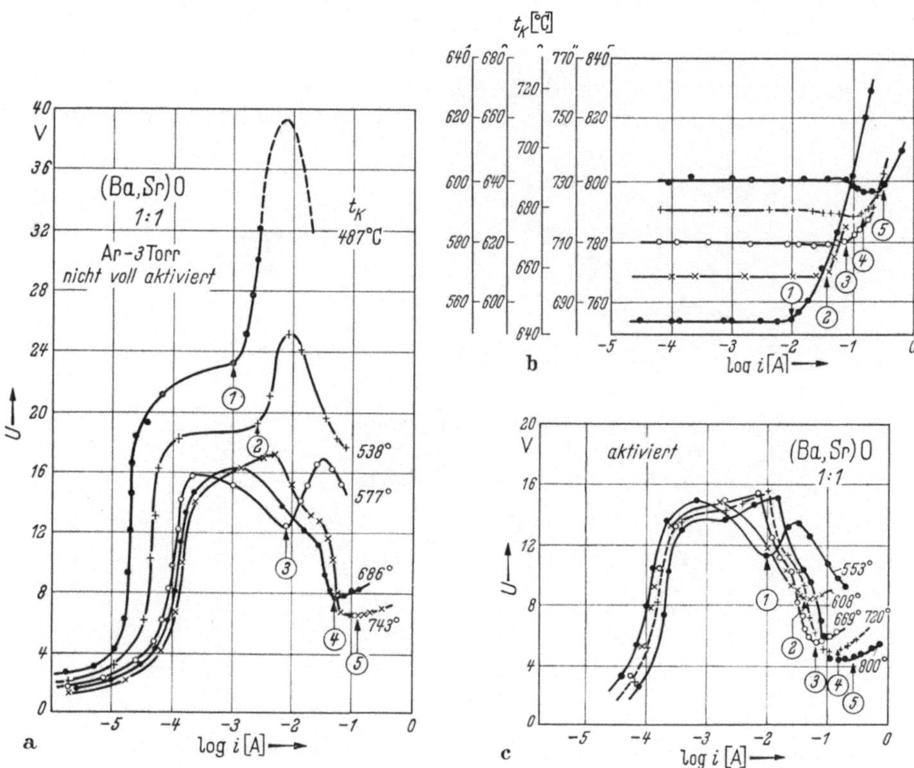


Abb. 2. Zusammenhang zwischen $i$, $U$ und $t$ an der Oxidkathode in einer Ar-Entladung.

negativen Elektrode sowohl durch die negativen Träger wie durch die positiven Ionen im Sinne des Vorhandenseins einer elektrischen Doppelschicht bestimmt wird.

Aus der Annahme des Vorhandenseins einer Langmuirschen Doppelschicht im Gebiet des Spannungsminimums der Kennlinie folgt:

1. Elektronenstrom $i_e$ und Ionenstrom $i_p$ verhalten sich umgekehrt wie die Wurzeln aus den Trägermassen; d. h. $i_p$ ist kleiner als $1\%$ von $i_e$.

2. Solange der Stromkreis von der Kathode einen Strom anfordert, der nicht größer als der Sättigungsstrom der Kathode ist, ist die Feldstärke an der Kathodenoberfläche gleich Null.

Das bedeutet nun für die Verhältnisse im Spannungsminimum unserer Kennlinie, daß der Entladungsstrom praktisch ein reiner Elektronenstrom und im speziellen ein rein thermischer Sättigungsstrom beim Feld Null ist.

Aus diesen Annahmen, insbesondere in bezug auf das Vorhandensein des Feldes Null an der Kathodenoberfläche, ergeben sich zwei Konsequenzen:

1. Die Ströme $i_0$ im Spannungsminimum der Gasentladungskennlinie bei verschiedenen Kathodentemperaturen $T_K$ ergeben als Funktion von $T_K^{-1}$ eine RICHARDSON-Gerade und bieten damit die Möglichkeit zur Bestimmung der Austrittsarbeit. Abb. 3 gibt ein Beispiel einer derartig konstruierten RICHARDSON-Gerade, für (Ba, Sr)O (1 : 1 Mol) in zwei verschiedenen Aktivierungszuständen. Dabei ist überdies zu ersehen, daß Belastungen über die $i_0$-Werte im Spannungsminimum bei hohen Temperaturen zur Desaktivierung der Kathode (gestrichelte Linien a), bei mittleren Temperaturen (gestrichelt bei b) dagegen zu einer Reaktivierung der Oxidschicht führen.

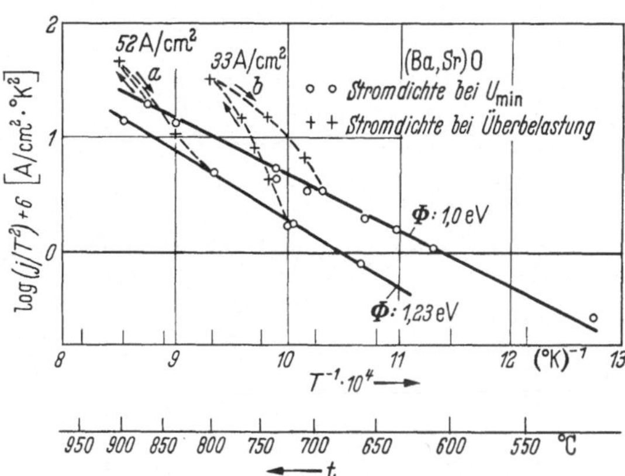


Abb. 3. RICHARDSON-Gerade aus der *i-U*-Kennlinie einer Ar-Entladung.

Es ist im übrigen zu bemerken, daß die jenseits des Spannungsminimums gemessenen Stromdichten (gekennzeichnet durch ++ in Abb. 3) in bezug auf die Temperatur vermutlich nicht genau sind, da die Temperaturmessung mit Hilfe eines Thermoelementes die wahre Temperatur der durch die Entladung aufgeheizten Oxidschicht sicherlich nicht richtig erfaßt und zu niedrige Temperaturen liefert. Das bedeutet, daß die Stromwerte (++) in Wirklichkeit sicherlich bei etwas höheren Temperaturen liegen.

Indessen spielt bei dieser über die Sättigungskurve hinausgehende Überbelastbarkeit ein weiter unten angeführter Effekt im Sinne einer Aktivierungsänderung der Oxidschicht eine entscheidende Rolle.

2. Die Größe der Ströme $i_0$ im Spannungsminimum muß den Emissionsströmen einer Oxidkathode im Vakuum bei Impulsbetrieb entsprechen. Das ergibt sich aus folgender Betrachtung:

Die Verringerung der Vakuumemission bei Gleichstrombetrieb gegenüber der im Betrieb mit kurzen Stromimpulsen ($\sim 1\ \mu$sec) ist nach neueren Anschauungen (NEERGARD[7])) auf veränderte Halbleitereigenschaften der Oxidschicht unter der Wirkung des angelegten Feldes zurückzuführen. Nach NEERGARD tritt unter der Wirkung des bei Sättigungsstrommessungen im Vakuum an der Oxidschicht anliegenden Feldes infolge einer elektrolytischen Abwanderung ionisierter Donatoren in Richtung auf das Trägermetall eine Donatorenverarmungsschicht in der Kathodenoberfläche auf, und diese schlechter leitende Halbleiteroberflächenschicht führt zur Herabsetzung der Emission. Diese elektrolytische Donatorenabwanderung besitzt nun eine gewisse zeitliche Trägheit (Ausbildungszeit etwa msec), daher kommt sie bei $\mu$sec-Impulsbetrieb nicht zustande, und die Impulsemission ist daher gegenüber der bei Gleichstrombetrieb erhöht.

Wenn nach NEERGARD der msec-Emissionsabfall auf eine Feldwirkung zurückzuführen ist, dann sollte er in der Gasentladung wegen des Feldes Null an der Kathodenoberfläche auch bei Gleichstrombetrieb nicht auftreten, und die Sättigungsströme in der Gasentladung sollten denen im Vakuum bei Impulsbetrieb entsprechen. Daß dies in der Tat weitgehend der Fall ist, zeigt z. B. der Vergleich der bekannten Impulsemissionswerte bei 1000° K nach GREY[8]) für Oxidkathodenmassen verschiedener Zusammensetzung mit den Emissionswerten der entsprechenden Strom-Spannungskennlinien in der Gasentladung (Abb. 4).

Die aus dem Diagramm von GREY (Abb. 4c) sich ergebenden Sättigungsstromdichten bei 1000° K von etwa 2,7 A/cm² für (Ba, Sr)O 1 : 1 Mol und von etwa

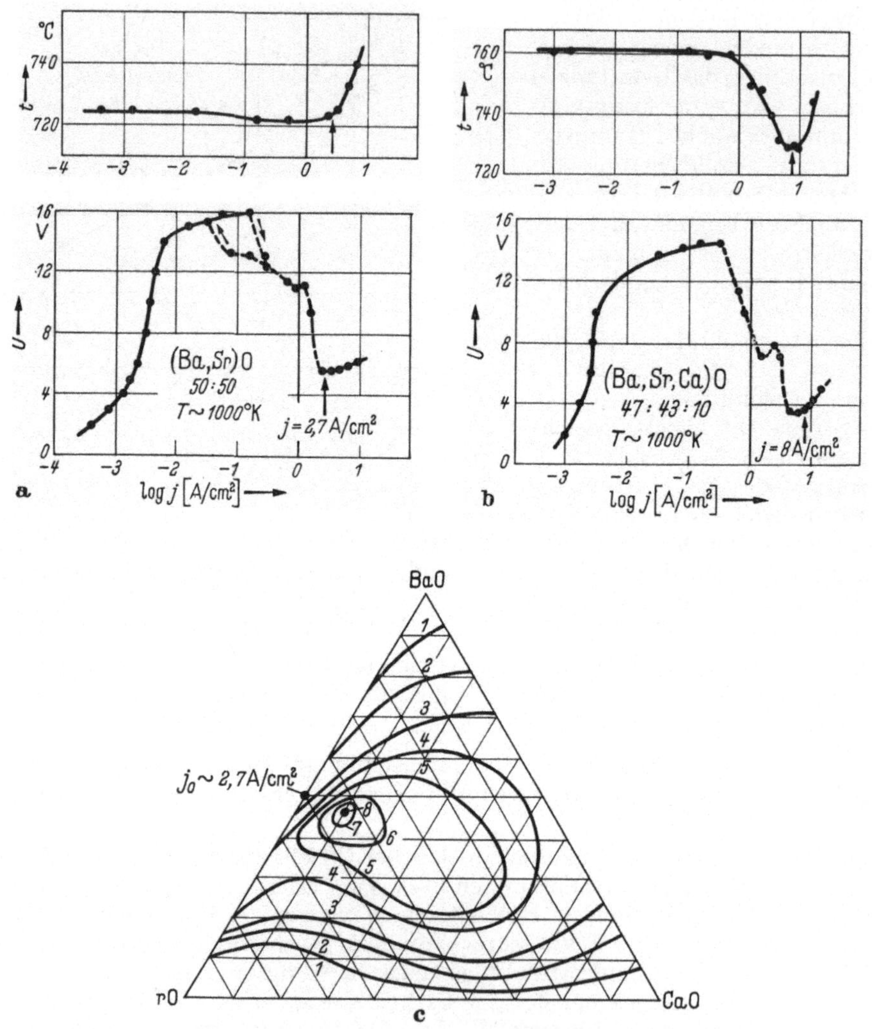


Abb. 4. Vergleich der Emissionsströme in der *i-U*-Kennlinie einer Gasentladung mit der Impulsemission im Vakuum für verschiedene Oxidzusammensetzungen.

8 A für ein Oxid (Ba, Sr, Ca)O der Zusammensetzung 0,47 : 0,43 : 0,1 Mol liegen im Bild der Strom-Spannungscharakteristik der Gasentladung (ebenfalls 1000° K) gut im Spannungsminimum bzw. kurz vor dem Temperaturanstieg der Kathode infolge Aufheizung durch die Entladung (Abb. 4a und 4b).

Was die oben geschilderten, scheinbaren Erhöhungen der Emissionsströme über die temperaturbegrenzten Sättigungsströme hinaus (Abb. 3) anbetrifft, so sei auf einige Beobachtungen über zeitliche Änderungen von Kathodentemperatur $T$ und Brennspannung $U$ bei sprunghafter Änderung des Entladungsstromes hingewiesen. Abb. 5 zeigt für (Ba, Sr)O im Verhältnis 1 : 1 Mol Registrieraufnahmen des zeitlichen Verlaufs von $T$ und $U$ für verschiedene vorgegebene Kathodentemperaturen, ($a$) nach Einschalten eines mittleren Entladungsstromes $i = 200$ mA, ($b$) nach Stromerhöhung auf 600 mA und ($c$) unmittelbar nach plötzlicher Senkung der Belastung auf den Anfangswert von 200 mA*). Bei ($a$) und ($b$) gehen $T$ und $U$ nach anfänglichen Spitzenwerten im Verlauf einiger Minuten auf niedrigere Sättigungswerte zurück. Im Gebiet ($c$) sinken $T$ und $U$ (Kurve $I$ und $II$) nach der Stromreduzierung auf Werte ab, die wesentlich unter den Sättigungswerten der ursprünglichen 200-mA-Belastung (gestrichelte Linien) liegen, und steigen erst allmählich bis zu diesen Sättigungswerten wieder an**).

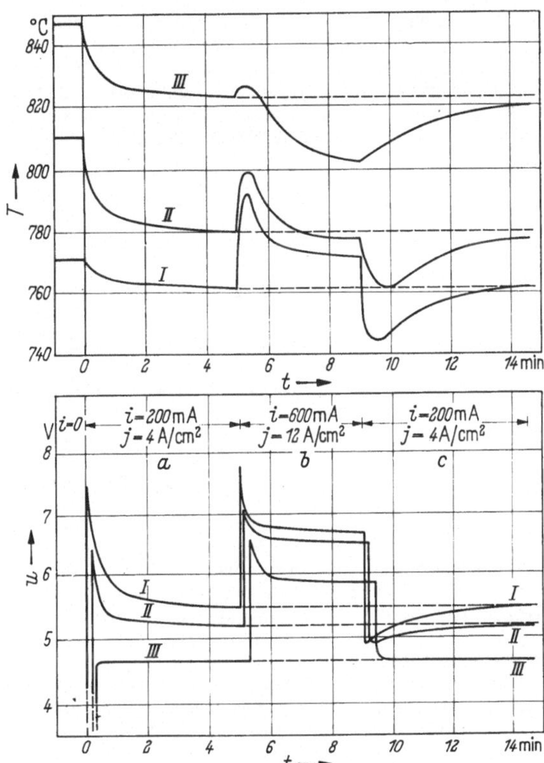


Abb. 5. Zeitliche Änderungen von Kathodentemperatur $T$ und Brennspannung $U$ bei veränderten Entladungsströmen für (Ba, Sr)O im Verhältnis 1 : 1.

Diese Beobachtung, daß nach einer zwischenzeitlichen „Überbelastung" der Kathode die Entladung bei gleichem Strom zunächst bei kleinerer Brennspannung und niedrigerer Temperatur zu brennen vermag, ist nur so zu verstehen, daß sich während der Belastung mit höheren Strömen eine erhöhte Aktivität der Oxidkathode mit verbesserter Emission eingestellt hat, die nach Stromreduzierung kurzzeitig andauert, dann jedoch langsam wieder abklingt. Reaktivierung und Desaktivierung sind ganz offensichtlich kennzeichnend für das Verhalten der Oxidkathode in der Gasentladung. Die Oxidkathode ist also auf Grund ihres Verhaltens in der Gasentladung nicht mehr als ein definiertes System vorgegebener Beschaffenheit zu betrachten, da ihr Aktivierungszustand sich in verschiedener Weise ändert, sobald (nichtraumladungsbegrenzte) Ströme entnommen werden. Damit verliert aber die RICHARDSON-Gerade hier ihre physikalische Bedeutung, und die Bedenken gegenüber dem Wert einer Austrittsarbeitsbestimmung nach dem RICHARDSON-Verfahren, die auch bei Untersuchungen an der Vakuumoxidkathode auftauchten[7]), werden durch die Beobachtungen in der Gasentladung bestätigt.

Zusammenfassend ergibt sich aus dem Vergleich der Oxidkathodenemission in der Gasentladung und im Vakuum, daß die unabhängig voneinander gewonnenen

---

*) Die $U$-Kurven sind der besseren Übersicht wegen seitlich etwas versetzt.

**) Das etwas andere Bild der $U$-Kurve $III$ (hohe Temperatur) dürfte darauf zurückzuführen sein, daß hier die 200-mA-Belastung noch im raumladungsbegrenzten Emissionsbereich liegt.

Anschauungen in bezug auf den Gasentladungsmechanismus vor einer Oxidkathode einerseits und in bezug auf den Emissionsmechanismus der Oxidkathode im Vakuum andererseits nicht nur gut miteinander vereinbar sind, sondern sich darüber hinaus auch gegenseitig stützen.

## Literatur

1) Langmuir, J.: Phys. Rev. 33 (1929) S. 954.
2) Gehrts, A., H. Vatter: Z. Phys. 79 (1932) S. 421.
3) Druyvesteyn, M. J., H. Warmholtz: Physica 4 (1937) S. 51.
4) Malter, L., E. O. Johnson, W. M. Webster: RCA-Rev. 12 (1951) S. 415.
5) Wright, D. A., A. E. Pengelley: Brit. J. Appl. Phys. 5 (1954) S. 391.
6) Engel-Steenbeck: Gasentladungen. Bd. 2, S. 162. Berlin 1934.
7) Neergard, L. S.: RCA-Rev. 13 (1952) S. 464.
8) Grey, L. E.: Nature 167 (1951) S. 552.

# Über den Wärmeausgleichsvorgang zwischen Wendel und Emissionsoxid bei Oxidkathoden für Leuchtstofflampen*)

Von

A. PAULISCH

Mit 4 Abbildungen

Beim Aufheizen der Doppelwendel einer Leuchtstofflampe durch Stromdurchgang stellt sich die Temperatur des Emissionsoxides in der Primärwendel durch Wärmeleitung ein. Die Größenordnung der Wärmeausgleichszeit wird auf Grund von Schätzungen der Wärmeleitzahl des porösen Oxides für den Fall eines idealen Wärmekontaktes mit der Wendel zu einigen $10^{-3}$ s berechnet.

Die wirklichen Ausgleichszeiten werden experimentell durch eine Kurzzeit-kalorimetrische Messung bestimmt. Die gemessene Zeitkonstante beträgt für die Elektroden-Wendel in 40-W-Osram-Leuchtstofflampen $2 \cdot 10^{-2}$ s.

Bemühungen um eine Abkürzung des Zündprozesses von Leuchtstofflampen machen es wünschenswert, den zeitlichen Verlauf des Wärmeausgleichsvorganges zwischen einer Wolfram-Doppelwendel und dem in der Primärwendel gespeicherten Emissionsoxid zu kennen, da die eigentliche Zündung der Entladung nicht eingeleitet werden soll, bevor das Emissionsoxid seine Betriebstemperatur erreicht hat.

## Rechnerische Behandlung des Wärmeleitungsproblems

Zu einer orientierenden, rechnerischen Behandlung dieses Ausgleichsvorganges wurde die vorliegende Aufgabe einem bereits von Carslaw und Jaeger[1]) gerechneten Wärmeleitungsproblem angepaßt. Die Primärwendel wird zu diesem Zweck vereinfachend als langer Hohlzylinder und das darin gespeicherte Emissionsoxid als langer Zylinder betrachtet, der in idealem Wärmekontakt mit dem ihn umgebenden Hohlzylinder steht. Carslaw und Jaeger haben hierbei die Randbedingungen der Wärmeleitungsgleichung so gewählt, daß sie die Anfangstemperatur des Zylinders als null bezeichnen und im Zeitpunkt $t = 0$ die Außenhaut des

*) Originalmitteilung.

Zylinders — im vorliegenden Falle den Hohlzylinder bzw. die Wendel — sprunghaft auf die konstante Temperatur $T_0$ bringen.

Der örtlich-zeitliche Verlauf der Temperatur $T$ im Innern des Zylinders ist unter diesen Bedingungen

$$T_{(r;\,t;)} = T_o - \frac{2\,T_o}{a} \sum_{n=1}^{\infty} e^{-\chi \alpha_n^2 t} \frac{J_o(r\alpha_n)}{\alpha_n J_1(a\alpha_n)} \tag{1}$$

Hierin sind $J_0$ und $J_1$ die BESSEL-Funktionen nullter und erster Ordnung, während die $\alpha_n$ die Wurzeln der Gleichung $J_0(a\alpha_n) = 0$ sind.

In Abb. 1 ist der räumlich-zeitliche Verlauf der Temperatur $T/T_0$ im Zylinder als Funktion von $r/a$ mit der dimensionslosen Größe $\varkappa t/a^2$ als Parameter dargestellt. Hierin bedeutet $\varkappa = \lambda/\varrho c$ die Temperaturleitfähigkeit des Zylinderstoffes mit

| | | | |
|---|---|---|---|
| $\lambda$ | = | Wärmeleitzahl | in Watt/cm.Grad |
| $\varrho$ | = | Dichte | in g/cm³ |
| $c$ | = | spez. Wärme | in Watt · s/g · Grad |
| $a$ | = | Zylinderradius | in cm |
| $t$ | = | Zeit | in s. |

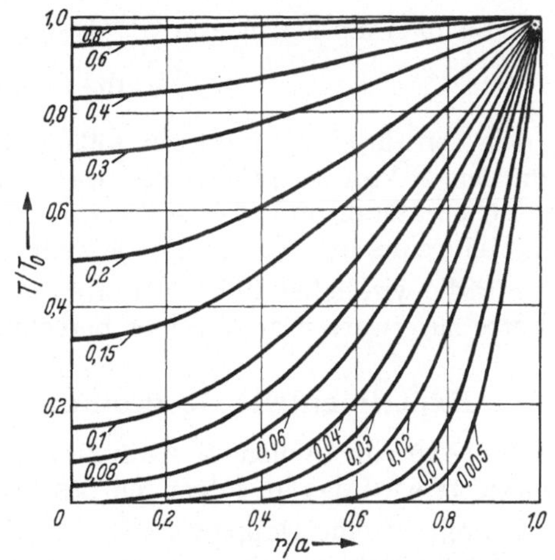


Abb. 1. Temperaturverteilung in einem Zylinder vom Radius $a$, dessen Oberflächentemperatur zur Zeit $t = 0$ von null auf $T_0$ verändert wurde, zu verschiedenen Zeiten $t$. Parameter ist die dimensionslose Größe $\varkappa t/a^2$ (aus CARSLAW u. JAEGER[1]).

Aus der dargestellten Kurvenschar ergibt sich, daß dem Parameter $\varkappa t/a^2 = 1{,}0$ ein praktisch vollständiger Wärmeausgleich über den Zylinderquerschnitt entspricht. Die hierzu erforderliche Zeit ist demnach

$$t = \frac{a^2}{\varkappa} = \frac{a^2\,\varrho c}{\lambda} \tag{2}$$

Die Zeitkonstante $\tau$ des Ausgleichsvorganges ergibt sich aus

$$\frac{W_t}{W_o} = 1 - e^{-\frac{t}{\tau}}$$

für $t = \tau$, d. h. für

$$\frac{W}{W_o} = 1 - e^{-1} = 0.63$$

Das Verhältnis der dem Zylinder im Zeitpunkt $t = \tau$ zugeflossenen Wärmemenge $W_\tau$ zu der im thermischen Gleichgewicht aufgenommenen Wärmemenge $W_0$ ist

$$\frac{W_\tau}{W_o} = \frac{2\int_o^a r\,T_{(r)}\,dr}{a^2\,T_o} = 0{,}63 \tag{3}$$

Diese Beziehung wird — wie sich durch eine graphische Integration der Temperaturverteilungskurven in Abb. 1 zeigen läßt — in guter Näherung von der Kurve mit dem Parameter $\varkappa t/a^2 = 0{,}1$ erfüllt, so daß man schreiben kann

$$\tau = 0{,}1\,\frac{a^2}{\varkappa} = 0{,}1\,\frac{a^2\varrho\,c}{\lambda} \tag{4}$$

Die Doppelwendel, mit der die unten beschriebenen Messungen ausgeführt wurden, hat einen Radius $a = 0{,}013$ cm.

Die Emissionspaste hat nach der Umwandlung der Karbonate in die Oxide im Temperaturbereich zwischen Zimmertemperatur und 800° C eine spez. Wärme von $c \approx 0{,}46$ Watt · s/g · Grad.

Die Dichte der Oxide beträgt unter Einrechnung eines Porenvolumens von 67% $\varrho \approx 1{,}57$ g/cm³.

Die Wärmeleitzahl $\lambda$ für das poröse Emissionsoxid kann nur geschätzt werden. Aus bekannten Wärmeleitzahlen anderer poröser anorganischer Stoffe ergibt sich ein Bereich von $0{,}002 < \lambda < 0{,}020$ Watt/cm · Grad.

Setzt man diese Werte in Gl. (4) ein, so erhält man eine Zeitkonstante

$$6 \cdot 10^{-3}\,\mathrm{s} > \tau > 6 \cdot 10^{-4}\,\mathrm{s}\,.$$

Die Zeit für einen praktisch vollständigen Temperaturausgleich ist nach Gl. (2) um den Faktor 10 größer. Bei dieser Rechnung ist ein idealer Wärmekontakt zwischen Metall und Emissionsoxid vorausgesetzt und nicht berücksichtigt, daß an Stelle eines geschlossenen Hohlzylinders eine Wendel als Wärmequelle vorliegt.

Für die wirklichen Zeitkonstanten des Wärmeausgleichs sind demnach größere Werte zu erwarten als die hier berechneten.

## Experimentelle Bestimmung der Zeitkonstante. Meßmethode

Zur experimentellen Bestimmung der Zeitkonstante des Wärmeausgleichsvorgangs wird das im folgenden beschriebene Meßprinzip angewandt.

Gelingt es, eine Doppelwendel thermisch zu isolieren, so wird ihre Temperatur bei Zufuhr elektrischer Leistung ansteigen. Nach Abschalten der Leistungszufuhr muß die erreichte Temperatur der Wendel und damit ihr Widerstand in erster Näherung konstant bleiben, sofern sie nicht mit Emissionsoxid gefüllt ist. (Abb. 2a.)

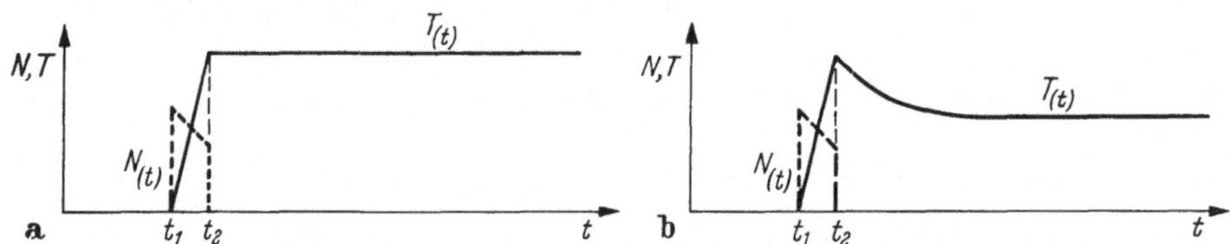


Abb. 2. Errechneter zeitlicher Temperaturverlauf einer thermisch ideal-isolierten Wendel nach Aufheizen durch einen Stromimpuls. a) ohne Emissionsoxid, b) bei normaler Füllung mit Oxid.

Enthält die Primärwendel jedoch einen Kern aus Erdalkalioxiden, so tritt während und nach Abschalten der Leistungszufuhr zur Wendel ein Wärmeausgleich in dem System Wendel—Oxid ein. Die Temperatur der Wendel und damit ihr Widerstand sinken in dem Maße ab, wie die Wärme auf das Oxid überströmt. (Abb 2b). Aus der Exponentialfunktion des Wärmeausgleichs kann die Zeitkonstante dieses Vorgangs bestimmt werden. Da die Wärmekapazitäten der Wolframwendel und des Emissionsoxides von gleicher Größenordnung sind, sind beobachtbare Effekte zu erwarten, wenn dafür gesorgt wird, daß die Leistungszufuhr zur Wendel in einem Zeitraum erfolgt, der sehr klein gegenüber der Ausgleichs-Zeitkonstante ist.

Die auf diese Weise ermittelte Zeitkonstante ist kleiner als die eigentlich gesuchte. Dies liegt daran, daß im Gegensatz zu den beim Aufheizen einer Leuchtstofflampenwendel vorliegenden tatsächlichen Verhältnissen bei dem hier beschriebenen Versuch die Heizenergie durch einen sehr kurzen Impuls zugeführt wird und während des Ausgleichsvorgangs die Wendel nicht auf konstanter Temperatur gehalten wird. Die Wendel dient als ein bis zu einer bestimmten Temperatur $T_0$ gefüllter Wärmebehälter der Wärmekapazität $m_w c_w$ und gleicht sich mit einem leeren Wärmebehälter ($T = 0$) der Wärmekapazität $m_0 c_0$ über einen Wärmewiderstand $R$ aus.

Dieser Vorgang läßt sich in Analogie zu dem elektrischen Vorgang des Ladungsausgleichs zweier Kondensatoren verstehen. Für die Ermittlung der Zeitkonstante ist im elektrischen Fall die Reihenschaltung beider Kondensatoren,

$$\tau = R \cdot \frac{c_1 c_2}{c_1 + c_2},$$

im thermischen Falle die Reihenschaltung zweier Wärmekapazitäten zu verwenden. Beim Aufheizen der Lampenwendel mit konstant gehaltener Wendeltemperatur, d. h. im praktischen Falle, ist die gesuchte Zeitkonstante

$$\tau = R \cdot m_o c_o \tag{5}$$

Im vorliegenden Versuch ist die gemessene Zeitkonstante

$$\tau_m = R \frac{m_w c_w \cdot m_o c_o}{m_w c_w + m_o c_o} \tag{6}$$

Aus (5) und (6) ergibt sich

$$\tau = \tau_m \cdot \frac{m_w c_w + m_o c_o}{m_w c_w} \tag{7}$$

Bei dem beschriebenen Versuch wird einer unbepasteten Wendel und einer mit Oxid gefüllten Wendel jeweils die gleiche Energie zugeführt, wobei sich verschiedene, meßbare stationäre Temperaturen $T_1$ bzw. $T_2$ einstellen (Abb. 2a u. b). Es ist dann

$$E = m_w c_w T_1 = (m_w c_w + m_o c_o) T_2$$

oder

$$\frac{m_w c_w + m_o c_o}{m_w c_w} = \frac{T_1}{T_2} \tag{8}$$

Durch Einsetzen von (8) in (7) ergibt sich die gesuchte Zeitkonstante $\tau$ aus der im Versuch gemessenen Zeitkonstante $\tau_m$

$$\tau = \tau_m \frac{T_1}{T_2}. \tag{9}$$

Die Voraussetzung einer ausreichenden, thermischen Isolation der Wendel läßt sich erfüllen, wenn man von der sehr kleinen Wärmeableitung über die Enden der Wendel zu den Haltedrähten absieht. In der die Wärme- bzw. Leistungsbilanz beschreibenden Differentialgleichung

$$mc \frac{dT}{dt} = N - \lambda O (T - T_o) - \sigma A O (T^4 - T_o^4) \tag{10}$$

mit

| | | |
|---|---|---|
| $mc$ = Wärmekapazität der Wendel | $\lambda$ = Wärmeleitzahl des Gases |
| $N$ = zugeführte Leistung | $\sigma$ = Strahlungskonstante |
| $O$ = Wendeloberfläche | $A$ = Emissionskonstante |

verschwinden die beiden Verlustglieder auf der rechten Seite gegenüber der zugeführten Leistung $N$, wenn die Temperaturdifferenz $T - T_0$ klein wird ($\Delta T < 50°$) und wenn bei Messungen im Vakuum die Wärmeabfuhr durch Konvektion verschwindet ($\lambda = 0$).

Die gleichzeitige Forderung nach hoher Heizleistungszufuhr $N$ und kleinem erzielten Temperaturanstieg der Wendel $T-T_0$ zwingt zu einer sehr kurzen Einschaltzeit $t_2-t_1$ für die Zufuhr der Heizleistung $N$. Die Heizimpulsdauer muß auch deshalb klein gegenüber der Zeitkonstante des Ausgleichsvorganges sein, um zu vermeiden, daß der Wärmeausgleichsvorgang zwischen Wendel und Oxid bereits während der Heizleistungszufuhr merklich wird. Die Gl. (10) geht dann über in

$$\frac{\mathrm{d}T}{\mathrm{d}t} = \frac{N}{mc}. \tag{11}$$

In einer Brückenschaltung, Abb. 3, liegt in einem Brückenzweig die zu untersuchende Wendel $R_1$ in Reihe mit einem niederohmigen, konstanten Widerstand $R_2$. Der andere Brückenzweig besteht aus dem gegenüber $R_1+R_2$ hochohmigen

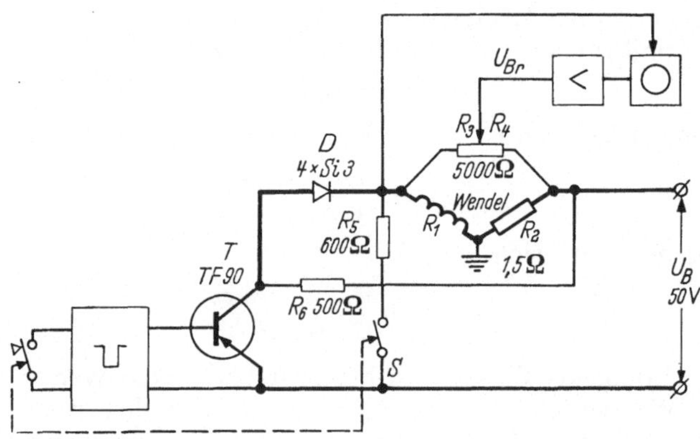


Abb. 3. Brückenschaltung zur Messung der Temperatur einer Wendel. Der Stromkreis für den Heizimpuls ist stark ausgezogen.

Abgleichwiderstand $R_3+R_4$. Durch einen einzelnen Schaltimpuls von $1 \cdot 10^{-3}$ s Dauer wird über den Leistungsschalttransistor $T$ und die Siliziumleistungsdiode $D$ die Betriebsspannung für die Dauer des Impulses an die Brücke gelegt. Es fließt dann durch die Wendel ein Stromimpuls

$$J_{(t)} = \frac{U_B - U_T - U_D}{R_{1(t)} + R_2} \tag{12}$$

mit $U_T$ = Spannungsabfall am Transistor, $_DU$ = Spannungsabfallan der Diode

und setzt auf dem Wendelwiderstand $R_1(t)$ die Leistung

$$N_{(t)} = J^2_{(t)}\, R_{1(t)}$$

um. Die Wendeltemperatur soll durch diesen Energiestoß um $\Delta T \approx 50°$ C erhöht werden.

Aus der Gleichsetzung der zugeführten elektrischen und der gespeicherten Wärme-Energie

$$\int_{t_1}^{t_2} J^2_{(t)}\, R_{1(t)}\, \mathrm{d}t = (m_w c_w + m_o c_o)\, \Delta T \tag{13}$$

mit $m_w$ = Masse der Wolframwendel in g, $m_0$ = Masse des Oxids in g

$c_w$ = spez. Wärme des Wolframs in $\frac{\text{Watt·s}}{\text{g·Grad}}$, $c_0$ = spez. Wärme des Oxids in $\frac{\text{Watt·s}}{\text{g·Grad}}$

ergibt sich für die hier untersuchte Wendeltype eine mittlere Impulsstromstärke von etwa 10 A und nach (12) eine erforderliche Betriebsspannung $U_B$ von $\sim$50 V.

Gleichzeitig mit dem Auslösen des Schaltimpulses wird mit dem Schalter $S$ ein Gleichstrom $J_s = U_B/R_5$ auf die Brücke geschaltet ($R_5 \gg R_1 + R_2$). Dieser Strom erzeugt die Brückenspeisespannung

$$U_s = J_s (R_1 + R_2) . \tag{14}$$

Durch einen Brückenabgleich vor der Messung wird

$$\frac{R_3}{(R_3 + R_4)} = \frac{R_1}{(R_1 + R_2)} . \tag{15}$$

Der Quotient auf der linken Seite bleibt nach dem Abgleich unverändert. Dagegen ändert sich $\frac{R_1}{(R_1 + R_2)}$ durch die Aufheizung der Wendel in $\frac{R_1'}{(R_1' + R_2)}$ mit

$$R_1' = R_1 (1 + a \, \Delta T) . \tag{16}$$

($a$ = thermischer Widerstandskoeffizient des Wolframs)

Die Brückenspannung steigt dabei von $U_{Br} = 0$ auf

$$U_{Br} = U_s \left[ \frac{R_1}{(R_1 + R_2)} - \frac{R_1'}{(R_1' + R_2)} \right] . \tag{17}$$

Durch Berücksichtigung von (14), (15) und (16) erhält man aus (17)

$$U_{Br} = J_s a \cdot \Delta T \cdot \frac{R_1 R_2}{R_1 + R_2} . \tag{18}$$

Die Brückenspannung ist also ein direktes Maß für die Abweichung $\Delta T$ der Wendeltemperatur gegenüber der Raumtemperatur.

Der Brückenspeisestrom wird erst mit dem Aufheizimpuls zusammen eingeschaltet, um eine vorzeitige Energiezufuhr zur Wendel zu vermeiden. Während des sehr kurzen Meßvorganges ist die Heizwirkung des Speisestromes vernachlässigbar.

Die Siliziumleistungsdiode $D$ erfüllt auf Grund ihres Kennlinienverhaltens zusammen mit dem Widerstand $R_6$ die Aufgabe, temperaturabhängige Kollektorrestströme während des Meßvorganges von der Brücke fernzuhalten. Ein von einem der Speisepunkte der Brücke abgenommenes Triggersignal wird zur Auslösung einer einmaligen Zeitablenkung des Oszillographen benützt.

## Meßergebnisse

Als Meßobjekte fanden Wendeln der Leuchtstofflampe 40 W Verwendung, die im normalen Fabrikationsvorgang auf Füße gespannt und mit Emissionspaste gefüllt worden waren. Sie wurden einzeln in Röhren eingeschmolzen, gepumpt, die Karbonate abgebrannt, die Röhren gegettert und abgeschmolzen. Zu Prüf- und Vergleichszwecken wurde auch eine unbepastete Wendel, sowie eine weitere Wendel untersucht, die so stark mit Emissionspaste bedeckt wurde, daß auch der Sekundärschlauch gefüllt war.

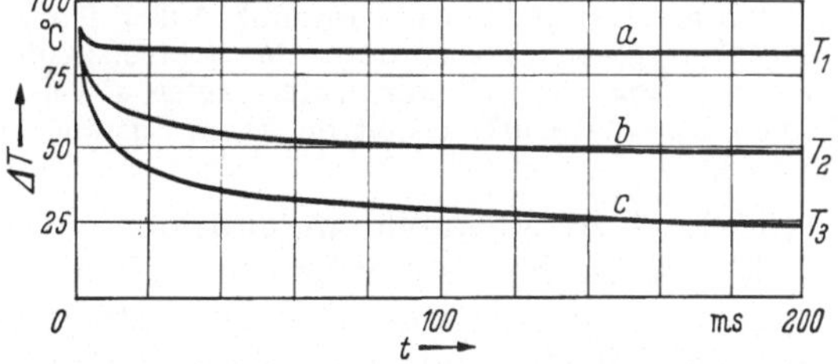

Abb. 4. Oszillogramme des Temperaturverlaufs einer Wendel nach dem Aufheizen durch einen 1-ms-Stromimpuls. *a* ohne Emissionsoxid, *b* bei normaler Füllung mit Oxid, *c* bei übermäßiger Oxidfüllung.

Die erhaltenen Oszillogramme sind in der Abb. 4 wiedergegeben. Während des Heizleistungsimpulses von 1 ms Dauer wird infolge der sehr hoch ansteigenden Brückenspeisespannung der Gleichstromverstärker hoch übersteuert und die Spur des Elektronenstrahls erst nach Beendung des Heizimpulses sichtbar.

Die Kurve *a* zeigt das Verhalten einer unbepasteten Wendel. Nach Abb. 2a war ein völliges Konstantbleiben der Temperatur bzw. des Widerstandes der Wendel zu erwarten. Man erkennt jedoch auch bei der unbepasteten Wendel einen — wenn auch geringen und sehr — schnellen Ausgleichsvorgang, der auf den in obenstehenden Überlegungen vernachlässigten Wärmeausgleich über die Wendelenden auf die Haltedrähte zurückzuführen ist. Unter Berücksichtigung dieses — allen Messungen überlagerten — Vorgangs läßt sich aus der Kurve *b* einer normal mit Emissionsoxid bedeckten Wendel eine Zeitkonstante $\tau_m$ von $1{,}2 \cdot 10^{-2}$ s ermitteln. Ein nahezu gleicher Wert wurde an allen untersuchten Wendeln gefunden.

Vergleicht man die sich einstellenden stationären Temperaturen an einer oxidfreien Wendel $T_1$ (Abb. 4a) und an einer normal mit Oxid bedeckten Wendel $T_2$ (Abb. 4b), so ergibt sich nach Beziehung (9) die wirkliche Zeitkonstante

$$\tau = 1{,}2 \cdot 10^{-2} \cdot 1{,}7 = 2{,}04 \cdot 10^{-2}\,\mathrm{s}\,.$$

Die gefundene Zeitkonstante von etwa $2 \cdot 10^{-2}$ s liegt damit um ungefähr eine Größenordnung höher als die theoretisch abgeschätzte.

Die Ursachen hierzu sind einerseits in der Annahme eines geschlossenen Hohlzylinders an Stelle der Wendel, andererseits in dem nicht idealen Wärmekontakt zwischen Oxid und Wendel zu suchen. Die Zeitkonstante kann mit abnehmendem Wärmekontakt bei Alterung der Kathode anwachsen.

## Literatur

1) CARSLAW, H. S., J. C. JAEGER: Conduction of Heat in Solids. Oxford: Clarendon Press **1948**.

# Über das Zustandsdiagramm des Systems Indium-Quecksilber*)

Von

**R. KNÜTTER**

Mit 1 Abbildung

Das Zustandsdiagramm Indium-Quecksilber wurde mittels thermischer Analyse von ca. 30 Schmelzen im Prinzip bestimmt. Außer den beiden reinen Metallen liegen zwei Verbindungen vor, gekennzeichnet durch ihre Schmelzpunktmaxima bei 50 und bei ca. 85 mol% Hg. Zwischen diesen vier Komponenten treten sowohl völlige bzw. beschränkte Mischkristallbildung als auch Unlöslichkeit im festen Zustand auf. Ein entsprechendes Diagramm wird vorgelegt.

Die durch Amalgambildung auftretende Dampfdruckerniedrigung von Hg hat für den Bau hochbelasteter Leuchtstofflampen (Amalgamlampen) ein technisches Interesse. Unter die einschlägigen Systeme fällt auch das System In-Hg, über das in der Literatur nur wenige unvollständige Angaben[1–3]) vorliegen. Es wurde daher mittels der klassischen Methode der thermischen Analyse untersucht.

Die Indium-haltigen Schmelzen benetzen Glas, Porzellan und andere keramische Materialien. Experimentell wurde ermittelt, daß dies bei Pythagoras-Masse in reinem Zustand nicht der Fall ist. Die Versuche wurden daher in handelsüblichen Röhrentiegeln aus diesem Material durchgeführt. Zur Temperatur-

---

*) Originalmitteilung.

messung diente ein Thermoelement. Die Thermospannung wurde mittels Multiflexgalvanometer MGF O gemessen und mit der zugehörigen handelsüblichen photographischen Registriereinrichtung aufgezeichnet. Die gesamte Meßeinrichtung wurde für verschiedene Temperaturpunkte kalibriert.

Zur Untersuchung kamen außer den beiden reinen Komponenten 30 Mischungen mit zweckentsprechenden Abstufungen von 2 bis 10 mol-%. Bei Zimmertemperatur sind die Mischungen von 0 bis 10 mol-% Hg fest, von 10 bis 35 mol-% Hg werden sie zunehmend breiartiger, oberhalb 35 mol-% Hg sind sie flüssig. Angewendet wurden jeweils 10 p der einzelnen Schmelzen.

Die registrierten Abkühlungskurven können hier nicht im einzelnen gebracht werden. Sie wurden größtenteils mehrmals aufgenommen und waren gut reproduzierbar sowohl hinsichtlich Wiederholungen an derselben Schmelze als auch im Hinblick auf erneut eingewogene Mischungen derselben Zusammensetzung. Sie zeigten die bekannten typischen Formen. Den Haltepunkten ging meist eine geringe Unterkühlung voraus. In einigen wenigen Fällen waren die Temperaturen der Haltepunkte nicht völlig konstant, jedoch waren diese eindeutig als solche zu identifizieren. Die Auswertung der registrierten Abkühlungskurven ergab das in Abb. 1 gezeigte Diagramm. Es zeigt folgendes:

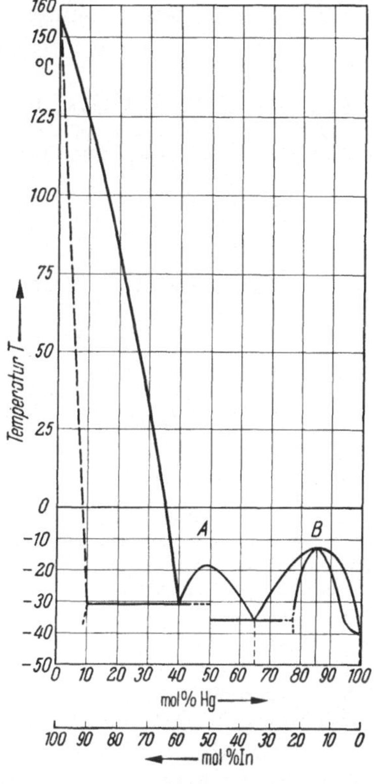


Abb. 1.
Zustandsdiagramm des Systems In-Hg.

Bei 50 mol-% tritt eine Verbindung auf, im folgenden A genannt. Ihre Zusammensetzung ist also Hg In. Bei etwa 85 mol-% Hg existiert eine zweite Verbindung, im folgenden B genannt. Ihre genaue Zusammensetzung konnte nicht exakt ermittelt werden.

Zwischen reinem In und A liegt ein Eutektikum bei etwa 40 mol-% Hg. Von 0 bis 10 mol-% Hg tritt beschränkte Mischkristallbildung auf. Die genaue Lage der Soliduskurve konnte nicht bestimmt werden. Zwischen *A* und *B* liegt ein Eutektikum bei etwa 65 mol-% Hg; von 77 bis 85 mol-% Hg liegt wiederum beschränkte Mischkristallbildung vor. Zwischen *B* und Hg besteht schließlich lückenlose Mischkristallbildung.

Aus dem Diagramm ergibt sich zwanglos das früher geschilderte Konsistenzverhalten. Die breiartige Beschaffenheit zwischen 10 und 35 mol-% Hg erklärt sich dadurch, daß gemäß der Hebelbeziehung ein zunehmender Anteil der Substanz bei Zimmertemperatur flüssig vorliegen muß, jedoch von der festen Phase stark festgehalten wird.

Die Genauigkeit der Temperaturangaben des Diagrammes ist durch die Ableitung aus der Thermospannung sowie durch die Reproduzierbarkeit der Meßkurven begrenzt. Sie liegt im allgemeinen bei etwa 1° C. Lediglich im Gebiet der Mischkristallbildung zwischen 85 und 100 mol-% Hg ist die Genauigkeit, speziell der Soliduspunkte, infolge schlechterer Reproduzierbarkeit der Abkühlungskurven geringer. Offensichtlich liegt infolge zu schneller Abkühlung kein völliges Temperaturgleichgewicht bei der Mischkristallbildung vor.

Es könnte noch zweifelhaft erscheinen, ob das Schmelzpunktmaximum bei 85 mol-% Hg einer Verbindung oder einer völligen Mischkristallbildung mit Maximum entspricht. Das letztere scheint jedoch unwahrscheinlich, da zwischen A und B ein Eutektikum auftritt. Auf einen von der thermischen Analyse unabhängigen Nachweis der Verbindungen und Eutektika, z. B. durch Ätzungen und mikroskopische Auswertung oder durch Röntgenstrukturanalyse, mußte jedoch infolge der tiefen Erstarrungstemperaturen und der hieraus resultierenden Schwierigkeiten verzichtet werden.

## Literatur

[1]) Parks, W. G., W. G. Moran: J. Phys. Chem. 41 (1937) S. 343—349.
[2]) Spicer, W. M., C. J. Banick: J. Amer. Chem. Soc. 75 (1953) S. 2268—2269.
[3]) Tyzack, C., G. V. Raymor: Trans. Faraday Soc. 50 (1954) S. 675—684.

# Beitrag zur Berechnung von Schaltungen für Gasentladungslampen*)

Von

R. Hofmann

Mit 3 Abbildungen

In der vorliegenden Arbeit wird eine Methode aufgezeigt, die die mathematische Untersuchung von Schaltungen für Gasentladungslampen in geschlossener Form ermöglicht. Dadurch wird eine allgemeine Diskussion der Abhängigkeit der Vorgänge von den Parametern des Systems durchführbar.

## 1. Einleitung

Zur mathematischen Beschreibung der Vorgänge an Schaltungen für Gasentladungslampen wurden verschiedene Methoden entwickelt. Gewöhnlich wird die Berechnung der Vorgänge in den einfachsten Fällen auf graphischem Wege vorgenommen. Aber diese Methode ist umständlich und ungenau. Außerdem schließt sie die Möglichkeit aus, in allgemeiner Form die Abhängigkeit dieser oder jener Eigenschaften des Vorganges von den Parametern der Schaltung zu untersuchen.

Die Fourier-Analyse, die die Durchrechnung der Vorgänge im Prinzip möglich macht[1]), liefert das Resultat in Form einer unendlichen Reihe, die schon bei relativ einfachen Schaltungen nicht aufsummiert werden kann. Eine Untersuchung der Abhängigkeit der Vorgänge von den Parametern der Schaltung in allgemeiner Form ist dann ebenfalls unmöglich.

In der vorliegenden Arbeit wird eine Methode aufgezeigt, die die mathematische Untersuchung an Schaltungen für Gasentladungslampen in geschlossener Form ermöglicht. Bei der Berechnung der Vorgänge wird wie in [1]) auf die inneren Verhältnisse der Entladungsröhren nicht eingegangen. Die Form der Rohrspannungskurve wird als gegeben vorausgesetzt. Diese Voraussetzung ermöglicht eine geschlossene mathematische Behandlung.

Das mathematische Werkzeug, das für die folgenden Rechnungen verwendet wird, ist die gewöhnliche Laplace-Transformation. Die Kenntnis der Grundbegriffe und Regeln dieser Transformation wird vorausgesetzt**).

*) Originalmitteilung.

**) Wegen der Vielzahl der Publikationen auf diesem Gebiet sei nur auf die grundlegenden Arbeiten [2]) und [3]) hingewiesen, in denen zahlreiche Literaturzitate gegeben werden.

## 2. Die Gleichung impulserregter Systeme

Auf ein lineares System wirke eine Folge von Impulsen ein, die in gleichen Abständen aufeinander folgen. Die Gestalt der periodischen Impulsfunktion $A(\bar{t})$, die in der Periode $T$ definiert ist, sei beliebig (Abb. 1). Die Bildfunktion von $A(\bar{t})$ bezeichnen wir mit $a(s)$, oder symbolisch*)

$$A(\bar{t}) \circ\!\!-\!\!\bullet\, a(s) = \int_0^T A(\bar{t})\, e^{-s\bar{t}}\, d\bar{t}\,.$$

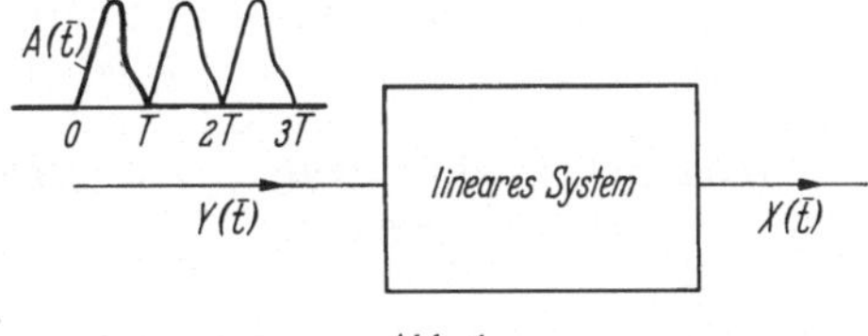

Abb. 1.

Die Eingangsgröße des linearen Systems ist dann im Bildbereich gegeben durch

$$y(s) = \sum_{m=0}^{n} a(s)\, e^{-msT}, \quad n = 0, 1, 2, \ldots\,. \tag{1}$$

Wir berechnen nun die Ausgangsgröße $X(\bar{t})$ von der Einwirkung des n-ten Impulses an. Jedes lineare System (konzentrierte Schaltparameter) wird durch einen Übertragungsfaktor

$$f(s) = \frac{Z(s)}{N(s)}$$

charakterisiert. Die Funktionen $Z(s)$ und $N(s)$ sind Polynome in s, wobei der Grad $M$ des Zählers $Z(s)$ den Grad $N$ des Nenners $N(s)$ nicht überschreitet. Der Übertragungsfaktor $f(s)$ stellt das Verhältnis der Bildfunktion der Ausgangsveränderlichen zur Bildfunktion der Eingangsveränderlichen des linearen Zweiges dar. $f(s)$ findet man leicht, wenn man die gewöhnliche Laplace-Transformation auf die Differentialgleichungen des linearen Systems anwendet. Unter der Voraussetzung, daß vor der Einwirkung der Impulsfolge im linearen System keine Energie aufgespeichert war, braucht man in den Differentialgleichungen nur $\frac{d^k}{d\bar{t}^k}$ durch $s^k$ zu ersetzen. Man findet den Übertragungsfaktor auch unmittelbar aus der Berechnung des Systems nach den Regeln der Wechselstromtechnik mit Hilfe symbolischer Widerstände ($i\omega \rightarrow s$).

Damit folgt für die Ausgangsveränderliche im Bildbereich

$$x(s) = \sum_{m=0}^{n} k(s)\, e^{-mTs} \tag{2}$$

mit

$$k(s) = f(s)\, a(s).$$

Übergang in den Originalbereich liefert ($k(s) \bullet\!\!-\!\!\circ K(t)$)

$$X(\bar{t}) = \sum_{m=0}^{n} K(\bar{t} - mT)\,. \tag{3}$$

Für die weiteren Rechnungen ist es zweckmäßig, die Zeit $\bar{t}$ durch die relative Zeitgröße $t = \frac{\bar{t}}{T}$ zu ersetzen. Bei diesem Zeitmaßstab wird die Impulsperiode gleich Eins und

$$X(t) = \sum_{m=0}^{n} K(t - m)\,. \tag{4}$$

*) Die Bezeichnungsweise ist G. Doetsch, Tabellen zur Laplace-Transformation (Berlin 1947), entnommen.

Wir setzen nun $t = \frac{t}{T} = n + \frac{\Delta t}{T} = n + \tau$ . $\Delta t$ zählt vom Beginn der letzten Impulseinwirkung an. $\tau$ ist die relative Größe dazu, die nur in dem Bereich zwischen 0 und 1 variiert. Mit diesen Bezeichnungen folgt aus (4)

$$X(n+\tau) = X_n(\tau) = \sum_{m=o}^{n} K(n-m+\tau) = \sum_{m=o}^{n} K(m+\tau) \,. \tag{5}$$

Durch den Grenzübergang $n \to \infty$ erhalten wir die gesuchte periodische Lösung $X(\tau)$ für das lineare System:

$$X(\tau) = \lim_{n \to \infty} X_n(\tau) = \sum_{m=o}^{\infty} K(m+\tau) \;\; ; \; X(\tau+\lambda) = X(\tau), \lambda = 0, 1, 2, \ldots \tag{6}$$

Wir betrachten nun den Fall, daß der Übertragungsfaktor $f(s)$ nur einfache Polstellen besitzt. Der Fall von mehrfachen Polstellen bringt keine prinzipiellen Änderungen und läßt sich in der gleichen Weise behandeln. Wir bezeichnen die Polstellen mit $s_k$ ($k = 1,2,\ldots\ldots, N$; $\operatorname{Re} s_k < 0$). Diese Polstellen berechnen sich als Wurzeln der Gleichung $N(s) = 0$. Wenden wir auf $f(s)$ die Umkehrformel der gewöhnlichen LAPLACE-Transformation an, dann folgt nach den bekannten Entwicklungssätzen

$$F(t) = \sum_{k=1}^{N} A_k e^{p_k t}, \; A_k = \frac{Z(s_k)}{N'(s_k)}, \; p_k = s_k T \,. \tag{7}$$

$F(t)$ kann als Reaktion des linearen Zweiges auf eine zur Zeit $t = 0$ an seinen Eingang gelegte Deltafunktion $\delta(t)$ (Nadelfunktion) gedeutet werden.

Die Funktion $K(t)$, die man zur Berechnung von $X(\tau)$ braucht, ermittelt man aus

$$k(s) = f(s)\, a(s). \tag{8}$$

Es sei $f(s)$ ●—○ $F(t)$ und $a(s)$ ●—○ $A(t)$. Durch Rücktransformation von (8) bei Beachtung des Faltungssatzes der gewöhnlichen LAPLACE-Transformation bekommt man

$$K(t) = T \cdot \int_o^t F(t-\xi)\, A(\xi)\, d\xi = T \int_o^1 F(t-\xi)\, A(\xi)\, d\xi \,. \tag{9}$$

(7) und (9) in (6) eingesetzt führt zu der Beziehung

$$X(\tau) = T \sum_{k=1}^{N} A_k e^{p_k \tau} \left\{ H_k(\tau) + \frac{e^{p_k}}{1 - e^{p_k}} h_k \right\},$$

$$H_k(\tau) = \int_o^\tau e^{-p_k \xi} A(\xi)\, d\xi \,, \; h_k = \int_o^1 e^{-p_k \xi} A(\xi)\, d\xi \,, \tag{10}$$

Mit (10) läßt sich die Ausgangsgröße eines impulserregten Systems aus dem Übertragungsfaktor des linearen Zweiges berechnen. Die Impulsform $A(t)$ kann dabei beliebig vorgegeben werden. Damit ist die geschlossene Darstellung der periodischen Ausgangsfunktion $X(\tau)$ durchgeführt, und eine Untersuchung der Abhängigkeit des Vorganges von den Parametern der Schaltung möglich.

## 3. Gasentladungslampe und lineares elektrisches Netzwerk in Reihe

In Reihe mit einer Gasentladungslampe ist ein lineares Netzwerk an das Wechselstromnetz angeschlossen (Abb. 2).

Die Formeln für den Strom $i(s)$ bzw. die Gerätespannungen $u_G(s)$ im Bildbereich der gewöhnlichen LAPLACE-Transformation lassen sich immer in der Form

$$x(s) = f(s)\,[u(s) - u_L(s)] \tag{11}$$

schreiben. Speziell für die Bildgleichung des Stromes wird

$$\bar{f}(s) = \frac{1}{R(s)} = f(s)$$

und wir bekommen

$$i(s) = f(s)\,[u(s) - u_L(s)]. \tag{12}$$

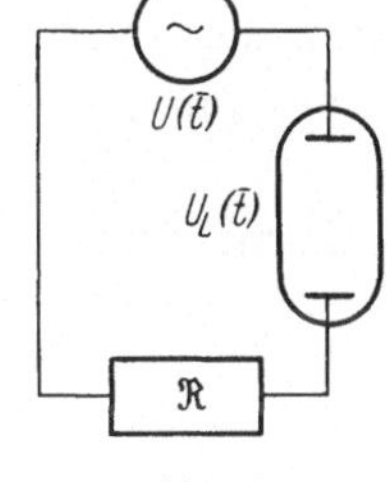

Abb. 2.

Für die Spannung $U(t)$ schreiben wir

$$U(t) = U_0 \sin(2\pi t + \varphi)$$

und

$$A(t) = \begin{cases} 0 & \text{für } t < 0 \\ U(t) & \text{für } 0 \leqq t < 1 \\ 0 & \text{für } t \geqq 1 \end{cases} .$$

wobei $U_0$ den Scheitelwert der Netzspannung angibt. $\varphi$ bezeichnet die Phasenverschiebung zwischen Strom und Netzspannung. $U_L(t)$ bezeichne die Rohrspannung. Sie habe beliebige Kurvenform. Dann ist

$$A_L(t) = \begin{cases} 0 & \text{für } t < 0 \\ U_L(t) & \text{für } 0 \leq t < 1 \leqq t < 1 \\ 0 & \text{für } t \geqq 1 . \end{cases}$$

Versuche zeigen, daß die Kurve symmetrisch zur Zeitachse verläuft, was durch die Beziehung

$$A_L(\tfrac{1}{2} + x) = -A_L(x),\quad 0 \leqq x < \tfrac{1}{2} \tag{13}$$

zum Ausdruck gebracht wird. Die Größe der Phasenverschiebung ist vorerst nicht bekannt. Sie ergibt sich durch die Festsetzung, daß der Strom $I(\tau)$ in den relativen Zeitpunkten $\tau = 0$, $\frac{1}{2}$ und 1 durch 0 geht. Da durch die Röhre kein Strom fließen kann, wenn die Spannung an ihr zusammenbricht, ist ebenfalls für $\tau = 0$, $\frac{1}{2}$ und 1 $A_L(\tau) = 0$. Wegen (12) bekommen wir mittels (10) für den Strom $I(\tau)$ die Beziehung

$$I(\tau) = T\sum_{k=1}^{N} A_k\, e^{p_k\tau} \left\{[H_k(\tau) - L_k(\tau)] + \frac{e^{p_k}}{1 - e^{p_k}}[h_k - l_k]\right\},$$

$$H_k(\tau) = \frac{Uo}{p_k^2 + 4\pi^2}\Big\{\cos\varphi\left[2\pi - e^{-p_k\tau}(p_k \sin 2\pi\tau + 2\pi\cos 2\pi\tau)\right)$$

$$+ \sin\varphi\left[p_k - e^{-p_k\tau}(p_k\cos 2\pi\tau - 2\pi\sin 2\pi\tau)\right]\Big\}, \tag{14}$$

$$h_k = \frac{Uo}{p_k^2 + 4\pi^2}\left(1 - e^{-p_k}\right)(2\pi\cos\varphi + p_k\sin\varphi),\quad L_k(\tau) = \int_0^\tau e^{-p_k\xi} A_L(\xi)\,d\xi,$$

$$l_k = \int_0^1 e^{-pk\xi} A_L(\xi)\,d\xi .$$

Wir bilden die Stromwerte in den relativen Zeitpunkten $\tau = 0$, ½ und 1 und erhalten

$$I(0) = I(1) = -I(\tfrac{1}{2}). \tag{15}$$

Ferner findet man nach leichter Rechnung

$$h_k = (1 - e^{-p_k/2})\, H_k(\tfrac{1}{2}), \tag{16}$$

$$l_k = (1 - e^{-p_k/2})\, L_k(\tfrac{1}{2}).$$

Wie man weiterhin zeigen kann, gilt auch für $I(\tau)$ die Relation

$$I(\tfrac{1}{2} + x) = -I(x),\quad 0 \leqq x < \tfrac{1}{2}, \tag{17}$$

d. h. dieselbe Symmetrie der Kurvenform wie die der Rohrspannung $A_L(\tau)$.

Die Phasenverschiebung ermitteln wir durch die Bedingung

$$I(0) = 0.$$

Damit folgt aus (14)

$$\sigma \cos\varphi + \mu \sin\varphi = \varrho \tag{18}$$

mit

$$\sigma = 2\pi\, U_0 \sum_{k=1}^{N} \frac{A_k}{p_k^2 + 4\pi^2},\quad \mu = U_0 \sum_{k=1}^{N} \frac{p_k A_k}{p_k^2 + 4\pi^2},\quad \varrho = -\sum_{k=1}^{N} \frac{e^{p_k} \cdot l_k \cdot A_k}{1 - e^{p_k}}.$$

Wir setzen

$$\cos\beta = \frac{\sigma}{\sqrt{\sigma^2 + \mu^2}},\quad \sin\beta = \frac{\mu}{\sqrt{\sigma^2 + \mu^2}},\quad \operatorname{tg}\beta = \frac{\mu}{\sigma},\quad \varphi - \beta = \delta,$$

und erhalten endgültig

$$\cos\delta = \frac{\varrho}{\sqrt{\mu^2 + \sigma^2}} \qquad \text{oder } \varphi = \beta + \arccos\frac{\varrho}{\sqrt{\mu^2 + \sigma^2}}. \tag{19}$$

Die Phasenverschiebung $\varphi$ ist damit in geschlossener Form dargestellt. Sie ist abhängig von der Kurvenform der Rohrspannung ($\varrho$), vom Scheitelwert der Netzspannung und von den Parametern des linearen Zweiges ($\sigma$, $\mu$). Wir setzen (19) in (14) ein und finden für den Strom die Formel

$$I(\tau) = -T\left\{\varrho\,\frac{\cos(2\pi\tau + \delta)}{\cos\delta} + \sum_{k=1}^{N} A_k\, e^{p_k\tau}\left[L_k(\tau) + \frac{e^{p_k}}{1 - e^{p_k}}\, l_k\right]\right\}. \tag{20}$$

## 4. Rechteckförmige Rohrspannung

Bisher wurde die Form der Rohrspannungskurve beliebig angenommen. Wir wollen nun diejenigen Fälle betrachten, bei denen sich die Rohrspannung nicht mit dem Strom ändert. Wir vernachlässigen also in einer ersten Näherung die Zündspitzen und nehmen die Rohrspannungskurve rechteckförmig an:

$$A_L(\tau) = \begin{cases} U_L \text{ für } 0 \leqq \tau < \tfrac{1}{2} \\ -U_L \text{ für } \tfrac{1}{2} \leqq \tau < 1. \end{cases}$$

Dann wird

$$\varrho = U_L \sum_{k=1}^{N} \frac{A_k}{p_k} \tanh\frac{p_k}{4} \tag{21}$$

und

$$I(\tau) = -T\left\{\varrho\,\frac{\cos(2\pi\tau + \delta)}{\cos\delta} - \frac{2\,U_L\,C}{\pi} + 2\,U_L \sum_{k=1}^{N} \frac{e^{p_k\tau} A_k}{p_k\left(1 + e^{pk/2}\right)}\right\},\ 0 \leqq \tau < \frac{1}{2} \tag{22}$$

mit

$$C = \frac{\pi}{2} \sum_{k=1}^{N} \frac{A_k}{p_k}.$$

## 5. Leistung bei rechteckförmiger Rohrspannung

Die Leistung, die der Lampe zugeführt wird, ist in jedem Augenblick das Produkt aus Rohrspannung und Strom:

$$W(\tau) = A_L(\tau)\, I(\tau)\ .$$

Die mittlere Leistung $W_0$, die durch die üblichen Leistungsmesser angezeigt wird, ergibt sich dann zu

$$W_0 = \int_0^1 W(\tau)\, d\tau = 2 \int_0^{1/2} A_L(\tau)\, I(\tau)\, d\tau = 2\, U_L \int_0^{1/2} I(\tau)\, d\tau\ . \tag{23}$$

$W_0$ läßt sich mittels (22) einfach berechnen. Wir geben gleich das Resultat der Berechnung an:

$$W_0 = \frac{2\, T\, U_L}{\pi} \left[ \varrho \sqrt{\frac{\sigma^2 + \mu^2}{\varrho^2} - 1} + U_L\, (C + D) \right],$$

$$C = \frac{\pi}{2} \sum_{k=1}^{N} \frac{A_k}{p_k}\,, \quad D = -\, 2\pi \sum_{k=1}^{N} \frac{A_k}{p_k{}^2} \tanh \frac{p_k}{4}\,. \tag{24}$$

Wir führen die folgenden Abkürzungen ein:

$$\varrho = U_L \varkappa \quad E = \frac{2T\varkappa}{\pi}\,, \quad B^2 = \frac{\sigma^2 + \mu^2}{\varkappa^2}\,, \quad d = \frac{C + D}{\varkappa}\,, \; \varkappa = \sum_{k=1}^{N} \frac{A_k}{p_k} \tanh \frac{p_k}{4}\ .$$

Dann wird

$$W_0 = E\left[U_L \sqrt{B^2 - U_L{}^2} + U_L^2\, d\right]. \tag{25}$$

Der Verlauf von $W_0$ in Abhängigkeit von $U_L$ ist in Abb. 3 gezeichnet. Die Grenzkurve $W_{o\,\mathrm{grenz}}$ ist eine Parabel mit

$$W_{o\,\mathrm{grenz}} = E\, d\, U_L^2\ . \tag{26}$$

Die Lampe ist nicht mehr betriebsfähig, wenn die Bedingung

$$U_L^2 \leqq B^2$$

verletzt wird. Das Gleichheitszeichen bedeutet den Grenzfall der Betriebsfähigkeit. Die Leistungsmaxima $W_{o\,\max}$ liegen ebenfalls auf einer Parabel:

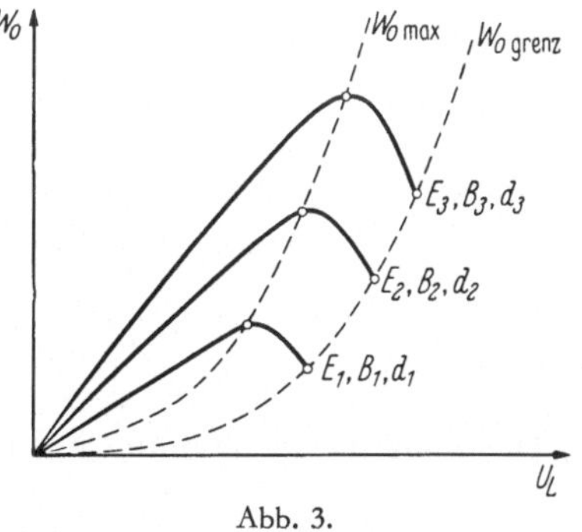

Abb. 3.

$$W_{o\,\max} = E\sqrt{1 + d^2}\; U_L^2. \tag{27}$$

Beide Kurven sind in Abb. 3 gestrichelt eingezeichnet.

Die Trennung des Stromes in seinen Grund- und Oberwellenanteil, die Berechnung der Verzerrung, des Form- und Leistungsfaktors in geschlossener Form läßt sich ebenfalls ohne Schwierigkeiten mittels einfacher Integrationen durchführen. Da diese Berechnung jedoch nichts wesentlich Neues bringt, sei an dieser Stelle darauf verzichtet.

## 6. Der Übertragungsfaktor hat einen einfachen Pol im Ursprung

Bisher wurde angenommen, die Pole von $f(s)$ seien alle einfach und von Null verschieden. Wir betrachten nun den Fall, der Übertragungsfaktor habe außer $N$ einfachen Polen in der linken Halbebene noch einen Pol im Ursprung

$$f(s) = \frac{Z(s)}{s\,N(s)} . \tag{28}$$

Dann ist

$$F(t) = B_0 + \sum_{k=1}^{N} B_k e^{p_k t}, \quad B_0 = \frac{Z(o)}{N(o)}, \quad B_k = \frac{Z(s_k)}{s_k N'(s_k)} . \tag{29}$$

(29) in (6) eingesetzt liefert

$$\left.\begin{aligned} X(\tau) &= T \sum_{k=1}^{N} B_k e^{p_k \tau} \left[H_k(\tau) + \frac{e^{p_k}}{1 - e^{p_k}} h_k\right] + T B_0 H_o(\tau) , \\ H_0(\tau) &= \int_o^\tau A(\xi)\, d\xi , \quad \int_o^1 A(\xi)\, d\xi = O . \end{aligned}\right\} \tag{30}$$

(30) unterscheidet sich von (10) nur um $TB_0H_0(\tau)$. Es genügt daher bei der Untersuchung der Schaltungen von Gasentladungslampen, den Einfluß des Übertragungsfaktors

$$f(s) = \frac{A}{s}$$

zu untersuchen. Für den Strom folgt dann

$$I(\tau) = TA\,[H(\tau) - L(\tau)] \tag{31}$$

mit

$$H(\tau) = \frac{U_0}{2\pi} \cos\varphi \left[1 - \frac{\cos(2\pi\tau + \varphi)}{\cos\varphi}\right]$$

und

$$L(\tau) = \int_o^\tau A_L(\xi)\, d\xi .$$

Die Stromwerte in den relativen Zeitpunkten $\tau = 0$, $\frac{1}{2}$ und 1 sind

$$\begin{aligned} I(O) &= I(1) = O , \\ I(1/2) &= \left[\frac{U_0}{\pi} \cos\varphi - L(1/2)\right] TA . \end{aligned} \tag{32}$$

Die Phasenverschiebung $\varphi$ ermitteln wir hier durch die Bedingung

$$I(1/2) = O .$$

Damit folgt aus (32)

$$\cos\varphi = \frac{\pi}{U_0} L\left(\frac{1}{2}\right) . \tag{33}$$

$$I(1/2) + x\Big) = - I(x),\ O \leq x < (1/2)$$

und

$$I(\tau) = TA \left[\frac{L(1/2)}{2} - L(\tau) - \frac{U_0}{2\pi} \cos(2\pi\tau + \varphi)\right] . \tag{34}$$

Für den rechteckförmigen Rohrspannungsverlauf wird dann

$$L(\tau) = U_L(\tau)\,,\ L(1/2) = \frac{U_L}{2}\,,\ 0 \leqq \tau < 1/2\,,$$

und wegen (33)

$$\cos\varphi = \frac{\pi\, U_L}{2\, U_o}\,. \tag{35}$$

Für den Strom $I(\tau)$ bekommen wir

$$I(\tau) = \frac{T\,A\,U_L}{4}\left[1 - 4\tau - \frac{\cos(2\pi\,\tau + \varphi)}{\cos\varphi}\right]. \tag{36}$$

Die mittlere Leistung $W_0$ berechnet sich durch einfache Integration zu:

$$W_o = \frac{A\,U_L^2}{\omega}\sqrt{\frac{4\,U_O^2}{\pi^2\,U_L^2} - 1}\,. \tag{37}$$

Die Lampe ist nicht mehr betriebsfähig, wenn die Bedingung

$$U_L \leqq \frac{2\,U_o}{\pi}$$

verletzt wird. Die Leistungsmaxima liegen auf der Parabel

$$W_{o\,\max} = \frac{A}{\omega}\,U_L^2\,.$$

Durch ein einfaches konkretes Beispiel soll nun die oben durchgeführte Berechnungsmethode illustriert werden.

## 7. Gasentladungslampe mit Drosselspule und Ohmschem Widerstand in Reihe

Es sollen Strom, Phasenverschiebung und mittlere Leistung bestimmt werden, wenn der lineare Zweig nur eine Induktivität $L$ und einen Ohmschen Widerstand $R$ in Reihe enthält. Die Rohrspannungskurve wird dabei rechteckförmig angenommen.

Aus dem komplexen Widerstand

$$R(i\omega) = i\omega\,L + R$$

bekommen wir für den Übertragungsfaktor ($i\omega \to s$)

$$f(s) = \frac{1}{R(s)} = \frac{a}{R(s + a)}\,,\quad a = \frac{R}{L}\,. \tag{38}$$

Der Übertragungsfaktor hat den Pol $s_1 = -a$. Nach (7) findet man dann

$$A_1 = \frac{a}{R}\,,\ p_1 = -a\,T = -\alpha\,.$$

Die Formeln (18), (19), (21) und (22) liefern nunmehr die gesuchten Größen:

$$\varphi = -\operatorname{arc\,tg}\frac{\alpha}{2\pi} + \arccos\left(\frac{U_L\sqrt{\alpha^2+4\pi^2}}{\alpha U_0}\tanh\frac{\alpha}{4}\right).$$

$$\cos\delta = \frac{U_L\sqrt{\alpha^2+4\pi^2}}{\alpha U_0}\tanh\frac{\alpha}{4}\Big),$$

$$J(\tau) = \frac{U_L}{R}\left[\left(1+\tanh\frac{\alpha}{4}\right)e^{-\alpha\tau} - \tanh\frac{\alpha}{4}\cdot\frac{\cos(2\pi\tau+\delta)}{\cos\delta} - 1\right],$$

$$W_0 = \frac{U_L^2}{R}\left\{\frac{4\tanh\frac{\alpha}{4}}{\alpha}\left[1+\frac{\alpha}{2\pi}\right]\sqrt{\frac{U_0^2\alpha^2}{U_L^2(\alpha^2+4\pi^2)\tanh^2\frac{\alpha}{4}} - 1} - 1\right\}.$$

Die Bedingung für die Betriebsfähigkeit der Lampe lautet

$$U_L \leqq \frac{U_0\alpha}{\sqrt{\alpha^2+4\pi^2}\tanh\frac{\alpha}{4}}.$$

## 8. Zusammenfassung

Den mathematischen Untersuchungen an Schaltungen für Gasentladungslampen stehen prinzipiell keine Schwierigkeiten im Wege. Bei komplizierten Anordnungen erweist sich die Fourier-Analyse als ungeeignet, da diese Methode Resultate in Form unendlicher Reihen liefert, deren Aufsummierung nicht gelingt. Es wird eine Methode aufgezeigt, die diese Schwierigkeiten umgeht und die Resultate in geschlossener Form liefert. Die Möglichkeit einer Untersuchung der Abhängigkeit der Vorgänge von den Parametern der Schaltung ist damit gegeben.

## Literatur


1) Strauch, H.: Techn.-wiss. Abh. Osram-Ges. 5 (1943) S. 130—141.

2) Doetsch, G.: Handbuch der Laplace-Transformation Bd. I—III. Basel u. Stuttgart 1950, 1955, 1956.
Anleitung zum praktischen Gebrauch der Laplace-Transformation. München 1956.
Einführung in Theorie und Anwendung der Laplace-Transformation. Basel u. Stuttgart 1958.

3) Wagner, K. W.: Operatorenrechnung und Laplace-Transformation. Leipzig 1950.

# Über ein lichtelektrisches Spektralschablonen-Gerät für Licht- und Farbmessungen*)

Von

K. MAHR

Mit 4 Abbildungen

Ein lichtelektrisches Gerät zur Präzisionsmessung der Lichtstärke, der Normfarbwertanteile und der CIE-Spektralbandwerte von Lichtquellen auch sehr unterschiedlicher spektraler Verteilung wird beschrieben. Die Anpassung an die geforderten oder andere beliebige spektrale Empfindlichkeitsfunktionen geschieht — nach prismatischer Zerlegung des Lichtes — mit geometrisch-mechanischen Filtern (Spektralschablonen) in der Spektrumsebene. Die besonderen Merkmale des Gerätes sind: Großes Spektrum, gekrümmter, sehr enger Eintrittsspalt, sorgfältige mechanische Konstruktion, stufenweise regelbare Gesamtempfindlichkeit.

## 1. Prinzip des Spektralschablonen-Verfahrens

Zum Angleich der spektralen Empfindlichkeit eines lichtelektrischen Empfängers an vorgegebene Empfindlichkeitsfunktionen ist neben dem Farbfilter-Verfahren das Spektralschablonen-Verfahren bekannt, das auf IVES[1]) zurückgeht[2–6]).

Hierbei wird vor den Strahlungsempfänger ein Spektrograph gesetzt, hinter dessen Spektrumsebene die Strahlung wieder gesammelt und auf den Strahlungsempfänger gelenkt wird. Das Besondere besteht darin, daß nicht die gesamte Strahlungsenergie durch die Spektrumsebene hindurchgelassen wird, sondern bei jeder Wellenlänge nur ein bestimmter Teil. Die Höhe des Spektrums wird für jede Wellenlänge durch eine als wellenlängenabhängige Spalthöhenbegrenzung wirkende Spektralschablone so begrenzt, daß die relative spektrale Empfindlichkeit des gesamten Gerätes (Spektrograph + Spektralschablone + Strahlungsempfänger) die vorgegebene Empfindlichkeitsfunktion nachbildet.

Im Gegensatz zu einem Farbfilter gestattet eine Spektralschablone ein beliebiges, auch unstetiges Variieren der spektralen Durchlässigkeit. Diesen entscheidenden Vorteil kann man naturgemäß um so besser ausnutzen, je größer das Spektrum in seiner Ebene abgebildet wird, da dann der Einfluß mechanischer Herstellungstoleranzen geringer wird.

## 2. Die Meßaufgaben des Spektralschablonen-Gerätes

Für folgende Meßaufgaben an Lichtquellen wurden die erforderlichen spektralen Empfindlichkeitsfunktionen nachgebildet:

a) Messung der Lichtstärke
b) Messung der Normfarbwertanteile
c) Messung der photometrischen Spektralbandwerte
d) Messung der energetischen Spektralbandwerte

Wegen des guten spektralen Angleichs sind genaue Messungen auch an Lichtquellen mit spektral sehr unterschiedlichen Eigenschaften möglich.

## 3. Der optische Aufbau

Ein Spektrograph (Abb. 1), bestehend aus Eintrittsspalt, Kollimator, RUTHERFORD-Dispersionsprisma**) und Objektiv, bildet den Eintrittsspalt

*) Auszug aus der in „Die Farbe" 7 (1959) S. 283—294 erschienenen Arbeit.

**) Dieses Prisma besitzt die größte Winkeldispersion gegenüber allen anderen Prismenarten aus gleichen Materialien.

etwa 6,5fach vergrößert in der Spektrumsebene ab. Das Spektrum (380—760 mm) ist 142,9 mm breit und 71,5 mm hoch. Ein Doppelkondensor sammelt die Strahlung unmittelbar hinter der Spektrumsebene und bildet die Objektivlinse auf dem Strahlungsempfänger ab. Auf diese Weise wird die Strahlungsenergie mit einem Minimum an optischen Verlusten gesammelt, und die Ausleuchtung der Photokathode ist ohne zusätzliche Hilfsmittel (z. B. Trübglasscheibe) hinreichend homogen.

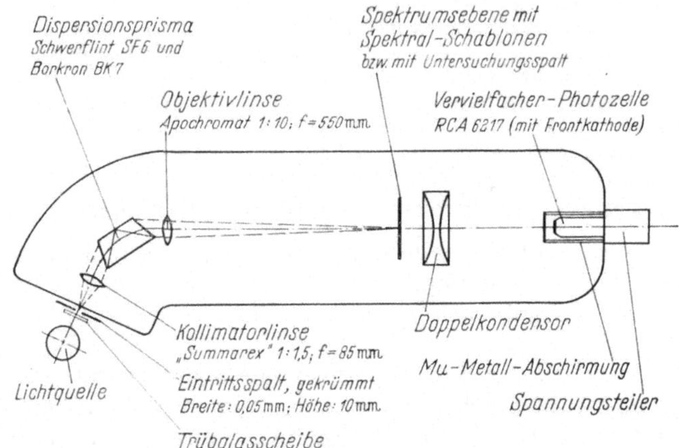


Abb. 1. Strahlengang des Spektralschablonen-Gerätes (schematisch).

In der Spektrumsebene befindet sich ein Schablonenhalter, in den die Spektralschablonen eingeschoben werden. Zwei Führungsnuten und eine Einrastung sorgen für genau reproduzierbare Endlage der Spektralschablonen. Zur Beseitigung der optisch bedingten Linienkrümmung im Spektrum ist der Eintrittsspalt so gekrümmt, daß Spektrallinien im Spektrum nahezu völlig begradigt sind.

Die bei Monochromatoren übliche Abbildung der zu untersuchenden Lichtquelle unmittelbar auf dem Eintrittsspalt ist aus mehreren Gründen sehr nachteilig:

Wegen der Kleinheit des Eintrittsspaltes ist die zur Messung benutzte Fläche häufig nicht charakteristisch für die Lichtquelle. Außerdem enthält die Abbildung alle Strukturen dieser Fläche*). Da das Spektrum die spektrale Abbildung des Eintrittsspaltes darstellt, ist auch die spektrale Wirkung der Spektralschablonen von der Spaltausleuchtung abhängig. Ein weiterer Nachteil ist, daß der in das Gerät eintretende Strahlungsfluß der Strahldichte der Lichtquelle (bzw. ihres zur Messung benutzten Teiles) proportional ist, so daß eine optische Änderung der Gesamtempfindlichkeit durch Abstandsänderung der Lampe nicht möglich ist. Die Verwendung von Schwächungsgläsern ist aber nicht ratsam, da diese selektiv sind und damit die spektrale Anpassung verändern. Ähnlich verhält sich eine Irisblende im Strahlengang.

Aus diesen Gründen wird ein Überfangtrübglas etwa 3 mm vor dem Eintrittsspalt montiert (Abb. 3).

Der in das Gerät eintretende Strahlungsfluß kann nun durch einfache Abstandsänderung zwischen Lichtquelle und Trübglasscheibe für alle Lampentypen in die gleiche Größenordnung gebracht werden, was sich günstig auf Linearitätsverhalten, Reproduzierbarkeit und Konstanz auswirkt. Allerdings muß durch das

*) Z. B. Beschlämmungsunterschiede bei Leuchtstofflampen, Wendelstruktur bei Wolframlampen.

Trübglas, dessen spektraler Transmissionsgrad bei der Form der Spektralschablonen berücksichtigt wird, ein merklicher Empfindlichkeitsverlust in Kauf genommen werden.

Da die Brechzahlen der Prismenmaterialien und damit die Dispersionskurve temperaturabhängig sind, wird bei einer Gerätetemperatur von 22 ± 2° C gearbeitet.

Zur Grundkalibrierung des Gerätes (s. Abschn. 5) wird an Stelle des Spektralschablonenhalters ein Untersuchungsspalt (Abb. 2) in die Spektrumsebene

Abb. 2. Der Untersuchungsspalt für das Spektralschablonen-Gerät.

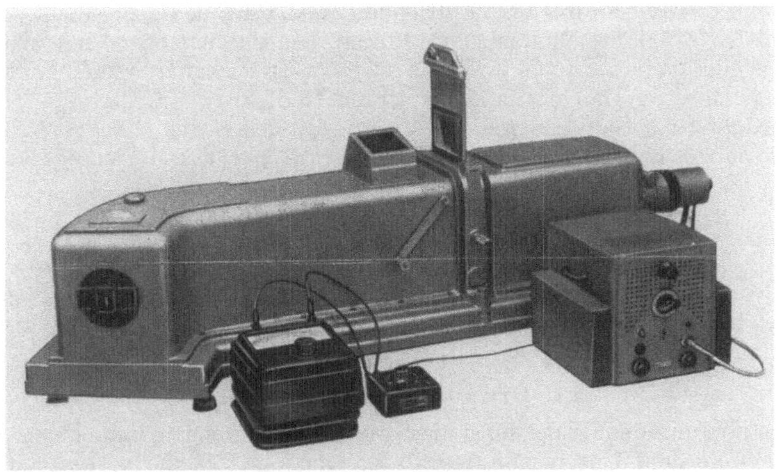

Abb. 3. Gesamtansicht des Spektralschablonen-Gerätes.

gesetzt. Er gestattet, das Spektrum mit einem geraden Spalt beliebiger, genau einstellbarer Höhe (Toleranz max. ±0,01 mm) und Breite kontinuierlich zu durchfahren, wobei der Ort des Spaltes im Spektrum auf besser als ±0,01 mm abgelesen werden kann.

## 4. Der lichtelektrische Aufbau

Als lichtelektrischer Empfänger geeigneter spektraler Empfindlichkeit dient eine RCA-Vervielfacher-Photozelle mit Frontkathode, Typ 6217. Zu ihrer Versorgung liefert ein Netzgerät eine hochkonstante Gleichspannung von 1000 V, die über schaltbare Vorwiderstände am Spannungsteiler der Zelle liegt. Meist wird mit einer Spannung von 850 V gearbeitet, so daß bei genügender Gesamtempfindlichkeit der Rauschpegel ($\pm 2 \cdot 10^{-10}$ A) und der Dunkelstrom ($< 1 \cdot 10^{-9}$ A) noch sehr gering sind. Der Photostrom wird nach dem Ausschlagverfahren mit einem Lichtmarken-Galvanometer gemessen, dessen Empfindlichkeit $1{,}5 \cdot 10^{-9}$ A/Skt beträgt.

Auch bei gleich großem einfallendem Strahlungsfluß (durch Abstandsänderung erreicht) entfallen auf die einzelnen Spektralbereiche sehr verschiedene Anteile. Die resultierenden Photoströme im gesamten Spektrum (z. B. $V\lambda$-Spektralschablone) und in den einzelnen Spektralbereichen (Spektralbandmessung) können sich um drei bis vier Zehnerpotenzen unterscheiden. Um sie alle mit etwa der gleichen Relativgenauigkeit messen zu können, ist vor das Galvanometer ein Empfindlichkeits-(Ayrton-)Regler[7]) geschaltet, der den durch das Galvanometer fließenden Photostromanteil in Stufen von 1 : 3 : 10 : 30 : 100 : 300 : 1000 : 3000 : 10000 schwächt. So wird das untere Drittel der Galvanometerskala praktisch nicht benutzt und die Ablesegenauigkeit liegt bei etwa $\pm 0{,}1-0{,}2\%$ des jeweiligen Wertes. Die vom Hersteller angegebenen Umschaltfaktoren weichen bis maximal $\pm 0{,}5\%$ von den wahren Werten ab. Diese reproduzierbaren Abweichungen werden bei der Auswertung berücksichtigt.

Zwischen Lichtstrom und Photostrom besteht innerhalb des für Messungen benötigten Bereiches ($10^{-4}-10^{-8}$ A) strenge Proportionalität, wie eingehende Prüfungen nach dem Additivitätsprinzip[8]) ergeben haben. Das Galvanometer selbst ist elektrisch geringfügig unproportional (max. $\pm 0{,}2$ Skt), was durch eine Korrekturtabelle berücksichtigt wird.

Eine hohe relative Raum- und Luftfeuchtigkeit kann u. U. zu einem zeitlich exponentiellen Abfall des Photostromes führen. Die Vervielfacher-Photozelle mit Spannungsteiler ist daher in ein luftdichtes Gehäuse mit chemischem Trocknungsmittel eingeschlossen. Da elektromagnetische Fremdfelder, u. a. auch das Erdfeld (Größenordnung 0,5 Gauß), den Photostrom beeinflussen, ist die Vervielfacher-Photozelle zur Abschirmung mit einem dreifachen Mantel aus Mu-Metallblech von je 0,3 mm Dicke umgeben.

## 5. Die Kalibrierung

Zuerst wird die Dispersionskurve aufgenommen und die Form der Spektralschablonen bestimmt. Dann werden diese hergestellt und mit dem Gerät zusammen kalibriert.

### 5.1. Die Dispersionskurve

Zur Bestimmung der Dispersionskurve werden die Linien verschiedener Spektrallampen mit dem Untersuchungsspalt abgetastet. Da eine graphische Darstellung der Dispersionskurve zur Interpolation bei weitem nicht genau genug ist, wird die Kurve mathematisch durch die Dispersionsformel nach Hartmann[9]) dargestellt:

$$l = l_0 + c / (\lambda - \lambda_0)$$

$l$ = Ort der Linie im Spektrum
$\lambda$ = Wellenlänge der Linie
$l_0$, $c$ und $\lambda_0$ sind aus drei Bezugslinien bestimmte Konstanten.

Das Spektrum wird dabei in drei aneinandergrenzende Abschnitte unterteilt, für die die Konstanten der Formel getrennt berechnet werden. Die Unstetigkeiten der Überlappungsbereiche sind vernachlässigbar klein.

Neben der höheren Genauigkeit zur Bestimmung des Ortes derjenigen Wellenlängen, die für die Kalibrierung der Spektralschablonen benutzt werden, bringt die mathematische Formulierung den Vorteil, daß man den Zusammenhang zwischen mechanischer und spektraler Spaltbreite unmittelbar und exakt durch Differentiation der Formel nach der Wellenlänge erhält.

### 5.2. Die Bestimmung der Spektralschablonen-Form

Vor den Eintrittsspalt werden nacheinander zwei Wolfram-Bandlampen mit um 90° nach hinten abgewinkeltem Band (Osram Wi 35) gesetzt, von denen bei gegebener Stromstärke die relative spektrale Strahlungsverteilung genau bekannt ist. In der Spektrumsebene befindet sich an Stelle des Spektralschablonenhalters wieder der Untersuchungsspalt. Die Spalthöhe wird nun bei jeder Wellenlänge so lange variiert, bis der Photostrom proportional der je Wellenlängenintervall einfallenden und mit der geforderten spektralen Empfindlichkeitsfunktion multiplizierten Strahlungsenergie ist. Hierbei ist zu berücksichtigen, daß sich bei konstanter mechanischer Spaltbreite die spektrale Spaltbreite mit der Wellenlänge ändert (Abschn. 5.1). Die Spalthöhe als Funktion der Wellenlänge ergibt die Form der Spektralschablone, ohne daß man die spektralen Eigenschaften der optischen Teile — mit Ausnahme der Dispersionskurve — zu kennen braucht.

Dieses Verfahren wird noch durch Farbfilterkombinationen ergänzt, die fest mit den Spektralschablonen verbunden sind und deren spektraler Transmissionsgrad bei der Kalibrierung berücksichtigt wird. Die Filter sind so ausgewählt, daß sie als zusätzlicher Schutz gegen eventuelles Streulicht wirken. Außerdem übernehmen sie bereits den groben spektralen Angleich, so daß die Konturen der Spektralschablonen gewissermaßen nur den Feinangleich vornehmen. Infolge der Vergrößerung der Öffnungen der Spektralschablonen haben die mechanischen Toleranzen der Spektralschablonen nur noch einen relativ geringen Einfluß auf die Meßgenauigkeit. Bei den sich über das ganze Spektrum erstreckenden Funktionen ($\bar{x}_\lambda$; $\bar{y}_\lambda$) wurde je ein Filter für den kurz- und den langwelligen Bereich benutzt, die bei $\lambda = 509$ nm scharf aneinander stoßen. Spektrale Strahlung dieser Wellenlänge kann demzufolge nicht genau gemessen werden.

### 5.3. Die Herstellung der Spektralschablonen

Die Schablonenform wird über ein Koordinatennetz auf „verzugfreies Aufrißpapier" (beiderseitig mit steifem Zeichenpapier beklebte dünne Folie aus Hartaluminium) aufgetragen, ausgeschnitten und nachgearbeitet. Diese Folien werden mit den Farbfilterkombinationen und Hartaluminiumblech als mechanischem Schutz auf den Spektralschablonenschiebern justiert und befestigt. Die Halter und Bleche enthalten Öffnungen, die etwas größer sind als die der Spektralschablonen.

### 5.4. Die Kalibrierung des Gerätes mit Spektralschablonen

Da bei den Messungen meist mehrere Spektralschablonen zu einem Satz zusammengehören, müssen deren Absolutempfindlichkeiten durch Kalibrierfaktoren aufeinander abgestimmt werden. Dazu werden wieder die in Abschnitt 5.2 erwähnten Bandlampen mit bekannten Normfarbwertanteilen und Spektralbandwerten benutzt. Die Quotienten aus den Sollwerten und den jeweiligen Photoströmen ergeben die Kalibrierfaktoren, die einheitlich für alle Farbreize (Körperfarben und Lichtquellen) gelten, auch wenn deren spektrale Eigenschaften sehr unterschiedlich sind.

## 6. Kontrollmessungen

Zur Beurteilung der Genauigkeit des spektralen Angleichs wurden die Temperaturen der Kalibrierlampen und damit deren farbmetrische Werte variiert. Als Beispiel sind in Tabelle 1 die mit dem Gerät gemessenen photometrischen Spektralbandwerte von zwei Wolfram-Bandlampen (Osram Wi 35) angegeben. Zum Vergleich sind als Sollwerte die aus dem PLANCKschen Strahlungsgesetz und dem spektralen Emissionsgrad des Wolframs nach DE VOS[10]) errechneten Spektralbandwerte mit eingetragen. Die Abweichungen zwischen den Meß- und Sollwerten sind minimal und zeigen keinen systematischen Gang.

Tabelle 1. Photometrische Spektralbandwerte von zwei Wolfram-Bandlampen Wi 35. Vergleich der Meßwerte mit den Sollwerten

| Spektralband | | 1 | 2 | 3 | 4 | 5 | 6 | 7 | 8 |
|---|---|---|---|---|---|---|---|---|---|
| Grenzen in (nm) | | 380–420 | 420–440 | 440–460 | 460–510 | 510–560 | 560–610 | 610–660 | 660–760 |
| $T_w$ [°K] | Lampe Nr. | $\times 10^{-5}$ | $\times 10^{-4}$ | $\times 10^{-3}$ | | | | | |
| 2000 | Sollwert | 143 | 181 | 93 | 3,03 | 26,6 | 45,2 | 22,5 | 2,67 |
| | 1 | 143 | 180 | 92 | 3,00 | 26,5 | 45,3 | 22,5 | 2,68 |
| | 2 | 143 | 180 | 93 | 3,01 | 26,5 | 45,2 | 22,5 | 2,69 |
| 2100 | Sollwert | 181 | 221 | 110 | 3,34 | 27,7 | 44,9 | 21,4 | 2,45 |
| | 1 | 181 | 220 | 110 | 3,31 | 27,7 | 45,0 | 21,4 | 2,45 |
| | 2 | 183 | 222 | 110 | 3,34 | 27,7 | 45,0 | 21,3 | 2,45 |
| 2200 | Sollwert | 224 | 264 | 127 | 3,65 | 28,8 | 44,6 | 20,5 | 2,27 |
| | 1 | 224 | 263 | 127 | 3,61 | 28,8 | 44,6 | 20,6 | 2,26 |
| | 2 | 225 | 264 | 128 | 3,66 | 28,8 | 44,7 | 20,5 | 2,26 |
| 2300 | Sollwert | 271 | 311 | 146 | 3,95 | 29,7 | 44,3 | 19,7 | 2,11 |
| | 1 | 270 | 310 | 146 | 3,94 | 29,7 | 44,4 | 19,6 | 2,10 |
| | 2 | 268 | 308 | 145 | 3,95 | 29,6 | 44,5 | 19,7 | 2,12 |
| 2400 | Sollwert | 324 | 360 | 165 | 4,25 | 30,6 | 44,0 | 18,9 | 1,97 |
| | 1 | 322 | 360 | 165 | 4,23 | 30,6 | 44,0 | 18,9 | 1,95 |
| | 2 | 326 | 361 | 164 | 4,27 | 30,6 | 43,9 | 18,9 | 1,98 |
| 2500 | Sollwert | 381 | 412 | 184 | 4,54 | 31,5 | 43,7 | 18,2 | 1,85 |
| | 1 | 379 | 414 | 184 | 4,56 | 31,5 | 43,7 | 18,2 | 1,85 |
| | 2 | 379 | 413 | 184 | 4,56 | 31,5 | 43,6 | 18,3 | 1,86 |
| 2600 | Sollwert | 441 | 466 | 204 | 4,82 | 32,2 | 43,4 | 17,6 | 1,74 |
| | 1 | 442 | 468 | 205 | 4,84 | 32,2 | 43,3 | 17,6 | 1,74 |
| | 2 | 442 | 467 | 205 | 4,85 | 32,3 | 43,2 | 17,6 | 1,74 |
| 2700 | Sollwert | 506 | 523 | 224 | 5,09 | 32,9 | 43,0 | 17,0 | 1,64 |
| | 1 | 506 | 524 | 225 | 5,12 | 33,0 | 43,0 | 17,0 | 1,64 |
| | 2 | 505 | 525 | 225 | 5,13 | 33,0 | 43,0 | 17,0 | 1,64 |

Für Kontrollmessungen eignen sich auch streng isolierte Spektrallinien, deren Normfarbwertanteile bekannt sind (vgl. DIN 5033, Bl. 2). Bei dieser sehr kritischen, aber allein nicht hinreichenden Prüfung weichen die Meßwerte von den Sollwerten höchstens um einige Einheiten der dritten Dezimale ab.

Als weiteres Beispiel zeigt Abb. 4 drei kleine Ausschnitte aus der Normfarbtafel, in die die anläßlich eines internationalen Meßvergleichs von 18 Instituten verschiedener Länder gemessenen Normfarbwertanteile + dreier verschiedener Typen von Niederdruck-Leuchtstofflampen eingetragen sind. Man sieht, daß in allen drei Fällen die Meßergebnisse mit dem Spektralschablonen-Gerät ● nahe am Mittelwert ⊙ aller Messungen liegen.

Für die Einsatzfähigkeit des ganzen Gerätes ist es von entscheidender Bedeutung, daß der einmal erreichte spektrale Angleich über lange Zeiträume konstant ist. Neben eingehenden Überprüfungen der Kalibrierung mit Bandlampen werden zur ständigen Kontrolle drei Standard-Lampensätze von je acht

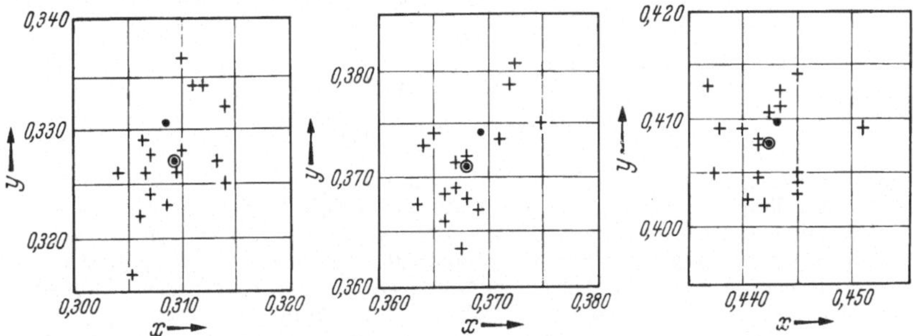


Abb. 4. Normfarbwertanteile von drei verschiedenen Typen von Leuchtstofflampen.

verschiedenen, spektral konstanten Leuchtstofflampen gemessen. Als Kurztest wird die Konstanz des Blau/Rot-Quotienten der Strahlung einer Wolfram-Bandlampe frei gewählter Temperatur durch eine Spezialschablone überwacht. Bisher konnten keine die Reproduzierbarkeit überschreitenden Abweichungen der spektralen Empfindlichkeit gegenüber den Ausgangswerten festgestellt werden.

## 7. Zusammenfassung

Das Gerät erlaubt genauere Messungen als Farbmeßgeräte, die nach dem Filter-Verfahren arbeiten, besonders von Lampen mit selektiver Strahlungsfunktion (farbige Leuchtstoff- und Glühlampen, Spektrallampen). Der Zeitaufwand je Messung ist nur unwesentlich größer.

Im Vergleich zu Normfarbwertanteilen und Spektralbandwerten, die aus der gemessenen relativen spektralen Strahlungsverteilung berechnet werden, erreicht das Spektralschablonen-Gerät mindestens gleiche Absolutgenauigkeit wie das spektralphotometrische Verfahren, jedoch erheblich bessere Reproduzierbarkeit, da z. B. die Dauer einer Messung einschließlich Auswertung auf einen geringen Bruchteil der dort erforderlichen Zeit reduziert ist.

Photometrische Messungen, bei denen ein beträchtlicher Unterschied der spektralen Verteilung zwischen Kalibrier- und Meßlampe vorliegt, sind wegen des besseren spektralen Angleichs und der sicheren Elimination des Einflusses von UV- und Infrarotstrahlung genauer durchführbar als mit Photoelementen oder Photozellen, die durch Farbfilter an die $V\lambda$-Kurve angeglichen sind.

Das Gerät wird seit fünf Jahren mit Erfolg eingesetzt und dient u. a. als Standard-Instrument zur Kalibrierung von Lampen, die zur Prüfung anderer Meßgeräte und zu Meßvergleichen mit anderen Laboratorien Verwendung finden.

## Literatur

1) Ives, H. E.: Phys. Rev. (2) 6 (1915) S. 334.
2) Voogd, J.: Philips techn. Rdsch. 4 (1939) S. 272.
3) van Alphen, P. M.: Philips techn. Rdsch. 4 (1939) S. 71.
4) Mäder, F.: Helv. phys. Acta 18 (1945) S. 125.
5) Harrison, W.: Light a. Lighting 45 (1952) H. 4, S. 132.
6) Winch, G. T.: The physical eye photometer, colorimeter, and spectrophotometer. London 1951, Res. Lab. GEC.
7) Meyer, E.: Arch. techn. Mess. Z 65-5, Nov. 1949.
8) Hoppmann, H.: Techn.-wiss. Abh. Osram-Ges. 7 (1958) S. 306.
9) Hartmann, I.: Publ. Astrophys. Observ. Potsdam (1898) Nr. 42 S. 1—25.
10) de Vos, J. C.: Physica 20 (1954) S. 690.

# Über den Angleich der relativen spektralen Empfindlichkeit von Vervielfacher-Photozellen an die Hellempfindlichkeitsfunktion des menschlichen Auges V (λ) *)

Von

G. GEUTLER

Mit 11 Abbildungen

Am Beispiel von zehn häufig vorkommenden spektralen Empfindlichkeitstypen von Vervielfacher-Photozellen wird gezeigt, wie mit bestimmten Filterkombinationen ein Angleich an die V(λ)-Funktion bei Vollfilterung erreicht werden kann. Verbesserungen im Angleich sind auch hier durch Anwendung des Dresler-Prinzips der partiellen Filterung zu erreichen, der sich zwar schwieriger als bei Selen-Photoelementen gestaltet, bei genügendem Aufwand jedoch befriedigende Ergebnisse liefert. Da die so hergestellten Empfänger wesentlich empfindlicher als an $V(\lambda)$ angepaßte Selen-Photoelemente sind, ist die $V(\lambda)$-getreue physikalische Photometrie auch von schwachen Lichtquellen möglich.

Photozellen mit Sekundärelektronen-Vervielfachung gewinnen immer mehr an Bedeutung als Empfänger für ultraviolette, sichtbare und infrarote Strahlung. Ihre im Vergleich zu normalen Photozellen bzw. Selen-Photoelementen um Zehnerpotenzen größere Empfindlichkeit, verbunden mit praktisch trägheitslosem Arbeiten, lassen sie für photometrische Messungen verschiedenster Art als besonders geeignet erscheinen. Als Nachteil muß jedoch der spektrale Empfindlichkeitsverlauf angesehen werden, der zwar durch Wahl verschiedener Kathodenmaterialien in gewissen Grenzen geändert werden kann, den für die $V(\lambda)$-getreue Photometrie günstigeren spektralen Empfindlichkeitsverlauf von Selen-Photoelementen jedoch nicht erreicht.

## 1. Möglichkeiten des spektralen Angleichs

Bei der Lichtmessung mit Strahlungsempfängern soll mit physikalischen Methoden der Teil einer Strahlung ermittelt werden, der vom menschlichen Auge, also physiologisch, als „Licht" bewertet wird. Dazu muß der Empfänger einen spektralen Empfindlichkeitsverlauf haben, der dem des Auges entspricht. Selen-Photoelemente mit großer photoempfindlicher Fläche (etwa 12...30 cm$^2$) lassen sich noch relativ einfach nach dem Dresler-Prinzip[1]) der teilweise hintereinander, teilweise nebeneinander angeordneten Farbfilter an die im Jahre 1924 von der Internationalen Beleuchtungskommission festgelegte spektrale Hellempfindlichkeitsfunktion des menschlichen Auges $V(\lambda)$ anpassen[2]). Bei Vervielfacher-Photozellen**) mit Aufsichtkathoden ist das Dresler-Prinzip der partiellen Filterung wegen der geringen Größe der strahlungsempfindlichen Kathodenoberfläche von etwa 2 cm$^2$ nur anwendbar, wenn in genügendem Abstand von der Kathode ein Streumedium angeordnet wird, auf dem dann die Filterstreifen befestigt werden können[3]). Hierdurch tritt jedoch eine Verminderung der Lichtempfindlichkeit der Anordnung ein. Verzichtet man auf die Einfügung des Streumediums, so läßt sich der spektrale Empfindlichkeitsverlauf durch Vollfilterung grob an die V(λ)-Funktion anpassen, was aber für viele Meßzwecke bereits ausreichen kann.

---

*) Originalmitteilung.

**) Neuerdings wurde an Stelle von „Vervielfacher-Photozelle" vom Fachnormenausschuß Elektrotechnik, Arbeitsausschuß Photoelektronik, in Anlehnung an den ausländischen Sprachgebrauch der Ausdruck „Photovervielfacher" gewählt und zur Normung vorgeschlagen.

Vervielfacher-Photozellen mit Frontkathode, deren Kathodenoberfläche 10 $cm^2$ und mehr beträgt, lassen sich mit wesentlich höherer Genauigkeit nach dem DRESLER-Prinzip an die $V(\lambda)$-Funktion anpassen, wenn die spektrale Empfindlichkeit der Kathode einen günstigen Verlauf zeigt. Aber auch dann erfordert die genaue Anpassung der spektralen Empfindlichkeit vieler Vervielfacher-Photozellen an die Augenempfindlichkeitsfunktion einen im Vergleich zu Selen-Photoelementen höheren Filteraufwand, da hier der spektrale Empfindlichkeitsabfall zum roten Spektralgebiet meist erheblich flacher verläuft als bei Selen-Photoelementen. Es gibt bekanntlich keine Farbfilter, die bei geringen Schichtdicken einen genügend steilen Abfall ihres spektralen Transmissionsgrades zum Roten zeigen, ohne auch im übrigen sichtbaren Spektralgebiet unerwünscht selektiv zu wirken. Man muß daher größere Schichtdicken von Gläsern mit schwachem Abfall zur langwelligen Grenze des sichtbaren Spektrums verwenden, um den notwendigen steilen Abfall zu erhalten.

In den USA wurden für die verschiedenen Typen des spektralen Empfindlichkeitsverlaufes von Vervielfacher-Photozellen die Bezeichnungen *S*-1 . . . *S*-17 durch innerbetriebliche Abmachungen einiger Hersteller festgelegt, die zum Teil schon von europäischen Herstellern übernommen wurden. Im Deutschen Normblatt DIN 44021 ist diese amerikanische Klassifikation auch erwähnt.

Nach unseren Erfahrungen bleibt die relative spektrale Empfindlichkeit von Vervielfacher-Photozellen über mehrere Jahre konstant, wenn die vom Hersteller angegebenen elektrischen Betriebsdaten eingehalten werden.

## 2. Anpassung an die $V(\lambda)$-Funktion durch Vollfilterung

Wir haben für einige der ebengenannten Empfindlichkeitskurven von Vervielfacher-Photozellen unter Verwendung von spektralphotometrisch ermittelten Filtertransmissionskurven von Farbgläsern Filterkombinationen rechnerisch ermittelt, mit denen in vielen Fällen schon eine relativ gute Übereinstimmung mit der $V(\lambda)$-Funktion erreicht werden kann. In den Abb. 1—10 ist jeweils der spek-

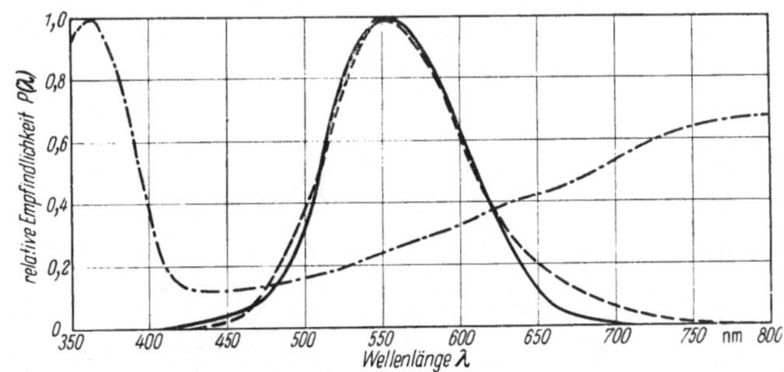


Abb. 1. Anpassung der spektralen Empfindlichkeitsfunktion S-1 an V (λ)
-·-·-·-·- = Spektrale Empfindlichkeitsfunktion S-1
- - - - - - = S-1 + Filterkombination GG 20/1 mm (J), KG 3/4 mm (M) und VG 9/1 mm (M)
——— = V (λ)
$\tau_{555} \approx 26\%$.

trale Empfindlichkeitsverlauf einer der gebräuchlichen Vervielfacher-Photozellen-Typen sowie die durch die angegebene Filterkombination erreichte Anpassung an die $V(\lambda)$-Funktion dargestellt. Die hinter den Filterbezeichnungen eingeklammerten Buchstaben geben Hinweis auf die Bezugsquellen der Filter. Es bedeuten: (M) = Jenaer Glaswerk Schott & Gen., Mainz; (G) = Göttinger Farbfilter, Göt-

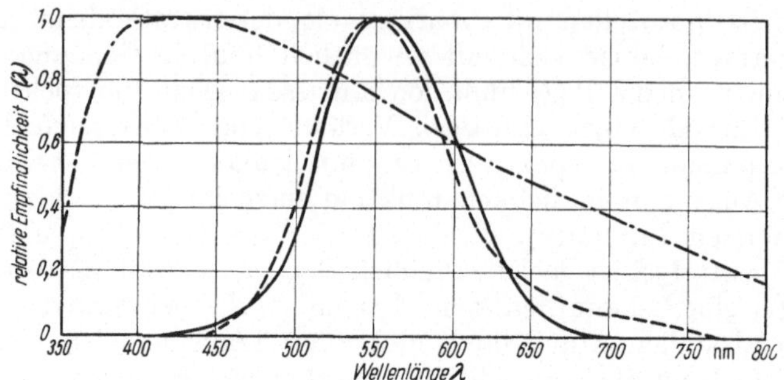


Abb. 2. Anpassung der spektralen Empfindlichkeitsfunktion S-3 an V (λ)
·-·-·-·-·-· = Spektrale Empfindlichkeitsfunktion S-3
- - - - - - = S-3 + Filterkombination GG 20/2 mm (J) und VG 9/1 mm (M)
——— = V (λ)
$\tau_{555} \approx 23\%$.

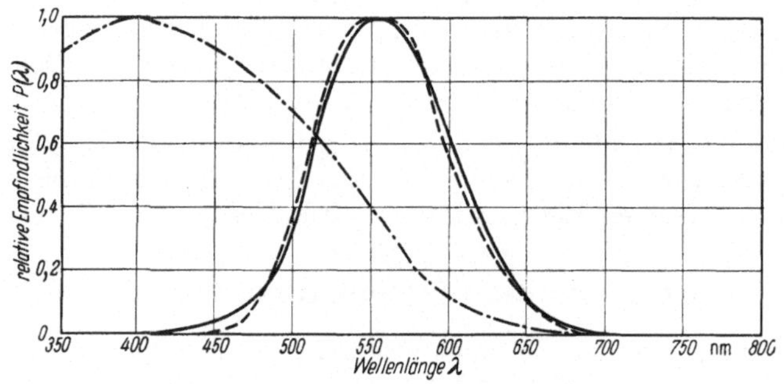


Abb. 3. Anpassung der spektralen Empfindlichkeitsfunktion S-4 an V (λ)
·-·-·-·-·-· = Spektrale Empfindlichkeitsfunktion S-4
- - - - - - = S-4 + Filterkombination GG 20/2,5 mm (J) und GG 14/1 mm (M)
——— = V (λ)
$\tau_{555} \approx 30\%$.

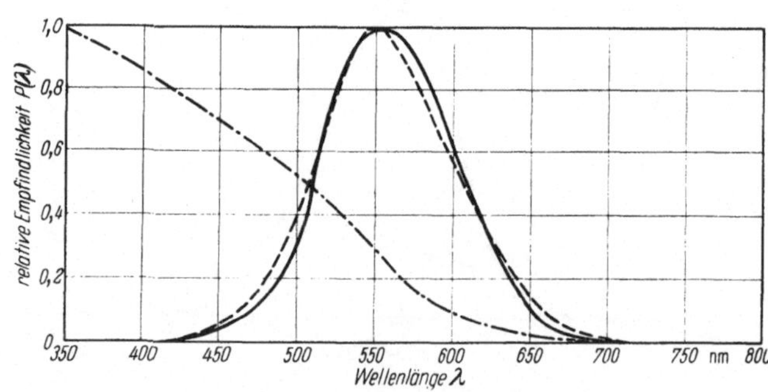


Abb. 4. Anpassung der spektralen Empfindlichkeitsfunktion S-5 an V (λ)
·-·-·-·-·-· = Spektrale Empfindlichkeitsfunktion S-5
- - - - - - = S-5 + Filter GG 20/3 mm (J)
——— = V (λ)
$\tau_{555} \approx 24\%$.

tingen, und (*J*) = Saaleglas GmbH., Jena. Für jede Filterkombination wurde außerdem der Transmissionsgrad für die Wellenlänge $\lambda = 555$ nm angegeben.

Bei den ausgewählten Filtergläsern wurden handelsübliche Schichtdicken verwendet. Durch individuelle Anpassung der Schichtdicke[4]) ist z. T. eine noch

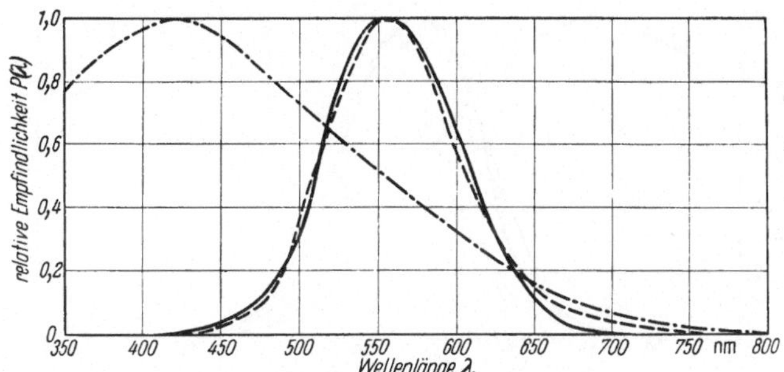


Abb. 5. Anpassung der spektralen Empfindlichkeitsfunktion S-8 an V (λ)
·-·-·-·-·-·-·-·- = Spektrale Empfindlichkeitsfunktion S-8
– – – – – – – = S-8 + Filterkombination V (λ) 54 (G), GG 20/1 mm (J) und KG 2/2 mm (M)
——— = V (λ)
$\tau_{555} \approx 44\%$.

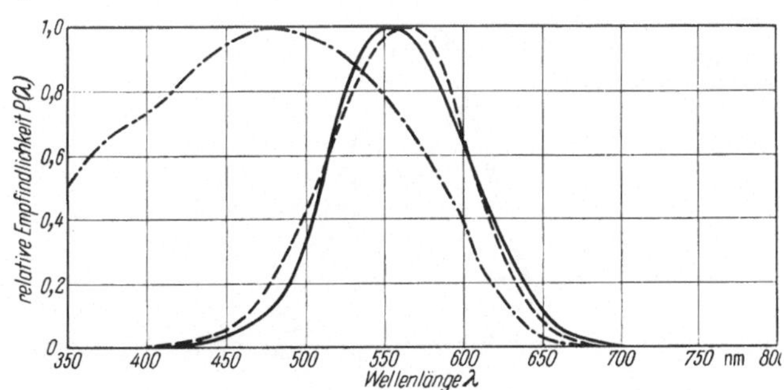


Abb. 6. Anpassung der spektralen Empfindlichkeitsfunktion S-9 an V (λ)
·-·-·-·-·-·-·-·- = Spektrale Empfindlichkeitsfunktion S-9
– – – – – – – = S-9 + Filterkombination GG 20/2 mm (J) und GG 4/1 mm (M)
——— = V (λ)
$\tau_{555} \approx 40\%$.

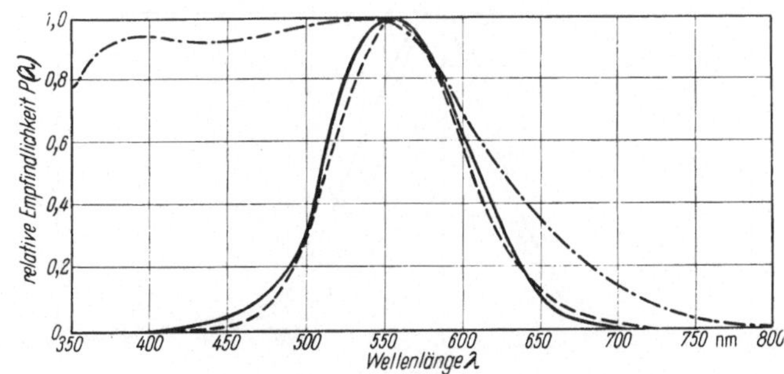


Abb. 7. Anpassung der spektralen Empfindlichkeitsfunktion S-10 an V (λ)
·-·-·-·-·-·-·-·- = Spektrale Empfindlichkeitsfunktion S-10
– – – – – – – = S-10 + Filterkombination V (λ) 60 (G), GG 20/1 mm (J) und KG 3/4 mm (M)
——— = V (λ)
$\tau_{555} \approx 34\%$.

bessere Annäherung der spektralen Empfindlichkeitskurve an $V(\lambda)$ möglich, wenn die spektrale Empfindlichkeitsfunktion des Empfängers genau bekannt ist.

Durch Unterschiede sowohl der relativen spektralen Empfindlichkeit der Vervielfacher-Photozellen einer Typenreihe als auch der spektralen Transmissions-

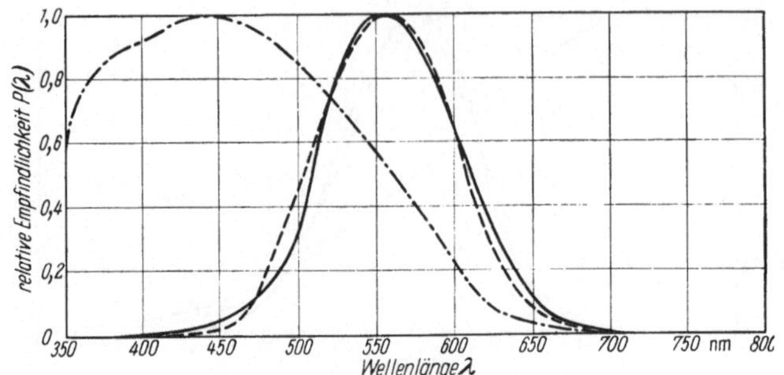


Abb. 8. Anpassung der spektralen Empfindlichkeitsfunktion S-11 an V(λ)
-·-·-·-·-·- = Spektrale Empfindlichkeitsfunktion S-11
- - - - - - = S-11 + Filterkombination GG 20/2 mm (J), GG 7/2 mm (M) und FG 8/2 mm (M)
——— = V(λ)
$\tau_{555} \approx 28\%$.

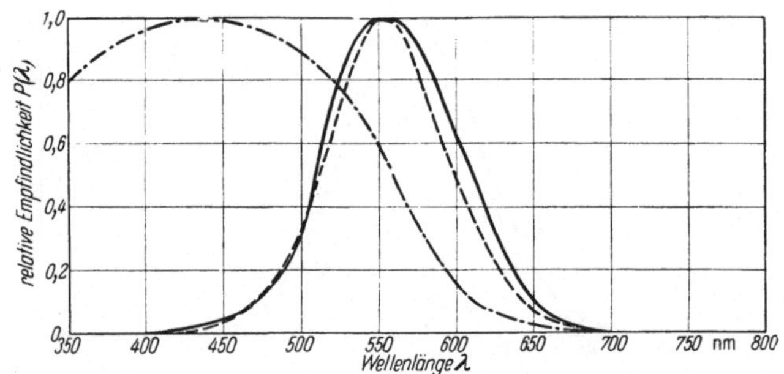


Abb. 9. Anpassung der spektralen Empfindlichkeitsfunktion S-13 an V(λ)
-·-·-·-·-·- = Spektrale Empfindlichkeitsfunktion S-13
- - - - - - = S-13 + Filter GG 20/3 mm (J)
——— = V(λ)
$\tau_{555} \approx 24\%$.

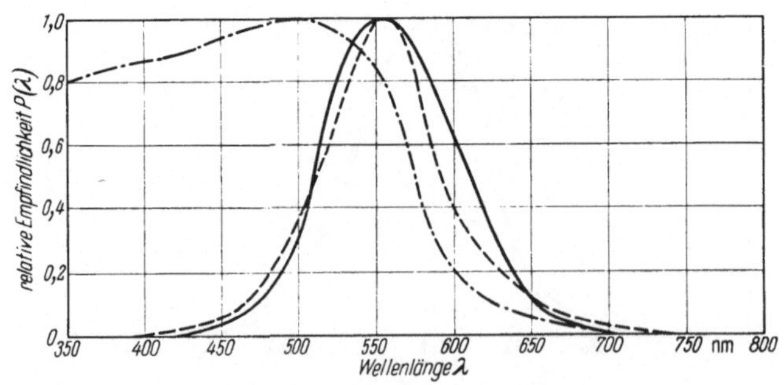


Abb. 10. Anpassung der spektralen Empfindlichkeitsfunktion S-17 an V(λ)
-·-·-·-·-·- = Spektrale Empfindlichkeitsfunktion S-17
- - - - - - = S-17 + Filterkombination GG 20/2 mm (J) und FG 9/1 mm (M)
——— = V(λ)
$\tau_{555} \approx 28\%$.

grade der verwendeten Filter von Schmelze zu Schmelze sind geringe Abweichungen von den angegebenen Kurvenverläufen möglich, die sich aber im allgemeinen bei der $V(\lambda)$-getreuen Photometrie mit diesen Empfängern nicht stark auswirken.

## 3. Anpassung an die $V(\lambda)$-Funktion durch partielle Filterung nach Dresler

Zur genauen Anpassung der Empfängerempfindlichkeit an $V(\lambda)$ nach dem DRESLER-Prinzip[5]) eignet sich besonders die spektrale Empfindlichkeitsfunktion S-10. Wir haben eine derartige Vervielfacher-Photozelle der Radio Corporation of America (RCA) Typ 6217 mit Frontkathode mit Hilfe unseres Filtermonochromators[6]) an die V($\lambda$)-Funktion angeglichen. Als Vergleichsstandard benutzen wir ausgesuchte Selen-Photoelemente der Electrocell-Gesellschaft Falkenthal und Presser, Berlin-Dahlem, und Daystrom Incorporated, Newark N.Y., USA (Weston Photronic Photoelectric Cell), deren relative spektrale Empfindlichkeit von der Physikalisch-Technischen Bundesanstalt bestimmt worden war. Abb. 11 zeigt

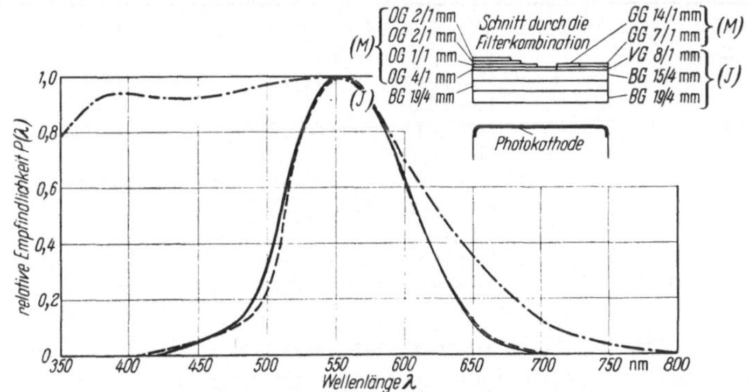


Abb. 11. Anpassung der spektralen Empfindlichkeitsfunktion S-10 an V ($\lambda$) (partiell)
.-.-.-.-.-.-.-.-. = Spektrale Empfindlichkeitsfunktion S-10
------------ = S-10 + Filterkombination
—— = V ($\lambda$)
$\tau_{555} \approx 20\%$.

den mit der abgebildeten Filterkombination erreichten Angleich. Die Filterkombination war hierbei direkt vor der Empfängerkathode angebracht. Um die Abhängigkeit des spektralen Angleichs von der Lichteinfallsrichtung zu verringern, ist außerdem im Strahlengang vor der Filterkombination eine Trübglasscheibe angeordnet worden, deren Selektivität beim Angleich berücksichtigt wurde. Aus Abb. 11 ist ersichtlich, daß der Angleich an $V(\lambda)$ durch Anwendung der DRESLER-Filterung im Vergleich zur Vollfilterung (s. Abb. 7) beträchtlich verbessert wurde.

## 4. Bewertung des erzielten Angleichs

Die nach den in Abschn. 2 und 3 angegebenen Verfahren an $V(\lambda)$ angepaßten Vervielfacher-Photozellen sind gegenüber Selen-Photoelementen etwa um den Faktor $10^3 \ldots 10^5$ empfindlicher. Um ein Gütekriterium des spektralen Angleichs aufzustellen, wurde für die verschiedenen Empfindlichkeitstypen der Fehler zwischen der erreichten Angleichfunktion $P(\lambda)$ und der Idealfunktion $V(\lambda)$ errechnet. Dazu diente folgende Beziehung:

$$F = \frac{\sum\limits_{\lambda} S(\lambda)\,(\,|\,P(\lambda) - V(\lambda)\,|\,)}{\sum\limits_{\gamma} S(\lambda)\cdot V(\lambda)}$$

wobei $F$ = Fehler
$S(\lambda)$ = Spektrale Verteilung der zu messenden Strahlung
$P(\lambda)$ = Empfindlichkeit des an $V(\lambda)$ angepaßten Empfängers.

Aus diesem Fehler läßt sich ein Gütewert $G$ zu $G = 1 - F$ angeben. Für eine ideale $V(\lambda)$-Anpassung würde sich also der Gütewert $G = 1{,}0$ ergeben.

In Tab. 1 sind die so errechneten Gütewerte der oben angegebenen Kombinationen aus Empfänger und Filtersätzen für isoenergetische Strahlung ($S(\lambda)$=const.) dargestellt. Der errechnete Fehler $F$ entspricht in diesem Falle direkt dem Quotienten aus der Summe der Absolutbeträge der Differenzflächen und der Sollfläche unter der $V(\lambda)$-Funktion. Der Fehler ändert sich selbstverständlich mit der zu messenden Strahlungsverteilung.

Tabelle 1

| Spektrale Empfindlichkeitsfunktion | Filterkombination | Gütewert | Abb. |
|---|---|---|---|
| S- 1 | VG 9/1; GG 20/1; KG 3/4 | 0,86 | 1 |
| S- 3 | VG 9/1; GG 20/2 | 0,84 | 2 |
| S- 4 | GG 20/2,5; GG 14/1 | 0,91 | 3 |
| S- 5 | GG 20/3 | 0,90 | 4 |
| S- 8 | V(λ)-54; GG 20/1; KG 2/2 | 0,90 | 5 |
| S- 9 | GG 20/2; GG 4/1 | 0,88 | 6 |
| S-10 | V(λ)-60; GG 20/1; KG 3/4 | 0,91 | 7 |
| S-11 | GG 20/2; GG 7/2; FG 8/2 | 0,89 | 8 |
| S-13 | GG 20/3 | 0,88 | 9 |
| S-17 | GG 20/2; FG 9/1 | 0,81 | 10 |
| S-10 (partiell) | Kombination s. Abb. 11 | 0,96 | 11 |

Aus Tab. 1 ist ohne weiteres zu erkennen, daß der Angleich bei den Typen $S$-1, $S$-3 und $S$-17 nicht so befriedigend gelungen ist und die $V(\lambda)$-Anpassung nach dem DRESLER-System offenbar der Vollfilterungsmethode überlegen ist, wie ein Vergleich der Werte für $S$-10 bei Vollfilterung (Abb. 7) und DRESLER-Filterung (Abb. 11) zeigt.

## 5. Fehler bei der photometrischen Bewertung von Lichtquellen unterschiedlicher spektraler Strahldichteverteilung

Die Abweichungen der spektralen Empfindlichkeit der verschiedenen Kombinationen aus Empfänger und Filtersätzen von der Sollfunktion $V(\lambda)$ wirken sich bei der photometrischen Bewertung von Lichtquellen unterschiedlicher

Tabelle 2

| Spektr. Empfindlichkeitsverlauf m. entsprechender Filterkombination | Prozentualer Fehler für Bewertung von | | | |
|---|---|---|---|---|
| | Glühlampenlicht $T_f = 2042°$ K % | Tageslicht-Leuchtstofflampe L 40 W/15 % | Quecksilber-Hochdrucklampe HQA 125 W % | Natrium-dampflampe % |
| S- 1 | + 8,1 | — 8,4 | — 11,8 | — 13,6 |
| S- 3 | + 7,2 | — 6,3 | — 9,9 | — 18,7 |
| S- 4 | — 1,3 | + 0,8 | + 1,0 | — 5,7 |
| S- 5 | + 0,7 | — 0,5 | — 2,4 | — 12,0 |
| S- 8 | + 4,6 | — 4,4 | — 2,2 | — 10,0 |
| S- 9 | — 2,6 | + 4,8 | + 4,0 | + 14,1 |
| S-10 | + 1,0 | — 1,3 | + 1,5 | — 4,7 |
| S-11 | — 2,4 | + 3,0 | + 0,5 | + 6,9 |
| S-13 | — 2,5 | + 3,8 | + 11,1 | — 8,1 |
| S-17 | + 0,6 | + 2,2 | + 6,1 | — 20,7 |
| S-10 (part.) | + 1,1 | — 1,4 | + 1,1 | — 0,8 |

spektraler Strahlungsverteilung ungleichartig aus. Um einen Überblick über die zu erwartende Genauigkeit zu erhalten, wurde daher für die einzelnen spektralen Empfindlichkeitstypen der prozentuale Fehler für vier Lichtquellen verschiedener spektraler Strahlungsverteilung errechnet, wenn Kalibrierung der Empfängerkombinationen mit Glühlampenlicht der Farbtemperatur $T_f = 2850°$ K zugrunde gelegt wird. Die Ergebnisse sind aus Tab. 2 ersichtlich.

Auch aus diesen Werten ergibt sich in Übereinstimmung mit der Beurteilung nach Tab. 1, daß der durchschnittliche Bewertungsfehler bei den angeglichenen Empfindlichkeitstypen *S*-1, *S*-3, *S*-13 und *S*-17 am größten ist und die partiell gefilterte Type *S*-10 insgesamt gesehen die besten Ergebnisse liefert.

Bei späteren Versuchen sind noch erheblich bessere Angleichsresultate erzielt worden. Hierüber soll demnächst an anderer Stelle berichtet werden.

## Literatur


1) DRESLER, A.: Licht 3 (1933) H. 2, S. 41.

2) RIECK, J.: Die Spektralempfindlichkeit von Photoelementen beim objektiven Lichtmessen (Dissertation 1936).

3) SCHIER, H.: Lichttechn. 4 (1952) H. 4, S. 91.

4) BACHMANN, K.-H.: Z. Meteor. 4 (1950) H. 6, S. 176.

5) CORDUAN, K.: Techn.-wiss. Abh. Osram-Ges. 7 (1958) S. 314.

6) FRÜHLING, H.-G.: Techn.-wiss. Abh. Osram-Ges. 7 (1958) S. 324 und Farbe 2 (1953) H. 1/2, S. 1.


# Die Abhängigkeit des photometrischen Strahlungsäquivalents von den Konstanten des Planckschen Strahlungsgesetzes und dem Platinpunkt*)


Von

**K. MAHR**


Mit 1 Abbildung


Die umständliche Berechnung des Maximalwertes des photometrischen Strahlungsäquivalents aus den drei Konstanten $c_1$, $c_2$ und $T_{Pt}$ des PLANCKschen Strahlungsgesetzes, deren genauer Wert z. Z. noch nicht genügend gesichert erscheint, wird durch die Aufstellung eines einfachen Näherungspolynoms hoher Genauigkeit wesentlich vereinfacht. Die zahlenmäßigen Ergebnisse werden außerdem graphisch und tabellarisch dargestellt, um eine Übersicht über die Auswirkung der verschiedenen Werte der Konstanten zu ermöglichen.


## Einleitung

Durch die 9. Generalkonferenz für Maß und Gewicht 1948 wurde die Einheit der Lichtstärke „candela" so definiert, daß die Leuchtdichte des PLANCKschen Strahlers bei der Erstarrungstemperatur des Platins exakt $60 \left[\frac{\text{cd}}{\text{cm}^2}\right] = 60 \left[\frac{\text{lm}}{\text{cm}^2 \cdot \text{sr}}\right]$ beträgt. Daraus läßt sich der Maximalwert des photometrischen Strahlungs-

*) Originalmitteilung

äquivalents $K_m$ berechnen, wenn die Zahlenwerte der beiden Konstanten $c_1$ und $c_2$ des PLANCKschen Gesetzes und der Platinpunkt $T_{Pt}$ bekannt sind.

$$K_m = \frac{60}{\int B_{e\lambda}\, V(\lambda)\, d\lambda} \left[\frac{\mathrm{lm}}{\mathrm{W}}\right] \text{ mit}$$

$$B_{e\lambda} = \frac{d B_e}{d\lambda} = \frac{2 c_1}{\lambda^5} \frac{1}{e^{\frac{c_2}{\lambda T}} - 1} \left[\frac{\mathrm{W}}{\mathrm{cm}^2 \cdot \mathrm{nm} \cdot \mathrm{sr}}\right]$$

$\lambda$ = Wellenlänge [cm]

Die Zahlenwerte der drei Konstanten $c_1$, $c_2$ und $T_{Pt}$ sind direkt oder indirekt durch Messungen bestimmt worden, die naturgemäß mit Fehlern behaftet sind, die auch den Zahlenwert von $K_m$ mit z. T. ungünstigem Übersetzungsverhältnis beeinflussen. In der Arbeit wird nicht untersucht, welche Zahlenwerte für die Konstanten die zur Zeit wahrscheinlichsten sind, sondern angegeben, welche Werte man für $K_m$ erhält, wenn die Werte der Konstanten beliebig vorgegeben sind.

## Die Berechnung von $K_m$

Die Grundlage zur Berechnung von $K_m$ bildet die spektrale Strahlungsfunktion des PLANCKschen Strahlers, die in einer noch unveröffentlichten Arbeit im Temperaturbereich von 1600° K bis 3200° K in Abständen von 5 $g^{rd}$ für den sichtbaren Bereich in Abständen von 5 nm mit einem maximalen Fehler von $\pm$ 0,001% berechnet worden ist. Für $c_2$ wurde dabei der Wert 1,4380 [cm · °K] verwendet. Die Strahlungsfunktion wurde dabei so normiert ($B_{e\lambda,\,\mathrm{norm}}$), daß sich für jede Temperatur bei der Wellenlänge 590 nm der Wert 1 ergab.

$$B_{e,\,590} = 1 = \frac{c(T)}{\lambda^5 \left(e^{\frac{c_2}{\lambda T}} - 1\right)}$$

$c(T)$ ist ein von der Temperatur abhängiger Normierungsfaktor.

In der gleichen Arbeit wurde für den genannten Temperaturbereich auch das Integral $\int B_{e\lambda,\,\mathrm{norm}} \cdot \bar{y}_\lambda \cdot d\lambda$ durch numerische Integration mit der Intervallbreite 5 nm berechnet und durch ein Differenzschema überprüft. Aus den Restschwankungen der 4. Differenzen konnte abgeschätzt werden, daß die Werte des Integrals auf maximal $\pm$ 0,0002% unsicher sind. Daraus erfolgte die Berechnung des Maximalwertes des photometrischen Strahlungsäquivalents für eine Reihe von Temperaturen nach der folgenden Formel:

$$K_m = \frac{60 \cdot 4{,}679\,15}{B_{e,\,590,\,\mathrm{abs}} \cdot \sum B_{e\lambda,\,\mathrm{norm}} \cdot \bar{y}_\lambda \cdot \Delta\lambda}$$

$4{,}679\,15 = \frac{\bar{y}_\lambda}{V(\lambda)}$ = Umrechnungsfaktor (DIN 5033 (April 1954) Bl. 2, S. 3, Anm.)

$B_{e,\,590,\,\mathrm{abs}}$ = Absolute spektrale Strahldichte der PLANCKschen Strahlung bei 590 nm

$$\left(c_1 = 5{,}9535 \cdot 10^{-20} \left[\frac{\mathrm{W} \cdot \mathrm{cm}^3}{\mathrm{nm} \cdot \mathrm{sr}}\right]\right)$$

Werden $c_2$ und $T$ so geändert, daß der Zahlenwert des Quotienten $\frac{c_2}{T}$ konstant bleibt, ändert sich der Zahlenwert von $K_m$ nicht. Es liegt daher nahe, $K_m$ als

Tabelle 1. Der Maximalwert des photometrischen Strahlungsäquivalents $K_m$ in Abhängigkeit von der Konstante $c_2$ des Planckschen Strahlungsgesetzes und der Erstarrungstemperatur des Platins $T_{pt}$

$$c_1 = 5{,}953\,5 \cdot 10^{-20} \left[\frac{W \cdot cm^3}{nm \cdot sr}\right]$$

| $T_{pt}$ [°K] | $c_2$ [cm · °K] 1,436 0 | 1,436 5 | 1,437 0 | 1,437 5 | 1,438 0 | 1,438 5 | 1,439 0 | 1,439 5 | 1,440 0 |
|---|---|---|---|---|---|---|---|---|---|
| 2040,0 | 676,94 | 679,81 | 682,70 | 685,59 | 688,50 | 691,41 | 694,35 | 697,29 | 700,24 |
| ,5 | 674,93 | 677,79 | 680,66 | 683,55 | 686,45 | 689,36 | 692,28 | 695,21 | 698,16 |
| 2041,0 | 672,93 | 675,78 | 678,64 | 681,52 | 684,40 | 687,30 | 690,22 | 693,14 | 696,08 |
| ,5 | 670,93 | 673,77 | 676,62 | 679,49 | 682,37 | 685,26 | 688,16 | 691,08 | 694,00 |
| 2042,0 | 668,94 | 671,77 | 674,61 | 677,47 | 680,34 | 683,22 | 686,12 | 689,02 | 691,94 |
| ,5 | 666,95 | 669,78 | 672,61 | 675,46 | 678,32 | 681,19 | 684,08 | 686,97 | 689,88 |
| 2043,0 | 664,97 | 667,79 | 670,62 | 673,45 | 676,30 | 679,17 | 682,04 | 684,93 | 687,83 |
| ,5 | 663,00 | 665,81 | 668,63 | 671,46 | 674,30 | 677,15 | 680,02 | 682,89 | 685,78 |
| 2044,0 | 661,04 | 663,83 | 666,64 | 669,46 | 672,30 | 675,14 | 678,00 | 680,87 | 683,75 |
| ,5 | 659,08 | 661,87 | 664,67 | 667,48 | 670,30 | 673,14 | 675,99 | 678,85 | 681,72 |
| 2045,0 | 657,13 | 659,91 | 662,70 | 665,50 | 668,32 | 671,14 | 673,98 | 676,83 | 679,69 |
| ,5 | 655,18 | 657,96 | 660,74 | 663,53 | 666,34 | 669,15 | 671,98 | 674,82 | 677,68 |
| 2046,0 | 653,25 | 656,01 | 658,78 | 661,57 | 664,36 | 667,17 | 669,99 | 672,82 | 675,67 |
| ,5 | 651,32 | 654,07 | 656,83 | 659,61 | 662,40 | 665,20 | 668,01 | 670,83 | 673,67 |
| 2047,0 | 649,39 | 652,14 | 654,89 | 657,66 | 660,44 | 663,23 | 666,03 | 668,84 | 671,67 |
| ,5 | 647,47 | 650,21 | 652,96 | 655,71 | 658,48 | 661,27 | 664,06 | 666,86 | 669,68 |
| 2048,0 | 645,56 | 648,29 | 651,03 | 653,78 | 656,54 | 659,31 | 662,10 | 664,89 | 667,70 |
| ,5 | 643,66 | 646,38 | 649,11 | 651,85 | 654,60 | 657,36 | 660,14 | 662,93 | 665,72 |
| 2049,0 | 641,76 | 644,47 | 647,19 | 649,92 | 652,67 | 655,42 | 658,19 | 660,97 | 663,76 |
| ,5 | 639,87 | 642,57 | 645,28 | 648,00 | 650,74 | 653,49 | 656,24 | 659,01 | 661,80 |
| 2050,0 | 637,98 | 640,68 | 643,38 | 646,09 | 648,82 | 651,56 | 654,31 | 657,07 | 659,84 |

Funktion des Quotienten $\frac{c_2}{T}$ durch ein Näherungspolynom darzustellen, wobei aus praktischen Gründen die unabhängige Variable $x = \left(\frac{10^4\, c_2}{T_{Pt}} - 7{,}00000\right)$ eingeführt wird.

$$K_m = \frac{5{,}95350}{c_1}\,(632{,}6325 + 1092{,}3093\,x + 938{,}3121\,x^2 + 532{,}4127\,x^3 + 228{,}946\,x^4 + 95{,}017\,x^5)$$

Darin ist einzusetzen: $c_1$ in $\left[\frac{10^{-20}\,\mathrm{W}\cdot\mathrm{cm}^3}{\mathrm{nm}\cdot\mathrm{sr}}\right]$; $c_2$ in [cm · °K]; $T_{pt}$ in [°K]

Diese Formel ist gültig für $+0{,}5 > x > -0{,}3$, d. h. bei einem $c_2$-Wert von beispielsweise 1,438 [cm · °K] kann $T_{Pt}$ im Bereich von 1900° K und 2150° K variiert werden.

Da der richtige $c_2$-Wert sicher zwischen 1,436 und 1,440 [cm · °K] und $T_{Pt}$ zwischen 2040 und 2050° K liegen werden, kann man für diesen engen Bereich von $x$ eine einfachere Formel (Näherungspolynom 3. Grades) angeben, deren zahlenmäßige Ergebnisse auf besser als $\pm$ 0,0001%, mit denen des Polynoms 5. Grades übereinstimmen.

$$K_m = \frac{5{,}95350}{c_1}\,(632{,}6324 + 1092{,}325\,x + 936{,}77\,x^2 + 565{,}4\,x^3)$$

Diese Formel ist gültig für $+0{,}06 > x > +0{,}005$.

Beide Formeln sind innerhalb ihres Gültigkeitsbereiches mit einem durch die Rechnungen bedingten Fehler behaftet, der $\pm$ 0,0003% nicht überschreitet.

Zur Orientierung zeigt die Abb. 1 für einen festen $c_1$-Wert die Abhängigkeit des Strahlungsäquivalents von der Platintemperatur für einige $c_2$-Werte.

In der Tab. 1 sind für eine Reihe von Werten für $c_2$ und $T_{Pt}$ die dazugehörigen Werte von $K_m$ für einen festen $c_1$-Wert eingetragen. Der Abstand zwischen den Werten wurde so gewählt, daß bei der angegebenen Stellenzahl eine lineare Interpolation mit einer Unsicherheit von einer Einheit der letzten angegebenen Dezimalen möglich ist. Durch Differentiation der beiden Formeln kann man das „Übersetzungsverhältnis“ $A$ zwischen $c_2$ und $T_{Pt}$ einerseits und $K_m$ andererseits bestimmen. Als Übersetzungsverhältnis $A$ wird hier definiert: Eine relative Änderung von $c_2$ oder $T_{Pt}$ um $1 \cdot 10^{-6}$ bewirkt eine relative Änderung von $K_m$ um $A \cdot 10^{-6}$.

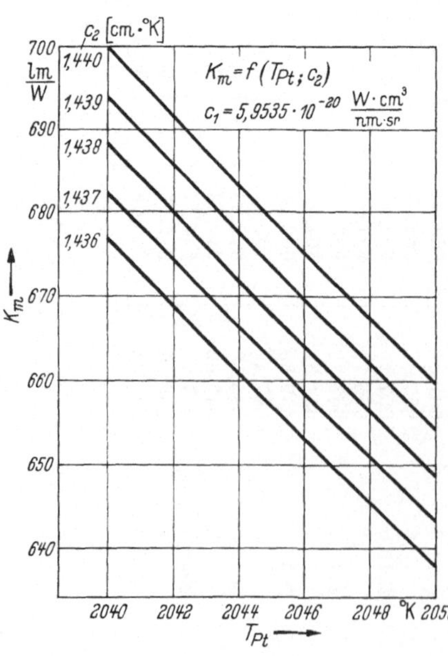

Abb. 1

Für einige Werte ergibt sich:

| $T_{pt}$ °K | $c_2$ [cm · °K] | $A$ |
|---|---|---|
| 2040 | 1,440 | 12,18 |
| 2040 | 1,436 | 12,15 |
| 2050 | 1,440 | 12,12 |
| 2050 | 1,436 | 12,09 |

# Die Einwirkung des Lichtes auf die Stimmung des Menschen

## Ein Beitrag zur Behaglichkeit der Beleuchtung*)

Von

**L. SCHNEIDER**

Mit 3 Abbildungen

Nach einer Periode intensiver Beschäftigung mit der Physiologie des Sehens gelangte man immer mehr zu der Erkenntnis, daß das Licht nicht nur die Leistungsstärke des arbeitenden Menschen, sondern auch seine Stimmung beeinflußt. Demzufolge beschäftigte man sich auch mit der Erforschung der stimmungsbeeinflussenden Wirkung des Lichtes[1]).

## Einwirkung der Umgebung auf die Stimmung des Menschen

Eine Beeinflussung der Stimmung des Menschen durch das Licht stellt die Einwirkung von physikalischen Kräften auf seinen innersten seelischen Bereich dar. Der Mensch als selbständig handelndes und fühlendes Wesen ist mit der ihn umgebenden objektiv vorhandenen physikalischen Umwelt durch seine Sinnesorgane in Verbindung. Die von der Umwelt ausgehenden physikalischen Reize rufen über die Sinneszellen und die Sinnesorgane Empfindungen hervor[2]). Diese Empfindungen erzeugen im zentralen Nervensystem Wahrnehmungen. Aus den Reizen seiner objektiven Umgebung und den durch sie ausgelösten Empfindungen baut sich der Mensch seine subjektive Umwelt auf. Nur diejenigen Reize und Empfindungen, die je nach Interesse und Erfahrungen zu Wahrnehmungen geworden sind, können die Stimmung des Menschen beeinflussen. Eine stimmungsbeeinflussende Wirkung des Lichtes kann daher nicht als einheitliches Gesetz, sondern höchstens als in großen Zügen gültige Regel gefunden werden.

Die Beeinflussung einer Stimmung wird also über die physikalischen Reize, durch ihre Verstärkung bzw. Abschwächung erfolgen, indem man Reize, die eine bestehende Stimmung fördern, verstärkt, andere, stimmungsschädigende Reize dagegen abschwächt oder gänzlich fernhält. Obwohl das Auge die meisten Wahrnehmungen des Menschen vermittelt, so ist doch die Wichtigkeit der übrigen Sinne nicht zu vernachlässigen, die im zentralen Nervensystem, im Sitz des seelischen Bereiches, zusammenwirken.

## Die Rolle des vegetativen Nervensystems

Das autonome oder vegetative Nervensystem steuert die Kreislauf- und Verdauungsorgane und andere lebenswichtige Organe des Organismus. Es gibt zwei zentrale Schaltungen des Organismus: eine auf Leistung (ergotrope) und eine gegensätzliche auf Erholung gerichtete (histotrope) Schaltung. Die erste, im wesentlichen ein Werk des Sympathicus, schaltet und steuert das für die Abgabe äußerer Leistung notwendige physiologische Geschehen im Organismus. Die zweite Schaltung bewirkt durch den Parasympathikus oder Vagus die organischen Vorgänge, die eine entsprechende Erholung und Versorgung der Organe mit sämtlichen erforderlichen Energien zur Folge haben. Im Laufe eines 24-Stunden-Tages schwankt der Organismus zwischen diesen beiden Schaltungszuständen, was sich eindeutig in der „physiologischen Leistungskurve“ dokumentiert. Die Leistungs-

---

*) Gekürzte Fassung einer in „Lichttechnik“ 11 (1959) H. 5 u. 6 erschienenen Arbeit.

bereitschaft des Menschen ist also nicht konstant, sie hat vielmehr etwa zwischen 10 und 11 Uhr und zwischen 17 und 21 Uhr ein Maximum, in der Mittagspause ein leichtes Minimum; in der Nacht zwischen 1 und 3 Uhr fällt sie auf ein absolutes Minimum ab. Der Verlauf der Kurve der physiologischen Leistungsbereitschaft ist Gegenstand vieler Untersuchungen gewesen; u. a. hat O. GRAF[3])[4]) den Verlauf des Wechselstromwiderstandes der menschlichen Haut über 24 Stunden an einer Reihe Versuchspersonen untersucht. Die Kurve gibt ein anschauliches Bild des täglichen Verlaufs dieser physiologischen Leistungskurve[5] (Abb 1).

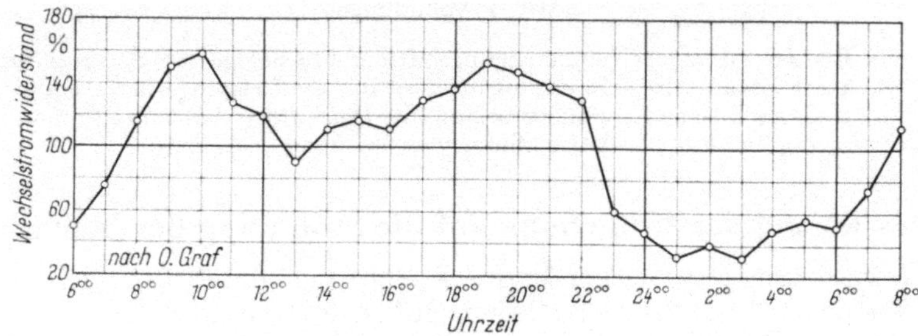


Abb. 1. Verlauf des Wechselstromwiderstandes der Haut.

## Licht, Schaltungszustand und Stimmung

Zwischen dem beschriebenen 24-Stunden-Rhythmus und dem Wechsel von Tag und Nacht besteht tatsächlich ein Zusammenhang. Nach Untersuchungen von BECHER, FREY, HOLLWICH u. a.[6]) kann heute eine direkte Verbindung vom Auge zum Zwischenhirn-Hypophysensystem — der zentralen Schaltstelle des vegetativen Nervensystems — als sicher angenommen werden. Sie hat ihren Ausgangspunkt in vegetativen Ganglienzellen der Netzhaut, in denen ein zentralvegetatives Kerngebiet gelegen ist. Diese Ganglienzellen liegen bevorzugt in kleinen Gruppen zusammen. Sie fehlen in der fovea centralis, beginnen aber schon in deren Umkreis. Von ihnen führen vegetative Nervenfasern durch den Sehnerv (opticus) und zweigen dann zum Zwischenhirn-Hypophysensystem ab (Abb 2).

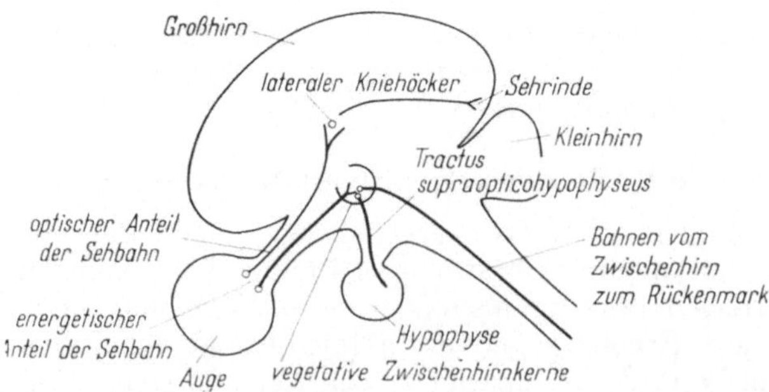


Abb. 2. Schematische Darstellung des „energetischen Anteils der Sehbahn" (HOLLWICH 1948).

HOLLWICH hat bei experimentellen Untersuchungen an Tieren und klinischen Beobachtungen an Menschen (besonders an Früh- und Späterblindeten und wieder sehend Gewordenen) den Einfluß des Lichtreizes über das Auge auf das vegetative Nervensystem schlechthin nachweisen können, z. B. den Einfluß auf den Wasserhaushalt, den Kohlehydratstoffwechsel, den Blut-Adrenalinogenspiegel, die Schilddrüsenfunktion usw.

Das Zwischenhirn-Hypophysensystem muß aber nach der heutigen Auffassung auch als Ausgangspunkt für die Gemütsbewegungen angesehen werden und als derjenige Abschnitt des zentralen Nervensystems, in dem Gemütsbewegungen in körperliche Zustandsänderungen umgesetzt werden und umgekehrt. Das bedeutet, daß ein enger Zusammenhang zwischen dem Zustand des Organismus und dem seelischen Zustand besteht, daß also die Stimmung des Menschen vom Zustand des Organismus beeinflußt werden kann. Damit ist auch die zweite Einflußmöglichkeit des Lichtes auf die Stimmung des Menschen nachgewiesen.

## Folgerungen für die Lichttechnik

Die Änderungen des Schaltungszustandes des Organismus drücken sich auch in Änderungen einzelner Organe usw. aus, wie dies GRAF[3]) am Wechselstromwiderstand der Haut, der Verschmelzungsfrequenz des Auges und der noch wahrnehmbaren Grenzfrequenz des Ohres festgestellt hat. Diese Änderungen erfolgen nicht nur im 24-Stunden-Rhythmus, sondern auch im Jahres-Rhythmus. Die von DRESLER[7]) und anderen gefundene Änderung der spektralen Hellempfindlichkeit des Auges im Verlauf eines Jahres ließe sich auf diese Weise leicht erklären (KOHLRAUSCH[8]) hat solche Möglichkeit auch schon angedeutet).

Nach DRESLERS Untersuchungen hat das Verhältnis $\frac{V = 589\,\text{nm}}{V = 546\,\text{nm}}$ im Juni ein Minimum von 0,815 und im November ein Maximum von 0,86 bei kontinuierlichem Übergang. Das bedeutet, daß im Sommer, wo der Organismus mehr ergotrop geschaltet ist, die längerwellige Strahlung weniger stark bewertet wird als im Winter im mehr histotropen Zustand. Auf den 24-Stunden-Rhythmus übertragen, würde das bedeuten, daß in den mehr histotropen Stunden Rot und Gelb höher bewertet wird, was der Erfahrung über die Bevorzugung der warmen Farbtöne nicht widersprechen würde.

Die Erfahrung, daß die Leistungsbereitschaft des Menschen bei reiner Arbeitsplatzbeleuchtung geringer ist als bei Allgemeinbeleuchtung, läßt sich ebenfalls aus den obigen Erkenntnissen plausibler erklären als bisher. So hat z. B. SCHÖNE[9]) an Hand von Untersuchungen in Betrieben festgestellt, daß bei Arbeiten an schweren Werkzeugmaschinen, deren eigentliche Arbeitsflächen durch besondere Platzbeleuchtung mit Beleuchtungsstärken von 100 bis 500 Lux beleuchtet waren, die Arbeitsleistung um 6 bis 9% zurückging, wenn die Allgemeinbeleuchtung der Werkstätten, die 32 bzw. 45 Lux betrug, auf 1 Lux reduziert wurde, also praktisch abgeschaltet worden ist. Der Einfluß des dunklen Umfeldes auf den Rückgang der Leistung wurde meist mit Ermüdung durch Umadaptation beim Aufblicken von der Arbeit erklärt. Nach den Feststellungen von BECHER[6]) geht die die Schaltung des Organismus steuernde Wirkung des Lichtes über die Peripherie und den parazentralen Teil der Netzhaut. Wenn also das Umfeld abgedunkelt wird, ist ein Rückgang des ergotropen Zustandes zu erwarten und damit ein Rückgang der Leistungsbereitschaft.

Wir wissen aus der Erfahrung, daß uns Wohnräume, die mit etwa 50 Lux beleuchtet sind, abends hell erscheinen, während dieselbe Beleuchtungsstärke bei der Arbeit als ungenügend empfunden wird. Bei der Beleuchtung von Wohnräumen bevorzugen wir auch gelblich-rötliche Farben des Lichtes, während bei der Arbeitsbeleuchtung weißes Licht hoher Beleuchtungsstärke als günstiger empfunden wird. Es ist auch Ende der 30er Jahre festgestellt worden, daß beim Übergang einer Arbeitsgruppe von Tagschicht auf Nachtschicht die Leistungsminderung bei Beginn der Nachtschicht und die Übergangsschwierigkeiten allgemein viel geringer waren, wenn hohe Beleuchtungsstärken mit dem damals zur Verfügung stehenden Quecksilberdampf-Mischlicht (also tageslichtähnlichem Licht) erzeugt wurden. Diese Erfahrungen lassen den Schluß zu, daß der Mensch im ergotropen Zustand weißes Licht hoher Beleuchtungsstärke, im histotropen Zustand warmes, also gelblich-rötliches Licht geringerer Beleuchtungsstärke bevorzugt. Diese Feststellung paßt mit dem weiter oben über die Änderung der spektralen Hellempfindlichkeit Gesagten gut zusammen. Die uns sowohl durch die Erfahrung wie durch die neueren physiologischen Forschungen angebotenen Erkenntnisse geben uns damit eine Bestätigung dafür, daß z. B. durch entsprechende Farbe des Lichtes und Stärke der Beleuchtung der Schaltungszustand des Organismus (mehr oder weniger ergotrop bzw. weniger oder mehr histotrop) beeinflußt werden kann. Da dieser Einflußweg über die Peripherie der Netzhaut zum Zwischenhirn-Hypophysensystem führt, dem Verknüpfungspunkt zwischen seelischem und körperlichem Bereich, ist eine recht zwingende Begründung für die Beeinflußbarkeit der Stimmung des Menschen durch das Licht gegeben und damit die Bestätigung für eine vielseitige Erfahrung.

Es darf angenommen werden, daß zwischen dem rein ergotropen und dem rein histotropen Zustand viele Zwischenzustände bestehen, wie ja auch der Sympathikus für den ergotropen und der Parasympathikus für den histotropen Zustand nicht allein vorherrschend sind, sondern im ergotropen Zustand die Einwirkung des Sympathikus, im histotropen die des Vagus überwiegt.

## Behaglichkeit oder Annehmlichkeit der Beleuchtung?

Aus dem Vorangegangenen geht hervor, daß man für die Arbeit keine behagliche Stimmung mit Hilfe der Beleuchtung erzeugen soll, da der Begriff „Behaglichkeit" offenbar mit dem Zustand der Entspannung und Erholung verbunden ist. Bei der Arbeit soll vielmehr die Arbeitsfreude gefördert, also eine aktive Stimmung hervorgerufen werden. Auch kann man offensichtlich eine festlich-freudige Stimmung, wie sie etwa beim Festefeiern oder beim Tanzen aufkommen soll, nicht unter dem Begriff der Behaglichkeit einordnen, vielmehr ist das Feiern eine mehr ergotrope als histotrope Angelegenheit. Man darf also nicht von Annehmlichkeit oder Behaglichkeit der Beleuchtung schlechthin sprechen, sondern man muß versuchen, die verschiedenartigen Stimmungen zu beschreiben. Die einzelnen Aufgaben können etwa folgendermaßen formuliert werden:

Die Beleuchtung soll mithelfen,
- bei der Arbeit die Arbeitsfreude zu fördern (rein ergotrop),
- bei der Erholung zur Entspannung beizutragen (rein histotrop),
- bei Festen eine festliche Stimmung hervorzurufen (vorwiegend ergotrop),
- bei Feiern eine feierliche Stimmung zu erzeugen (ergotrop-histotrop),
- in Kultstätten die Andacht zu fördern (vorwiegend histotrop),
- im Wohnraum
  - im großen Kreis eine gemütliche bis festliche (rein histotrop bis vorwiegend ergotrop),
  - im kleinen Kreis eine behagliche Stimmung zu erzeugen (rein histotrop).

## Der Raum als Stimmungsfaktor

Da der moderne Mensch den größten Teil seiner Zeit sich in mehr oder weniger geschlossenen Räumen befindet, ist es nun wichtig, die Aufgaben des geschlossenen Raumes in all seinen Einzelheiten als stimmungsbeeinflussenden Faktor zu untersuchen.

Die stimmungsbeeinflussenden Funktionen des Raumes bestehen einmal in der Fernhaltung oder Verminderung von störenden Reizen und in der Schaffung oder Vermehrung von fördernden Reizen. Zur ersten Aufgabengruppe gehört der Schutz des Menschen vor den Unbilden der Witterung, Fernhaltung störender Reize von Wärme oder Kälte, Feuchtigkeit und Wind, störenden Geräuschen, unerwünschten Gerüchen usw. Der Raum soll dem zeitweiligen Bedürfnis des Menschen nach Einsamkeit entgegenkommen, soll ihn also, besonders im Zustand der Erholung, von dem Geschehen der Außenwelt und der großen Menge der Mitmenschen abschließen helfen. Zur zweiten Aufgabengruppe gehören Schaffung erwünschter Wärme- und Luftbedingungen, richtige Wahl der Raumgröße, richtige Abstimmung der Raumabmessungen (Länge : Breite: Höhe) aufeinander, richtige Abstimmung der Farbe und des Materials der Raumausstattung sowie der Einrichtungsgegenstände und nicht zuletzt die der erwünschten Stimmung des Menschen angepaßte Stärke und Verteilung der Beleuchtung im Raum. Es ist dabei zu beachten, daß der Raum nur als Raum erlebt werden kann, wenn seine Begrenzungsflächen sichtbar sind. Nur so kann er seine schirmende und bergende Funktion erfüllen.

Wenn auch das Licht einer der wichtigsten Faktoren der Stimmungsbeeinflussung ist, so dürfen alle übrigen Faktoren nicht vernachlässigt werden. Nur die Harmonie aller Faktoren bringt die gewünschte Stimmung des Menschen.

## Beleuchtung des Arbeitsraumes

Bei der Arbeit soll der Mensch ergotrop geschaltet sein. Wenn dies nicht der Fall sein sollte, ist es vor allen Dingen Aufgabe der künstlichen Beleuchtung, die Umschaltung auf den ergotropen Zustand herbeizuführen. Im ergotropen Zustand hat der Mensch im allgemeinen nicht das Bedürfnis, sich von seiner Umgebung abzuschließen. (Eine Ausnahme bilden die Arbeiten, bei denen eine starke geistige Konzentration, Ruhe usw., erforderlich sind.)

Vor allen Dingen erscheint kein optischer Abschluß nach außen erforderlich zu sein. Arbeitsräume ohne Fenster rufen selbst bei guter und starker künstlicher Allgemeinbeleuchtung und guter Klimatisierung bei vielen Menschen das Gefühl des Eingeschlossenseins hervor. Dies kann zu einer Minderung der Leistungsbereitschaft führen. Kleine Fenster, die an sich zur Beleuchtung des Raumes mit Tageslicht kaum etwas beitragen, können hier Abhilfe schaffen. Der Mensch, der seine Arbeit gern verrichtet, hat zwar normalerweise gar keine Zeit und keine Lust, „spazieren zu sehen“, das Bewußtsein jedoch, keinen Blick ins Freie tun zu können, ruft ein Gefühl des Eingeschlossenseins hervor. Dieselbe Wirkung kann auch in Arbeitsräumen mit großen Fenstern auftreten, die zum Schutz gegen starke Sonneneinstrahlung mit lichtstreuenden und wärmeabsorbierenden Glasflächen versehen sind. Kleine Fensterflächen aus klarem Glas geben auch hier das Gefühl der Freiheit (Abb. 3).

Die Raumproportionen (Länge : Breite : Höhe) sind vielseitig und haben offenbar keinen merklichen Einfluß auf die Stimmung des arbeitenden Menschen. Der Mensch hat im ergotropen Zustand nicht das Bedürfnis des Abgeschlossenseins, vielmehr ist für viele Arbeiten das Erleben der Arbeitsgemeinschaft für das Arbeitsklima offenbar vorteilhaft.

Für Büroarbeiten treffen diese Überlegungen nicht allgemein zu. Hier ist, wie oben erwähnt, für Arbeiten, die eine besondere Konzentration erfordern oder wo schwierige Rechenoperationen und ähnliches durchgeführt werden, ein Abschluß in kleinen Räumen erwünscht, um die Ablenkung, die in einer größeren Gemeinschaft möglich ist, zu vermeiden.

Die künstliche Beleuchtung der Arbeitsräume erfordert ganz allgemein eine starke Allgemeinbeleuchtung mit weißem Licht. Eine gleichmäßige Ausleuchtung des Arbeitsraumes im Gegensatz zur reinen Arbeitsplatzbeleuchtung ist in den allermeisten Fällen unbedingt erforderlich. Alle Anforderungen an die Güte einer Beleuchtung sind zu berücksichtigen, worauf hier nicht eingegangen zu werden braucht.

Beim Übergang von Tagschicht auf Nachtschicht entstehen Übergangsschwierigkeiten, die darauf zurückzuführen sind, daß der Organismus, der sich

Abb. 3. Teil eines Fabrikationsraumes mit großen Fensterflächen aus Thermoluxglas, in die kleine Klarglasfenster eingebaut sind.

infolge des gewohnten Tag- und Nachtrhythmus am Abend und in der Nacht im histotropen Zustand befindet, auf den ergotropen Zustand umgeschaltet werden muß. Dies ist nach den obengenannten Erfahrungen leichter möglich, wenn die Arbeitsräume mit weißem Licht und starker künstlicher Allgemeinbeleuchtung versehen werden.

Es gibt Menschen, insbesondere Geistesarbeiter, die nachts mit Vorliebe bei reiner Arbeitsplatzbeleuchtung arbeiten. Diese Vorliebe ist einmal darauf zurückzuführen, daß bei einem gewissen Mangel an Konzentrationsfähigkeit, besonders auch bei einer schon eingetretenen Ermüdung, die starke Platzbeleuchtung die Umgebung ausschaltet und damit konzentrationsstörende optische Reize fernhält. Weiterhin spielt für die Bevorzugung der Nachtarbeit sicherlich die Tatsache eine Rolle, daß im allgemeinen in den Nachtstunden störende Reize durch Geräusche geringer sind als bei Tag. Es ist anzunehmen, daß in diesem Falle die Leistungsbereitschaft und damit also der ergotrope Zustand durch das Wegfallen der störenden akustischen Reize mehr gefördert wird als durch eine stärkere Allgemeinbeleuchtung.

## Beleuchtung von Gaststätten

Es gibt zwei Arten von Gaststätten: Dem Tempo unserer Zeit entsprechend, Schnell-Gaststätten, Automaten-Restaurants, Groß-Gaststätten usw. Hier kann die zur Entspannung und Erholung erforderliche gemütliche Stimmung nicht aufkommen, daher ist eine hohe und gleichmäßige Allgemeinbeleuchtung erforderlich.

Es gibt aber eine andere Gruppe von Gaststätten, meist Wein- oder Bierstuben, gemütliche Speiserestaurants, die eine anheimelnde Stimmung vermitteln und zur Entspannung beitragen. Die Beleuchtung soll hier den histotropen Zustand fördern. Deshalb ist keine hohe Beleuchtungsstärke erforderlich. Sie entspricht oft der in Wohnzimmern vorhandenen Beleuchtungsstärke. Die Lichtfarbe soll warm sein. Oft werden die Tische durch einzelne Pendelleuchten oder besondere Tischleuchten beleuchtet. Eine derartige „Platzbeleuchtung" gibt ein Gefühl einer gewissen Abschließung von anderen Gästen und schließt die Tischrunde enger zusammen. Man unterstützt also mit der Beleuchtung den Wunsch des Menschen, sich bei der Entspannung und Erholung abschließen zu wollen.

## Beleuchtung des Wohnraumes

Die Beleuchtung der einzelnen Räume einer Wohnung muß sich entsprechend ihren verschiedenen Aufgaben anpassen. Arbeitsräume verlangen eine starke Allgemeinbeleuchtung mit weißem Licht. Die eigentlichen Wohnräume dienen heute meist mehreren Zwecken, z. B. der Entspannung und Erholung, der Geselligkeit und der Arbeit. Für Arbeiten, die im Wohnraum verrichtet werden, wie Lesen, Schreiben, Handarbeiten, ist entweder eine gute Allgemeinbeleuchtung oder eine starke Platzbeleuchtung mit ausreichender Allgemeinbeleuchtung erforderlich.

Zur Entspannung und Erholung genügt eine geringere Beleuchtung; die Lichtfarbe soll als warm empfunden werden, also rötlich-gelb sein. Für besinnliche Stunden genügen einzelne Zier- oder Wandleuchten, ebenso Stehleuchten bei geringen Beleuchtungsstärken. Festlichkeiten verlangen höhere Beleuchtungsstärken und evtl. Glanzlichter. Außerdem ist eine gleichmäßigere Raumausleuchtung wichtig. Um den verschiedensten Ansprüchen zu genügen, und um die jeweils gewünschte Stimmung zu unterstützen, soll die Wohnraumbeleuchtung hinsichtlich ihrer Stärke und Gleichmäßigkeit veränderlich sein. Allgemein- und Platzbeleuchtung müssen je nach Bedarf einschaltbar sein. Um das zur Förderung des histotropen Zustandes notwendige Gefühl des Abgeschlossenseins aufkommen zu lassen, soll die Beleuchtung die Raumbegrenzungsflächen noch erkennen lassen. Ein Abschluß der Fenster am Abend schafft im Raum erst das Gefühl der Geborgenheit.

## Das Licht in Kirchen

Kirchen, Tempel oder andere Kultstätten sind Gebäude, die die einzige Aufgabe haben, die Verbindung des Menschen mit seiner Gottheit herzustellen. Sie dienen der Sammlung und der Andacht des einzelnen oder der Gemeinde und dem Lobe und der Verherrlichung Gottes. Der äußere und innere Aufbau und die Innenausstattung sind ganz auf diese Aufgabe eingestellt. Es spiegelt sich daher in den entsprechenden Bauwerken der verschiedenen Kulturen und Religionen ebenso wie der verschiedenen Epochen ein und derselben Kultur und Religion die Verschiedenartigkeit der religiösen Bräuche und Auffassungen wider. Gleichzeitig kann man auch aus — nach unserer Meinung — gut gelungenen Repräsentanten solcher Bauwerke auf die äußerlichen Mittel und Wege schließen, mit denen die Baumeister und Künstler ihrer Zeit es verstanden haben, dem religiösen Empfinden und Bedürfnis ihrer Zeit Ausdruck zu verleihen und den Gläubigen beim Betreten des Heiligtums und beim Verweilen in die erwünschte Stimmung der Andacht zu versetzen. Aus zwei Epochen, der Gotik und dem Barock im süddeutschen Raum, soll versucht werden, den Einfluß zu ermitteln, den hierbei die Beleuchtung, und zwar die natürliche Beleuchtung ausüben kann.

Die Aufgabe des Gotteshauses, den Menschen von dem Materiellen seiner Umgebung und den Sorgen des Alltags zu lösen, eine geistige Sammlung zu erwirken und zu einer tiefen Andacht zu führen, erfordert einen möglichst vollkommenen Abschluß von den physikalischen Reizen der Außenwelt. Liegt der Schwerpunkt der heiligen Handlung im Bereich des Altars, so wird — auch bei Tage — durch zusätzliche Beleuchtung mit Kerzen, deren lebendige Flamme und warme Lichtfarbe offenbar dem Bedürfnis des Menschen entgegenkommt, seine Aufmerksamkeit zum Altar hinlenkt. Tritt der Anteil der Gemeinde am Gottesdienst stärker in Erscheinung, dann hat der Kirchenraum mehr die Bedeutung eines Versammlungsraumes. Hieraus lassen sich verschiedene Aufgaben der Beleuchtung ableiten.

„Die Gotik hat in ihren Domen eine Raumeinheit geschaffen, deren himmelanstrebende, geheimnisvoll leuchtende Pracht zugleich den mystischen Drang des mittelalterlichen Glaubensideals befriedigte. Der gotische Dom war das Symbol der geschlossenen Einheit des Gottesreiches auf Erden“[10]).

Der akustische Abschluß von der Außenwelt wird durch das gewaltige Mauerwerk gegeben. Die farbig bemalten Fenster bewirken die optische Trennung von der Außenwelt. Die bildlichen Darstellungen der wie von selbst leuchtenden Fenster und die warme, vielfach dämmerige Beleuchtung fördern die religiöse Versenkung, die Stimmung der Andacht. In der Spätgotik besitzen die Hallenkirchen meist klare Fenster. Es wird darin ein Einfluß der Gegenreformation erblickt. Vom österreichischen Raum wird berichtet, daß die spätgotischen Kirchen unter dem Einfluß der Bettelorden, die im Dienste der Gegenreformation wirkten, helle, klare Fenster erhielten, weil hier die Kirchen nicht nur als Andachts- und Kulträume dienten, sondern auch als Predigträume. Die Kanzel stand hierbei im Mittelpunkt des Geschehens, und der Prediger oder Redner brauchte auch den optischen Kontakt mit seinen Zuhörern.

Welchen Einfluß das Licht auf die Stimmung im Kirchenraum haben kann, soll am Beispiel des Ulmer Münsters gezeigt werden. Es wurde in der Zeit vom 14. bis zum Anfang des 16. Jahrhunderts gebaut. Wenige Jahrzehnte nach seiner Weihe wurde in Ulm die Reformation eingeführt. Im vergangenen Kriege wurden die Seitenfenster durch Bombeneinwirkung zerstört. Die Chorfenster waren rechtzeitig sichergestellt worden. In den Jahren nach dem Kriege wurden die Chorfenster wieder eingesetzt. Die Seitenfenster wurden mit gewöhnlichem Fensterglas verglast. Der Kirchenraum wirkte trotz der gewaltigen Architektur und der künstlerischen Ausgestaltung kalt und nüchtern. Nach der Renovierung vor etwa sechs Jahren wurden die Seitenfenster mit farbigen „Antikgläsern“ versehen (Farbgläser, in der Masse gefärbt, die einzelnen Scheiben aber von verschieden starker Lichtdurchlässigkeit). Die Farben der Fenster in der Nähe des Hauptportals sind grau und gehen dann in Richtung auf den Chor zu in wärmere Töne über.

Jetzt herrscht hier eine wunderbare Farb- und Raumstimmung. Das höhere Mittelschiff, das durch den Altar nach dem Chor zu abgeschlossen wird, bildet den Hauptraum mit der Kanzel als Mittelpunkt. Die Fenster des Mittelschiffs sind klar und farblos bis auf einige Scheiben. Das Mittelschiff ist klar und hell und wirkt im Gegensatz zu den Seitenschiffen mit ihrer mystischen Stimmung als gewaltiger Versammlungsraum.

Das Zeitalter des Barock ist eine Zeit gesteigerten Lebensgefühls. Verschwenderische Pracht und Glanz an den Fürstenhöfen strahlt auf viele Bereiche des Lebens und verschiedene Bevölkerungsschichten aus. Architektur, bildende Kunst, Musik, Theater, Kleidung, Ernährung, Feste usw. zeigen ihren Einfluß. Auch der Kirchenbau ist im Banne dieser Zeit. Nicht nur Neubauten wurden im Stile des Barock errichtet und legen Zeugnis ab von dem neuen Lebensgefühl, auch ältere Bauwerke wurden barockisiert. Die in der Gotik vorherrschende, senkrecht aufsteigende Gerade, die im Spitzbogengewölbe endet, wird durch geschwungene Linien, flache kreisrunde oder elliptische Wölbungen abgelöst. Die Farbe ist von den Fenstern weg in den Innenraum verlegt. Farbenprächtige Deckengemälde, vielfach in plastische Stuckfiguren und Ornamente übergehend, eine lebendige Fülle von Formen und Gestalten erfüllt den Raum, Gold und oft auch eingelegte Spiegel erhöhen den Glanz. Um diese Pracht zum Leben zu bringen, ist viel Licht nötig. Die Fenster sind aus farblosem Klarglas. „Die Außenwände sind mitsamt den Fenstern beim ersten Eintritt dem Blick absichtlich entzogen, damit die Quelle des einströmenden Lichtes zunächst unkontrollierbar bleibt“ (Balthasar Neumann, Vierzehnheiligen). Im süddeutschen Barock (der dem Verfasser am geläufigsten ist), besonders im Frühbarock, werden die Fenster meist durch starke Pfeiler in der Blickrichtung zum Altar hin verdeckt. Auf diese Weise wird der Abschluß von der Außenwelt und die Hinlenkung des Menschen zum Altar und zu den religiösen Darstellungen der Gemälde erreicht.

Ein hervorragendes Beispiel bewußt gestalteter und ausgezeichnet gelungener Lichtführung des Tageslichtes stellt die kleine Abteikirche der Benediktinerabtei Weltenburg a. d. Donau dar, 1716 bis 1723 von den Gebrüdern Asam erbaut. Beim Betreten des ovalen Hauptraumes aus der kleinen Vorhalle heraus, die ihr Licht von einem kleinen Fenster über der Eingangstür erhält, fällt der Blick auf den Hauptaltar, über dem aus einem Torbogen heraus der Schutzheilige St. Georg reitet, mit silberner Rüstung angetan, auf der einen Seite der Drache, auf der anderen die befreite Prinzessin; den hellen Hintergrund bildet ein Gemälde, das von unsichtbaren Fenstern beleuchtet wird. Der Hauptraum erhält seine Beleuchtung indirekt aus der Kuppel heraus. Diese Kuppel ist nach oben hin offen, das Licht fällt durch Fenster seitlich oberhalb der Kuppel und von da indirekt in den Hauptraum, gleichzeitig auch das oberhalb der Kuppel befindliche flache Deckengemälde beleuchtend. Für den Beschauer scheinen Deckengemälde und Kuppel eine Einheit zu sein. Der Abschluß von der Außenwelt ist akustisch und optisch vollkommen. Hauptblickpunkte sind Altar und Kuppel mit Deckengemälde. Kein Fenster blendet oder lenkt den Blick ab. Die Harmonie von Licht, Farbe und Raum ist vollendet. Sie versetzt den Eintretenden unmerklich in eine andächtige oder weihevolle Stimmung.

## Ist Messung der Stimmung möglich?

Diese Frage ist im ganzen gesehen, nur mit „Nein“ zu beantworten. Die Arbeiten von Graf ermutigen uns zu hoffen, daß es möglich wird, den Schaltungszustand des Organismus messend zu erfassen. Dadurch können dann wahrscheinlich Schlüsse auf ein gewisses Stimmungsniveau gezogen werden. Wie sind aber alle übrigen, die Stimmung beeinflussenden Faktoren zu erfassen? Die heute gebräuchlichen Methoden der Befragung von Versuchspersonen geben recht unsichere Ergebnisse. Wie soll z. B. das Gefühl der Behaglichkeit, der Annehmlichkeit, der Festlichkeit, der Arbeitsfreude usw., beschrieben werden, so, daß alle Versuchspersonen dies gleichermaßen empfinden? Weiterhin besteht die Gefahr, daß das Bemühen festzustellen, ob eine behagliche Stimmung vorhanden ist, das Behagen stört, d. h., daß der eindeutig histotrope Zustand etwas nach dem ergotropen hin verschoben wird. Bei sämtlichen Untersuchungen dieser Art sollte man daher streng darauf achten, daß sie im jeweils vorherrschenden Schaltungszustand des Organismus gemacht werden, und diesen nicht beeinträchtigen. Es ist nicht zu erwarten, daß man nach Erweiterung und Verbesserung derartiger Untersuchungsmethoden des künstlerisch empfindenden Innenraumgestalters, der dank seiner intuitiv schöpferischen Begabung sich in den gewünschten Stimmungszustand einfühlen und dafür die räumliche, farbliche und lichttechnische Gestaltung angeben kann, in Zukunft entraten kann.

Die Fähigkeit, Gefühle in Licht, Raum und Farbe umsetzen zu können, kann sich nicht im rein Technischen und Physikalischen erschöpfen, sondern muß alle Bereiche des menschlichen Schaffens und Fühlens umfassen.

## Literatur

[1]) ARNDT, W., D. FISCHER: Über das Angenehme oder Behagliche in der Beleuchtung. Lichttechnik 8 (1956) S. 99—103.

[2]) RENSCH, B.: Psychische Komponenten der Sinnesorgane. Stuttgart: C. Thieme 1952.

[3]) GRAF, O.: Forschungsberichte des Wirtschafts- und Verkehrsministeriums Nordrhein/Westfalen Nr. 113.

[4]) GRAF, O.: Leistungsbereitschaft als psycholog.-physiolog. Problem, in: Anpassung der Arbeit an den Menschen. Dortmund: Ardey-Verlag.

[5]) LEHMANN, G.: Arbeitsphysiolog. Forschung u. Arbeitsgestaltung, in: Anpassung der Arbeit an den Menschen. Dortmund: Ardey-Verlag.

[6]) BECHER, H., E. FREY, F. HOLLWICH u. a., in: Auge und Zwischenhirn. Bücherei des Augenarztes, Beihefte der Klin. Monatsbl. f. Augenheilkunde, 23. Heft. Stuttgart: F. Enke 1955.

[7]) DRESLER, A.: Über eine jahreszeitliche Schwankung der spektralen Hellempfindlichkeit. Das Licht. 11 (1941) S. 79.

[8]) KOHLRAUSCH, A.: Periodische Änderungen des Farbensehens. Schriftenreihe der Reichsfilmkammer 9 (1943) S. 98—102.

[9]) SCHÖNE, H.: Der Einfluß der Allgemeinbeleuchtung auf die Arbeitsleistung. Das Licht 8 (1938) S. 188.

[10]) BRANDT, P.: Sehen und Erkennen. Stuttgart: A. Kröner 1952.

# Zur Frage der Farbwiedergabe durch Lichtquellen und ihre Kennzeichnung*)

Von

**I. HENNICKE**

Mit 4 Abbildungen

Unter „Farbwiedergabe durch Lichtquellen" soll die Auswirkung der Strahlung einer Lichtquelle auf den Farbeindruck von Objekten, die mit ihr beleuchtet werden, im Vergleich zum Farbeindruck unter einer Bezugslichtquelle verstanden werden.

Eine Kennzeichnung der Farbwiedergabe muß mit Ergebnissen von Beobachtungen in Einklang stehen. Um zu vermeiden, daß die Beobachtungen für jede neu zu untersuchende Lichtquelle wiederholt werden müssen, wird danach gestrebt, Kennzeichnungsgrößen auf rechnerischem Wege zu ermitteln. Das angewendete Rechenverfahren muß zu den gleichen Ergebnissen führen wie das Experiment.

Zwei Gruppen von Verfahren wurden bisher zur Kennzeichnung der Farbwiedergabe verwendet, Kurzverfahren und Testfarbenverfahren. Nach den Kurzverfahren wird die Farbwiedergabe im wesentlichen aus der spektralen Strahlungsverteilung der Lichtquelle bestimmt, während bei den Testfarbenverfahren die Farbverschiebungen oder Farbverzerrungen einer Anzahl von Testfarben im Vergleich zu einer Bezugslichtart verwendet werden. In dieser Arbeit wurde zunächst an einer Gruppe von Warmton-Leuchtstofflampen mit den in Abb. 1

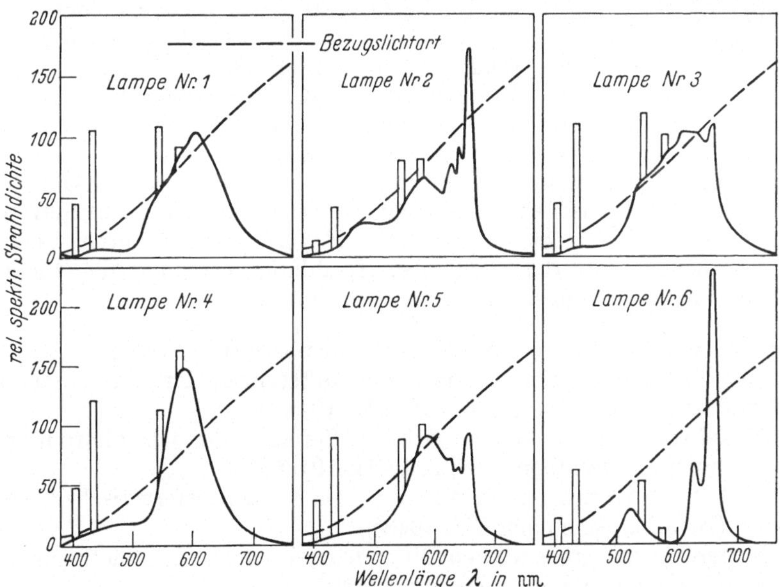


Abb. 1. Spektrale Strahlungsverteilung der untersuchten Warmton-Leuchtstofflampen.

gezeigten spektralen Strahlungsverteilungen untersucht, wie Rechenergebnisse aus verschiedenen Verfahren dieser beiden Gruppen mit experimentellen Ergebnissen übereinstimmen. Dieser Vergleich soll dazu dienen, ein oder mehrere ge-

*) Auszug aus Vortrag CIE, Brüssel 1959; Auszug aus Vorabdruck CIE P-59. 6.

eignete Rechenverfahren auszuwählen. Bei Rechnungen und Experimenten wurde berücksichtigt, daß die Farbwiedergabe durch eine Lichtquelle stets auf eine Bezugslichtart bezogen und daß die Farbstimmung des menschlichen Auges einbezogen werden muß.

Zur Durchführung der visuellen Versuche diente die in Abb. 2 dargestellte Versuchsapparatur. Die Versuchsperson, deren Platz bei $V_p$ ist, betrachtet eine auf neutral grauem Umfeld *U* erscheinende Testfarbe *T*, die im Wechsel von der Bezugslichtart *R* und von Leuchtstofflampen *L* beleuchtet wird. Damit sich das Beobachterauge auf die beleuchtende Lichtart umstimmen kann, wird einige Sekunden lang vorher an Stelle der Testfarbe eine einheitlich neutral graue Fläche gezeigt. Die Versuchsperson bewertet den Grad der Veränderung zwischen den beiden Farbeindrücken mit den Zensuren:

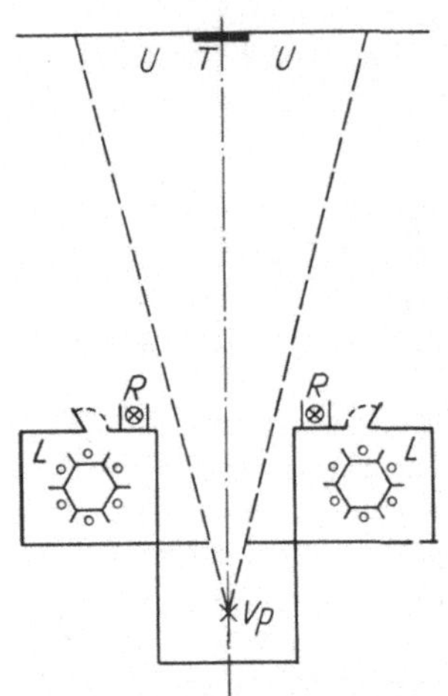

Abb. 2. Schematische Darstellung des Versuchsaufbaus. *R* Bezugsstrahler, *L* Leuchtstofflampe, *T* Testfarbe, *U* graues Umfeld, *Vp* Versuchsperson.

0 für: kein Farbunterschied
1 ,, : gerade wahrnehmbarer Farbunterschied
2 ,, : deutlicher Farbunterschied
3 ,, : großer Farbunterschied
4 ,, : sehr großer Farbunterschied

Als Testfarben wurden 34 Aufstrichfarben und 10 natürliche Objekte verwendet. Es konnte gezeigt werden, daß man praktisch die gleichen Ergebnisse erhält, wenn man an Stelle der 34 Testobjekte 7 ausgewählte Testfarben verwendet. 12 Versuchspersonen führten die Bewertungen viermal durch. Die einzelnen Kennziffern wurden jeweils über Testfarben und Versuchspersonen gemittelt. Auf diese Weise erhält man für jede untersuchte Lichtquelle eine mittlere visuelle Kennziffer, die ihre allgemeine Farbwiedergabe kennzeichnet. Diese visuellen Kennziffern wurden mit solchen, die nach verschiedenen Kurz- und Testfarbenverfahren[1–7] berechnet wurden, verglichen. Aus der spektralen Strahlungsverteilung der Lichtquelle wurden folgende neun Kennzeichnungsgrößen berechnet:

1. eine mit dem Conformity-Index[1]) zusammenhängende Größe
2. der Mittelwert der Absolutbeträge der Differenzen der acht energetischen Spektralbandwerte[2]) (Bandbereiche nach CIE 1948[4]))
3. der Mittelwert der Absolutbeträge der Differenzen der acht photometrischen Spektralbandwerte[2]) (Bandbereiche nach CIE 1948[4]))
4. der Mittelwert der prozentualen Differenzen der acht energetischen Spektralbandwerte[2]) (Bandbereiche nach CIE 1948[4]))
5. der Mittelwert der prozentualen Differenzen der acht photometrischen Spektralbandwerte[2]) (Bandbereiche nach CIE 1948[4]))
6. die mittlere quadratische Differenz der acht energetischen Spektralbandwerte (Bandbereiche nach CIE 1948[4]))
7. die mittlere quadratische Differenz der acht photometrischen Spektralbandwerte (Bandbereiche nach CIE 1948[4]))
8. eine Größe aus der Harrisonschen ,,figure of merit“[5]) (Bandbereiche nach CIE 1948[4]))
9. eine Größe nach dem Verfahren von Barnes[3]).

Nach Testfarbenverfahren wurden sieben Kennzeichnungsgrößen der Farbwiedergabe berechnet. Für sieben Testfarben wurde die mittlere Farbverschiebung nach Farbunterschiedsformeln einiger bekannter empfindungsgemäßer Systeme berechnet:

1. DIN-System, DIN-Farbunterschiedsformel
2. UCS-System, Farbunterschiedsformel nach JUDD
3. MUNSELL-System, Farbunterschiedsformel nach NICKERSON
4. MUNSELL-System, Farbunterschiedsformel nach BALINKIN
5. MUNSELL-System, Farbunterschiedsformel nach AZUMA
6. MUNSELL-System, Farbunterschiedsformel nach AZUMA-GODLOVE
7. ADAMS-System, Farbunterschiedsformel nach NICKERSON.

Die Farbörter wurden nach dem Spektralverfahren errechnet.

Als erstes Resultat der Gegenüberstellung der rechnerischen Ergebnisse mit denen aus praktischen Versuchen ergibt sich eine deutliche Überlegenheit der Testfarbenverfahren über die Kurzverfahren, wie Abb. 3 zeigt. Die Ergebnisse der

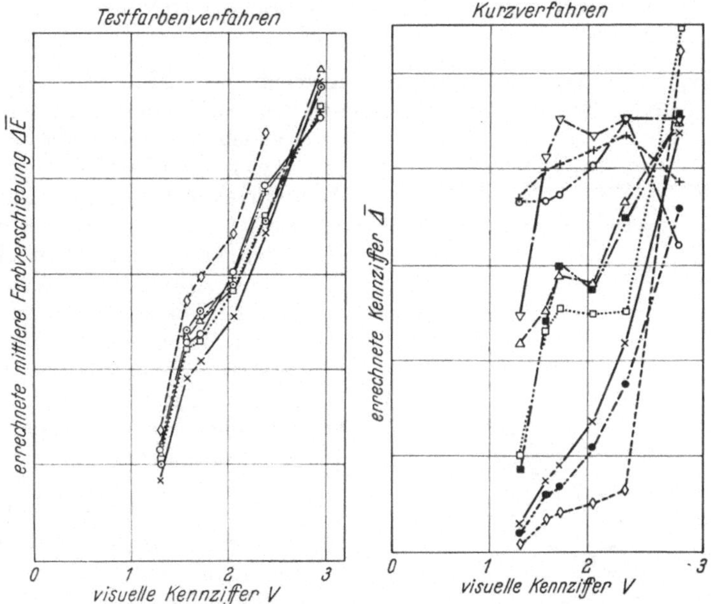


Abb. 3. Gegenüberstellung von errechneten und visuellen Kennziffern.

Testfarbenverfahren sind auf der linken Seite der Abb. 3 dargestellt. Obgleich dabei die verschiedensten Systeme mit verschiedenen Farbunterschiedsformeln benutzt wurden, zeigen die Testfarbenverfahren eine prinzipielle Ähnlichkeit untereinander und stimmen gut mit den visuellen Bewertungen überein. Der gefundene Kurvenverlauf kann für jedes System durch eine Gerade mit guter Korrelation dargestellt werden. Diese ausgleichenden Geraden, die nicht eingezeichnet sind, weichen für alle Testfarbenverfahren nur wenig voneinander ab. Die Ergebnisse der Kurzverfahren (in der Mehrzahl Spektralbandverfahren), die auf der rechten Seite der Abb. 3 dargestellt sind, stimmen mit den experimentellen Bewertungen schlechter überein. Nur einige liefern eine brauchbare Korrelation zu den experimentellen Ergebnissen. Dazu gehört das Verfahren, das den Conformity-Index[1]) benutzt, und solche, die eine Gewichtsfunktion verwenden, z. B. die ($V\lambda$)-

Funktion[2]) und die Barnes-Funktion[3]). Die übrigen untersuchten Kurzverfahren erweisen sich als weniger geeignet zur Berechnung von Farbwiedergabe-Kennzeichnungsgrößen.

Es ist also möglich, eine errechnete Kennziffer über die ausgleichende Gerade in eine visuelle zu überführen. Die nach einem rechnerischen oder visuellen Verfahren gefundenen Kennziffern geben die Abweichungen von der Bezugslichtart an. Daher steigen sie mit schlechter werdender Farbwiedergabe an. Es erscheint aber wünschenswert, Farbwiedergabe-Indizes zwischen 0 und 100 zu erhalten, und zwar in der Form, daß Lichtquellen mit bester Farbwiedergabe der Index 100 zugeordnet wird, und solche mit schlechterer Farbwiedergabe kleinere Indizes erhalten. Es muß also noch eine Beziehung gefunden werden, die die visuellen Kennziffern in die als Endergebnis gesuchten Farbwiedergabe-Indizes überführt. Für diese Beziehung, die grundsätzlich willkürlich ist, wurde eine Faustformel angesetzt. Mit Hilfe dieser Beziehung wurden für die untersuchten Leuchtstofflampen allgemeine Farbwiedergabe-Indizes bestimmt. Auf dem gleichen Wege wurden aus den errechneten Farbverschiebungen für die menschliche Hautfarbe, die eines der 10 natürlichen Objekte war, spezielle Farbwiedergabe-Indizes für diese Farbe ermittelt.

Abb. 4 zeigt ein Diagramm, in das die Farbwiedergabe-Indizes der sechs Leuchtstofflampen eingetragen sind, wie sie sich nach den verschiedenen Rechenverfahren ergeben. Die Örter, die nach sieben verwendeten Testfarbenverfahren ermittelt worden sind, sind für jede der sechs Leuchtstofflampen mit einem anderen Zeichen markiert. Im oberen Teil der Abbildung sind die Farbwiedergabe-Indizes nach drei Kurzverfahren dargestellt. Da die Spektralbandverfahren nur etwas über die allgemeine Farbwiedergabe und nichts über die Wiedergabe spezieller Farben aussagen, handelt es sich hier um eine eindimensionale Darstellung. Wie man aus dem unteren Diagramm entnimmt, könnte man, um die Kennzeichnung zu vereinfachen, einen größeren Wertebereich von Indizes zu einer Farbwiedergabe-Klasse zusammenfassen. Danach kämen z. B. Lichtquellen mit ausgezeichneter allgemeiner Farbwiedergabe und sehr guter Farbwiedergabe der Hautfarbe in Klasse A, solche, die eine gute allgemeine und gute Farbwiedergabe der Haut haben, in Klasse B. In dem hier gezeigten Diagramm sind die Klassen so gewählt, daß Leuchtstofflampen „Super de Luxe", Zweischichtlampen oder ähnliche im wesentlichen in Klasse A fallen, „de Luxe"-Typen in Klasse B, „Standard"-Typen in Klasse C und die übrigen Lampen in Klasse D. Der Verbraucher kann nach diesem Schema je nach der Farbwiedergabe, die der betreffende Beleuchtungsfall fordert,

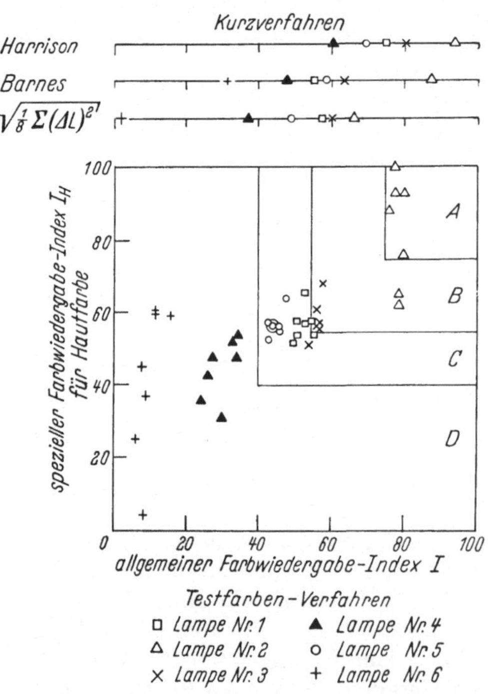


Abb. 4. Diagramm der Farbwiedergabe-Klassen.

die geeignete Lichtquelle auswählen. Das setzt voraus, daß Empfehlungen für die Farbwiedergabe in speziellen Anwendungsfällen vorliegen.

Die Ergebnisse der Untersuchungen lassen sich folgendermaßen zusammenfassen:

1. Alle untersuchten Rechenverfahren, die die Farbverschiebungen von Testfarben benutzen, führen praktisch zu den gleichen Ergebnissen.

2. Die Kennzeichnungsgrößen aus Testfarbenverfahren und einigen Kurzverfahren zeigen eine gute Korrelation mit der visuellen Bewertung.

3. Kurzverfahren, die die spektrale Strahlungsverteilung der Lichtquelle mit Gewichtsfunktionen bewerten, führen zu besseren Ergebnissen als solche, die die Strahlungsverteilung direkt verwenden.

4. Zwischen visuellen Kennziffern und solchen, die nach Testfarbenverfahren oder Kurzverfahren mit guter Korrelation errechnet wurden, kann eine lineare Beziehung angesetzt werden.

5. Die beim Testfarbenverfahren verwendeten Testfarben können auf eine kleine, geeignet ausgewählte Anzahl beschränkt werden.

## Literatur


1) Illum. Engng. 52 (1957) No. 9, S. 493—500.
2) JEROME, C. W., D. B. JUDD: Illum. Engng. 48 (1953) No. 5, S. 259—267.
3) BARNES, B. T.: J. opt. Soc. Amer. 47 (1957) S. 1124—1129.
4) CIE C. R. Paris 1948.
5) HARRISON, W.: Light and Lighting 44 (1951) S. 148—152.
6) BARR, A. C., C. N. CLARK, J. HESSLER: Illum. Engng. 47 (1952) No. 12, S. 649—656.
7) AZUMA, T., L. MORI: An Appraisement of the Colour Rendering Properties of Fluorescent Lamps. CIE C. R. Zürich 1955.


# Zur Berechnung impulserregter Systeme*)

Von

R. HOFMANN

Mit 6 Abbildungen

## 1. Einleitung

Unter impulserregten und impulsgeregelten Systemen sollen in der vorliegenden Arbeit solche Systeme verstanden werden, die aus einem Impulselement und aus einem gewöhnlichen linearen Kreis bestehen.

Ganz allgemein verstehen wir unter einem Impulselement ein technisches Gebilde, das eine stetige Einwirkung in eine Folge von Impulsen umwandelt.

Solche Impulssysteme sind in den verschiedensten Gebieten der technischen Anwendungen weit verbreitet. Es sei nur auf die Fertigungsgruppen in den Betrieben hingewiesen, wo etwa mechanische oder elektromagnetische Vorrichtungen im Impulsbetrieb arbeiten. Weiter sind Systeme mit diskontinuierlicher Regelung, automatische Wählereinrichtungen, Servomechanismen, „Auf-Zu“-Regler, Kontaktregler, Kontroll- und Zähleinrichtungen zu nennen.

---

*) Originalmitteilung.

Im Zuge der Automation von Fertigungsgruppen treten Probleme auf, welche die theoretische Untersuchung impulserregter Rückkopplungsschaltungen notwendig machen. Nimmt man z. B. an, daß die Qualität eines Erzeugnisses durch zwei Eigenschaften gekennzeichnet sei und setzt man weiter voraus, daß diese beiden Größen am Ausgang der Montagestraße ermittelt werden können, so wäre der Einsatz von Reglern möglich und damit die Beeinflussung der Halbfabrikate denkbar. Da jedes gemessene Stück einen bestimmten Meßwert liefert, und da bis zur Messung des nächsten Stückes eine bestimmte (durch Wirtschaftlichkeitsbetrachtungen gegebene) Zeit verstreicht, bilden die einzelnen Meßwerte eine Impulsfolge. Diese Impulsfolge kann als Ausgangsgröße eines entsprechenden Impulselementes gedeutet werden.

Schließlich sei noch darauf hingewiesen, daß auch bei der mathematischen Behandlung der Schaltungen für Gasentladungslampen die Einführung von Impulselement und Impulsleiter wertvolle Dienste leistet.

Im Verlauf der folgenden Ausführungen wird auf die Besprechung des technischen Aufbaus bestimmter Impulselemente und Impulsleiter verzichtet. Ziel der Arbeit ist zu zeigen, wie man die verschiedenen impulserregten Systeme und Netzwerke nach ein und demselben Kalkül behandeln kann. Die einheitliche Berechnungsmethode wird durch konkrete Beispiele belebt. Sie sollen dem Praktiker die Anwendung der Ergebnisse erleichtern.

## 2. Impulsleitergleichungen im Bild- und Originalbereich der diskreten Laplace-Transformation

Es sei $Y(t)$ die Eingangsgröße des Impulselementes und unter $\overline{Y}(\bar{t})$ werde die Ausgangsgröße des Impulselementes verstanden. $T$ bezeichne eine feste Zeitdauer. Das Impulselement habe die Eigenschaft, zu den Zeiten $\bar{t} = mT$ $(m = 0, 1, 2, \ldots)$ die Eingangsgröße zu messen und eine Impulsfolge von der Größe $\psi_m(\bar{t})\,Y(mT)$ und der Dauer $T$ zu geben. Die Ausgangsgröße $\overline{Y}(\bar{t})$ des Impulselementes ist dann gegeben durch (Abb. 1)

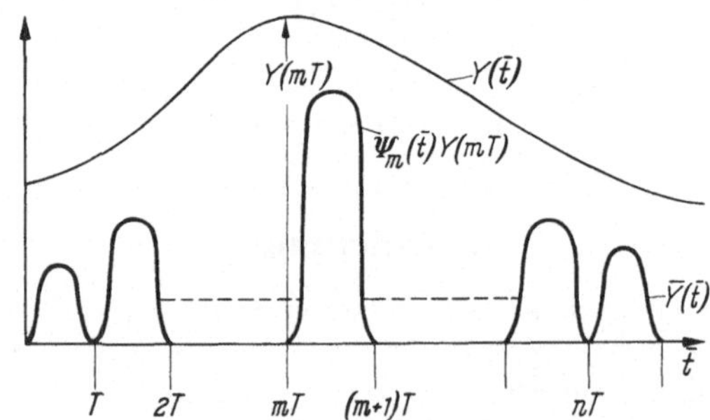


Abb. 1. Eingangs- und Ausgangsgröße des Impulselementes schematisch.

$$\overline{Y}(\bar{t}) = \sum_{m=o}^{n} \psi_m(\bar{t})\,Y(mT)\,,\; n = 0, 1, 2, \ldots \tag{1}$$

mit

$$\psi_m(\bar{t}) = \begin{cases} o \text{ für } \bar{t} < mT \\ A(\bar{t}) \text{ für } mT \leqq \bar{t} < (m+1)\,T \\ o \text{ für } \bar{t} \geqq (m+1)\,T,\; m = 0, 1, 2, \ldots \\ A(mT + \Delta\bar{t}) = A(\Delta\bar{t}),\; o \leqq \Delta\bar{t} < T. \end{cases} \tag{2}$$

Die Verbindung von Impulselement mit einem linearen System ergibt den Impulsleiter (Abb. 2). Ausgangsgröße des Impulsleiters sei $X(\bar{t})$. Zur vorläufigen Berechnung der Ausgangsveränderlichen $X(\bar{t})$ des Impulsleiters transformieren wir $\bar{Y}(\bar{t})$ mittels der gewöhnlichen LAPLACE-Transformation in den Bildbereich. Mit *)

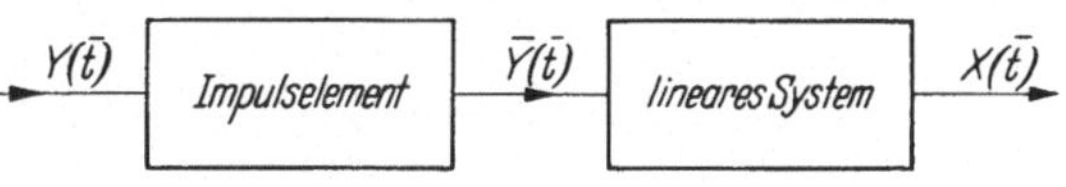

Abb. 2. Impulsleiter schematisch.

$$\bar{Y}(\bar{t}) \overset{L}{\circ\!\!-\!\!\bullet} \bar{y}(s),\ X(\bar{t}) \overset{L}{\circ\!\!-\!\!\bullet} x(s)$$

und

$$a(s) = \int_0^T A(\bar{\tau})\, e^{-s\tau}\, d\tau$$

wird

$$\bar{y}(s) = \sum_{m=o}^{n} a(s)\, e^{-mTs}\, Y(mT)\ .$$

Der lineare Zweig des Impulsleiters wird durch den Übertragungsfaktor

$$f(s) = \frac{Z(s)}{N(s)}$$

charakterisiert. Die Funktionen $Z(s)$ und $N(s)$ sind Polynome in $s$ (konzentrierte Schaltparameter), wobei der Grad $M$ des Zählers $Z(s)$ den Grad $N$ des Nenners $N(s)$ nicht überschreitet. Der Übertragungsfaktor $f(s)$ stellt das Verhältnis der Bildfunktion (im Bereich der gewöhnlichen LAPLACE-Transformation) der Ausgangsveränderlichen zur Bildfunktion der Eingangsveränderlichen des linearen Zweiges dar. $f(s)$ findet man leicht, wenn man die gewöhnliche LAPLACE-Transformation auf die Differentialgleichungen des linearen Zweiges anwendet. Unter der Voraussetzung, daß vor der Einwirkung des Impulselementes im linearen Zweig keine Energie aufgespeichert war, braucht man in den Differentialgleichungen nur $\frac{d^k}{d\bar{t}^k}$ durch $s^k$ zu ersetzen. Man findet ihn auch unmittelbar aus der Berechnung des Systems etwa nach den Regeln der Wechselstromtechnik mit Hilfe symbolischer Widerstände $(i\omega \to s)$.

Damit folgt für die Ausgangsveränderliche des Impulsleiters im Bildbereich

$$x(s) = \sum_{m=o}^{n} k(s)\, e^{-mTs}\, Y(mT) \tag{3}$$

mit

$$k(s) = f(s)\, a(s).$$

Übergang in den Originalbereich liefert

$$X(\bar{t}) = \sum_{m=o}^{n} K(\bar{t} - mT)\, Y(mT) \tag{4}$$

mit

$$k(s) \overset{L}{\bullet\!\!-\!\!\circ} K(\bar{t}).$$

Es ist zweckmäßig, die Zeit $\bar{t}$ durch die relative Zeitgröße $t = \frac{\bar{t}}{T}$ zu ersetzen. Bei dieser Änderung des Zeitmaßstabes wird das Impulsintervall gleich Eins und

$$X(t) = \sum_{m=o}^{n} K(t - m)\, Y(mT)\ . \tag{5}$$

*) Die Bezeichnungsweise ist G. DOETSCH: Tabellen zur Laplace-Transformation, Berlin 1947, entnommen.

Wir setzen nun $t = n + \varepsilon$. Die relative Größe $\varepsilon$ zählt vom Beginn der letzten Impulseinwirkung an und variiert in dem Bereich zwischen 0 und 1. Mit diesen Bezeichnungen folgt aus (5)

$$X(n+\varepsilon) = \sum_{m=0}^{n} K(n-m+\varepsilon)\, Y(m) \,. \tag{6}$$

Da die Argumente in (6) nur diskrete Werte $t = n + \varepsilon$ annehmen, die voneinander den gleichen Zeitabstand haben, kann auf $X(n+\varepsilon)$ die diskrete LAPLACE-Transformation angewendet werden*):

$$\sum_{n=0}^{\infty} X(n+\varepsilon)\, e^{-nq} = \sum_{n=0}^{\infty} \sum_{m=0}^{n} K(n-m+\varepsilon)\, Y(m)\, e^{-nq} \,. \tag{7}$$

Beachtet man den Faltungssatz der diskreten LAPLACE-Transformation, dann erhält man aus (7)

$$x^*(q,\varepsilon) = g^*(q,\varepsilon)\; y^*(q) \tag{8}$$

mit $X(n+\varepsilon) \overset{D}{\circ\!\!-\!\!\bullet}\, x^*(q,\varepsilon)$, $Y(n) \overset{D}{\circ\!\!-\!\!\bullet}\, y^*(q)$, $K(n+\varepsilon) \overset{D}{\circ\!\!-\!\!\bullet}\, g^*(q,\varepsilon)$ .

Die Beziehung (8) ist die gesuchte Impulsleitergleichung im Bildbereich der diskreten LAPLACE-Transformation. Bildet man das Verhältnis der Bildfunktion der Ausgangsveränderlichen zur Bildfunktion der Eingangsveränderlichen, so ergibt sich $g^*(q,\varepsilon)$, der Übertragungsfaktor des Impulsleiters.

Wir betrachten den allgemeinen Fall, daß der Übertragungsfaktor $f(s)$ des linearen Systems mehrfache Pole besitzt:

$s_1$ mit der Vielfachheit $v_1$
$s_2$ mit der Vielfachheit $v_2$
$s_\varrho$ mit der Vielfachheit $v_\varrho$.

Dabei muß $v_1 + v_2 + \ldots\ldots + v_\varrho = N$ sein, wenn $N$ den Grad des Polynoms $N(s)$ im Nenner von $f(s)$ bedeutet. Die Pole $s_k$ berechnen sich als Wurzeln der Gleichung $N(s) = 0$. Für $g^*(q,\varepsilon)$ findet man dann den Ausdruck**)

$$g^*(q,\varepsilon) = T \sum_{k=1}^{\varrho} \sum_{\lambda=0}^{v_k-1} A_{k\lambda} \frac{d^\lambda}{dp_k^\lambda} \left\{ e^{p_k \varepsilon} \left[ H_k(\varepsilon) + \frac{e^{p_k}}{e^q - e^{p_k}} H_k \right] \right\} \tag{9}$$

mit

$$H_k(\varepsilon) = \int_0^\varepsilon e^{-p_k \tau} A(\tau)\, d\tau, \quad H_k = \int_0^1 e^{-p_k \tau} A(\tau)\, d\tau$$

und

$$A_{k\lambda} = \frac{T^\lambda}{\lambda!\,(v_k - 1 - \lambda)!} \; \frac{d^{v_k-\lambda-1}}{ds^{v_k-\lambda-1}} \left\{ \frac{Z(s)}{N(s)} (s - s_k)^{v_k} \right\}_{s=s_k} .$$

Liegt der Sonderfall einfacher Pole vor ($v_k = 1$, $k = 1, 2, \ldots\ldots, N$), dann wird

$$g^*(q,\varepsilon) = T \sum_{k=0}^{N} A_k\, e^{p_k \varepsilon} \left[ H_k(\varepsilon) + \frac{e^{p_k}}{e^q - e^{p_k}} H_k \right] \tag{10}$$

mit

$$A_k = \frac{Z(s_k)}{N'(s_k)} \,.$$

*) Wegen der Bedeutung der diskreten Laplace-Transformation für die mathematische Untersuchung von Impulsschaltungen werden im Anhang die wichtigsten Eigenschaften dieser Transformation kurz zusammengestellt. Eine ausführliche Darstellung findet sich in [1]).

**) Die Ableitung der Formel (9) findet sich in [4]).

Zur Rücktransformation der Bildfunktion $x^*(q, \varepsilon)$ in den Originalbereich setzen wir

$$\frac{\varepsilon^{p_k}}{e^q - \varepsilon^{p_k}}\, y^*(q) \bullet\!\!\overset{D}{-}\!\!\circ\, P_k(n)\ .$$

Dann folgt aus (8)

$$X(n, \varepsilon)\, T \sum_{k=o}^{\varrho} \sum_{\lambda=o}^{v_{k-1}} A_{k\lambda} \frac{d\lambda}{dp_k^\lambda} \{\varepsilon^{p_k\varepsilon}\, [H_k(\varepsilon)\, Y(n) + \bar{H}_k\, P_k(n)]\}\ . \tag{11}$$

Die Treppenfunktion $P_k(n)$ kann nach dem Faltungssatz berechnet werden. Die Ausgangsveränderliche $X(n, \varepsilon)$ ist eine Treppenfunktion, die noch von dem Parameter $\varepsilon$ abhängt. Sie beschreibt den Zustand des Systems zu einem beliebigen Zeitpunkt $n + \varepsilon$ ($n = 0, 1, 2, \ldots\ldots$; $0 \leqq \varepsilon < 1$), d. h., die Vorgänge im System sind praktisch für jeden relativen Zeitpunkt $t = n + \varepsilon$ berechenbar.

## 3. Gasentladungslampe in Reihenschaltung mit ungesättigter Drosselspule und Ohmschem Widerstand als Beispiel für (11)

In Reihe mit einer Entladungslampe sind eine ungesättigte Drosselspule und ein Ohmscher Widerstand an das Wechselstromnetz angeschlossen. Die Schaltung ist in Abb. 3 gezeichnet. Wir betrachten die Gasentladungslampe und das Leitungsnetz als Impulselemente. Die Formel für den Strom $i(s)$ im Bildbereich der gewöhnlichen LAPLACE-Transformation

$$i(s) = \frac{a}{R(s+a)}\, [u(s) - u_L(s)],\ a = \frac{R}{L}, \tag{12}$$

liefert das Ersatzschaltbild des Impulsleiters (Abb. 4). Der Übertragungsfaktor des linearen Zweiges ist demnach

$$f(s) = \frac{a}{R(s+a)}. \tag{13}$$

Für die Spannung $A(t)$ $(0 \leqq t < 1)$ schreiben wir:

$$A(t) = U_0 \sin(2\pi t + \varphi),$$

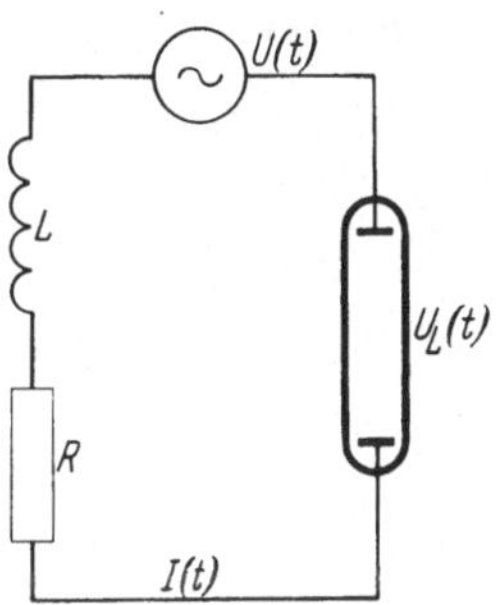

Abb. 3. Gasentladungslampe mit Drosselspule und Ohmschem Widerstand in Reihe.

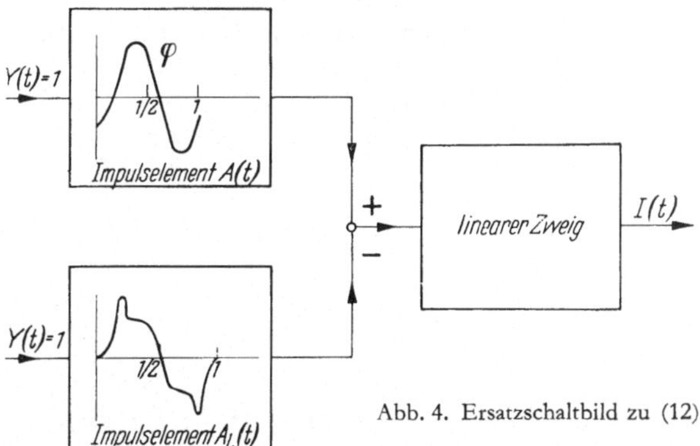

Abb. 4. Ersatzschaltbild zu (12).

wobei $U_0$ den Scheitelwert der Netzspannung angibt. $\varphi$ bezeichnet die Phasenverschiebung zwischen Strom und Netzspannung. $A_L(t)$ bezeichne die Rohrspannung. Sie habe beliebige Kurvenform. Versuche zeigen, daß diese Kurve symmetrisch zur Zeitachse verläuft, was durch die Beziehung

$$A_L\left(\frac{1}{2}+\tau\right)=-A_L(\tau),\ o\leqq\tau<\frac{1}{2}, \tag{14}$$

zum Ausdruck gebracht wird. Die Größe der Phasenverschiebung ist vorerst nicht bekannt. Sie ergibt sich durch die Festsetzung, daß der Strom $I^{\text{stat}}(n,\varepsilon)$ im stationären Endzustand zu den relativen Zeiten $\varepsilon=0$, ½ und 1 durch Null geht.

Wegen (13) wird

$$A_1=\frac{a}{R},\ s_1=-a,\ p_1=-aT=-\alpha\,,$$

und wir bekommen mit

$$Y(n)=1\ \circ\!\!\overset{D}{-}\!\!\bullet\ \frac{e^q}{e^q-1}$$

und

$$P_1(n)=\frac{e^{-\alpha}}{1-e^{-\alpha}}\left(1-e^{-\alpha n}\right)$$

mittels (11)

$$Y(n,\varepsilon)=\frac{\alpha}{R}e^{-\alpha\varepsilon}\left\{[H(\varepsilon)-H_L(\varepsilon)]+\frac{e^{-\alpha}}{1-e^{-\alpha}}[\overline{H}-\overline{H}_L]\left(1-e^{-\alpha n}\right)\right\} \tag{15}$$

mit

$$H(\varepsilon)=\frac{Uo}{\alpha^2+H\pi^2}\left[(2\pi\cos\varphi-\alpha\sin\varphi)-\sqrt{\alpha^2+4\pi^2}\cos(2\pi\varepsilon+\beta+\varphi)e^{-\alpha\varepsilon}\right],$$

$$\beta=\arccos\frac{2\pi}{\sqrt{\alpha^2+4\pi^2}},\ \overline{H}=H(1),\ H_L(\varepsilon)=\int_0^{\varepsilon}e^{\alpha\tau}A_L(\tau)\,d\tau,\ \overline{H}_L=H_L(1)\,.$$

Der eingeschwungene Zustand des Stromes ergibt sich durch den Grenzübergang $n\longrightarrow\infty$:

$$I^{\text{stat}}(n,\varepsilon)=I^{\text{stat}}(\varepsilon)=\frac{\alpha}{R}e^{-\alpha\varepsilon}\left\{[H(\varepsilon)-H_L(\varepsilon)]+\frac{e^{-\alpha}}{1-e^{-\alpha}}[\overline{H}-\overline{H}_L]\right\}. \tag{16}$$

Wir bilden die Stromwerte in den relativen Zeitpunkten 0, ½ und 1 und erhalten wegen (14)

$$I^{\text{stat}}(0)=I^{\text{stat}}(1)=-I^{\text{stat}}\left(\frac{1}{2}\right).$$

Ferner ist

$$H=\left(1-e^{\frac{a}{2}}\right)H\left(\frac{1}{2}\right)$$

und

$$H_L=\left(1-e^{\frac{a}{2}}\right)H_L\left(\frac{1}{2}\right).$$

Wie man leicht zeigen kann, gilt auch für $I^{\text{stat}}(\varepsilon)$ die Beziehung

$$I^{\text{stat}}\left(\frac{1}{2}+\tau\right)=-I^{\text{stat}}(\tau),\ 0<\tau<\frac{1}{2}, \tag{17}$$

d. h. dieselbe Symmetrie der Kurvenform wie die der Rohrspannung $A_L(t)$.

Die Phasenverschiebung $\varphi$ ermitteln wir aus der Bedingung, daß für $\varepsilon = 0$ auch $I(0) = 0$ werden muß. Dann folgt aus (16)

$$\overline{H} = \overline{H}_L$$

und weiter

$$\cos(\varphi + \beta) = \frac{\sqrt{\alpha^2 + 4\pi^2}}{U_o\left(1 + e^{\frac{\alpha}{2}}\right)} \cdot K \tag{18}$$

mit

$$\cos\beta = \frac{2\pi}{\sqrt{\alpha^2 + 4\pi^2}}, \quad \sin\beta \frac{\alpha}{\sqrt{\alpha^2 + 4\pi^2}}, \quad K = \int_0^{\frac{1}{2}} e^{\alpha\tau} A_L(\tau)\, d\tau .$$

Daraus wird

$$\varphi = \arccos\left[\frac{2\pi K}{Uo\left(1 + e^{\frac{\alpha}{2}}\right)}\left(1 + \frac{\alpha}{2\pi}\sqrt{\frac{U_o^2\left(1 + e^{\frac{\alpha}{2}}\right)^2}{K^2(\alpha^2 + 4\pi^2)} - 1}\right)\right]. \tag{19}$$

Die Phasenverschiebung ist somit abhängig von der Kurvenform der Rohrspannung, vom Verhältnis der Rohrspannung zur Netzspannung sowie von den Wechselstromwiderständen des Kreises. Wir setzen (19) in (15) ein und bekommen für den Strom den Ausdruck

$$I^{\text{stat}}(\varepsilon) = \frac{U_o}{R}\left[\alpha\left(\frac{K}{U_o\left(1 + e^{\frac{\alpha}{2}}\right)} - H_L(\varepsilon)\right)e^{-\alpha\varepsilon} - \frac{\alpha}{\sqrt{\alpha^2 + 4\pi^2}}\cos(2\pi\varepsilon + \delta)\right] \tag{20}$$

mit

$$\delta = \arccos\frac{\sqrt{\alpha^2 + 4\pi^2}}{U_o\left(1 + e^{\frac{\alpha}{2}}\right)} K ,$$

Die Form der Rohrspannungskurve wurde bisher beliebig angenommen. Nimmt man in erster Näherung einen rechteckförmigen Spannungsverlauf

$$A_L(t) = \begin{cases} U_L \text{ für } 0 \leqq t < \frac{1}{2} \\ -U_L \text{ für } \frac{1}{2} \leqq t < 1 \end{cases} \tag{21}$$

an, was ohne nennenswerte Beeinträchtigung der Genauigkeit zulässig ist, dann wird:

$$H_L(\varepsilon) = \begin{cases} \frac{U_L}{\alpha}\left(e^{\alpha\varepsilon} - 1\right) \text{ für } 0 \leqq \varepsilon < \frac{1}{2} \\ \frac{U_L}{\alpha}\left[e^{\frac{\alpha}{2}} - 1 + e^{\frac{\alpha}{2}}\left(e^{\alpha\varepsilon} - 1\right)\right] \text{ für } \frac{1}{2} \leqq \varepsilon < 1 \end{cases} \tag{22}$$

und

$$K = \frac{U_L}{\alpha}\left(e^{\frac{\alpha}{2}} - 1\right), \quad \delta = \arccos\frac{U_L\sqrt{\alpha^2 + 4\pi^2}}{\alpha U_o}\tanh\frac{\alpha}{4} .$$

Für die Phasenverschiebung bekommt man damit den Ausdruck

$$\varphi = \arccos\left[\frac{2\pi U_L}{\alpha U_o}\tanh\frac{\alpha}{4}\left(1 + \frac{\alpha}{2\pi}\sqrt{\frac{U_o^2\alpha^2}{U_L^2(\alpha^2 + 4\pi^2)\tanh^2\frac{\alpha}{4}} - 1}\right)\right]. \tag{23}$$

Für den Strom erhalten wir mithin:

$$\overset{\text{stat}}{I}(\varepsilon) = \frac{U_L}{R}\left[\left(1 + \tanh^2\frac{\alpha}{4}\right) e^{-\alpha\varepsilon} - \frac{U_0\,\alpha}{U_L\sqrt{\alpha^2 + 4\pi^2}} \cos(2\pi\,\varepsilon + \delta) - 1\right], \quad (24)$$

$$0 \leqq \varepsilon < \frac{1}{2},$$

da man sich wegen der Symmetrie-Beziehung (17) nur auf das Intervall $0 \leqq \varepsilon < 1/2$ zu beschränken braucht.

Die Leistung, die der Lampe zugeführt wird, ist in jedem Augenblick das Produkt aus Rohrspannung und Strom:

$$W(\varepsilon) = A_L(\varepsilon)\,\overset{\text{stat}}{I}(\varepsilon)\,.$$

Die mittlere Leistung ergibt sich dann zu

$$W_0 = \int_0^1 W(\varepsilon)\,d\varepsilon = \int_0^1 A_L(\varepsilon)\,\overset{\text{stat}}{I}(\varepsilon)\,d\varepsilon = 2\int_0^{\frac{1}{2}} A_L(\varepsilon)\,\overset{\text{stat}}{I}(\varepsilon)\,d\varepsilon\,. \quad (25)$$

Bei rechteckförmigem Spannungsverlauf $A_L$ folgt aus (25)

$$W_0 = \frac{2\,U_L}{R}\left(\frac{U_0\cos\varphi}{\pi} - \frac{U_L}{2}\right)$$

und wegen (23)

$$W_0 = \frac{U_L^2}{R}\left[\frac{4\tanh\frac{\alpha}{4}}{\alpha}\left(1 + \frac{\alpha}{2\pi}\sqrt{\frac{U_0^2\,\alpha^2}{U_L^2\,(\alpha^2 + 4\pi^2)\tanh^2\frac{\alpha}{4}} - 1}\right) - 1\right]. \quad (26)$$

Diesen Mittelwert zeigen die üblichen Leistungsmesser an. Aus (26) folgt, daß die Lampe nicht mehr betriebsfähig sein kann, wenn der Wurzelausdruck in (26) imaginär wird, d. h. es muß

$$U_L \leqq U_0\,\frac{\alpha}{\sqrt{\alpha^2 + 4\,\pi^2}\,\tanh\frac{\alpha}{4}}$$

sein, wobei das Gleichheitszeichen den Grenzfall der Betriebsfähigkeit angibt.

## 4. Die Gleichungen von Systemen mit Impulsrückkopplung

Wir betrachten nun einen Regelkreis (Rückkopplungskreis) mit dem Wirkschema nach Abb. 5 und setzen voraus, daß Regelstrecke und Regler durch lineare Differentialgleichungen mit konstanten Koeffizienten beschrieben werden können. Wir nehmen außerdem an, daß die äußere Störung $Z_E(t)$ am Eingang des Impulselementes angreift. Das bedeutet keine Einschränkung, denn man kann immer die an einem beliebigen Punkt des linearen Teils angreifenden Störungen auf den Eingang des Impulselementes umrechnen. Der lineare Teil des Systems wird durch den

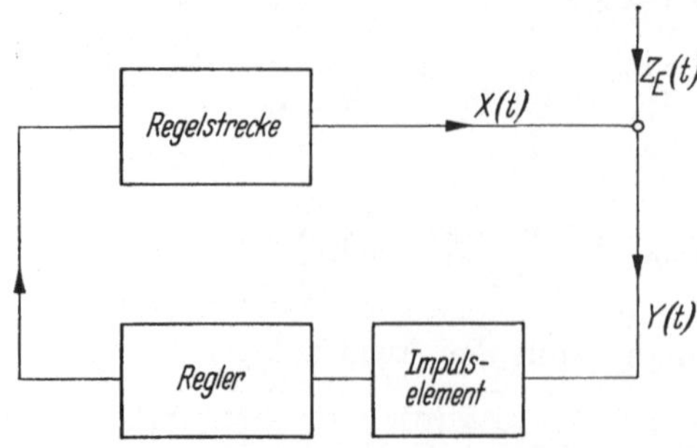


Abb. 5. Regelkreis mit Impulselement.

Übertragungsfaktor $f(s)$ charakterisiert. $f(s)$ errechnet sich leicht. Bedeuten $f_1(s)$ und $f_2(s)$ die charakteristischen Übertragungsfaktoren der Regelstrecke bzw. des Reglers, dann ist

$$f(s) = f_1(s) f_2(s) \,.$$

Nach Abschn. 2 kann man daraus den Übertragungsfaktor $g^*(q, \varepsilon)$ berechnen und die Bildgleichung des offenen Kreises hinschreiben:

$$x^*(q, \varepsilon) = g^*(q, \varepsilon)\, y(q, 0) \,. \tag{27}$$

Für die Eingangsveränderliche des Impulselementes im geschlossenen Kreis gilt offenbar

$$y^*(q, \varepsilon) = z_E^*(q, \varepsilon) - x^*(q, \varepsilon) \,. \tag{28}$$

Eliminieren wir aus (27) und (28) $x^*(q, 0)$, dann wird

$$y^*(q, 0) = \frac{1}{1 + g^*(q, o)} z_E^*(q, 0) \,. \tag{29}$$

Setzen wir dieses $y^*(q, o)$ in (27) ein, dann bekommen wir

$$x^*(q, \varepsilon) = \frac{g^*(q, \varepsilon)}{1 + g^*(q, o)} z_E^*(q, o) \,. \tag{30}$$

Die Beziehungen (28) und (30) sind die allgemeinen Bildgleichungen eines Regelkreises mit Impulselement. Man erkennt leicht die formale Analogie mit den Formeln der gewöhnlichen Regelkreistheorie.

Die Berechnungsmethode eines Regelkreises mittels der Formeln (28) und (30) soll nun durch ein konkretes Beispiel illustriert werden.

Wir betrachten eine Regelstrecke, die durch eine Gleichung erster Ordnung beschrieben wird. Der Regler habe proportionales Verhalten ($P$-Regler). Durch diese Festsetzung haben Regelstrecke und Regler folgende Übertragungsfaktoren:

$$f_1(s) = \frac{a}{s + a} \,,$$

$$f_2(s) = V \,.$$

Dabei bedeutet $a$ die reziproke Zeitkonstante der Regelstrecke und $V$ den Proportionalitätsfaktor des Reglers. Der Übertragungsfaktor des linearen Zweiges ist gleich dem Produkt aus den Übertragungsfaktoren der einzelnen Glieder:

$$f(s) = f_1(s) f_2(s) = \frac{Va}{s + a} \,.$$

Die Wurzel der Gleichung

$$N(s) = s + a = o$$

lautet:

$$s_1 = -a, \; p_1 = -a\,T = -\alpha \,.$$

Wir ermitteln den Übertragungsfaktor $g^*(q, \varepsilon)$ des offenen Systems nach (10):

$$g^*(q, \varepsilon) = V\alpha\, \varepsilon^{-\alpha\varepsilon} \left[ H(\varepsilon) + \frac{e^{-\alpha}}{e^q - e^{-\alpha}} \overline{H} \right], \quad H(\varepsilon) = \int_0^\varepsilon e^{\alpha\tau} A(\tau)\, d\tau, \overline{H} = H(1) \,. \tag{31}$$

Für $\varepsilon = 0$ liefert (31)

$$g^*(q, o) = \frac{V\alpha\, \overline{\overline{H}} e^{-\alpha}}{e^q - e^{-\alpha}} \,. \tag{32}$$

Die Gleichung für den Übertragungsfaktor des geschlossenen Systems lautet schließlich:

$$\frac{g^*(q,\varepsilon)}{1+g^*(q,o)} = \frac{V\alpha\left[H(\varepsilon)\left(e^q - e^{-\alpha}\right) + e^{-\alpha}\bar{H}\right]e^{-\alpha\varepsilon}}{e^q - e^\varrho}\,,\quad e^\varrho = e^{-\alpha}(1 - V\alpha\bar{H})\,. \tag{33}$$

Ort der Störung sei der Eingang der Regelstrecke. Wir wählen als Störungsform die Sprungfunktion

$$Z(t) = \begin{cases} 0 & \text{für } t < 0 \\ Z_0 & \text{für } t \geqq 0\,. \end{cases}$$

Die Umrechnung der Störung auf den Eingang des Impulselementes ergibt wegen

$$z_E(s) = f_1(s)\,z(s)$$

und

$$z(s) = \frac{Z_0}{s}$$

die Beziehung

$$Z_E(t) = Z_0\left(1 - e^{-\alpha t}\right).$$

Die Anwendung der diskreten LAPLACE-Transformation liefert

$$z_E^*(q,\varepsilon) = Z_0\left[e^q\left(1 - e^{-\alpha\varepsilon}\right) + \left(e^{-\alpha\varepsilon} - e^{-\alpha}\right)\right]\frac{e^q}{\left(e^q - 1\right)\left(e^q - e^{-\alpha}\right)} \tag{34}$$

und

$$z^*(q,o) = Z_0\left(1 - e^{-\alpha}\right)\frac{e^q}{\left(e^q - e^{-\alpha}\right)\left(e^q - 1\right)}\,. \tag{35}$$

Die Gleichung des geschlossenen Systems lautet daher:

$$x^*(q,\varepsilon) = Z_0\,\frac{V\alpha\left(1 - e^{-\alpha}\right)\left[H(\varepsilon)\left(e^q - e^{-\alpha}\right) + e^{-\alpha}\bar{H}\right]e^{-\alpha\varepsilon}}{\left(e^q - e^\varrho\right)\left(e^q - e^{-\alpha}\right)\left(e^q - 1\right)}\,e^q\,. \tag{36}$$

Gl. (36) beschreibt die Änderung der Ausgangsveränderlichen der Regelstrecke im Bildbereich. Die Übersetzung von (36) in den Originalbereich liefert

$$X(n,\varepsilon) = Z_0\,V\alpha\,\frac{\left[H(\varepsilon)\left(1 - e^{-\alpha}\right) + e^{-\alpha}H\right]}{1 - e^\varrho}\,e^{-\alpha\varepsilon} + Z_0\left(1 - e^{-\alpha}\right)\frac{\left[1 - V\alpha H(\varepsilon)\right]}{1 - e^\varrho}\,e^{n\varrho} + {}$$
$$+ Z_E(n,\varepsilon) - Z_0 \tag{37}$$

und

$$X(n,o) = Z_E(n) - \frac{Z_0\left(1 - e^{-\alpha}\right)}{1 - e^\varrho}\,.$$

Wegen (28) wird daraus

$$Y(n,o) = Z_0\,\frac{\left(1 - e^{-\alpha}\right)}{1 - e^\varrho}\left(1 - e^{n\varrho}\right). \tag{38}$$

Man kann nun nach der Stabilität des betrachteten Systems fragen. Aus (37) und (38) ergibt sich sofort das Stabilitätskriterium für den geschlossenen Regelkreis. Damit der Regelkreis dynamisch stabil ist, ist notwendig und hinreichend, daß der Realteil von $\varrho$ nur negative Werte annimmt:

$$Re\,\varrho < 0\,. \tag{39}$$

$\mathrm{Re}\,\varrho = 0$ ist die Bedingung für die Stabilitätsgrenze. Die Auswertung der Ungleichung (39) liefert wegen (33) das Stabilitätsgebiet

$$-\left(e^{\alpha}-1\right) \leqq V\alpha \overline{H} \leqq e^{\alpha}+1 \,. \tag{40}$$

Sobald $(V\alpha\overline{H})_{gr}$ die Grenzwerte $-\,(e^{\alpha}-1)$ und $(e^{\alpha}+1)$ unter- bzw. überschreitet, wird das System instabil.

Die Kenntnis der Stabilitätsgrenze ermöglicht lediglich eine Aussage über die Stabilität des Systems. Es gibt nun aber sehr viele Möglichkeiten, die Schaltparameter und die Impulsform so zu wählen, daß die Stabilitätsbedingung erfüllt wird. Es wird aber außerdem verlangt, daß der Einschwingvorgang einen möglichst günstigen Verlauf nimmt. Man kann z. B. fordern, daß die Summe

$$S = \sum_{n=o}^{\infty} \left\{ Y^{\mathrm{stat}}(n, o) - Y(n, o) \right\}^2$$

ein Minimum wird. Aus (38) folgt dann

$$S = Z_o^2 \frac{\left(1-e^{-\alpha}\right)^2}{\left(1-e^{\varrho}\right)^2} \sum_{n=o}^{\infty} e^{2n\varrho} = \frac{Z_o^2\left(1-e^{-\alpha}\right)^2}{\left(1-e^{\varrho}\right)^3\left(1+e^{\varrho}\right)} \,.$$

Wenn die Stabilitätsgrenzen erreicht sind, wird $S = \infty$. Wir differenzieren $S$ nach $\varrho$ und setzen die Ableitung gleich Null:

$$Z_o^2\left(1-e^{-\alpha}\right)^2\left[3\left(1-e^{\varrho}\right)^{-4}\left(1+e^{\varrho}\right)^{-1}-\left(1-e^{\varrho}\right)^{-3}\left(1+e^{\varrho}\right)^{-2}\right]=0 \,.$$

Das ist eine einfache Gleichung mit der Lösung:

$$e^{\varrho} = -\frac{1}{2}\,, \quad \varrho = i\pi - \ln 2. \tag{41}$$

Jetzt setzt man (41) in (33) ein und erhält

$$V\alpha\overline{H} = 1 + \frac{e^{\alpha}}{2} \,.$$

Für jedes vorgegebene $\alpha$ gibt es einen Wert $V\alpha\overline{H}$, der $S$ zum Minimum macht. Mit dieser günstigen Parameterwahl wird

$$Y(n, o) = \frac{2\,Z_o}{3}\left(1-e^{-\alpha}\right)\left[1-(-1)^n\frac{1}{2^n}\right] \,.$$

Damit ist die Durchrechnung der konkreten Aufgabe abgeschlossen.

## 5. Anhang

In Analogie zur gewöhnlichen LAPLACE-Transformation

$$f(s) = \int_o^{\infty} F(t)\, e^{-st}\, dt$$

wird die diskrete LAPLACE-Transformation definiert durch die Beziehung

$$f^*(q) = \sum_{n=o}^{\infty} F(n)\, e^{-nq} \,. \tag{42}$$

Dabei ist $q = \xi + i\eta$ eine komplexe Zahl. $f^*(q)$ nennt man die Bildfunktion von $F(n)$, $F(n)$ heißt Originalfunktion, oder mit Benutzung des Korrespondenzzeichens

$$F(n) \overset{D}{\circ\!\!-\!\!\bullet} f^*(q)\,, \quad f^*(q) \overset{D}{\bullet\!\!-\!\!\circ} F(n)\,.$$

$F(n)$ ist eine Treppenfunktion, deren Werte sich nur bei ganzzahligen Werten des Arguments ($n = o, 1, 2, \ldots$) ändern; zwischen diesen Werten bleibt sie jedoch konstant. Für die Existenz einer Bildfunktion ist es notwendig, daß die in (42) angegebene Reihe konvergiert. Die Konvergenzabszisse $\xi_k$ ist eine Zahl derart, daß die Reihe für $\operatorname{Re} q = \xi > \xi_k$ absolut konvergiert und für $\operatorname{Re} q = \xi < \xi_k$ divergiert.

Ist für eine vorgegebene Treppenfunktion $F(n)$ die Konvergenzabszisse $\xi_k < \infty$, dann heißt die Funktion $F(n)$ transformierbar.

Die Rücktransformation von der Bildfunktion zur Originalfunktion vermittelt die Umkehrformel

$$F(n) = \frac{1}{2\pi i} \int_{c-i\pi}^{c+i\pi} f^*(q)\, e^{nq}\, dq\ . \tag{43}$$

Das Integral ist dabei über eine Vertikale $W$ (Abb. 6a) mit der Abszisse $c$ in der Konvergenzhalbebene von $f^*(q)$ zu erstrecken derart, daß alle Singularitäten von $f^*(q)$ links der Vertikalen $W$ liegen. Durch geeignete Substitution läßt sich die Berechnung von $F(n)$ vereinfachen. Setzt man

$$e^q = z\ , \tag{44}$$

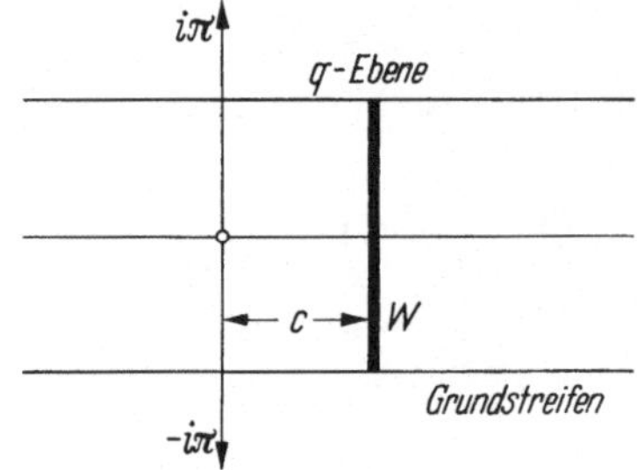


Abb. 6a. Der Integrationsweg in der $q$-Ebene.

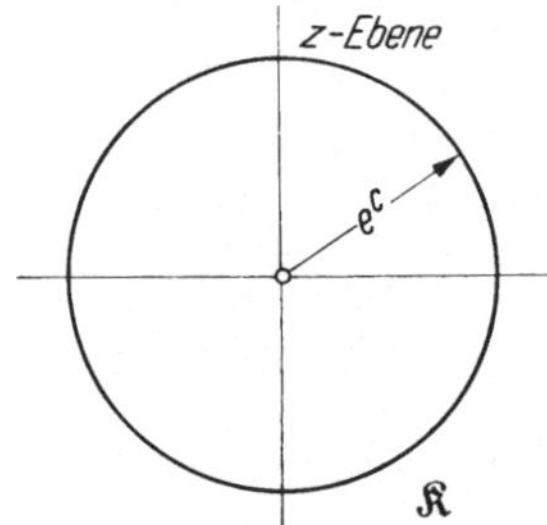


Abb. 6b. Der Integrationsweg in der $z$-Ebene zur Berechnung von $F(n)$.

dann wird $f^*(q) = f^*(e^q) = f^*(z)$, $e^q\, dq = dz$ und (43) geht über in

$$F(n) = \frac{1}{2\pi i} \oint_K f^*(z)\, z^{n-1}\, dz\ . \tag{45}$$

Der Integrationsweg $W$ in der $q$-Ebene (Abb. 6a) wird durch (44) auf den Kreis $K$ in der $z$-Ebene (Abb. 6b) abgebildet. Der Radius des Kreises ist $e^c$. Die Pole $q_\lambda$ der Funktion $f^*(q)$, die links von der Strecke $W$ liegen, gehen in die Pole $z_\lambda = e^{q_\lambda}$ der Funktion $f^*(z)$ über; diese liegen innerhalb des Kreises $K$.

$F(n)$ kann somit durch Anwendung des Residuensatzes der Funktionentheorie berechnet werden.

Für die Berechnung der Impulsleitergleichungen wurden der Faltungssatz

$$f_1^*(q)\, f_2^*(q) \overset{D}{\bullet\!\!-\!\!\circ} \sum_{m=0}^{n} F_1(m)\, F_2(n-m) = \sum_{m=0}^{n} F_1(n-m)\, F_2(m)\ ,$$

$$f_1^*(q) \overset{D}{\bullet\!\!-\!\!\circ} F_1(n)\ , \quad f_2^*(q) \overset{D}{\bullet\!\!-\!\!\circ} F_2(n)\ ,$$

und die Korrespondenzen

$$1(n) = 1 \overset{D}{\circ\!\!-\!\!\bullet} \frac{e^q}{e^q - 1}\ , \quad (-1)^n \circ\!\!-\!\!\bullet \frac{e^q}{e^q + 1}\ ,$$

$$\frac{1}{1 - e^{+\alpha}} \left(1 - e^{\alpha n}\right) \overset{D}{\circ\!\!-\!\!\bullet} \frac{e^q}{(e^q - e^\alpha)(e^q - 1)}\ , \quad e^{\alpha n} \overset{D}{\circ\!\!-\!\!\bullet} \frac{e^q}{e^q - e^\alpha}$$

verwendet.

## Literatur

[1]) ZYPKIN, J. S.: Übergangs- und Einschwingvorgänge in impulserregten Systemen. Moskau—Leningrad 1951. Deutsch von W. SCHADE unter dem Titel: Differenzengleichungen der Impuls- und Regeltechnik und ihre Lösung mit Hilfe der Laplace-Transformation. Berlin 1956.

[2]) JAMES, H. M., N. B. NIECHOLS, R. S. PHILLIPS: Theory of Servomechanisms. New York 1947.

[3]) SOLODOWNIKOW, W. W.: Grundlagen der selbsttätigen Regelung Bd. 1 u. 2. München 1959.

[4]) HOFMANN, R.: Beitrag zur mathematischen Beschreibung von Impulsleitern. AEÜ 14 (1960) H. 6, S. 255—261.

[5]) ANKE, K.: Zur mathematischen Beschreibung von Regelkreisen mit periodischem Taster. Regelungstechnik 4 (1956) S. 147—150.

[6]) LEHNIGK, S.: Das zeitliche Verhalten eines linearen Regelkreises mit periodischem Taster. Regelungstechnik 5 (1957) S. 271—273.

[7]) STRAUCH, H.: Untersuchungen an Schaltungen für Gasentladungslampen. Techn.-wiss. Abh. Osram-Ges. 5 (1943) S. 130—141.

# Beeinflussung der Rekristallisation von Wolframdrähten durch Sauerstoff*)

Von

W. SCHILLING und H. PASCHEDAG**)

Mit 9 Abbildungen

Die Anwesenheit von Sauerstoffspuren in der umgebenden inerten Gasatmosphäre führt in Wolframdrähten mit langkristallbildenden Zusätzen beim Glühen im Temperaturbereich von 1350—1900° C zu einem anormalen Kornwachstum unter Bildung eines spröden, grobkristallinen, polygonalen Gefüges.

## 1. Rekristallisation von Wolframdrähten

Wolframdraht wird heute fast ausschließlich nach dem COOLIDGE-Verfahren[1]) hergestellt. Nach dem Sintern des Wolframpulvers, dem Hämmern und dem Ziehvorgang hat ein solcher Draht eine ausgeprägte Faserstruktur mit schmalen, langgestreckten Kristallen (Abb. 1a).

Beim Glühen zeigen diese Drähte charakteristische Strukturveränderungen, die von der Reinheit des Ausgangsmaterials und den absichtlich hinzugefügten Fremdstoffen (Zusätzen) abhängen.

a) Aus reinem Wolframoxid ohne Zusätze hergestellte Wolframdrähte (KD-Material***) rekristallisieren bei Temperaturen über 1200° C zu einem grobkristallinen, polygonalen Gefüge (Abb. 1b).

b) Die Beifügung von Thoriumoxid zum Ausgangspulver (G-7- und G-18-Draht***) behindert diese Rekristallisation. Solche Drähte zeigen erst bei sehr hohen Temperaturen (über 2000° C) und sehr langen Glühzeiten eine allmähliche Ausbildung eines polygonalen Gefüges (Abb. 1c).

c) Bei Zusätzen von Alkalisilikaten (NS-Material***) und eventuell außerdem von Aluminiumoxid (BSD-Material***) zeigt sich bei Temperaturen zwischen 1200 und 1900° C lediglich eine langsame Verbreiterung der ursprünglichen Fasern (Primär-Rekristallisation) (Abb. 1d).

---

*) Originalmitteilung.

**) Unter Mitverwendung von Ergebnissen von H. J. SCHLENK und W. BAUMHAUER.

***) Handelsübliche Sortenbezeichnung der Osram GmbH.

Oberhalb einer bestimmten Temperaturschwelle (ca. 1900° C bei NS-Material und ca. 2000° C bei BSD-Material) entsteht durch Sekundär-Rekristallisation ein neues langkristallines Gefüge (Abb. 1e).

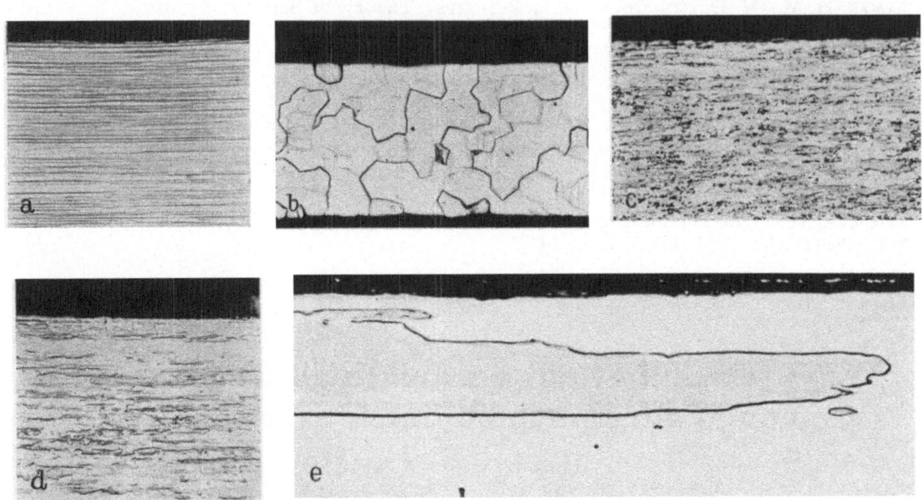


Abb. 1. Strukturveränderungen in Wolframdrähten beim Glühen. a) Wolframdraht mit Faserstruktur, ungeglüht; b) KD-Draht, 5 min bei etwa 2000° C geglüht; c) G 18-Draht, 2 min bei 2300° C geglüht; d) NS-Draht, Primär-Rekristallisation durch 1 h Glühen bei 1600° C; e) NS-Draht, Sekundär-Rekristallisation durch 3 min Glühen bei 2200° C.

Die geschilderten Strukturveränderungen spiegeln sich in der Verschiebung der Übergangstemperatur vom spröden zum plastischen Verhalten ($T_v$) wieder[2]). Drähte mit Faserstruktur sind bei Raumtemperatur plastisch verformbar, d. h. $T_v$ liegt unter Raumtemperatur. Bei Drähten mit polygonaler Struktur liegt $T_v$ über 600° C; solche Drähte sind außerordentlich kaltbruchempfindlich und neigen bei hohen Temperaturen zu Formveränderungen durch Kriechen. Bei langkristallinen Drähten liegt $T_v$ zwischen 200 und 300° C; sie zeigen bei hohen Temperaturen eine ausreichende Formstabilität und für die Anwendung bei tiefen Temperaturen eine hinreichend niedrige Sprödigkeitsgrenze (Abb. 2).

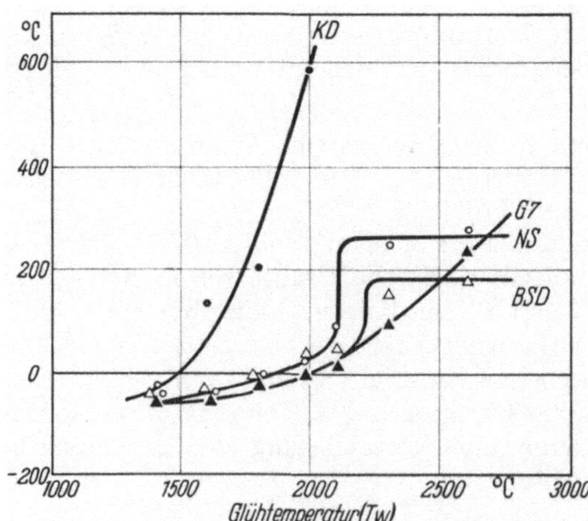


Abb. 2. Übergangstemperatur vom spröden zum plastischen Verhalten ($T_v$) verschiedener Wolframdraht-Materialien in Abhängigkeit von der Glühtemperatur.

Für die Ausbildung der gewünschten Langkristallstruktur ist bei ausreichendem Verformungsgrad eine optimale Konzentration der genannten Zusätze notwendig.

## 2. Rekristallisations-Beeinflussung durch Fremdstoffe

Es hat sich gezeigt, daß die Anwesenheit geringer Spuren anderer Fremdstoffe im Wolframdraht oder auf der Drahtoberfläche bei Temperaturen unterhalb normaler Sekundär-Rekristallisationstemperaturen die langkristallbildende Wirkung der Zusätze stört und zu einer Rekristallisation unter Ausbildung eines spröden, grobkörnigen Gefüges führt.

Bei den Metallen der Eisengruppe (Fe, Co, Ni) wurde bereits über diesen Effekt berichtet[3–5]. Eine ähnliche Wirkung kann auch mit Metallen der Platingruppe (Pt, Pd, Rh) erzielt werden. Für die besonders gefährlichen störenden Elemente Nickel und Palladium sind in Abb. 3 charakteristische Schliffbilder wiedergegeben.

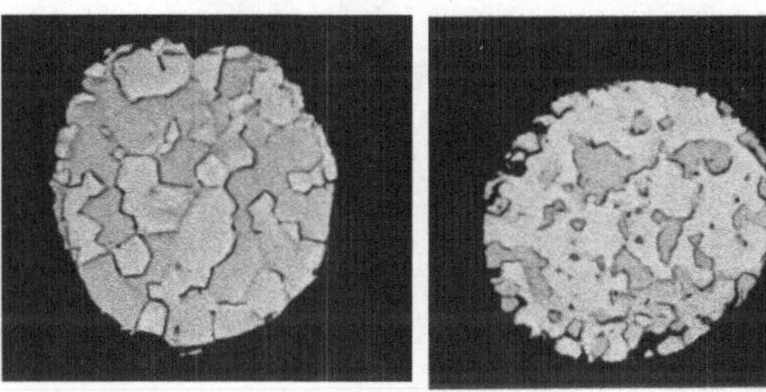

Abb. 3. Rekristallisationsstörungen an NS-Drähten (∅ = 24 μm) durch Ni und Pd auf der Drahtoberfläche. a) Nickel, 6 min bei 1300° C geglüht; b) Palladium, 5 min bei 1250° C geglüht.

Bei den bisher bekannten störenden Fremdstoffen handelt es sich ausschließlich um Metalle, von denen eine gute Löslichkeit im Wolframgitter angenommen wird.

## 3. Rekristallisations-Beeinflussung durch Sauerstoff

Auch Sauerstoffspuren in der beim Glühen von Wolframdrähten benutzten inerten Gasatmosphäre (Stickstoff bzw. Argon-Stickstoffgemisch) rufen ähnliche Störungen hervor wie die genannten Metalle.

Abb. 4 zeigt den Verlauf der Sprödigkeitsgrenze ($T_v$) eines Wolframdrahtes aus NS-Material beim Glühen in einer sauberen Gasatmosphäre mit ca. 900 Torr und in der gleichen Atmosphäre, der 0,5 Torr Sauerstoff zugesetzt worden war. Bei der Glühtemperatur von 1350° C setzt eine Versprödung ein, die auf Strukturveränderungen hindeutet.

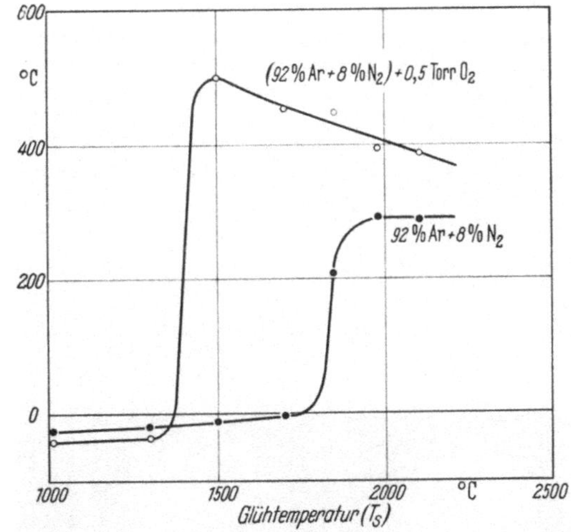


Abb. 4. Sprödigkeitsgrenze ($T_v$) von Wolframdraht aus NS-Material (∅ = 24 μm) beim Glühen an einer sauberen und einer sauerstoffverunreinigten inerten Gasatmosphäre.

Die Veränderungen beim Glühen von Wolframdrähten bei Anwesenheit von Sauerstoffspuren in inerter Gasatmosphäre werden durch verschiedene Faktoren beeinflußt, die im folgenden untersucht und mit charakteristischen Schliffbildern erläutert werden.

a) Glühtemperatur

Abb. 4 zeigt, daß eine untere Temperaturgrenze bei 1350° C existiert. Die Schliffbilder in Abb. 5 lassen erkennen, daß sich an der Drahtoberfläche eine

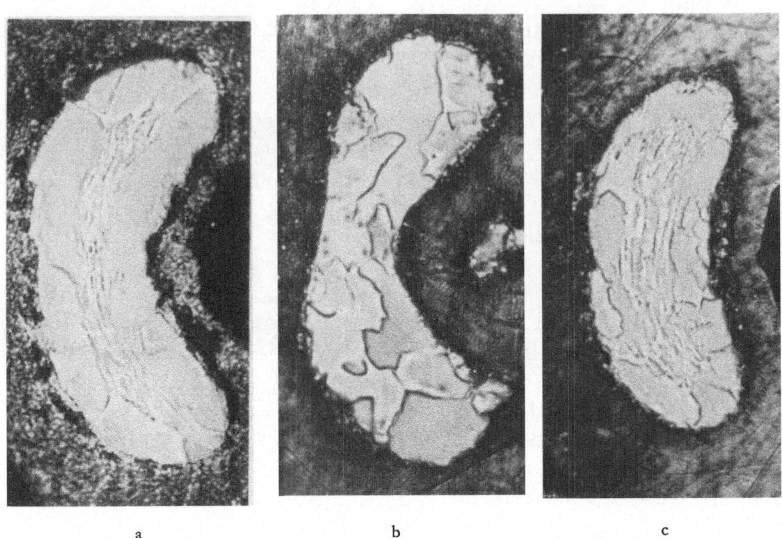


Abb. 5. Bildung einer gestörten Randzone beim Glühen eines gewendelten NS-Drahtes (∅ = 24 μm) in einer Ar-$N_2$-Atmosphäre mit 0,5 Torr Sauerstoffzusatz. a) 2 min bei 1550° C geglüht; b) 2 min bei 1700° C geglüht; c) 2 min bei 1900° C geglüht.

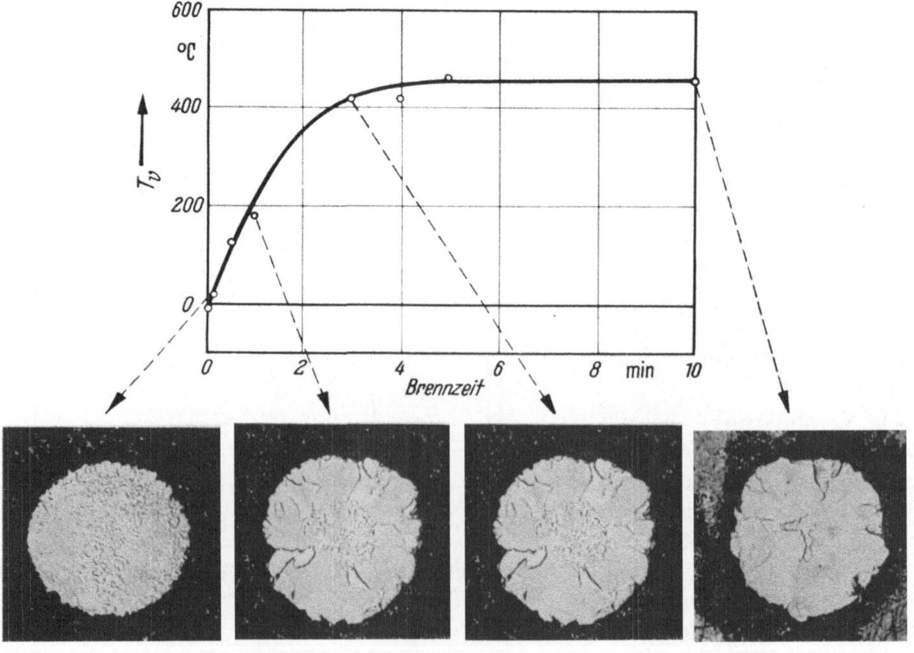


Abb. 6. Ausbildung der gestörten Randzone beim Glühen eines Wolframdrahtes aus NS-Material (∅ = 24 μm) in einer sauerstoffhaltigen Atmosphäre in Abhängigkeit von der Glühzeit.

Zone rekristallisierten Materials gebildet hat. Nahe der unteren Grenztemperatur hat die Dicke der gestörten Zone ein Maximum. Oberhalb dieser Temperatur nimmt die Dicke der Störzone wieder ab.

### b) Glühzeit

Abb. 6 zeigt die Ausbildung der gestörten Randzone bei der maximal beeinflussenden Temperatur bei verschiedenen Glühzeiten. Nach 20 s beginnt sich die Störung bemerkbar zu machen. Nach etwa 2 min ist eine Sättigung erreicht. Die Störungszone dringt nicht weiter in das Innere vor.

### c) Sauerstoffmengen

Eine Änderung des Sauerstoffangebots kann durch Änderung des Sauerstoffpartialdruckes in der inerten Atmosphäre erfolgen. Abb. 7 zeigt, daß mit steigendem Sauerstoffangebot die Störung zunimmt. Die untere Grenze, bei der eine Störung noch bemerkbar ist, liegt bei $10^{-3}$ Torr $O_2$.

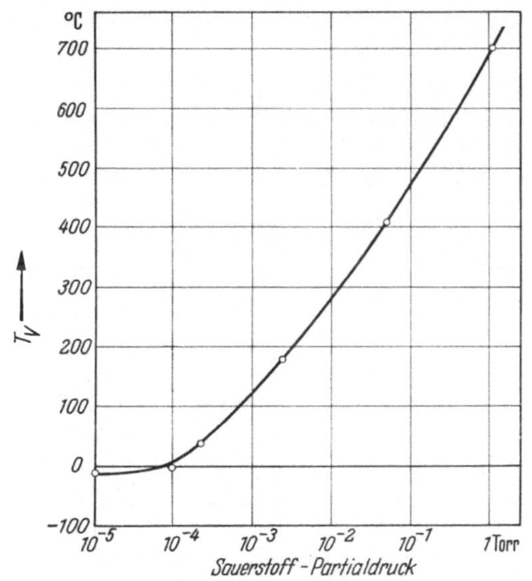


Abb. 7. Versprödung eines Wolframdrahtes aus NS-Material (∅ = 24μm) in inerter Gasatmosphäre bei verschiedenem Sauerstoffzusatz.

Unsere Versuche wurden in einem kleinen abgeschlossenen Volumen (Glaskolben) durchgeführt. Die Gesamtmenge des zur Verfügung stehenden Sauerstoffes konnte außerdem durch die Vergrößerung des Volumens verändert werden. Abb. 8 zeigt, daß bei größeren Kolbenvolumen auch die Dicke der Störzone zunimmt.

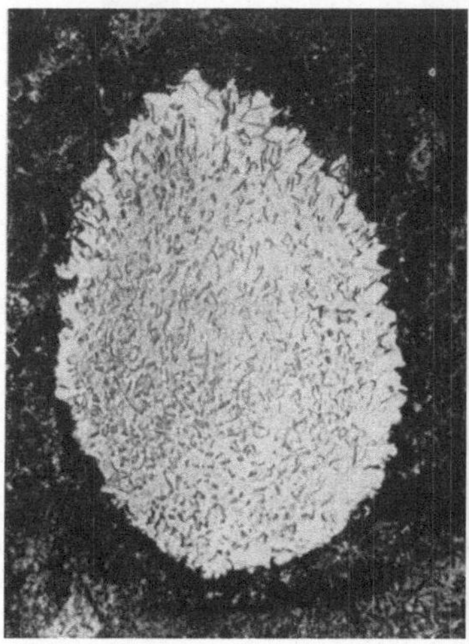

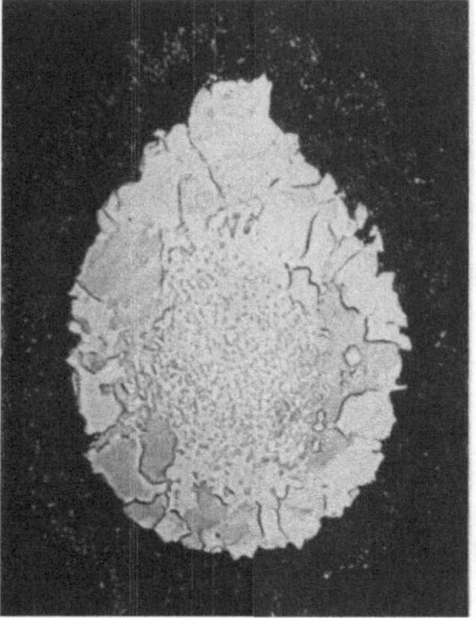

Abb. 8. Glühung eines NS-Drahtes (∅ = 64μm) in Kolben mit verschiedenem Volumen in Ar-$N_2$-Gemisch + 0,5 Torr $O_2$ bei 1650° C/5 min. a) Kolbenvolumen 300 cm³; b) Kolbenvolumen 2000 cm³.

### d) Abhängigkeit vom Gesamtdruck

Die unter a bis c beschriebenen Versuche sind in einer inerten Atmosphäre mit einem Druck von etwa 900 Torr durchgeführt worden. Die dabei festgestellte Beeinflussung der Rekristallisation durch Sauerstoffspuren läßt sich nur bei einem Druck der inerten Atmosphäre über 2 Torr beobachten*). Führt man die Versuche bei dem gleichen Sauerstoffpartialdruck ohne Anwesenheit anderer Gase aus, so wird innerhalb kurzer Zeit der gesamte Sauerstoff zur Bildung von Wolframoxid verbraucht, und es ist keine Beeinflussung der normalen Rekristallisation zu beobachten.

In einer inerten Gasatmosphäre mit höherem Druck sind für die Diffusion der Sauerstoffspuren zur Wolframdrahtoberfläche längere Zeiten notwendig. Bei kleinem Sauerstoffpartialdruck ist die Konzentration des gasförmigen Sauerstoffs an der Drahtoberfläche so klein, daß keine Oxidbildung an der Wolframoberfläche zu beobachten ist. In diesem Fall ist eine Beeinflussung der Rekristallisation zu bemerken. Eine Rekristallisationsstörung ist nur zu beobachten, wenn freier Sauerstoff in der Gasatmosphäre vorhanden ist; Sauerstoff in gebundener Form als Wolframoxid beeinflußt die Rekristallisation nicht.

### e) Dauernde Anwesenheit von Sauerstoff

Die im vorhergehenden Abschnitt mitgeteilten Versuchsergebnisse deuten darauf hin, daß über längere Zeiten hin eine geringe Konzentration freien Sauerstoffs auf der Drahtoberfläche vorhanden sein muß. Diese Tatsache läßt sich direkt nachweisen, indem man den Wolframdraht zunächst einige Sekunden in einer sauerstoffverunreinigten Atmosphäre bei optimalen Bedingungen glüht und dann plötzlich das Gas abpumpt. Abb. 9 zeigt, daß dadurch das Fortschreiten der Störzone in das Drahtinnere sofort abgebremst wird.

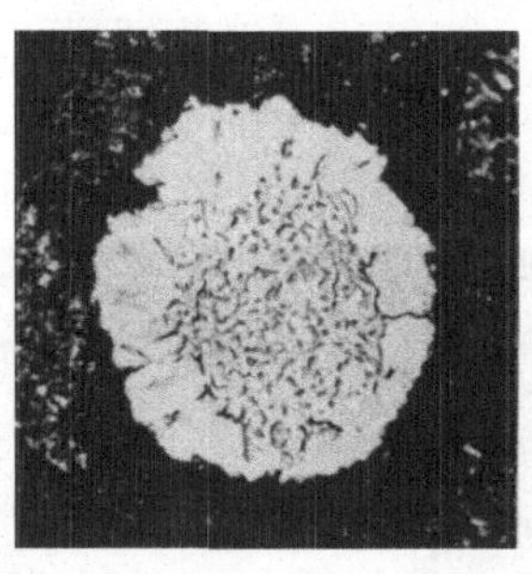
a

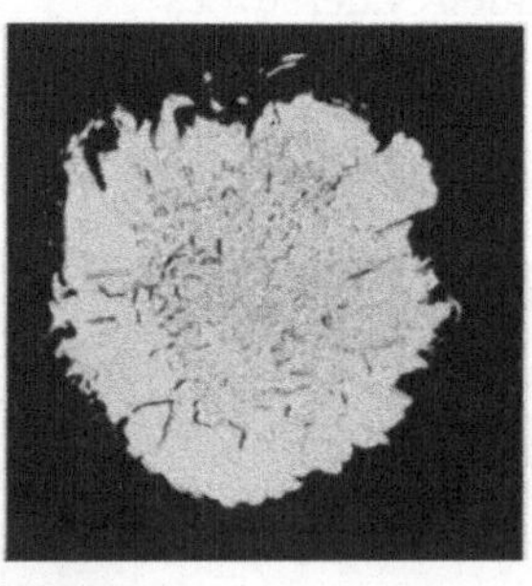
b

Abb. 9. Stillstand der durch Sauerstoff verursachten Rekristallisation bei Entfernung des Sauerstoffs (NS-Draht, $\varnothing = 44 \mu m$). a) in $Ar + N_2 + 0{,}5$ Torr $O_2$ 5 min bei 1600° C geglüht; b) wie a) geglüht, anschließend ohne $O_2$ 5 min bei 1600° C geglüht.

### f) Reduzierende Atmosphäre

Werden die Versuche statt in einer Argon-Stickstoff-Atmosphäre in einer wasserstoffhaltigen Atmosphäre durchgeführt, so kann eine Beeinflussung der Rekristallisation erst bei viel höheren Sauerstoffpartialdrucken von mehr als 0,5 Torr beobachtet werden. Geringe Sauerstoffspuren lassen sich durch die Anwesenheit von Wasserstoff im Hinblick auf das Wolfram unwirksam machen.

*) Nach Untersuchungen von W. BAUMHAUER.

## 4. Schlußfolgerungen

Sauerstoff verursacht, ähnlich wie die bereits bekannten störenden Metalle, in Wolframdrähten mit Zusätzen Grobkristallbildung beim Glühen unterhalb der normalen Sekundär-Rekristallisationstemperatur. Schon sehr geringe Sauerstoffspuren von $10^{-3}$ Torr in der umgebenden inerten Gasatmosphäre beeinflussen die Wirkung der langkristallbildenden Zusätze zum Wolframdraht. Im Vergleich zu den bekannten stark störenden Metallen (Ni, Pd) dringt die Störzone jedoch wesentlich langsamer in das Drahtinnere vor. Unter den normalen Bedingungen in Glühlampen beschränkt sich die Störung im allgemeinen auf eine Randzone des Wolframdrahtes; bei sehr dünnen Drähten unter 25 $\mu$m Durchmesser kann der gesamte Querschnitt von der Störung erfaßt werden.

Über den Mechanismus der Wirkung der Zusätze zum Wolframdraht sind widersprechende Theorien bekannt. Es lassen sich sowohl Argumente dafür angeben, daß die in den Korngrenzen abgelagerten Zusätze eine rekristallisationshemmende Wirkung ausüben[6–8]) als auch für die Hypothese, daß eine Langkristallbildung durch eine Lösung der Zusätze im Wolframgitter ausgelöst wird[9]). Über den Mechanismus der Beeinflussung der Rekristallisation durch Sauerstoff und die genannten Metalle kann daher noch keine eindeutige Erklärung gegeben werden.

## Literatur


1) Coolidge, W. D.: J. Amer. Inst. Electr. Eng. 29 (1910) S. 953.
2) Schilling, W., H. Paschedag: Metall 14 (1960) S. 23.
3) Thomson, B.: Nature 176 (1955) S. 360.
4) Nelson, R. C.: Mines Mag. 47 (1957) S. 68.
5) Davis, G. L.: Nature 181 (1958) S. 1198.
6) Tammann, G.: Z. anorg. allg. Chem. 185 (1929) S. 1.
7) Meijering, J. L.: 2. Plansee-Seminar (1955) S. 305.
8) Meijering, J. L., G. D. Rieck: Philips Techn. Rdsch. 19 (1957) S. 113.
9) Millner, T.: Acta Techn. Acad. Scient. Hung. 17 (1957) S. 67.


# Aufkohlung von Wolfram durch Kohlenmonoxyd*)

Von

**H. J. Booss**

Mit 2 Abbildungen

Die Aufkohlung von Wolframpulver durch ein Gemisch von Kohlenmonoxid und Wasserstoff nimmt mit der Glühtemperatur und -zeit zu; sie ist vom Verhältnis $CO/H_2$ abhängig. Für das Volumenverhältnis $CO/H_2 = 1$ läßt sich der Aufkohlungsvorgang in Abhängigkeit von der Zeit durch Näherungen beschreiben. Die Aktivierungsenergie des Vorganges wird zu 20 kcal/Mol berechnet. Unter Benutzung früher veröffentlichter Werte wird die Freie Enthalpie des Gesamtvorganges berechnet und befriedigende Übereinstimmung mit der thermodynamischen Näherung für die Reaktion $WC + H_2O = W + H_2 + CO$ gefunden.

Die Aufkohlung von Wolfram durch festen Kohlenstoff und durch Methan ist mehrfach behandelt worden[1,2]). Die vorliegende Arbeit berichtet über die Kinetik der Aufkohlung von Wolfram durch Kohlenmonoxid. Die Versuche behandeln

*) Originalmitteilung

die Aufkohlung von Wolframpulver in Kohlenmonoxid-Wasserstoff-Gemischen. Die Messungen wurden im Temperaturbereich 1000—1100° C, zwischen 0,5 und 5 Stunden und bei einem Volumverhältnis $CO/H_2$ 0,5 bzw. 1 ausgeführt. Anschließend wurde das Ausmaß der Aufkohlung chemisch-analytisch und röntgenografisch ermittelt.

## Versuchsdurchführung

### Ausgangsmaterial

Das Wolframpulver wurde unserer Fertigung entnommen. Es enthält 99,94% W, Rest u. a. Eisen 0,001%, Molybdän 0,03% und $SiO_2$ 0,02%. Die mittlere Korngröße, gemessen mit dem Subsievesizer der Fisher Corp. (SSS-Wert) beträgt 3,9 $\mu$.

### Verwendete Gase

Der verwendete Wasserstoff enthielt maximal 0,1 g/Nm³ Wasserdampf, das verwendete Kohlenmonoxid enthielt 99% CO, Rest $N_2$, $CO_2$.

Beide Gase wurden vor dem Eintritt in den Ofen gemischt und nochmals über stückigem Kalziumchlorid getrocknet. Vor Beginn des Versuches wurde eine Probe des Gasgemisches am Ofenausgang entnommen und die Zusammensetzung durch Gasanalyse kontrolliert. Die Strömungsgeschwindigkeit betrug 15 l/h.

### Aufkohlungsvorrichtung

Die verwendete Anordnung ist in Abb. 1 zu sehen. Rohr und Schiffchen bestehen aus Quarz. Die Kühlung der Quarzschliffe hat sich gut bewährt.

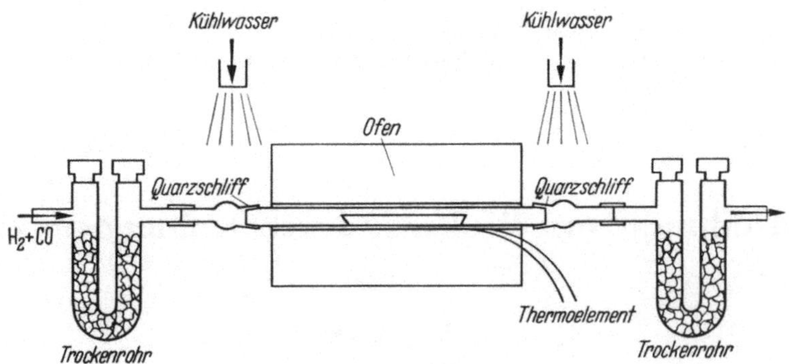


Abb. 1. Aufkohlungseinrichtung.

Die Temperatur wurde mit einem Pt/PtRh-Thermoelement gemessen. Die angegebenen Ofentemperaturen konnten innerhalb $\pm 10°$ konstant gehalten werden.

### Chemisch-analytische Untersuchung

Der Kohlenstoffgehalt der Proben wurde nach einem Schnellverfahren durch Titration[4]) bestimmt. Die Ergebnisse wurden durch Verbrennung der Proben und Titration des entwickelten Kohlendioxides kontrolliert. Beide Verfahren gaben befriedigend übereinstimmende Werte.

### Röntgenografische Untersuchung

Die Proben wurden außerdem mit Kupfer-$K_\alpha$-Strahlung untersucht, wobei ein Nickelfilter vorgeschaltet wurde.

## Ergebnisse

In Tab. 1 sind die Ergebnisse der Aufkohlung zusammengestellt. Diese enthält in den Spalten 1—7 Angaben über die Glühtemperatur und -zeit, die gefundenen Gew.-% Kohlenstoff, die daraus berechnete Menge an Wolframkarbid, die mit einer Näherungsgleichung (s. nächsten Absatz) berechnete Menge an Wolframkarbid, die in der Näherung verwendete Konstante $k_3$, und schließlich das eingestellte Volumenverhältnis Kohlenmonoxid/Wasserstoff.

Der zeitliche Verlauf der Aufkohlung, wie er aus Tab. 1 entnommen werden kann, läßt sich durch Näherungsgleichungen beschreiben. Um eine gemeinsame Auswertung der vorliegenden Versuche und früheren Untersuchungen über Entkohlungsvorgänge an Wolframkarbid[3]) zu ermöglichen, wurde die Aufkohlung als Verlust an Wolframmetall dargestellt. Als Näherung läßt sich die Beziehung

$$\text{Mol-\%W} = 100 \cdot e^{-kt}$$

verwenden, wobei $t$ die Zeit in Stunden ist. Trägt man den Logarithmus der Geschwindigkeitskonstanten $k$ gegen den Kehrwert der absoluten Temperatur auf, so erhält man Abb. 2. Aus der Steigung der Geraden ergibt sich eine Aktivierungsenergie von $20 \pm 0{,}7$ kcal/Mol. Wie Tab. 1 weiterhin zeigt, ist der Betrag der Aufkohlung auch von dem Volumenverhältnis $CO/H_2$ abhängig. Die Versuche zeigen, daß bei Abweichungen von dem Volumenverhältnis 1 in jedem Fall eine geringere Aufkohlung festzustellen ist.

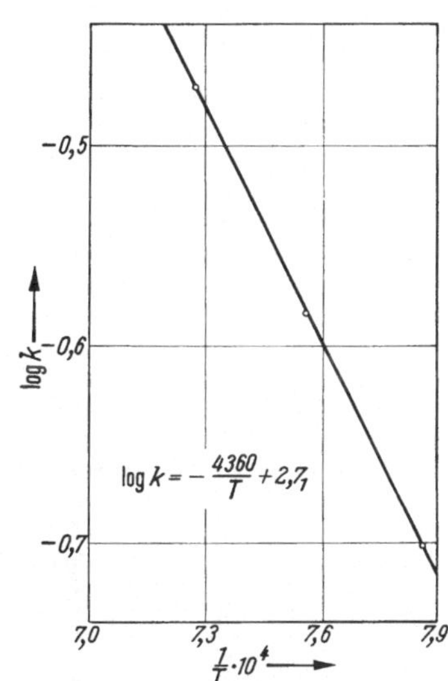

Abb. 2. log $k$ in Abhängigkeit von $1/T$.

Tab. 2 enthält einen Teil der Auswertung von Röntgendiagrammen. Die Spalten 1—3 enthalten Angaben über die Messung; sie enthalten Glühtemperatur und -zeit, den Glanzwinkel und die geschätzte Intensität. Die Intensität ist in 3 Abstufungen bewertet worden. Es bedeutet 1 = schwache, 3 = mittlere, 5 = starke Intensität.

Die Spalten 4—6 enthalten Angaben über die Zuordnung der Röntgenlinien; es wird die angenommene Substanz angegeben, deren Glanzwinkel und die Intensität nach der ASTM-Kartei. Bei den Intensitätsangaben der ASTM-Kartei wurde der Wert 100 $\triangleq$ 5 gesetzt und die anderen Daten entsprechend umgerechnet. Dadurch ergeben sich Relativwerte, die einen Vergleich zwischen dem Standardwert und der vorliegenden Messung ermöglichen.

## Diskussion

Die Messungen zeigen, daß in Gasgemischen aus Kohlenmonoxid und Wasserstoff eine merkliche Aufkohlung eintritt. Der Vorgang verläuft allerdings bedeutend langsamer als bei der Aufkohlung durch Methan[2]). Eine vollständige Aufkohlung ließ sich innerhalb der angewandten Glühzeiten nicht erreichen.

Die Auswertung der Röntgenaufnahmen zeigt, daß im Bereich 1000—1100° C und Glühzeiten bis zu 5 Stunden mit Sicherheit nur 2 Phasen, Wolfram und

Wolframmonokarbid (WC), nachweisbar sind. Es wurden lediglich 2 Linien beobachtet, die auf die Anwesenheit von $W_2C$ hinweisen könnten. Die bei $\vartheta/2 = 36{,}8°$ beobachtete Linie hoher Intensität kann wegen der in der Nähe liegenden Interferenzen des WC und des W nicht als eindeutiger Nachweis angesehen werden. Auch die bei $\vartheta/2 = 37{,}8°$ beobachtete schwache Linie (1100° C, 5 Std.) ist wegen benachbarter $K_\beta$-Linien des WC kein sicherer Nachweis für $W_2C$.

Aus den vorliegenden Messungen und den früheren Untersuchungen über die Entkohlung des Wolframmonokarbids läßt sich die freie Enthalpie des Gesamtvorganges ermitteln. Dabei wird vorausgesetzt, daß im Gemisch WC-W die Aktivität $a \approx 1$ ist. Da bereits festgestellt wurde, daß die Geschwindigkeitskonstanten beim Entkohlungsvorgang oberhalb 950° C eine andere Temperaturabhängigkeit haben als unterhalb, gelten die Enthalpiewerte nur oberhalb 950° C.

Für die Aufkohlung gilt: $\log k_3 = -\frac{4{,}36 \cdot 10^3}{T} + 2{,}71$

für die Entkohlung gilt: $\log k_2 = -\frac{11{,}5 \cdot 10^3}{T} + 9{,}24.$

Daraus ergibt sich $\Delta G = 32\,600 - 29{,}8 \cdot T$ kcal/Mol.

Tabelle 1. Daten über die Aufkohlung von Wolframpulver

| Temperatur °C | Zeit (h) | % C gefunden | % WC gefunden | % WC berechnet | $k_3$ | Volumenverhältnis $CO/H_2$ |
|---|---|---|---|---|---|---|
| 1000 | 1 | 1,54 | 25 | 18 | 0,19 | 1 |
| | 2 | 2,0 | 33 | 33 | | |
| | 3 | 2,5 | 41 | 45 | | |
| | 4 | 2,5 | 41 | 55 | | |
| | 5 | 3,2 | 52 | 63 | | |
| 1050 | 1 | 1,6 | 26 | 23 | 0,26 | 1 |
| | 2 | 2,3 | 38 | 40 | | |
| | 3 | 2,8 | 46 | 54 | | |
| | 4 | 3,3 | 54 | 65 | | |
| | 5 | 4,2 | 69 | 72 | | |
| 1100 | 1 | 2,1 | 34 | 30 | 0,34 | 1 |
| | 2 | 3,0 | 50 | 49,5 | | |
| | 3 | 3,7 | 61 | 65 | | |
| | 4 | 4,3 | 70 | 75 | | |
| | 5 | 4,6 | 75 | 83 | | |
| 1000 | 1 | 1,5 | 24 | 14 | 0,16 | 0,5 |
| | 2 | 1,8 | 29 | 27,5 | | |
| | 3 | 2,3 | 38 | 38 | | |
| | 4 | 2,3 | 38 | 47 | | |
| | 5 | 2,6 | 42 | 55 | | |
| 1050 | 1 | 1,4 | 23 | 17 | 0,19 | 0,5 |
| | 2 | 2,0 | 33 | 31 | | |
| | 3 | 2,2 | 36 | 43 | | |
| | 4 | 2,8 | 46 | 53 | | |
| 1050 | 1 | 0,5 | 8 | 9 | 0,09 | 5 |
| | 2 | 1,25 | 20 | 17 | | |
| | 3 | 1,2 | 20 | 24 | | |
| | 4 | 1,4 | 23 | 30 | | |
| | 5 | 2,3 | 37 | 36 | | |

In Tab. 3 wurden die mit der vorliegenden Gleichung berechneten Werte mit Werten verglichen, die sich aus thermodynamischen Näherungen für die zwei in diesem System wahrscheinlichsten Reaktionen ergeben. Die Näherungen wur-

Tabelle 2

| Messung | | | Zuordnung | | |
|---|---|---|---|---|---|
| Temperatur und Zeit | $\vartheta/2$ | Intensität (geschätzt) | Substanz | $\vartheta/2$ | Intensität (nach ASTM-Kartei) |
| | 16,0 | 1 | WC | 15,8 | 3,5 |
| | 18,0 | 3 | WC | 17,8 | 4 |
| | 20,4 | 5 | W | 20,2 | 5 |
| | 24,3 | 5 | WC | 24,4 | 5 |
| 1000° C | 29,3 | 3 | W | 29,2 | 0,8 |
| | (32,5) | (1) | WC | 32,1 | 3 |
| | (32,8) | (1) | WC | 32,8 | 2,5 |
| 4 h | 36,8 | 5 | WC/$W_2C$/W | 36,5/36,8/36,7 | 3,5/2/1,2 |
| | 39,0 | 1 | WC | 38,6 | 3,5 |
| | 42,5 | 1 | WC | 42,2 | 3,5 |
| | 44,0 | 3 | W | 43,8 | 0,4 |
| | 50,0 | 1 | WC | 49,5 | 3,5 |
| | 50,8 | 5 | W | 50,4 | 0,5 |
| | 59,2 | 1 | WC | 58,5 | 4 |
| | 16,0 | 1 | WC | 15,8 | 3,5 |
| | 18,0 | 3 | WC | 17,8 | 4 |
| | 20,4 | 5 | W | 20,2 | 5 |
| | 24,3 | 5 | WC | 24,4 | 5 |
| | 29,3 | 3 | W | 29,2 | 0,8 |
| | (32,3) | (1) | WC | 32,1 | 3 |
| 1050° C | (32,8) | (1) | WC | 32,8 | 2,5 |
| | 36,8 | 5 | WC/$W_2C$/W | 36,5/36,8/36,7 | 3,5/2/1,2 |
| | 39,0 | 1 | WC | 38,6 | 3,5 |
| 3 h | 42,5 | 1 | WC | 42,2 | 3,5 |
| | 44,0 | 3 | W | 43,8 | 0,4 |
| | 49,8 | 1 | WC | 49,5 | 3,5 |
| | 50,8 | 5 | W | 50,4 | 0,5 |
| | (54,5) | (1) | WC | 54,4 | 4 |
| | (55,5) | (1) | | | |
| | 58 | 1 | W | 57,8 | 0,2 |
| | 59,3 | 3 | WC | 58,5 | 4 |
| | 16,0 | 3 | WC | 15,8 | 3,5 |
| | 18,0 | 5 | WC | 17,8 | 4 |
| | 20,2 | 5 | W | 20,2 | 5 |
| | 24,2 | 5 | WC | 24,4 | 5 |
| | 29,2 | 1 | W | 29,3 | 0,8 |
| | 32,0 | 3 | WC | 32,1 | 3,5 |
| | 32,8 | 1 | WC | 32,8 | 3,5 |
| 1100° C | 36,6 | 5 | WC/$W_2C$/W | 36,5/36,8/36,7 | 3,5/2/1,2 |
| | (37,8) | (1) | $W_2C$ | 37,8 | 2,5 |
| | 38,5 | 3 | WC | 38,6 | 3,5 |
| 5 h | 42,0 | 3 | WC | 42,2 | 3,5 |
| | 43,7 | 1 | W | 43,8 | 0,4 |
| | 49,2 | 1 | WC | 49,5 | 3,5 |
| | 50,2 | 3 | W | 50,4 | 0,6 |
| | 54,2 | 1 | WC | 54,4 | 4,0 |
| | 55 | 1 | | | |
| | 57,8 | 1 | W | 57,8 | 0,2 |
| | 58,7 | 3 | WC | 58,5 | 4 |

den nach dem Verfahren von Ulich berechnet, wobei $\Delta H_{wc} = -8{,}4$ kcal/Mol[5]), $\Delta S_{wc} = 7{,}5$ Clausius verwendet wurde. Berücksichtigt man eine Unsicherheit von mindestens 10% in der Näherung für log $k_2$ und eine Unsicherheit im Absolutwert von $\Delta H$ bei den Näherungen von 2 kcal/Mol[6]), so ist die Übereinstimmung zwischen Näherung 2 und den Versuchsergebnissen als befriedigend zu bezeichnen.

Tabelle 3. Vergleich zwischen $\Delta G$-Wert aus Näherungen und Versuchsergebnissen

| Reaktion | $\Delta$ G bei | | | |
|---|---|---|---|---|
| | 500° K | 1000° K | 1400° K | 2000° K |
| $WC + 2H_2O = W + CO_2 + 2H_2$ | + 17,6 | + 4,5 | — 5,4 | — 19,8 |
| $WC + H_2O = W + CO + H_2$ | + 22,5 | + 5,1 | — 8,35 | — 28,2 |
| Versuche | + 17,7 | + 2,8 | — 9,1 | — 27,0 |

## Literatur

1) Kieffer, R., P. Schwarzkopf, F. Benesovsky, W. Leszynski: Hartstoffe und Hartmetalle, S. 129—137. Wien 1953.
2) Newkirk, A. E., I. Aliferis: J. Am. chem. Soc. 79 (1957) S. 4629.
3) Booss, H. J.: Arch. Eisenhüttenwes. 30 (1959) S. 761.
4) Booss, H. J.: Z. anorg. allg. Chemie 292 (1957) S. 232.
5) Huff, G., E. Squietieri, P. Snyder: J. Am. chem. Soc. 70 (1948) S. 3380.
6) Griffis, R. C.: J. electrochem. Soc. 106 (1959) S. 418.

# Die Vickershärte von Wolfram*)

Von

**H. J. Booss, H. Gemsa und U. Schmidt**

Mit 17 Abbildungen

Die Vickershärte von Wolframdraht und -blech wird in Abhängigkeit von der Belastung, der Glühbehandlung, dem Durchmesser und der Metallsorte untersucht.

Es wird gefunden:

1. Zwischen 5—0,05 kp Prüflast ist im Rahmen der Meßgenauigkeit der Härtewert unabhängig von der Belastung.

2. Die Vickershärte nimmt mit abnehmendem Durchmesser (zunehmender Verformung) zu.

3. Die Vickershärte nimmt bei Glühbehandlungen mit zunehmender Temperatur und zunehmender Glühzeit ab. Das Maß der Abnahme ist abhängig von dem dabei entstehenden Gefüge.

4. Zwischen Wolframsorten mit verschiedenartigen Zusätzen werden nach Glühbehandlung ab 1300° C bei größeren Durchmessern (2—0,5 mm) Unterschiede in der Härte beobachtet. Diese Unterschiede sind bei kleineren Durchmessern (0,3 mm) nicht mehr eindeutig feststellbar.

Diese Arbeit berichtet über Messungen der Vickershärte von Wolfram im Gebiet der Kleinlast- und der Mikrohärte. Das Metall wurde dabei in Form von Draht und Blech untersucht. Sämtliche Messungen wurden bei Raumtemperatur ausgeführt. Durch die Messungen sollte ermittelt werden, welchen Einfluß die Belastung und die Bearbeitung auf die Vickershärte des Wolframs haben; weiterhin sollte der Einfluß von Zusätzen und von Glühbehandlungen untersucht werden.

*) Originalmitteilung.

## 1. Versuchsdurchführung

### 1.1. Ausgangsmaterial

Für die Untersuchung wurden handelsübliche Drähte und Bleche verwendet. Die Drahtproben wurden aus Materialien entnommen, die in Pulverform Spurenzusätze von Alkalisilikat oder Alkalisilikat + Aluminiumoxid oder 0,7 Gew.-% Thoriumdioxid erhalten hatten. Diese Pulver wurden nach bekannten Verfahren zu Drähten verarbeitet (1,2). Die Querschnittsverminderung beim Hämmern betrug wie beim Drahtzug 10 bis 15% relativ zur jeweils vorhergehenden Ziehstufe. Für die Bleche wurde ein Wolframpulver ohne Zusätze verwendet, das nach dem Sintern in bekannter Weise warmgewalzt wurde.

### 1.2. Probenabmessungen

Sinterstäbe: Querschnitt 10 · 10 mm,
gehämmerte Stäbe: Durchmesser 7, 4, 3 mm,
gezogene Drähte: Durchmesser 2, 1, 0,5, 0,3, 0,2, 0,15, 0,10, 0,05 mm,
gewalzte Bleche: Dicke 4, 2, 1, 0,5 mm.

### 1.3. Schliffherstellung

Von sämtlichen Proben wurden Längsschliffe hergestellt. Es wurde zunächst trocken mit Schmirgelpapier bis Körnung 3/0, dann naß bis Körnung 600, entsprechend 5/0, geschliffen. Für den Naßschliff wurde ein Lunn-Naßschleifgerät verwendet. Dann wurde auf einer Tuchscheibe mit Tonerde Nr. 2 poliert.

### 1.4. Glühbehandlung

Eine Reihe von Drahtproben wurde durch Schmirgeln und Tauchen in heißer Natronlauge gereinigt und dann in trockenem Wasserstoff geglüht. Die Proben wurden dazu in ein Wolframschiffchen gelegt und in einen Wolframrohrofen eingesetzt. Die Temperatur wurde mit einem optischen Pyrometer gemessen; die Angaben sind auf ±1% genau.

Die Glühtemperaturen waren 1300, 1500, 1700, 1900, 2100° C, die Glühzeit betrug 30 oder 60 min.

### 1.5. Härtemessung

Die Messungen wurden mit einem Kleinlast-Härteprüfer Z 323 der Firma Zwick (Einsingen/Ulm) ausgeführt, der mit einem Mikrohärte-Zusatzgerät ausgerüstet ist, das Messungen bis herab zu 10 p Belastung gestattet. Die Diamantpyramide, vom Staatlichen Materialprüfungsamt Nordrhein-Westfalen geprüft, konnte zwischen den Messungen durch Eindrücke in eine Kalibrierplatte aus geschliffenem Stahl kontrolliert werden. Bei einer Länge der Eindruckdiagonale von über 60 $\mu$m wurde bei 200facher, bei Längen von 20 bis 60 $\mu$m bei 400facher, bei Längen unter 20 $\mu$m mit 600facher Vergrößerung ausgemessen. Die Höhe der Prüflast wurde dem Durchmesser der Proben angepaßt.

Es wurde

bei 10 —0,5 mm Durchmesser mit 5 — 0,01 kp Belastung
bei 0,3—0,15 mm Durchmesser mit 1 — 0,01 kp Belastung
bei 0,1 mm Durchmesser mit 0,3 — 0,01 kp Belastung

geprüft. Die Härte wurde aus den ausgemessenen Längen der Eindruckdiagonalen mit Hilfe einer Tabelle errechnet. Die angegebenen Härtewerte sind stets Mittelwerte aus 3 bis 5 Eindrücken.

Die Streuung der Meßwerte bei gleicher Probe betrug bei 5—0,3 kp Belastung ±1—1,5%, bei 0,1—0,025 kp Belastung ±1,8—3%, bei 0,01 kp Belastung ±6,5%. Für die nachfolgende Darstellung der Ergebnisse wurden folgende Bezeichnungen gewählt: Wolfram ohne gesteuerte Beimengung erhält die Bezeichnung KD, mit Alkalisilikatzusatz die Bezeichnung NS, mit Alkalisilikat + Aluminiumoxid BSD, mit Thoriumdioxid G. Die Drahtdurchmesser haben auf jeder der folgenden Abbildungen das gleiche Zeichensymbol: 2 mm Δ, 1 mm ●, 0,5 mm ×, 0,3 mm ⊙, 0,2 mm ⊗, 0,15 mm ⊡, 0,1 mm Δ, 0,05 mm ○.

## 2. Ergebnisse

### 2.1. Einfluß der Belastung (Abb. 1 bis 3)

Für alle Metallsorten und alle Durchmesser einschließlich Sinter- und Hämmerstäbe gilt, daß die Härtewerte zwischen 5 und 0,05 kp unabhängig von der Be-

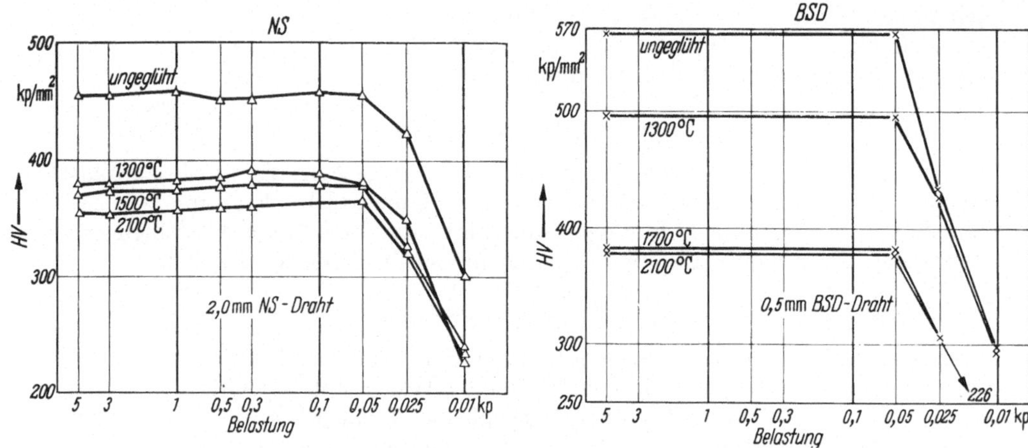


Abb. 1. Vickershärte in Abhängigkeit von der Belastung. Material NS, Durchmesser 2 mm, Glühzeit 60 min.

Abb. 2. Vickershärte in Abhängigkeit von der Belastung. Material BSD, Durchmesser 0,5 mm, Glühzeit 60 min.

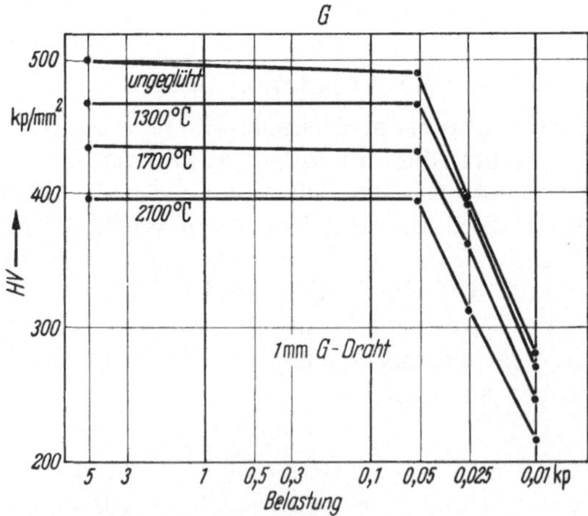


Abb. 3. Vickershärte in Abhängigkeit von der Belastung. Material G, Durchmesser 1 mm, Glühzeit 60 min.

lastung sind. Dieses Ergebnis wird auch durch die Glühbehandlung nicht beeinflußt. Bei gezogenen Drähten wurden Härten von 450—680, bei sekundär rekristallisierten von 330—410 kp/mm² gemessen. Erst bei Belastungen von 0,025 bis 0,01 kp tritt ein deutlicher Abfall der Härte ein. Bei Belastung mit 0,01 kp ergeben sich Härtewerte von 280—350 kp/mm² für bearbeitete Drähte und Härtewerte von 200—250 kp/mm² für sekundär rekristallisierte Drähte. Messungen bei dieser Belastung gestatten daher keine eindeutige Unterscheidung der Materialien, des Durchmessers oder der Glühbehandlung. Die Lastunabhängigkeit der Härtemessung im Bereich 5—0,05 kp gestattet es, die Belastung dem Probendurchmesser anzupassen.

### 2.2. Einfluß des Durchmessers (Abb. 4 bis 6) bzw. der Dicke (Abb. 7)

Die Härte von Sinterstäben und Hämmerstäben wurde stets an Proben im Anlieferungszustand gemessen. Die Mittelwerte sind in der folgenden Tabelle zusammengestellt.

Tabelle 1. Härte von Sinter- und Hämmerstäben

| Probe | Durchmesser bzw. Querschnitt (mm) | HV (kp/mm²) bei 5—0,05 kp Belastung | bei 0,025 kp Belastung | bei 0,01 kp Belastung |
|---|---|---|---|---|
| Sinterstab | 10 × 10 | 250 | 196 | 134 |
| Hämmerstab | 7 | 434 | 373 | 240 |
| Hämmerstab | 4 | 440 | 388 | 275 |
| Hämmerstab | 3 | 444 | 395 | 280 |

Bei den Drähten ergab sich, daß die Härte mit abnehmendem Durchmesser des Materials (zunehmendem Verformungsgrad) zunimmt. Die absoluten Werte der Härte sind bei den Drahtsorten nicht sehr unterschiedlich. Das Blech (KD-Material) zeigt jedoch einen wesentlich geringeren Anstieg der Härte mit abnehmender Blechdicke. Zum Vergleich sind in Abb. 7 auch die Härtewerte eines ungeglühten NS-Drahtes eingezeichnet.

Bei gezogenen Drähten wird ein Maximum der Härte bei 0,3 bzw. 0,2 mm Durchmesser beobachtet. Dieses Maximum entsteht durch die zwischen 0,2 und 0,1 mm Durchmesser übliche Zwischenglühung der Drähte bei etwa 1400° C, wodurch die Härte der Drähte der nachfolgenden Durchmesser erniedrigt wird. Offenbar ist diese Glühung von starkem Einfluß, denn die BSD-Drähte zeigen auch nach längerer Glühbehandlung einen grundsätzlich ähnlichen Verlauf der Härte. Erst bei Glühungen im Bereich der Sekundär-Rekristallisation wird das Maximum eingeebnet. Dabei zeigt sich deutlich, daß bei dem BSD-Material die Sekundär-Rekristallisation bei höherer Temperatur einsetzt als bei dem NS-Material.

### 2.3. Einfluß der Glühbehandlung (Abb. 8 bis 15)

Jede Glühbehandlung erniedrigt die Härte. Für die Darstellung war dabei noch folgende Tatsache von Bedeutung: Die Drähte werden beim Ziehen erwärmt, daher kann der Härtewert der nicht zusätzlich geglühten Drähte nicht über dem Abzissenwert 20° C eingetragen werden. Da das Ziehen von Wolframdraht zwischen 700 und 1000° C vorgenommen wird, wurde als Bezugspunkt 800° C gewählt.

Die Erniedrigung der Härte ist bei den einzelnen Materialien verschieden; in Abschnitt 2.4 wird dieser Effekt noch besprochen werden. Bei allen Glühtemperaturen ist der Härtewert vom Durchmesser, d. h. vom Verformungsgrad abhängig. Die Glühzeit ist ebenfalls von Einfluß auf die Härte; die nur 30 min geglühten

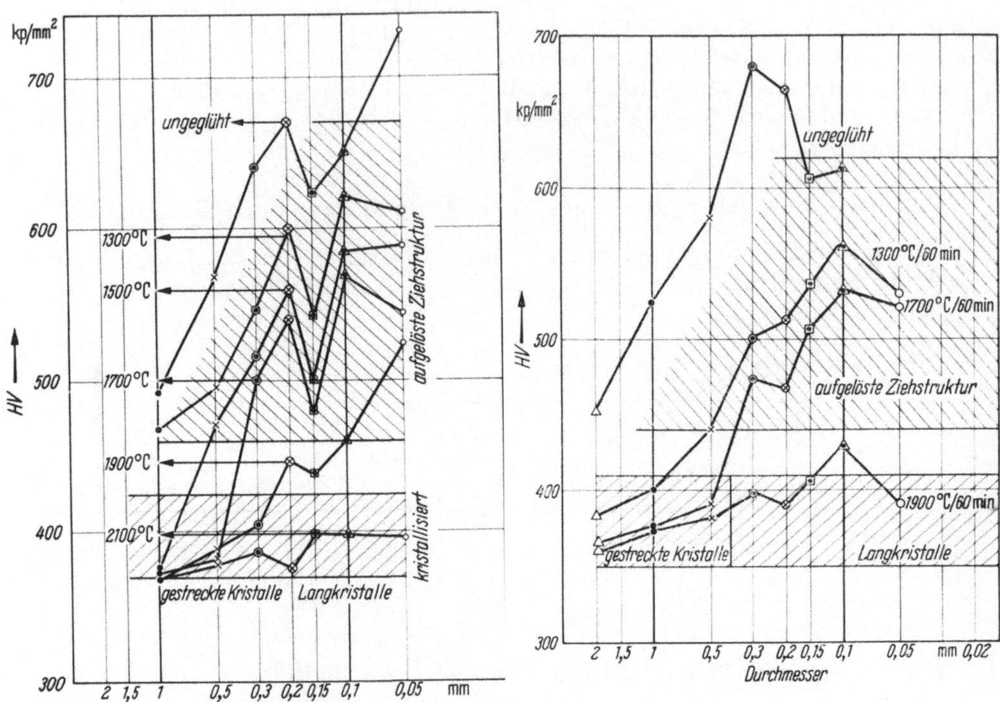


Abb. 4. Vickershärte in Abhängigkeit vom Drahtdurchmesser. Material NS.

Abb. 5. Vickershärte in Abhängigkeit vom Drahtdurchmesser. Material BSD.

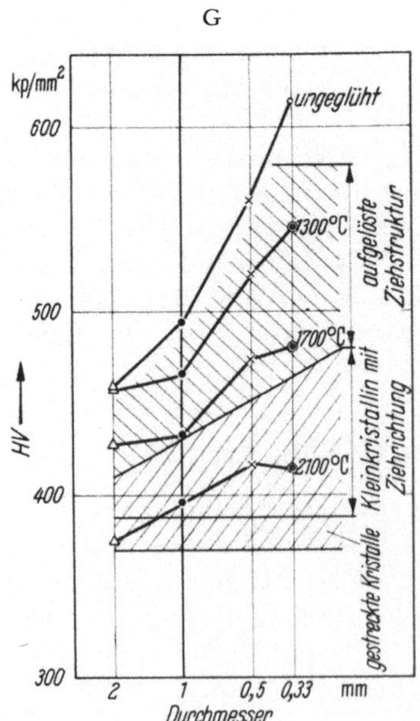


Abb. 6. Vickershärte in Abhängigkeit vom Drahtdurchmesser. Material G.

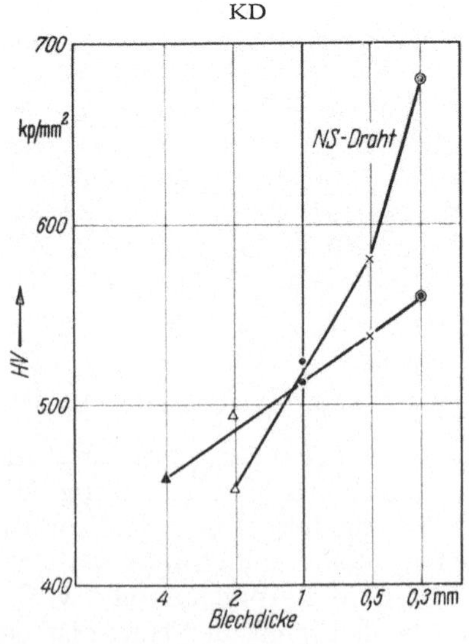


Abb. 7. Vickershärte von Wolframblech in Abhängigkeit von der Blech dicke. Material KD, keine Glühbehandlung.

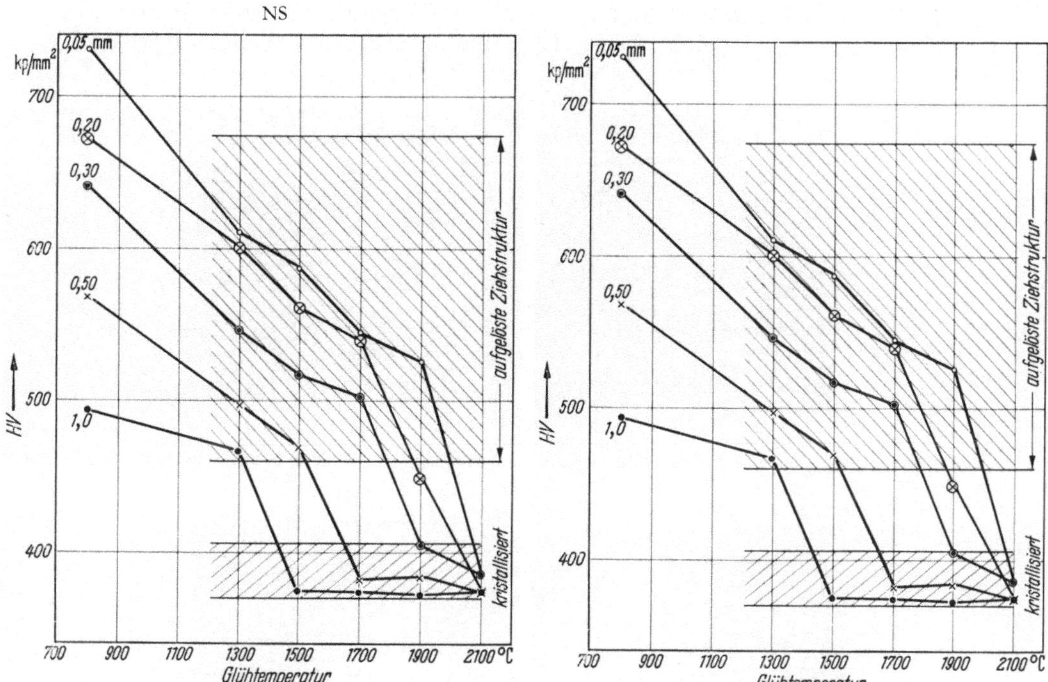


Abb. 8. Vickershärte in Abhängigkeit von der Glühtemperatur. Material NS.

Abb. 9. Vickershärte in Abhängigkeit von der Glühtemperatur. Material BSD.

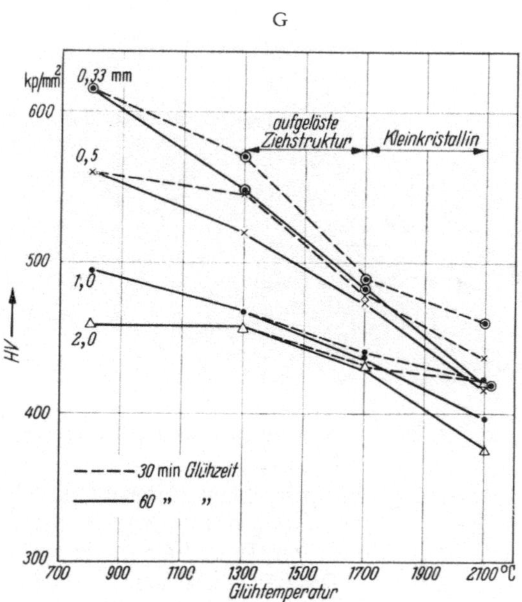


Abb. 10. Vickershärte in Abhängigkeit von der Glühtemperatur. Material G.

Proben zeigen eine geringere Abnahme der Härte als die 60 min geglühten. Werden die Drähte aus NS- und BSD-Material bei 2100° C geglüht, so werden Härtewerte unter 400 kp/mm² beobachtet. Dieses Ergebnis ist unabhängig vom Durchmesser.

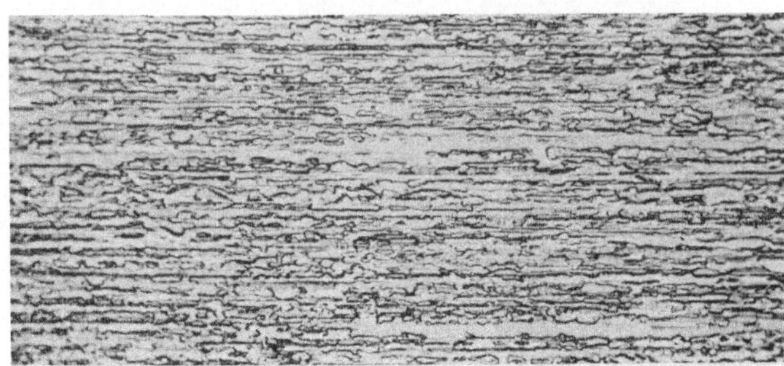

Abb. 11. Ziehgefüge von Wolframdraht. Beginnende Auflösung infolge Glühbehandlung bei 1300° C.

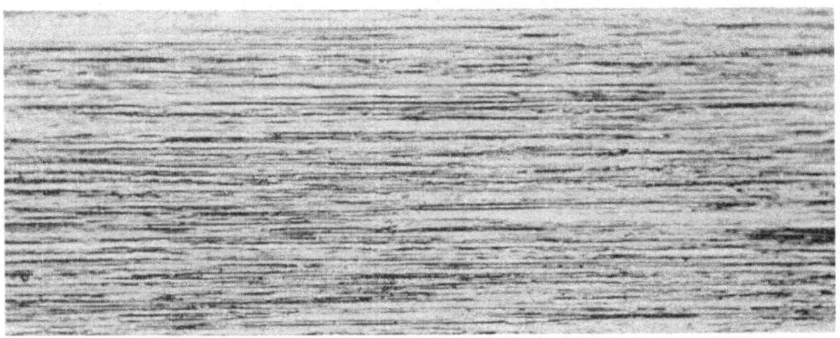

Abb. 12. Kleinkristallines Gefüge mit Verformungsrichtung von Wolframdraht infolge Glühbehandlung. Material G, Durchmesser 0,5 mm, V = 300 x.

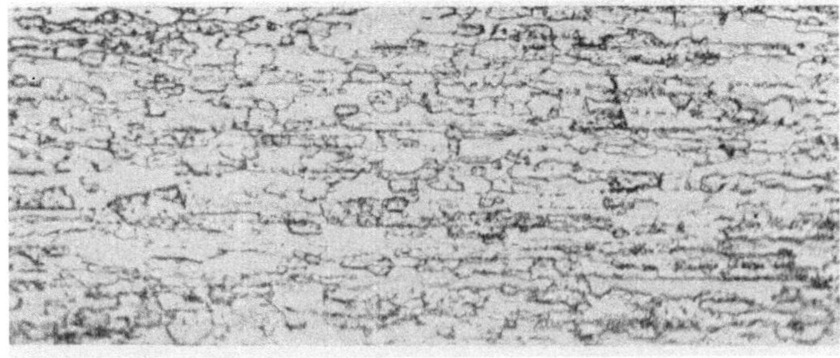

Abb. 13. Ziehgefüge von Wolframdraht, ungeglüht. Durchmesser 0,5 mm, V = 300 x.

Die Abnahme der Härte ist stets mit einer Änderung des Drahtgefüges verbunden. Das Ziehgefüge (Abb. 13) löst sich durch die Glühbehandlung mehr und mehr auf (Abb. 11). Oberhalb 1700° C wird mit Sicherheit sekundäre Rekristallisation beobachtet. Bei Drähten mit Durchmessern von 2—0,5 mm entstehen dabei grobe, gestreckte Kristalle (Abb. 14), bei Drähten mit Durchmessern von 0,3 mm und darunter Langkristalle (Abb. 15).

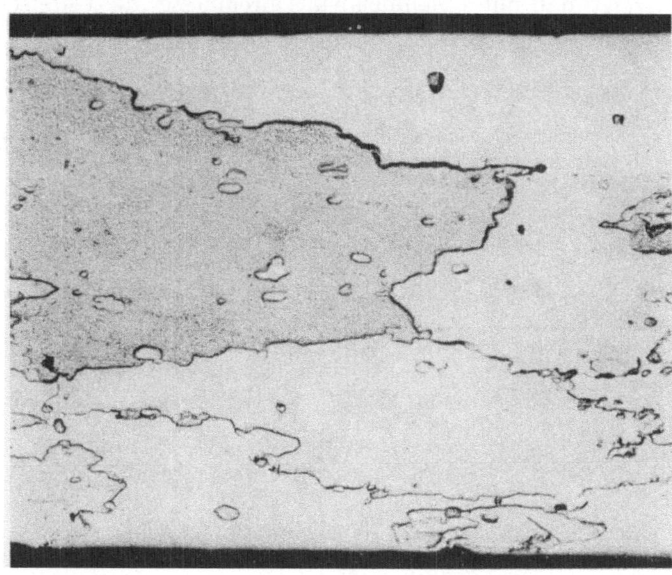

Abb. 14. Kristallisiertes Gefüge von Wolframdraht. Material NS oder BSD, Durchmesser 0,5 mm, V = 150 x.

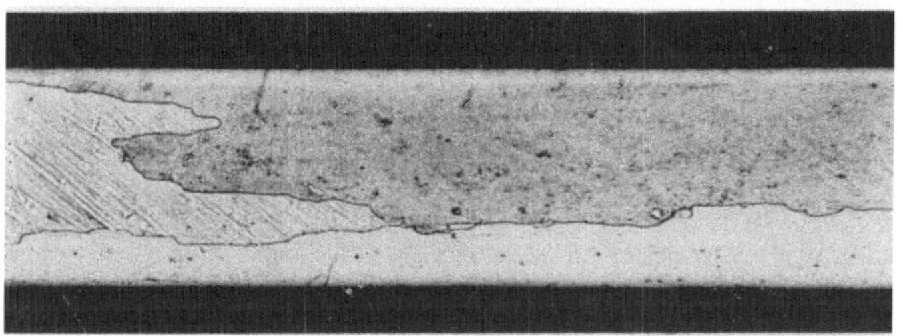

Abb. 15. Langkristallgefüge von Wolframdraht. Material NS oder BSD, Durchmesser 0,2 mm, V = 150 x.

## 2.4. Einfluß des Materials (Abb. 16 und 17)

Abb. 16 veranschaulicht den unterschiedlichen Verlauf der Härte bei den einzelnen Materialien. NS zeigt einen starken, bei 1300° C einsetzenden Härteabfall. Beim BSD verläuft die Härte-Temperaturkurve anders. Der Härteabfall setzt erst oberhalb 1300° C ein, außerdem zeigt die Kurve einen Wendepunkt. Diese Erscheinung kann bis 0,3 mm Durchmesser beobachtet werden (vgl. Abb. 9). Im Schliffbild kann dieser Unterschied im Verlauf der Härte-Temperaturkurve nicht beobachtet werden; es konnten jedenfalls keine graduellen Unterschiede hinsichtlich der Auflösung des Ziehgefüges und des Anteils der Langkristalle bei NS und BSD im Schliff festgestellt werden. Nach Eintritt der Sekundär-Rekristallisation werden in NS- und BSD-Material Härtewerte von 340 bis 400 kp/mm$^2$ gemessen.

Bei der Metallsorte G fällt die Härte fast linear mit der Glühtemperatur ab. Das Schliffbild zeigt kleinkristallines Gefüge mit Verformungsrichtung.

Abb. 17 zeigt, daß mit abnehmendem Durchmesser die Unterschiede zwischen NS und BSD bedeutend geringer werden. Der Wendepunkt in der Härte-Tempe-

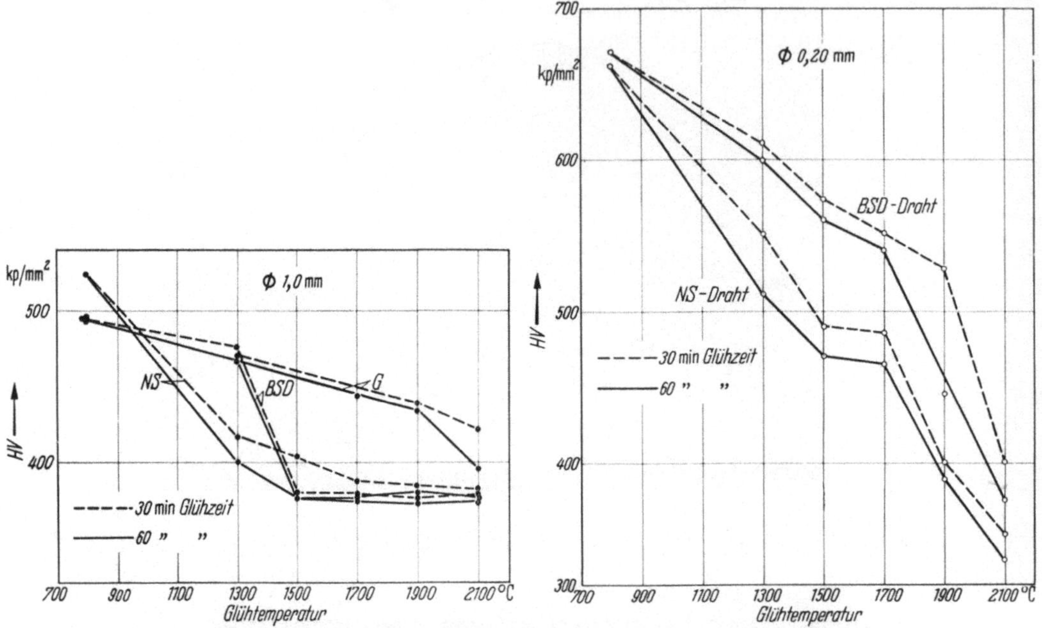


Abb. 16. Vickershärte von Wolframdraht in Abhängigkeit von der Glühtemperatur. Material NS, BSD, G; Durchmesser 1 mm.

Abb. 17. Vickershärte von Wolframdraht in Abhängigkeit von der Glühtemperatur. Material NS und BSD, Durchmesser 0,2 mm.

raturkurve bei BSD ist nicht mehr feststellbar. Dafür ist bei beiden Metallsorten ein stetiger Abfall der Härte mit zunehmender Glühtemperatur festzustellen.

## Literatur


1) Agte, C., J. Vacek: Wolfram und Molybdän. Berlin 1959.

2) Smithells, C. J.: Tungsten, 3. Aufl., London 1952.

# Selbstdiffusionsuntersuchungen an Wolfram und Molybdän

Von

W. DANNEBERG und E. KRAUTZ

Mit 7 Abbildungen

Die Selbstdiffusion in Wolfram und Molybdän wurde an drahtförmigen Proben von 0,2 mm Durchmesser gemessen. Das Kristallgefüge bestand bei Wolfram im Mittel aus 10 mm, bei Molybdän aus 0,4 bis 1 mm langen Kristalliten. Die Temperaturabhängigkeit des Diffusionskoeffizienten für Wolfram folgt im Temperaturbereich von 2000° C bis 2700° C der Beziehung

$$D = 0{,}29 \exp\left(-\frac{120{,}5}{RT}\right) \mathrm{cm}^2/\mathrm{s},$$

für Molybdän im Temperaturbereich von 1900° C bis 2080° C der Beziehung

$$D = 0{,}38 \exp\left(-\frac{100{,}8}{RT}\right) \mathrm{cm}^2/\mathrm{s}.$$

In Übereinstimmung mit der Theorie von BUFFINGTON und COHEN läßt sich der Diffusionsmechanismus bei Wolfram und Molybdän durch Leerstellenwanderung deuten.

## Einleitung

Für die Selbstdiffusion in Metallen werden als Platzwechselvorgänge die Diffusion über Leerstellen, über Zwischengitterplätze oder durch direkten Austausch zweier oder mehrerer Atome (Ringmechanismus) in Betracht gezogen. In Abb. 1 sind diese drei Diffusionsmechanismen dargestellt. Der Verschiebungsweg der Atome ist durch Pfeile angedeutet.

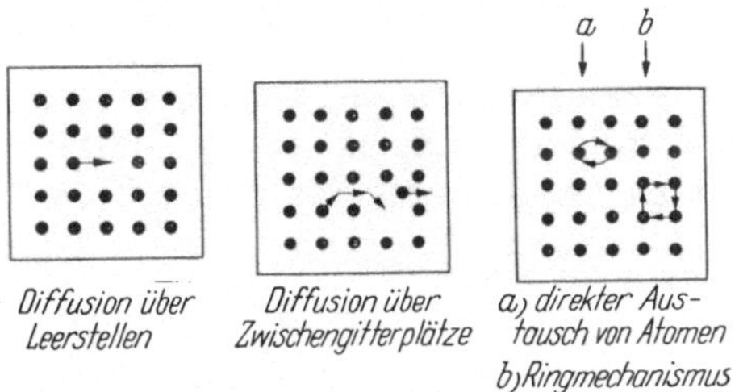


Abb. 1. Diffusionsmechanismen.

Für Metalle mit kubisch-flächenzentriertem Gitter, wie z. B. Ag, Au, Cu, Ni, Pb, Pt, besteht Übereinstimmung darüber, daß die Selbstdiffusion über Leerstellen verläuft. Dagegen ist der Diffusionsmechanismus für die schwereren kubisch-raumzentrierten Metalle, wie z. B. W, Mo, umstritten. Neben der Diffusion über Leerstellen wird hier auch nach ZENER[1]) die Diffusion durch gleichzeitigen Platzwechsel von vier Atomen im Ringaustausch angenommen. Die Ringdiffusion ist nach seinen Berechnungen energetisch günstiger als der direkte Platzwechsel von nur zwei Atomen.

---

*) Kurzfassung der Veröffentlichungen: W. DANNEBERG, Dissertation F.U. Berlin 1961; W. DANNEBERG und E. KRAUTZ, Z. Naturforschg. 16a (1961) S. 854; Metall 15 (1961) S. 977.

Die Selbstdiffusion in Wolfram wird aus Messungen von Langmuir[2]) bzw. van Liempt[3]) abgeschätzt, die die Diffusion von Thorium bzw. Eisen bei kleinen Konzentrationen in Wolfram bestimmten. In einer neueren Arbeit wurde von Wassilew und Tschernomortschenko[4]) die Selbstdiffusion in Wolfram im Temperaturbereich zwischen 1280° C und 1450° C gemessen. Bei einem Fehler von $\pm 25\%$ stimmt die angegebene Aktivierungsenergie $Q$ mit berechneten Werten überein. Dagegen muß die Diffusionskonstante $D_0$ von $6{,}3 \cdot 10^7\ \mathrm{cm^2/s}$ als unwahrscheinlich angesehen werden.

Um weitere Rückschlüsse auf den Diffusionsmechanismus in den hochschmelzenden kubisch-raumzentrierten Metallen ziehen zu können, schien es daher notwendig, Fremd- und Selbstdiffusionsmessungen an diesen Metallen durchzuführen. Im folgenden soll über die Selbstdiffusionsuntersuchungen an W und Mo berichtet werden.

## Untersuchungsmethode

Für Selbstdiffusionsmessungen in Metallen sind die radioaktiven Isotope besonders geeignet. Sie unterscheiden sich von den Atomen des inaktiven Metalles nur durch unterschiedliche Neutronenzahl des Atomkerns. Durch ihre radioaktive Strahlung können sie leicht quantitativ nachgewiesen werden. Während man sich früher auf die geringe Zahl natürlich radioaktiver Atome beschränken mußte, ist es heute möglich, von beinahe allen Elementen radioaktive Isotope herzustellen.

Da der Selbstdiffusionskoeffizient in Metallen klein ist, muß zu seiner Messung eine genügend lange Glühbehandlung durchgeführt werden. Die Halbwertszeit des verwendeten radioaktiven Isotopes muß daher so groß sein, daß nach der Diffusion noch eine meßbare Aktivität vorhanden ist.

Bei den durchgeführten Messungen wurden von den Diffusionsproben nach der Glühung einzelne Schichten elektrolytisch abgetragen und die Aktivität der Lösung gemessen. Bei dieser Methode braucht der Absorptionskoeffizient bzw. die Reichweite der Strahlung nicht bekannt zu sein. Ein Vergleich der Meßwerte für die Aktivität ist ohne Korrekturen statthaft, da der Geometriefaktor für die Impulsrate bei allen Untersuchungen gleichbleibt.

Bringt man auf eine Probe die radioaktive Substanz, so wird die Gitterselbstdiffusion der radioaktiven Atome durch das zweite Ficksche Gesetz beschrieben. Es gilt

$$\frac{\partial c}{\partial t} = D \operatorname{div} \operatorname{grad} c \tag{1}$$

Es bedeuten: $c$ Konzentration des Indikators, $t$ Zeit, $D$ Diffusionskoeffizient.

Im Falle Cartesischer Koordinaten $x$, $y$, $z$ wird (1) durch den Ausdruck

$$c = \frac{Q}{8\,(\pi D t)^{3/2}} \exp\left(-\frac{(x-x')^2 + (y-y')^2 + (z-z')^2}{4\,D t}\right) \tag{2}$$

befriedigt, wenn sich zur Zeit $t = 0$ die diffundierende radioaktive Substanz $Q$ an der Stelle $(x', y', z')$ befindet[5]).

Um die Diffusion radioaktiver Substanz von der Oberfläche einer zylindrischen Probe mit dem Radius $a$ zu berechnen, führt man zweckmäßig Polarkoordinaten $r$, $\Theta$, $z$ ein und beschränkt sich auf eine Schnittebene senkrecht zur $z$-Achse. Für die Konzentration $c$ an der Stelle $r$, $\Theta$ ergibt sich dann aus (2)

$$c = \frac{Q a}{4 \pi D t} \exp\left(-\frac{r^2 + a^2}{4\,D t}\right) \int\limits_0^{2\pi} \exp\left(\frac{r a \cos\Theta}{2\,D t}\right) d\,\Theta \tag{3}$$

Ist $Q^*$ die radioaktive Substanzmenge auf dem Umfang der Kreisfläche, d. h. $Q^* = 2\pi a Q$, so folgt aus (3)

$$c = \frac{Q^*}{4\pi Dt} \exp\left(-\frac{r^2 + a^2}{4 Dt}\right) J_o\left(\frac{ra}{2 Dt}\right), \tag{4}$$

wo $J_o\left(\frac{ra}{2 Dt}\right)$ die BESSELfunktion 0. Ordnung ist.

Für große Werte des Argumentes $\left(\frac{ra}{2 Dt}\right)$ gilt

$$J_o\left(\frac{ra}{2 Dt}\right) = \frac{\exp\left(\frac{ra}{2 Dt}\right)}{\sqrt{\frac{\pi ra}{Dt}}} \tag{5}$$

Wenn man den Zylinderradius $\varrho$ gemessen von der Zylinderoberfläche einführt, ergibt sich aus (4) unter Berücksichtigung von (5)

$$\ln c \sqrt{\frac{a - \varrho}{a}} = -\frac{\varrho^2}{4 Dt} + C \tag{6}$$

Trägt man $\ln c \sqrt{\frac{a-\varrho}{a}}$ über $\varrho^2$ auf, so ist die Neigung dieser Geraden durch $-\frac{1}{4 Dt}$ gegeben, woraus $D$ zu bestimmen ist.

## Experimentelle Untersuchungen

Zur Durchführung der Untersuchungen wurde das Wolframisotop W 185 und das Molybdänisotop Mo 99 verwendet. Mit einer Halbwertszeit von 73,2 Tagen war das Wolframisotop dazu gut geeignet. Auch die Halbwertszeit von 68 Stunden für Mo 99 war für die Durchführung der Messungen noch ausreichend.

Die Diffusionsproben bestanden aus 16 cm langen Wolfram- bzw. Molybdändrähten. Die Proben wurden zunächst unter einem Wasserstoff-Stickstoff-Gasgemisch rekristallisiert. Um Korngrenzendiffusion zu vermeiden, wurde ein Kristallgefüge aus möglichst großen Kristalliten angestrebt. Nach der Rekristallisation bestand es bei Wolfram im Mittel aus 10 mm langen Kristalliten. Bei Molybdän betrug die Kristallitlänge etwa 0,4 bis 1 mm. Es besteht die Absicht, die entsprechenden Untersuchungen auch an Wolfram- bzw. Molybdän-Einkristallen noch durchzuführen.

Um eine glatte, von Ziehriefen praktisch freie Drahtoberfläche zu erhalten, wurde von den Drähten zunächst eine etwa 5 $\mu$m dicke Schicht elektrolytisch abgetragen. Als Elektrolyt wurde bei Wolfram 3%ige Natronlauge, bei Molybdän ein Gemisch aus konzentrierter Schwefelsäure und Methanol benutzt. Bei 5 Volt Spannung können in wenigen Sekunden Schichten von größenordnungsmäßig 1 bis 3 $\mu$m abgetragen werden.

Die Aufbringung des aktiven Wolframs bzw. aktiven Molybdäns erfolgte kataphoretisch. Abb. 2 zeigt die verwendete Vorrichtung. Eine Halterung mit einer Wolfram- bzw. Molybdänprobe als Kathode und einem Platindraht als Anode wurde in ein Gefäß eingesetzt, in dem 10 g aktives Wolframtrioxyd bzw. 8 g aktives Molybdäntrioxyd in 150 ml Alkohol aufgeschlämmt waren. Als Leitsalz diente 1 g Calciumchlorid. Auf ein 12 cm langes Mittelstück der Proben wurden so etwa 1 mg Wolfram- bzw. Molybdäntrioxyd niedergeschlagen. Bei der kataphoretischen Aufbringung wurde eine besonders gleichmäßige und fest haftende Schicht radioaktiver Substanz erhalten.

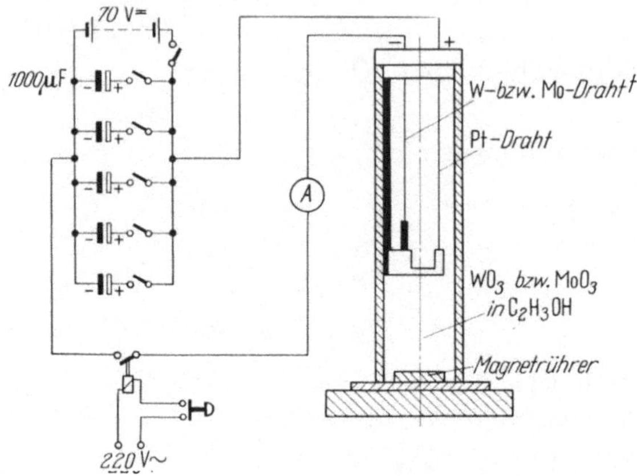


Abb. 2. Vorrichtung für die kataphoretische Auftragung der radioaktiven Isotope.

Nach Reduktion des Wolframtrioxyds bzw. Molybdäntrioxyds wurden die Drähte in einem Wasserstoff-Stickstoff-Gasgemisch geglüht. Die Glühtemperatur wurde bei den Wolframproben zwischen 2000° C und 2700° C, bei den Molybdänproben zwischen 1600° C und 2180° C variiert. Je nach Höhe der Temperatur betrug die Versuchsdauer für Wolfram 20 bis 2 Stunden und für Molybdän 15 bis 1 Stunde. Die Temperaturmessung erfolgte mit einem geeichten Mikropyrometer.

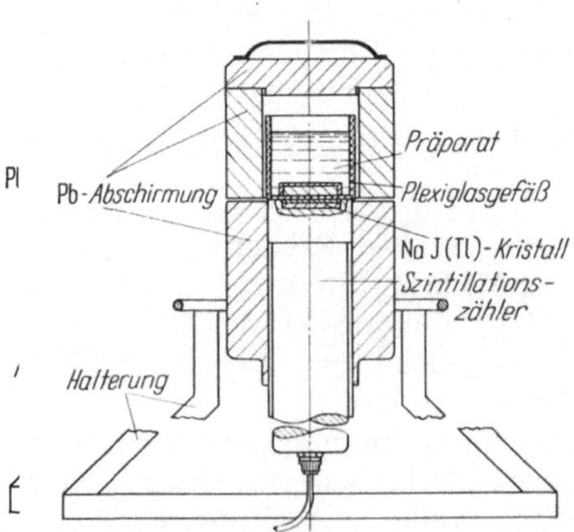


Abb. 3. Anordnung zur Messung der Aktivität.

Von den Proben wurden nach der Glühbehandlung einzelne Schichten elektrolytisch abgetragen. Die $\gamma$-Aktivität der in Lösung befindlichen aktiven Substanz wurde mit einem Szintillationszähler gemessen. Die Anordnung zeigt Abb. 3. Über den thalliumaktivierten Natrium-Jodid-Kristall wurde ein Plexiglasgefäß gesetzt, das die aktive Flüssigkeit enthielt. Szintillationszähler und Plexiglasgefäß mit Meßflüssigkeit befanden sich zur Reduzierung des Nulleffektes, der durch Höhenstrahlung hervorgerufen wird, in einer Bleiabschirmung.

## Meßergebnisse

Abb. 4 zeigt die für W-Proben bei verschiedenen Temperaturen und Glühzeiten gemessene Aktivität in Impulsen pro Minute und Milligramm multipliziert mit $\sqrt{\frac{a-\varrho}{a}}$ als Funktion des Quadrates der Eindringtiefe in $\mu m$. Die Anfangsaktivität wurde auf 1000 Impulse pro Minute und Milligramm reduziert. Bei allen

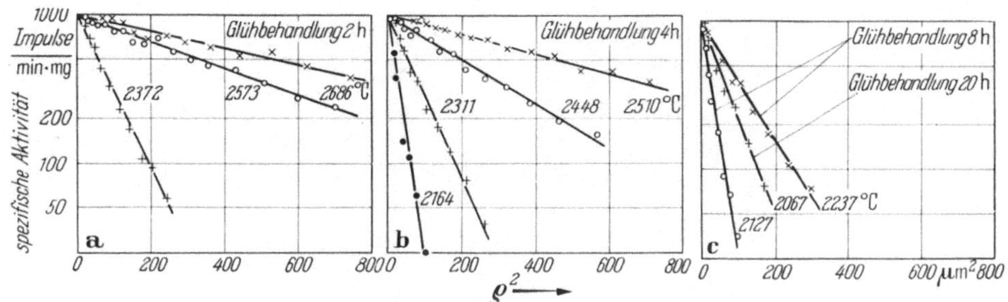


Abb. 4a—c. Spez. Aktivität in Abhängigkeit von der Eindringtiefe für Wolfram.

Proben wurde ein linearer Zusammenhang zwischen dem Quadrat der Eindringtiefe und dem Logarithmus der Aktivität multipliziert mit $\sqrt{\frac{a-\varrho}{a}}$ gefunden.

Abb. 5 zeigt die Abnahme der Aktivität einiger Molybdänproben multipliziert mit $\sqrt{\frac{a-\varrho}{a}}$ als Funktion des Quadrates der Eindringtiefe. Für Glühtemperaturen unterhalb 1900° C treten bereits Abweichungen vom linearen Zusammenhang zwischen $\ln c \sqrt{\frac{a-\varrho}{a}}$ und $\varrho^2$ auf, da hier der Einfluß der Korngrenzendiffu-

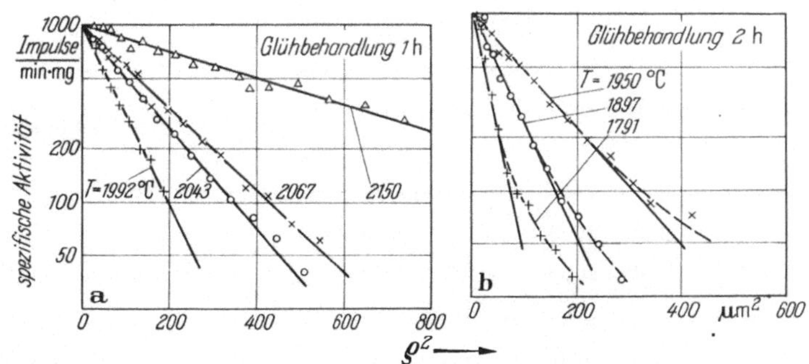


Abb. 5a u. b. Spez. Aktivität in Abhängigkeit von der Eindringtiefe für Molybdän.

sion zunimmt. Die lineare Beziehung ist nur noch bei kleineren Eindringtiefen erfüllt.

Aus der Neigung $\alpha$ der Geraden in Abb. 4 und Abb. 5 kann der Diffusionskoeffizient nach der Beziehung (6)

$$D = -\frac{1}{4\,t\,\alpha} \qquad t \text{ Glühzeit} \tag{7}$$

für die entsprechende Temperatur bestimmt werden. Die Temperaturabhängigkeit des Diffusionskoeffizienten wird durch eine Beziehung

$$D = D_0 \exp\left(-\frac{Q}{k\,T}\right) \tag{8}$$

wiedergegeben, wo $D_0$ die Diffusionskonstante, $Q$ die Aktivierungsenergie, $T$ die Temperatur und $k$ die BOLTZMANN-Konstante bedeuten.

In Abb. 6 ist die Temperaturabhängigkeit der Diffusionskoeffizienten für

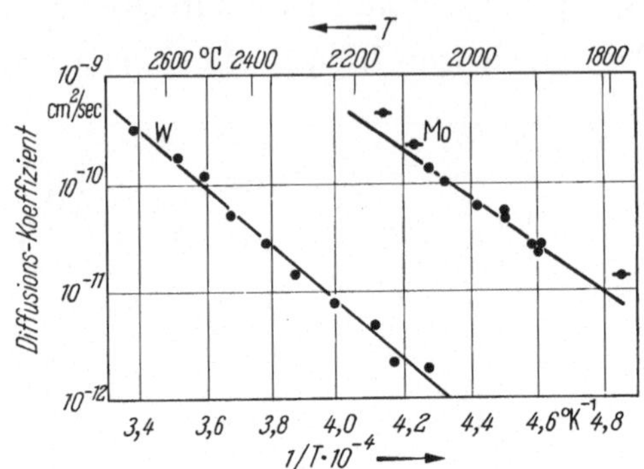


Abb. 6. Temperaturabhängigkeit der Diffusionskoeffizienten für Wolfram und Molybdän.

Wolfram und Molybdän dargestellt. Im Temperaturbereich zwischen 2000° C und 2700° C ist die exponentielle Temperaturabhängigkeit der Diffusion für Wolfram erfüllt. Bei Molybdän ergeben sich dagegen oberhalb 2080° C und unterhalb 1900° C Abweichungen der Meßwerte von der Beziehung (8). Unterhalb 1900° C liegt gemischte Diffusion, d. h. Gitterdiffusion und Diffusion über Korngrenzen vor[6]). Oberhalb 2080° C macht sich Sekundärrekristallisation der Molybdändrähte störend bemerkbar. Es wurde eine langsame Vergrößerung der Kristallite und eine Verschiebung der Korngrenzen beobachtet.

Die folgende Tabelle faßt die Ergebnisse für die Aktivierungsenergien $Q$ und die $D_0$-Werte in W und Mo zusammen.

| | Temperaturbereich °C | Aktivierungs-energie $Q$ | | Diffusions-konstante $D_0$ |
|---|---|---|---|---|
| | | kcal/Mol | eV | cm²/s |
| Wolfram | 2000—2700 | 120.5 | 5.23 | 0.29 |
| Molybdän | 1900—2080 | 100.8 | 4.37 | 0.38 |

Die Messungen zeigen, daß die Bestimmung der Gitterselbstdiffusion in den Molybdänproben nur in einem kleinen Temperaturbereich möglich ist. Zur Zeit werden Versuche durchgeführt, unter besonderen Rekristallisationsbedingungen auch für Molybdän längere Kristallite zu erhalten.

## Deutung der Meßergebnisse

Nach ZENER besteht zwischen der Aktivierungsentropie $S$, dem Temperaturkoeffizienten des Schubmoduls $\beta$ und der Aktivierungsenergie $Q$ die Beziehung

$$\frac{S}{k} = \ln \frac{D_0}{a^2 \nu} = \lambda \beta \frac{Q}{k T_m} \tag{9}$$

wo $a$ die Gitterkonstante, $\nu$ die DEBYE-Frequenz, $T_m$ die Schmelztemperatur und $k$ die BOLTZMANNsche Konstante bedeuten. Für die kubisch-flächenzentrierten Metalle wird $\lambda = 0{,}55$ und für die kubisch-raumzentrierten Metalle $\lambda = 1$ abgeleitet. Der Unterschied wird auf verschiedene Diffusionsmechanismen zurückgeführt. In kubisch-raumzentrierten Metallen wird für die Diffusion Ringaustausch von vier Atomen und in kubisch-flächenzentrierten Metallen Diffusion über Leerstellen angenommen.

Abb. 7 zeigt eine Auswertung neuerer Diffusionsmessungen nach der ZENER-

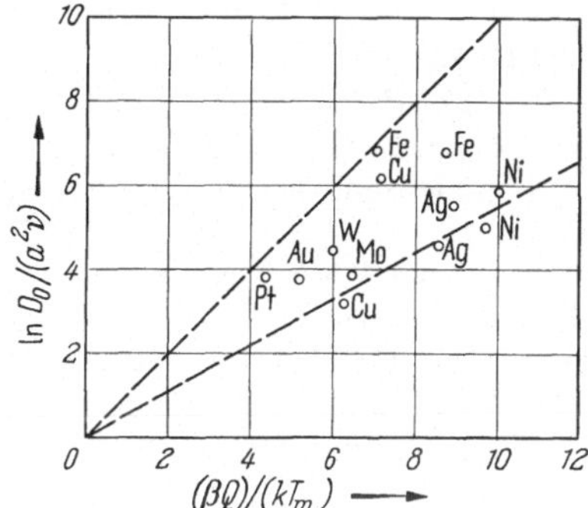


Abb. 7. Zur Deutung der Selbstdiffusion in Metallen mit kub. rz. und kub. flz. Gitter.

schen Theorie. Die beiden Geraden $\lambda = 1$ und $\lambda = 0{,}55$ sind gestrichelt eingezeichnet. Zwischen kubisch-raumzentriertem W und Mo und kubisch-flächenzentrierten Metallen ist ein eindeutiger Unterschied der $\lambda$-Werte nicht festzustellen.

BUFFINGTON und COHEN[7]) setzen $D_0$ und die Aktivierungsenergie $Q$ auf Grund eines Leerstellenmechanismus in Beziehung. Die Aktivierungsenergie $Q$ ist proportional dem Elastizitätsmodul $E_0$ für 0° K und der dritten Potenz der Gitterkonstanten $a$

$$Q = K E_0 a^3 \,. \tag{10}$$

Für die kubisch-raumzentrierten Metalle wird der Wert K = 0,0695 angegeben. Mit diesem Wert ergibt sich für die Aktivierungsenergie der Selbstdiffusion in Wolfram $Q = 135{,}16$ kcal/Mol und in Molybdän $Q = 106{,}0$ kcal/Mol, was mit den gemessenen Werten recht gut übereinstimmt. Eine zufriedenstellende Übereinstimmung ergibt sich auch zwischen dem theoretisch und experimentell ermittelten Wert für die Diffusionskonstante $D_0$. Man darf also annehmen, daß auch in Wolfram und Molybdän die Diffusion überwiegend über Leerstellen erfolgt.

Nach Abschluß unserer Untersuchungen sind von ASKILL und TOMLIN[8]) Meßergebnisse über die Selbstdiffusionskoeffizienten an einkristallinen und polykristallinen Molybdänproben veröffentlicht worden. Für den Temperaturbereich 1850—2350° C erhielten sie für einkristallines Molybdän die Werte

$$D_0 = 0{,}1 \text{ cm}^2/\text{sec}$$
$$Q = 92{,}2 \text{ kcal/mol}$$

und für polykristallines Molybdän

$$D_0 = 0{,}5 \text{ cm}^2/\text{sec}$$
$$Q = 96{,}9 \text{ kcal/mol}$$

in recht guter Übereinstimmung mit den von uns erhaltenen Werten.

Die für polykristallines Molybdän für den Temperaturbereich 1700—1930° C von BRONFIN, BOKSHTEIN und ZHUKHOVITSKY[9]) angegebenen Werte

$$D_0 = 2{,}77 \text{ cm}^2/\text{sec}$$
$$Q = 111 \text{ kcal/mol}$$

sowie die von Borisov, Gruzin und Paulinov[10]) mitgeteilten Werte

$$D_0 = 4{,}0 \ \mathrm{cm^2/sec}$$
$$Q = 115 \ \mathrm{kcal/mol}$$

liegen dagegen etwas höher, was vermutlich auf einen höheren Anteil an Korngrenzendiffusion zurückzuführen sein dürfte.

## Literatur


1) Zener, C.: J. Appl. Phys. 22 (1951) S. 372.
2) Langmuir, J.: J. Franklin Inst. 217 (1934) S. 543.
3) Liempt, J. A. van: Rec. trav. Chim. 64 (1945) S. 239.
4) Wassilew, W. P., Ss. G. Tschernomortschenko: Betriebslabor. (russ.) 22 (1956) Nr. 6, S. 688—691.
5) Carslaw, H. S., I. C. Iaeger: Conduction of Heat in Solids (1947) S. 375.
6) Wajda, E. S.: Acta Metallurgica 2 (1954).
7) Buffington, F. S., M. Cohen: Acta Metallurgica 2 (1954) S. 660.
8) Askill, J., u. Tomlin, D. H.: Phil. Mag. 8 (1963) H. 90, S. 997.
9) Bronfin, M. B., Bokshtein, S. Z., Zhukhovitsky, A. A.: Fact. Lab. Moscow 26 (1960) S. 828.
10) Borisov, Y. V., Gruzin, P. L., Paulinov, L. V.: Metall i Metallov 1 (1961) S. 213.


# Untersuchungen über Gitterfehlstellen in kaltverformtem Wolfram mit Hilfe von Restwiderstandsmessungen*)

Von

**H. Schultz**

Mit 7 Abbildungen

Bei der plastischen Deformation von Wolframdrähten entstehen Gitterfehlstellen, die zu einer beachtlichen Erhöhung des Restwiderstandes führen. Das Ausheilen dieser Gitterfehlstellen bei erhöhter Temperatur wurde durch Restwiderstandsmessungen bei der Temperatur des flüssigen Wasserstoffes untersucht.

Eine 1. Erholungsstufe im Temperaturbereich von 300—400° C wird der Wanderung von Leerstellen, eine 2. Erholungsstufe im Temperaturbereich von 600—1100° C wird einer Verminderung der Versetzungsdichte zugeordnet. Eine kleine 3. Stufe bei 1250° C ist mit der Rekristallisation verknüpft.

Aus den Messungen ergibt sich die Aktivierungsenthalpie der Leerstellenwanderung zu 1,73 eV/Atom oder 40 cal/mol und eine Wanderungsentropie von 3,5 cal/mol · grad.

## 1. Einleitung

Bei der plastischen Deformation von Metallen werden Eigenschaftsänderungen beobachtet, die mit dem Auftreten bestimmter Gitterbaufehler (z. B. Korngrenzen, Versetzungen, Leerstellen) verknüpft sind. Für das Studium dieser Gitterbaufehler ist die Messung des elektrischen Widerstandes bei sehr tiefen Temperaturen ($T = 20°$ K), wo der elektrische Widerstand als „Restwiderstand" fast ausschließlich durch die Abweichungen vom idealen Kristallgitter bestimmt wird, eine sehr geeignete Untersuchungsmethode.

Da man bei derartigen Messungen mit dem Restwiderstand die Summe aller Gitterfehler, also Fehlordnungen aller Art und Fremdatome erfaßt, im Metall

*) Gekürzte Fassung der in Z. Naturforschg. 14a (1959) S. 361—373 veröffentlichten Arbeit.

aber meistens verschiedene Arten von Gitterfehlern gleichzeitig auftreten, ergibt sich die Aufgabe, den Beitrag der verschiedenen Gitterfehler zum Restwiderstand voneinander zu trennen. Das ist in gewissen Grenzen möglich, da die durch plastische Deformation erzeugten Gitterfehler sich nicht im thermodynamischen Gleichgewicht befinden und durch eine geeignete Temperbehandlung wieder beseitigt werden können. Es zeigt sich, daß jeder Gitterfehlertyp in einem bestimmten, für jedes Metall charakteristischen Temperaturbereich verschwindet. Trägt man den Restwiderstand als Funktion der Temperatur auf, so ergibt sich eine Kurve mit bestimmten „Erholungsstufen", die bestimmten Gitterfehlern zugeordnet werden können.

Besonders erfolgreich waren in letzter Zeit derartige Untersuchungen für die Erfassung von Eigenschaften atomarer Fehlstellen wie Leerstellen (Gitterlücken) und Zwischengitteratome[1]). Es ist möglich, aus derartigen Messungen die Aktivierungsenergie für die Wanderung dieser Fehlstellen zu ermitteln, deren Kenntnis von Bedeutung für das Verständnis der Platzwechselvorgänge bei der Selbstdiffusion in Metallen ist.

Wolfram gehört mit Molybdän, Tantal und Niob zu einer Gruppe von hochschmelzenden Metallen mit kubisch-raumzentriertem Kristallgitter, die sich in ihren plastischen Eigenschaften in auffallender Weise von den Metallen mit kubisch-flächenzentriertem Kristallgitter (z. B. Cu, Au, Ni, Al) unterscheiden. Kennzeichnend für diese Gruppe von kubisch-raumzentrierten Metallen ist der starke Anstieg der kritischen Schubspannung mit sinkender Temperatur und die besonders bei W und Mo zu beobachtende Versprödung bei tiefen Temperaturen. Für ein vertieftes Verständnis all dieser Vorgänge sind genauere Kenntnisse über die Eigenschaften von Gitterfehlstellen unerläßlich.

Für den Nachweis von Gitterfehlstellen in Wolfram durch Restwiderstandsmessungen ist es sehr günstig, daß der Restwiderstand pro Fehlstelle in Wolfram offenbar besonders groß ist, so daß sich hohe Meßgenauigkeiten erreichen lassen. Vorteilhaft für die experimentelle Untersuchung ist außerdem die Tatsache, daß sich in Wolfram schon bei Zimmertemperatur Gitterfehler weitgehend „einfrieren" lassen. Nachteilig ist dagegen, daß infolge der komplizierten Energiebandstruktur von Wolfram eine befriedigende theoretische Berechnung des Restwiderstandes von Gitterfehlstellen zur Zeit nicht möglich erscheint. Man kann also beispielsweise nicht aus gemessenen Restwiderstandswerten die absolute Konzentration bestimmter Gitterfehler berechnen.

## 2. Die Erholungsstufen im kaltverformten Wolfram

Der Restwiderstand wurde an drahtförmigen Wolframproben von 0,1 bis 0,2 mm ⌀ bei der Temperatur des flüssigen Wasserstoffes ($T \approx 20°$ K) ermittelt. Zur Eliminierung der geometrischen Probendimensionen wurde nicht der Absolutwert des spez. Widerstandes ($\varrho$) bestimmt, sondern das Verhältnis von Restwiderstand ($\varrho_R$) zu Eispunktswiderstand $\varrho\,(273)$. Bei 20° K ist der thermisch bedingte „Idealwiderstand" des Wolframs schon sehr klein $\varrho\,(20)/\varrho\,(273)$ ideal $=$ 0,00056)[2]), so daß dieser Anteil nur noch als kleine Korrektur an den Meßwerten zu berücksichtigen ist. Bei der Darstellung der Meßergebnisse wird das Verhältnis $z = \varrho_R/\varrho\,(273) - \varrho_R$ benutzt[3]). Eine für reines W typische Erholungskurve mit mehreren Stufen ist in Abb. 1 wiedergegeben. Man erkennt eine Stufe I im Bereich von 300—400° C und eine Stufe II im Bereich von 600—1000° C. Eine sehr schwach ausgeprägte Stufe III bei 1250° C ist in den Meßwerten erkennbar, kommt aber in der zeichnerischen Darstellung nicht mehr klar zum Ausdruck. Diese kleine Stufe III ist mit der Rekristallisation verknüpft.

Es erhebt sich die Frage, welchen Vorgängen man die stark ausgeprägten Stufen I und II zuordnen soll. Im Temperaturbereich der Stufe I treten keine stärkeren Änderungen der Festigkeit auf im Gegensatz zum Temperaturbereich von Stufe II, in dem bei Wolfram die Erholung der mechanischen Verfestigung erfolgt. Die Abnahme des Restwiderstandes im Bereich der Stufe II wird daher der Verminderung der Versetzungsdichte zugeschrieben. Ein Vergleich mit Erfahrungen an anderen Metallen legt es nahe, Stufe I mit dem Verschwinden atomarer Fehlstellen (Leerstellen oder Zwischengitteratome) in Zusammenhang zu bringen[4]). Berücksichtigen wir die Ergebnisse von G. H. KINCHIN und M. W. THOMPSON[5]) [6]) über die Erholung von Strahlenschäden in Mo und W, die eine Erholungsstufe bei $-80°$ C der Wanderung von Zwischengitteratomen und eine weitere Erholungsstufe bei 320° C der Wanderung von Leerstellen zuordnen, so liegt es nahe, die Erholungsstufe I im Bereich 300—400° C ebenfalls mit der Wanderung und dem Verschwinden von Leerstellen in Verbindung zu bringen, die in unserem Falle durch plastische Deformation erzeugt worden sind. Auch R. C. KOO[7]) beobachtet in seinen Untersuchungen über die Erholung verformter W-Proben die gleiche Erholungsstufe und deutet sie in dieser Weise.

Bemerkenswert an der Erholungskurve (Abb. 1) ist, daß die Erholung bei 1000° C schon fast abgeschlossen ist und daß die bei etwa 1250° C einsetzende Rekristallisation sich nur geringfügig auswirkt. Bei der Rekristallisation geht die Faserstruktur, die als Folge der Ziehverformung entstanden ist, über in ein relativ kleinkristallines Rekristallisationsgefüge. Das Einsetzen der Rekristallisation wurde metallographisch kontrolliert.

Der Beitrag der Korngrenzen zum Restwiderstand ist offenbar äußerst gering, sonst müßte sich bei der Rekristallisation, die eine starke Veränderung in der Anordnung der Korngrenzen mit sich bringt, eine deutliche Änderung im Restwiderstand zeigen. Allerdings sei an dieser Stelle darauf hingewiesen, daß der in Abb. 1 dargestellte Verlauf der Erholungskurve oberhalb von 900° C stark beeinflußt werden kann durch die Verformungstemperatur und durch Fremdstoffzusätze, besonders durch solche, die beim W-Glühlampendraht Verwendung finden ($K_2SiO_3$, $Al_2O_3$). Darüber wird in Kürze ausführlich berichtet werden.

Die Analyse der Erholungskurve (Abb. 1) liefert für den Beitrag der verschiedenen Gitterfehler zum Restwiderstand das in Tab. 1 zusammengefaßte Ergebnis:

Tabelle 1. Beitrag verschiedenartiger Gitterfehler zum Restwiderstand einer kaltverformten*) W-Probe.

| Gitterfehler | Restwiderstand $\varrho_R/\varrho(273) - \varrho_R$ |
|---|---|
| Leerstellen | 8,0% |
| Versetzungen | 8,8% |
| Korngrenzen | ≦ 0,2% |
| Fremdatome | 0,5% |
| Summe | 17,5% |

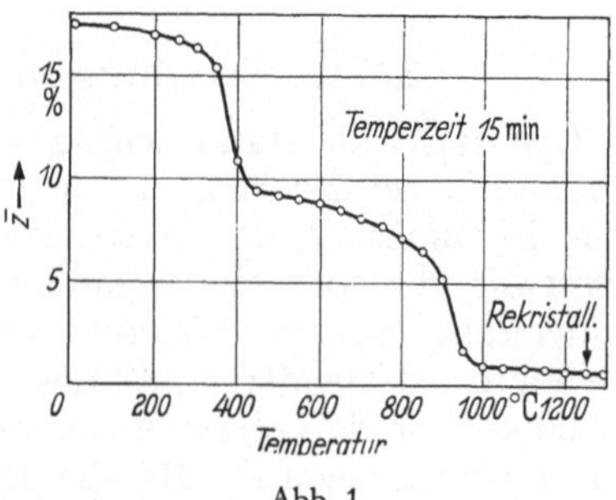


Abb. 1.

Abb. 1. Erholungsstufen bei kaltverformtem Wolfram. Eine vor der Verformung bei 1100° C geglühte Probe wurde von 200 μm auf 136 μm ⌀ in 6 Stufen gezogen und dann je 15 Min. bei steigenden Temperaturen getempert. Die 1. Stufe im Bereich 300—400° C kommt durch das Verschwinden von Leerstellen, die 2. Stufe im Bereich 600—1000° C durch die Auflösung von Versetzungen zustande.

*) Die Probe wurde vor der Verformung (200 μm ⌀) bei 1100° C vorgeglüht, dann in 6 Stufen bei Zimmertemperatur auf 136 μm ⌀ gezogen.

## 3. Aktivierungsenergie für die Leerstellenwanderung

Aus der Erholungskurve (Abb. 1) wird gefolgert, daß bei der plastischen Deformation von Wolfram Leerstellen gebildet werden. Beim Erwärmen auf etwa 400° C werden diese Fehlstellen beweglich, sie beginnen zu wandern, bis sie an einer geeigneten Stelle aus dem Kristall ausgeschieden werden. Möglichkeiten dazu bieten:

1. Äußere und innere Grenzflächen (z. B. Korngrenzen),
2. Versetzungen, insbesondere Versetzungssprünge,
3. bei Anwesenheit von Zwischengitteratomen, Rekombinationsprozesse mit Leerstellen.

Der geschwindigkeitsbestimmende Vorgang ist in jedem Falle eine Diffusion der Fehlstellen zu der Stelle, wo das Verschwinden ermöglicht wird. Die für einen derartigen Erholungsprozeß beobachtete Aktivierungsenergie liefert die Wanderungsenergie der betreffenden Fehlstellenart, im vorliegenden Falle also die Wanderungsenergie von Leerstellen. Diese ist zu unterscheiden von der Aktivierungsenergie der Selbstdiffusion, da bei der Selbstdiffusion nicht nur die thermische Aktivierung des Platzwechselvorganges, sondern auch die thermische Neubildung von Leerstellen erforderlich ist. Demzufolge ergibt sich die Aktivierungsenergie der Selbstdiffusion — sofern diese nach einem Leerstellenmechanismus erfolgt — als Summe aus „Bildungsenergie" und „Wanderungsenergie" der Leerstellen.

Zur Bestimmung der Aktivierungsenergie der Leerstellenwanderung geht man am besten von isothermen Erholungskurven aus, wie sie in Abb. 2 dargestellt sind.

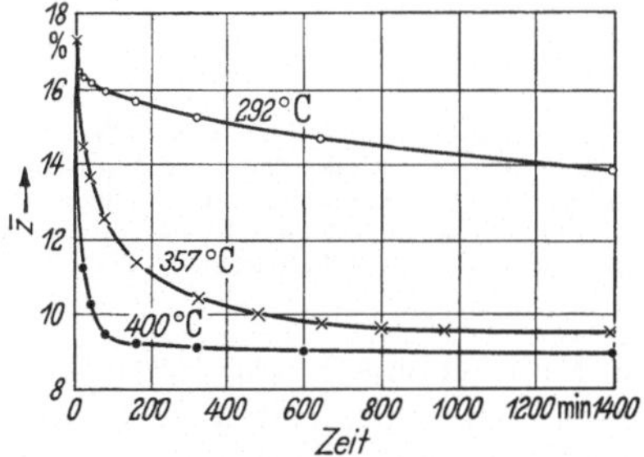


Abb. 2. Isotherme Erholung von kaltverformtem Wolfram. Ausgangsdraht vor der Verformung bei 1100° C geglüht, dann in 6 Stufen auf 136 $\mu$m ⌀ gezogen.

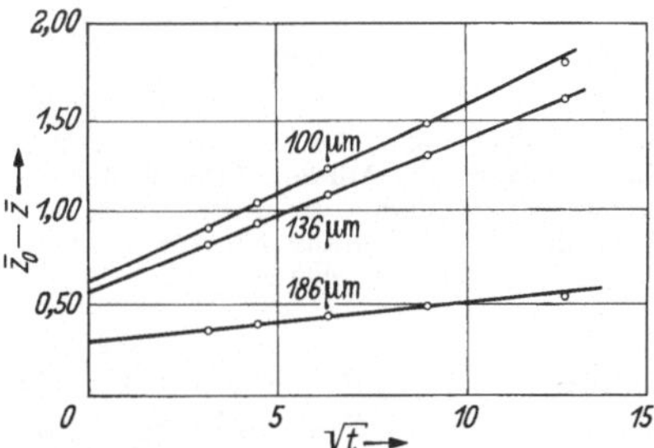


Abb. 3. Beginn der isothermen Erholung in Wolfram (292° C). Ausgangsdraht vor der Verformung getempert. $\bar{z}_0$ ist der Restwiderstand bezogen auf den idealen Eispunktwiderstand zur Zeit t = 0.

Zu Beginn des isothermen Erholungsvorganges ist der Widerstand eine lineare Funktion der Wurzel aus der Temperzeit, wie in Abb. 3 gezeigt wird. Die Geraden in Abb. 3 beginnen jedoch nicht im Nullpunkt, was darauf hindeutet, daß diesem Erholungsprozeß ein kleiner zweiter Erholungsvorgang überlagert ist, der sehr viel schneller abläuft und innerhalb der ersten 10 Minuten (1. Meßpunkt) schon abgeklungen ist. Dieser kleine Effekt wurde nicht näher untersucht.

Wird das Restwiderstandsverhältnis beim Beginn der Erholung mit $\bar{z}_o$, der Endwert nach Ausheilung aller Leerstellen mit $\bar{z}_E$ bezeichnet, so liefert

$$(\bar{z}(t) - \bar{z}_E)/(\bar{z}_0 - \bar{z}_E) = \bar{c}\ (t)/c_0$$

die zeitliche Änderung der mittleren Fehlstellenkonzentration während des Erholungsvorganges.

Derartige Kurven $\bar{c}/c_0 = f(t)$ bei konstanter Temperatur für verschieden stark verformte Proben zeigt Abb. 4.

Für die Wanderung der Leerstellen während des Erholungsvorganges muß die Diffusionsgleichung gelten, wobei für den Diffusionskoeffizienten zu setzen ist:

$$D_w = D_{ow} \exp(- H_w/kT)$$

mit $$D_{ow} = \nu \cdot a^2 \exp(S_w/k)$$

$\nu$ DEBYE-Frequenz, $a$ Gitterkonstante, $S_w$ Wanderungsentropie

(Die bisher mit Wanderungsenergie und Bildungsenergie von Leerstellen bezeichneten Größen sind im strengeren thermodynamischen Sinne Enthalpien, wofür der Buchstabe $H$ verwendet wird.)

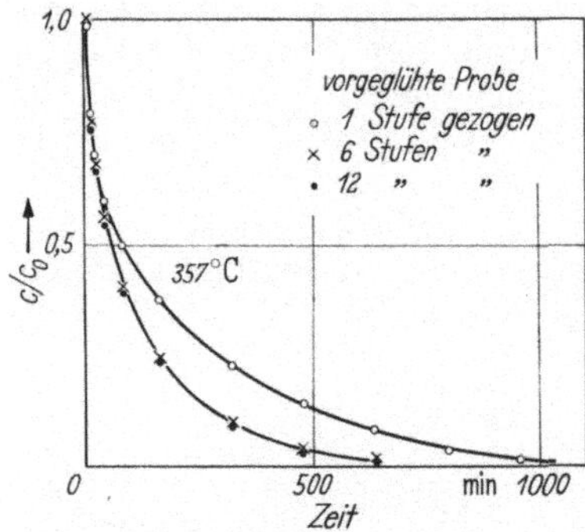


Abb. 4. Isotherme Erholung von kaltverformtem Wolfram. Mittlere Fehlstellenkonzentration als Funktion der Zeit. Ausgangsdraht (200 $\mu$m ⌀) vor der Verformung bei 1100° C geglüht.

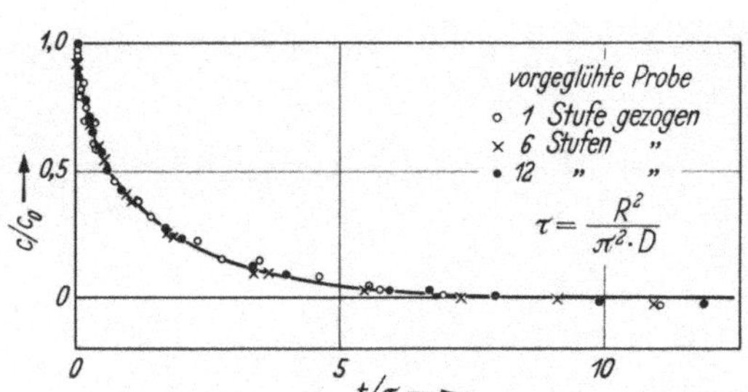


Abb. 5. Isotherme Erholung von kaltverformtem Wolfram. Durch Einführung des Parameters $\tau$ fallen alle Meßpunkte auf die gleiche Kurve. Die ausgezogene Kurve ergibt sich theoretisch für die Diffusion aus einem Zylinder gegen die Oberfläche, wobei an der Oberfläche $c = 0$ ist.

Wie in [8]) näher ausgeführt, lassen sich die Meßergebnisse am besten mit folgender Modellvorstellung einheitlich darstellen: Die zur Zeit $t = 0$ statistisch verteilten Leerstellen wandern innerhalb von langen zylinderförmigen Kristallen zu den Korngrenzen und werden dort ausgeschieden. Die strenge Lösung der Diffusionsgleichung für einen Zylinder vom Radius $R$ und von unbegrenzter Länge mit der Randbedingung $c = 0$ für $r = R$ und der Anfangsbedingung $c = c_0$ für $0 \leqq r \leqq R$ lautet[9]):

$$\frac{\bar{c}\,(t)}{c_0} = \sum_{\nu=1}^{\infty} \frac{4}{\xi_\nu^2} \exp\left[-\left(\frac{\xi_\nu}{\pi}\right)^2 t/\tau\right] \tag{1}$$

Dabei ist $\tau = R^2/\pi^2 \cdot D$ ein Parameter, der den Zylinderradius $R$ und den Diffusionskoeffizienten $D$ enthält. Die Größen $\xi_\nu$ ergeben sich als Wurzeln der Gleichung $J_0(x) = 0$, wo $J_0(x)$ die BESSEL-Funktion der nullten Ordnung ist.

Ein nach Gl. (1) ablaufender Erholungsvorgang läßt sich als Funktion von $t/\tau$ auftragen, wobei Meßpunkte, die bei verschiedenen Temperaturen erhalten wurden, auf einer einheitlichen Kurve liegen. In Abb. 5 sind alle Meßpunkte, die für 3 unterschiedlich verformte Proben bei 3 verschiedenen Temperaturen bestimmt wurden, in dieser Weise aufgetragen. Die ausgezogene Kurve ist die Gl. (1) entsprechende theoretische Kurve.

Wertet man die Meßergebnisse nach Gl. (1) aus, so läßt sich für jede Temperatur ein $\tau$ bestimmen. Dieses enthält den Zylinderradius und den Diffusionskoeffizienten für die Leerstellenwanderung. Trägt man $\tau$ als Funktion von $1/T$ auf, so ergibt sich eine Gerade, aus deren Steigung sich die Aktivierungsenthalpie für die Leerstellenwanderung ermitteln läßt (Abb. 6).

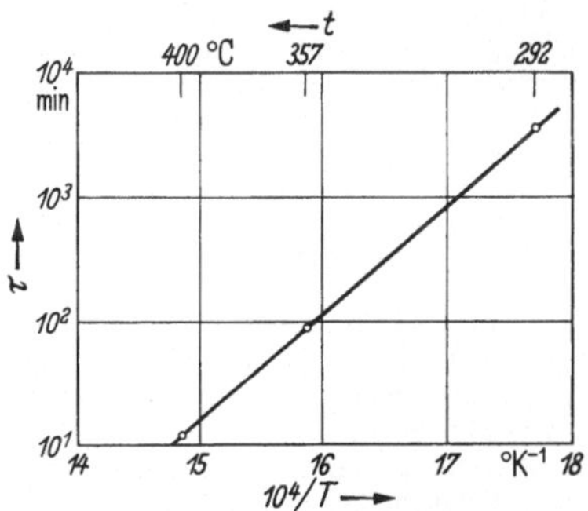


Abb. 6. Die Bestimmung der Aktivierungsenthalpie für die Leerstellenwanderung. Aufgetragen ist $\tau = \frac{R^2}{\pi^2 \cdot D}$ als Funktion von $1/T$. Als Aktivierungsenthalpie ergibt sich 1,73 eV/Atom oder 40 kcal/mol.

Es ergibt sich

$$H_w = 1.73\ \text{eV/Atom}$$

oder

$$40\ \text{kcal/mol}.$$

Aus der Aktivierungsenthalpie für die Leerstellenwanderung und der bekannten Temperaturabhängigkeit des Elastizitätsmoduls läßt sich nach ZENER[10]), LECLAIRE[11]), BUFFINGTON und COHEN[12]) ein Näherungswert für die Wanderungsentropie ableiten[8]). Dafür ergibt sich

$$S_w = 3.5\ \text{cal/mol} \cdot \text{grad}$$

Weiter läßt sich auch der in $\tau$ enthaltene Zylinderradius $R$ berechnen, für den sich als Größenordnung ergibt:

$$2R \approx 1 \cdot 10^{-5}\ \text{cm}$$

Diese Größenordnung sollten die Durchmesser der Faserkristalle im W-Draht besitzen, wenn die Wanderung von Leerstellen zu den Korngrenzen dieser Faserkristalle der geschwindigkeitsbestimmende Vorgang ist. Eine elektronenmikroskopische Aufnahme eines derartigen W-Fasergefüges bei einem W-Draht von 100$\mu$m ⌀ ist in Abb. 7 wiedergegeben. Eine Übereinstimmung in der geforderten Größenordnung scheint vorhanden zu sein. Eine genaue Übereinstimmung kann nicht erwartet werden, da das zu Grunde gelegte Modell gleich großer, unendlich langer Zylinderkristalle nur näherungsweise zutreffen kann und weil Leerstellen nicht nur an Korngrenzen, sondern auch an Versetzungen aus dem Kristall ausgeschieden werden. Allerdings weisen diese Ergebnisse darauf hin, daß unter den vorliegenden Umständen der Einfluß der Korngrenzen auf die Erholungsgeschwindigkeit überwiegt.

Abb. 7. Elektronenmikroskopische Aufnahme der Faserkristalle eines W-Drahtes (100 μm ⌀). SiO-Abdruck, Vergrößerung 10000 ×.

## Literatur


1) SEEGER, A.: Hdb. d. Physik, Bd. VII, 1 (1955).
2) MEISSNER, W.: Hdb. d. Exp.-Phys., Bd. 11, 2 (1935).
3) KRAUTZ, E., H. SCHULTZ: Z. Naturforschg. 9a (1954) S. 125 u. Z. Metallk. 49 (1958) S. 399.
4) MARTIN, D. G.: Acta Met. 5 (1957) S. 371.
5) KINCHIN, G. H., M. W. THOMPSON: J. Nucl. Energy 6 (1958) S. 275.
6) THOMPSON, M. W.: Phil. Mag. 3 (1958) S. 421.
7) KOO, R. C.: Reactive Metals 2, p. 265, edited by R. W. CLOUGH. New York: Interscience Publishers 1959.
8) SCHULTZ, H.: Z. Naturforschg. 14a (1959) S. 361—373.
9) CARSLAW, H. S., J. C. JAEGER: Conduction of Heat in Solids. Oxford 1948.
10) ZENER, C.: J. Appl. Phys. 22 (1951) S. 372.
11) LECLAIRE, A. D.: Acta Met. 1 (1953) S. 438.
12) BUFFINGTON, F. S., M. COHEN: Acta Met. 2 (1954) S. 660.

# Schnellbestimmung des $ThO_2$-Gehaltes thorierter Wolframdrähte*)

Von

G. GOTTSCHALK**)

## 1. Einleitung

Der $ThO_2$-Gehalt üblicher thorierter Wolframdrähte kann in den Grenzen von 0,2 bis 5 Gew.% variieren. Eine einwandfreie Th-Bestimmung setzt die Abtrennung des Wolframs voraus. Eine selektive Auflösung des $ThO_2$ in Gegenwart von W-Metall oder auch W-Oxiden gelingt nicht. Umgekehrt kann zwar W-Metall durch $H_2O_2$ und $WO_3$ durch NaOH in Gegenwart von $ThO_2$ gelöst werden, doch verläuft die Reaktion für das Metall relativ langsam und für $ThO_2$ nicht ganz verlustfrei. Darüber hinaus ist das verbleibende $ThO_2$ nur wenig löslich in Säuren und muß aufgeschlossen werden. Die klassischen Bestimmungsmethoden für Th wie die Fällung mit $NH_3$, Oxalat, Oxin, Kupferron usw. verlangen unerwünscht viel Zeit und haben für die hier zu erfassenden kleinen $ThO_2$-Mengen eine große kaum tragbare Fehlerbreite. Abgesehen von der geringen Zuverlässigkeit der bisherigen Untersuchungsmethoden mußte für diese mit einem Zeitbedarf von mindestens 5 Stunden gerechnet werden, der auch für Serienbestimmungen kaum unter 4 Stunden reduziert werden konnte.

Im folgenden wird ein zuverlässiges Verfahren beschrieben, bei dem die Probesubstanz zunächst vollständig mit $KHSO_4$ aufgeschmolzen wird. Die Schmelze wird in NaOH eingetragen und das abfiltrierte leicht lösliche $ThO_2$-Gel nach Auflösen in $HNO_3$ komplexometrisch gegen Tri-Dithizon als Indikator titriert. Diese Arbeitsmethodik umschließt auch die Trennung Th/Al und wird überdies durch $WO_3$-Mengen in der Größenordnung der Th-Menge und durch 100fachen bzw. 10fachen (Ca) molaren Überschuß der Erdalkalien nicht gestört. In dieser Hinsicht sowie im Zeitbedarf und in der Genauigkeit ist das neue Verfahren anderen Aufschlüssen ($HNO_3 + H_2F_2$ usw.) oder komplexometrischen Titrationsmethoden (direkt gegen Alizarin S oder Rücktitration mit $Bi(NO_3)_3$ gegen Brenzcatechinviolett als Indikator) weit überlegen.

Der Zeitbedarf der Einzelbestimmung liegt bei 2 Stunden.

Außer auf thorierte Drähte kann das Verfahren auch auf mit Th-Salzen versetzte $WO_3$-Präparate angewendet werden.

## 2. Prüfungsvorschrift

$G = 400 \pm 20$ mg Probesubstanz wird auf mindestens $\pm 0{,}5$ mg in einem Pt-Tiegel eingewogen, mit 3,0 g $KHSO_4$ (Merck 4885) versetzt und nach Auflegen eines Pt-Deckels mit kleiner Flamme erhitzt. Hierbei werden Drähte innerhalb von 5 Minuten vollkommen gelöst. Der Tiegelinhalt wird nochmals klar aufgeschmolzen, und nach kurzem Abkühlen werden Tiegel und Deckel in ein Becherglas (150 ml) mit 50 ml 2 n NaOH gegeben. Man erhitzt vor dem Brenner bis zur Auflösung des Schmelzkuchens, entnimmt Tiegel und Deckel unter Abspritzen mit maximal 10 ml $H_2O$ und filtriert die $Th(OH)_4$-Flocken über ein kleines Weißbandfilter ab. Es wird durch Auftropfen von viermal 5 ml 0,5 n NaOH

---

*) Originalmitteilung.

**) Die praktischen Arbeiten wurden von H. BARTSCH durchgeführt.

und danach mit insgesamt 25 ml $H_2O$ gewaschen (letzter Ablauf $p_H < 9$). Man löst die Fällung durch Auftropfen von fünfmal 1,0 ml heißer 2 n $HNO_3$ vom Filter, wäscht mit zweimal 5 ml $H_2O$ nach und fängt Lösung und Waschwasser in einem Erlenmeyer-Kolben (200 ml) auf. Das Gesamtfiltrat wird durch Eintropfen von 5 n NaOH bis zur ersten Trübung (etwa 2 ml) neutralisiert und sofort mit 4,0 ml 2 n $CH_3COOH$ sowie

bei 0,2 bis 2,5% $ThO_2$ mit 5,00 ml 0,01 m $Na_2[H_2Y]$
bzw. bei 2,5 bis 5 % $ThO_2$ mit 10,00 ml 0,01 m $Na_2[H_2Y]$

versetzt. Die klare Lösung wird für 10 Minuten in ein siedendes Wasserbad gestellt und nach Abkühlen unter fließendem Leitungswasser nacheinander mit 1,0 ml 2 m $CH_3COONa$, 25 ml Äthanol und 0,5 ml frisch bereitetem 0,05%igem TRI-DITHIZON (Merck 3092) versetzt. Die blaugrüne Lösung ist mit 0,01 m $(CH_3COO)_2Zn$-Maßlösung aus einer 10 ml Bürette auf ein mindestens 20 Sekunden beständiges Himbeerrot zu titrieren. Der Umschlag ist unschwer auf 1 Tropfen ($\triangleq$ 0,03 ml) genau erfaßbar.

Die Berechnung des $ThO_2$-Gehaltes erfolgt nach:

$$H = 264{,}05 \frac{V_1 \cdot f_1 - (V_2 + 0{,}02) \cdot f_2}{G} \quad \text{Gew.\% } ThO_2$$

Darin bedeuten:
$V_1$ = Vorgelegte Menge an 0,01 m $Na_2[H_2Y]$ in ml
$f_1$ = Faktor der 0,01 m $Na_2[H_2Y]$
$V_2$ = Verbrauch an 0,01 m $(CH_3COO)_2Zn$ in ml
$f_2$ = Faktor der 0,01 m $(CH_3COO)_2Zn$
($V_1$ ml 0,01 m $Na_2[H_2Y]$ gegen TRI-DITHIZON wie bei den Proben titriert).

## 3. Bewertung praktischer Ergebnisse

Bei der Durchführung von $ThO_2$-Bestimmungen für W-Stäbe und Drähte zeigt es sich, daß bei Einhaltung der beschriebenen Trennbedingungen nur der Titrationsfehler von

$$\sigma = \pm 0{,}03 \text{ ml} \triangleq \pm 0{,}08 \text{ mg } ThO_2$$

für die Standardabweichung maßgebend ist. Bezieht man auf die vorgeschlagene Einwaage von $G = 400$ mg, so erhält man als Standardabweichung des Gehaltes

$$\sigma = \pm 0{,}020 \text{ Gew.\% } ThO_2$$

und eine Bestimmungsgrenze von

$$b_N = \sqrt{2} \cdot 3 \cdot \sigma = 0{,}09 \text{ Gew.\% } ThO_2$$

Werden von einem Probematerial mehrere Parallelbestimmungen durchgeführt, so dürfen die Einzelwerte H sich um nicht mehr als $3 \cdot \sigma = 0{,}06$ Gew.% $ThO_2$ vom Mittelwert $\bar{H}$ unterscheiden. Größere Unterschiede weisen auf Inhomogenitäten (ungleichmäßige $ThO_2$-Verteilung) hin.

## 4. Zusammenfassung

Es wird eine erprobte Prüfungsvorschrift zur Schnellbestimmung von 0,2 bis 5 Gew.% $ThO_2$ in W-Materialien beschrieben. Die Standardabweichung liegt bei $\sigma = \pm 0{,}02$ Gew.% Th und die Bestimmungsgrenze bei $b_N = 0{,}09$ Gew.% $ThO_2$, wenn Einwaagen von $G = 400$ mg verarbeitet werden.

# Zur Temperaturkontrolle beim Wolfram-Feindrahtzug*)

Von

**A. PAULISCH**

Mit 3 Abbildungen

Durch eine Behandlung der Wärmeleitungsgleichung des Systems „bewegter Draht—Ziehdiamant" wird gezeigt, daß die dem Draht vor dem Eintritt in den Ziehstein erteilte Temperatur ebenso wie der Umsatz von Verformungs- und Reibungsenergie in Wärme beim Feindrahtzug nur einen geringen Einfluß auf die Drahttemperatur im Ziehkanal hat. Eine optimale Verformungstemperatur kann nur durch Temperaturregelung des Ziehsteines selbst erreicht werden. Die Vorglühtemperatur des Drahtes dient lediglich seiner Entfestigung und bestimmt die für die neue Verformung wichtigen Festigkeitseigenschaften.

Im Rahmen von Untersuchungen zur Ermittlung optimaler und reproduzierbarer Herstellungsbedingungen beim Wolfram-Feindrahtzug soll der Verlauf der Drahttemperatur beim Durchlaufen des Diamantziehsteines einer rechnerischen Behandlung unterzogen werden.

Ziel der Arbeit ist weniger eine geschlossene Behandlung des Wärmeleitungsproblemes als solchen sondern vielmehr die Gewinnung von genügend präzisen Vorstellungen über den Temperaturverlauf beim Ziehprozeß als Funktion der verschiedenen Einflußparameter.

Der Wolframdraht durchläuft beim Feindrahtzug zunächst einen Ofen, in welchem er entfestigend geglüht wird. Am Ausgang dieses Ofens tritt er mit bereits absinkender Temperatur in den gesondert geheizten Ziehstein ein.

## 1. Wärmebilanz eines Diamantziehsteins

Durch den mit der Geschwindigkeit $v_1$ einlaufenden Draht vom Querschnitt $q_1$, der Dichte $\varrho$, der spezifischen Wärme $c$ und der Temperatur $T_1$ wird dem Stein dauernd der Wärmekonvektionsstrom

$$\frac{\mathrm{d}W_1}{\mathrm{d}t} = v_1\, q_1\, \varrho\, c\, (T_1 - T_{so})\, \frac{\mathrm{cal}}{\mathrm{s}} \tag{1a}$$

zugeführt. $T_{so}$ sei die konstant gehaltene Temperatur der Ziehsteinfassung. Da im folgenden alle Temperaturen auf diese konstante Ziehsteintemperatur $T_{so}$ bezogen werden, sollen die auftretenden Differenzen mit

$$\vartheta = T - T_{so} \tag{2}$$

bezeichnet werden. Aus (1a) wird dann

$$\frac{\mathrm{d}W_1}{\mathrm{d}t} = v_1\, q_1\, \varrho\, c\, \vartheta_1\, \frac{\mathrm{cal}}{\mathrm{s}}\ . \tag{1b}$$

Durch den mit der Geschwindigkeit $v_2$ auslaufenden Draht vom Querschnitt $q_2$ und der auf $T_{so}$ bezogenen Temperatur $\vartheta_2$ wird dauernd der reine Konvektionswärmestrom

$$\frac{\mathrm{d}W_2}{\mathrm{d}t} = v_2\, q_2\, \varrho\, c\, \vartheta_2\, \frac{\mathrm{cal}}{\mathrm{s}} \tag{3}$$

abgeführt.

Im Draht selbst bzw. an seiner Oberfläche wird beim Durchlaufen des Ziehkanals dauernd ein Teil der Verformungs- und die Reibungsarbeit in Wärme um-

*) Originalmitteilung.

gesetzt. Ein anderer Teil der Verformungsarbeit wird als elastische Energie in Form von Fehlstellen im Draht gespeichert. Der in Wärme umgesetzte Teil der aufgewandten Zieharbeit sei $\gamma v_2 K_Z$; dann ist der durch die im Ziehkanal umgesetzte Energie entstehende Wärmefluß

$$\frac{dW_3}{dt} = \gamma\, v_2\, \eta\, K_z\, \frac{\text{cal}}{\text{s}} \tag{4}$$

mit dem Umrechnungsfaktor $\eta = 0{,}0234 \frac{\text{cal}}{\text{cm kp}}$ und der Ziehkraft $K_Z$ in kp.

Über den guten Wärmekontakt zwischen Draht und Stein im Ziehkanal fließt dauernd ein Wärmestrom zu der auf konstanter Temperatur $T_{so}$ gehaltenen Steinfassung ab

$$\frac{dW_4}{dt} = -k \int \text{grad}\, \vartheta\, df\, \frac{\text{cal}}{\text{s}}\,. \tag{5}$$

Die Gesamtwärmebilanz des Ziehsteins läßt sich dann schreiben

$$\frac{dW_1}{dt} - \frac{dW_2}{dt} + \frac{dW_3}{dt} - \frac{dW_4}{dt} = 0\,. \tag{6}$$

Um die stationäre Temperaturverteilung in dem aus dem bewegten Draht und dem Ziehstein bestehenden System zu finden, werden im folgenden die Einflüsse der beiden Wärmequellen (1b) und (4) auf die Temperaturverteilung in diesem System getrennt untersucht werden.

## 2. Einfluß der dem Draht vor dem Stein erteilten Temperatur auf die Drahttemperatur im Ziehkanal

In einer ersten Überlegung soll von der Wärmequelle (4) im Ziehkanal selbst abgesehen und lediglich der Dissipationsvorgang des durch den einlaufenden Draht zugeführten Wärmeflusses (1b) berücksichtigt werden.

Der mit der Temperatur $\vartheta_1$ auf den Stein zulaufende Draht führt in einigem Abstand vor dem Ziehkanal einen reinen Konvektions-Wärmestrom (1b) mit sich. Noch vor dem Eintreten in den Ziehkanal stellt sich im Draht ein Temperaturgefälle ein. Der Wärmestrom (1b) spaltet sich hier in einen Gradientenstrom

$$\frac{dW_1'}{dt} = -k \int \text{grad}\, \vartheta\, df = -k\, q_1 \frac{d\vartheta}{dx} \tag{7}$$

und in einen restlichen, reinen Konvektionsanteil

$$\frac{dW_1''}{dt} = v_1\, q_1\, \varrho\, c\, \vartheta \tag{8}$$

worin $\vartheta$ eine Funktion der Längenkoordinate $x$ des Drahtes ist. Diese Längenkoordinate soll ihren Ursprung in der Berührungsebene zwischen einlaufendem Draht und Ziehkanal haben (Abb. 1, Ebene $A-A$) und die positive $x$-Richtung soll dem Wärmefluß bzw. der Drahtbewegung entgegengesetzt gerichtet sein. Diese Festsetzung hat eine Vorzeichenänderung in Gl. (7) zur Folge. Die Drahttemperatur im Ziehkanaleingang bei $x = 0$ sei $\vartheta_{s1}$. In jedem Drahtquerschnitt vor dem Eintritt in den Ziehkanal muß gelten

$$\frac{dW_1}{dt} = \frac{dW_1'}{dt} + \frac{dW_1''}{dt}\,. \tag{9}$$

Nach Einführung der Temperaturleitfähigkeit

$$\varkappa = \frac{k}{\varrho\, c} \tag{10}$$

ergibt sich aus (9) mit (1b), (7), (8) und (10)

$$\frac{v_1}{\varkappa}(\vartheta_1 - \vartheta) = \frac{d\vartheta}{dx} \tag{11a}$$

oder

$$\frac{v_1}{\varkappa} x = \int\limits_{\vartheta_{s1}}^{\vartheta} \frac{d\,\vartheta}{\vartheta_1 - \vartheta} \tag{11b}$$

mit der Lösung

$$-\frac{v_1}{\varkappa} x = \ln\left(\frac{\vartheta_1 - \vartheta}{\vartheta_1 - \vartheta_{s1}}\right) + C\,; \tag{12}$$

wegen $\vartheta = \vartheta_{s1}$ bei $x = 0$ wird $C = 0$ und der Temperaturverlauf auf dem einlaufenden Draht wird

$$\vartheta_1 - \vartheta = (\vartheta_1 - \vartheta_{s1})\, e^{-\frac{v_1}{\varkappa} x}\,. \tag{13}$$

Der Quotient $v_1/\varkappa$ kann für verschiedene Drahtdurchmesser und die hierfür gebräuchlichen Ziehgeschwindigkeiten $v_1$ aus der Tab. 1, Spalte 3 entnommen werden. Der Temperaturverlauf vor dem Eintritt in den Ziehkanal ist für einige Ziehgeschwindigkeiten in Abb. 2 dargestellt. Die Temperatur des Drahtes beim Eintritt in den Ziehkanal $\vartheta_{s1}$ ist nach Gl. (21) ermittelt und als Quotient $\vartheta_{s1}/\vartheta_1$ ebenfalls aus Tab. 1, Spalte 4 zu entnehmen.

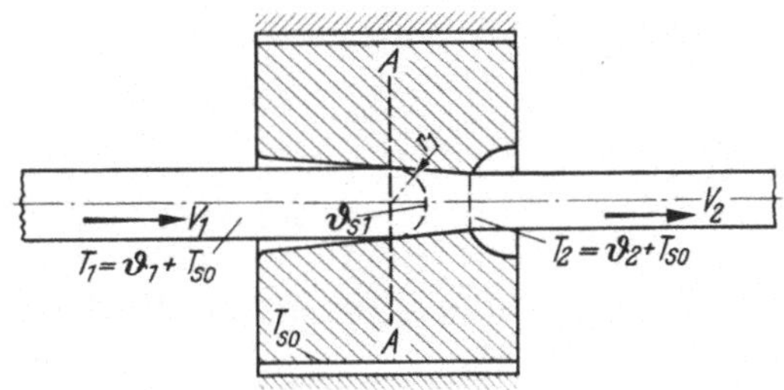


Abb. 1. Der vom einlaufenden Draht mitgeführte Wärmestrom tritt durch die Ebene $A$—$A$ in einen Halbraum gleicher Wärmeleitfähigkeit ein ($k$ Wolfram $= k$ Diamant), in welchem halbkugelförmige Ausbreitung angenommen wird.

Der Wärmestrom (1b) tritt in Form von zwei Teilströmen (9) durch die Ebene $A$—$A$ (Abb. 1) in den aus Ziehdiamant und Draht bestehenden ausgedehnten Halbraum einheitlicher Wärmeleitfähigkeit $k$ ein. Die Wärmeleitfähigkeiten von Diamant und von Wolfram sind praktisch gleich groß. Der Wärmestrom in diesen Halbraum soll hier als radialer Fluß in die Halbkugel um den Durchstoßpunkt der Drahtachse durch die Ebene $A$—$A$ als Kugelmittelpunkt behandelt werden. Die in relativ großem Abstand $r_2$ liegende Steinfassung kann mit ausreichender Näherung als Halbkugelfläche der konstanten Temperatur $T_{so}$ oder $\vartheta_{s2} = 0$ angesehen werden.

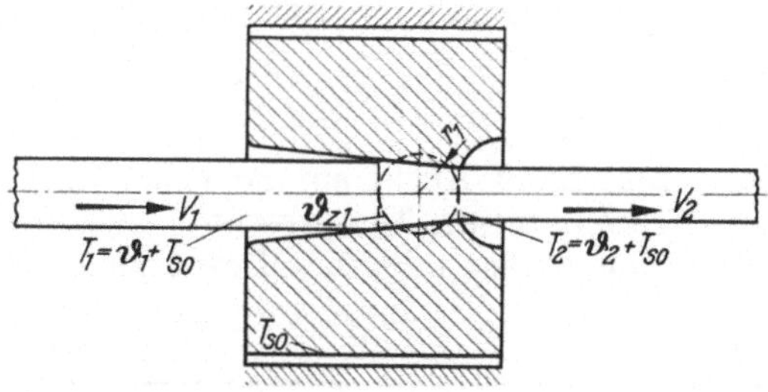


Abb. 2. Abfall der dem Draht vor dem Ziehstein erteilten Temperatur $\vartheta_1$ vor dem Eintritt in den Ziehkanal ($x < 0$) für verschiedene Drahtdurchmesser. Die Temperatur am Ziehkanaleingang ist $\vartheta_{s1}$, an der Ziehsteinfassung $\vartheta_{s2} = 0$. Gl. (13) und (21).

Durch die Halbkugelfläche mit $r = r_1$ (Drahtradius), auf der die einheitliche Temperatur $\vartheta_{s1}$ herrschen soll, fließen dann wiederum zwei Wärmeströme — ein radial gerichteter Gradientenstrom (5) und ein durch die Drahtbewegung verursachter Konvektionsstrom — deren Summe gleich dem gesamten zugeführten Wärmestrom (1b) sein muß

$$v_1 q_1 \varrho c \vartheta_1 = -k \int \operatorname{grad} \vartheta \, df + v_1 q_1 \varrho c \vartheta_{s1} \tag{14}$$

(das Produkt $vq$ ist an jeder Stelle im Ziehkanal konstant).

Die Wärmeleitungsgleichung in Kugelkoordinaten für rein radialen Fluß lautet[2])

$$\frac{d\vartheta}{dt} = \varkappa \left[\frac{1}{r^2} \frac{d}{dr}\left(r^2 \frac{d\vartheta}{dr}\right)\right] \tag{15}$$

Im stationären Zustand wird daraus wegen $\frac{d\vartheta}{dt} = 0$

$$\frac{d}{dr}\left(r^2 \frac{d\vartheta}{dr}\right) = 0 \tag{15a}$$

mit der allgemeinen Lösung

$$\vartheta = \frac{A}{r} + B \,. \tag{16}$$

Sind auf den Kugelflächen mit den Radien $r_1$ und $r_2$ die Temperaturen $\vartheta_{s1}$ und $\vartheta_{s2}$, so wird

$$A = \frac{r_1 r_2}{r_2 - r_1} \vartheta_{s1} \tag{17}$$

und

$$B = \frac{r_2 \vartheta_{s2} - r_1 \vartheta_{s1}}{r_2 - r_1} \,. \tag{18}$$

Der radial gerichtete Gradient auf den Kugelflächen ist

$$\operatorname{grad} \vartheta = \frac{d\vartheta}{dr} = -\frac{A}{r^2} \,. \tag{19}$$

Integriert man den Gradientenstrom in (14) über die Halbkugeloberfläche mit $r = r_1$ und $\vartheta = \vartheta_{s1}$, so wird aus (14) mit (17) und (19)

$$v_1 q_1 \varrho c (\vartheta_1 - \vartheta) = 2 \pi k \frac{r_1 r_2}{r_2 - r_1} \vartheta_{s1} \tag{20}$$

und wegen $r_1 \ll r_2$ und $q_1 = \pi r^2{}_1$ sowie mit (10) nach einigen Umformungen

$$\frac{\vartheta_{s1}}{\vartheta_1} = \frac{v_1 r_1}{2 \varkappa + v_1 r_1} \,. \tag{21}$$

Diese Beziehung drückt aus, welcher Bruchteil $\vartheta_{s1}/\vartheta_1$ der dem Draht vor dem Stein erteilten (auf die Temperatur $T_{so}$ der Ziehsteinfassung bezogenen) Temperatur $\vartheta_1$ durch den mit dem Draht zugeführten Wärmestrom am Ziehkanal-

Tabelle 1.

| $d_2$ ($\mu$m) | $v_2 \left(\frac{m}{min}\right)$ | $v_1/\varkappa$ (cm$^{-1}$) | $\vartheta_{s1}/\vartheta_1$ | $\vartheta_{z1}$ (°C) |
|---|---|---|---|---|
| 20 | 100 | 228 | 0,107 | 9,0 |
| 30 | 90 | 207 | 0,141 | 12,0 |
| 45 | 80 | 183 | 0,179 | 15,6 |
| 60 | 70 | 161 | 0,203 | 17,9 |
| 90 | 60 | 138 | 0,248 | 22,2 |
| 150 | 45 | 103 | 0,290 | 26,9 |
| 200 | 35 | 80 | 0,298 | 27,6 |

eingang aufrechterhalten werden kann. Dieser Bruchteil wird kleiner mit kleiner werdendem Produkt aus Drahtradius und Drahtgeschwindigkeit. In Tab. 1 sind für Wolframdrähte zwischen 20 $\mu$m und 200 $\mu$m Durchmesser die fabrikationsüblichen Ziehgeschwindigkeiten bei einer Querschnittsverminderung von 12% und die Quotienten $\vartheta_{s1}/\vartheta_1$ nach Gl. (21) zusammengestellt. Hierbei wurden für die Konstanten die Werte

$$\begin{aligned} \varrho &= 19{,}3 \text{ g/cm}^3 \\ c &= 3{,}2 \cdot 10^{-2} \text{ cal/g} \cdot \text{grd} \\ k &= 0{,}4 \text{ cal/grd cm s} \\ \text{und } \varkappa &= 0{,}65 \text{ cm}^2/\text{s} \end{aligned}$$

verwendet.

Tatsächlich werden die Quotienten $\vartheta_{s1}/\vartheta_1$ noch kleiner sein, da bei der vorliegenden Rechnung nur der Temperaturabfall des Wärmestromes an dem Wärmeausbreitungswiderstand einer Halbkugel berücksichtigt wurde, praktisch jedoch nahezu eine Vollkugel zur Wärmeausbreitung zur Verfügung steht.

Mit den so erhaltenen Werten für $\vartheta_{s1}$ auf der Halbkugelfläche mit dem Radius $r_1$ um den Durchstoßpunkt der Drahtachse durch die Ebene $A-A$ ist nun zwar kein vollständiger Anschluß an den in Gl. (13) gefundenen Temperaturverlauf im einlaufenden Draht erzielt, für den wir die Temperatur in der Ebene $A-A$ mit $\vartheta_{s1}$ bezeichnet haben. Wir glauben aber, uns für den erstrebten Zweck mit dieser Annäherung begnügen zu können und setzen die beiden Temperaturen einander gleich. Eine Berücksichtigung des Wärmewiderstandes des halbkugelförmigen Volumens vom Radius $r_1$ würde einen weiteren Temperaturabfall und damit abermals eine Verkleinerung des Quotienten $\vartheta_{s1}/\vartheta_1$ bedeuten.

Dem Temperaturabfall als Folge des Gradientenstromes im Ziehkanal selbst, der mit $\frac{1}{r}$ erfolgt, überlagert sich ein zusätzlicher kleiner Betrag als Folge des Konvektionsstromes sowie der bisher nicht berücksichtigte Temperaturanstieg durch den Umsatz von Verformungs- und Reibungsenergie in Wärme. Dieser letzte Betrag soll nun ermittelt werden.

## 3. Einfluß der in Wärme umgesetzten Verformungs- und Reibungsenergie auf die Drahttemperatur im Ziehkanal

Zur Ermittlung des Temperaturanstiegs des Drahtes im Ziehkanal als Folge der umgesetzten Verformungs- und Reibungsenergie wird von einer Wärmezufuhr durch den einlaufenden Draht ganz abgesehen. Der Draht soll mit der Temperatur der Ziehsteinfassung $T_{so}$ in den Ziehkanal eintreten.

Die umgesetzte mechanische Energie ist nach (4) mit $K_Z = q_2 \sigma_Z$

$$\frac{dW_3}{dt} = \gamma\, v_2\, q_2\, \eta\, \sigma_z \,\frac{\text{cal}}{s}\,. \tag{22}$$

Nach R. Becker[1]) ist

$$\sigma_z = \zeta\, f\, \sigma_B \tag{23}$$

worin $\sigma_B$ die Bruchfestigkeit des Wolframdrahtes;

$$\zeta = \frac{r_1^2 - r_2^2}{r_1^2} \tag{24}$$

die Stufe oder Querschnittsverminderung

und $f$ ein Korrekturfaktor in der Größenordnung von 2 ist, der auch die Reibungskraft berücksichtigt.

Man kann also an Stelle von (22) schreiben

$$\frac{\mathrm{d}W_3}{\mathrm{d}t} = \gamma\, v_2\, q_2\, \eta\, \zeta\, f\, \sigma_B \,\frac{\mathrm{cal}}{\mathrm{s}}\ . \tag{25}$$

Dieser Wärmestrom fließt zum Teil als Gradientenstrom in den Ziehdiamanten ab (5), zum anderen Teil wird er als Konvektionsstrom (3) durch den auslaufenden Draht abgeführt. Bei einer effektiven Ziehkanallänge $l = 2\,r_1$ kann man der Rechnung mit ausreichender Näherung eine kugelförmige Ausbreitung der

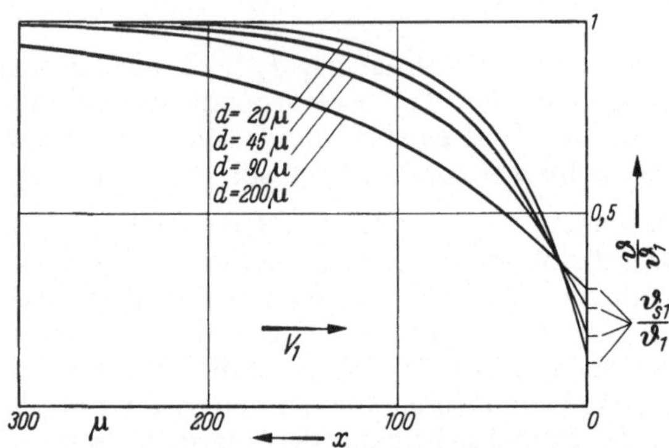


Abb. 3. Für die im Ziehkanal in Wärme umgesetzte Verformungs- und Reibungsenergie wird für $r > r_1$ kugelförmige Ausbreitung angenommen. Ein Teil der Wärme wird durch den auslaufenden Draht fortgeführt.

Wärme durch Draht und Stein zugrunde legen. Als den Wärmeerzeugungsbereich begrenzende Hüllfläche wird eine Kugelfläche mit dem Radius des einlaufenden Drahtes $r_1$ um den Mittelpunkt des Ziehkanals als Zentrum angenommen (Abb. 3). Auf dieser Hüllfläche sollen sowohl die Temperatur als auch ihr Gradient als konstant angesehen werden, dann gelten auch hier die Beziehungen (17) und (19), und eine Integration von (5) ergibt

$$\frac{\mathrm{d}W_4}{\mathrm{d}t} = 4\,\pi\, k\, r_1\, \vartheta_{z1}\ . \tag{26}$$

Hierin ist $\vartheta_{Z1}$ die Temperatur auf der Hüllfläche mit $r = r_1$ und damit auch die Temperatur des auslaufenden Drahtes.

Die Wärmebilanzgleichung läßt sich also mit (25), (26) und (3) schreiben

$$\gamma v_2 q_2 \eta \zeta f \sigma_B = 4\,\pi k r_1 \vartheta_{z1} + v_2 q_2 \varrho c \vartheta_{z1} \tag{27a}$$

oder

$$\vartheta_{z1} = \frac{\gamma\,\eta\,\zeta\, f\,\sigma_B}{\frac{4\,\pi\, k\, r_1}{v_2\, q_2} + \varrho\, c} \tag{27b}$$

Wegen (24) ist $r_1 \approx r_2\,(1 + \zeta/2)$. Setzt man dies in (27b) ein, so wird mit $q_2 = \pi r_2^2$

$$\vartheta_{z1} = \frac{\gamma\,\eta\,\zeta\, f\,\sigma_B}{\frac{4k\,(1 + \xi/2)}{v_2\, r_2} + \varrho\, c}\ . \tag{28}$$

Die als Folge der Verformungs- und Reibungswärme im Ziehkanal entstehende Temperaturerhöhung $\vartheta_{Z1}$ ist demnach unter sonst gleichen Umständen — wie Festigkeit und Stufe — lediglich eine Funktion des Produktes $v_2 r_2$. In Tab. 1, Spalte 5, sind die nach (28) errechneten Temperaturerhöhungen $\vartheta_{Z1}$ für verschiedene Drahtdurchmesser und die zugehörigen Ziehgeschwindigkeiten aufgeführt.

Hierbei wurde für die bei 400° gemessene Bruchfestigkeit eines entfestigend geglühten Wolframdrahtes ein experimentell gefundener Wert von $\sigma_B = 17500$ kp/cm², ein Korrekturfaktor $f = 2$ und eine Stufe $\zeta = 0{,}12$ eingesetzt.

Der Korrekturfaktor $\gamma$ wurde gleich 1 gesetzt, da über die Größe des in elastische Energie der Fehlstellen umgesetzten Teils der Zieharbeit keine genügend sicheren Werte vorliegen.

Die vorstehenden Ergebnisse zeigen, daß beim Feindrahtzug die Einstellung der optimalen Verformungstemperatur des Drahtes im Ziehkanal in sinnvoller Weise nur durch eine Regelung der Ziehsteintemperatur $T_{s0}$ möglich ist und daß die dem Draht im Ofen vor dem Stein erteilte Temperatur nur einen geringen Einfluß auf die Drahttemperatur im Ziehkanal hat. Eine besonders gleichmäßige Temperaturverteilung im Ziehkanal kann erzielt werden, wenn der Draht beim Einlaufen in den Stein von dem vorangegangenen Glühprozeß bereits wieder auf die Temperatur $T_{s0}$ abgekühlt ist.

Der dem Drahtzug vorgeschaltete Glühprozeß dient ausschließlich dem Zweck, die beim vorangegangenen Ziehvorgang eingetretene Verfestigung des Drahtes zu beseitigen. Durch die Wahl der Glühtemperatur können die Streckgrenze, Bruchfestigkeit und Dehnung des Drahtes auf die für den neuen Ziehvorgang optimalen Werte eingestellt werden.

Einige aus der Praxis des Wolfram-Feindrahtzuges bekannte Beobachtungen bestätigen diese Vorstellungen.

Feine Drähte ($d < 100\ \mu$m) verlassen den auf etwa 400° C temperierten Ziehstein stets dunkel — unabhängig von der Glühtemperatur beim Einlaufen in den Stein. Abweichungen von dieser Regel lassen auf eine Verstopfung des Ziehkanals mit Graphit schließen, der den Wärmeaustausch mit dem Stein verhindert.

Die bekannte Tatsache, daß der Enddurchmesser des Drahtes sinkt, wenn die Glühtemperatur vor dem Ziehstein heraufgesetzt wird, ist auf die Einstellung einer niedrigen Festigkeit durch das Glühen bei hoher Temperatur zurückzuführen. Der Querschnitt wird durch den Ziehvorgang dann stärker vermindert als bei einem weniger hoch geglühten Draht, der eine höhere Festigkeit behält.

## Literatur

1) Becker, R.: Z. techn. Phys. 6 (1925) S. 298.
2) Carslaw, H. S., J. C. Jaeger: Conduction of Heat in Solids. Oxford, Clarendon Press 1948.

# Die Feldelektronenemission des Palladiums im Vergleich zu Nickel und Platin*)

Von

E. K. CASPARY und E. KRAUTZ

Mit 6 Abbildungen

Die Feldelektronenemission des im kubisch flächenzentrierten Gitter kristallisierenden Palladiums konnte trotz der gegenüber Metallen mit sehr hohen Schmelzpunkten erschwerten Bedingungen an nahezu reinen Einkristalloberflächen untersucht werden.

Die Orientierungen der Einkristalle an der spitzen Palladiumkathode stimmen mit den infolge des Drahtzugprozesses zu erwartenden Vorzugsrichtungen (111) und (100) überein. Die Austrittsarbeiten der Flächen (111), (100) und (110) nehmen entsprechend der Erwartung mit abnehmender Packungsdichte in der angegebenen Reihenfolge ab. Korngrenzenverschiebungen ließen sich bei geeigneter Glühbehandlung der Palladiumspitze verfolgen. Stufenbildungen auf positiv gepolten Spitzen zufolge der Einwirkung starker elektrischer Felder werden feldelektronenmikroskopisch nachgewiesen.

Die Feldelektronenemissionsverteilungen der untersuchten Palladiumkristalle befinden sich in guter Übereinstimmung mit denen der homologen Elemente Nickel und Platin.

Das Feldelektronenmikroskop nach E. W. MÜLLER[1]) hat sich als außerordentlich leistungsfähiges Hilfsmittel zur Untersuchung der Feldelektronenemission sehr kleiner Metall-Einkristalle bewährt. Es eröffnet zudem die Möglichkeit, an Einkristalloberflächen Kristallwachstumsvorgänge, Korngrenzenwanderungen, Versetzungen, Stufenbildungen und allotrope Umwandlungen im Höchstvakuum frei von störenden Fremdgaseinflüssen genauer zu beobachten.

Aus vakuumtechnischen Gründen sind bisher vorwiegend die hochschmelzenden und leicht zu entgasenden Metalle mit kubisch raumzentriertem Gitter, von diesen besonders das Wolfram, feldelektronenmikroskopisch eingehend untersucht worden. Untersuchungen an Metallen mit niedrigerem Schmelzpunkt und kubisch flächenzentriertem Gitter sind sehr viel weniger durchgeführt worden, da mit niedrigerem Schmelzpunkt die Schwierigkeiten bei der Reinigung und Entgasung der zu untersuchenden Metallspitzen beträchtlich ansteigen.

Das hier näher untersuchte Palladium mit seinem relativ niedrigen Schmelzpunkt (1555° C) und kubisch flächenzentriertem Gitter ist wegen seiner hohen Absorptionsfähigkeit und Durchlässigkeit für Wasserstoff physikalisch und metallographisch von besonderem Interesse.

## Die Herstellung der Palladiumspitzen

Die Spitzen wurden aus Palladiumdraht von 0,2 mm Durchmesser hergestellt. Die Ätzung erfolgte mit Königswasser. Zur Beseitigung der Ätzgrate, zur Entgasung und zur Oberflächenreinigung wurden die Spitzen im Hochvakuum geglüht. Um dabei die Vergrößerung der Spitzenradien durch Abstumpfung infolge Verdampfung und Oberflächenwanderung von Palladiumatomen in erträglichen Grenzen zu halten, wurden Spitzen mit kleinem Scheitelwinkel hergestellt.

Die Verrundung und die Kristallisation der Spitzen beginnt schon zwischen 400 und 600° C. Die Ausbildung eines Einkristalls ist jedoch erst durch Glühungen bei etwa 900° C zu erreichen. Ausreichend reine Palladiumoberflächen

*) Zusammenfassung der in der Zeitschrift für Metallkunde[12]) und in den „Verhandlungen" des 4. Internationalen Kongresses für Elektronenmikroskopie, Berlin[13]) veröffentlichten Arbeiten.

können aber erst durch Erhitzen der Spitzen bis dicht unter die Schmelzpunkttemperatur erzielt werden. Da oberhalb 735° C schon merkliche Verdampfung des Palladiums einsetzt[2]), durften die Glühungen bei Temperaturen bis zu 1500° C nicht sehr lang andauern. Andernfalls wurden die Spitzen wegen zu starker Verrundung unbrauchbar.

## Übersicht über die für Ni-, Pd- und Pt-Einkristalle zu erwartenden und experimentell an getemperten Spitzen beobachteten Flächen der Gleichgewichtsform

Nach den Vorstellungen von Kossel und Stranski über das Kristallwachstum sind bei kubisch flächenzentriertem Gitter für die Flächen der Gleichgewichtsform bei Berücksichtigung der ersten und zweiten nächsten Nachbarn die Flächen (111), (100) und (110) zu erwarten. Berücksichtigt man auch noch die drittnächsten Nachbarn, so ergeben sich die drei weiteren, höher indizierten Flächen (311), (210) und (531). In Tab. 1 sind die an getemperten Spitzen experimentell beobachteten Flächen den Flächen der theoretischen Gleichgewichtsform gegenübergestellt. Bei unseren Untersuchungen an Palladium wird bei reinen Oberflächen Übereinstimmung mit den Ergebnissen[4]) [5]) [6]) bei Nickel erhalten. Die höher indizierten Flächen (311), (210) und (531) werden von uns nur dann an der Temperform beobachtet, wenn Fremdatomadsorptionen auftreten. Auf Grund der größeren atomaren Rauhigkeit bieten die höher indizierten Flächen eine gute Adsorptionsunterlage für Fremdatome. Sie treten dadurch selbst

| | Flächen der theoretischen Gleichgewichtsform bei Berücksichtigung | | | | | |
|---|---|---|---|---|---|---|
| | 1.- u. 2.-nächster Nachbarn | | | und 3.-nächster Nachbarn | | |
| k. fl. z. Gitter, Knacke u. Stranski[3]) | (111) | (100) | (110) | (311) | (210) | (531) |
| | An getemperten Spitzen mit dem Feldelektronenmikroskop beobachtete Flächen | | | | | |
| Ni: Gomer[4]) | (111) | (100) | (110) | — | — | — |
| Cooper u. Müller[5]) | (111) | (100) | (110) | — | — | — |
| Drechsler, Vanselow u. Pankow[6]) | (111) | (100) | (110) | — | — | — |
| Birkenschenkel, Haefner u. Mezger[7]) | (111) | (100) | (110) | (311) | (210) | — |
| Pd: rein | (111) | (100) | (110) | — | — | — |
| mit Adsorbaten | (111) | (100) | (110) | (311) | (210) | (531) |
| Pt: Korb[8]) | (111) | (100) | (110) | (311) | — | — |

bei nur kleiner Ausdehnung noch deutlich in Erscheinung. Palladium besitzt nach dem Drahtzugprozeß eine zweifache Faserstruktur[9]). In den kaltgezogenen Drähten sind entweder (111)-Flächen oder (100)-Flächen senkrecht zur Drahtachse orientiert. Im Feldelektronenmikroskop beobachtet man daher praktisch ausschließlich die diesen Vorzugsorientierungen entsprechenden Feldelektronenemissionsverteilungen. Bei den von uns untersuchten Pd-Drähten zeigte sich die Orientierung in (100)-Richtung nahezu parallel zur Drahtachse am häufigsten. Wie bei Platin[8]) und Nickel[4]) [5]) [6]) [7]) findet man Feldelektronenemissionsverteilungen mit 3zähliger Symmetrie (Abb. 1) um den Flächenpol (111) und solche, die die 4zählige Symmetrie um den Flächenpol (100) besitzen (Abb. 2). Die mit den Glühungen erfolgende Zunahme der Spitzenradien ist aus den zur Abbildung der Kalottenoberfläche nötigen hohen Anodenspannungen zu erkennen. Aus diesen wurden mit dem Mittelwert der Austrittsarbeit des Palladiums A = 4,98 eV[10]) und der Annahme reiner Oberflächen der Spitzen die angegebenen Radien abgeschätzt[11]).

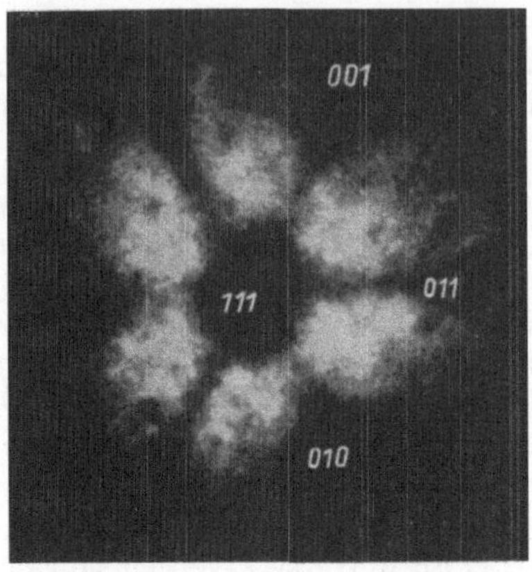


Abb. 1. Feldelektronenemissionsverteilung eines Palladium-Einkristalles um den Pol (111). Spitzenradius $r \sim 7{,}3 \cdot 10^{-5}$ cm; $U_A = 16{,}5$ kV; $T = 20°$ C.

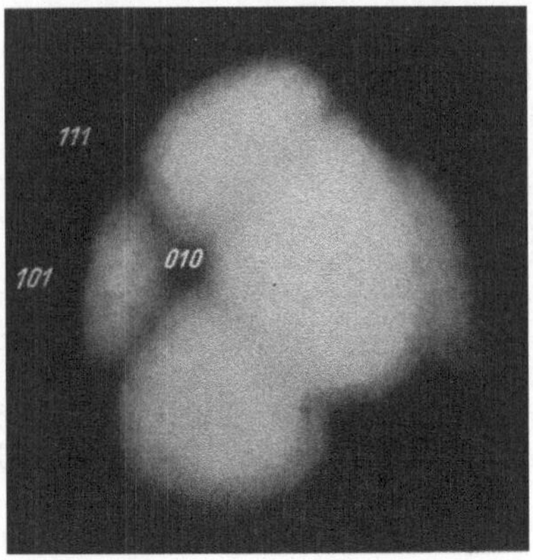

Abb. 2. Feldelektronenemissionsverteilung eines Palladiums-Einkristalles um den Pol (100). Spitzenradius $r \sim 9{,}6 \cdot 10^{-5}$ cm; $U_A = 20$ kV; $T = 20°$ C.

In den Feldelektronenemissionsverteilungen des Palladiums (Abb. 1 und 2) sind die Flächen (111), (100) und (110) Gebiete geringer Feldelektronenemission. Entsprechend den in dieser Reihenfolge abnehmenden Packungsdichten nehmen die Austrittsarbeiten dieser Flächen ab. Wie beim Nickel sind außer diesen Flächen die Hauptzonenverbände des kubischen Kristallsystems (110) als Streifen geringer Feldelektronenemission zu erkennen.

## Der Nachweis von Korngrenzen

Wird die Kathodenspitze des Feldelektronenmikroskops nicht von einem Einkristall, sondern von zwei oder mehreren Kriställchen gebildet, so kann man in

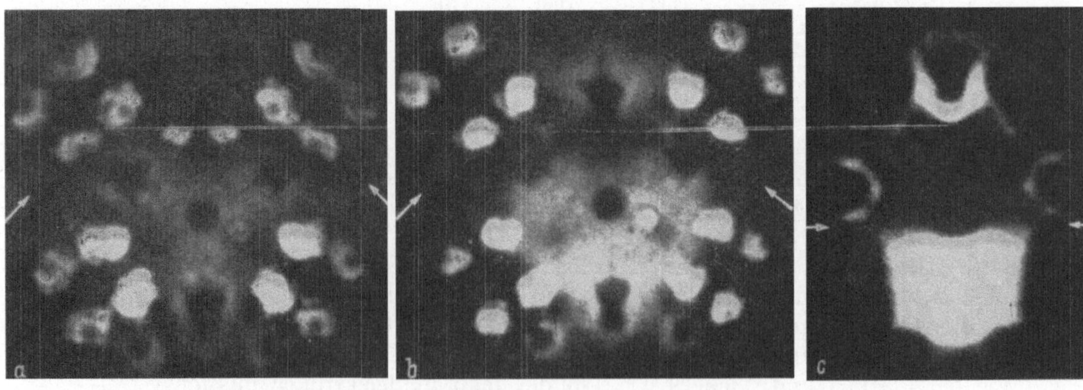


Abb. 3a—c. Feldelektronenmikroskopischer Nachweis von Korngrenzenverschiebungen an Palladium-Spitzenkathoden: a) Anodenspannung 8,5 kV Temperatur 20° C, b) Anodenspannung 10,2 kV Temperatur 20° C, c) Anodenspannung 8 kV Temperatur 680° C.

den Emissionsbildern Korngrenzen, oft schon als Streifen verminderter Emission, erkennen. Die überlagerten Feldemissionsverteilungen zeigen dann entsprechend der an der Oberfläche der Spitze beteiligten Kristallitzahl nur in kleineren Bildabschnitten einkristalline Symmetrie. Aus diesen Symmetrieverhältnissen kann mit der stereographischen Projektion und dem WULFFschen Netz die Lage der Korngrenzen bestimmt werden. Durch Glühung der Spitze kann erreicht werden, daß sich die Korngrenzen verschieben (Abb. 3a—c). Es kann auch gelingen, die Korngrenze zu beseitigen und ein Feldelektronenmikroskopbild der gleichen Spitze zu erhalten, das eine einheitliche Symmetrie besitzt. Durch Abdampfung von Oberflächenschichten bei höherer Temperatur kann auch der Verlauf von Korngrenzen im Kristallinnern verfolgt werden[12]).

Eine schematische Übersicht der durch diese Prozesse möglichen Verschiebung von Korngrenzenlinien im Feldemissionsbild gibt die Abb. 4. Zur Verein-

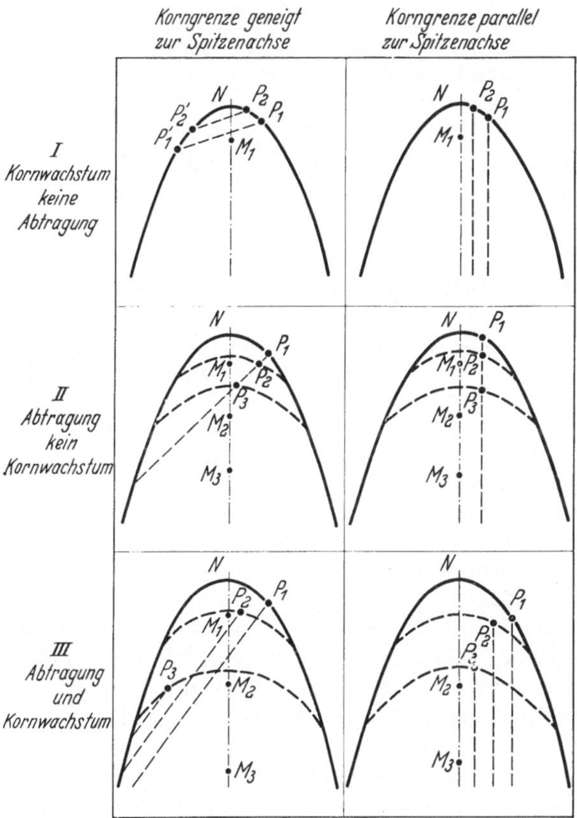


Abb. 4. Zur Deutung von Korngrenzenverschiebungen auf Feldemissionskathoden bei Kristallwachstum und Kristallabbau.

fachung sei eine ebene Korngrenzenfläche angenommen, die, wie in der ersten Spalte angegeben, geneigt zur Drahtachse verlaufen möge, oder, wie in der zweiten Spalte, parallel zur Drahtachse orientiert sei. Am einfachsten liegen die Verhältnisse im letzteren Falle bei echtem Kornwachstum (Fall 1). Hier ist die Verschiebung der Korngrenzenlinie von $P_1$ nach $P_2$ nahezu gleich der Wanderung der Korngrenzenfläche auf die Drahtachse zu. Im Bild darunter (Fall 2) bleibt bei reiner Abtragung ohne Kornwachstum die Lage der Korngrenzenlinie indessen unverändert. Im Bild daneben beruht die dabei beobachtbare Verschiebung der Korngrenzenlinie infolge Abtragung nicht auf echtem Kornwachstum. Der allgemeinste Fall 3 ist in dem darunterliegenden Bild angegeben, wo Kornwachstum und Abtragung zugleich auftreten. Hier ist eine eindeutige Aussage über die Korngrenzenwanderung aus der Feldemissionsmessung allein nicht ohne weiteres möglich.

In Abb. 3a, b, c ist die Verschiebung der Korngrenzenlinie durch Pfeile angedeutet. Auf Grund der gegenseitigen Orientierungsbeziehungen der an der Korngrenze in Abb. 3 beteiligten Kristalle, den Winkelabständen der Korngrenze vom Scheitel der Spitze in den einzelnen Phasen und den zugehörigen Spitzenradien und -formen (für reine Spitzen nach M. DRECHSLER und E. HENKEL[11]) zu berechnen) ist die gemeinsame Korngrenzenfläche etwa parallel zu einer (111)-Ebene anzunehmen. Eine (111)-Ebene konnte auch in einem anderen Fall[13]) als ungefähre gemeinsame Grenzfläche zweier an der gleichen Spitze beteiligten Kristalle ermittelt werden. In einem weiteren Falle[12]) wurde eine gemeinsame (100)-Ebene gefunden. Da im kubisch flächenzentrierten Gitter neben den (111)-Ebenen auch die (100)-Ebenen als Gleitebenen betätigt werden können, werden die beobachteten Korngrenzen offenbar beim Drahtzugprozeß durch Abgleitungen gebildet.

## Stufenbildungen auf Pd-Spitzenkathoden

Bei Versuchen, den Adsorptionszustand von Palladiumspitzen, die vorher bei angelegtem Feld geglüht worden sind, durch Temperung zu ändern, ergeben sich zunächst auf Ikositetraederflächen und bei etwas höherer Temperatur auch auf den Vizinalen zwischen (011)- und (111)-Flächen Anzeichen von Stufenbildungen. Durch geeignete Glühungen lassen sich dann auf den (011)-Flächen auch einzelne Stufenringe nachweisen. Ein größerer Teil der adsorbierten Fremdstoffe ist abgedampft, und die Symmetrie und die Abrundung der oberen Netzebenen um den Pol (011) ist stark ausgeprägt. Aus den Ausschnittvergrößerungen (Abb. 5) ist dies deutlich zu entnehmen. Diese Stufenbildung wird dadurch erleichtert, daß auf den (011)-Flächen sehr günstige Anlagerungsbedingungen für Atome bestehen, die aus der Dampfphase oder vermöge ihrer thermischen Energie auf die oberste Netzebene gelangen. An den einzelnen Gitterstufen adsorbierte Fremdatome begünstigen zusätzlich durch Verminderung der Austrittsarbeit die deutliche Abbildung der Stufen um die Pole (011). Da die Stufenhöhen mehrere Netzebenen betragen, besitzt von den beiden möglichen Deutungen die Stufenbildung im Sinne von LANG[14]) (Pseudospiralen) gegenüber einer Deutung durch Schraubenversetzungen die größere Wahrscheinlichkeit.

Eine verstärkte Stufenbildung ist in dem Feldelektronenbild der Abb. 6 zu erkennen. Hier war zuvor die positiv gepolte, glühende Spitze (500 bis 700° C) der Einwirkung starker elektrischer Felder unterworfen worden. Die stärkste Stufenbildung trat hier auf den (011)-Flächen auf, die auch bei feldionenmikroskopischer Beobachtung starke Feldverdampfung zeigten. Dann folgten die Würfelflächen (001) und danach die Oktaederflächen (111). Die Umgebungen um (111)-Flächenpole ließen sich, in Übereinstimmung damit, feldionenmikroskopisch am besten beobachten.

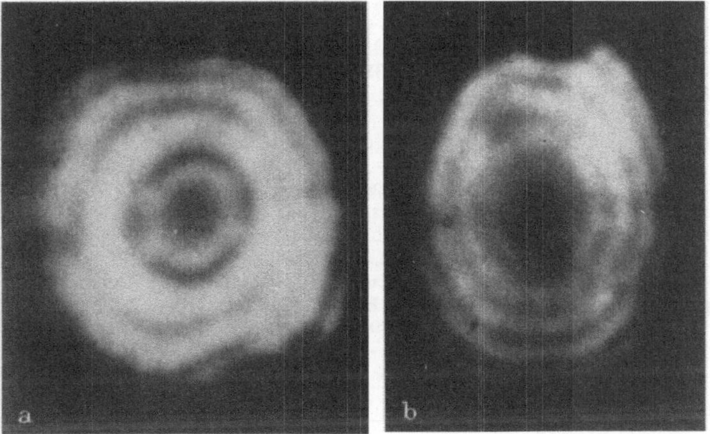


Abb. 5a—b. Feldelektronenmikroskopischer Nachweis von Stufenbildungen auf (110)-Flächen von Pd-Einkristallen:
a) konzentrische Stufenbildung; b) gestörte Stufenbildung.

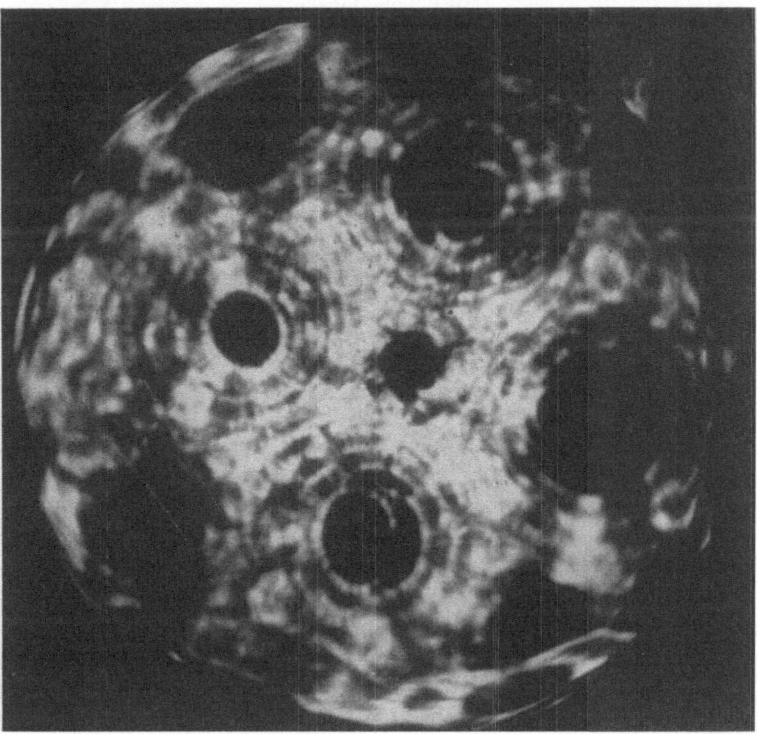

Abb. 6. Feldelektronenemissionsbild einer Pd-Spitze mit ausgeprägter Stufenbildung nach Einwirkung starker elektrischer Felder bei positiver Polung der Spitze.

## Literatur

[1]) Müller, E. W.: Ergebn. exakt. Naturwiss. 27 (1953) S. 290.
[2]) Gmelins Handb. 65/I, 39 (1941).
[3]) Knacke, O., I. N. Stranski: Ergebn. exakt. Naturwiss. 26 (1952) S. 383.
[4]) Gomer, R.: J. chem. phys. 21 (1953) S. 293.
[5]) Cooper, E. C., E. W. Müller: Rev. Sci. Instrum. 29 (1958) S. 309.
[6]) Drechsler, M., R. Vanselow, G. Pankow: Z. Kristallogr. 107 (1956) S. 161.
[7]) Birkenschenkel, H., R. Haefer, P. Mezger: Acta phys. Austr. 7 (1953) S. 402.
[8]) Korb, A.: Dissertation, Technische Hochschule Berlin 1953.
[9]) Ettisch, M., M. Polanyi, K. Weissenberg: Phys. Z. 22 (1921) S. 646.
[10]) Wagner, S.: Die Oxydkathode, S. 87. Leipzig: Joh. Ambrosius Barth 1948.
[11]) Drechsler, M., E. Henkel: Z. angew. Phys. 6 (1954) S. 344.
[12]) Caspary, E. K., E. Krautz: Z. Metallkde. 49 (1958) S. 149.
[13]) Caspary, E. K., E. Krautz: 4. Internationaler Kongreß für Elektronenmikroskopie, Berlin: Springer 1958. „Verhandlungen", Band 1 (1960) S. 782.
[14]) Lang, A. R.: J. appl. Phys. 28 (1957) S. 497.

# Die Wendel als Beugungsgitter*)

Von

**W. Schilling** und **E. Wurster**

Mit 6 Abbildungen

Das räumliche Gitter einer Wendel zeigt Interferenzerscheinungen, die vergleichbar sind mit den Strichgitterinterferenzen. Die Lage der Maxima ist gleich, wenn die Steigung bzw. die Gitterkonstante gleich groß ist. Unterschiede bestehen hinsichtlich der Intensitätsverteilung. Die Beugungsbilder von Wendeln wurden in einer Spektrometeranordnung beobachtet, mit der die Wendelsteigung mit großer Genauigkeit bestimmt werden kann. Der Größtfehler ist bei Absolutmessungen 0,15% und bei Relativmessungen 0,07%. Beugungsbilder von Wendeln und Strichgittern werden gezeigt. Die Beugungsbilder von Wendelfehlern lassen sich durch Superposition der Beugungsbilder verschiedener Strichgittermodelle aufbauen.

## Über die Wendel

In den Glühlampen besteht der Leuchtkörper aus einem ein- oder mehrfach gewendelten Draht. Die wichtigsten Kenndaten einer Wendel sind Drahtdurchmesser, Steigung und Wendeldurchmesser. Das Wickeln der Wendeln geschieht mit hoher Präzision. Bis zur Fertigstellung der Lampe durchläuft jede Wendel noch verschiedene Arbeitsgänge, bei denen sich vor allem die Steigung noch ändern kann. Ob diese Änderungen gleichmäßig erfolgen, kann bisher nur mit dem Lichtmikroskop kontrolliert werden. Wegen dessen geringer Tiefenschärfe ist damit das Ausmessen der Wendel umständlich und ungenau und mit prinzipiellen und subjektiven Fehlern behaftet. Um zumindest die Steigung genauer, schneller und sicherer ausmessen zu können, wurde ein anderes Meßverfahren gesucht. Von den Verfassern wurde ein solches in Form eines modifizierten Gitter-Spektrometers gefunden**). Diese Anordnung, die von den Verfassern „Interferenz-Meßgerät" genannt wurde, hat verschiedene Vorzüge: hohe Meßgenauigkeit, einfache Handhabung, gute Anpassung an die verschiedensten Meßaufgaben, kein Vergrößerungswechsel und leichte Umschaltung von Übersichts- auf Detailbetrachtung.

*) Originalmitteilung.

**) Interferenzerscheinungen wurden schon früher zur Messung des Drahtdurchmessers verwendet. Siehe[1]).

## Beschreibung der Meßapparatur

Durch einen Kondensor wird der Bogen einer Quecksilber-Höchstdrucklampe auf den symmetrischen Eingangsspalt eines Kollimators abgebildet. Der Kollimator ist so eingerichtet, daß für das Licht der grünen Hg-Linie zwischen Kollimator und Fernrohr ein FRAUNHOFERscher Strahlengang entsteht. Mit einem sauber auf unendlich justierten Fernrohr wird der Spalt abgebildet. An einer beliebigen Stelle zwischen Lichtquelle und Auge werden Interferenz-Linienfilter angebracht, die die Hg-Linie mit der Wellenlänge $\lambda = 5461$ Å gut vom Linienspektrum und Kontinuum trennen. Bringt man in den FRAUNHOFERschen Strahlengang des Gerätes ein optisches Gitter, so beobachtet man im Fernrohr ein Interferenzbild mit äquidistanten Spaltbildern, deren Intensität mit der Ordnung abnimmt. Ein Okularschraubenmikrometer in der Ebene des reellen Bildes gestattet die Ausmessung der Abstände der Spaltbilder der verschiedenen Ordnungen. Bringt man statt eines Strichgitters eine Wendel in den Strahlengang, so muß man parallel zur horizontalen Wendel eine Spaltblende anbringen (s. dazu die Abb. 1). Diese Anordnung gibt wieder optimale Verhältnisse. Das Spaltbild nullter Ordnung wird gedämpft, und eine Blendung des Beobachters unterbleibt. Das Interferenzbild kann bis in höhere intensitätsschwache Ordnungen ausgemessen werden. Um Steigungsänderungen lokalisieren zu können, befindet sich zwischen Kollimatorobjektiv und Wendel eine in den Strahlengang einklappbare Spaltblende veränderlicher Öffnung. Als Nachteil bei der Lokalisierung eines Fehlers tritt folgender prinzipiell nicht zu behebende Effekt auf: Sobald die Zahl der beugenden Spalte abnimmt, nimmt die Breite der Interferenzmaxima (Spaltbilder) zu, und zwischen den Maxima treten $(n - 2)$ Nebenmaxima auf, wenn $n$ die Zahl der beugenden Gitterspalte bezeichnet. Man kann auch sagen: Je genauer man den Ort eines Steigungsfehlers messen will, um so ungenauer läßt sich seine Größe bestimmen und umgekehrt (Unschärfe-Relation).

Die Kalibrierung des Interferenzmeßgerätes geschieht mittels einer Strichgitterkopie, deren Gitterkonstante vor und nach der Messung im Interferenzmeßgerät mikroskopisch und optisch über den Beugungswinkel ausgemessen wird. Bei Absolutmessungen werden also die Gitterkonstanten des Meßobjekts und des Kalibriergitters verglichen. Die Meßgenauigkeit beträgt — mit der in Abb. 1 angegebenen Anordnung — für Relativmessungen mindestens 0,07% und für Absolutmessungen mindestens 0,15% bei Ausnutzung der gesamten Fernrohrskala*). Das sind für den Fall von Relativmessungen bei einer 220V-25 W-Wendel 0,015 $\mu$m und bei einer 220 V 40 W-Doppelwendel für die Sekundärwendelung 0,11 $\mu$m. Diese Fehler sind die Größtfehler, die auftreten, wenn sich alle möglichen Fehler in gleicher Richtung addieren. Die wirkliche Meßgenauigkeit ist wesentlich besser.

## Die Gittereigenschaften der Wendel

Bei den vorliegenden Untersuchungen wurde Vergleichsmaterial bezüglich der Interferenzbilder ähnlicher Strich- und Wendelgitter gesammelt. Die verwendeten Wendelgitter sind in Abb. 2 vergrößert dargestellt, es wurden sowohl Einfach- als auch Doppelwendeln verwendet. Ebensogut kann man aber auch an Schrauben oder Wendeln mit Kerndraht Interferenzen erzeugen. Die Strich-

*) Das Fernrohr erfaßt einen Winkel von $2{,}5 \cdot 10^{-2}$. Damit mißt man bei einer Steigung von 22 $\mu$m von der 0. bis zur 1. Ordnung und bei einer Steigung von 160 $\mu$m von der 3. Ordnung links bis zur 3. Ordnung rechts.

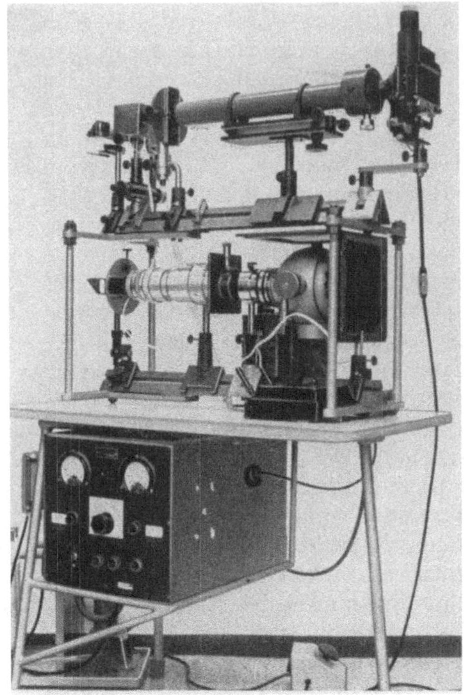

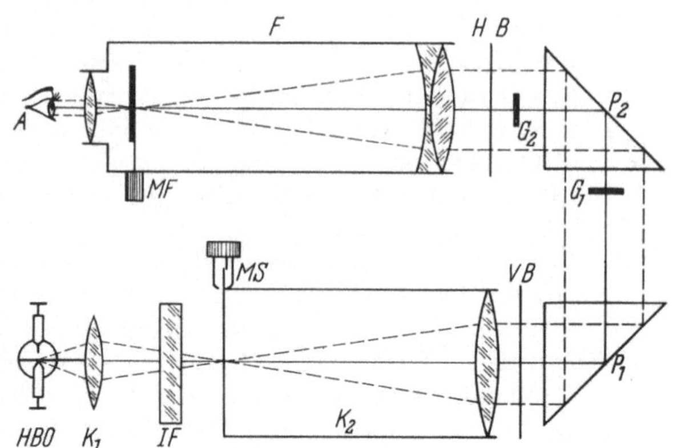


Abb. 1. Ansicht und Strahlengang des Interferenzmeßgerätes

*HBO* Bogenlampe HBO 107; $K_1$ Kondensor; *IF* Interferenzlinienfilter für $\lambda = 5461$; $K_2$ Kollimator f = 210 mm (1 : 4,5...32) mit *MS* Spalt mit Mikrometer; *VB* und *HB* Vertikale und horizontale Blenden; $P_1$ und $P_2$ Rechtwinkl. Prismen; $G_1$ und $G_2$ Einbringmöglichkeiten für Gitter; *F* Meßfernrohr mit *MF* Schraubenmikrometer in der Ebene des reellen Bildes; *A* Auge des Beobachters.

gitter wurden aus weißen und schwarzen Stäben zusammengefügt und dann photographisch so weit verkleinert, bis mit den Wendeln vergleichbare Gitterkonstanten zustande kamen. In den Abb. 3 bis 6 sind verschiedene Ergebnisse der vergleichenden Untersuchungen aus einem großen Beobachtungsmaterial ausgewählt. In den Abb. 3 und 4 sind die Beugungsbilder der in der Abb. 2 gezeigten Gitter festgehalten. Die Beugungsbilder fehlerhafter und fehlerfreier Strichgitter zeigen die Abb. 5 und 6. In der Abb. 6 sind Interferenzen solcher Strichgitter aufgeführt, deren Fehler wirklichen Wendelfehlern nachgebildet sind.

Unterschiede in der Bestimmung der Gitterkonstante (Gitterkonstante = kleinster Abstand von Punkten gleicher Lage an Strichgitter oder Wendel) bei Strichgittern und Wendelgittern wurden nie beobachtet. Immer beobachtet wurde aber ein Unterschied in der Intensitätsverteilung der Beugungsbilder. Bei allen Wendel- oder Schraubengittern war immer das Spaltbild nullter Ordnung überstrahlt und verbreitert. Die Abbildungen zeigen dies. Bei den Strichgittern war die Intensitätsverteilung genau so, wie sie aus der Beugungstheorie zu erwarten ist. In der Theorie der Interferenzoptik findet man über flächenhafte Linien und Punktgitter und über räumliche Punktgitter genaueste Angaben über die zu erwartenden Beugungsbilder und über ihre Intensitätsverteilung. Den Verfassern ist nicht bekannt, ob über das Schraublinien-Gitter der Wendel schon Überlegungen dieser Art angestellt wurden. Experimentell läßt sich das Problem auf folgende Art angehen: Schneidet man eine Wendel entlang der Achse auf und vergleicht den Schnitt mit dem eines Strichgitters — Steigung und Gitterkonstante seien gleich —, so bemerkt man, daß die aufgeschnittene Wendel so aussieht, als ob zwei Strichgitter im Abstand Wendeldurchmesser minus Drahtdurchmesser Lücke auf Lücke hintereinander gestellt sind. Betrachtet man eine Wendel in paralleler Projektion, so bekommt man eine sinusförmige Linie oder einfacher ausgedrückt,

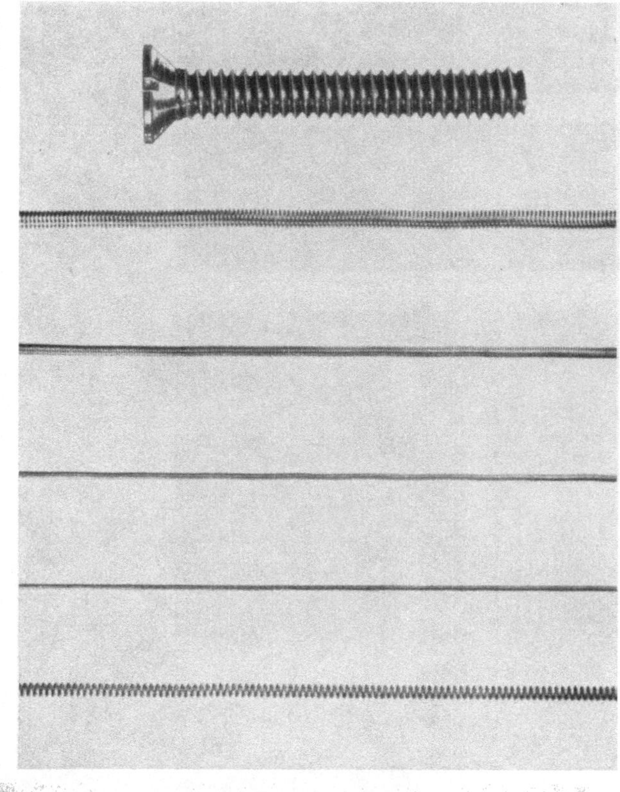

Abb. 2. Wendeln und Schraube, wie sie als Gitter im Interferenzmeßgerät verwendet werden. Abbildung im Maßstab 5 : 1. Die Schraube hat eine Steigung von 298$\mu$. Die Wendeln sind entnommen aus der Reihe 220—230 V 200 W (108,0$\mu$m), 100 W (64,7$\mu$m), 60 W (46,0$\mu$m), 40 W (35,0$\mu$m) und 40 WD (158,5$\mu$m).

Abb. 3. Interferenzbilder der Gitter nach Abb. 2. Von oben an: Interferenzen an der Schraube aus Abb. 2 und an den Wendeln 220—230 V 200 W, 100 W, 60 W, 40 W.

zwei Strichgitter mit dreieckigem Durchlaßteil, die einander Lücke auf Lücke gegenübersitzen. Diese zwei möglichen Grenzfälle des Wendelgitters, die für die verschiedene Intensitätsverteilung verantwortlich sein könnten, wurden mit Sorg-

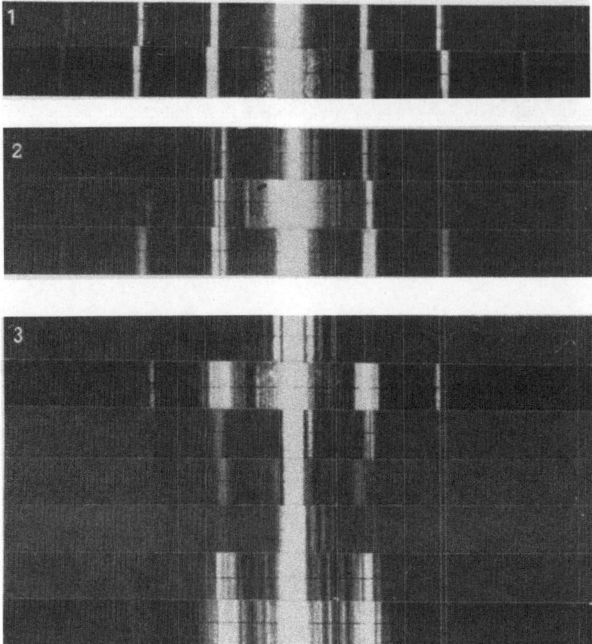


Abb. 4. Interferenzbilder der Gitter nach Abb. 2. Interferenzen an Doppelwendeln d. Type 220—230 V 40 WD. 1. Gruppe: Gute Wendeln; 2. Gruppe: Fehlerhafte Wendeln; 3. Gruppe: 7 verschiedene Stellen entlang einer fehlerhaften Wendel ausgeblendet.

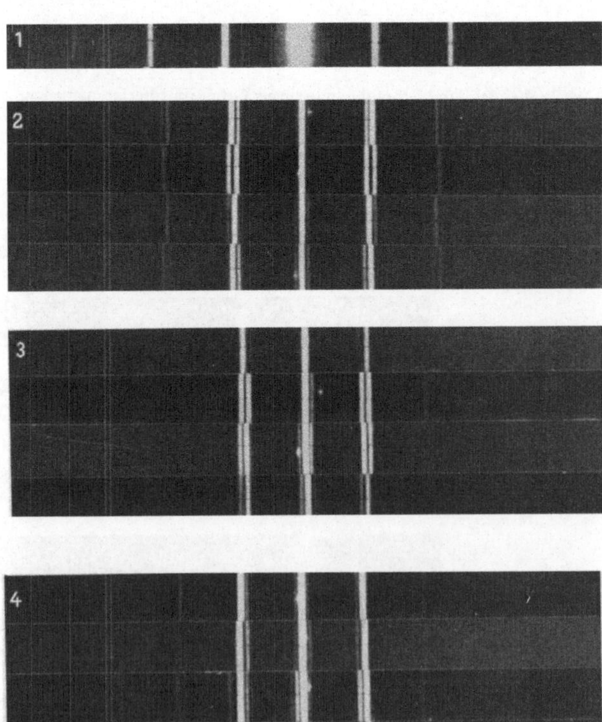


Abb. 5. Interferenzen an einem Strichgittermodell mit verschiedenen Fehlern. Normale Gitterkonstante $g = 203\,\mu m$. Die fehlerhafte Gitterkonstante in der Mitte der Strichgitter der Gruppen 2 bis 4 beträgt $g = 127\,\mu m$, $152{,}5\,\mu m$, $178\,\mu m$. Innerhalb der Gruppen tritt der gleiche Fehler 1 bis 4 mal auf.

falt hergestellt. Dabei ergab sich eindeutig, daß die Intensitätsverbreiterung am Spaltbild nullter Ordnung nur im ersten Grenzfall auftritt. Daraus kann man schließen: Die relativ groben Wendelgitter verhalten sich bezüglich des Interferenzbildes so, wie zwei Strichgitter, die im Abstand Wendeldurchmesser minus Drahtdurchmesser Lücke auf Lücke hintereinandergestellt sind.

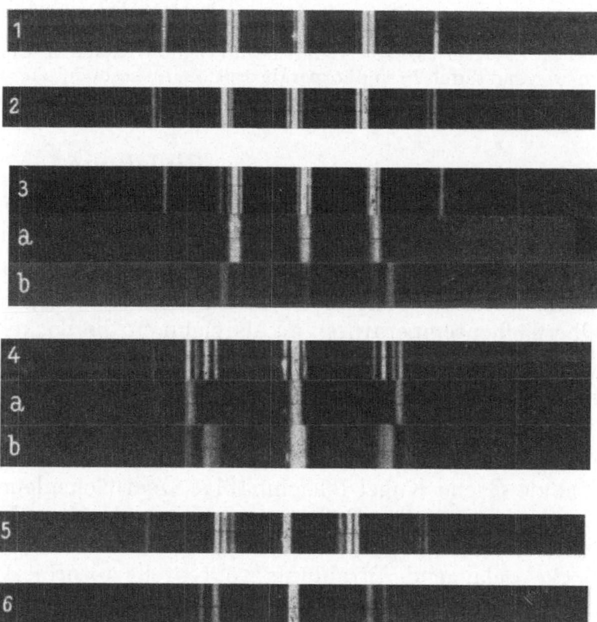


Abb. 6. Mögliche Wendelfehler am Strichgittermodell nachgebildet. Gruppe 1 bis 4 sind typische Überhitzungsstellen, Gruppe 5 und 6 sind typische Abkühlungsstellen. Unterscheidungskriterien geben die Ausblendungen a und b ab.

## Meßergebnisse am Wendelgitter

Entlang einer 40-W-Doppelwendel wurde ein 7 mm langes Wendelstück untersucht, und zwar so, daß die in Abb. 1 angegebene Vertikalblende auf 1 mm Breite gebracht wurde und dann zwischen allen Aufnahmen die fehlerhafte Wendel auf einem Mikrometerschlitten um 1 mm senkrecht zur Strahlenrichtung horizontal weiter bewegt wurde. Die Gruppe 3 (Abb. 4) zeigt also die Interferenzbilder 7 einander benachbarter Wendelstücke von 1 mm Breite. Die einzelnen Bilder unterscheiden sich stark. Die entstandenen Fehler wurden unter dem Mikroskop betrachtet und in Strichgittermodellen, die bei den Aufnahmen der Abb. 6 verwendet wurden, nachgeahmt. Beim Vergleich fällt auf: Man kann Wendelfehlerinterferenzen durch Superposition der Beugungsbilder verschiedener fehlerhafter Strichgitter aufbauen.

Mit dem beschriebenen Gerät, von dem eine Anwendungsmöglichkeit mitgeteilt wurde, kann man einzelne Wendelfehler besser als mit dem Lichtmikroskop erkennen. Solange die Interferenzmaxima genügend schmal bleiben, liegt der Größtfehler immer noch unter der Auflösungsgrenze des Lichtmikroskops. Dies ist ein besonderer Vorteil bei allen Problemen der Wendelkontrolle und bei der Erforschung des Wendelverhaltens bei der Herstellung und während der Lebensdauer der Lampe.

## Literatur

[1]) Runge, I.: Z. Techn. Phys. 9 (1928) S. 484—486 und Techn.-wiss. Abh. Osram-Konzern 1 (1930) S. 165—169.

# Lichtabsorption von Glühlampen mit lichtstreuendem Innenüberzug*)

Von

S. Bahrs**)

Der Lichtverlust von Lampen mit lichtstreuendem Innenüberzug (Silica-Lampen) wird vorwiegend durch Fremdkörperabsorption, insbesondere im Sockel, infolge der durch das hohe Reflexionsvermögen dieser Schichten bedingten Vielfachreflexion im Lampeninnern hervorgerufen.

## Einleitung

Die Untersuchung des Einflusses der Strahlungsabsorption bei Lampen mit silizierten Kolben auf die Erhöhung der Kolben-Oberflächentemperaturen im Vergleich zu Klarglas-Lampen ergab folgendes bemerkenswerte Ergebnis:

Bei Silica-Lampen steigen im Vergleich zu Klarglas-Lampen weniger die Kolben-Oberflächentemperaturen an als vielmehr die Sockel-Randtemperaturen.

Der Strahlungsanteil, der bei Silica-Lampen eine Verringerung der Lichtausbeute hervorruft, wird also vorzugsweise im Sockel absorbiert.

Als Ursache hierfür wurde das hohe Reflexionsvermögen der Silicaschichten nachgewiesen. Der Hohlraum des silizierten Kolbens wirkt nämlich wie eine Ulbrichtsche Kugel (gleichmäßige Oberflächenleuchtdichte), und es ergibt sich durch wiederholte Reflexionen ein gegenüber Klarglas-Lampen beträchtlich höherer Strahlungsanteil, der in den Kolbenhals reflektiert wird, wobei die in den Sockel gelangende Strahlung größtenteils absorbiert wird.

## Experimenteller Nachweis der Ulbricht-Kugel-Wirkung der Strahlung im Inneren einer silizierten Lampe

Um den durch die Ulbricht-Kugel-Wirkung der Strahlung im Innern einer silizierten Lampe bedingten Einfluß auf die Sockelabsorption nachzuweisen, wurden Versuchslampen 220 V 40 W mit Wendeln vom gleichen Posten in klaren bzw. silizierten Kolben mit gleichem Kugeldurchmesser von 45 mm, jedoch verschiedenen Kolbenhalslängen a) ohne Hals, b) 30 mm Halslänge und c) 60 mm Halslänge hergestellt. Die Mittelwerte der photometrischen Messungen sowie der am Sockelrand (ohne Fassung mit angelöteten Stromzuführungsdrähten) gemessenen Übertemperaturen von je 10 Lampen pro Versuchstype sind in Tab. 1 zusammengestellt.

Aus den Meßwerten der Tab. 1 ergibt sich folgendes:

Vergleicht man zunächst die drei Klarglas-Typen, so zeigt die Type „a“ gegenüber der Type „b“ eine 3,3% niedrigere Lichtausbeute, die durch Absorption des in den Sockel gelangenden Anteils der direkten Wendelstrahlung verursacht wird (bekannt als Sockel-Abschattungsverluste). Die weitere Verringerung der Abschattungsverluste bei Type „c“ ist sehr gering und macht sich bei der Lichtausbeutemessung kaum noch bemerkbar.

Wenn man den Lichtausbeuteunterschied $\Delta\eta$ zwischen Lampen mit klaren und silizierten Kolben gleicher Type betrachtet, so können hierbei die Abschattungs-

*) Originalmitteilung.

**) An der Durchführung der Untersuchungen war Herr Ing. M. Maetschke entscheidend beteiligt.

verluste des Sockels durch die direkte Strahlung außer acht gelassen werden. Die sich ergebenden Unterschiede werden durch eine zusätzliche Absorption der Strahlung hervorgerufen, die durch wiederholt an der silizierten Schicht erfolgende Reflexionen in den Sockel gelangt. Dieser absorbierte Strahlungsanteil wird um so kleiner, je kleiner der auf den Lichtschwerpunkt bezogene Raumwinkelanteil der Sockelöffnung wird. Im gleichen Sinne wirkt sich diese zusätzlich im Sockel vernichtete Strahlung durch eine entsprechende Sockelrand-Temperaturerhöhung $\Delta T$ aus.

Tabelle 1. Prüfspannung 225 V.
(Mittelwerte von je 10 Prüflampen)

| Versuchstype | Kolben | $N$ Watt | $\eta$ lm/W | $\Delta\eta$ (bezogen auf Klar = 100%) | Übertemperatur am Sockelrand*) °C | $\Delta T$ °C |
|---|---|---|---|---|---|---|
| a) | klar | 43,0 | 10,30 | | 130 (23) | |
| (ohne Hals) | siliziert | 43,4 | 9,05 | — 12,1% | 141 (23) | 11 |
| b) | klar | 42,8 | 10,65 | | 63 (20) | |
| (30 mm Halslänge) | siliziert | 43,2 | 9,95 | — 6,6% | 66 (20) | 3 |
| c) | klar | 42,8 | 10,70 | | 38 (22) | |
| (60 mm Halslänge) | siliziert | 43,2 | 10,25 | — 4,2% | 39 (22) | 1 |

*) In Klammern zugefügte Werte geben die Raumtemperatur bei der Messung an.

Wegen der Vergrößerung der Lampenabmessungen mußten auch die entsprechenden Abmessungen des Lampengestells vergrößert werden. Hierdurch nehmen die von diesen verursachten Absorptionsverluste zu (entsprechend einem verschieden großen „Fremdkörpereinfluß“ in der ULBRICHTschen Kugel). Bei Type „c“ ist dieser Fremdkörpereinfluß am größten. Um schließlich auch diesen Faktor zu eliminieren, wurde folgender weiterer Versuch durchgeführt:

Eine Platinwendel wurde an zwei langen, dünnen Cu-Drähten, die durch zwei kleine Stützhalter auf Abstand gehalten wurden, befestigt und in der ULBRICHTschen Kugel aufgehängt. Dann wurde der Lichtstrom der während des Versuches konstant gehaltenen, hoch erhitzten Wendel einmal frei brennend und ein zweites Mal mit einem übergeschobenen silizierten Kolben gemessen. Hierbei konnte die sonst bei einer Lampe in den Sockel gelangende Strahlung unter den gewählten Versuchsbedingungen durch den offenen Kolbenhals frei in die Meßkugel austreten. Bei übergeschobenen silizierten Kolben ergab sich ein Absorptionsverlust von nur etwa 1—2% (bezogen auf einen Instrumenten-Ausschlag von 50 Skt.). Eine genaue Bestimmung dieses Wertes war wegen leichter Unruhe des Lichtstrom-Meßinstrumentes infolge instabiler Konvektionsverhältnisse an der Wendel nicht möglich.

Damit ergibt sich, daß die üblichen Silica-Schichten selbst nur eine sehr geringe Eigenabsorption haben. Die im Vergleich zu Klarglas-Lampen festgestellten, nennenswert höheren Lichtverluste treten auf, weil durch die Vielfachreflexionen im Lampeninnern ein erhöhter Strahlungsanteil vorwiegend im Sockel absorbiert wird.

## Berechnung des Lichtverlustes lichtstreuender Kolbenüberzüge

Der im Vergleich zu Klarglas-Lampen (Vernachlässigung der Sockelabschattungsverluste) durch einen lichtstreuenden Kolbenbelag entstehende Lichtverlust kann unter vereinfachenden Annahmen der lichttechnischen Kenndaten der Streuschicht (Transmissionsgrad $\tau$, Reflexionsgrad $\varrho$ und Absorptionsgrad $\alpha$) berechnet werden.

Der vom Leuchtkörper ausgestrahlte Lichtstrom $\Phi$ wird bei Auftreffen auf die Streuschicht z. T. durchgelassen ($\tau \cdot \Phi$), z. T. absorbiert ($\alpha \cdot \Phi$) und z. T. reflektiert, also:

$$\Phi = \tau \Phi + \alpha \Phi + \varrho \Phi .$$

Von dem an der Streuschicht (im Innern der Lampe verbleibenden) reflektierten Lichtstromanteil $\varrho \Phi$ wird nun ein auf die Sockelöffnung bzw. den Innenaufbau der Lampe auftreffender Anteil (Gesamtabsorptionsanteil $A$) absorbiert ($A \cdot \varrho \Phi$). Der restliche Lichtstromanteil $(1 - A) \cdot \varrho \Phi$ trifft ein zweites Mal auf die Streuschicht auf und wird von dieser z. T. wieder durchgelassen:
$\tau (1 - A) \varrho \Phi$, z. T. absorbiert $\alpha (1 - A) \varrho \Phi$ und z. T. reflektiert $\varrho (1 - A) \varrho \Phi$, also:

$$\varrho \Phi = A \varrho \Phi + \tau (1 - A) \varrho \Phi + \alpha (1 - A) \varrho \Phi + (1 - A) \varrho^2 \Phi$$

Von dem reflektierten, im Innern der Lampe verbleibenden Lichtstromanteil $(1 - A) \varrho^2 \Phi$ wird nun wieder ein Teil $A (1 - A) \varrho^2 \Phi$ absorbiert, der restliche Anteil ein drittes Mal von der Streuschicht z. T. durchgelassen $\tau (1 - A)^2 \varrho^2 \Phi$, usw.

Summiert man die sich ergebende geometrische Reihe, so errechnet sich im Vergleich zu einer Klarglas-Lampe gleicher Konstruktionsdaten der gesamte in der Auswirkung einer lichtstreuenden Schicht absorbierte Lichtstromanteil $V_0$ zu:

$$\boxed{V_0 = \frac{\alpha + \varrho \cdot A}{1 - \varrho (1 - A)}} \qquad (1)$$

wobei:
$\varrho$ Reflexionsgrad der Streuschicht
$\alpha$ Absorptionsgrad der Streuschicht
$A$ Gesamtabsorption am Lampengestell und Sockel.

## Vergleich der Meß- und Rechenwerte

Die lichttechnische Messung des Reflexionsgrades $\varrho$ und Transmissionsgrades $\tau$ von Streuschichten ist ziemlich ungenau. Da der Absorptionsgrad $\alpha$ nur aus der Differenzmessung $\alpha = 1 - \varrho - \tau$ ermittelt werden kann, ist es nicht möglich, insbesondere kleine Werte von $\alpha$, wie sie bei silizierten Schichten vorliegen, meßtechnisch zu bestimmen.

Um die Größe von $\alpha$ abschätzen zu können, wurde an silizierten Kolbenscherben der Versuchslampen der Reflexions- und Transmissionsgrad gemessen, und zwar betrug $\varrho = 0{,}6 \ldots 0{,}7$ und $\tau = 0{,}4 \ldots 0{,}3$. Dann ergibt sich aus Formel (1) und dem mit der Platinwendel an den silizierten Kolben gemessenen Gesamtabsorptionsverlust $V_0 \sim 0{,}01 \ldots 0{,}02$; $A \sim O$, daß die lichtstreuenden Schichten der Silica-Lampen nur eine sehr geringe Eigenabsorption von etwa 0,5% aufweisen.

Mit den vorstehenden lichttechnischen Kenndaten können nunmehr die Lichtverluste der silizierten Versuchslampentypen rechnerisch abgeschätzt und mit den gemessenen Werten (Tab. 1) verglichen werden.

Bei der Versuchstype „a" (ohne Hals) beträgt der Raumwinkelanteil des Sockels E 27: 8,9%. Wenn unter Vernachlässigung der Gestellabsorption (in diesem Fall klein gegen die Sockelabsorption) der auf den Sockel gelangende Lichtstrom hundertprozentig absorbiert werden würde, so kann $A_a = 8{,}9\%$ gesetzt werden. Dann errechnet sich aus Formel (1) mit $\alpha = 0{,}5\%$ und $\varrho = 65\%$ der durch die Silicaschicht hervorgerufene Lichtverlust zu 15,4%. Gemessen wurde aber nur 12,1% Lichtverlust. Das kommt daher, daß die Strahlung am Sockel nicht hundertprozentig absorbiert, sondern zum Teil wieder reflektiert wird (am Glas, Sockelkitt usw.).

Umgekehrt kann man den Meßwert $V = 12{,}1\%$ benutzen, um für den vorliegenden Fall den wahren Wert von $A_a$ zu berechnen. Dieser ergibt sich dann zu $A_a = 6{,}7\%$, d. h., daß 75% des auf die Sockelöffnung fallenden Lichtstromes absorbiert bzw. 25% wieder reflektiert werden.

Bei den Versuchstypen „b" (30 mm langer Hals) und „c" (60 mm langer Hals) verringern sich die Raumwinkelanteile der Sockelöffnung auf 2,0% bzw. 0,76%. Für 75%ige Sockelabsorption ergeben sich damit $A_b = 1{,}5\%$ bzw. $A_c = 0{,}57\%$. Mit diesen Werten und wieder $\alpha = 0{,}5\%$, $\varrho = 65\%$ ergibt sich dann der Lichtverlust bei Type „b" bzw. „c"

rechnerisch zu: $V_b = 4{,}2\%$ $V_c = 2{,}4\%$
meßtechnisch zu: $V_b = 6{,}6\%$ $V_c = 4{,}2\%$.

Unter Berücksichtigung der gemachten Vernachlässigungen und Meßungenauigkeiten ist die Übereinstimmung zwischen errechneten und gemessenen Werten erstaunlich gut.

## Einfluß der Kolbenschwärzung während der Lebensdauer auf den Lichtverlust von Lampen mit lichtstreuenden Kolbenüberzügen

Der während der Lebensdauer sich ergebende Lichtverlust gasgefüllter Silica-Lampen ist nicht nennenswert größer als der entsprechender Klarglas-Lampen. Bei den Versuchen, auch die Vakuumtypen der niedrigen Wattstufen (225 V, 15 und 25 W) mit silizierten Kolben herzustellen, zeigte sich, daß der Lichtverlust solcher Lampen unzulässig hoch, etwa zwei- bis dreimal so groß war wie der gleicher Klarglas-Lampen. Eine Beeinträchtigung der inneren Lampenqualität war dabei nicht nachweisbar. Auch konnte der Effekt nicht durch die unterschiedlichen tödlichen Wendel-Gewichtsverluste zwischen Vakuum- und gasgefüllten Lampen gleicher Leistungstypen erklärt werden. Es ist aber zu beachten, daß bei gasgefüllten Lampen sich das verdampfte Wolfram in Abhängigkeit von der Brennlage lokal auf bestimmten Teilstücken der Kolbenoberfläche ablagert, während bei Vakuumlampen die ganze Kolbenoberfläche gleichmäßig geschwärzt wird.

Nach dem Vorhergehenden läßt sich nun der stark unterschiedliche Lichtverlust von gasgefüllten und Vakuumlampen mit silizierten Kolben wieder rein lichttechnisch erklären. Bei gasgefüllten Lampen wirkt die lokal begrenzte Kolbenschwärzung im Sinne einer vergrößerten Sockelabsorption. Bei Vakuumlampen nimmt aber durch die gleichmäßige Kolbenschwärzung die Eigenabsorption der Kolbenschicht erheblich zu. Zwar nimmt hierbei gleichzeitig ihr Reflexionsgrad ab, jedoch resultiert durch die Vielfachreflexionen eine beachtliche Verstärkung des Lichtverlustes.

Wegen der meßtechnischen Schwierigkeiten bei der Bestimmung der lichttechnischen Kenndaten und der daraus sich ergebenden Unsicherheit einer rechnerischen Auswertung soll abschließend der Effekt der Verstärkung des Lichtverlustes bei silizierten Vakuumlampen an einem Demonstrationsversuch beschrieben werden.

Aus einem Posten Osram-Tropfenlampen 225 V 15 W (Vakuum, Klarglas, Sockel E 14) wurden 20 Stück entnommen und nach üblicher Alterung die photometrischen Daten bestimmt. Danach wurden die Kolben mit einem milchigweißen Lack überzogen und nochmals photometriert. Nach Entfernung des Lackes wurden 50% der Lampen etwa 3/4 ihrer Lebensdauer gebrannt und dann sämtliche Lampen nochmals mit klaren und lackierten Kolben gemessen (Kontrolle der Photometermessung und der lichttechnischen Eigenschaften des Lackes an den nicht gebrannten Lampen). Es ergab sich (Mittelwerte):

| | | | |
|---|---|---|---|
| Lichtausbeute der ungebrannten Lampen mit | Klarglas-Kolben | | 7,80 lm/W |
| ,, ,, gebrannten ,, ,, | ,, | | 5,85 lm/W |
| ,, ,, ungebrannten ,, ,, | lackiertem Kolben | | 5,60 lm/W |
| ,, ,, gebrannten ,, ,, | ,, | ,, | 2,35 lm/W. |

Während der Lichtverlust mit Klarglaskolben nur 25% beträgt, ist dieser mit stark lichtstreuender Kolbenoberfläche infolge der Vielfachreflexionen im Lampeninnern 58%, also über doppelt so hoch.

## Folgerungen für die Praxis

Aus den Untersuchungsergebnissen ergibt sich unmittelbar, daß zur Erzielung eines möglichst geringen Lichtverlustes die Schichtdicke des lichtstreuenden Kolbenbelages so dünn, wie zum Erreichen des Silica-Effektes (gleichmäßige Kolbenleuchtdichte) gerade erforderlich, gemacht werden muß. Um auch diesen Lichtverlust (etwa 6% für Allgebrauchslampen der Hauptreihe) weiter zu verringern, wäre es notwendig, den Anteil der in den Sockel reflektierten Strahlung wieder in das Lampeninnere zurückzustrahlen. Beispielsweise kann dies durch Verwendung üblicher Wärmeschutzscheiben, deren zur Wendel gerichtete Oberfläche das sichtbare Licht selbst gut reflektiert oder dazu mit einer Silicaschicht überzogen wird, erreicht werden. Eine weitere Möglichkeit besteht darin, daß das Tellerrohr entweder auf der Oberfläche zum Lampeninnern oder zur Pumpstengelseite hin siliziert wird. Solche Maßnahmen verursachen natürlich eine Erhöhung der Herstellungskosten und damit auch des Verkaufspreises dieser Lampen.

Die wirtschaftliche Frage der Verringerung des Lichtverlustes muß in Zusammenhang mit dem praktischen Gebrauch der Lampen betrachtet werden. Bei innenmattierten Lampen ist zur Verringerung der Blendung die Verwendung lichtstreuender Lampenschirme erforderlich, durch die gegenüber frei brennenden Silica-Lampen ein fast immer höherer Lichtverlust verursacht wird. Hieraus folgt, daß der fertigungstechnische Mehraufwand für die vorstehenden Maßnahmen zur Verringerung des Lichtverlustes silizierter Lampen nicht vertreten werden kann. Silica-Lampen in kleinen Abmessungen (Tropfen- und Kerzenlampen) sollten ausschließlich mit Sockeln kleiner Öffnung (E 14 statt E 27) verwendet werden, um den in den Sockel reflektierten Strahlungsanteil auf ein Minimum zu reduzieren.

# Elektronenschwingungen in Glühlampen*)

Von

W. LEHMANN

Mit 11 Abbildungen

Die Schwingungen führen gelegentlich zur Hochfrequenzemission im Meterwellenbereich. Sie folgen den von BARKHAUSEN und KURZ angegebenen Gesetzmäßigkeiten. Es wird gezeigt, daß dem einfachen Aufbau von Vakuumlampen die Bauelemente von Bremsfeldgeneratoren zugeordnet werden können. Durch den Leuchtkörper möglicherweise gebildete Schwingungskreise sowie äußere Schaltelemente sind an der Schwingungserzeugung nicht beteiligt.

In Wendellampen werden Elektronenschwingungen wesentlich seltener beobachtet als in Langdrahtlampen. Elektronenschwingungen können in Wendellampen besonders dann auftreten, wenn die die Wendel umgebende stationäre Raumladung durch Ionen kompensiert wird.

Alle Maßnahmen zur Vermeidung der Elektronenschwingungen in Glühlampen entsprechen den bekannten Entwicklungstendenzen der Glühlampentechnik.

## 1. Einleitung

Im Jahre 1930 hatte GERBER[1]) bei seinen Untersuchungen über BARKHAUSEN-KURZ-Schwingungen in Dioden festgestellt, daß Langdrahtlampen hochfrequente Schwingungen erzeugen können. Hierzu wurden die Lampen entsockelt und die äußeren Stromzuführungen mit einem Lecher-System verbunden. Später zeigte „Cathode Ray"[2]), daß Elektronenschwingungen in Langdrahtlampen auch ohne äußere Schwingungskreise möglich sind. Es wurde die Vorstellung entwickelt, daß die vom Leuchtdraht emittierten Elektronen infolge des stets vorhandenen Potentialgefälles zwischen unbestimmten Leuchtkörperteilen und dem Glaskolben hin und her pendeln und bei gleicher Phasenlage einen hochfrequenten Strom darstellen. Der Leuchtkörper dient demnach sowohl als Kathode und Beschleunigungsgitter als auch als Schwingungskreis, während die geladene Kolbenwand bzw. der Kolbenbelag als Bremselektrode aufzufassen ist. Auch bei Wendellampen wurde diese Schwingungserzeugung beobachtet[3]).

Die vorliegende Arbeit hat das Ziel, dem zunächst so einfach anmutenden Glühlampenaufbau schließlich die Bauelemente eines Bremsfeldgenerators zuzuordnen und durch geeignete Messungen an Lampen die von BARKHAUSEN und KURZ[4]) angegebenen Gesetzmäßigkeiten zu bestätigen. Die Kenntnis des Schwingungsmechanismus gestattet es, die Gefahr von Funk- und Fernsehstörungen zu beurteilen und zeigt Möglichkeiten auf, die unerwünschte Schwingungserzeugung zu unterbinden.

## 2. Das Auftreten von Elektronenschwingungen in Glühlampen

Elektronenschwingungen in Glühlampen äußern sich als Funkstörungen im Meterwellenbereich. Sie können sich z. B. beim Fernsehempfang als horizontale Balken auf dem Bildschirm zeigen (Abb. 1).

Die Anzahl und die Breite der Balken sind unterschiedlich und ändern sich während des Betriebes der Lampe. Das Störsignal kann so stark sein, daß es ohne Übereinstimmung mit der Synchronisierungsfrequenz die Synchronisierung übernimmt. Dann bleiben die Balken auf dem Bild stehen (häufig außerhalb des Sicht-

*) Auszug aus einer von der Fakultät für Maschinenwesen der Technischen Hochschule Karlsruhe genehmigten Dissertation: WOLFGANG LEHMANN „Die Glühlampe als Schwingungserzeuger", München 1960.

feldes), während sich das ursprüngliche Fernsehbild vertikal bewegt. Auch der Fernsehton und der FM-Rundfunkempfang können durch Brumm-Modulation mit Impulscharakter gestört werden.

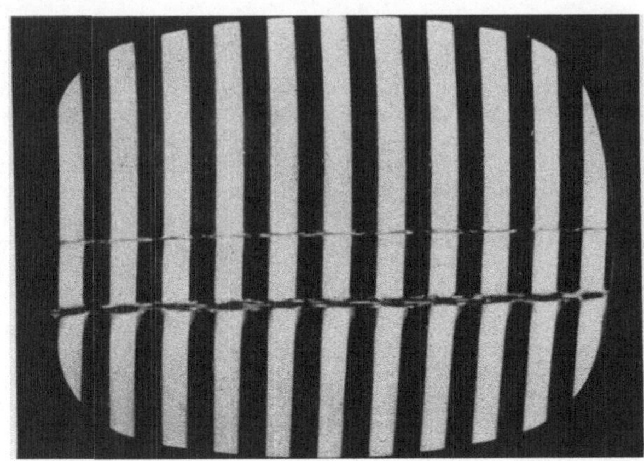

Abb. 1. Störsignal einer Vakuumlampe auf dem Bildschirm eines Fernsehempfängers.

Da Störungen im Meterwellenbereich nicht leitungsgebunden sind, braucht die störende Lampe nicht im gleichen Raum wie das Empfangsgerät betrieben zu werden. Die Elektronenschwingungen von Glühlampen können je nach verwendeter Empfangsantenne sogar von benachbarten Häusern aus stören.

Da die Gasfüllung von Glühlampen die Elektronenbeweglichkeit im Lampenkolben stark herabsetzt, treten Elektronenschwingungen nur bei Vakuumlampen auf. Die Nennspannungen von Glühlampen mit Elektronenschwingungen liegen über 100 Volt. Elektronenschwingungen werden nur in Glühlampen mit Kolbendurchmessern größer als 40 mm beobachtet. Lampen mit großen Leuchtkörperabmessungen neigen leichter zur Schwingungserzeugung als solche mit konzentrierter Leuchtkörperform (z. B. Wendellampen). Die größte Schwingneigung weisen die Langdrahtlampen auf. Sie werden jedoch nicht mehr hergestellt. Die verbliebenen Exemplare sind sehr geeignete Objekte für die Untersuchung der Elektronenschwingungen in Glühlampen.

## 3. Hochfrequenzemission von Glühlampen mit Elektronenschwingungen

In Abb. 2 sind die Feldstärkespektren zweier Langdrahtlampen 220 V 50 HK für einen Abstand Lampe—Meßdipol von 2 m wiedergegeben. Die Spektren zeigen diskrete Emissionsbänder. Beim Betrieb der Lampen an Wechselspannung werden um etwa 13 MHz höhere Frequenzen gemessen als beim Betrieb an Gleichspannung.

Abb. 3 zeigt die Hochfrequenzoszillogramme verschiedener Langdrahtlampen an Wechselspannung. Die Lampen wurden in unmittelbarer Nachbarschaft eines Dipols betrieben, der mit dem Eingang eines Hochfrequenzoszillographen verbunden war. Die Eingangsspannung betrug dabei etwa 50 mV. Als Vergleichssignal wurde die Lampenbrennspannung phasengetreu abgebildet. Man erkennt, daß die Hochfrequenzimpulse jeweils dann auftreten, wenn die Brennspannung nahezu ihren Scheitelwert erreicht hat. Nicht alle Lampen erzeugen in jeder Halbwelle einen Hochfrequenzimpuls.

Daß es sich um Schwingungen von Elektronen handelt, geht bereits aus der Größenordnung der beobachteten Frequenzen hervor. Als besseres Kriterium läßt sich jedoch die BARKHAUSEN-Relation

$$\lambda^2 \cdot U = \text{const} \tag{1}$$

anwenden, die aus einer von BARKHAUSEN und KURZ[4]) angegebenen Beziehung zwischen der Wellenlänge $\lambda$ und der Beschleunigungsspannung $U$ der Elektronen

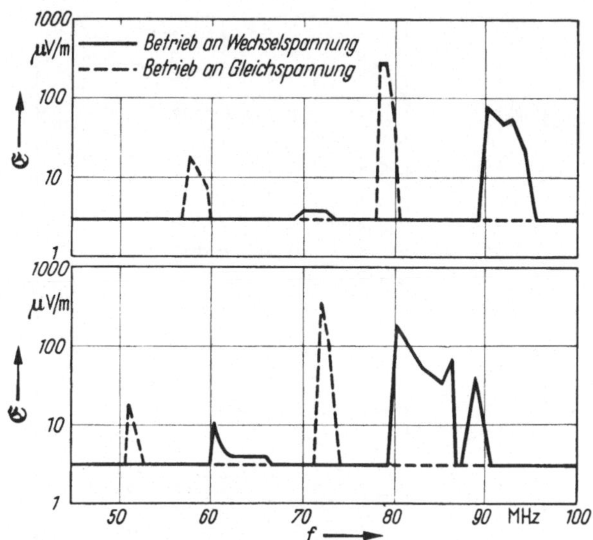


Abb. 2. Feldstärkespektren zweier Langdrahtlampen 225 V 50 HK.

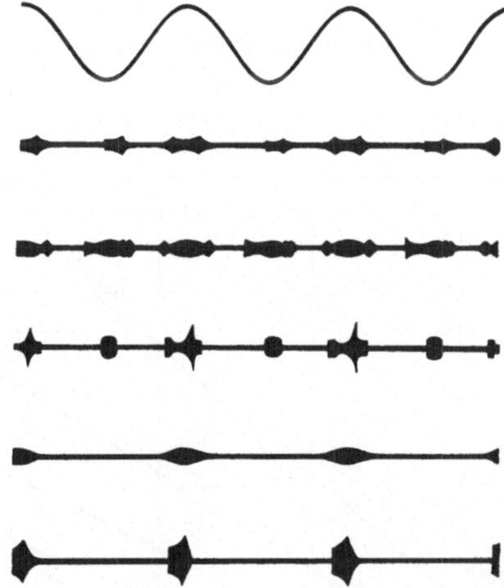

Abb. 3. Oszillogramme der Hochfrequenzemissionen von verschiedenen Langdrahtlampen an Wechselspannung oben Vergleichssignal: Lampenbrennspannung (phasengetreu).

hergeleitet wurde. Für die vorliegenden Untersuchungen eignet sich die Relation (1) besser in der Form

$$\sqrt{U}/f = \text{const.} \tag{2}$$

Die Frequenz $f$ der Elektronenschwingungen läßt sich unter bestimmten Vernachlässigungen leicht berechnen als

$$f = \frac{3 \cdot 10^7 \sqrt{U}}{4\,s}, \tag{3}$$

wobei $s$ der Beschleunigungsweg der Elektronen ist.

Die Anwendung der BARKHAUSEN-Relation (2) auf die mit einer Lampe 220 V 100 HK gewonnenen Meßwerte ist in Abb. 4 wiedergegeben. Es zeigt sich bis herab

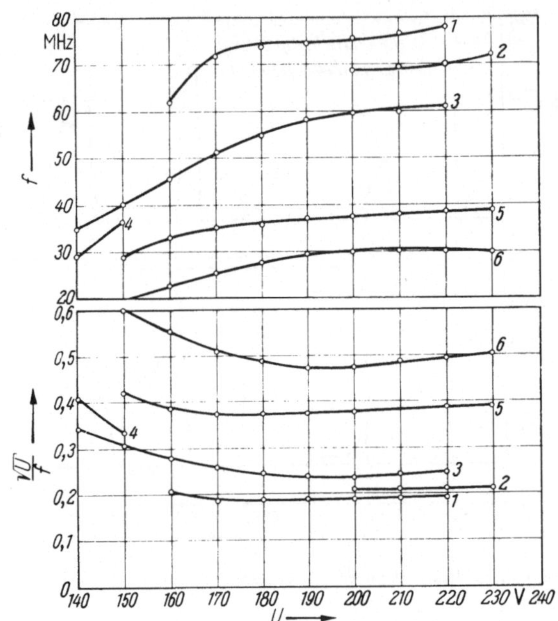


Abb. 4. Abhängigkeit der Emissionsfrequenzen einer Langdrahtlampe 220 V 100 HK von der Brennspannung; Anwendung der BARKHAUSEN-Relation.

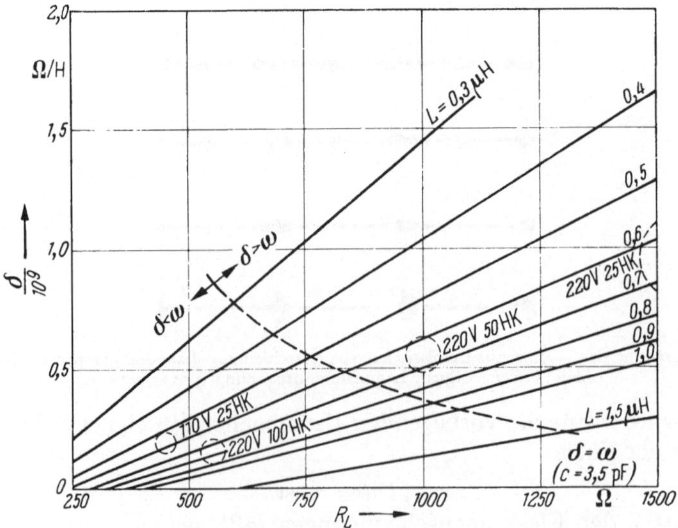


Abb. 5. Dämpfung der durch die Leuchtkörper von Glühlampen gebildeten Schwingungskreise.

zu Brennspannungen von 75% der Nennspannung eine gute Übereinstimmung mit Gl. (2). Einflüsse stationärer Raumladungen sowie der „Heizspannung" sind in der Relation nicht enthalten, so daß gewisse Abweichungen gerechtfertigt sind.

Gl. (2) erklärt auch die Frequenzunterschiede bei Gleich- und Wechselstrombetrieb, da die Beschleunigungsspannungen an Wechselstrom um den Faktor $\sqrt{2}$ größer angesetzt werden müssen als an Gleichstrom.

Die Hochfrequenzemission von Glühlampen ist stets impulsmoduliert, auch bei Betrieb an Gleichspannung. Wenn es jedoch gelingt, alle Wechselkomponenten zu vermeiden, so kann keine Schwingungserzeugung beobachtet werden. Da Wechselkomponenten der Größenordnung $1\,\mu$V bereits zur Schwingungserzeugung ausreichen, ist eine solche Betriebsart nur schwer zu verwirklichen. Auch die bei geringsten Erschütterungen der Lampen auftretenden Feldveränderungen in den Lampen können die Schwingungserzeugung auslösen. „Cathode Ray"[2]) konnte diese bemerkenswerte Beobachtung nicht machen, da er für seine Untersuchungen bewußt die Siebung der Lampenspannung vernachlässigte, um die Hochfrequenzerzeugung der Lampe durch eine Brummodulation identifizieren zu können.

## 4. Die Glühlampe als Bremsfeldgenerator

Der von GERBER[1]) und „Cathode Ray"[2]) für die Schwingungserzeugung in Glühlampen als notwendig erachtete Schwingungskreis ist in Glühlampenschaltungen nicht vorhanden. Bestimmt man nach Versilberung von Leuchtkörpern deren Induktivität, so können aus Induktivität $L$ und Heißwiderstand $R_L$ die in Abb. 5 wiedergegebenen Dämpfungsverhältnisse ermittelt werden. Aus Abb. 5 ist zu ersehen, daß die Leuchtkörper je nach Widerstand sowohl gedämpfte als auch aperiodisch gedämpfte Schwingungskreise darstellen können. Eine Entscheidung über die Schwingungskreiswirkung der Leuchtkörper läßt sich jedoch mit Versuchslampen fällen, deren Leuchtkörper an mehreren Stellen angezapft sind und kapazitiv überbrückt werden können: Die Hochfrequenzemission solcher Lampen

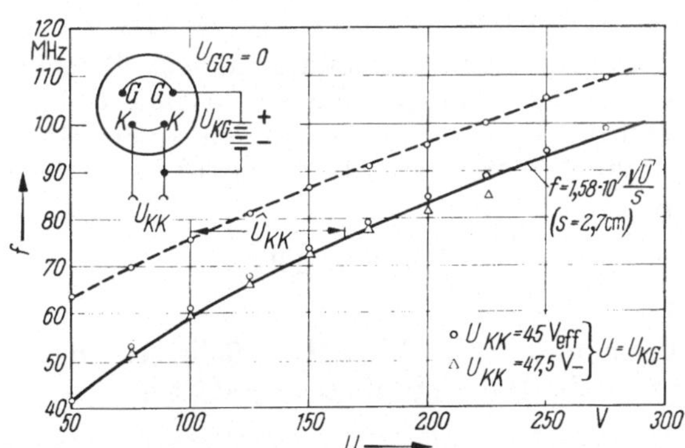


Abb. 6. Abhängigkeit der Emissionsfrequenz einer Langdraht-Diode von der Gitterspannung.

läßt sich durch keine der möglichen kapazitiven Schaltungskombinationen beeinflussen. Dieses Ergebnis stimmt mit den von HOLLMANN[5]) an Elektronenröhren gewonnenen Erkenntnissen überein, wonach die BARKHAUSEN-KURZ-Schwingungen seltene Sonderfälle darstellen. Schwingungskreise tragen nicht zum Schwingungsmechanismus bei. Die Phasensortierung der Elektronen ist ein sekundärer Effekt höherer Ordnung.

Da der Leuchtkörper von Glühlampen nicht als Schwingungskreis wirkt, kann durch Trennung des Leuchtkörpers in zwei Teile eine schwingungsfähige „Glühlampen-Diode" gebaut werden, deren Kathode und Gitter von außen zugänglich sind. Messungen an Langdraht-Dioden mit zickzackförmigen Drähten als Elektroden liefern den in Abb. 6 gezeigten Zusammenhang zwischen Frequenz und Gitterspannung. Die Meßwerte folgen in guter Näherung der Beziehung

$$f_{\text{Langdraht}} = 1{,}58 \cdot 10^7 \frac{\sqrt{U}}{s}\,. \tag{4}$$

Die erhebliche Abweichung von der Gl. (3) ist sowohl auf die darin enthaltenen Vernachlässigungen als auch auf die starke Feldverzerrung durch das sehr weite Gitter zurückzuführen. Bei Wechselstromheizung ergeben sich für jede Gitterspannung zwei Frequenzen. Diese Erscheinung ist auf die verhältnismäßig hohe Heizspannung $U_{KK}$ zurückzuführen. Die obere Kurve geht durch Horizontalverschiebung um den Betrag $U_{KK}$ in die untere Kurve über. Die Elektronen starten demnach von dem jeweils negativen Ende des Kathoden-Leuchtkörpers.

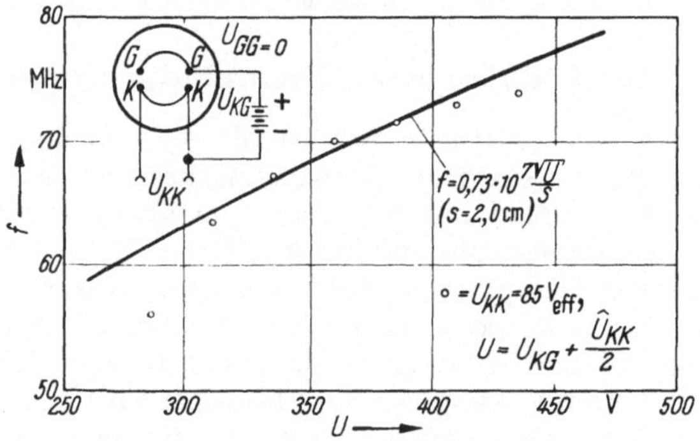


Abb. 7. Abhängigkeit der Emissionsfrequenz einer Wendel-Diode von der Gitterspannung.

Messungen an einer Wendel-Diode ergeben den in Abb. 7 wiedergegebenen Zusammenhang zwischen Gitterspannung und Frequenz. Bemerkenswert sind die erforderlichen hohen Gitterspannungen. Sie weisen darauf hin, daß die eine Kathodenwendel umgebende Raumladung wesentlich größer ist als die bei einem geraden Kathodendraht. Die Meßwerte der Wendel-Diode folgen in erster Näherung der Beziehung

$$f_{\text{Wendel}} = 0{,}73 \cdot 10^7 \frac{\sqrt{U}}{s} \tag{5}$$

Die gute Übereinstimmung mit Gl. (3) dürfte zufällig sein, da die Feldverteilung in Wendellampen durch die Halterdrähte sehr gestört ist.

Die an Glühlampen-Dioden ermittelten Gesetzmäßigkeiten ermöglichen die Lokalisierung der virtuellen Elektroden in handelsüblichen Glühlampen. Alle vom Leuchtkörper emittierten Elektronen werden zur jeweils positiven Stromzuführung hingezogen, die somit als Beschleunigungsgitter aufzufassen ist. Vernachlässigt man die Krümmung der Elektronenbahnen, so ergeben sich für jeden Startpunkt der Elektronen auf dem Leuchtkörper Bahnen unterschiedlicher Länge und Beschleunigungsspannung (Abb. 8). Die jeweiligen Pendelfrequenzen lassen sich mit Hilfe der Gl. (4) und (5) berechnen. Diejenigen Bahnen sollen als bevorzugt angesehen werden, deren berechnete Frequenz mit der gemessenen übereinstimmt. Abb. 9 zeigt das Ergebnis entsprechender Berechnungen für sehr unterschiedliche Glühlampen. Als bevorzugte Bahnen ergeben sich in guter Übereinstimmung bei den unterschiedlichen Langdrahtlampen diejenigen Bahnen, deren Elektronen zwischen 25 und 60% der Leuchtdrahtlänge, vom positiven Ende gerechnet, starten. Es sind dies die Bahnen mit den niedrigsten Frequenzen. Es läßt sich somit der in Abb. 10 skizzierte Triodenmechanismus in Langdrahtlampen herleiten.

Für Wendellampen ergeben sich bevorzugte Startpunkte der Elektronen in der Nähe der negativen Stromzuführung. Die Beschleunigungsspannungen sind also höher als bei Langdrahtlampen, wie es für die Sättigung der Elektronenemission aus Wendeln gefordert wird.

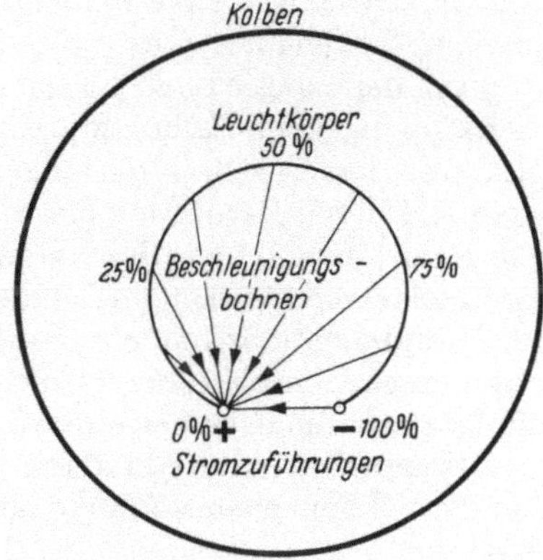


Abb. 8. Vereinfachte Darstellung von Beschleunigungsbahnen der Elektronen in einer Ebene senkrecht zur Lampenachse.

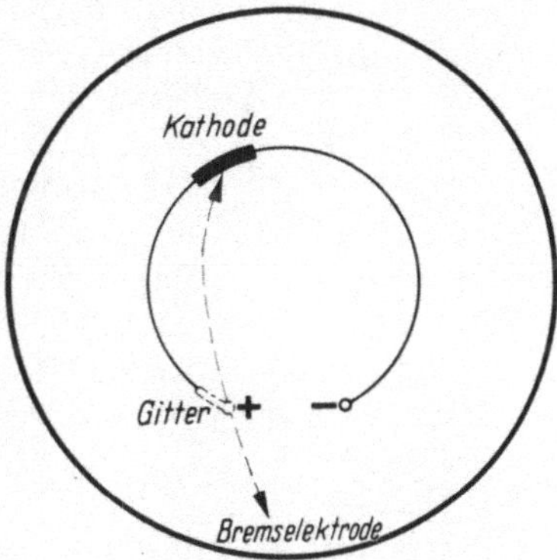


Abb. 10. Triodenmechanismus von Langdrahtlampen mit Hauptbewegungsbahn der schwingenden Elektronen.

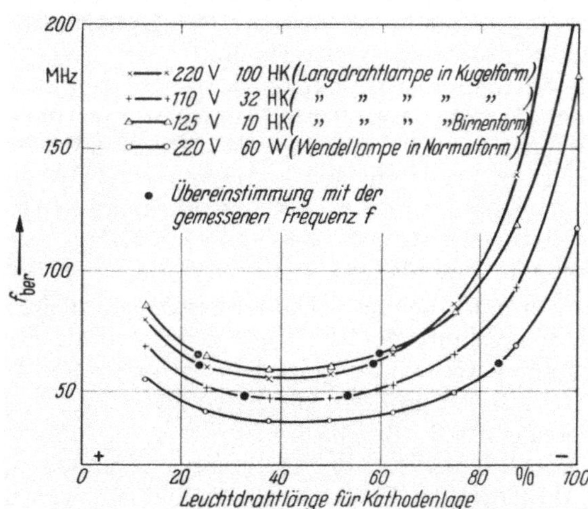


Abb. 9. Berechnete Frequenzen unterschiedlicher Lampen in Abhängigkeit von der Kathodenlage auf dem Leuchtkörper.

Die Bevorzugung bestimmter Elektronenbahnen läßt sich wie folgt deuten: Nur diejenigen Elektronen können schwingen, deren Startpunkt auf einem Leuchtkörperteil liegt, für den das Potential gegenüber der positiven Stromzuführung für eine Sättigung ausreicht. Dabei wird die Zahl der mit der niedrigsten Frequenz schwingenden Elektronen überwiegen.

Folgende Versuche bestätigen die errechnete Hauptschwingungsrichtung der Elektronen in Glühlampen: Umgibt man die schwingende Lampe mit der Spule eines Absorptionskreises, so geht bei Übereinstimmung der Resonanzfrequenz des Kreises mit der Emissionsfrequenz die Eingangsspannung des Meßempfängers zurück. Der Schwingungskreis entzieht der schwingenden Raumladung Energie. Es zeigt sich dann maximaler Energieentzug, wenn die Spulenebene mit der Ebene der Stromzuführungen übereinstimmt. Ersetzt man den Absorptionskreis mit der großen Spule durch einen solchen mit einer kleinen Spule mit mehreren Windungen, so ist ein maximaler Energieentzug nur dann zu erzielen, wenn die Schwingkreisspule derjenigen Kolbenhälfte genähert wird, auf die die inneren Stromzuführungen der Lampe zeigen. Tastet man ferner den Kolben der schwingenden Lampe mit einer geerdeten Metallnadel ab, so lassen sich scharf begrenzte Kolbenzonen ermitteln, bei deren Berührung die Schwingungen aussetzen. Man darf annehmen, daß es sich bei diesen um die als Bremselektrode wirkenden Kolbenstellen handelt. Für die Hauptemissionsfrequenz liegt diese Stelle stets an der Kolbenseite, auf die die Stromzuführungen zeigen. Häufig wird auch eine weitere jedoch kleinere Kolbenzone festgestellt, die der ersteren gegenberliegt. In Abb. 11 sind diese Zonen eines Lampenkolbens durch Schraffur markiert.

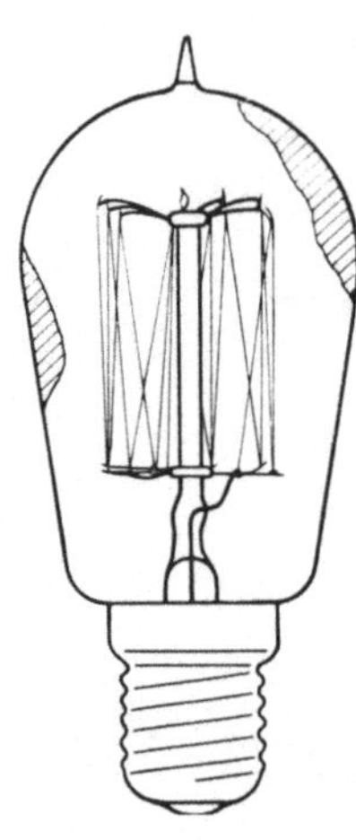

Abb. 11. Durch Sondenversuche ermittelte Kolbenzonen, die als Bremselektroden aufgefaßt werden können.

Die Kolben der meisten Lampen mit Hochfrequenzemission weisen eine deutliche Schwärzung auf. Ein Herauslösen dieser Niederschläge mit chemischen Mitteln führt jedoch zu keiner Änderung der hochfrequenten Glühlampenemission. Der Kolbenbelag liefert demnach keinen Beitrag zum Schwingungsmechanismus.

Da die für eine Sättigung der Elektronenemission von Wendeln notwendige Spannung von mehr als 300 V in Glühlampen nicht zur Verfügung steht, sind auf Grund der Modellversuche mit Glühlampen-Dioden Elektronenschwingungen in Wendellampen nicht zu erwarten. Die stationäre Raumladung in Wendelnähe kann jedoch durch positive Ionen weitgehend kompensiert werden. Dieser Ionisierungseffekt ist bei Dushman[6]) beschrieben worden. Auf den Einfluß der Ionen auf die stationäre Raumladung in Glühlampen hat Skaupy[7]) hingewiesen.

Die Beteiligung von Ionen bei der Schwingungserzeugung durch Wendellampen wird durch die Untersuchung des Gasdruckeinflusses bestätigt. Werden Glühlampen am Pumpstand betrieben, so ist die Schwingungsintensität der Langdrahtlampen bei Hochvakuum am größten. Wendellampen hingegen schwingen nur im schmalen Druckbereich von $2 \cdot 10^{-4}$ bis $5 \cdot 10^{-4}$ Torr. Bei diesen Drücken beginnt nach Skaupy (a. a. O.) der Abbau der stationären Raumladungen durch Ionen, während die freie Weglänge der Elektronen noch immer größer ist als der Kolbendurchmesser. Da der Gasdruck in Glühlampen durch Temperatur- und Gettereinflüsse ständigen Änderungen unterworfen ist, finden damit auch das seltene Auftreten und die Inkonstanz der Schwingungserzeugung in Wendellampen eine zwanglose Erklärung.

## 5. Vermeidung von Elektronenschwingungen in Glühlampen

Bowtell und Moore[8]) haben zur Vermeidung der Elektronenschwingungen eine Verkleinerung des Lampenkolbens vorgeschlagen. Sie erklären die Wirkung dieser Maßnahme durch die Erhöhung der Leitfähigkeit des Kolbenglases als Folge der stärkeren Erwärmung. Diese Erklärung muß angezweifelt werden, denn mit einer wirkungsvollen Zunahme der Kolbentemperatur durch die Kolbenverkleinerung ist bei Vakuumlampen nicht zu rechnen. Versuche mit Lampenkolben unterschiedlicher Leitfähigkeit und das Herauslösen des Kolbenbelages bestätigen den geringen Einfluß der Leitfähigkeit des Lampenkolbens. Die Unterdrückung der Schwingungserzeugung ist in diesem Falle besser dadurch zu erklären, daß die Elektronen den verkleinerten Kolben stets erreichen oder daß das Verhältnis Beschleunigungsweg : Bremsweg für die Elektronenschwingungen ungünstig wird.

Zur Vermeidung von Elektronenschwingungen kann man Vakuumlampen mit einer Gasfüllung von etwa $10^{-3}$ Torr versehen. Diese „Entstörfüllung" setzt die freie Weglänge der Elektronen hinreichend herab, während die Ökonomie der Vakuumlampe erhalten bleibt. Dabei muß jedoch darauf geachtet werden, daß die Ionisierungsspannung der verwendeten Gase möglichst hoch ist und daß mit einer Gasaufzehrung während der Lebensdauer der Lampe gerechnet werden muß.

Auf Grund der bisherigen Erkenntnisse über die Elektronenschwingungen in Glühlampen kann zusammenfassend folgendes festgestellt werden:

a) Elektronenschwingungen lassen sich durch Gasfüllung, durch stationäre Raumladungen sowie durch Verkleinerung des Lampenkolbens vermeiden.

b) Die Ausbildung stationärer Raumladungen in Vakuumlampen kann durch gedrängten Leuchtkörperaufbau, durch optimale Leuchtkörperbelastung sowie durch gutes Vakuum gefördert werden.

c) Die Maßnahmen zur Vermeidung der Elektronenschwingungen in Glühlampen stehen in keinem Widerspruch zu den bekannten Forderungen der modernen Glühlampentechnik.

## Literatur


1) Gerber, W.: Z. Hochfrequenztechn. **36** (1930) S. 98.
2) „Cathode Ray": Wireless Wld. **60** (1954) S. 245.
3) Unsere Leser berichten. Funk-Technik **14** (1959) S. 90.
4) Barkhausen, H., K. Kurz: Phys. Z. **21** (1920) S. 1.
5) Hollmann, H. E.: Hochfrequenztechn. u. Elektroak. **65** (1957) S. 112.
6) Dushman, S.: Die Grundlagen der Hochvakuumtechnik, Berlin 1926.
7) Skaupy, F.: Lichttechnik **2** (1950) S. 270.
8) Bowtell, J. N., J. A. Moore: Brit. Pat. Nr. 797010.

# Zur Beurteilung der Lebensdauerverteilung von Glühlampen*)

Von

R. FRIES

Mit 8 Abbildungen

## 1. Übersicht

Seit es statistische Untersuchungen über die Lebensdauer von Glühlampen gibt, wird stillschweigend eine (symmetrische) Normalverteilung — GAUSSsche Glockenkurve — angenommen und nach Mittelwert und Streuung beurteilt. Dabei wird ein einfacher linearer Zeitmaßstab vorausgesetzt[1,2]). Diese Darstellung, die in den 20er Jahren entstanden ist, findet sich in soviel Literaturstellen lichttechnischer und statistischer Art wieder, daß sie geradezu als Musterbeispiel der Normalverteilung gelten könnte. Sie ist bequem, denn ihre Funktionswerte sind tabelliert und leicht zu handhaben. Aber sie zeigt bei näherer Betrachtung Widersprüche sachlicher und logischer Art, die verschwinden, wenn man den linearen Zeitmaßstab durch den logarithmischen ersetzt und auf die gewohnte symmetrische Verteilung verzichtet. Die so entstandene Komplizierung ist nur scheinbar und wird durch besseren, technologisch begründeten Informationsinhalt wettgemacht.

## 2. Die klassische Lebensdauerverteilung

Vor mehr als 30 Jahren brachte das erste deutsche Buch über praktische statistische Auswertung[1]) die „klassische" Form der Lebensdauerverteilung von Glühlampen in der allseits bekannten Form: über der linearen, mit 0 h beginnenden Zeitskala ist eine (GAUSSsche) symmetrische Normalverteilung gezeichnet (Abb. 1). Ihre Symmetrieachse gibt den arithmetischen Mittelwert an, und deren Abstand von den beiden Wendepunkten stellt die Standardabweichung dar. Überdies hatte man sich angewöhnt, das Verhältnis zwischen dem Abstand Wendepunkt—Mittelwert zum Mittelwert als Streuung zu bezeichnen und in % auszudrücken. Durch die herkömmliche Angabe „Mittelwert 1100 h, Streuung 25 %" (als Beispiel) war solchermaßen die Verteilung eindeutig definiert, und man konnte mit Hilfe der bequemen Tabellen zum GAUSSschen Fehlerintegral mit fast beliebiger, doch kaum zu verantwortender Genauigkeit berechnen, daß dann 7,3% bis 700 h und 36% bis 1000 h ausfallen müssen.

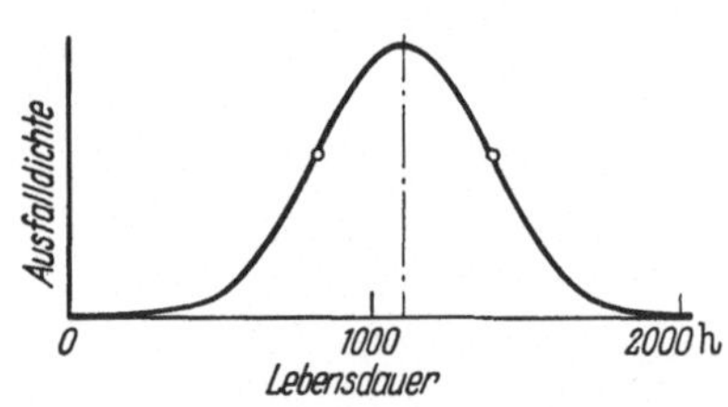


Abb. 1. Die klassische Form der Lebensdauerverteilung über dem linearen Zeitmaßstab.

Diese Art der Darstellung findet sich an zahlreichen Stellen der Fachliteratur lichttechnischer und statistischer Richtung.

*) Originalmitteilung.

## 3. Zweifel an der Berechtigung der linearen Zeitskala

### 3.1 Der Nullpunkt

Die Fläche unter einer Normalverteilung erstreckt sich links und rechts vom Mittelwert ins Unendliche. Das bedeutet eine — wenn auch geringe — Möglichkeit für das Auftreten von sogenannten Ausreißern mit abnorm hohen oder niedrigen Werten. Deshalb sind bei einer linearen Zeitskala, die einen Nullpunkt hat, Lampen mit negativer Lebensdauer theoretisch denkbar. Das ist natürlich Unsinn, und man hilft sich, indem man diese Möglichkeit einfach übersieht. Bei einer schlechten Fabrikation mit etwa 40% „Streuung" liegt sie aber bereits im Bereich der Zeichengenauigkeit und ist kaum mehr zu übersehen.

### 3.2 Die Klassenbreite

Jede Häufigkeitsverteilung beruht auf der Unterteilung der waagrechten Merkmalsskala (hier Zeitdauer) in Klassen von der Breite $\Delta L$. Im Grenzübergang wird $\Delta L$ zu $dL$, und aus der treppenförmigen Verteilung wird eine stetige Kurve, wie wir sie beispielsweise bei der Normalverteilung vor uns sehen. Bei linearer Zeitteilung ist die Klassenbreite als Unterschied zwischen zwei Zeitpunkten konstant, also z. B. 100 h. Das bedeutet, daß zwei Lampen von 500 und 600 h sich ebensosehr voneinander unterscheiden, wie zwei von 1500 und 1600 h. Jedermann wird indessen zugeben, daß der wahre und sinnvolle Unterschied beim ersten Paar größer ist als beim zweiten, denn es steht ein um 20% höherer Wert gegen einen nur 7% höheren.

### 3.3 Zusammenhang zwischen Lebensdauer und Lichtausbeute

Eine Normalverteilung mit linearem Zeitmaßstab verträgt sich nicht mit der bekannten Beziehung

$$L \cdot \eta^r = \text{const} \tag{1}$$

worin $L$ die Lebensdauer, $\eta$ die Lichtausbeute und $r$ den Exponenten bedeutet, der bei Allgebrauchslampen im allgemeinen $= 7$ gesetzt wird.

Im großen Durchschnitt finden wir für die Lichtausbeute eine sehr gute Normalverteilung mit einer relativen ¦Standardabweichung (wir wollen hier den allgemeinen und unklaren Begriff Streuung vermeiden) von 3%. Ersetzen wir — um typenunabhängig zu sein — die Lichtausbeute durch das Lichtausbeuteverhältnis zum jeweiligen Mittelwert, so erhalten wir eine Verteilung nach Abb. 2a mit dem Mittelwert $\mu_\eta = 1$ und $\sigma_\eta = 0{,}03$ oder 3%.

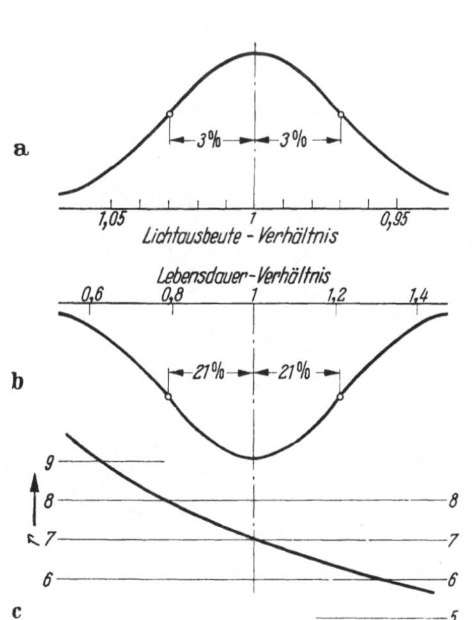


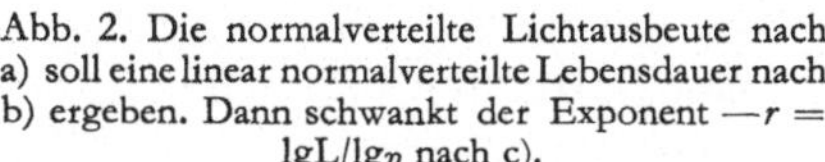
Abb. 2. Die normalverteilte Lichtausbeute nach a) soll eine linear normalverteilte Lebensdauer nach b) ergeben. Dann schwankt der Exponent $-r = \lg L / \lg \eta$ nach c).

Nun führen wir diese Lichtausbeuteverteilung in eine lineare Normalverteilung für die Lebensdauer über, verlangen aber, daß im Mittel $r = 7$ nach Gl. (1) gilt. Dann erhalten wir Abb. 2b mit der Standardabweichung $\sigma_L = 0{,}21$ oder 21%, weil

$$\sigma_L = r \cdot \sigma_\eta \tag{2}$$

sein muß (s. 7. Anhang). Berechnen wir jedoch $r$ für einen anderen als den Mittelwert $\mu = 1$, so erhalten wir nicht mehr $r = 7$, sondern beträchtliche Abweichungen davon (Abb. 2c). Innerhalb des üblichen Vertrauensbereiches von $\pm 2\sigma$ schwankt $r$ zwischen etwa 5,5 und 9,5 — Zahlen, mit denen bisher nie gerechnet wurde. Nun kann man dieses Bedenken zurückweisen oder mindern, indem man darauf hinweist, daß $r$ immer nur als Mittelwert verstanden wird und mit Schwankungen gerechnet werden muß. Aber selbst wenn man die erstaunliche Größe der Schwankungen hinnimmt, bleibt noch etwas anderes übrig: Nach Abb. 2c ist der Exponent $r$ um so kleiner, je geringer die Lichtausbeute und damit die Temperatur ist. Aus der Erfahrung ist aber das Gegenteil bekannt.

## 4. Die Verteilung im logarithmischen Zeitmaßstab

Die im Abschn. 3 erwähnten Mängel fallen ohne weiteres weg, wenn man der Lebensdauerverteilung den logarithmischen Zeitmaßstab zugrundelegt.

Benützen wir wieder die bekannte Beziehung

$$L \cdot \eta^r = \text{const} \tag{1}$$

aus Abschn. 3.3 und bauen unter denselben Voraussetzungen die der Abb. 2 entsprechende Lebensdauerverteilung über der logarithmischen Zeitskala auf, so erhalten wir Abb. 3, in welcher jeder Lichtausbeutewert mit $r = 7$ potenziert wurde. Auf den ersten Blick fällt als Unterschied gegen Abb. 2 nur der andere Lebensdauermaßstab auf. Tatsächlich ist aber auch der Lichtausbeute-Maßstab logarithmisch — und zwar mit einer 7fach vergrößerten Einheit. Das ist aber wegen der relativ engen Lichtausbeuteverteilung ($\sigma_\eta = 0{,}03$) nicht zu merken und liegt gegenüber dem linearen Maßstab in Abb. 2 fast innerhalb der Zeichengenauigkeit.

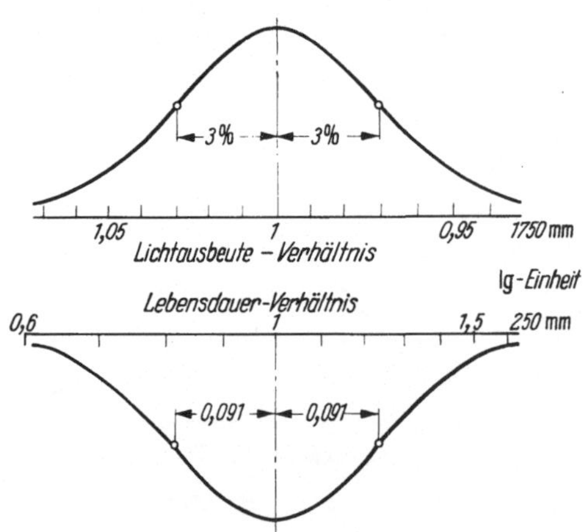


Abb. 3. Die Lichtausbeute ist praktisch linear normalverteilt. Das Potenzieren mit $r = -7$ liefert eine logarithmisch normalverteilte Lebensdauer.

Bei der Bewertung der logarithmischen Lebensdauerverteilung muß man jedoch etwas umlernen.

Der Mittelwert $\mu$ ist jetzt nicht mehr die Summe der Einzellebensdauern, geteilt durch ihre Anzahl (sog. arithmetisches Mittel), sondern die der Anzahl entsprechende Wurzel aus ihrem Produkt (sog. geometrisches Mittel). Und es läßt sich beweisen, daß das geometrische Mittel aus verschieden großen Einzelwerten stets kleiner ist als das arithmetische.

Die Standardabweichung $\sigma$ lautet jetzt nicht mehr Stunden oder (relativ) Prozent, sondern wird als Teil der logarithmischen Einheit angegeben (in Abb. 3 ist $\sigma = 0{,}091$). Diese Zahl ist — sowohl negativ (nach links) als auch positiv (nach rechts) — der Logarithmus jenes Begriffs, den man „Streuung“ zu nennen und in Prozent des Mittelwertes anzugeben pflegt. Sie beträgt in Abb. 3 etwa 23%

rechts und etwa 19% links vom Mittelwert, also im Mittel rd. 21%. Diese Zahl folgt auch aus der üblichen Näherungsrechnung mit kleinen Zahlen (wie in Gl. (2)) durch Multiplikation der Lichtausbeute-„Streuung" von 3% mit dem Exponent $r = 7$: Es ist $7 \cdot 3\% = 21\%$.

## 5. Die Lebensdauerverteilung in der Praxis

### 5.1 Ein Mangel der theoretischen Darstellung in Abb. 3

Die in Abschn. 3.1...3.3 genannten Widersprüche sind zwar beseitigt, aber es zeigt sich jetzt ein Widerspruch mit der Praxis, in der eine Verteilung mit genügendem statistischen Gewicht fast nie normal, sondern schief ist. In der Klärung dieses Widerspruches, der jedoch nur scheinbar ist, liegt der Ursprung einer Beurteilungsmethode für die Lebensdauerverteilung, die von den „klassischen" nach „Mittelwert und Streuung" abweicht und neben dem statistischen auch einen technologischen Aussageinhalt hat.

### 5.2 Eine „Ausbrennerkurve" aus der Praxis

Die bisher gezeigte Darstellungsform einer statistischen Verteilung ist zwar geläufig, aber nicht zweckmäßig. Besser und viel instruktiver ist ihr Integral, die Häufigkeitssumme, die wir gemeinhin Ausbrennerkurve nennen. Früher trug man die laufende Summe der Ausfälle in Prozent im linearen Maßstab senkrecht über der gleichfalls linearen waagrechten Zeitskala auf und bekam so die bekannte S-förmige Kurve, die in den erwähnten zahlreichen Literaturstellen gleichfalls zu finden ist. Wir verwenden nun statt der linearen die logarithmische Zeitskala und in der Senkrechten für die Prozent Ausfälle eine Skala, die so verzerrt ist, daß die S-Kurve zu einer Geraden wird, wenn eine symmetrische, echte Normalverteilung vorliegt. (Man nennt sie Häufigkeitssummenskala.) Ein solches Liniennetz zeigt Abb. 4 oben. Es enthält gleichzeitig — dick ausgezogen — eine Ausfallkurve aus der Praxis. Vergleichen wir mehrere solcher Kurven — etwa verschiedener Fabrikate oder aus verschiedenen Zeitspannen — miteinander, so fällt auf den ersten Blick ein geradezu typisches Merkmal auf: Sie sind im oberen Teil (hohe Lebensdauern) mehr oder weniger gerade und im unteren (niedrige Lebensdauern) mehr oder weniger stark nach links gekrümmt. Wir wollen diese Kurvenform 1. geometrisch-analytisch deuten und 2. technologisch begründen.

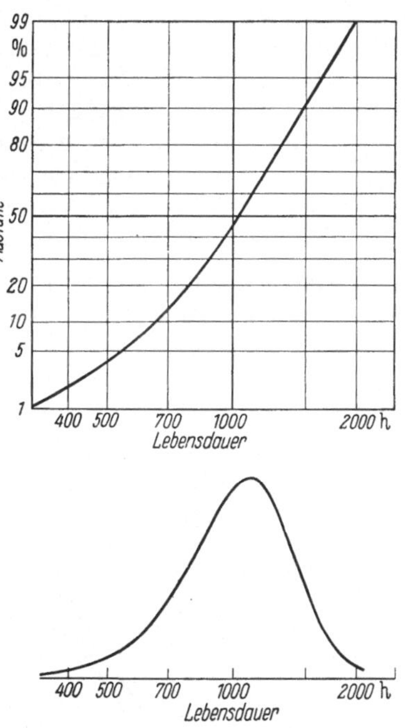


Abb. 4. Eine Lebensdauerverteilung aus der Praxis.

### 5.3 Was bedeutet die Krümmung der Ausfallkurve?

Wenn wir noch einmal bedenken, daß im Häufigkeitssummennetz nur dann eine Gerade entsteht, wenn die Häufigkeitsverteilung normal ist, so können wir auf Grund der charakteristischen Form der Ausfallkurve voraussagen, daß die glockenförmige Verteilungsfläche im rechten Teil normal sein muß, im linken dagegen nicht. Und diese Voraussage wird durch Abb. 4 unten bestätigt. Die schiefe Verteilung ist durch Differenzieren der Ausfallkurve oben entstanden. Sie stimmt also — wie schon in Abschn. 5.1 angedeutet — nicht mit der symmetrischen Verteilung in Abb. 3 überein, die durch Potenzieren mit $r = 7$, d. h. lediglich unter Beachtung des Lichtausbeute-Lebensdauerzusammenhanges nach Gl. (1) gewonnen wurde. Es bleibt offenbar noch ein Einfluß zu klären, der die theoretisch normale Verteilung schief macht.

### 5.4 Weshalb ist die Lebensdauerverteilung nicht normal?

Es besteht wohl kein Zweifel, daß das Potenzieren des Lichtausbeuteverhältnisses mit einem konstanten $r$ nur dann sinnvoll ist, wenn die Lampe an normaler Verdampfung, die eng mit der Temperatur zusammenhängt, zugrundegegangen ist. Und es besteht auch kein Zweifel, daß einige Lampen dies nicht tun (Drahtfehler, Pumpfehler, Staub u. a.). Diese fehlerhaften Lampen würden bei anderer Lichtausbeute vielleicht (aber nicht sicher) eine andere Lebensdauer erreichen, aber nicht dem Gesetz nach Gl. (1) folgen. Es liegt nahe, und es wirkt anschaulich, solche Lampen „krank" zu nennen, weil sie infolge einer Vorbelastung früher ausfallen, als nach Gl. (1) zu erwarten ist. Auf ihr Konto kommt die Verflachung der Verteilungsfläche im linken Teil bei den niedrigen Lebensdauern in Abb. 4 unten. Deutlich wird diese Verflachung aber erst in der Kurve in Abb. 4 oben, wie denn überhaupt die Häufigkeitssummenkurven (als das Integral der Verteilungsfläche) dem Statistiker mehr sagen als die glockenförmigen Verteilungsflächen. Die Krümmung der Summenkurve liefert ohne weiteres einen optischen Eindruck über den Anteil solcher kranken Lampen.

### 5.5 Die Ausfallkurve als Merkmal der Fertigungsgüte

Kranke Lampen sind natürlich unerwünscht, aber nicht ganz zu vermeiden. Je weniger es sind, desto gerader ist die Ausfallkurve, und je mehr es sind, desto stärker wird ihre Krümmung links. Man könnte eine solche Beurteilung etwa durch das Schema in Abb. 5 darstellen, ohne jedoch zunächst quantitative Schlüsse zu ziehen. Es bietet uns zumindest beim Vergleich aufeinanderfolgender Zeitspannen oder verschiedener Fabrikate ein optisch eindrucksvolles und ohne Rechnung wirksames Mittel der Beurteilung. Im Abschn. 6 werden wir zeigen, daß die Auswertung der Ausfallkurven auch ein quantitatives Urteil erlaubt. Aber schon jetzt dürfte diese Beurteilung der Fabrikation der bisherigen nach „Mittelwert und Streuung" überlegen sein, denn dieses Wertepaar ist recht problematisch, sofern es sich nicht um eine erwiesen echte Normalverteilung handelt. Weil es sich

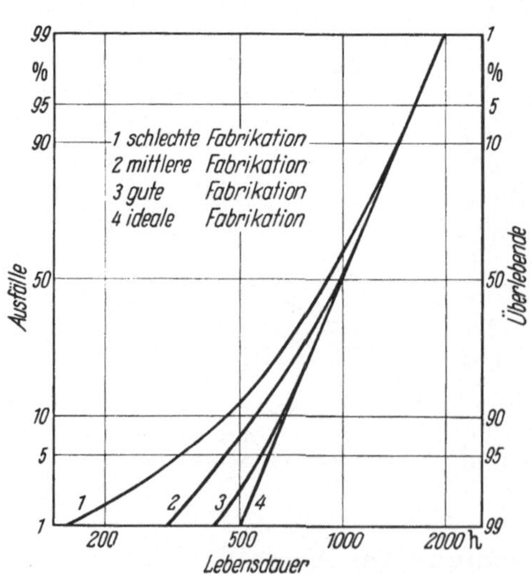


Abb. 5. Die Form der Häufigkeitssummenkurve gibt schätzungsweisen Aufschluß über die Qualität der Fertigung.

für jede Verteilung — gleich welcher Form — berechnen läßt, bedeutet seine Weitergabe ohne Kommentar lediglich folgendes: zu der vorhandenen, aber nicht näher beschriebenen Verteilung gibt es zwar eine normale mit demselben Wertepaar „Mittelwert und Streuung", das erlaubt aber noch keineswegs, die vorhandene Verteilung durch ebendiese normale Verteilung zu ersetzen. Das wäre erst zu prüfen — und gerade dazu sind die Ausfallkurven gut geeignet.

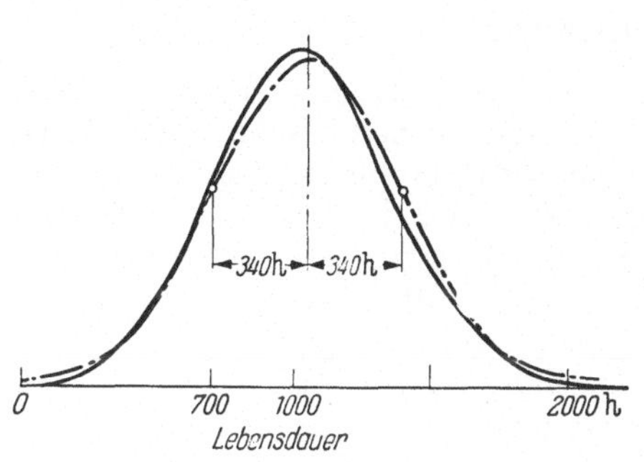


Abb. 6. Im linearen Zeitmaßstab läßt sich eine echte statistische Verteilung anscheinend gut durch eine Normalverteilung ($\mu$ = 1050, $\sigma$ = 340 h) ersetzen.

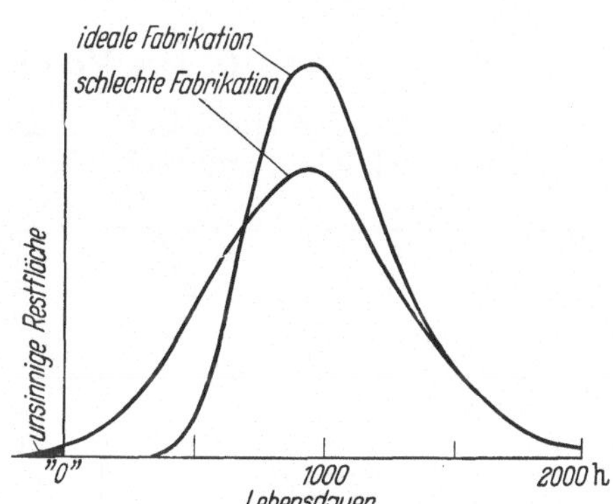


Abb. 7. Zwei Ausfallkurven aus Abb. 5 als Verteilungsfläche im linearen Zeitmaßstab.

In diesem Zusammenhang scheint es nützlich, einen „Rückschritt" zu machen und zu zeigen, wie sich die bisher dargestellten Verteilungen im linearen Zeitmaßstab, also in der klassischen Beurteilungsweise ausnehmen.

## 5.6 Die Lebensdauerverteilung der Praxis im linearen Zeitmaßstab

Das, was wir als „Streuung" zu bezeichnen pflegen, entstammt bekanntlich der Darstellung der Verteilung im linearen Zeitmaßstab.

Zeichnen wir die Ausfall- oder Häufigkeitssummenkurve aus Abb. 4 oben im linearen Zeitmaßstab und differenzieren sie, so erhalten wir in Abb. 6 die glockenförmige Verteilung im linearen Zeitmaßstab für dieselben Lampen, deren Verteilung Abb. 4 unten für den logarithmischen zeigt. Und man kann es niemand verübeln, wenn er die so „normal" aussehende Verteilung nach den üblichen Rechenregeln durch eine exakte Normalverteilung interpoliert. Diese ist in Abb. 6 gestrichelt gezeichnet und liefert die Merkmale: (linearer) Mittelwert $\mu = 1050$ h, Standardabweichung $\sigma = 340$ h. Daraus folgt die „Streuung" zu $100\,\sigma/\mu = 32\%$. Auf diese Weise sind bisher alle Lebensdauermittelwerte und „Streuungen" berechnet worden. Die Versuchung dazu ist auch wirklich groß, denn die allseits bekannten glockenförmigen Verteilungsflächen müssen schon drastisch schief sein, um Bedenken gegen diese übliche Interpolation durch eine Normalverteilung aufkommen zu lassen. In der Summenkurve hingegen zeigt sich eine Abnormität viel stärker.

Die geometrisch-analytischen Beziehungen zwischen dem linearen und dem logarithmischen Zeitmaßstab bringen es mit sich, daß eine Verteilung im linearen Maßstab gerade dann merklich schief wird, wenn sie im logarithmischen normal ist — und umgekehrt. Um das zu zeigen, sind die beiden äußeren Ausfallkurven in Abb. 5 als Muster für schlechte und ideale Fabrikation, in Abb. 7 als Verteilungsflächen über dem linearen Zeitmaßstab gezeichnet. Die „schlechte" erscheint weitgehend normal und zeigt außerdem den unsinnigen, im Abschn. 3.1 beschriebenen Zwickel mit negativer Lebensdauer, der hier immerhin einen Anteil von 0,5% an der ganzen Fläche hat.

Nach dieser Abschweifung soll die im Abschn. 5.5 angekündigte Methode angedeutet werden, mit der man aus der Häufigkeitssummenkurve (Ausfallkurve) auch quantitative Urteile entnehmen kann.

## 6. Die Verteilungsanalyse

Wir gehen von der statistisch gegebenen, laufenden Häufigkeitssumme aus, deren Punkte sich leicht und recht eindeutig durch die schon beschriebene stetige Ausfallkurve interpolieren lassen. Auf diese Weise entstand z. B. Abb. 4 oben. Durch graphisches Differenzieren der Ausfallkurve erhält man recht exakt die Verteilung, wie beispielsweise in Abb. 4 unten. Diese beiden Bilder sind in Abb. 8 noch einmal wiedergegeben.

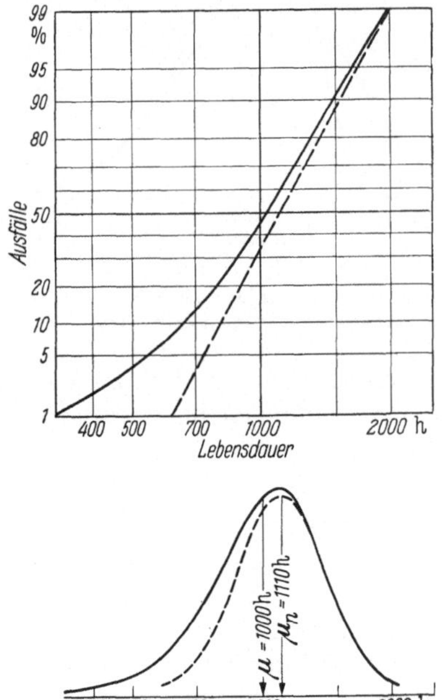


Abb. 8. Die Verteilung aus Abb. 4 mit dem Ergebnis der Verteilungsanalyse.

Nun kann man nichtnormale Verteilungen ähnlich analysieren wie periodische Schwingungen, d.h. in Grundkomponenten zerlegen, die — wieder addiert — die vorliegende Verteilung ergeben[3]). Wir verzichten jedoch auf eine vollständige Analyse und wollen nur aus dem rechten Teil der Verteilung den normalen Anteil herausschälen, von dem schon im Abschn. 5.3 die Rede gewesen ist und der nach Abschn. 5.4 die gesunden, an normaler Verdampfung ausgefallenen Lampen darstellt.

Ein vom Verfasser ausgearbeitetes graphisches Verfahren liefert diesen Anteil, der in Abb. 8 unten gestrichelt ist, nach Mittelwert $\mu_n$, Standardabweichung $\sigma_n$ und mengenmäßigem Anteil $A$ an der ganzen Verteilung. So finden wir in dem vorliegenden Beispiel Abb. 8:

logarithm. Mittelwert der ganzen Verteilung $\mu = 3{,}00$ bzw. 1000 h
logarithm. Mittelwert des normalen Anteils $\mu_n = 3{,}045$ bzw. 1110 h
logarithm. Stand.-Abw. des normalen Anteils $\sigma_n = 0{,}11$
Anteil der normalen Verteilung an der ganzen $A \approx 80\%$

Die logarithmische Standardabweichung nach ihrer Definition in Abschn. 4 zeigt sich als Steigung der Häufigkeitssummenkurve des normal verteilten Anteils in Abb. 8 oben: sie ist jetzt natürlich eine Gerade.

Die Restfläche von rd. 20% der ganzen stellt die Verteilung jener kranken Lampen dar, die nicht oder nicht nur an normaler Verdampfung ausgefallen sind. Bei ihrer technologischen Bewertung wird man sie nicht als eindeutig oder „ganz" krank bezeichnen dürfen. Sie gehen monoton aus dem gesunden Haufen hervor, ihre Verteilung hat ein Maximum, das ungefähr in der Gegend von 700 h liegt, und keineswegs alle sind untauglich. Aber eine sorgfältige Fertigung wird sich bemühen, ihren Anteil insgesamt klein zu halten. Der Vergleich mit dem Menschen drängt sich auf: Es gibt kerngesunde, schwächliche, kranke aller Stufen, aber glücklicherweise nur wenige Voll-Invalide. Und auch hier ist es das Bemühen — in diesem Fall der Gesundheitsfürsorge —, den Anteil Kranker aller Stufen möglichst klein zu halten, und vor allem die Ursachen der Krankheit gleichzeitig zu erkennen und zu beseitigen.

## 7. Anhang

Ableitung der Gl. (2) im Abschn. 3.3, Abb. 2. Verlangt wird

1. eine linear symmetrische Lebensdauerverteilung,
2. die Gültigkeit des Exponentengesetzes nach Gl. (1) für den Mittelwert ($L = 1$).

Die Forderung nach 1. bedingt, daß

$$\frac{L-1}{1-\eta} = c\,. \tag{3}$$

Die Forderung nach 2. bedingt, daß

$$L = \eta^{-r} \tag{4}$$

Nennen wir $L - 1 = \Delta L$ und $1 - \eta = -\Delta\eta$, so lautet Gl. (3)

$$\frac{\Delta L}{-\Delta\eta} = c \tag{5}$$

und Gl. (4)

$$1 + \Delta L = (1 + \Delta\eta)^{-r} \tag{6}$$

Für den Mittelwert 1 geht $\Delta L \to \mathrm{d}L$ und Gl. (6) wird zu

$$1 + \mathrm{d}L \approx 1 - r_0 \cdot \mathrm{d}\eta \text{ oder } \frac{\mathrm{d}L}{\mathrm{d}\eta} = -r_0 \tag{7}$$

Ebenso wird aus Gl. (5)

$$\frac{\mathrm{d}L}{\mathrm{d}\eta} = -c \tag{8}$$

Aus Gl. (7) und (8) folgt, wenn $r_0 = 7$ sein soll,

$$c = r_0 = 7 \tag{9}$$

## Literatur


[1]) BECKER, R., H. PLAUT, I. RUNGE: Anwendung der math. Statistik auf Probleme der Massenfabrikation. Berlin 1927.

[2]) STANGE, K.: Mitt.-Bl. math. Statistik 7 (1955) S. 113.

[3]) DAEVES, K., A. BECKEL: Auswertung durch Großzahlforschung. Berlin 1942 (und spätere Veröffentlichungen).

# Quantitative Erfassung von Korrosionsschichten auf Ni-Materialien*)

Von

G. Gottschalk

## 1. Problemstellung

Auf Grund des unedlen Charakters von Ni (Normalpotential $-0{,}25$ V) überziehen sich Ni-Materialien (Drähte, Bänder) bei längerer oder unsachgemäßer Lagerung mit einer mehr oder minder dicken Schicht an Ni-Verbindungen. Da Ni bei gewöhnlicher Temperatur nicht mit $N_2$ reagiert, bestehen die Oberflächenschichten vorzugsweise aus Ni-Oxiden, die für gewöhnlich leicht in Säuren löslich sind. Durch starkes Glühen erhält man jedoch grauschwarze Überzüge von beträchtlicher Resistenz.

Da die Oberflächenverbindungen kaum eindeutig zu definieren sind (NiO; $Ni_2O_3$; $NiCl_2$ usw.), bezieht man Aussagen über die Korrosionsschicht zweckmäßig auf Atomlagen chemisch umgesetzter Ni-Atome. Für gewöhnlich bildet Ni ein flächenzentriertes Würfelgitter ($a_w = 3{,}517$ Å) mit einem mittleren Atomradius von:

$$r_{Ni} = 1{,}24 \text{ Å} = 1{,}24 \cdot 10^{-8} \text{ cm}$$

Für eine monoatomare angegriffene Ni-Schicht berechnet man eine Ni-Menge von

$$[c] = \frac{10^6}{N_L \cdot (2\, r_{Ni})^2} \cdot [Ni] = 0{,}1585\ \mu g\ Ni \cdot \text{cm}^{-2} \tag{1}$$

Für eine beliebige Oberfläche $O$ in cm² und eine gefundene Ni-Menge $c$ in $\mu$g ergibt sich die Zahl $Z_A$ der korrodierten Atomlagen Ni zu:

$$Z_A = \frac{c}{0{,}1585 \cdot O}\,. \tag{2}$$

Das analytische Problem liegt in der Auffindung

a) einer hochempfindlichen, schnellen und genauen Analysenmethode zur Erfassung extrem kleiner Ni-Mengen,

b) eines geeigneten Lösungsmittelsystems, das die Korrosionsschicht ablöst und das Ni-Metall praktisch unverändert läßt.

## 2. Analysenverfahren

Die Forderung (a) der Problemstellung wird praktisch nur von einer photometrischen Arbeitsmethodik erfüllbar sein. Nach Testung einer Reihe von Verfahren erwies sich nur das Diacetyl-$Br_2$-Verfahren[1,2]) als geeignet, das noch 1 $\mu$g Ni zu erfassen gestattet, wenn folgende Arbeitsbedingungen eingehalten werden:

Gerät: Eppendorf-Photometer
Licht: Hg 436 nm (Photozelle 90b oder 90s)
Küvette: $d = 4{,}000$ cm Schichtdicke (bis 150 $\mu$g Ni)
Arbeitsvolumen: 100 ml (Meßkolben)

*) Originalmitteilung.

Das LAMBERT-BEERsche Gesetz wird im Bereich von 1—300 $\mu$g Ni streng erfüllt, wobei als Extinktionskoeffizient

$$436\ \text{nm}: [\varepsilon] = 13{,}133 \pm 0{,}008\ \text{cm}^2 \cdot \mu\text{Mol}^{-1}$$

anzusetzen ist.

Die Gesamt-Ni-Menge folgt jeweils aus:

$$c = \frac{100 \cdot [Ni]}{[\varepsilon] \cdot d} \cdot E = 111{,}76 \cdot E\ \mu g\ Ni \tag{3}$$

($E = E_x - E_B$ = Rohextinktion minus Blindextinktion)

Die Standardabweichung des Grundverfahrens wurde zu:

$$s_K = \pm\ 0{,}23\ \mu\text{g Ni}$$

gefunden.

Weitaus weniger empfindlich und zuverlässig für den vorliegenden Fall ist die Bestimmung als Ni-Cyanid-Komplex, als Ni-ÄDTA-Komplex und als Ni-Diacetyldioxim-Komplex (mit Chloroform extrahiert). Vergleich der einzelnen Verfahren und Auswertung der durchgeführten Testreihen wurden nach statistischen Ansätzen durchgeführt[3,4,5]).

## 3. Lösungsmittelsysteme

In systematischen Untersuchungen zeigte es sich, daß:
5 *n* $NH_3$ (kalt) zu träge reagiert,
0,1 *n* KCN (kalt) wenig reproduzierbar auflöst,
0,5 und 0,05 m Oxalsäure (kalt) auch metallisches Ni angreift,
0,2, 0,02 und 0,002 *n* Essigsäure (heiß) wie Oxalsäure wirkt.
Als brauchbar im Sinne der Problemstellung (*b*) erwiesen sich:
eine Mischung von 10 ml 5 *n* $NH_3$ + 5 ml 1 m Citronensäure
oder auch
10 ml eines 0,2 und 0,02 m $CH_3COONa/CH_3COOH$ (1 : 1)-Puffers.
Mn-Legierungsbestandteile bis zu 3% und Spuren anderer Metalle bis zu 1% sind ohne Einfluß auf das Löslichkeitsverhalten.
Bei Heiß-Behandlung von 120 Minuten mit 0,2 *n* Essigsäure sind im allgemeinen keine Korrosionsschichten über fünf Atomlagen Schichtdicke mehr nachweisbar. Es sei ausdrücklich auf diesen mit einfachen und billigen Mitteln erzielbaren Reinigungseffekt hingewiesen, der hochglänzende Oberflächenschichten liefert.

## 4. Prüfungsvorschrift

Von dem zu untersuchenden Ni-Material wird eine Oberfläche von $0 = 5{,}0\ \text{cm}^2$ (bei Draht: Länge $L = \frac{5}{\pi \cdot D}$; $D$ = Durchmesser in cm) 60 Minuten kalt mit einem

Lösungsgemisch von 10 ml 5 *n* $NH_3$ + 5 ml 1 m Citronensäure
(50 ml Becherglas)

behandelt. Man entnimmt die Ni-Materialien, spritzt mit maximal 10 ml $H_2O$ ab und legt diese erneut für 60 Minuten in frisches Lösungsgemisch. Die alten Lösungen werden in 100 ml Meßkolben überführt, wobei mit 2mal 10 ml $H_2O$ nachzuspülen ist. Man versetzt mit 5 ml gesättigtem $Br_2$-Wasser und 5,0 ml 0,1 m äthanolischer Diacetyldioxim-Lösung. Nach jedem Zusatz muß gut gemischt werden. Die roten Lösungen werden mit $H_2O$ zur 100-ml-Marke aufgefüllt und innerhalb von 20 Minuten bei 436 nm gegen reines $H_2O$ als Standard photometriert, wobei der Meßwert $E_X$ erhalten wird.

Blindbestimmungen sind nur mit Lösungsgemisch anzusetzen und wie die Proben weiterzubehandeln. $n_B$ Blindwerte $E_B$ werden zu $\bar{E}_B$ gemittelt.

Die 60-Minuten-Behandlung einer Materialprobe ist so lange zu wiederholen, bis $E < 0{,}04$ (5-atomare Schicht) gefunden wird. Die Zahl der korrodierten Oberflächenschichten folgt durch Summation der Einzelergebnisse $Z_A$ nach

$$Z_A = \frac{111{,}76}{0{,}1585 \cdot 5} \cdot E = 141{,}0 \cdot E$$

Die Zahl der notwendigen Einzelbehandlungen ist ebenfalls anzugeben, da sie Rückschlüsse auf die Haftfestigkeit der Korrosionsschicht erlaubt.

Die Bewertung des Materials kann nach folgendem Schema erfolgen:

$\Sigma Z_A < 10$ praktisch nicht korrodiert
$\Sigma Z_A < 100$ wenig korrodiert
$\Sigma Z_A > 1000$ sehr stark korrodiert, für viele Zwecke ohne Vorreinigung unbrauchbar.

## 5. Praktische Beispiele

Aus zahlreichen durchgeführten Prüfungen werden im folgenden zwei charakteristische Beispiele angeführt:

5.1: Beispiel (A): Ni-Draht mit ca. 1,5% Mn
$D = 1{,}0$ mm $= 0{,}10$ cm; $0 = 5{,}0$ cm²; $L = 15{,}9$ cm
$\bar{E}_B = 0{,}0013$ ($n_B = 4$)
Der Draht erschien äußerlich blank. $n = 4$ Proben wurden geprüft.

Tabelle 1.

| Probe Nr. | Behandlungs-intervalle | $E_X$ | $E$ | $Z_A$ | $\Sigma Z_A$ |
|---|---|---|---|---|---|
| 1 | 1 | 0,0320 | 0,0307 | 4,3 | 5,0 |
| | 2 | 0,0060 | 0,0047 | 0,7 | |
| 2 | 1 | 0,0400 | 0,0387 | 5,4 | 5,6 |
| | 2 | 0,0026 | 0,0013 | 0,2 | |
| 3 | 1 | 0,0294 | 0,0281 | 3,9 | 4,6 |
| | 2 | 0,0080 | 0,0067 | 0,9 | |
| 4 | 1 | 0,0288 | 0,0275 | 3,9 | 4,3 |
| | 2 | 0,0040 | 0,0027 | 0,4 | |

Mittelwert: $\overline{\Sigma Z_A} = 4{,}9$; $s_Z = \pm 0{,}56$

Auf Grund der theoretischen Standardabweichung $s_K = \pm 0{,}23\ \mu$g Ni ist $s_Z = \pm \sqrt{2} \cdot 0{,}29 = \pm 0{,}41$ zu erwarten. Gefundener und erwarteter $s_Z$-Wert unterscheiden sich statistisch nur rein zufällig. Somit stimmen die Daten der vier Proben innerhalb der Fehlergrenzen überein.

Beurteilung: Draht mit $\overline{\Sigma Z_A} = 4{,}9 \pm 0{,}8$+) praktisch nicht korrodiert.
+) Fehlergrenze: $3 \cdot \overline{s_Z}$

5.2: Beispiel (B): Ni-Draht (Sinternickel)
$D = 0{,}8$ mm $= 0{,}08$ cm; $O = 5{,}0$ cm²; $L = 19{,}9$ cm
$\bar{E}_B = 0{,}0014$ ($n_B = 4$)
Der Draht erschien mattgrau. $n = 4$ Proben wurden geprüft.

Tabelle 2.

| Probe Nr. | Behandlungs-intervalle | $E_X$ | $E$ | $Z_A$ | $\Sigma Z_A$ |
|---|---|---|---|---|---|
| | 1 | 0,9326 | 0,9312 | 130,5 | |
| | 2 | 0,5226 | 0,5212 | 73,2 | |
| 1 | 3 | 0,2900 | 0,2886 | 40,4 | 252,4 |
| | 4 | 0,0480 | 0,0466 | 6,5 | |
| | 5 | 0,0140 | 0,0126 | 1,8 | |
| | 1 | 0,9580 | 0,9566 | 134,1 | |
| | 2 | 0,5814 | 0,5800 | 81,3 | |
| 2 | 3 | 0,4280 | 0,4266 | 59,8 | 317,5 |
| | 4 | 0,2246 | 0,2237 | 31,3 | |
| | 5 | 0,0800 | 0,0786 | 11,0 | |
| | 1 | 0,9500 | 0,9486 | 132,9 | |
| | 2 | 0,6080 | 0,6066 | 85,0 | |
| 3 | 3 | 0,2880 | 0,2866 | 40,2 | 269,7 |
| | 4 | 0,0700 | 0,0686 | 9,6 | |
| | 5 | 0,0160 | 0,0146 | 2,0 | |
| | 1 | 0,9640 | 0,9626 | 135,0 | |
| | 2 | 0,5280 | 0,5266 | 73,8 | |
| 4 | 3 | 0,2160 | 0,2146 | 30,1 | 246,4 |
| | 4 | 0,0360 | 0,0346 | 4,9 | |
| | 5 | 0,0200 | 0,0186 | 2,6 | |

Mittelwert: $\overline{\Sigma Z_A} = 271{,}5$; $s_Z = \pm 33{,}1$

Theoretisch ist $s_Z = \pm \sqrt{5} \cdot 0{,}29 = \pm 0{,}65$ zu erwarten. Das gefundene $s_Z$ ist statistisch stark gesichert größer als das erwartete $s_Z$. Somit sind Inhomogenitäten der Korrosionsschichten sehr wahrscheinlich.

Beurteilung: Draht mit $\overline{\Sigma Z_A} = 271{,}5 \pm 49{,}7^{+}$) bereits stark korrodiert. Schicht mäßig fest haftend (5 Behandlungsintervalle) und im Streubereich von $\pm 33$ Atomlagen inhomogen.

$^{+}$) $3 \cdot \overline{s_Z}$

## 6. Zusammenfassung

Für die Ablösung von Korrosionsschichten auf Ni-Materialien werden geeignete Lösungsmittelsysteme angeführt, die das Ni-Metall praktisch nicht angreifen. Die Ni-Menge der gelösten Korrosionsschichten ist durch Photometrie des roten Reaktionsproduktes von Ni mit Diacetyldioxim und $Br_2$ schnell und mit großer Genauigkeit erfaßbar. Neben der ausführlichen Arbeitsanweisung werden zwei charakteristische Beispiele der Analyse von Ni-Drähten behandelt.

## Literatur


1) Wulff, P., A. Lundberg: Beih. Z. Ver. dtsch. Chem. 48 (1944) S. 76.
2) Maassen, G.: Beih. Z. Ver. dtsch. Chem. 48 (1944) S. 70.
3) Gottschalk, G., P. Dehmel: Z. analyt. Chem. 163 (1958) S. 273.
4) Gottschalk, G., P. Dehmel: Z. analyt. Chem. 163 (1958) S. 330.
5) Gottschalk, G.: Statistik in der quantitativen chemischen Analyse. Stuttgart 1962.

# Einfluß der Gehäusegröße und der Anordnung von Lüftungsöffnungen auf die Sockeltemperatur von Quecksilberdampf-Höchstdrucklampen HBO 500 W und HBO 200 W *)

Von

H.-J. FÄHNRICH und W. JAEDICKE

Mit 11 Abbildungen

Auf das Lebensdauerverhalten von Quecksilberdampf-Höchstdrucklampen wie auch von anderen Lampen hat die Temperatur der Einschmelzung und damit die Sockeltemperatur einen wesentlichen Einfluß. Durch entsprechende Konstruktion der Lampen (lange Schäfte) sucht man die Temperaturdifferenz zwischen Entladungsgefäß und Sockel möglichst groß zu machen. Auch durch geeignete Gehäusegrößen und -Ausführungen sowie durch die Halterung kann die Sockeltemperatur in weiten Grenzen beeinflußt werden.

Die bisher vorhandenen Angaben über die Dimensionierung des Gehäuses für Quecksilberdampf-Höchstdrucklampen (Größe der Oberfläche 4 $cm^2$/Watt Lampenleistung) sind — soweit sich feststellen ließ — durch systematische Versuche nicht belegt. Auch über die Größe und Anordnung von Lüftungsöffnungen, die auf die Sockeltemperatur von ähnlichem Einfluß wie die Gehäusegröße sind, sowie über die Oberflächenbeschaffenheit der Gehäuse ist bisher nichts Ausreichendes bekannt. Um Unterlagen über den Einfluß der Gehäuseabmessungen usw. auf die Sockeltemperatur zu erhalten und Wege zu zeigen, wie richtige Betriebsbedingungen für derartige Lampen zu schaffen sind, wurden entsprechende Untersuchungen begonnen.

Die Zahl der Variationsmöglichkeiten ist vielfältig, weshalb eine Beschränkung vorgenommen werden mußte. Die Versuche wurden mit einem Gehäuse begonnen, dessen Oberfläche 4 $cm^2$/W betrug und dessen Höhe doppelt so groß war wie eine Seite der quadratischen Grundfläche. Die Gehäusehöhe wurde dann schrittweise verringert und schließlich auch die quadratische Grundfläche verkleinert. Weiter wurden verschiedene Lüftungsöffnungen im Gehäuse erprobt.

Die Lampen wurden mit Wechselstrom betrieben. Die Vorschaltgeräte wurden so eingestellt, daß die Lampen bei Nennspannung die Nennleistung aufnahmen. Wenn nicht anders angegeben, beziehen sich die Temperaturangaben in Abbildungen und Tabellen auf die Nennleistung der Lampen.

Den Versuchsaufbau zeigt Abb. 1a. Auf einer um den Mittelpunkt drehbaren Eternit-Platte sind die Lampenhalterungen angebracht. An dieser Platte wurden die verschiedenen Gehäuse befestigt. Als Gehäuse wurden Kästen aus 1 mm starkem Al-Blech verwendet, das innen und außen mit mattschwarzem Kunstharz-Einbrennlack versehen war. Dieser Lack war in Vorversuchen ausgewählt worden und hat sich als sehr haltbar erwiesen. Nach den zahlreichen Versuchen konnte ein merkbares Ausbleichen durch Wärme oder UV-Strahlung nicht festgestellt werden. Die Halterung bestand aus federndem Messingband bzw. aus einer 3 mm starken Aluminium-Lasche (Abb. 1b u. 1c). Messungen wurden an Lampen HBO 500 W, HBO 200 W und HBO 200 W/2 (verlängerter Kathodenschaft) durchgeführt. Zur Messung der Sockeltemperaturen wurden Ni-CrNi-Thermoelemente verwendet, die in halber Sockelhöhe angebracht wurden. Ein inniger Wärme-Kontakt zum Sockel wurde durch eine Beschlämmung mit

*) Originalmitteilung.

Silberpulver erreicht. Der absolute Meßfehler, bedingt durch begrenzte Anzeigegenauigkeit der Meßinstrumente und durch Streuung der Thermoelemente, liegt innerhalb $\pm 8°$ C, der relative Fehler der vorliegenden Messungen ist beträchtlich

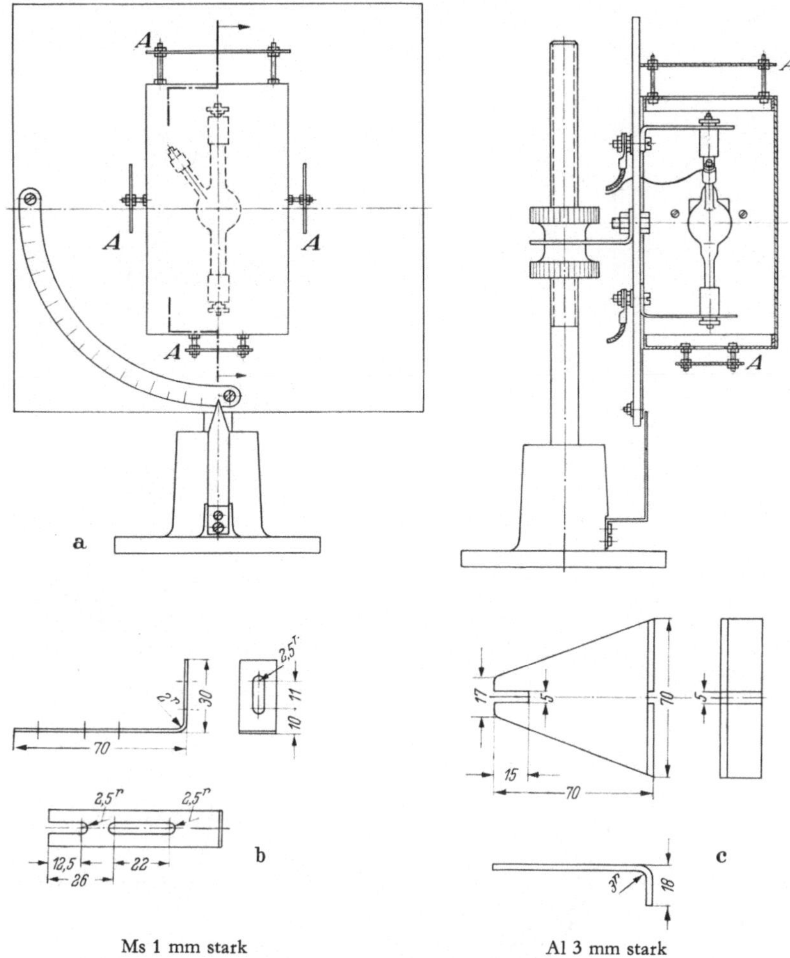


Abb. 1a. Versuchsanordnung. *A* Abdeckbleche    Abb. 1b, 1c. Abmessungen der oberen Lampenhalterungen

geringer, da durchweg dieselben Meßgeräte und dasselbe Thermoelement verwendet wurden. Bis auf den Fall der frei hängenden Lampe liegen die Temperaturunterschiede zwischen verschiedenen Lampenexemplaren innerhalb der Meßgenauigkeit. Die angegebenen Temperaturwerte wurden bei einer Umgebungstemperatur von 24°C erreicht. Außer den Sockeltemperaturen wurden die Anlaufzeiten der Lampen gemessen (Zeit vom Einschalten bis zum Zeitpunkt, an dem die Brennspannung 90% des Endwertes erreicht hat).

## HBO 500 W

### Lampe freibrennend

Die Temperatur des oberen Sockels bei frei brennender Lampe (Lampe an der Zuleitung hängend) betrug 315° C, bei Halterung der Lampe mit schmaler Messinglasche 299° C und bei Verwendung der massiven Al-Halterung 255° C.

Allein eine gut wärmeleitende Halterung mit großer Fläche bewirkte also eine Abkühlung des oberen Sockels um 60° C.

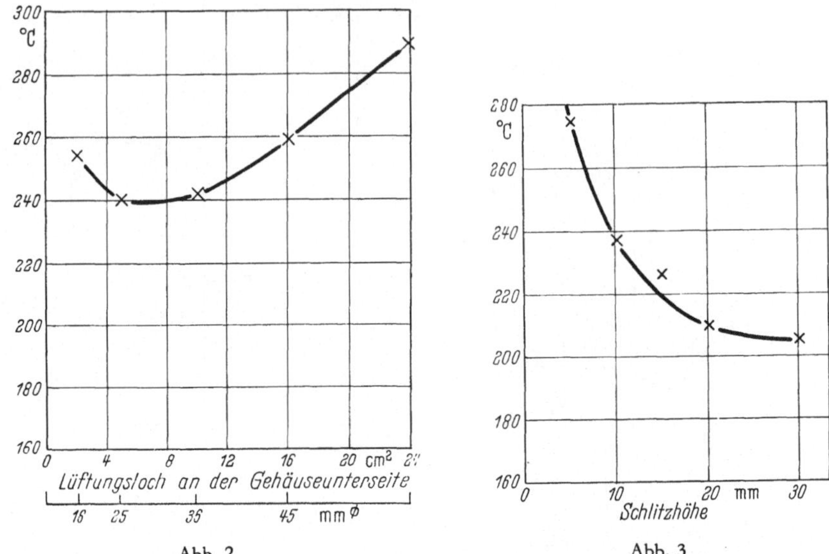


Abb. 2

Abb. 3

Abb. 2. HBO 500W. Temperatur des oberen Sockels in Abhängigkeit von der Größe der Lüftungsöffnungen im Gehäuseboden. Gehäuseabmessungen 105 mm · 105 mm · 186 mm (2 cm²/W), Lüftungsöffnung im Gehäusedeckel 70 mm ⌀, zwei seitliche Lüftungsöffnungen von je 20 mm · 29 mm.

Abb. 3. HBO 500. Abhängigkeit der Temperatur des oberen Sockels von der Höhe der 29 mm breiten seitlichen Lüftungsöffnungen. Gehäuseabmessungen 140 mm · 140 mm · 280 mm (3,9 cm²/W), Lüftungsöffnung im Gehäusedeckel 70 mm ⌀, im Gehäuseboden 16 mm ⌀, Breite der beiden seitlichen Lüftungsöffnungen (Schlitze) 29 mm.

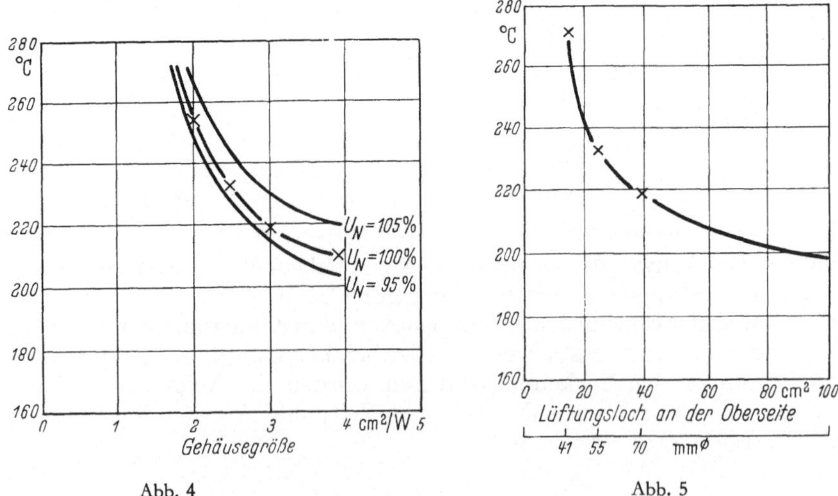


Abb. 4

Abb. 5

Abb. 4. HBO 500W. Abhängigkeit der Temperatur des oberen Sockels von der Gehäusegröße bei Nennspannung (Nennleistung) und bei 5% Über- bzw. Unterspannung. Lüftungsöffnung im Gehäusedeckel 70 mm ⌀, im Gehäuseboden 16 mm ⌀, zwei seitliche Lüftungsöffnungen von je 20 mm · 29 mm. Halterung: Messingband.

Abb. 5. HBO 500W. Abhängigkeit der Temperatur des oberen Sockels von der Größe der Lüftungsöffnungen im Gehäusedeckel. Gehäuseabmessungen 120 mm · 120 mm · 253 mm (3 cm²/W), Lüftungsöffnung im Gehäuseboden 16 mm ⌀, zwei seitliche Lüftungsöffnungen von je 20 mm · 29 mm. Halterung: Aluminiumlasche.

### Lampe im Gehäuse

Die Ausgangsabmessungen des Gehäuses betrugen $14 \times 14 \times 28\ cm^3$. Die Meßergebnisse in Tab. 1 zeigen, daß ein oben und unten vollkommen offenes Gehäuse keine niedrigeren Sockeltemperaturen bringt als ein Gehäuse, dessen Boden und Deckel Lüftungsöffnungen von 20% der Deckel-(Boden-)Fläche aufweisen. Die Kühlung des oberen Sockels ist unzureichend, da die an ihm vorbeistreichende Luft vorher am Entladungsgefäß erwärmt wurde. Eine Verteilung der Öffnungsfläche auf zahlreiche kleine Öffnungen bringt einen Temperaturanstieg. Eine markante Verbesserung ist durch Einführung seitlicher Öffnungen in Höhe des Entladungsgefäßes möglich („Schlitze"), die dem oberen Sockel unvorgewärmte Luft zuführen. Um die seitlichen Öffnungen voll zur Wirkung zu bringen, muß die Öffnung im Sockelboden verringert werden. Dabei ergibt sich ein Optimum für die Größe dieser Öffnung, wie eine Meßreihe an einem kleineren Gehäuse zeigt (Abb. 2). Von einer gewissen Schlitzgröße an führt eine weitere Vergrößerung der seitlichen Öffnungen zu keiner wesentlichen Herabsetzung der Sockeltemperatur (Abb. 3).

Tabelle 1. HBO 500 W. Abhängigkeit der Temperatur des oberen Sockels von der Größe und Verteilung der Lüftungsöffnungen im Boden und Deckel des Gehäuses ohne seitliche Lüftungsöffnungen und mit diesen. Gehäusegröße $140 \times 140 \times 280\ mm^3$ ($3{,}9\ cm^2/W$)

| Öffnung im Deckel | Öffnung im Bodenblech | Schlitze in Seitenwand | Temperatur des oberen Sockels °C |
|---|---|---|---|
| $140 \times 140\ mm^2 = 100\%$ | $140 \times 140\ mm^2 = 100\%$ | | 264 |
| $16 \times 18$ mm ⌀ = 20% | $16 \times 18$ mm ⌀ = 20% | | 295 |
| $1 \times 70$ mm ⌀ = 20% | $1 \times 70$ mm ⌀ = 20% | | 264 |
| $16 \times 18$ mm ⌀ = 20% | $1 \times 70$ mm ⌀ = 20% | | 265 |
| $1 \times 70$ mm ⌀ = 20% | $16 \times 18$ mm ⌀ = 20% | | 300 |
| $1 \times 70$ mm ⌀ = 20% | $1 \times 25$ mm ⌀ = 2,5% | $29 \times 30\ mm^2$ | 202 |
| $140 \times 140\ mm^2 = 100\%$ | $1 \times 25$ mm ⌀ = 2,5% | $29 \times 30\ mm^2$ | 187 |

Tabelle 2. HBO 500 W. Temperatur des oberen Sockels bei verschiedenen Gehäusegrößen, Deckelöffnungen und Halterungen. Öffnung im Gehäuseboden 16 mm ⌀, zwei seitliche Lüftungsöffnungen von je $20 \times 29\ mm^2$

| Gehäuseabmessungen $mm^3$ | Öffnung im Deckel | Temperatur des oberen Sockels bei Ms-Band-Halterung °C | Temperatur des oberen Sockels bei Al-Halterung °C |
|---|---|---|---|
| $140 \times 140 \times 198$ | $1 \times 70$ mm ⌀ = 20% | 236 | 219 |
| $140 \times 140 \times 198$ | $140 \times 140\ mm^2 = 100\%$ | — | 207 |
| $105 \times 105 \times 186$ | $1 \times 70$ mm ⌀ = 35% | 254 | 236 |
| $105 \times 105 \times 186$ | $105 \times 105\ mm^2 = 100\%$ | 228 | 218 |

Die durch die günstige Luftführung herabgesetzten Sockeltemperaturen lassen eine Verkleinerung des Gehäuses zu. Abb. 4 zeigt den Verlauf der Temperaturen in Abhängigkeit von der Gehäusegröße in cm²/W. Bei einer zulässigen Sockeltemperatur von 230° C kann bei günstigen Lüftungsöffnungen die Gehäuseoberfläche auf 2,3 cm²/W verringert werden. Bei Verwendung der oben erwähnten Al-Halterung läßt sich sogar eine Gehäusegröße von etwa 2 cm²/W erreichen. Bei dieser Lüftungsanordnung bringt die völlige Entfernung des Gehäusedeckels noch eine weitere Verringerung der Sockeltemperatur (Tab. 2, Abb. 5).

Die Temperatur des unteren Lampensockels ist von der Gehäusegröße praksisch unabhängig, sie ändert sich nur mit der Öffnung im Gehäuseboden (Abb. 6a und 6b). Sie liegt von einer gewissen Mindestgröße an mit gutem Abstand unterhalb von 230° C.

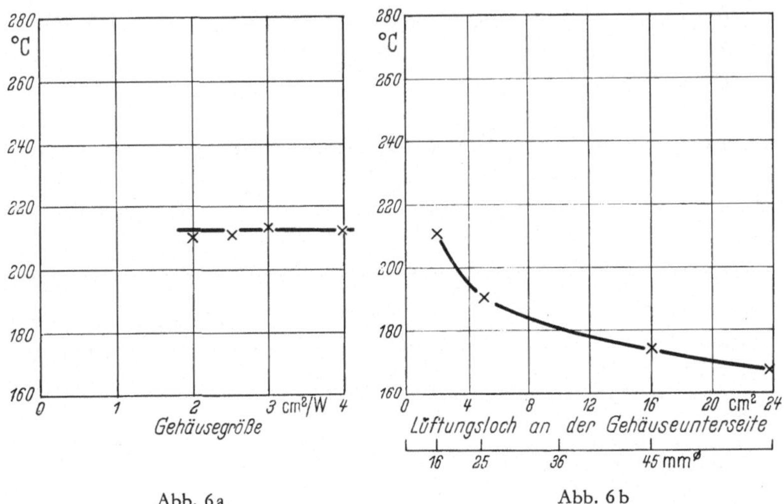


Abb. 6a Abb. 6b

Abb. 6a. HBO 500W. Temperatur des unteren Sockels in Abhängigkeit von der Gehäusegröße. Lüftungsöffnung im Gehäusedeckel 70 mm ⌀, im Gehäuseboden 16 mm ⌀, zwei seitliche Lüftungsöffnungen von je 20 mm · 29 mm.

Abb. 6b. HBO 500W. Temperatur des unteren Sockels in Abhängigkeit von der Größe der Lüftungsöffnung im Gehäuseboden. Gehäuseabmessungen 120 mm · 120 mm · 200 mm (2,5 cm²/W), Lüftungsöffnung im Gehäusedeckel 70 mm ⌀, zwei seitliche Lüftungsöffnungen von je 20 mm · 29 mm.

Weiter war zu prüfen, ob sich die Sockeltemperatur bei Gleichstrombetrieb ändert. Die Änderungen am oberen Sockel (Kathode) und am unteren Sockel (Anode) lagen innerhalb der Meßgenauigkeit.

Zur Begrenzung der Anlaufzeit wurde bei diesem Lampentyp die zulässige Neigung der Lampenachse auf 20° gegen die Senkrechte beschränkt. Es ergab sich, daß eine Neigung von Lampe und Gehäuse in diesem Bereich ohne Einfluß auf die Sockeltemperatur ist. Erst bei Neigungen von mehr als 20° beginnt die Temperatur des oberen Sockels zu steigen.

Lichtaustritt aus dem Lampenhaus ist im allgemeinen unerwünscht, weshalb die Lüftungsöffnungen abgedeckt werden müssen. Diese Abdeckung beeinträchtigt die Luftzufuhr und führt zu einer gewissen Erhöhung der Sockeltemperaturen. Es mußte daher untersucht werden, welchen Abstand Abdeckbleche von den Lüftungsöffnungen haben müssen, um den Temperaturanstieg in tragbaren Grenzen zu halten. Die Ergebnisse zeigt Tab. 3. (Sockeltemperaturen ohne Abdeckbleche 236 °C). Auch bei kleinsten Gehäusen (2 cm²/W) kann die Temperatur des oberen Sockels unterhalb 250° C gehalten werden.

Tabelle 3. HBO 500W. Einfluß der Abstände von Abdeckblechen vor Lüftungsöffnungen auf die Temperatur des oberen Sockels. Gehäusegröße 105 × 105 × 186 mm³ (2 cm²/W), Lüftungsöffnung im Gehäusedeckel 70 mm ⌀, im Gehäuseboden 16 mm ⌀, zwei seitliche Lüftungsöffnungen von je 20 × 29 mm²

| Abstände der Abdeckbleche | | | Temperatur am oberen Sockel °C |
|---|---|---|---|
| von den seitlichen Öffnungen mm | vom Bodenblech mm | vom Decke mm | |
| 12 | 12 | 24 | 244 |
| 12 | 12 | 12 | 255 |
| 6 | 6 | 24 | 256 |
| 6 | 6 | 12 | 259 |

Tabelle 4. HBO500W. Einfluß der Abstände von Abdeckblechen vor Lüftungsöffnungen auf die Temperatur des Zündsondensockels. Gehäusegröße 120 × 120 × 200 mm³ (2,5 cm²/W), Lüftungsöffnung im Gehäusedeckel 70 mm ⌀, Breite der beiden seitlichen Lüftungsöffnungen 29 mm

| Öffnung im Bodenblech mm ⌀ | Schlitzhöhe mm | Abstand des Abdeckbleches vom Gehäusedeckel | Abstände der Abdeckbleche von den unteren und den seitlichen Lüftungsöffnungen mm | Temperatur des Sockels der Zündelektrode °C |
|---|---|---|---|---|
| 25 | 20 | — | — | 237 |
| 25 | 30 | — | — | 218 |
| 16 | 30 | — | — | 224 |
| 25 | 30 | 12 | 6 | 277 |
| 25 | 30 | 12 | 12 | 263 |
| 25 | 30 | 24 | 12 | 236 |

Auch die Temperatur der Zündsonde war zu prüfen, deren Wärmeabfuhr durch die kleine Oberfläche und durch die Zuleitung nur gering ist (die Zündleitung ist meist eine dünne Litze). Die Temperaturverhältnisse bei einem Gehäuse von 12 × 12 × 20 cm³ (entsprechend 2,5 cm²/W) sind der Tab. 4 zu entnehmen. Der Zündsondensockel war dabei einem der Lüftungs-Schlitze zugekehrt. Die Temperatur dieses Sockels unterschreitet nur dann den Wert von 230° C, wenn sehr gute Lüftungsverhältnisse herrschen. Eine Verkleinerung des Gehäuses auf 2 cm²/W ist nur möglich, wenn durch eine Kühlfahne am Zündsockel für eine bessere Wärmeabfuhr gesorgt wird.

Die Anlaufzeit wurde an freibrennenden Lampen und beim Betrieb im kleinsten Gehäuse bei verschiedenen Brennstellungen gemessen. Beim Betrieb im Gehäuse zeigte sich eine auffällig geringere Streuung der Anlaufzeiten bei verschiedenen Lampen und verschiedenen Einstellungen, insbesondere bei nicht senkrechter Brennstellung. Einer Anlaufzeit von 8 min bei senkrechter Brennstellung stand eine Zeit von im Mittel 15 min bei 20° Neigung der Lampenachse gegenüber.

Eine Gehäuseoberfläche von 2,5 cm²/W bringt bei den von uns erprobten Gehäuseproportionen eine Verminderung des Volumens gegenüber dem Ausgangsgehäuse von 47%, eine Oberfläche von 2 cm²/W sogar von 62%.

## HBO 200 W und HBO 200 W/2

Versuche bei dieser Leistungsstufe wurden an Lampen mit und ohne Zündsonde vorgenommen. Die Lampen ohne Zündsonde haben einen um 2 cm verlängerten Kathodenschaft.

Bei den Lampen ohne Zündsonde bringt die Verlängerung des oberen Schaftes mit 184° C eine so niedrige Temperatur bei frei brennender Lampe, daß sich bei Betrieb der Lampe im Gehäuse im allgemeinen eine höhere Sockeltemperatur

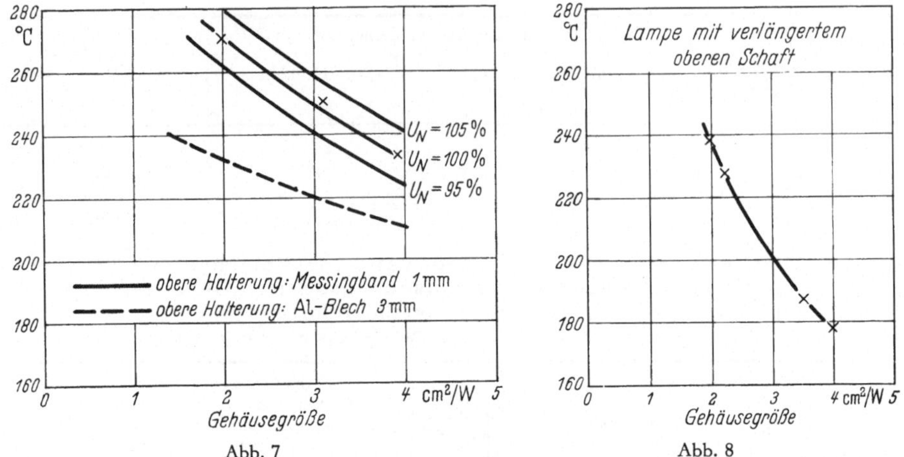


Abb. 7 Abb. 8

Abb. 7. HBO 200 W. Temperatur des oberen Sockels in Abhängigkeit von der Gehäusegröße bei Nennspannung (Nennleistung) und bei 5% Über- bzw. Unterspannung. Lüftungsöffnung im Gehäusedeckel 32,5 mm ⌀, im Gehäuseboden 10 mm ⌀, zwei seitliche Lüftungsöffnungen von je 16 mm Breite und 15 bzw. 25 mm Höhe. Halterung: Messingband bzw. Aluminiumlasche.

Abb. 8. HBO 200 W/2. Temperatur des oberen Sockels in Abhängigkeit von der Gehäusegröße. Lüftungsöffnungen im Gehäusedeckel 32,5 mm ⌀, im Gehäuseboden 10 mm ⌀, zwei seitliche Lüftungsöffnungen von je 16 mm · 15 mm. Halterung: Messingband.

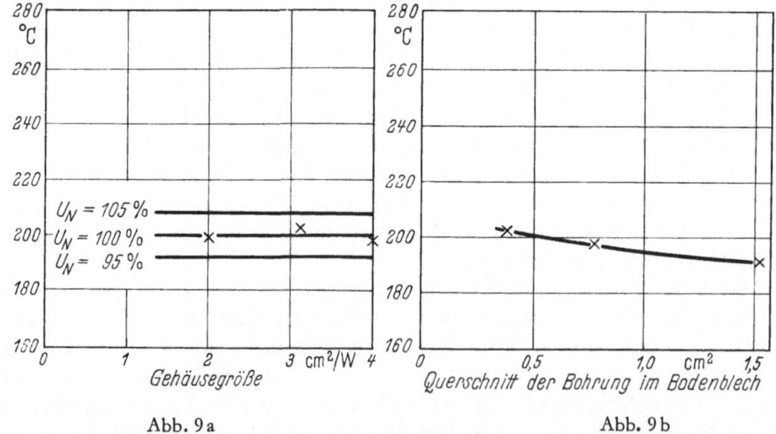


Abb. 9a Abb. 9b

Abb. 9a. HBO 200 W/2. Temperatur des unteren Sockels in Abhängigkeit von der Gehäusegröße bei Nennspannung (Nennleistung) und bei 5% Über- bzw. Unterspannung. Lüftungsöffnung im Gehäusedeckel 32,5 mm ⌀, im Gehäuseboden 10 mm ⌀, zwei seitliche Lüftungsöffnungen von je 16 mm Breite und 15 bzw. 25 mm Höhe.

Abb. 9b. HBO 200 W/2. Abhängigkeit der Temperatur des unteren Sockels von der Größe der Lüftungsöffnung im Gehäuseboden. Gehäuseabmessungen 90 mm · 90 mm · 180 mm (4 cm²/W), Lüftungsöffnung im Gehäusedeckel 32,5 mm ⌀, zwei seitliche Lüftungsöffnungen von je 16 mm Breite und 15 mm bzw. 25 mm Höhe.

einstellt. Nur bei großem Gehäuse und optimaler Anordnung der Lüftungsöffnungen war eine geringfügige Temperaturverminderung zu verzeichnen (kleinster Meßwert 173° C). Im übrigen zeigte sich bei diesem Lampentyp prinzipiell die gleiche Abhängigkeit von Gehäusedimensionen und Lüftungsöffnungen wie bei den 500-W-Lampen. Abb. 7 zeigt die Temperatur des oberen Sockels in Abhängigkeit von der Gehäusegröße bei optimalen Lüftungsverhältnissen für die Lampe ohne Zündsonde, Abb. 8 das gleiche für Lampen mit Zündsonde. Temperaturen unter 230° C lassen sich bei Lampen mit Zündsonde nur bei einer gut wärmeableitenden Halterung am oberen Sockel erreichen.

Die Temperatur des unteren Sockels ändert sich mit der Gehäusegröße praktisch nicht und mit dem Durchmesser der Öffnung im Gehäuseboden nur schwach (Abb. 9a und 9b).

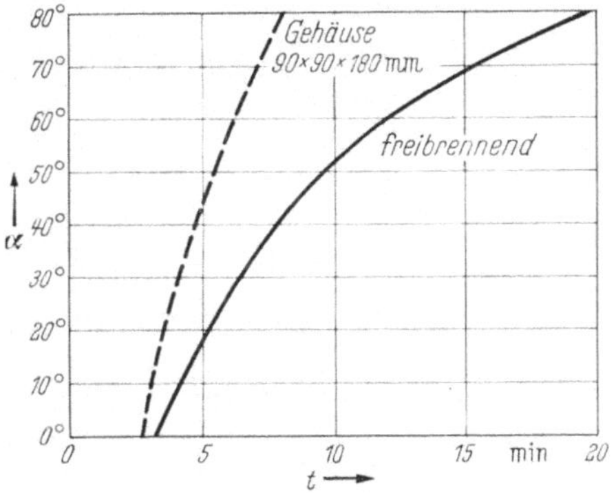


Abb. 10. HBO 200. Abhängigkeit der Anlaufzeit von der Brennstellung bei frei brennender Lampe und bei Betrieb der Lampe im Gehäuse.

Abb. 11. HBO 200W und HBO 200 W/2. Zulässige Verkleinerung der Gehäusegröße bei geeigneten Lüftungsöffnungen. Dargestellte Gehäusegrößen:

55 mm · 55 mm · 155 mm (2 cm²/W)
76 mm · 76 mm · 166 mm (3,1 cm²/W)
90 mm · 90 mm · 180 mm (4 cm²/W).

Bei Lampen mit Zündsonde liegt die Temperatur des Zündsondensockels bei seitlichen Lüftungsschlitzen bei 210° C und ist praktisch unabhängig von der Gehäusegröße (bei kleinen Gehäuseabmessungen — 2 cm²/W — ragt der Zündsondensockel bereits aus dem Gehäuse heraus).

Auch bei 200 W-Lampen konnte bei beiden Ausführungen eine merkliche Änderung der Sockeltemperatur bei Übergang von Wechselstrom- auf Gleichstrombetrieb nicht registriert werden.

Die Anlaufzeiten liegen bei senkrechter Brennstellung mit Gehäuse etwa bei gleichen Werten wie ohne Gehäuse. Der Einfluß der Neigung der Lampenachse auf die Einbrennzeit ist im Gehäuse deutlich geringer als ohne Gehäuse (Abb. 10).

Das Verhältnis von Breite zu Höhe der Gehäuse (untersucht wurden die Verhältnisse 1 : 2 und 1 : 3 bei 4 $cm^2/W$) hat bei fehlenden Schlitzen keinen, bei Lüftungsschlitzen nur einen geringfügigen Einfluß auf die Sockeltemperatur (beim Gehäuse 1 : 3 Temperatur etwas niedriger als beim Gehäuse 1 : 2).

Abb. 11 zeigt die bei guter Belüftung mögliche Verkleinerung der Gehäuseabmessungen bei der Lampe HBO 200 W.

# Spannungsoptische Koeffizienten technischer Osram-Gläser*)

Von

W. SCHWIECKER

Mit 2 Abbildungen

Für die Berechnung der elastomechanischen Spannungen aus Doppelbrechungsmessungen ist die Kenntnis der spannungsoptischen Koeffizienten erforderlich. Die Arbeit befaßt sich mit der Messung dieser Koeffizienten für zwölf technische Gläser. An Quarzglas wurde außerdem die Dispersion des photoelastischen Effekts untersucht. Der Einfluß verschiedener Glasoxide auf den spannungsoptischen Koeffizienten wird kurz diskutiert.

## 1. Einleitung

Die Bestimmung elastomechanischer Spannungen im Glas mit Hilfe des photoelastischen Effekts beruht darauf, daß das Glas unter dem Einfluß der mechanischen Spannungen optisch anisotrop, d. h. doppelbrechend wird. Zwischen der Doppelbrechung und der Spannung besteht eine lineare Abhängigkeit, deren Proportionalitätsfaktor als spannungsoptischer Koeffizient bezeichnet wird. Zur Ermittlung der elastischen Spannung aus Messungen der Doppelbrechung ist daher die Kenntnis des spannungsoptischen Koeffizienten erforderlich.

Für die Auswertung spannungsoptischer Untersuchungen zur Ermittlung des Spannungszustands wurde eine Reihe spezieller Verfahren entwickelt, die alle die Kenntnis des photoelastischen Koeffizienten des verwendeten Materials zur Voraussetzung haben. Diese Verfahren können wegen ihres Umfangs im Rahmen dieser Arbeit nicht behandelt werden, so daß auf die Literatur verwiesen werden muß. Zusammenfassende Darstellungen sind bei H. T. JESSOP[1]), L. FÖPPL und H. NEUBER[2]), G. MESMER[3]), A. KUSKE[4]) u. a. zu finden.

## 2. Spannungsoptischer Koeffizient

Bei Gläsern ist der spannungsoptische Koeffizient stark von der Glaszusammensetzung abhängig[5,6,7,8,9]). So führt eine Erhöhung des Alkaligehalts zu einer

*) Originalmitteilung.

Verringerung und ein Zusatz von Boroxid zu einer Erhöhung der Spannungsdoppelbrechung, während ein Gehalt an Bleioxid bei geringen Mengen keinen Einfluß, bei größeren Mengen eine Verringerung der Spannungsdoppelbrechung zur Folge hat[9]) (s. Abb. 1).

Ein Vergleich von Spannungszuständen allein aus dem Doppelbrechungsbild ist nur bei Gläsern gleicher Zusammensetzung erlaubt. Bei Gläsern verschiedener Zusammensetzung muß der Einfluß der spannungsoptischen Koeffizienten berücksichtigt werden, weil diese ein Maß für die photoelastische Empfindlichkeit des jeweiligen Glases darstellen. Aus diesem Grunde wurde der spannungsoptische Koeffizient von technischen Gläsern bestimmt.

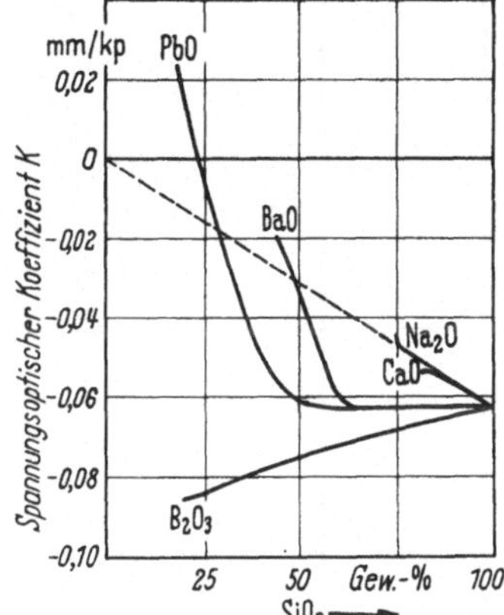


Abb. 1. Einfluß der Glaszusammensetzung auf den spannungsoptischen Koeffizienten.

## 2.1. Definition

Wird ein unter elastischen Spannungen stehender Körper in Richtung einer der drei Hauptspannungskomponenten durchstrahlt, so ist die Doppelbrechung der Differenz der beiden anderen Hauptspannungskomponenten proportional, die sowohl untereinander als auch gegen die Durchstrahlungsrichtung senkrecht orientiert sind. Der aus der Doppelbrechung resultierende Gangunterschied ist außerdem von der Dicke der durchstrahlten Glasschicht abhängig, wobei über die gesamte durchstrahlte Dicke ein homogener Spannungszustand vorausgesetzt wird.

Als Definitionsgleichung ergibt sich damit

$$\Gamma = C \cdot D \cdot (\sigma_1 - \sigma_2) \tag{1}$$

Der Proportionalitätsfaktor $C$ wird als spannungsoptischer bzw. photoelastischer Koeffizient bezeichnet.

In der Gleichung bedeuten: $\Gamma$ = Gangunterschied, $C$ = Spannungsoptischer Koeffizient, $D$ = Dicke der durchstrahlten Glasschicht, $\sigma_1, \sigma_2$ = Hauptspannungskomponenten (senkrecht zur Durchstrahlungsrichtung orientiert).

Unter Verwendung der Einheiten des CGS-Systems erhält der spannungsoptische Koeffizient bei Benutzung der Definitionsgleichung (1) die Dimension $cm^2/dyn$. Bei Gläsern liegt $C$ in der Größenordnung von $10^{-13}\,cm^2/dyn$, so daß nach einem Vorschlag von Filon für $10^{-13}\,cm^2/dyn$ als Einheit das Brewster (br) eingeführt wurde.

Bei technischen Untersuchungen geht man häufig von einer etwas anderen Definitionsgleichung aus:

$$G = \frac{\Gamma}{\lambda} = K \cdot D \cdot (\sigma_1 - \sigma_2) \tag{2}$$

Hier wird der relative Gangunterschied $\Gamma$ auf die Lichtwellenlänge $\lambda$ bezogen und mit $G$ bezeichnet. Als Dimension des spannungsoptischen Koeffizienten $K$ ergibt sich mm/kp, wenn die Dicke der durchstrahlten Schicht in mm und die Hauptspannungsdifferenz in $kp/mm^2$ angegeben werden. Der spannungsoptische Koeffizient $K$ gibt so den auf die Lichtwellenlänge bezogenen relativen Gangunterschied an, den polarisiertes Licht beim Durchlaufen einer Strecke von 1 mm des Werkstoffs erhält, wenn dieser unter einem homogenen Spannungszustand mit einer Hauptspannungsdifferenz von 1 $kp/mm^2$ steht.

Die Umrechnung von $C$ in $K$ erfolgt nach der Beziehung

$$C\,(\mathrm{br}) = 1.02 \cdot 10^{-1} \cdot \lambda\,(\mathrm{nm}) \cdot K\,(\mathrm{mm/kp})\ .$$

Tabelle 1. Spannungsoptischer Koeffizient und Glaszusammensetzung ($\lambda = 547$ nm).

| Glas-bezeichnung*) | Zusammensetzung (Gew.-%) | | | | | | | | | | | | | Meßergebnisse | |
|---|---|---|---|---|---|---|---|---|---|---|---|---|---|---|---|
| | $SiO_2$ | $Al_2O_3$ | $B_2O_3$ | $P_2O_5$ | PbO | BaO | CaO | MgO | ZnO | $Na_2O$ | $K_2O$ | $Li_2O$ | $Sb_2O_3$ | | C (br) | $10^2$K (mm/kp) |
| 110a | 67,6 | 3,0 | 11,8 | | | | | | 4,7 | 8,3 | 2,2 | | 1,9 | | — 3,58 | — 6,41 |
| 123a | 57,5 | 0,9 | | | 28,5 | | | | | 4,1 | 8,2 | | | | — 2,97 | — 5,32 |
| 172a | 65,7 | 2,5 | | | | 5,1 | 6,9 | | | 4,7 | 15,1 | | | | — 2,59 | — 4,64 |
| 362a | 70,5 | 1,8 | 16,0 | | 5,5 | | | | | 1,0 | 4,0 | | 1,2 | | — 3,90 | — 6,99 |
| 584x | 64,4 | 5,0 | 1,7 | | | 3,8 | 7,1 | | | 10,9 | 3,5 | | 3,4 | | — 2,61 | — 4,68 |
| 742c | 49,9 | 24,0 | 1,2 | 4,2 | | 6,8 | 8,8 | 5,1 | | | | | | | — 2,63 | — 4,71 |
| 786c | 67,3 | 2,8 | 1,7 | | | 1,1 | 5,7 | | 1,9 | 8,3 | 11,0 | | | 0,2 (CdS) | — 2,85 | — 5,11 |
| 905c | 70,8 | 2,2 | | | | 3,7 | 6,0 | | | 15,4 | 1,9 | | | | — 2,74 | — 4,91 |
| 906c | 61,8 | 3,5 | 14,0 | | 13,0 | 1,5 | | | | 4,0 | 1,0 | | 1,1 | 0,1 ($Fe_2O_3$) | — 3,37 | — 6,04 |
| 911b | 63,2 | 3,0 | 22,0 | | | 2,4 | | | | 2,5 | 6,6 | 0,3 | | 0,5 (NaF) | — 3,75 | — 6,72 |
| 919c | 64,5 | 5,0 | 21,5 | | | | | | | 8,5 | 0,4 | 0,1 | | | — 3,64 | — 6,52 |
| Quarzglas | ~100 | < 0,01% Verunreinigungen ($Al_2O_3$, $TiO_2$, $Fe_2O_3$) | | | | | | | | | | | | | — 3,54 | — 6,34 |

*) Firmeninterne Bezeichnungen der Osram GmbH.

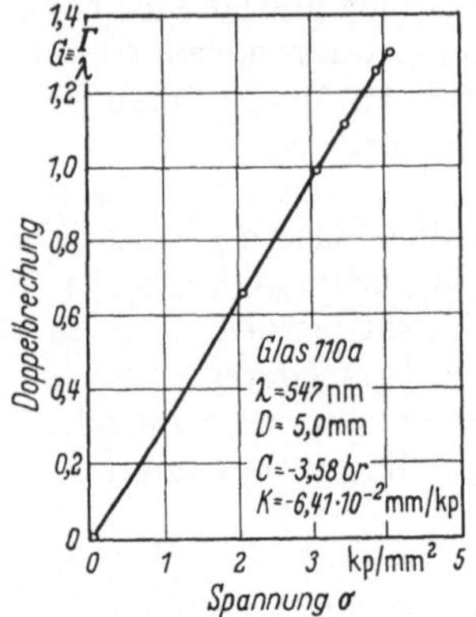


Abb. 2. Doppelbrechung in Abhängigkeit von der Belastung (Glas 110a).

## 2.2. Meßmethode und Meßergebnisse

Zur Messung des spannungsoptischen Koeffizienten ist es erforderlich, in der Glasprobe einen eindeutig definierten Spannungszustand herzustellen und die hierdurch verursachte Doppelbrechung zu messen. Bei der verwendeten Anordnung wurden Glasproben von 40 mm Länge, 5 mm Dicke und 5 bis 10 mm Breite benutzt. Diese Glasproben wurden in einer Hebelpresse unter einen einachsigen Druckzustand gesetzt und die Größe der Spannung durch Belastung mit verschiedenen Gewichten variiert. Die Benutzung eines einachsigen Spannungszustands hat den Vorteil, daß in den beiden Gl. (1) und (2) eine der beiden Hauptspannungskomponenten Null wird.

Die optische Messung erfolgte in der Mitte der Probekörper. Durch die Wahl der Dimension der Probekörper war sichergestellt, daß der Einfluß des an den Kraftübertragungsflächen durch die Verhinderung der Querdehnung hervorgerufenen Verzerrungszustands am Ort der Messung vernachlässigbar klein war. Als Lichtquelle wurde eine Niedervolt-Glühlampe verwendet. Zur Untersuchung der Dispersion des spannungsoptischen Effekts wurden in den Strahlengang Interferenzfilter eingeschaltet mit Lichtschwerpunkten bei 439 nm,

547 nm, 584 nm, 669 nm und einer Halbwertsbreite von 18 nm. Für das ungefilterte Licht ergab sich ein Lichtschwerpunkt von 600 nm. Als Polarisator und Analysator wurden Polarisationsfilter verwendet. Die Bestimmung der Doppelbrechung erfolgte durch Kompensation mit dem Berek-Kompensator. Für jede Glassorte wurde die Doppelbrechung bei sechs verschiedenen Belastungen bestimmt (s. Abb. 2). Aus diesen Messungen wurde dann der spannungsoptische Koeffizient berechnet.

Tabelle 2. Dispersion des spannungsoptischen Effekts bei Quarzglas.

| Wellenlänge $\lambda$ (nm) | Spannungsoptischer Koeffizient C (br) | K (mm/kp) |
|---|---|---|
| 439 | —3,64 | $-8{,}12 \cdot 10^{-2}$ |
| 547 | —3,54 | $-6{,}34 \cdot 10^{-2}$ |
| 584 | —3,51 | $-5{,}89 \cdot 10^{-2}$ |
| ungefiltert (600) | —3,50 | $-5{,}72 \cdot 10^{-2}$ |
| 669 | —3,49 | $-5{,}12 \cdot 10^{-2}$ |

Die Meßergebnisse für zwölf Osram-Gläser sind mit der Zusammensetzung dieser Gläser in Tab. 1 wiedergegeben. Die in der Tabelle enthaltenen Werte wurden bei einer Lichtwellenlänge von 547 nm gemessen. Der Streubereich der angegebenen Werte beträgt $\pm 3\%$.

Die Dispersion des photoelastischen Effekts wurde lediglich für Quarzglas gemessen. Das Ergebnis dieser Messungen ist in Tab. 2 enthalten.

## 3. Diskussion

Tab. 1 zeigt, daß der früher gefundene Einfluß[9]) der Glaskomponenten sich auch bei den technischen Gläsern bemerkbar macht. So zeigen Gläser mit hohem Borsäuregehalt (z. B. 110a, 911b) gegenüber Quarzglas höhere spannungsoptische Koeffizienten, Gläser mit geringem Borsäureanteil und hohem Alkaligehalt (z. B. 905c, 584x) niedrigere spannungsoptische Koeffizienten. Auch das bleioxidhaltige Glas 123a, das außerdem noch einen gewissen Alkalioxidanteil enthält, weist einen niedrigeren spannungsoptischen Koeffizienten auf.

Der niedrigste spannungsoptische Koeffizient wurde für das Glas 172a mit $C = -2{,}59$ br bzw. $K = -4{,}64 \; 10^{-2}$ mm/kp, der höchste für das Glas 362a mit $C = -3{,}90$ br bzw. $K = -6{,}99 \cdot 10^{-2}$ mm/kp gemessen. Das würde bedeuten, daß bei gleicher Doppelbrechung das Glas 172a um 50% höhere Spannungen besäße als das Glas 362a.

Eine Dispersion des spannungsoptischen Effekts ist, wie die Messung an Quarzglas zeigt, wohl vorhanden, jedoch im untersuchten Bereich von 439 nm bis 669 nm verhältnismäßig gering. Diese Ergebnisse stehen mit den Untersuchungen von W. Primak und D. Post[10]) in Übereinstimmung.

## Literatur


1) Jessop, H. T.: Handb. Phys. VI, S. 127 (Flügge). Berlin, Göttingen, Heidelberg 1958.
2) Föppl, L., H. Neuber: Festigkeitslehre mittels Spannungsoptik. München u. Berlin 1935.
3) Mesmer, G.: Spannungsoptik. Berlin 1939.
4) Kuske, A.: Verfahren der Spannungsoptik. Düsseldorf 1951.
5) Pockels, F.: Ann. Phys. (4) 7 (1902) S. 745.
6) Filon, L. N. G.: Phil. Trans. Roy. Soc. 207 A (1908) S. 263.
Filon, L. N. G., Goldsmid: Proc. Roy. Soc. London A 89 (1913/14) S. 587.
7) Adams, L. H., E. D. Williamson: J. Washington Acad. Sci. 9 (1919) S. 609.
Adams, L. H., E. D. Williamson: J. opt. Soc. Amer. 4 (1920) S. 213.
8) Savur, S. R.: Phil. Mag. (6) 50 (1925) S. 453.
9) Schwiecker, W.: Glastechn. Ber. 30 (1957) S. 84.
Schwiecker, W.: TWAOG 7 (1958) S. 245.
10) Primak, W., D. Post: J. appl. Phys. 30 (1959) S. 779.

# Statistische Festigkeitsuntersuchungen an Glas*)

Von

**W. SCHWIECKER**

Mit 12 Abbildungen

Aus experimentellen Festigkeitsuntersuchungen wurden Verteilungsfunktionen für die Streuung der Meßwerte ermittelt und diese mit Gauß-Verteilungen verglichen. Untersucht wurden der Einfluß von Dauerbelastungen auf Quarzglas (statische Festigkeit), die Zerreißfestigkeit von Quarzglas (dynamische Festigkeit) und die Schlagfestigkeit von Kolbenglas (Kugelfallmethode). Weiter wurden der Einfluß von Blasen (im Quarzglas) und von Bearbeitungsverfahren (Abätzen, Schleifen und Silikonisieren von Kolbenglas) auf Mittelwert und Streuung der Festigkeit diskutiert.

## 1. Problemstellung

Für Festigkeitsuntersuchungen an Glas ist es charakteristisch, daß die unter gleichen Bedingungen an gleichartigen Proben erhaltenen Meßwerte einen breiten Streubereich aufweisen. Diese Streuung ist sowohl physikalisch als auch technologisch von Bedeutung. Die Physik der Bruchvorgänge und die physikalisch-chemischen Auffassungen von der Struktur der Gläser, insbesondere der Oberflächenschichten, müssen mit diesem Phänomen in Einklang gebracht werden; die Glastechnologie ist gezwungen, diesen Effekt zu berücksichtigen, um bei der Verarbeitung des Glases die zumutbare Belastung so niedrig zu halten, daß die Bruchquote der Fertigung in wirtschaftlich vertretbaren Grenzen bleibt.

Die Festigkeit des Glases wird neben anderen Faktoren, zum Beispiel der Oberflächenbeschaffenheit, insbesondere durch die Höhe der elastomechanischen Beanspruchung sowie durch deren Art und Dauer beeinflußt. Aus diesem Grunde wurden sowohl statische (Dauerbelastung) als auch dynamische (Zerreiß- und Kugelfallversuche) Festigkeitsuntersuchungen durchgeführt. Um den Einfluß der Glasqualität und der Bearbeitung zu prüfen, wurden solche Untersuchungen an blasenhaltigem und blasenfreiem Quarzglas sowie an geätzten und geschliffenen Gläsern vorgenommen. Bei der Auswertung der Meßergebnisse wurde die statistische Verteilungsfunktion der Festigkeitswerte für ein charakteristisches Merkmal, zum Beispiel Bruchzeit, Zerreißspannung oder Kugelfallhöhe, ermittelt.

Die Verteilungsfunktion der Meßwerte ist für die Angabe von Kennwerten für die Festigkeit wichtig, weil bei der großen Streuung, insbesondere bei stark schiefen Verteilungen, die Angabe des arithmetischen Mittels allein zur Kennzeichnung nicht ausreicht oder auch völlig ungeeignet ist. Je nach Asymmetrie der Verteilungsfunktion können bei einer dem arithmetischen Mittelwert der Festigkeit entsprechenden Belastung bereits 70% oder sogar 90% der untersuchten Proben zerstört sein. Es ist in solchen Fällen zweckmäßig, durch Wahl eines anderen Merkmalsmaßstabs, zum Beispiel des Logarithmus der Bruchzeit an Stelle der Bruchzeit selbst, die schiefe Verteilung in eine der GAUSS-Verteilung angenäherte Form zu überführen. Eine derartige Verteilungsfunktion gestattet dann durch Angabe des Mittelwerts und der Standardabweichung als Streumaß eine definierte Kennzeichnung des Festigkeitsverhaltens; in diesem Zusammenhang sei bemerkt, daß der Numerus des arithmetischen Mittelwerts der logarithmischen Größe dem geometrischen Mittelwert dieser Größe selbst entspricht.

*) Originalmitteilung.

## 2. Gauß-Verteilung

### 2.1. Gauss-Kurve

Die Untersuchungen haben gezeigt, daß der Vergleich der experimentellen Verteilung mit der Gauss-Verteilung hinreichend ist, wenn man eine gewisse Irrtumswahrscheinlichkeit zuläßt. Da bei den Versuchen jeweils Proben von 10, 20 oder 30 Stück verwendet wurden, die als eine Auswahl aus einer größeren Zahl angesehen werden können, handelt es sich bei diesen Untersuchungen um Stichprobenverfahren, die naturgemäß mit einer gewissen Unsicherheit behaftet sind. Die exakte Verteilungsfunktion ließe sich erst nach Untersuchung einer sehr großen Anzahl von Proben ermitteln.

Die Form der Gauss-Kurve (Abszisse: Meßwert oder Merkmal; Ordinate: Häufigkeit der Meßgröße für den entsprechenden Abszissenwert) ist in Abb. 1 dargestellt. Sie hängt bei gleicher Abszissenteilung stark von der Streuung ab (siehe Kurven a, b, c) und überstreicht auf der Abszissenachse das Gebiet von $-\infty$ bis $+\infty$.

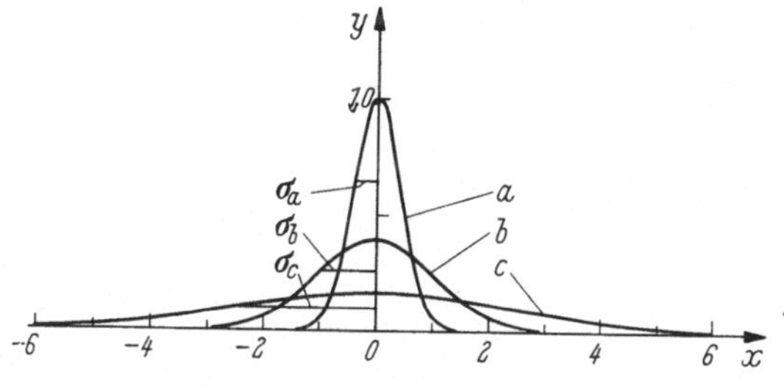

Abb. 1. Gauß-Kurven.

Zur Charakterisierung der Streuung wird die Standardabweichung $\sigma$ benutzt. $\sigma$ ist die Differenz der Abszissenwerte vom Mittelwert bis zum Wendepunkt der Gauss-Kurve. Oberhalb und unterhalb der beiden symmetrisch um den Mittelwert liegenden $\sigma$-Werte (jeweils bis $-\infty$ bzw. $+\infty$) liegen 15,87% der Meßwerte, so daß zwischen den beiden Werten für die Standardabweichung 68,26% der Meßwerte enthalten sind.

### 2.2. Summenhäufigkeits-Gerade

Für die praktische Anwendung ist es zweckmäßig, mit der Integralkurve[1]) zu arbeiten, indem man auf der Ordinate die Summenhäufigkeit in einem derart

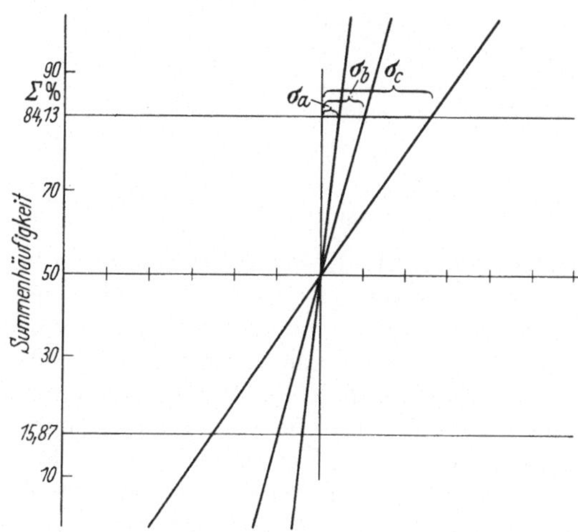

Abb. 2. Summenhäufigkeitsgerade im Wahrscheinlichkeitsnetz.

verzerrten Maßstab aufträgt, daß die Integralkurve eine Gerade ergibt; die Abszisse bleibt unverändert (s. Abb. 2). Aus dieser Darstellung ist es einfach, Mittelwert und Standardabweichung zu entnehmen. Der Mittelwert ist gegeben durch den Schnittpunkt der Summenhäufigkeits-Geraden (Gauß-Gerade) mit der 50%-Ordinate und die Standardabweichung durch den Abszissenabstand der Schnittpunkte der Summenhäufigkeits-Geraden mit der 50%- und der 15,87%- bzw. 84,13%-Ordinate.

### 2.3. Vertrauensbereich und Irrtumswahrscheinlichkeit

Der Vertrauensbereich, den die Meßwerte beanspruchen können, hängt von dem Probenumfang, d. h. der Zahl der Prüflinge und der vorgegebenen Irrtumswahrscheinlichkeit ab. Die Methoden zu deren Berechnung sind in der statistischen Literatur[2]) enthalten und sollen hier nicht näher behandelt werden.

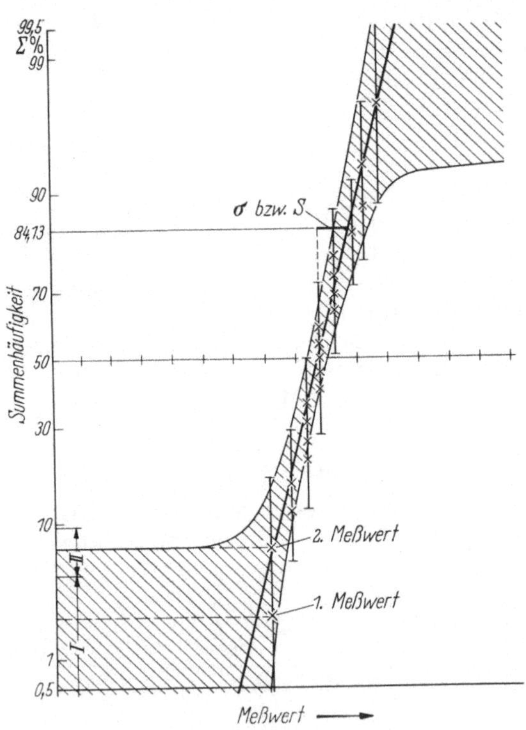


Abb. 3. Auswertungsbeispiel.

Die Vertrauensbereiche werden für die einzelnen Meßwerte berechnet und sind in Abb. 3 durch die an den Meßwert (Kreuz) nach beiden Seiten angetragenen Strecken gekennzeichnet. Die Gauß-Gerade wird dann so gezogen, daß sie für die Meßpunkte die beste Näherungsgerade darstellt, bei größerer Streuung der Meßwerte so, daß sie möglichst innerhalb der Vertrauensbereiche liegt.

Trägt man jedoch die Vertrauensbereiche an den entsprechenden Punkten der Gauß-Geraden an, so erhält man einen Vertrauensbereich, der in Abb. 3 schraffiert eingetragen ist. Bei vorgegebener konstanter Irrtumswahrscheinlichkeit, die im Beispiel 20% beträgt, wird der Vertrauensbereich für größer werdenden Probenumfang $n$ schmaler und fällt bei $n = \infty$ mit der Gauß-Kurve zusammen.

Bei konstantem Probenumfang und kleiner werdender Irrtumswahrscheinlichkeit wird der Vertrauensbereich breiter; bei gleicher Streuung der Meßwerte fallen dann um so mehr Meßwerte in den Vertrauensbereich, je breiter er ist, d. h. der mögliche Irrtum bei der Beurteilung der Meßergebnisse wird geringer.

Der Begriff Irrtumswahrscheinlichkeit läßt sich in der folgenden Weise deuten: Der erhaltene Meßwert wird auch als ein zufälliger Wert angenommen. Ein solcher Meßwert wird ebenfalls Schwankungen unterliegen und bei Wiederholung der Messung eine andere Größe zeigen. Diese Meßwertschwankungen werden wieder durch eine der Gauß-Kurve ähnliche Verteilung dargestellt. Gibt man nun eine Irrtumswahrscheinlichkeit, zum Beispiel von 20% vor, so bedeutet das, daß bei einer Gesamtzahl von 100 unabhängigen Messungen 20 Meßwerte außerhalb des angegebenen Vertrauensbereichs liegen können. Hält man die Probenzahl $n$ fest und gibt andere Irrtumswahrscheinlichkeiten vor, so wird der Vertrauensbereich für eine größere Irrtumswahrscheinlichkeit kleiner, d. h. das schraffierte Gebiet schmaler und für eine kleinere Irrtumswahrscheinlichkeit größer, d. h. das schraffierte Gebiet breiter. Bei allen in dieser Arbeit beschriebenen Untersuchungen wurde die Irrtumswahrscheinlichkeit 20% vorgegeben.

### 2.4. Maßstab für die Häufigkeit

Bei einer sehr großen Probenzahl teilt man die Merkmals-(Abszissen-)Achse in eine Anzahl von Klassen ein und bestimmt aus den in die einzelnen Klassen fallenden Meßwerte die entsprechenden Häufigkeiten. Bei einer kleinen Probenzahl ist dieses Verfahren nicht möglich. Man verwendet dann den Abszissenabstand der aufeinander folgenden geordneten Meßwerte, etwa der Zeit bis zum Eintritt des Bruchs nach der Belastung, als Maßstab für die Häufigkeit und trägt diese auf der Merkmalsskala auf. Bei größerer Häufigkeit liegen die Meßwerte dichter beieinander als bei geringer Häufigkeit. Jetzt muß man die Ordinate, d. h. die Häufigkeitsskala, in eine feste Anzahl von Klassen einteilen, wobei die Zahl der Klassen durch die Probenzahl gegeben ist.

Als Häufigkeitswert für den sich aus der Messung ergebenden Abszissenwert gilt dann die Mitte der entsprechenden Ordinatenklasse. In Abb. 3 (Probenzahl $n = 21$) ist als Beispiel die Klasse I eingetragen, die die Summenhäufigkeit von 0 bis 4,76% umfaßt; der erste Meßwert für die Klassenmitte liegt also bei 2,38%. Entsprechendes gilt für die Klasse II, die von 4,76 bis 9,52% reicht, der zweite Meßpunkt wird für die Klassenmitte, d. h. bei 7,14% eingetragen usw.

## 3. Messungen und Ergebnisse

Da zum Vergleich mit den experimentellen Verteilungsfunktionen die Gauß-Verteilung herangezogen werden soll, wird bei schiefer Verteilung, wie bereits betont, zweckmäßigerweise der Logarithmus des untersuchten Merkmals als Abszissenwert verwendet. Durch diese Maßnahme werden die bei den statischen Festigkeitsuntersuchungen sich ergebenden stark schiefen Verteilungen in symmetrische Verteilungen transformiert. Dieses Vorgehen erweist sich auch deshalb als sinnvoll, weil die Festigkeitseigenschaften nur in Abhängigkeit von positiven Größen, nämlich der Belastungszeit bis zum Bruch, der Zugspannung und der Fallhöhe der Kugel, untersucht werden. Im linearen Maßstab würde die Gauß-Verteilung auch den negativen Bereich dieser Größen erfassen, da sie ja das Gebiet von $-\infty$ bis $+\infty$ überstreicht. Die Verwendung der Gauß-Verteilung wäre in diesem Falle nur näherungsweise möglich, wenn bei kleiner Standardabweichung das Maximum der Verteilungsfunktion vom Koordinatennullpunkt weit entfernt läge, so daß die

Vernachlässigung des im negativen Bereich liegenden Teils der Gauß-Kurve nur einen geringen Fehler verursachen würde.

### 3.1. Untersuchungen an Quarzglas

Statische und dynamische Festigkeitsuntersuchungen wurden an blasenhaltigem und blasenfreiem Quarzglas durchgeführt. Als Proben dienten zylindrische Stäbe von 6 mm Durchmesser und 130 mm Länge. Diese Probestäbe waren an beiden Seiten auf einer Länge von je 35 mm in Fassungen eingekittet, ohne daß an den Stabenden Verdickungen oder Kugeln angeschmolzen waren. Als Kitt wurde bei den statischen Versuchen Araldit und bei den dynamischen Versuchen ein Gemisch aus Bienenwachs, Gummi und Kolophonium[3]) verwendet. Die Übertragung der Belastungskräfte von der Fassung auf den Glasstab erfolgte durch die Oberflächenhaftung auf den gesamten Umfang und die gesamte Länge von 35 mm der Fassung. Zwischen den Fassungen blieb eine freie Glasstablänge von 60 mm. Die Fassungen wurden über eine Kugelschalenlagerung in die Meßeinrichtung eingesetzt, so daß Biegespannungen weitgehend vermieden wurden.

Bei den statischen und dynamischen Untersuchungen an Quarzglas sollte im wesentlichen der Einfluß des Blasengehalts auf die Festigkeitseigenschaften untersucht werden. Die Glasstäbe wurden durch Weiterverarbeitung bereits erschmolzenen Quarzglases vom gleichen Quarzglasbläser hergestellt, so daß die Vorgeschichte aller Proben einschließlich der Entspannung vor dem Versuch gleich war.

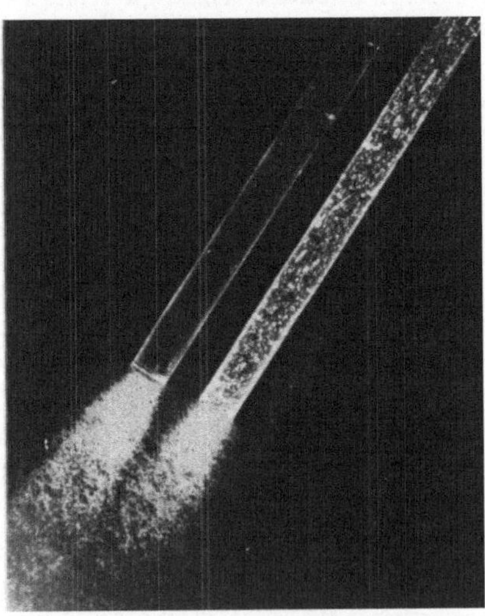

Abb. 4. Probestäbe aus blasenfreiem und blasenhaltigem Quarzglas.

Abb. 4 zeigt den unterschiedlichen Blasengehalt der beiden Quarzglassorten. Hierbei wurde durch die Stirnflächen der Glasstäbe Licht eingeleitet; jede Inhomogenität, insbesondere jede Blase, erscheint durch Streuung des Lichts vom dunklen Hintergrund deutlich hervorgehoben.

#### 3.1.1. Statische Untersuchungnn

Bei den statischen Untersuchungen wurden die Proben in eine aus zehn Meßstellen bestehende Apparatur eingespannt und durch Gewichte mittels einer

Hebelübertragung 1 : 20 belastet. Um bei der Belastung und dem Bruch einer Probe direkte oder durch Rückstoß erzeugte Stöße auf die übrigen Meßstellen zu vermeiden, war an jeder Meßstelle ein Öldämpfer angebracht. Die Meßstellen waren gegeneinander und die Apparatur als Ganzes gegen von außen kommende Erschütterungen und Stöße durch Schwingmetallelemente geschützt. Dies war insbesondere deshalb erforderlich, weil mit langen Versuchsdauern gerechnet werden mußte. Die Untersuchungen wurden in einem klimatisierten Raum bei 20° C und 50% Luftfeuchtigkeit durchgeführt.

Die blasenhaltigen Quarzglasproben wurden einer Belastung von 3,28, 3,64 und 4,26 kp/mm² unterworfen. Zur Untersuchung gelangten 29 Stäbe bei der Belastung von 3,28 kp/mm² und je 12 Probestäbe bei den Belastungen 3,64 und 4,26 kp/mm². Die Verteilungsfunktionen für diese Versuchsreihen sind in den Abb. 5a, b und c dargestellt; die sich ergebenden Mittelwerte $\Omega$ (*MW*) lauten:

| | |
|---|---|
| 3,28 kp/mm² | 7,6 Stunden |
| 3,64 kp/mm² | 1,05 Stunden |
| 4,26 kp/mm² | 0,67 Stunden |

Die Unterschiede der durch die Neigung der eingezeichneten Anpassungsgeraden gegebenen Streuungen sind bei den einzelnen Versuchen im statistischen Sinne nicht signifikant; d. h. die im logarithmischen Maßstab gemessene Standardabweichung wird durch die Höhe der Belastung nicht geändert; ein Einfluß der Belastungshöhe macht sich nur in einer Verringerung der Mittelwerte der Belastungszeit bemerkbar.

Beim blasenfreien Quarzglas wurden die Belastungen 3,24, 3,83 und 4,56 kp/mm² gewählt. Die Belastung von 4,56 kp/mm² konnte bei dem blasenhaltigen Quarzglas nicht angewendet werden, weil sich die ergebenden Zeiten, insbesondere bei den kurzzeitigen Brüchen, nicht mit hinreichender Sicherheit messen ließen, d. h. es setzten dann dynamische Brüche ein. Der Belastung 3,24 kp/mm² wurden 21 Stäbe unterworfen, von denen einer bis zum Abschluß dieses Manuskriptes noch nicht gerissen war (er hat bisher einer Belastungsdauer von 10440 Stunden widerstanden). Der Belastung 3,83 kp/mm² wurden 13 Stäbe und der Belastung 4,56 kp/mm² 12 Stäbe ausgesetzt (s. Abb. 6a, b, c). Die Auswertung dieser Versuche ergibt folgende mittlere Belastungszeiten:

| | |
|---|---|
| 3,24 kp/mm² | 110 Stunden |
| 3,83 kp/mm² | 12,9 Stunden |
| 4,56 kp/mm² | 1,28 Stunden |

Auch hier zeigt sich kein signifikanter Unterschied in den Streuungen.

Die Streuungsunterschiede zwischen dem blasenhaltigen und dem blasenfreien Quarzglas sind statistisch ebenfalls nicht bedeutsam. Bei beiden Quarzglassorten laufen Versuche mit einer Belastung von 2,6 kp/mm², die jedoch noch nicht abgeschlossen sind; bisher rissen von dem blasenhaltigen Quarzglas zwei Stäbe nach 813,1 und 4158,85 Stunden und von dem blasenfreien Quarzglas ein Stab nach 2760,1 Stunden.

### 3.1.2. Dynamische Untersuchungen

Die Ergebnisse der dynamischen Festigkeitsuntersuchungen mit einer Mohr & Federhaff-Zerreißmaschine sind für blasenhaltiges und blasenfreies Quarzglas in den Abb. 7a und b dargestellt, und zwar jeweils für eine Probenzahl von 9 Stück. Die Mittelwerte sind für das blasenhaltige Quarzglas 3,8 kp/mm², für das blasenfreie 4,98 kp/mm². Auffallend ist, daß in diesem Fall das blasenhaltige Quarzglas eine größere Streuung als das blasenfreie zeigt.

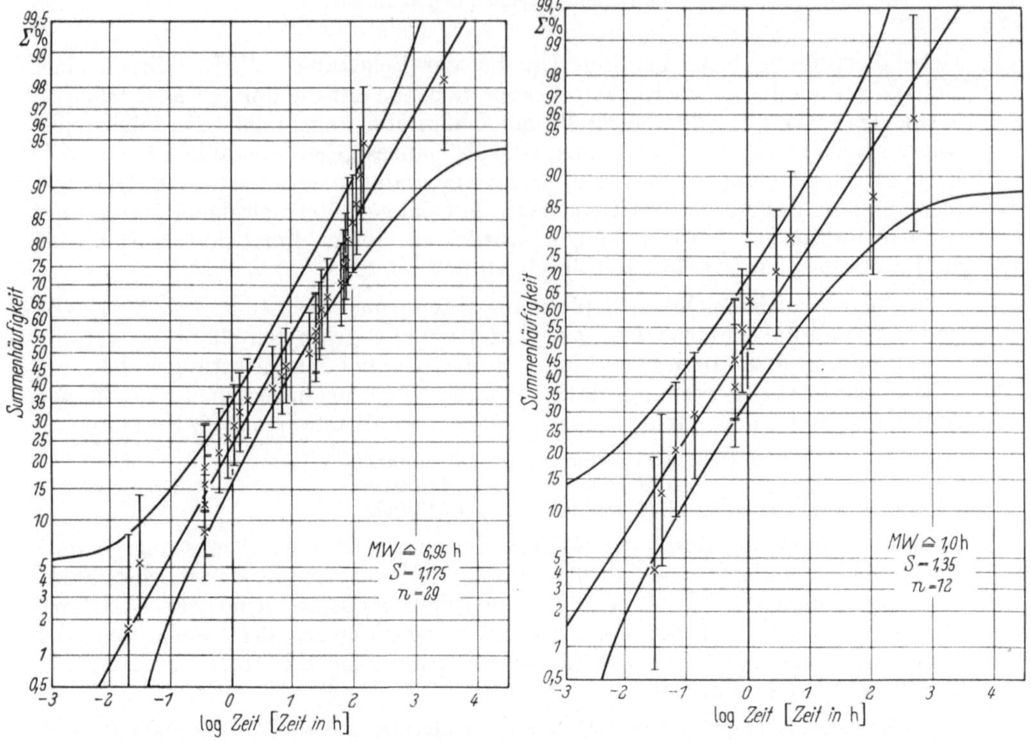


Abb. 5a. Statische Zerreißfestigkeit; blasenhaltiges Quarzglas, Belastung: 3,28 kp/mm².

Abb. 5b. Statische Zerreißfestigkeit; blasenhaltiges Quarzglas, Belastung: 3,64 kp/mm².

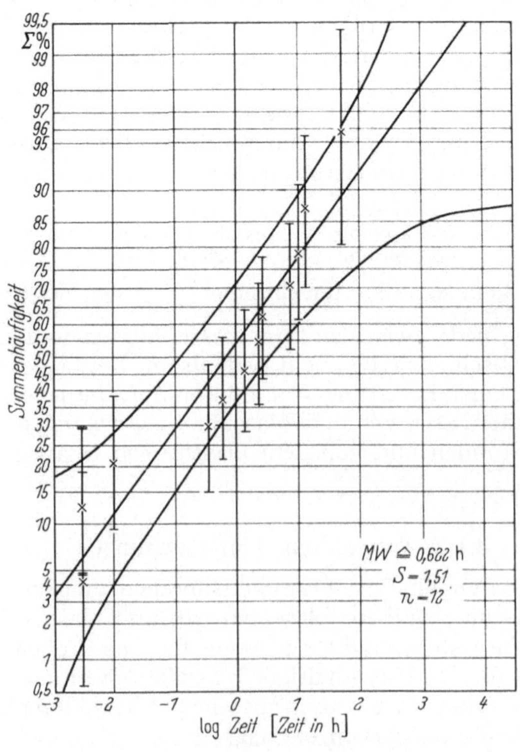


Abb. 5c. Statische Zerreißfestigkeit; blasenhaltiges Quarzglas, Belastung: 4,26 kp/mm².

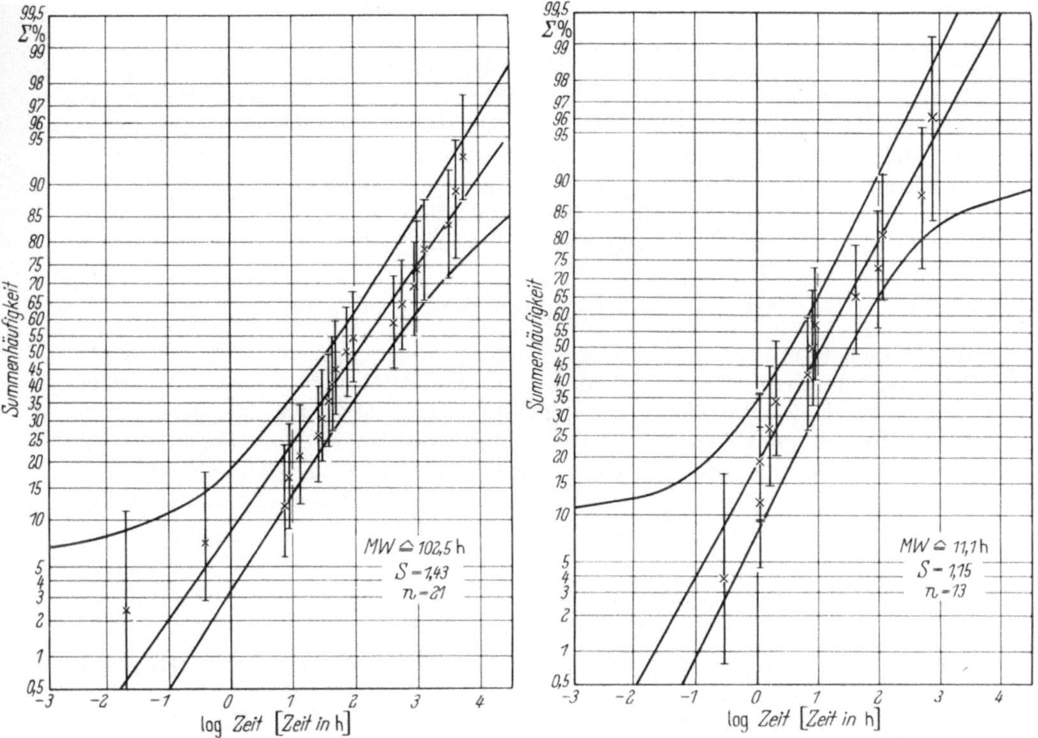


Abb. 6a. Statische Zerreißfestigkeit; blasenfreies Quarzglas, Belastung: 3,24 kp/mm².

Abb. 6b. Statische Zerreißfestigkeit; blasenfreies Quarzglas, Belastung: 3,83 kp/mm².

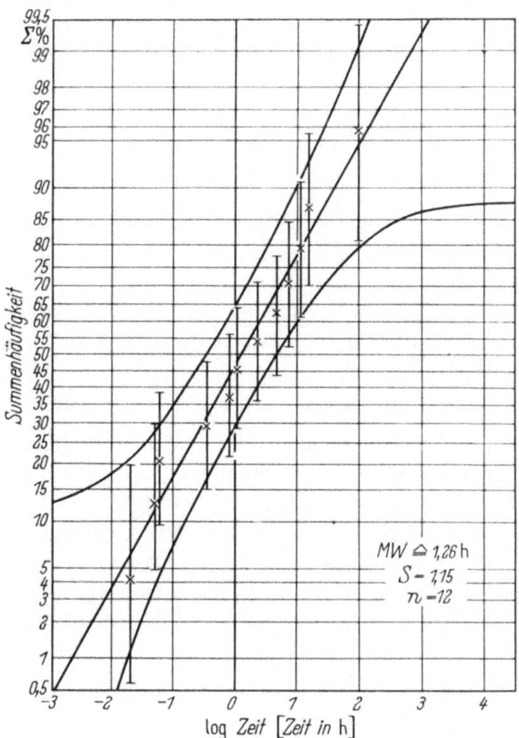


Abb. 6c. Statische Zerreißfestigkeit; blasenfreies Quarzglas, Belastung: 4,56 kp/mm².

Weitere Untersuchungen sind nach Einbau einer Regeleinrichtung für die Belastungsgeschwindigkeit geplant. Es zeigte sich nämlich, daß die Belastungsgeschwindigkeit bei den bisher beschriebenen Versuchen nicht konstant ist, sie steigt vielmehr etwa quadratisch mit der Belastungszeit an. Dieser Fehler beeinträchtigt die Versuchsergebnisse bei beiden Quarzglassorten, so daß bei einer Wiederholung der Versuche mit einer Modifizierung der Einzelergebnisse zu rechnen ist; im Prinzipiellen wird vermutlich keine Änderung zu erwarten sein.*)

### 3.2. Untersuchungen an Kolbenglas

An Kolbengläsern wurden Schlagfestigkeitsuntersuchungen nach der Kugelfallmethode durchgeführt. Es wurden Rohrabschnitte von Leuchtstofflampenkolben sowie Blitzlampenkolben untersucht. Die Proben wurden in eine ausgefräste Holzschiene gelegt und so justiert, daß die Kugel deren Mitte traf, und zwar nicht die Kuppe, sondern den größten Durchmesser des Kolbens. Als Fallkörper wurde eine 15 g-Stahlkugel verwendet, die Fallhöhe von 5 cm zu 5 cm variiert.

#### 3.2.1. Schlagfestigkeit von Leuchtstofflampenkolben-Abschnitten und Blitzlampenkolben

Diese Untersuchungen sind zur Ermittlung des Einflusses einer Ätzbehandlung auf die Festigkeit durchgeführt worden.

Zunächst erfolgten die Untersuchungen an 40 mm langen Abschnitten von Leuchtstofflampenkolben. Die Rohrabschnitte wurden abgesprengt und zur Überprüfung der Reproduzierbarkeit an zwei Kollektiven von 20 und 21 Exemplaren die Streuungsverteilung der Schlagfestigkeit bestimmt. Es ergab sich sowohl hinsichtlich des Mittelwerts als auch der Streuung eine gute Übereinstimmung (Mittelwerte 37,5 und 41,5 cm Fallhöhe; Standardabweichung $S = 0{,}111$ bzw. 0,117).

Eine weitere Untersuchung galt dem Einfluß des Randes auf die Festigkeit. Durch Abschleifen des Randes zeigte sich gegenüber dem nur abgesprengten Rand eine starke Verminderung des Mittelwerts und eine Vergrößerung der Streuung. In Abb. 8a sind die vorher erwähnten beiden Teilkollektive zu einem Kollektiv zusammengefaßt, diese Abbildung zeigt das Verhalten der Rohrabschnitte, die nur abgesprengt worden sind. In Abb. 8b ist das Verhalten der Rohrabschnitte mit abgesprengten und anschließend abgeschliffenen Rändern wiedergegeben. Die Mittelwerte betragen 39 cm Fallhöhe bei den abgesprengten und 17,5 cm bei den abgesprengten und anschließend abgeschliffenen Rohrabschnitten; die Streuung steigt durch das Abschleifen auf den etwa 1,8 fachen Wert.

Der Einfluß der Ätzung auf die Festigkeit wurde an über 300 Proben untersucht, von denen hier lediglich eine Auswahl behandelt werden soll. Es wurden Ätzlösungen von 20- bis 40%iger Flußsäure verwendet, in einigen Fällen — wie es bei der Säurepolitur üblich ist — unter Zugabe geringer Mengen Schwefel- und Salpetersäure. Die Wandstärkenabtragung wurde durch Gewichtsbestimmung kontrolliert, sie lag zwischen 50 und 100 $\mu$. Die Ätzungen wurden zwischen Zimmertemperatur und 40° C vorgenommen und sowohl mit als auch ohne Luftspülung während der Ätzung durchgeführt.

---

*) s. W. SCHWIECKER, Compte Rendu du Symposium sur la Résistance Mécanique du Verre et les Moyens de l'Améliorer, Florenz, 25. bis 29. September 1961.

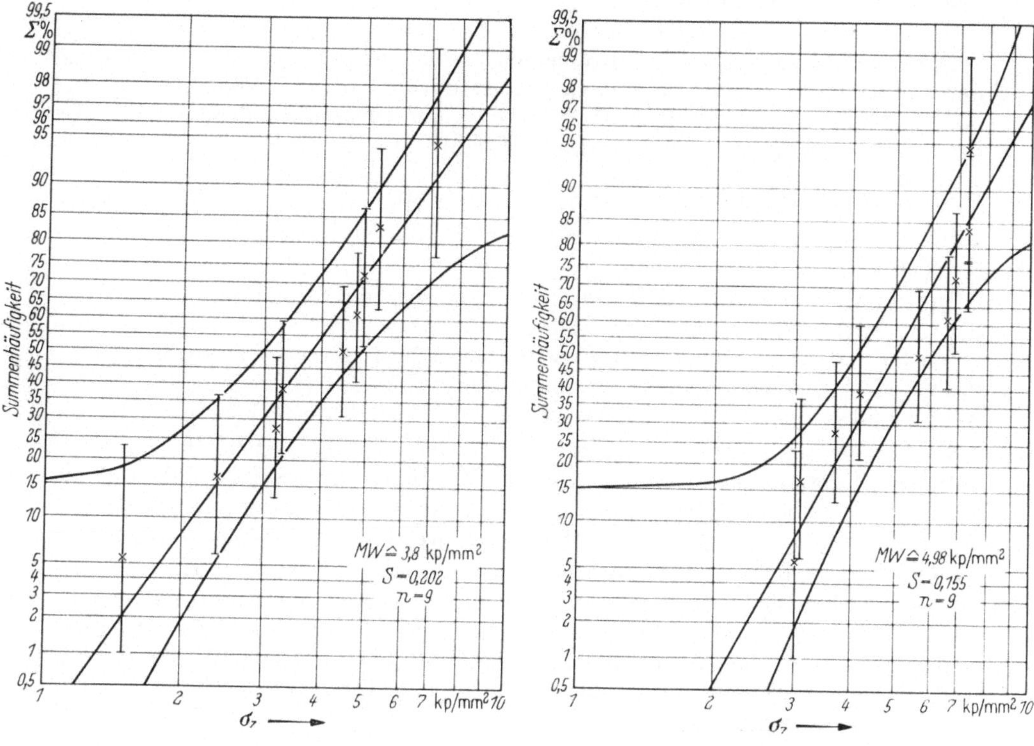


Abb. 7a. Dynamische Zerreißfestigkeit; blasenhaltiges Quarzglas.

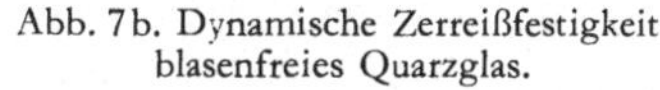

Abb. 7b. Dynamische Zerreißfestigkeit; blasenfreies Quarzglas.

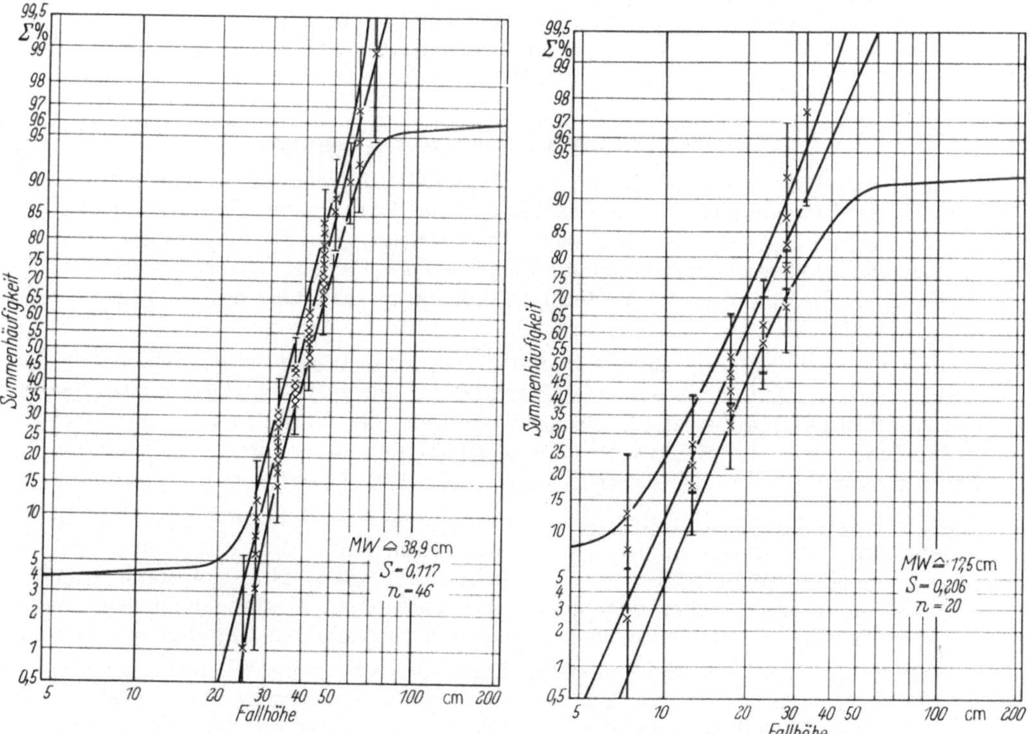


Abb. 8a. Kugelfallversuche; Leuchtstofflampen-Rohrabschnitte abgesprengt, ungeätzt.

Abb. 8b. Kugelfallversuche; Leuchtstofflampen-Rohrabschnitte abgesprengt, ungeätzt, Ränder geschliffen.

Die Oberflächen blieben im allgemeinen blank, nur bei besonders langdauernder und kräftiger Ätzung zeigten sich Ätzstrukturen; die Untersuchung solcher Kolben bleibt hier außer Betracht. Als Ergebnis ist festzustellen, daß die Art der Ätzbehandlung nur einen geringen Einfluß auf die Größe der Festigkeitssteigerung ausübte. Es ergab sich bei den Rohrabschnitten nur eine geringe Verbesserung der Schlagfestigkeit von etwa 40 cm Fallhöhe bei unbehandelten Kolben auf etwa 50 bis 60 cm bei behandelten Kolben; die Standardabweichung dagegen nahm etwa um den Faktor 2 zu.

In den Abb. 9a und 9b sind zwei Kollektive mit je 20 Exemplaren enthalten, die mit einer 20%igen Flußsäurelösung geätzt wurden. Die Abtragung lag zwischen 60 und 100 $\mu$. Die Rohrabschnitte, deren Festigkeitsverhalten in Abb. 9b dargestellt ist, wurden außerdem silikonisiert; der Unterschied in den Mittelwerten und in der Streuung ist nur gering.

In Abb. 9c sind Untersuchungen an 14 Proben wiedergegeben, die mit einer 40%igen Flußsäurelösung geätzt wurden. Mittelwert und Standardabweichung liegen in derselben Größenordnung wie bei den mit 20%iger Säure geätzten.

Um den Einfluß der Länge der Rohrabschnitte von Leuchtstofflampenkolben zu ermitteln, wurden noch je 10 Proben mit 100 mm Länge ungeätzt und geätzt untersucht. Bei diesen Kolben ergab sich durch die Ätzung eine Erhöhung des Mittelwerts von 57 cm Fallhöhe auf 93 cm ohne Beeinflussung der Streuung. Gegenüber den 40-mm-Abschnitten ist die Festigkeit in beiden Fällen größer, weil hier der festigkeitsmindernde Einfluß der Rohrränder durch die größere Länge geringer wird.

Ähnliche Versuche wurden mit Blitzlampenkolben durchgeführt. In den Abbildungen 10a und 10b sind zwei Versuchsreihen mit 14 bzw. 12 Proben ungeätzter Kolben wiedergegeben. Auch hier ist die Übereinstimmung der beiden Kollektive gut. Abb. 10c enthält eine Versuchsreihe von 12 Proben mit geätzten Kolben. Der Mittelwert zeigt eine leichte Erhöhung von 47,5 cm Fallhöhe auf 54 cm, die Streuung ist nur unwesentlich größer.

## 4. Diskussion und Zusammenfassung

Die Diskussion der beschriebenen experimentellen Ergebnisse bezieht sich nur auf klar in Erscheinung tretende Effekte. Eine Analyse der Feinstruktur der Verteilungsfunktion ist zunächst nicht beabsichtigt, weil wegen der geringen Probenzahlen hierfür keine genügende Sicherheit gegeben ist. Um sichere Unterlagen für die Feinanalyse der Verteilungsfunktion zu erhalten, sind weitere Versuche erforderlich.

Die Untersuchung der Quarzgläser hat gezeigt, daß bei den statischen Festigkeitsuntersuchungen das blasenfreie Quarzglas im untersuchten Bereich eine größere Zeitfestigkeit aufweist als das blasenhaltige; das Verhältnis beträgt etwa 10 : 1. Trägt man die Mittelwerte der Zeitfestigkeit über den dazugehörigen Belastungsspannungen auf, so erhält man das in Abb. 11 dargestellte Diagramm.

Die eingezeichneten Geraden stellen nur eine grobe Näherung des tatsächlichen Verhaltens dar, weil der untersuchte Bereich und die Anzahl der Meßpunkte für eine genauere Festlegung zu klein sind. Außerhalb des untersuchten Bereichs liegen nach bisher noch nicht abgeschlossenen Messungen die Bruchzeiten bei geringeren Belastungen höher als die gestrichelten Geraden angeben.

Während die Festigkeit der beiden Quarzglassorten bei vorgegebener Belastung im Verhältnis von etwa 10 : 1 steht, erhält man für eine vorgegebene konstante Bruchzeit ein Verhältnis von etwa 1,2 bis 1,3 : 1. In der gleichen Größenord-

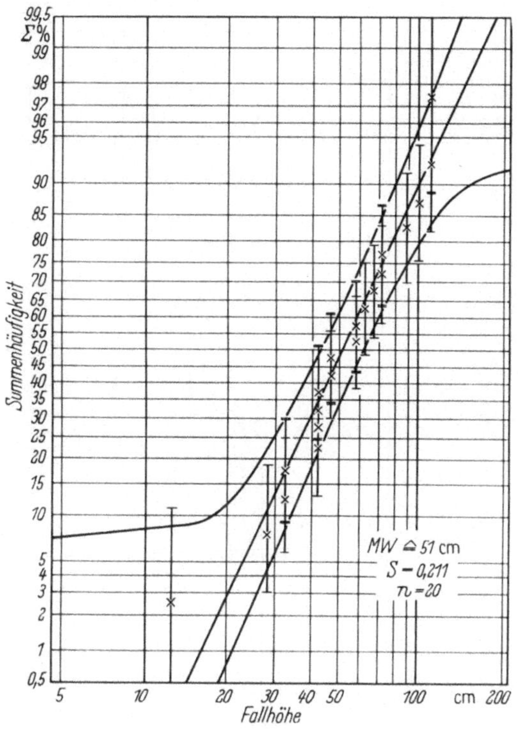


Abb. 9 a.

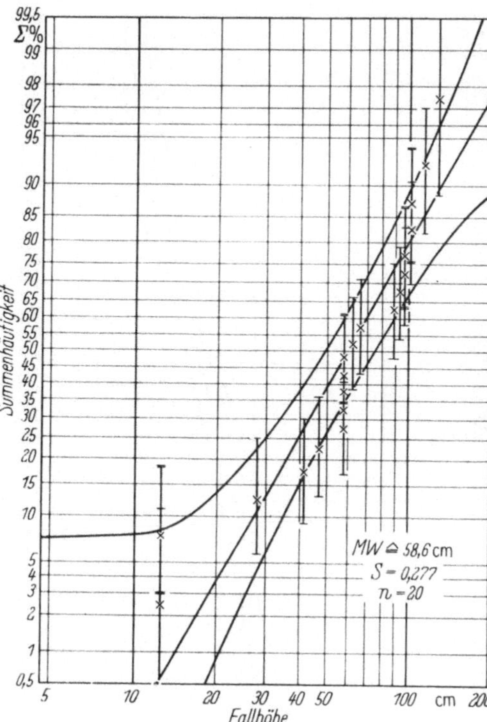


Abb. 9 b.

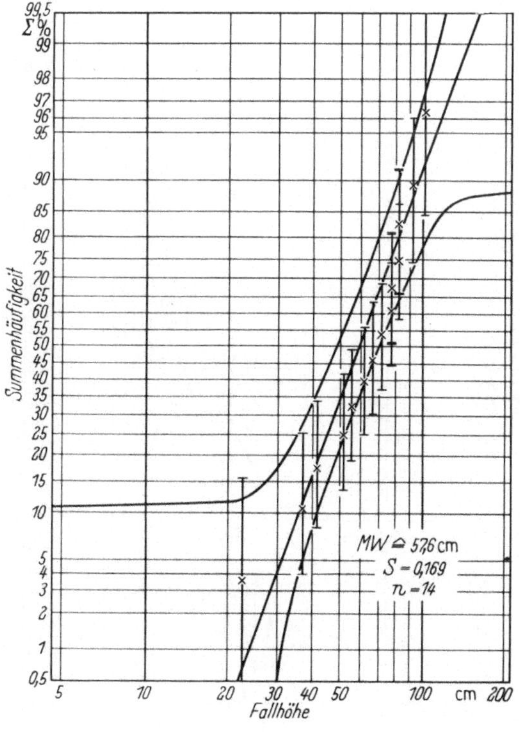


Abb. 9 c

Abb. 9 a. Kugelfallversuche; Leuchtstofflampen-Rohrabschnitte abgesprengt geätzt, (20% Flußsäure).

Abb. 9 b. Kugelfallversuche; Leuchtstofflampen-Rohrabschnitte abgesprengt, geätzt (20%-Flußsäure), silikonisiert.

Abb. 9c. Kugelfallversuche; Leuchtstofflampen-Rohrabschnitte abgesprengt, geätzt (40%-Flußsäure).

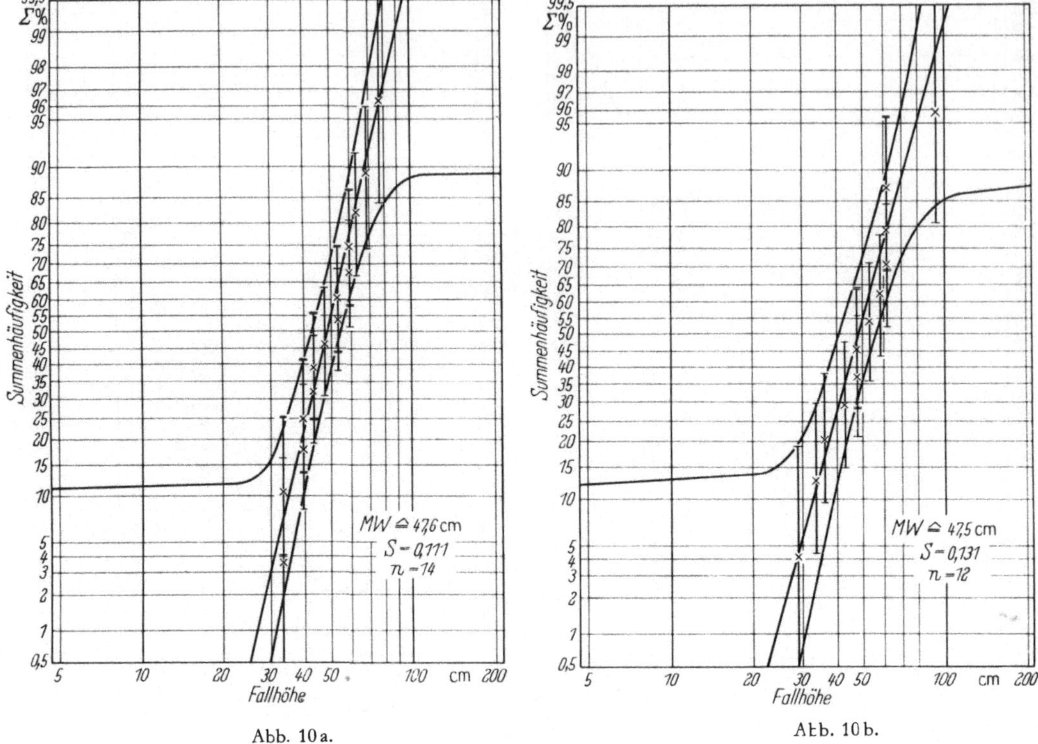


Abb. 10a.

Abb. 10b.

Abb. 10a. Kugelfallversuche; Blitzlampenkolben ungeätzt.

Abb. 10b. Kugelfallversuche; Blitzlampenkolben ungeätzt.

Abb. 10c. Kugelfallversuche; Blitzlampenkolben geätzt (20%-Flußsäure).

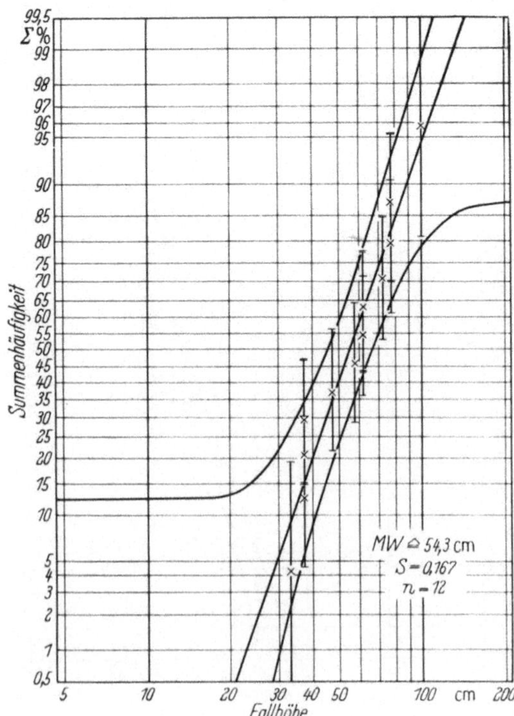


Abb. 10c.

nung liegt das Festigkeitsverhältnis der beiden Quarzglassorten bei den dynamischen Versuchen, es beträgt in diesem Falle etwa 1,3 : 1.

Die statischen Festigkeitsuntersuchungen zeigten weiter, daß das Aussehen der Bruchflächen durch die Belastungsdauer nicht beeinflußt wird (s. Abb. 12),

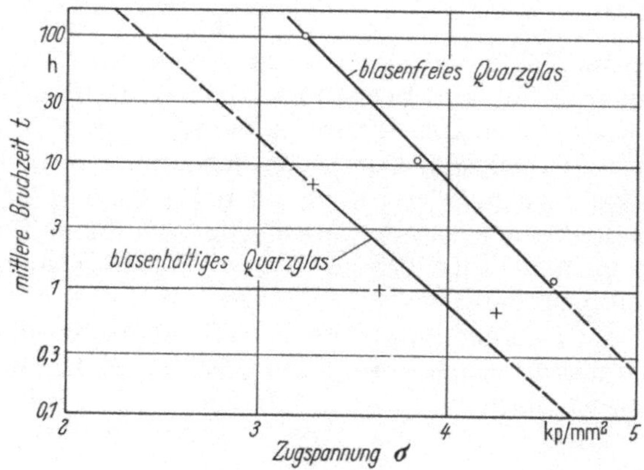


Abb. 11. Abhängigkeit der Zeitfestigkeit von der Belastung.

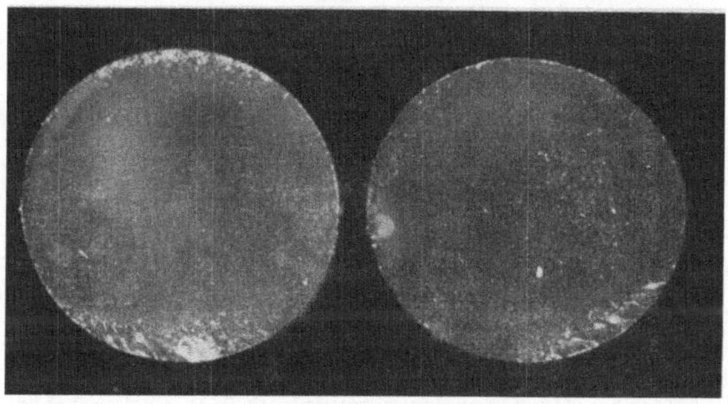

a b

Abb. 12. Bruchflächen zweier Probestäbe: a) nach 7 Stunden, b) nach 3249 Stunden gerissen. Blasenfreies Quarzglas; Belastung: 3,24 kp/mm².

hierbei spielt lediglich die Höhe der den Bruch verursachenden Belastungsspannung eine Rolle. Während bei geringen Belastungsspannungen die Bruchfläche senkrecht zur Zugspannungsrichtung liegt und große Spiegel sowie geringe Furchungsgebiete aufweist, nähert sich ihr Aussehen bei größeren Belastungen der aus den dynamischen Versuchen bekannten Form, der Spiegel wird kleiner, die Furchungsfläche größer und der Bruch läuft aus der senkrecht zur Spannungsrichtung liegenden Ebene heraus.

Sowohl bei den statischen als auch bei den dynamischen Festigkeitsuntersuchungen zeigt das blasenhaltige Quarzglas kleinere Mittelwerte als das blasenfreie. Die Standardabweichung ist beim blasenhaltigen Quarzglas nur in unbedeutendem Maße gegenüber dem blasenfreien Quarzglas vergrößert. Die Ursache für dieses Verhalten dürfte nicht so sehr in der Verringerung des Querschnitts durch die Blasen als vielmehr in einer dadurch verursachten Vergrößerung der Oberfläche und damit verbunden in einer Vergrößerung der Fehlstellenzahl als möglicher Ausgangspunkt für Brüche zu suchen sein.

Bei den Weichglasuntersuchungen an Leuchtstofflampen-Rohrabschnitten und Blitzlampenkolben ergab sich, daß die Ätzbehandlung eine geringe Erhöhung der Festigkeit verursacht. Damit verbunden ist eine Vergrößerung der Standardabweichung. Hieraus läßt sich folgern, daß neben den durch die Ätzbehandlung ausgeheilten Fehlstellen noch eine Anzahl nur teilweise ausgeheilter Fehlstellen übrigbleibt, von denen schon bei geringer Stoßbelastung der Bruch ausgeht, während bei den ausgeheilten Fehlstellen der Bruch erst bei höherer mechanischer Belastung einsetzt, so daß die Summenhäufigkeits-Gerade mit ihrem oberen Teil nach höheren Belastungswerten gedreht wird. Genau umgekehrt ist das Verhalten bei den Leuchtstofflampenkolben-Abschnitten, deren Endflächen abgeschliffen wurden. Durch den Schleifprozeß wird die Anzahl der Fehlstellen vergrößert, so daß der Bruch schon bei kleineren Belastungen einsetzt. Die Summenhäufigkeits-Gerade wird mit ihrem unteren Teil nach kleineren Belastungswerten gedreht; dies hat niedrigere Mittelwerte und eine größere Standardabweichung zur Folge.

Zum Schluß ist noch darauf hinzuweisen, daß die graphisch-statistische Auswertemethode zuverlässige Ergebnisse vermittelt. Berechnet man nach den bekannten Methoden der mathematischen Statistik für den Fall der dynamischen Festigkeitsuntersuchungen (Abb. 7a und b) am Quarzglas die Standardabweichung nach

$$s = \sqrt{\frac{1}{n-1} \sum \left(x-\bar{x}\right)^2}$$

und vergleicht die berechneten Werte $S_{ber.}$ mit den graphisch ermittelten Werten $S_{graph.}$, so stellt man eine gute Übereinstimmung fest:

| | $S_{ber.}$ | $S_{graph.}$ |
|---|---|---|
| Blasenhaltiges Quarzglas | 0,202 | 0,21 |
| Blasenfreies Quarzglas | 0,160 | 0,16 |

Die Reproduzierbarkeit läßt sich an Hand der Versuche mit Blitzlampenkolben (Abb. 10a und b) demonstrieren. Beide Kollektive ergeben sowohl bezüglich des Mittelwerts als auch der Standardabweichung im Rahmen der zu erwartenden Genauigkeit übereinstimmende Werte, nämlich für den Mittelwert 47,6 cm bzw. 47,5 cm Fallhöhe und für die Standardabweichung 0,11 bzw. 0,13. In ähnlicher Weise war die Reproduzierbarkeit bei den in Abb. 8a zusammengefaßten Kollektiven von Leuchtstofflampen-Rohrabschnitten bestätigt worden.

## 5. Schluß

Die Untersuchungen, über die in dieser Arbeit berichtet wurde, sind noch nicht abgeschlossen; sie werden auf Gläser anderer Zusammensetzung und auf andere Einflüsse, wie z. B. Rekristallisation*), ausgedehnt. Für die Unterstützung bei der Durchführung der Experimente danke ich Herrn Dr. SCHOLZ und Herrn Ingenieur WOYTH.

## Literatur

1) DAEVES, K., A. BECKEL: Großzahl-Methodik und Häufigkeits-Analyse. Weinheim/Bergstraße: Verlag Chemie 1958.

2) VAN DER WAERDEN, B. L.: Mathematische Statistik. Berlin-Göttingen-Heidelberg: Springer 1957.

MORRISON, S. J.: J. Soc. Glass Technol. 41 (1957) S. 185T.

FRIES, R.: TWAOG 7 (1958) S. 383.

FRIES, R.: TWAOG 7 (1958) S. 391.

AWF-Schriftenreihe „Technische Statistik". Berlin-Köln: Beuth-Vertrieb.

3) ISKEN, H.: Sprechsaal 87 (1954) S. 479.

---

*) Siehe Seite 268.

# Über das Rotbeizen von Gläsern mit Silberverbindungen *)

Von

**H. TOBER**

Mit 4 Abbildungen

## Einleitung

Das Beizen ist eine beliebte Methode zum Färben von Gläsern, weil dabei die chemische Widerstandsfähigkeit des Glasgegenstandes erhalten bleibt oder sogar noch erhöht wird, was beim Überziehen des Glases mit farbigen Emails und dergleichen normalerweise nicht der Fall ist. Zum Beizen wird der fertig geformte Glasgegenstand mit einer wasser- oder spiritushaltigen Paste aus Silber- oder Kupferverbindungen und Ocker oder Eisenoxid überzogen und nach dem Trocknen einige Zeit auf Temperaturen etwas oberhalb des Transformationspunktes des Glases erhitzt. Bei diesen Temperaturen dringen die Metalle in das Glas ein und färben eine Oberflächenschicht von etwa 10—100 $\mu$m ein. Nach dem Erkalten des Glasgegenstandes wird die Beizpaste abgewaschen.

Über das Gelb- und Braunfärben von Glas durch Beizen mit Silberverbindungen existiert eine ganze Reihe von Veröffentlichungen. Dagegen sind über das Rotbeizen nur zwei Arbeiten bekanntgeworden, und zwar von SPRINGER[1]) und SALAQUARDA[2]). Beide berichten, daß man Gläser, die eine gewisse Menge Antimonoxid enthalten, mit normaler Silberbeize, wie sie auch zum Gelbbeizen verwendet wird, rot beizen kann.

Die beiden Gläser, die wir zur Herstellung von Infrarotstrahlern mit rotgebeizter Kolbenkuppe verwenden, enthalten ebenfalls Antimonoxid. Es handelt sich um ein Bleiborosilikatglas mit 1,3% $Sb_2O_3$, das auf Molybdän abgestimmt ist, und ein Thüringer Glas mit 3,2% $Sb_2O_3$. Die Hauptschwierigkeit liegt für uns darin, daß die Kolbenkuppe sehr intensiv gebeizt sein muß, damit die fertige, brennende Lampe den Benutzer nicht blendet. Es ist daher für uns sehr wichtig, den Einfluß der einzelnen Komponenten auf die Farbe des gebeizten Glases zu kennen.

## Der Einfluß der Glaszusammensetzung auf die Beizfarbe

Zunächst haben wir in zahlreichen Laborschmelzen den Einfluß der einzelnen Bestandteile des Bleiborosilikatglases in der Nähe seiner üblichen Zusammensetzung untersucht. Die Gläser wurden zweimal in Tiegeln aus Geräteplatin II (Degussa, Hanau) im Silitstabofen bei 1400° C geschmolzen, aus den Schmelzkuchen Plättchen geschnitten, diese geschliffen und poliert und anschließend bei 580° 20 Minuten gebeizt. Die verwendete Beize bestand aus einem Gemisch von metallischem Silber, Schwefel, Ocker und Eisenoxid, angerieben mit Spiritus. Welche Farben bei diesen Versuchen auftraten, zeigt Abb. 1 (s. Tafel zwischen S. 280/281).

Die ersten drei Farben stammen aus einer Versuchsreihe, in der der Tonerdegehalt variiert wurde. Die mittlere, rote Probe zeigt etwa den Farbton, der von der Lampenfabrik gefordert wird; das Glas enthält hier 2,2% $Al_2O_3$. Die linke, gelbrote Probe enthält 1,1%, die rechte, violette, 4,5% $Al_2O_3$. Man erkennt deutlich, welchen großen Einfluß der Tonerdegehalt auf die Beizfarbe hat: Durch Steigerung des $Al_2O_3$-Gehaltes wird nicht nur die Intensität erhöht, sondern auch der Farbton erheblich verändert, und zwar nach violett. In extremen Fällen

*) Auszug aus der in Glastechn. Berichte **43** (1961) S. 456 veröffentlichten Arbeit.

treten sogar blaue Farben auf, wie die vierte Probe zeigt. Von allen Versuchsschmelzen wurde die spektrale Durchlässigkeit mit dem Zeiss-Spektralphotometer PMQ II bestimmt*). Das Untersuchungsergebnis der ersten drei Proben zeigt Abb. 2.

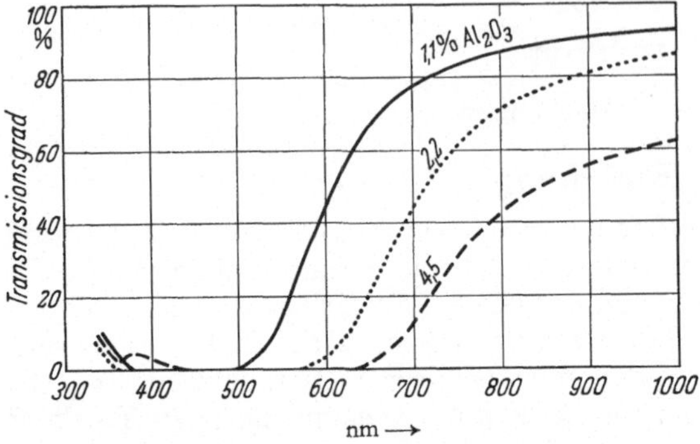


Abb. 2. Einfluß des $Al_2O_3$-Gehalts auf die Beizfarbe.

Man erkennt eine starke Absorption im violetten, blauen und grünen Teil des Spektrums. Mit steigendem Tonerdegehalt wird die eine Absorptionskante nach längeren Wellen verschoben, so daß der Anteil des Sichtbaren immer kleiner wird. Bei hohem Tonerdegehalt tritt eine gewisse Durchlässigkeit an der Grenze zwischen violett und ultraviolett auf, die für die violette bis blaue Farbe des gebeizten Glases verantwortlich ist. Diese Durchlässigkeit findet sich nur bei Gläsern mit hohem Tonerdegehalt. Ihr Maximum liegt stets bei 380 — 385 nm. Ihre Größe ist jedoch nicht nur abhängig vom Tonerdegehalt, sondern vom Zusammenwirken aller an der Glasbildung beteiligten Komponenten. Insgesamt wurden über 60 Versuchsschmelzen allein im Platintiegel durchgeführt und mit dem Spektralphotometer durchgemessen. Die Untersuchungsergebnisse sind in der Tab. 1 zusammengefaßt.

Tabelle 1. Einfluß der Glaszusammensetzung; Bleiborosilikatglas 906c, geschmolzen im Pt/Au-Tiegel

| Glas-komponenten | Menge* in Gew.-% | Einfluß auf die Beizfarbe |
|---|---|---|
| $Sb_2O_3$ | 0—2,8 | ohne $Sb_2O_3$: farblos<br>dann: starke Intensitätserhöhung bis Optimum bei 1—1,5% $Sb_2O_3$ |
| $As_2O_3$ | 0—1 | ohne $Sb_2O_3$: Farbänderung nach orangerot<br>mit $Sb_2O_3$: Intensitätsverminderung |
| $Al_2O_3$ | 1—5 | Farbänderung von orangerot über rot, violett nach blau, gleichzeitig Intensitätserhöhung |
| $B_2O_3$<br>$Li_2O$ | 14—22<br>0—1 | Intensitätserhöhung |
| MgO<br>CaO<br>BaO<br>ZnO | 0—1,3<br>0—1,5<br>0—3<br>0—2,5 | Intensitätsverminderung |
| PbO<br>$SiO_2$<br>$ZrO_2$<br>$TiO_2$<br>$Fe_2O_3$<br>$Na_2O/K_2O$<br>(Austausch) | 11—22<br>50—62<br>0—1,2<br>0—1,2<br>0—0,2<br>2—5 $Na_2O$<br>0,6—2 $K_2O$ | kein Einfluß erkennbar |

* Aus Gemenge berechnet (Temperaturbehandlung: 580° / 20 Minuten)

*) Die Messungen wurden in der Studiengesellschaft für elektrische Beleuchtung, Augsburg, im Labor des Herrn Dr. RUFFLER von Herrn SICK und Herrn JARSCHEL durchgeführt. Ihnen sei auch an dieser Stelle gedankt.

Man sieht, daß Gläser, die keine Reduktionsmittel enthalten, sich nicht beizen lassen. Als Reduktionsmittel ist besonders $Sb_2O_3$ geeignet. Bei niedrigem Antimongehalt ist das gebeizte Glas gelb oder orangerot, mit steigendem Gehalt wird es dunkler. Ob es rot, violett oder blau wird, hängt vor allem vom Tonerdegehalt ab. Zwischen 1,0 und 1,5% $Sb_2O_3$ hört die Intensitätszunahme auf; es tritt bei höheren Gehalten sogar eine Abschwächung ein, die bei 3% $Al_2O_3$ im Glas gering ist, bei 4% $Al_2O_3$ jedoch stark. Man kann also die Beizfähigkeit des Glases durch Antimonoxidzusatz nicht beliebig erhöhen.

Auch $As_2O_3$ ergibt ein beizfähiges Glas. Das Glas läßt sich jedoch schlechter beizen als ein Glas, das $Sb_2O_3$ enthält. Das gleiche gilt für ein Gemisch von $As_2O_3$ und $Sb_2O_3$. Dieses färbt ebenfalls schwächer als $Sb_2O_3$ allein. Die Wirkung der Tonerde wurde schon erwähnt: Es tritt eine Farbverschiebung von gelbrot über rot, violett nach blau ein, dabei gleichzeitig Intensitätserhöhung. Die anderen Glasbestandteile haben nur Einfluß auf die Intensität der Beizfarbe.

Bei unseren Versuchen stellten wir fest, daß geringe Mengen Platin und Gold im Glas einen deutlichen Einfluß auf die Beizfähigkeit haben. Untersuchungen über den Einfluß bestimmter Nebenbestandteile konnten also nicht an Gläsern vorgenommen werden, die im Pt/Au-Tiegel geschmolzen worden waren. Auch Schmelzen in Keramiktiegeln konnten wegen der unvermeidlichen Verunreinigung des Glases durch $Al_2O_3$ nicht verwendet werden. Wir haben uns darum für Quarzguttiegel entschieden, weil $SiO_2$ die Beizfähigkeit der Gläser nicht erkennbar verändert. Das Ergebnis zeigt Tab. 2.

Tabelle 2. Einfluß der Glaszusammensetzung; Bleiborosilikatglas 906c, geschmolzen im Quarzgut-Tiegel

| Zusatz | Höchstmenge* in Gew.-% | Einfluß auf die Beizfarbe |
|---|---|---|
| Pt | $2 \cdot 10^{-3}$ | Intensitätserhöhung |
| Pd | $2 \cdot 10^{-4}$ | |
| Au | $1 \cdot 10^{-2}$ | |
| $Ag_2O$ | $1 \cdot 10^{-2}$ | |
| $Fe_2O_3$ | 0,2 | |
| $TiO_2$ | 1,0 | |
| $SnO_2$ | 0,5 | |
| $ZrO_2$ | 0,5 | |
| $P_2O_5$ | 0,2 | |
| $As_2O_3$ | 0,8 | starke Intensitätsverminderung |
| NaCl | 0,5 | |
| CuO | 0,2 | |
| $Na_2SO_4$ | 0,5 | kein Einfluß erkennbar |
| KJ | 0,4 | |
| $Na_2SiF_6$ | 1,0 | |

* Aus Gemenge berechnet (Temperaturbehandlung: 580° / 20 Minuten)

Die intensitätserhöhende Wirkung der genannten Stoffe ist wesentlich geringer als etwa die der Tonerde oder des Lithiumoxids. Interessant ist, daß in platinfreien Schmelzen $Fe_2O_3$ eine intensitätssteigernde Wirkung hat, in platinhaltigen Schmelzen jedoch nicht.

Von dem Thüringer Glas haben wir nur etwa 10 Versuchsschmelzen mit verschiedenem Antimonoxid- und Tonerdegehalt gemacht und dabei festgestellt, daß mit steigendem Antimonoxidgehalt die Intensität der Beizfarbe ansteigt, und zwar bis 3% $Sb_2O_3$ stark, zwischen 3 und 7% jedoch nur schwach, so daß es vom wirtschaftlichen Standpunkt aus kaum sinnvoll ist, über 3% $Sb_2O_3$ hinauszugehen. Der Einfluß der Tonerde ist bei diesem Glas gering; immerhin ist die Tendenz zur Intensivierung der Beizfarbe eindeutig.

Man kann daraus schließen, daß der Einfluß der Glaszusammensetzung bei alkaliarmen Gläsern wesentlich größer ist als bei alkalireichen. Das erklärt die Tatsache, warum man in der Literatur immer wieder den Hinweis findet, daß die Hauptbestandteile des Glases keinen oder nur geringen Einfluß auf die Beizfarbe haben. Diese Untersuchungen wurden nämlich an alkalireichen Gläsern durchgeführt.

## Der Einfluß der Beizenzusammensetzung auf die Beizfarbe

Die weiteren Versuche galten dem Einfluß der Zusammensetzung der Beize auf den Beizprozeß. Zunächst wurde geprüft, welche Silberverbindungen das hier interessierende Bleiborosilikatglas rot beizen. Dazu wurden die verschiedenen Stoffe ohne weiteren Zusatz lediglich mit etwas Spiritus angerieben, auf Glasstückchen gegeben und 20 Minuten bei 580° C getempert. Es ergab sich: metallisches Silber und Silberchlorid färben nicht; das Thüringer Glas wird jedoch von Silberchlorid rot gebeizt. Silbernitrat, -metaphosphat, -molybdat, -wolframat und -borat färben rot, zerstören aber die Glasoberfläche, sind also zum Beizen ungeeignet. Silbersulfid, -sulfat, -chromat sowie ein Gemisch von metallischem Silber und Schwefel und etwas schwächer Silberoxid färben rot, ohne die Glasoberfläche zu verändern. Jedoch nicht alle diese Verbindungen beizen das Glas unmittelbar. Dies zeigt Tab. 3, auf der das Verhalten verschiedener Silberverbindungen in unterschiedlicher Gasatmosphäre dargestellt ist.

Tabelle 3. Wirkung verschiedener Silberverbindungen auf Bleiborosilikatglas 906c

| | Luft | $O_2$ | $N_2/CO_2$ | Luft $+SO_2$ | Schwefelzusatz $+O_2$ | Schwefelzusatz $+N_2$ |
|---|---|---|---|---|---|---|
| Silberrückstd. | farblos | farblos | farblos | rot | rot | farblos |
| Silberspiegel | farblos | gelblich | — | rot | — | — |
| Silbersulfid | rot | rot | farblos | rot | rot | farblos |
| Silbersulfat | rot | rot | rot | rot | rot | farblos |
| Silberoxid | rosarot | rosarot | rosarot | rot | rot | farblos |

Unterschiedliche Gasatmosphäre; Temperaturbehandlung: 580° / 20 Minuten

Man erkennt aus der Tabelle, daß immer nur dann eine rote Beizfarbe auftritt, wenn Silbersulfat zugesetzt wird oder sich während des Beizprozesses Silbersulfat bilden kann. Metallisches Silber und Silbersulfid färben also nicht. Silberoxid färbt zwar auch, aber wesentlich schwächer als Silbersulfat. Allgemein ergibt sich, daß nur diejenigen Verbindungen das Bleiborosilikatglas rot beizen, die stark dissoziiert sind.

Zum Beizen des Bleiborosilikatglases kommen also Silbersulfid, Silbersulfat und ein Gemisch von metallischem Silber + Schwefel in Frage, doch ist Silbersulfat unbedingt vorzuziehen, da man dann von der Atmosphäre im Brennraum weitgehend unabhängig ist. Reduzierende Bedingungen im Brennraum würden natürlich stören, aber diese müssen sowieso vermieden werden, da es sich hier um ein Bleiglas handelt.

Bekanntlich muß man die Silberverbindungen mit einem geeigneten Stoff, wie Ocker oder Eisenoxid, vermischen, damit man die Beize gut auf das Glas auftragen kann. Dieser Stoff — ich möchte ihn Trägerstoff nennen — hat einen großen Einfluß auf den Ausfall der Beize, allerdings nur bei niedriger Silberkonzentration. Bei hoher Konzentration — etwa 50% Silbersulfat in der Beize — waren alle untersuchten Trägerstoffe praktisch gleich gut. Die wirklich gut geeigneten Trägerstoffe, nämlich Bariumsulfat, Titandioxid, Braunstein und bestimmte Eisenoxide, geben jedoch noch bei einem Silbersulfatgehalt von 10% eine einwandfreie Beize. Wir haben von diesen das Eisenoxid als Trägerstoff ausgewählt, weil es ein großtechnisches Produkt ist, in vielen verschiedenen Qualitäten erhältlich, preisgünstig, beim Brennen nicht sintert und das Glas nicht zerkratzt. Die einzelnen Eisenoxide verhalten sich jedoch außerordentlich unterschiedlich. Unter 16 untersuchten Eisenoxiden waren 3, die als gut bezeichnet werden konnten.

Die Frage, woran man ein „gutes" Eisenoxid erkennt, ist nicht eindeutig zu beantworten. Jedenfalls waren die gut geeigneten Sorten dunkelrot bzw. violett gefärbt und, wie Röntgenaufnahmen zeigten, gut kristallisiert. Außerdem war es möglich, ein nicht sehr gut kristallisiertes Eisenoxid, das nur bei hoher Silbersulfat-Konzentration eine gute Beize ergab, durch Erhitzen mit Natriumchlorid bei 850° C in ein gut kristallisiertes und nun gut geeignetes Eisenoxid zu überführen.

Der Einfluß des Silbersulfatgehaltes einer Beize aus Silbersulfat und Eisenoxid auf die Beizfarbe äußert sich etwas ungewöhnlich: Werden durch kürzeres Beizen relativ helle Töne erzielt, so färben hochprozentige Beizen stärker. Beizt man länger, und zwar so lange, bis der von den Lampenwerken geforderte rote Farbton erreicht ist, so ist der Silbersulfatgehalt praktisch ohne Bedeutung, wenigstens oberhalb des Minimalwertes von 10%. Auf die Deutung dieser Erscheinung wird weiter unten noch eingegangen.

Selbstverständlich wurde versucht, durch Zusätze die Wirkung der Beize zu erhöhen. Das ist nur durch Zusatz von Lithiumsulfat zur Beize gelungen. Die Deutung ist einfach: Die kleineren Lithiumionen dringen schneller als die Silberionen im Austausch gegen Natrium- und Kaliumionen ins Glas ein. Es entsteht also ein lithiumhaltiges Glas, und dieses lithiumhaltige Glas läßt sich, wie oben gezeigt wurde, besser beizen als lithiumfreies. Das bestätigt folgende interessante Beobachtung: Bei kürzeren Behandlungszeiten ist die Wirkung lithiumhaltiger Beizen schwächer als die lithiumfreier. Erst wenn genügend Lithium ins Glas eingewandert ist, steigt die Beizwirkung an, dann allerdings so stark, daß sie die Wirkung lithiumfreier Beizen erheblich übertrifft.

## Theoretische Überlegungen

Nun stellt sich natürlich die Frage: Wie kommt es zur Bildung dieser gelben, roten und blauen Farben? Den Beizvorgang selbst stellt WEYL[3]) in seiner Monographie „Coloured Glasses" folgendermaßen dar: Zunächst erfolgt ein Kationenaustausch zwischen Beize und Glas. Silberionen treten in das Glas ein, eine gleiche Anzahl Alkaliionen aus dem Glas aus. Die nun in der Glasoberfläche befindlichen Silberionen wandern in das Glas hinein; die im Glas enthaltenen Reduktionsmittel reduzieren sie zu Silberatomen, und diese vereinigen sich zu Silberkristallen in kolloiden Dimensionen. Die Größe der gebildeten Silberteilchen bestimmt die Farbe des gebeizten Glases.

Die Silberkristalle konnten röntgenographisch in rot und violett gebeizten Gläsern nachgewiesen werden*). Die direkte Messung der Größe der Silberteilchen

*) Herrn Prof. Dr. H. SAALFELD, damals Max-Planck-Institut für Silikatforschung, Würzburg, sei für die Aufnahmen gedankt.

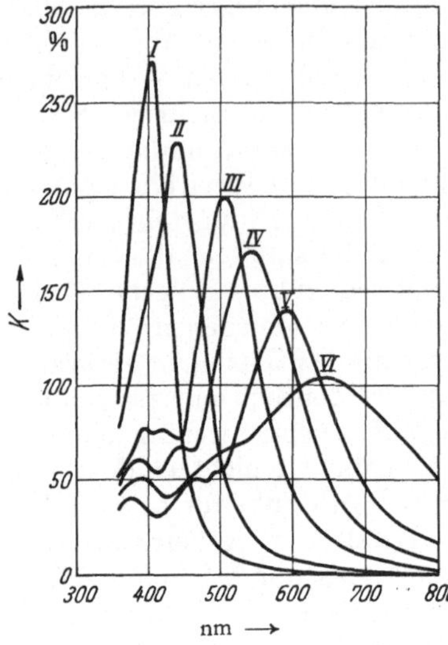


Abb. 3. Absorptionskurven von Silberhydrosolen verschiedener Teilchengröße, nach Wiegel.

im gebeizten Glase ist leider bisher noch nicht gelungen. Es liegen aber Arbeiten vor von WIEGEL[4]) über den Zusammenhang von Teilchengröße und Farbe bei Silberhydrosolen. Tab. 4 zeigt die dabei aufgetretenen Farben, Abb. 3 die Absorptionskurven der verschiedenen Sole. Man sieht, daß die von uns an gebeiztem Glas beobachteten Farben auch bei Silberhydrosolen auftreten und, was noch wichtiger ist, die Absorptionskurven bzw. Durchlässigkeitskurven sind bei Silber-

Tabelle 4. Farbe und Teilchengröße von Silberhydrosolen (nach WIEGEL)

| Durchsichtsfarbe | Streulichtfarbe | Teilchengrößenbereich |
|---|---|---|
| Gelb | Blau | 10— 20 nm |
| Rot | Dunkelgrün | 25— 35 nm |
| Purpurrot | Grün | 35— 45 nm |
| Violett | Gelbgrün | 50— 60 nm |
| Dunkelblau | Lehmgelb | 70— 80 nm |
| Hellblau | Rotbraun | 90—100 nm |
| Graugrün | — | 120—130 nm |

hydrosolen und dem gebeizten Glas praktisch identisch. Damit ist nicht nur gesichert, daß die Größe der Silberteilchen die entscheidende Rolle spielt, sondern auch ein Anhaltspunkt für ihre Größe im Glas gegeben. Wenn also beispielsweise gefunden wurde, daß durch die Erhöhung des Tonerdegehaltes des Glases eine Farbverschiebung von orangerot über rot, purpur nach blau eintritt, so bedeutet das nichts anderes, als daß ein höherer Tonerdegehalt die Ausbildung größerer Silberteilchen begünstigt.

Die Frage, weshalb Teilchen unterschiedlicher Größe auftreten, ist allerdings schwerer zu beantworten. Es läßt sich jedoch zeigen, daß zwei Faktoren eine besonders wichtige Rolle spielen, und zwar 1. Natur und Menge des Reduktionsmittels und 2. die Konzentration der ins Glas einwandernden Silberionen.

Nach Angaben von KÜHL, RUDOW und WEYL[5]) sowie von TRESS[6]) ist $Sb_2O_3$ ein stärkeres Reduktionsmittel als $As_2O_3$, oder mit anderen Worten: Der Sauerstoff-Partialdruck ist in $Sb_2O_3$-haltigen Gläsern niedriger als in $As_2O_3$-haltigen. Es steht also zu erwarten, daß $Sb_2O_3$ gröbere Silberkristalle ausfällt. Hinzu kommt weiter, daß $As_2O_3$ einerseits bei den Glasschmelztemperaturen stärker verdampft als $Sb_2O_3$ und andererseits ein größerer Anteil des Arsens in der unwirksamen V-wertigen Stufe verbleibt als beim Antimon. Das bedeutet, daß bei äquimolarer Zugabe von $As_2O_3$ bzw. $Sb_2O_3$ im Falle des Antimons mehr Reduktionsmittel im fertig erschmolzenen Glas vorhanden ist. Auch diese Tatsache führt dazu, daß

Abb. 1 Farbe des gebeizten Glases in Abhängigkeit von der Glaszusammensetzung. Temperaturbehandlung: 580° / 20 Minuten.

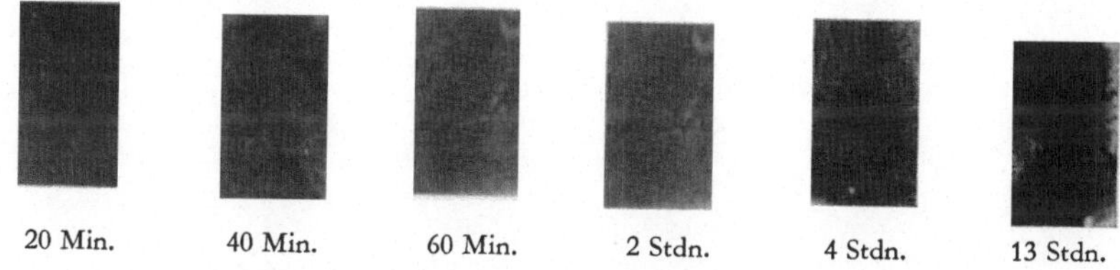


Abb. 4 Bleiborosilikatglas 906c. Betriebsschmelze, verschieden lange Zeiten bei 580° gebeizt und anschließend mit ~10 %iger Flußsäure geätzt.

in antimonhaltigen Gläsern gröbere, aber auch zahlenmäßig mehr Kristalle entstehen.

Die Höhe der Silberionenkonzentration im Glas wirkt in genau entgegengesetzter Richtung. Bei hoher Silberionenkonzentration entstehen kleinere Kristalle.

Wenn also Weichgläser schwerer rot zu beizen sind als Hartgläser, so hat das vor allem zwei Ursachen: Einmal ist die Menge an Reduktionsmittel kleiner, da durch den hohen Alkaligehalt ein größerer Anteil des Antimons in der V-wertigen Stufe stabilisiert wird, und zum anderen ist die Silberionenkonzentration im Glase hoch, da viele Alkaliionen gegen viele Silberionen ausgetauscht werden und dem Eindringen der Silberionen in das Glas wenig Widerstand entgegengesetzt wird. Damit ist auch verständlich, daß arsenhaltige Weichgläser mit reinen Silberbeizen nicht mehr rot gebeizt werden können, wohl aber Hartgläser.

Eine Verminderung der Silberionenkonzentration im Glas müßte also zu gröberen Kristallen führen. Das ist auch der Fall, vor allem dann, wenn dem Eindringen der Silberionen in das Glas bzw. Austreten der Alkaliionen aus dem Glas Widerstand entgegengesetzt wird, z. B. beim Einbau von $Al_2O_3$ in das Glas oder Zusatz von $Na_2SO_4$ bzw. $K_2SO_4$ zur Beize. Dieser Effekt zeigt sich besonders deutlich, wenn man die Farbe der am weitesten in das Glas hineingewanderten Silberschicht betrachtet:

Es ist klar, daß mit steigender Eindringtiefe das Herauswandern der Alkaliionen erschwert und damit die Eindringgeschwindigkeit der Silberionen immer kleiner wird. Gleichzeitig wird im Glas die Tendenz bestehen, den Sauerstoffpartialdruck im gebeizten und ungebeizten Glas auszugleichen. Das wirkt sich so aus, als ob das Reduktionsmittel den Silberionen entgegenwandern würde. Je langsamer die Front der Silberionen wandert, um so mehr Silber wird abgeschieden, und dieses schlägt sich naturgemäß bevorzugt an den bereits vorhandenen Silberkristallen nieder. Mit steigender Eindringtiefe werden also die Silberkristalle immer größer. Sichtbar machen kann man diese Erscheinung, wenn man verschieden lang gebeizte Glasproben oberflächlich mit Flußsäure abätzt. Welche Farben man dann erhält, zeigt die Abb. 4.

Man erkennt eine eindeutige Zunahme der Korngröße mit zunehmender Eindringtiefe in völliger Übereinstimmung mit den von Wiegel an Silberhydrosolen gemachten Beobachtungen. Auch die spektrale Durchlässigkeit dieser Proben stimmt im wesentlichen mit den Messungen von Wiegel überein.

Nun ist auch verständlich, warum bei einer bestimmten Beizdauer hochprozentige und niedrigprozentige Silbersulfatbeizen gleich stark beizen. Die zunächst schwächer wirkenden niedrigprozentigen Beizen führen früher zur Ausbildung gröberer Silberkristalle, die bekanntlich im sichtbaren Gebiet stärker absorbieren als die kleineren, so daß dann dem Auge die verschieden gebeizten Gläser gleich gefärbt erscheinen.

Herrn Prof. Dr. A. Dietzel danke ich für die Möglichkeit, die vorliegende Arbeit mit ihm zu diskutieren und für wertvolle Hinweise für die Deutung des Beizvorganges. Den Herren E. Jarschel und F. Wanke sei für die Durchführung der Versuche gedankt.

## Literatur

1) Springer, L: Glastechn. Ber. 9 (1931) S. 334—340.
2) Salaquarda, F: Sprechsaal 65 (1932) S. 310—313.
3) Weyl, W. A.: Coloured Glasses. Sheffield 1951.
4) Wiegel, E: Kolloid-Zeitschr. 53 (1930) S. 96—101 und Z. Physik 136 (1954) S. 642—653.
5) Kühl, C., Rudow, H., u. W. A. Weyl: Sprechsaal 71 (1938) S. 118.
6) Tress, H. J.: Phys. and Chem. of Glasses 1 (1960) S. 196—197

# Beitrag zur Analyse von Gasblasen nach der Kroghschen Methode*)

Von

G. SCHILLING

Mit 9 Abbildungen

Die Untersuchung des Gasinhaltes von Glasblasen geschieht herkömmlicherweise nach einer erstmalig von Timiriazeff[1]) erwähnten und später von Krogh[2]) weiterentwickelten Mikrogasanalysenmethode, die im wesentlichen auf dem Orsat-Prinzip beruht. Für die Größenbestimmung von Blasen über 1 $\mu$l (bis etwa 150 $\mu$l) verwendete man bisher[4]) die Mikrobürette, eine mit Millimeterteilung versehene Kapillarröhre von entsprechendem Durchmesser, für kleinere Blasen das Mikroskop. Dieses benutzte als erster Enss[3]) bei der Untersuchung von Glasblasen, da ihre Größe normalerweise in der Hauptsache unter 1 $\mu$l liegt.

## 1. Einleitung

Die mikroskopische Volumenbestimmung wird bei kleineren Blasen vorgezogen, da die Messung kleiner Volumina mit der Mikrobürette zu sehr die Sehschärfe beansprucht. Sie ist aber ungenauer als die Mikrobüretten-Methode. Entspricht das Anfangsvolumen der Gasblase etwa der Größe des Gesichtsfeldes im Mikroskop, so beträgt der Volumen-Meßfehler rd. 2% unter Zugrundelegung einer Meßgenauigkeit von einem halben Skalenteil bei einer hundertteiligen Okularmikrometerskala. Nimmt das Blasenvolumen um $^9/_{10}$ ab — ist der Blasendurchmesser also nur noch knapp halb so groß wie am Anfang —, steigt der Volumenmeßfehler schon auf 4% an.

Für die Volumenberechnung ist ferner eine strenge Kugelgestalt der Blase unter dem Objektträger Voraussetzung, die eine Folge der Oberflächenspannungskräfte ist. Eine Abweichung von der Kugelform kann eintreten:

1. bei zunehmender Blasengröße durch die wachsenden Auftriebskräfte,

2. durch Änderung des Benetzungswinkels infolge Verunreinigung der Blasenauffangflüssigkeit oder der Glasoberfläche.

Um diese Fehlermöglichkeiten auszuschließen, ist eine Volumenbestimmung mit der Mikrobürette günstiger. Im folgenden soll gezeigt werden, daß ihre Verwendung für Blasen unter 1 $\mu$l ohne höhere Beanspruchung der Sehschärfe als am Mikroskop möglich ist und den Vorteil der Einfachheit, Schnelligkeit und größeren Genauigkeit mit sich bringt.

## 2. Apparatur und Arbeitsweise

Die Mikrobürette besteht aus einer Thermometerkapillare von 150 $\mu$m Durchmesser und 150 mm Länge. An dem einen Ende befindet sich in Form einer Gasglocke eine Erweiterung, die zur Aufnahme der Gasabsperrflüssigkeit und Absorptionslösungen und zum Auffangen der zu untersuchenden Gasblasen dient. Ihre Öffnung darf nur so groß sein (etwa max. 6 mm), daß auch bei senkrechter Stellung nach unten keine Flüssigkeit herauslaufen kann. Einen Längsschnitt der Mikrobürette zeigt Abb. 1.

Für die Auswahl der Kapillare ist die Gleichmäßigkeit des Durchmessers über die ganze Meßlänge maßgebend, die durch einen eingezogenen Hg-Faden kon-

*) Veröffentlicht in Sprechsaal 92 (1959) S. 615—619.

trolliert werden kann. Auch eine konische Kapillare ist verwendbar, wenn die Durchmesseränderung linear ist und bei der Messung die Mitte des Blasenfadens immer mit der Mitte des Meßbereiches zusammenfällt.

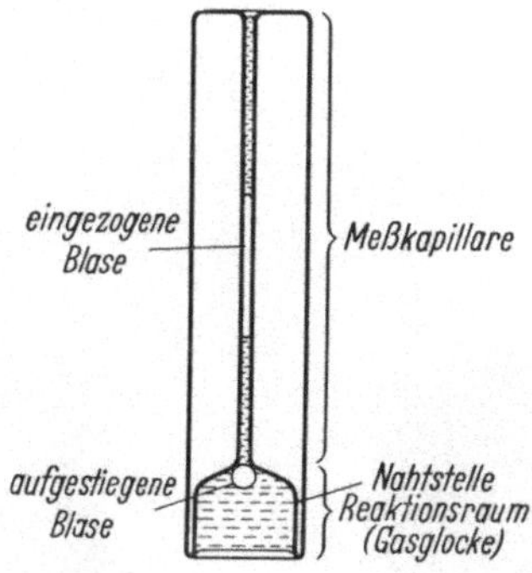


Abb. 1. Mikrobürette, nicht maßstabsgetreu.

Das Ausmessen der in die Kapillare durch Unterdruck eingezogenen Blase geschieht mit einem Lineal mit 0,5 mm-Teilung (und gegebenenfalls einer Lupe). Der Meßfehler beträgt etwa $\pm$ 0,1 mm. Einen Vergleich der Volumenmeßfehler bei der Blasengrößenbestimmung mittels Mikrobürette und Mikroskop bringt Tab. 1.

Tabelle 1. Volumenmeßfehler in Abhängigkeit von der Blasengröße

| Blasen-volumen $\mu$l | Volumenbestimmung mittels Mikrobürette (⌀ 145 $\mu$m) | | Volumenbestimmung mittels Mikroskop (Vergrößerung: 60×) | |
|---|---|---|---|---|
| | Blasenlänge mm | Proz. Fehl. Vol. % | Blasen-⌀ $\mu$m | Proz. Fehl. Vol. % |
| 0,1 | 6,0 $\pm$ 0,1 | 1,7 | 576 $\pm$ 7,5 | 3,9 |
| 0,2 | 12,0 | 0,8 | 726 | 3,1 |
| 0,4 | 24,1 | 0,4 | 914 | 2,5 |
| 0,6 | 36,1 | 0,3 | 1047 | 2,2 |
| 0,8 | 48,1 | 0,2 | 1153 | 1,9 |
| 1,0 | 60,2 | 0,2 | 1241 | 1,8 |
| 1,2 | 72,3 | 0,1 | 1306 | 1,7 |

Zur Erleichterung der Arbeitsweise ist eine drehbare Anbringung der Mikrobürette günstig (Abb. 2—4):

In Stellung 1 wird mit einer Pipette (Abb. 5) die zu untersuchende Gasblase in den flüssigkeitsgefüllten Reaktionsraum eingeführt und durch Unterdruck mittels des links im Bilde sichtbaren Gummiballs in die Kapillare eingezogen.

Hiernach wird in Stellung 2 die Blase vermessen. In Stellung 3 wird die Absperrflüssigkeit im Reaktionsraum durch die erste Absorptionsflüssigkeit ersetzt. Nach Zurückdrehen des Analysenrohres in die Stellung 1 wird die Blase mittels Überdruck aus der Meßkapillare in den Reaktionsraum zurückgedrückt.

Nach Ablauf der Absorptionszeit wird die Blase wieder zurückgezogen. Da hierbei Absorptionsflüssigkeit mitgerissen wird, muß die Blase gewaschen werden. In Stellung 3 wird die Absorptionsflüssigkeit aus dem Reaktionsraum entfernt und die Gasglocke mehrmals mit destilliertem Wasser ausgespült. Nach dem Zurückdrehen in die Stellung 1 wird die Blase in den mit Wasser gefüllten Reaktionsraum zurückgedrückt. Infolge des größeren spezifischen Gewichtes sinken die Absorptionsmittelreste nach unten und die Blase kann sogleich wieder eingezogen werden. In Stellung 2 wird ihre neue Länge gemessen.

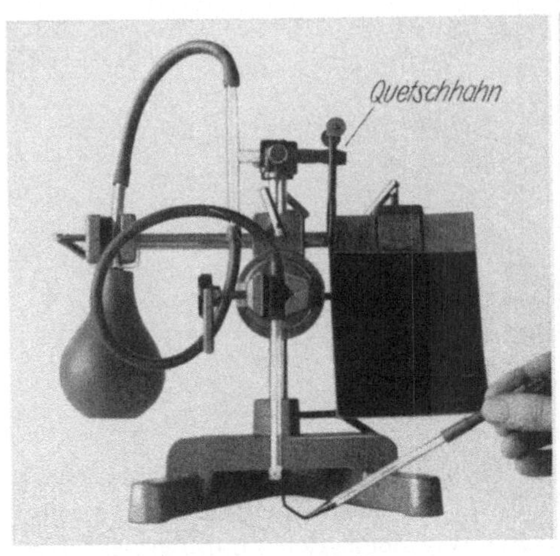


Abb. 2. Stellung 1.

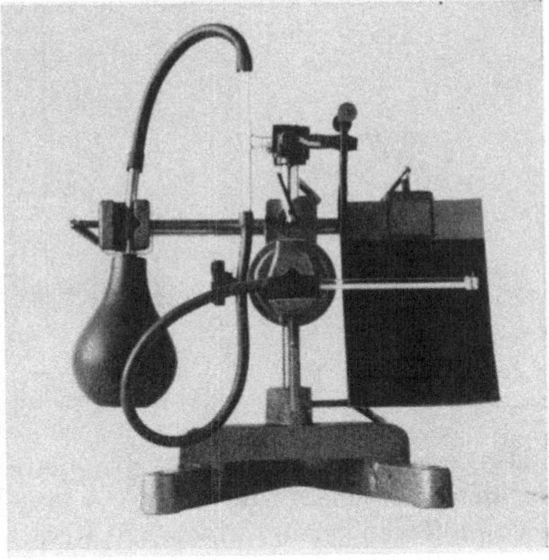

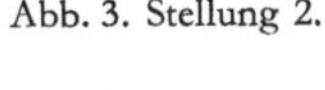

Abb. 3. Stellung 2.

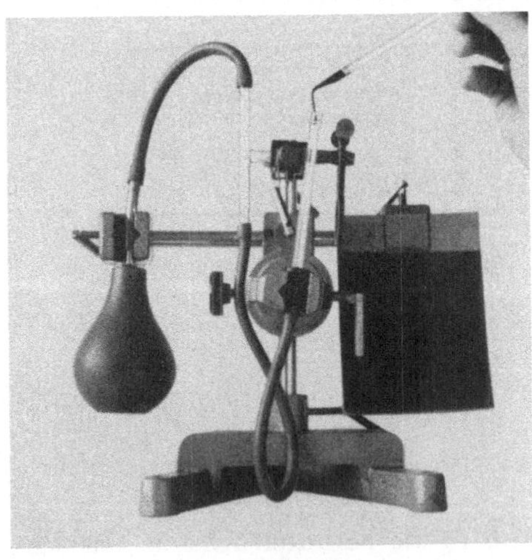

Abb. 4. Stellung 3.

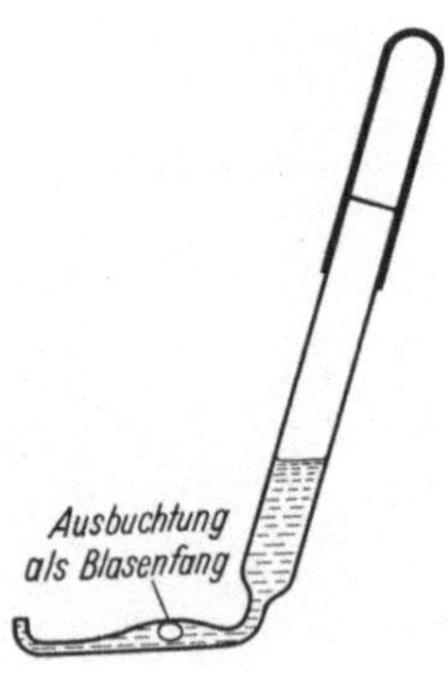


Abb. 5. Mikropipette zum Blasentransport.

In Stellung 3 wird das Waschwasser gegen die nächste Absorptionsflüssigkeit ausgewechselt und der ganze Vorgang wiederholt. Die Bestimmung der einzelnen Gaskomponenten dauert bei einer Absorptionszeit von 2 min nicht länger als 4—5 min. Eine Temperaturkonstanthaltung der Meßkapillare durch einen Wasserbadmantel erübrigt sich bei diesen kurzen Arbeitszeiten, zumal eine Temperaturänderung von 1° C einer Volumenänderung bei Gasen von nur 0,3% entspricht.

## 3. Analysenbeispiele

Als Absorbentien wurden für die bei der Glasblasenanalyse in Frage kommenden Gase folgende Lösungen verwendet:

| | |
|---|---|
| $CO_2 + SO_2$ | 10%ige KOH-Lösung |
| $O_2$ | 10 g $Na_2S_2O_4$ in 50 ml $H_2O$ + 6 ml KOH-Lösung (4 : 3) |
| CO | 10 g $Cu_2Cl_2$ + 12,5 g $NH_4Cl$ in 37,5 ml $H_2O$ + 17 ml $NH_3$-Lösung ($D$ = 0,91) |
| $H_2$ | BRUNCKsche Lösung: 2 g koll. Pd + 5 g Pikrinsäure, mit 22 ml n-NaOH neutralisiert, auf 220 ml mit $H_2O$ aufgefüllt. |

Tab. 2—4 bringen Analysenbeispiele für Luft, Formiergas und Leuchtgas. Der mittlere Fehler des Einzelwertes überschreitet nicht 0,5 Vol.%.

Tabelle 2. Analyse von Luftblasen

| Blasengröße $\mu$l | $O_2$-Gehalt Vol.% |
|---|---|
| 0,85 | 20,8 |
| 0,81 | 21,8 |
| 0,60 | 20,3 |
| 0,98 | 20,3 |
| 1,10 | 21,7 |
| 1,25 | 20,9 |
| 0,47 | 20,7 |
| 0,62 | 21,0 |
| 0,86 | 20,8 |
| 0,99 | 21,0 |
| Mittel: | 20,93 |

Mittl. Fehler des Mittelwertes: ± 0,16 Vol.%
Mittl. Fehler d. Einzelmessung: ± 0,50 Vol.%

Tabelle 3. Analyse von Formiergasblasen

| Blasengröße $\mu$l | $H_2$-Gehalt Vol.% |
|---|---|
| 0,72 | 17,4 |
| 0,95 | 17,4 |
| 1,12 | 17,9 |
| 0,64 | 17,4 |
| 1,08 | 18,1 |
| 0,52 | 17,6 |
| 1,19 | 17,4 |
| 0,42 | 18,0 |
| 0,81 | 18,0 |
| 0,76 | 17,8 |
| Mittel: | 17,70 |

Mittl. Fehler des Mittelwertes: ± 0,09 Vol.%
Mittl. Fehler d. Einzelmessung: ± 0,29 Vol.%

Tabelle 4. Analyse von Leuchtgasblasen

| Gasbestandteile | $CO_2$ | $O_2$ | $CO+C_mH_n$ | $H_2$ | $N_2+C_nH_{2n+2}$ |
|---|---|---|---|---|---|
| Analyse nach ORSAT | 2,9 | 0,2 | 18,9 | 46,5 | 31,5 |
| Gefundene Werte, unkorrigiert | 4,8 ± 0,1 | 2,1 ± 0,1 | 18,2 ± 0,2 | 40,9 ± 0,3 | 34,0 ± 0,1 |
| Werte, korrigiert | 3,0 | 0,3 | 18,2 | 46,5 | 32,0 |

## 4. Fehlermöglichkeiten

Mit steigender Zahl der zu bestimmenden Komponenten in einem Gasgemisch kann die Abweichung des gefundenen Wertes von dem wahren Gehalt recht groß werden, wie Tab. 4 zeigt. Dies liegt an der für die einzelnen Gase recht unterschiedlichen Löslichkeit in den Gasabsperr- und Absorptionsflüssigkeiten und an der Zahl der vorher durch Absorption zu entfernenden Gasbestandteile.

Da es keine Flüssigkeit gibt, in der Gase absolut unlöslich sind, muß man sich diejenige Flüssigkeit mit der geringsten Löslichkeit und der besten Handhabung aussuchen. Neben den Absorptionskoeffizienten der Gase spielt auch ihre Lösungsgeschwindigkeit, die u. a. von der Teilchengröße abhängig ist, insofern eine Rolle, als die zur Untersuchung gelangende Gasmenge im Verhältnis zu den verwendeten Flüssigkeitsmengen so klein ist, daß auch bei sehr niedrigen Absorptionskoeffizienten nennenswerte Gasmengen in Lösung gehen oder aus der Flüssigkeit in die Blase diffundieren können. Abb. 6 zeigt dies deutlich am Bei-

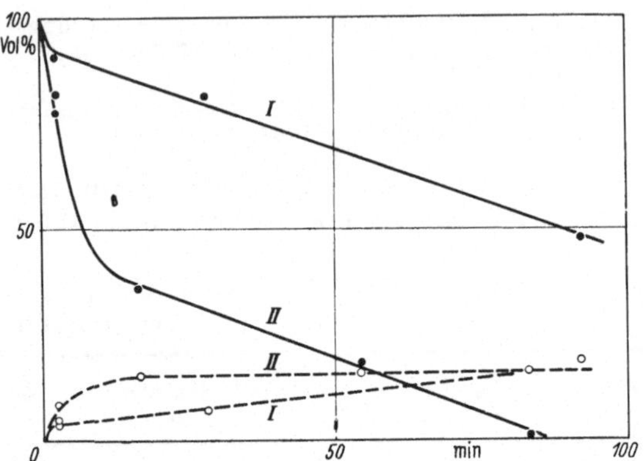


Abb. 6. Änderung des Gasgehaltes einer Wasserstoff-Blase in Wasser mit der Zeit bei Raumtemperatur
Wasservolumen: 900 ml ——————— = $H_2$-Gehalt
Blasenvolumen: 0,5 ml (I) - - - - - - - - = $O_2$-Gehalt.
1 $\mu$l (II).

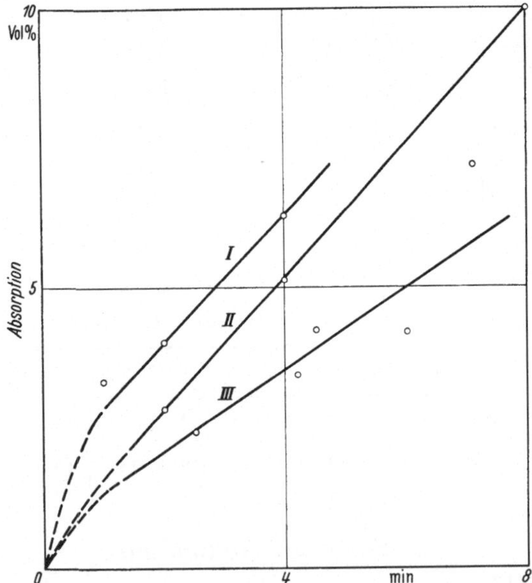


Abb. 7. Absorption von Wasserstoff durch $H_2O$ (I), $Cu_2Cl_2$-Lösung (CO-Reagens) (II) und $Na_2S_2O_4$-Lösung ($O_2$-Reagens) (III) in Abhängigkeit von der Zeit
Flüssigkeitsvolumen: 150—200 $\mu$l
Gasvolumen etwa 1 $\mu$l.

spiel des Wasserstoffs. Der Einfluß des Größenverhältnisses zwischen Gas- und Wassermenge auf die $H_2$-Abnahme in der Gasblase ist ersichtlich. Gleichzeitig diffundiert Luft, die im Wasser gelöst ist, in die Blase.

Aus diesem Grunde müssen mit den Absorbentien Testanalysen mit Gasen oder Gasgemischen, deren Zusammensetzung bekannt ist, vorgenommen werden, um die eventuell notwendigen Korrekturwerte für die Gaskomponenten zu ermitteln. Abb. 7 zeigt beispielsweise die prozentuale $H_2$-Abnahme einer Wasserstoffblase mit der Zeit in verschiedenen Flüssigkeiten. Hiernach ist ersichtlich, daß bestimmte Absorptionszeiten eingehalten werden müssen, um später Korrekturen an den gefundenen Werten anbringen zu können (vgl. auch [5]).

Da die Gasblase vor jeder erneuten Messung gewaschen werden muß, um die mitgerissenen Absorbentien zu entfernen, die die Kapillare verstopfen und die Messung beeinflussen können, bringt die gleichzeitige Verwendung der Waschflüssigkeit als Absperrflüssigkeit im Hinblick auf die Arbeitsweise eine Vereinfachung mit sich. Zum Waschen eignet sich am besten Wasser, aber als Absperrflüssigkeit ist es nicht gerade als ideal zu bezeichnen, da einzelne Gase — $CO_2$, $SO_2$, $H_2S$ — sich recht gut in ihm lösen. Ihre Löslichkeiten liegen zwei bis drei Zehnerpotenzen höher als die von $H_2$, $O_2$, CO und $N_2$. Da jedoch eine völlige quantitative Trennung dieser drei Gase bei keiner anderen Absorptionsflüssigkeit (z. B. Glyzerin, angesäuerte Salzlösungen) möglich ist, wird man sie zweckmäßigerweise, wenn eine grobe Abschätzung der einzelnen Gaskomponenten nicht gewünscht wird, zusammen absorbieren. Das erste Waschen der Blase erfolgt dann nach der Entfernung der leicht löslichen Bestandteile, so daß in diesem Falle eine Verwendung des Wassers als Gasabsperrflüssigkeit möglich ist, wie dies auch bei den Analysenbeispielen geschehen ist. Der Vorteil der Methode besteht auch darin, daß die Oberfläche der in der Kapillare langgestreckten Blase, die mit der Absperrflüssigkeit in Berührung steht, im Vergleich zum Blasenvolumen so klein ist, daß der Gasaustausch bei der kurzen Meßdauer bei weitem nicht so groß sein kann wie bei der mikroskopischen Methode.

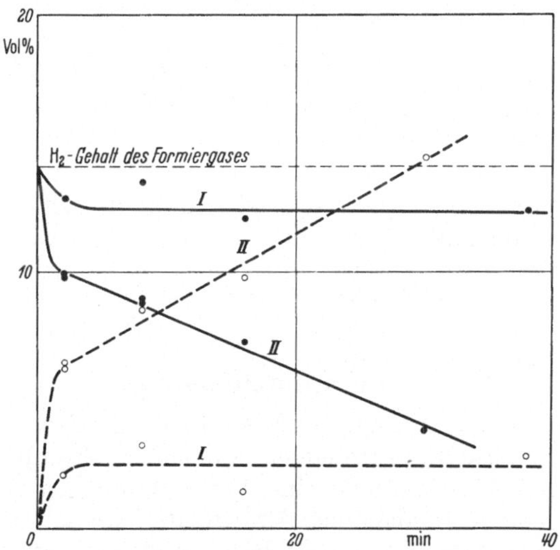


Abb. 8. Änderung des Gasgehaltes einer Formiergas-Blase (14,1% $H_2$) mit der Zeit in $H_2O$ (II) und in 3 m-$K_2CO_3$-Lösung (I)

Flüssigkeitsvolumen: 900 ml ——————— = $H_2$-Gehalt

Gasvolumen: 1—2 μl - - - - - - - - - - = $O_2$-Gehalt.

Eine allgemeingültige Angabe der Korrekturgrößen ist nicht möglich, da sie von verschiedenen Faktoren abhängen. Neben Blasengröße und Gasart spielt das Flüssigkeitsvolumen im Reaktions- bzw. Meßgerät eine Rolle, ferner die Zeitdauer der Analyse, die Abmessungen und Formen der Geräte sowie die Arbeitsweise. Daher müssen diese Korrekturwerte von Fall zu Fall bestimmt werden, am besten mit Hilfe eines Testgases, das in seiner Zusammensetzung der des zu untersuchenden Gasgemisches ähnlich ist.

Bei der Untersuchung von Blasen im Glase ist die Frage nach der geeigneten Auffangflüssigkeit, in der die Gase nach dem Aufstechen, Aufbohren oder Brechen des Glases unter einer Auffangfläche (z. B. Uhrglas) gesammelt werden, von ausschlaggebender Bedeutung. Da die Gasabsorption durch Flüssigkeiten eine Funktion der Zeit ist, das genaue Einhalten einer bestimmten Zeitdauer

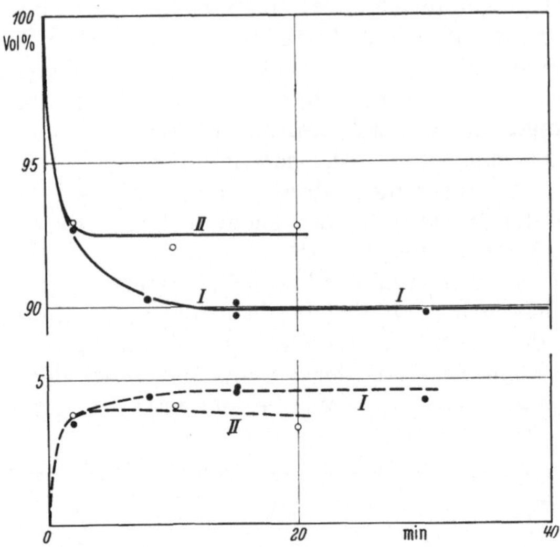


Abb. 9. Änderung des Gasgehaltes einer Wasserstoff-Blase mit der Zeit in 3 m- (I) und 6 m-$K_2CO_3$-Lösung (II)
Flüssigkeitsvolumen: 900 ml ——————— = $H_2$-Gehalt
Gasvolumen 1—2 $\mu$l - - - - - - - - - = $O_2$-Gehalt.

bei dieser Arbeit aber nicht möglich ist, muß man hierfür eine Flüssigkeit suchen, die eine möglichst konstante Absorption aufweist. Konzentrierte Salzlösungen beispielsweise besitzen diese Eigenschaft. Abb. 8 und 9 geben die Löslichkeitsverhältnisse von Wasserstoff bzw. Formiergas in Kaliumkarbonatlösungen wieder.

## 5. Zusammenfassung

Durch Erweiterung der Mikrobüretten-Methode auf den bei der Glasblasenuntersuchung am häufigsten auftretenden Größenbereich unter 1 $\mu$l kann gegenüber der mikroskopischen Methode eine Verbesserung der Genauigkeit in der Volumenmessung, eine Vereinfachung der Arbeitsweise sowie eine Zeitersparnis erzielt werden. Durch Vermeidung des Blasentransportes zwischen den einzelnen Absorptionsmessungen von einem Gefäß zum anderen mittels Pipette ist eine Fehlerquelle ausgeschaltet worden. Ebenso wird das Waschen der Gasblase und Reinigen des Reaktionsraumes sowie das für die Genauigkeit der Analyse erforderliche exakte Einhalten bestimmter Absorptionszeiten durch die angewandte Methodik sehr erleichtert. Gegenüber der klassischen mikroskopischen Methode können im Vergleich zu den Absorptionslösungen spezifisch leichtere Sperrflüssigkeiten verwendet werden. Durch Auswahl feinerer Kapillaren kann im Bedarfsfall diese Methode möglicherweise auf die Untersuchung von Blasen unter 0,1 $\mu$l ausgedehnt werden.

## Literatur

1) TIMIRIAZEFF, M. C.: Ann. Sci. natur., Sér. 7, Bot. 1 (1885) S. 99—125; vgl. S. 111—113.
2) KROGH, A.: Skand. Arch. Physiol. 20 (1908) S. 279—288. — 25 (1911) S. 182—203; vgl. S. 188ff. — 29 (1913) S. 29. — Siehe auch Handb. biol. Arbeitsmeth. 1926, Abt. IV, T. 10, S. 179—212.
3) ENSS, J.: Glastechn. Ber. 7 (1929/30) S. 384—386. — Sprechsaal 66 (1933) S. 662—666.
4) KRUSZEWSKI, W. S.: J. Soc. Glass Techn. 38 (1954) S. 65—75 N (Literaturübersicht).
5) FOREMAN, J. K.: Mikrochim. Acta 10 (1956) S. 1481—1487.


# Erzeugung kleinster Tropfen mit pneumatischen Ölzerstäubern*)


Von

J. ULLRICH


Mit 7 Abbildungen


Die Abhängigkeit der Tropfengröße von Konstruktion und Betriebsbedingungen eines pneumatischen Ölzerstäubers wird erörtert, und es wird gezeigt, daß der maßgebende Faktor die erreichte kinetische Energie bzw. die Relativgeschwindigkeit von Brennstoff und Zerstäubungsmittel ist. Bei Verwendung konvergenter Düsen ist die Energieumwandlung durch den kritischen Zustand bei Schallgeschwindigkeit begrenzt. Eine Möglichkeit, weitaus höhere Geschwindigkeiten und damit sehr viel kleinere Tropfendurchmesser zu erzeugen, besteht in der Verwendung divergenter Düsen. Ein mit einer divergenten Lavaldüse ausgerüsteter Zerstäuber für Schweröl wird beschrieben, der gestattet, Tropfendurchmesser kleiner als 5 $\mu$m zu erreichen.


Der zur Verbrennung erforderliche Sauerstoff ist bei den in der Industrie üblichen Brennstoffen nicht in diesen enthalten, sondern muß von außen her zugeführt werden. Die Verbrennungsreaktionen laufen daher an der Brennstoffoberfläche ab. Der Betrag dieser Oberfläche ist somit als wichtigste Einflußgröße für die zur Umsetzung einer bestimmten Brennstoffmenge notwendige Zeit zu betrachten. Bei Hochtemperaturöfen mit großer Heizflächenbelastung ist deshalb eine große Brennstoffoberfläche erforderlich. Diese zu erzeugen ist die wesentliche Aufgabe der Zerstäuber bei Ölfeuerungen.

Infolge ihres einfachen Aufbaues und ihrer leichten Handhabung werden für industrielle Feuerungen bevorzugt pneumatische Zerstäuber eingesetzt. Die zur Zerstäubung notwendige Energie wird ihnen auf pneumatischem Wege zugeführt. Dies geschieht, indem über die im folgenden mit Düsen bezeichneten Austrittsöffnungen der kontinuierlich fließende Ölstrom mit dem strömenden Zerstäubungsmittel in Berührung gebracht wird.

Betrachtet man einen sich mit der Geschwindigkeit $v_1$ bewegenden Öltropfen vom Durchmesser $d$, dessen umgebendes Medium (hier Luft) mit der Geschwindigkeit $v_2$ strömt, so ergibt sich der vor dem Tropfen entstehende Staudruck zu:

$$P = \frac{\varrho_L \cdot v^2}{2} \qquad (\mathrm{N/m^2}) \qquad (1)$$

wobei $v = v_1 - v_2$ die Relativgeschwindigkeit und $\varrho_L$ die Dichte der Luft (des Zerstäubungsmittels) darstellt.

Der am Tropfen infolge der Oberflächenspannungen wirksame Kapillardruck errechnet sich zu:

$$P = K\left(\frac{1}{R_1} + \frac{1}{R_2}\right) \qquad (\mathrm{N/m^2}) \qquad (2)$$

*) Gekürzte Fassung der in Glastechn. Ber. 32 (1959) S. 121 veröffentlichten Arbeit.

Setzt man die Krümmungsradien (des betrachteten Flächenelementes) $R_1$ und $R_2$ proportional dem Tropfendurchmesser $d$, dann errechnet sich der bei den gegebenen Verhältnissen größtmögliche Tropfendurchmesser unter Vergleich von (1) und (2) zu:

$$d = c \frac{K}{\varrho_L \cdot v^2} \qquad \text{(m)}$$

In dieser Gleichung bedeutet $K$ die Kapillarkonstante und $c$ eine experimentelle Konstante, die den Einfluß der Zähigkeit des Brennstoffes, den Wirkungsgrad des Zerstäubers und den Proportionalitätsfaktor des vorherigen Kräftevergleichs enthält.

Die Gleichung für den Tropfendurchmesser zeigt, daß es von ausschlaggebender Bedeutung ist, inwieweit es gelingt, die dem Zerstäuber über ein hochkomprimiertes Zerstäubungsmedium zugeführte Energie in kinetische Energie umzuwandeln. Diese Frage nach der möglichen Energieumwandlung wird durch die Gesetze der Gasdynamik beantwortet.

Läßt man ein kompressibles Medium aus einer konvergenten Öffnung strömen, dann gilt bei vollkommenen Gasen bei konstanter spezifischer Wärme sowie reibungsfreier und isentropischer Zustandsänderung für die Geschwindigkeit im engsten Querschnitt:

$$w_e = \sqrt{2\,g \frac{\varkappa}{\varkappa - 1} P_o v_o \left[1 - \left(\frac{P_e}{P_o}\right)^{\frac{\varkappa - 1}{\varkappa}}\right]} \cdot \alpha \qquad \text{(m/s)}$$

Dabei ist $\alpha$ Ausflußziffer der Düsen, $P_o$ bzw. $P_e$ Druck im Anfangs- bzw. Endquerschnitt, $\varkappa = \frac{c_p}{c_v}$, Verhältnis der spez. Wärmen.

Aus dieser Beziehung erhält man über den Mengenstrom und die Adiabatengleichung die sogenannte Ausflußfunktion

$$\Psi = \sqrt{\frac{\varkappa}{\varkappa - 1}} \sqrt{\left(\frac{P_e}{P_o}\right)^{\frac{2}{\varkappa}} - \left(\frac{P_e}{P_o}\right)^{\frac{\varkappa + 1}{\varkappa}}}$$

Sie erreicht, wie man leicht sieht, beim sogenannten kritischen Druckverhältnis

$$P_s/P_o = \left(\frac{2}{\varkappa + 1}\right)^{\frac{\varkappa}{\varkappa + 1}}$$

ein Maximum der Größe

$$\Psi_{\max} = \left(\frac{2}{\varkappa + 1}\right)^{\frac{1}{\varkappa - 1}} \sqrt{\frac{\varkappa}{\varkappa + 1}}$$

Nach dem Kontinuitätsgesetz ist das Produkt aus Düsenquerschnitt und Ausflußfunktion konstant. Daraus folgt, daß der Druck im Austrittsquerschnitt — auch bei noch so kleinem Außendruck — nicht unter den kritischen Wert sinken kann. Somit kann auch die Geschwindigkeit nur bis zu einem Wert steigen, der dem kritischen Drucke entspricht. Das bedeutet, daß auch bei beliebiger Steigerung des Vordruckes über den Außendruck keine höhere als die der jeweiligen Schallgeschwindigkeit entsprechende kritische Geschwindigkeit erreicht werden kann.

Ölbrenner üblicher Bauart, auch die mit hohen Zerstäubungsmitteldrucken arbeitenden Höchstdruckbrenner, können also unabhängig von der Höhe des Vordruckes als maximalen Geschwindigkeitswert höchstens Schallgeschwindigkeit aufweisen. Damit liegt die Grenze des Energieumwandlungsvermögens der üblichen Brenner fest.

In Abb. 1 ist das Arbeitsdiagramm einer konvergenten Düse dargestellt. Es handelt sich um eine Preßluftexpansion. Mit $\varkappa = 1{,}405$ liegt das Maximum der Ausflußfunktion bei 0,484. Der Vordruck $P_0$ beträgt 4 ata. Der kritische Druck $P_s$ liegt bei 2,21 ata. Der zur Umwandlung in kinetische Energie verbrauchte Anteil der Expansionsarbeit liegt zwischen $P_0$ und $P_s$. Der Rest wird in Reibungs- und Schallenergie verwandelt.

Es liegt nun nahe zu versuchen, diesen Rest der Expansionsarbeit ebenfalls in kinetische Energie umzuwandeln. Dies ist jedoch nicht ohne weiteres möglich und deshalb eine Frage der Zweckmäßigkeit. Die bei leichteren Ölen mit Geschwindigkeiten bis zum kritischen Wert erzielten Tropfendurchmesser liegen je nach Wirkungsgrad des Zerstäubers zwischen 10 und 200 $\mu$m, was für Industriefeuerungen oft genügt. Die dabei verwendeten Düsen sind relativ unkompliziert und einfach herzustellen.

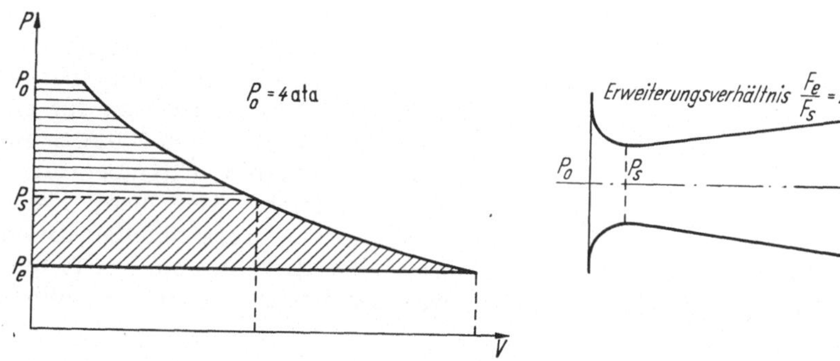


Abb. 1. Expansionsdiagramm einer konvergen en Düse.

Abb. 2. Schema einer Laval-Düse.

Bei empfindlichen Heizflächen, wie sie Glasbäder darstellen, kann jedoch der Fall eintreten, daß die Befeuerung mit Öl nur möglich ist, wenn die größten Tropfendurchmesser kleiner als die oben genannten Werte sind. Die Erfahrung hat gezeigt, daß manche Gläser auf Reduktionen durch einfallenden Kohlenstoff sehr unangenehm reagieren. Andererseits sind auch bei einwandfreien Verbrennungsverhältnissen im Abgas immer Kohlenstoffskelette enthalten. Ihre Größe ist vom ursprünglichen Tropfendurchmesser abhängig. Besonders bei schweren Heizölen ist es äußerst schwierig, sie so klein zu halten, daß sie nach Verlassen des Feuerraumes im Abgasstrom bleiben. Es kann also nur eine sehr feine Zerstäubung helfen. Man ist in diesem Falle gezwungen, die gesamte zur Verfügung stehende Energie, d. h. auch den im obigen Bild zwischen $P_s$ und $P_e$ liegenden Teil, in kinetische Energie umzuwandeln und dem Zerstäubungsvorgang zuzuführen. Diese Verwertung der gesamten Expansionsarbeit läßt sich nur durch Entspannung des Zerstäubungsmittels in einer divergenten Düse erreichen.

Erweitert man eine solche in Abb. 2 gezeigte Düse nach dem engsten Querschnitt, dann muß wegen $F \cdot \Psi =$ Konst. der Wert der Ausflußfunktion abnehmen; der Druck kann also weiter sinken, die Geschwindigkeit weiter ansteigen. Durch einen Vergleich der Werte $F \cdot \Psi$ für den engsten und den weitesten Querschnitt des divergenten Düsenteils ergibt sich unter Berücksichtigung der Beziehung für die Geschwindigkeit eines Gases beim Ausströmen gegen einen

Außendruck, kleiner oder gleich dem kritischen Druck (Schallgeschwindigkeit), ein bestimmtes Erweiterungsverhältnis der Düse sowie das Geschwindigkeitsverhältnis:

$$\frac{w_e}{w_s} = \sqrt{\frac{\varkappa + 1}{\varkappa - 1}\left[1 - \left(\frac{P_e}{P_o}\right)^{\frac{\varkappa - 1}{\varkappa}}\right]}$$

Auf Grund dieser Gleichung ergeben sich Geschwindigkeitswerte nach Art des in Abb. 3 wiedergegebenen Diagramms.

Die erforderliche, peinlich genaue Bearbeitung derartiger Düsen stellt für den praktischen Betrieb eine gewisse Schwierigkeit dar. Bei strömungstechnisch richtiger Konstruktion ergibt sich jedoch ein außerordentlicher Gewinn an Zerstäubungsfeinheit. Man kann bereits mit Vordrücken unter 10 ata Geschwindigkeiten erreichen, die mit den üblichen Meßmethoden nicht mehr erfaßbare Tropfendurchmesser ergeben.

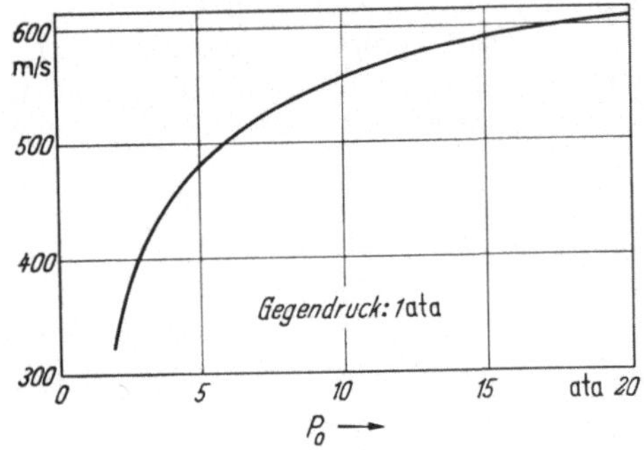


Abb. 3.
Endgeschwindigkeit als Funktion des Anfangsdrucks.

In Abb. 4 ist ein mit einer Lavaldüse ausgerüsteter Ölbrenner dargestellt. Er ist ausgelegt für einen Vollastdurchsatz von 100 kg Schweröl/h bei 110° C Öltemperatur. Als Zerstäubungsmittel dient Preßluft mit einem Druck vor dem Brenner von 4 ata. Die Preßlufttemperatur entspricht der der Umgebung. Die durchgesetzte Luftmenge beträgt 51 Nm³/h, was bei Vollast einem Zerstäubungs-

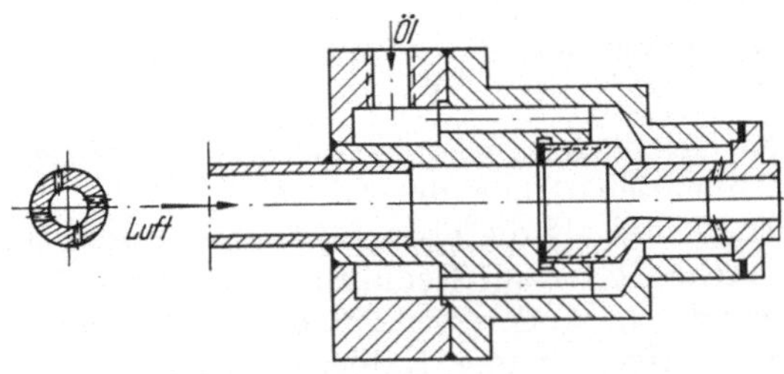


Abb. 4. Aufbau eines überkritischen Zerstäubers.

luftbedarf von etwa 4,5% der Verbrennungsluftmenge entspricht. Die rechnerische Endgeschwindigkeit des Zerstäubungsmittels beim Verlassen der Lavaldüse beträgt 452 m/s. Die maximale Tropfengröße liegt bei etwa 5 $\mu$m. Eine Verteilungsfunktion der Tropfengröße wurde nicht erstellt, da, wie bereits vorher gesagt wurde, die Ausmessung in den unteren Bereichen große Schwierigkeiten bereitet.

Wie im Anfang erwähnt, geht in den Tropfendurchmesser auch der Wirkungsgrad des Zerstäubers ein. Dieser Wirkungsgrad stellt eine Aussage darüber dar, inwieweit die erzeugte kinetische Energie durch geeignete Konstruktion der Düsen für die Zerstäubungsarbeit nutzbar gemacht wird.

Es ist durchaus klar, daß man versuchen wird, den Punkt des Zusammentreffens beider Ströme dorthin zu legen, wo der maximale Energiewert zur Verfügung steht. Bei Rohrströmungen der vorliegenden Art hat die Geschwindigkeit in der Strömungsachse ihren Höchstwert. Dem ist bei den meisten Hochdruckzerstäubern dadurch Rechnung getragen, daß die Ölaustrittsöffnung konzentrisch zur Luftaustrittsöffnung liegt. Im vorliegenden Falle war dies nicht möglich, da man dadurch die freie Strömungsentwicklung gestört hätte. Die Mündungen der Ölkanäle sind deshalb im Umfang der Luftdüse, im Querschnitt der zu erwartenden größten Zentralgeschwindigkeit angeordnet.

Die Schwierigkeit bei einer derartigen Öldüsenanordnung liegt darin, daß der Ölstrahl eine gewisse Energie haben muß, um bis zum Zentrum der Luftströmung vorzudringen. Um dieses Problem zu klären, wurden in üblicher Weise Versuche

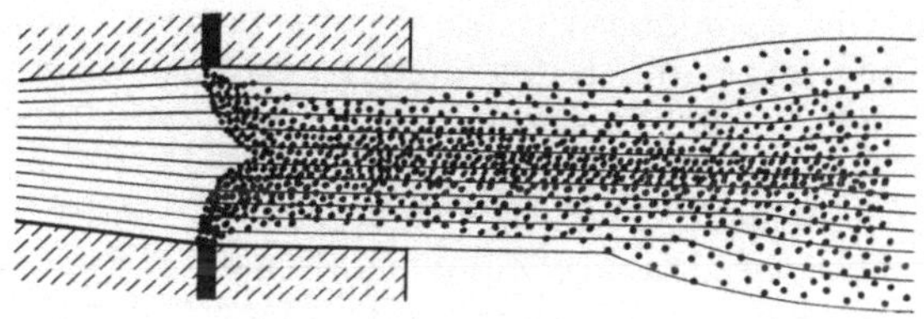

Abb. 5. Ausbildung des Brennstoff-Luft-Nebels.

an Plexiglasdüsen gemacht mit Wasser als Betriebsmittel und Preßluft als Zerstäubungsmittel. Dabei zeigte sich in etwa das in Abb. 5 dargestellte Strömungsbild.

Ein erfolgreicher Betrieb ist überhaupt nur dann möglich, wenn es gelingt, die eingegebene Flüssigkeit so zu führen, daß eine Benetzung der Düsenwandungen vermieden wird, da sich sonst die bereits aufgeteilten Tropfen wieder zusammenballen.

Die Auflösung des in den Düsenraum eintretenden Ölstrahles erfolgt offensichtlich bereits in der Grenzschicht der Luftströmung. Die Teilchen selbst erfahren in

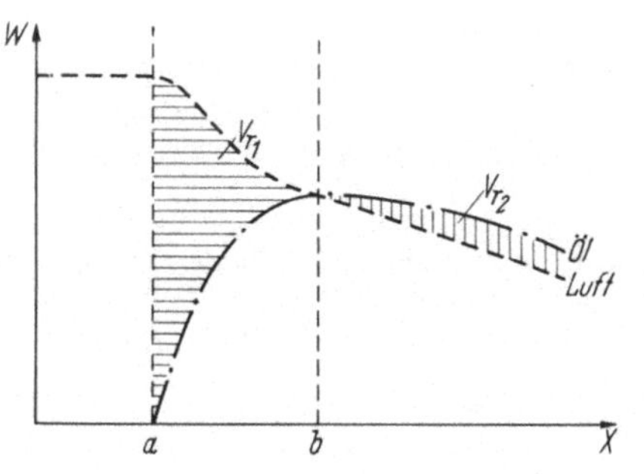


Abb. 6.
Diagramm der Strömungsgeschwindigkeiten.

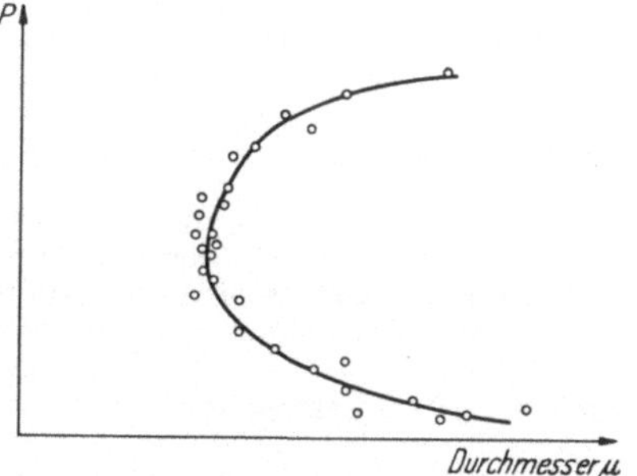


Abb. 7. Tropfendurchmesser in Abhängigkeit vom Brennstoff-Vordruck.

der Folge eine Beschleunigung senkrecht zur ursprünglichen Bewegungsrichtung durch die strömende Luft und beschreiben je nach ihrer eigenen Masse einen parabelähnlichen Weg bis zur völligen Umlenkung in die Luftstromrichtung. Ihre Geschwindigkeit in der ursprünglichen Richtung des Ölstrahles nimmt dabei ab, wächst jedoch in Richtung der Luftströmung bis zum Erreichen der Luftgeschwindigkeit, so daß sich ein Geschwindigkeitsdiagramm nach Abb. 6 ergibt.

Die Relativgeschwindigkeit ist bei *a* am größten und gleich Null bei *b*; entsprechend dem vorher Gesagten dürfte sich der gesamte Zerstäubungsvorgang zwischen $a$ und $b$ abspielen. Setzt man voraus, daß der Zerstäubungsgrad mit der Relativgeschwindigkeit wächst, dann werden die Tropfendurchmesser um so kleiner, je schneller die Ölteilchen in den Luftstrom eindringen, d. h. je kleiner der Abstand $a - b$ ist. Dies wiederum bedeutet, daß der Flüssigkeitsdruck einen optimalen Wert hat.

Im vorliegenden Falle ergab sich folgendes (s. Abb. 7): Bei einem Flüssigkeitsdruck unter 1 atü wird der Ölstrahl direkt an der Mündung umgelenkt und benetzt sogar die Düsenwandung. Man erhält Tropfendurchmesser von unbrauchbarer Größe. Bei weiterer Steigerung des Flüssigkeitsdruckes werden die Tropfendurchmesser immer kleiner, erreichen ein Minimum und wachsen anschließend bei weiterer Drucksteigerung wieder an, weil nun der Ölstrahl den Luftstrom durchschlägt und die gegenüberliegende Wand benetzt. Durch eine gewisse Neigung der Öldüsen gegen die Luftströmung wird der Effekt im Sinne eines schnelleren Eindringens der Flüssigkeitsteile in den Luftstrom bedeutend verbessert.

Infolge der relativ hohen Strahlgeschwindigkeit bestanden zu Anfang große Bedenken hinsichtlich eines stabilen Zündverhaltens der Flamme. Es erwies sich jedoch, daß bei sonst gleichen Verhältnissen Tropfengröße und Zündgeschwindigkeit umgekehrt proportional sind — ein Zusammenhang, der bereits bei den üblichen unterkritischen Hochdruckzerstäubern beobachtet wurde.

Ein überraschendes Ergebnis der Versuche mit diesem Zerstäuber war, daß bei den hier bestehenden Verhältnissen eine Vorwärmung des Zerstäubungsmittels weder auf die entstehenden Tropfendurchmesser noch auf das Zündverhalten einen Einfluß ausübt. Eine weitere, für den praktischen Betrieb außerordentlich vorteilhafte Eigenschaft des beschriebenen Zerstäubers ist, daß sich die Länge seiner Flamme durch entsprechende Bemessung der Sekundärluft in weiten Grenzen verändern läßt.

Mit der Entwicklung dieses Zerstäubers kann das am Anfang gesteckte Ziel — die Erzeugung kleinster Tropfen auf pneumatischem Wege — als in befriedigender Weise erreicht betrachtet werden.

## Literatur

[1]) TRAUSTEL, S.: Elementare Erscheinungen bei der Ölverbrennung, Vergleich mit Versuchsergebnissen. Referat im Fachausschuß II der DGG am 17. Febr. 1956. Glastechn. Ber. 29 (1956) S. 303.

[2]) PRANDTL, L.: Führer durch die Strömungslehre. 3. Aufl., Braunschweig: Vieweg 1949.

[3]) SCHMIDT, E.: Technische Thermodynamik. Berlin-Göttingen-Heidelberg: Springer 1958.

[4]) SCHLICHTING, H.: Grenzschicht-Theorie. Karlsruhe: Braun 1958.

[5]) TOLLMIEN, W.: Berechnung turbulenter Ausbreitungsvorgänge. Z. angew. Math. u. Mech. 6 (1926) H. 6.

[6]) REICHARDT, H.: Gesetzmäßigkeiten der freien Turbulenz. VDI-Forschungsheft 414 (1951).

# Über einige praktische Erfahrungen mit schmelzgegossenen Glaswannensteinen*)

Von

H. WICKERT

Mit 6 Abbildungen

Es wird über praktische Erfahrungen mit schmelzgegossenen Glaswannensteinen berichtet. Die wichtigsten Ursachen des Verschleißes, wie Lochfraß, Glasangriff an der Spiegellinie und Erosion, werden erläutert und die Widerstandsfähigkeit der verschiedenen schmelzgegossenen Steintypen untereinander und mit Schamotte-Wannensteinen verglichen.

## 1. Einleitung

Wannensteine für Glasöfen wurden früher stets kalt geformt und dann gebrannt (Schamottesteine). Erst in den letzten Jahren haben sich aus der Schmelze gegossene Materialien als Glaswannensteine eingeführt, und sie konnten wegen ihrer überlegenen Eigenschaften bereits einen sehr großen Marktanteil auf Kosten der kaltgeformten Erzeugnisse erringen. Wegen der Bedeutung der schmelzgegossenen Glaswannensteine erschien es uns nützlich, unsere Erfahrungen mit diesen Materialien einmal zusammenzustellen. Um die Arbeit nicht zu umfangreich werden zu lassen, war es nötig, sich auf die Beschreibung einiger typischer, immer wieder zu beobachtender Korrosions- bzw. Erosionserscheinungen zu beschränken, ohne auf spezielle Einzelheiten einzugehen. Wir verwenden zwei verschiedene Arten von schmelzgegossenen Steinen:

a) Mullit-Schmelzsteine. Das sind Steine, deren chemische Zusammensetzung etwa der des Mullits entspricht, also etwa 70% $Al_2O_3$ und 30% $SiO_2$.

b) Zirkon-Schmelzsteine. Dies sind Steine mit etwa 35% $ZrO_2$, 55% $Al_2O_3$ und 10% $SiO_2$.

## 2. Betriebsverhalten der schmelzgegossenen Steine

### 2.1 Vergleich schmelzgegossener Steine mit Schamottesteinen

Die Abb. 1 zeigt die Ecke eines Einlegevorbaus. Der Eckstein ist ein Mullit-Schmelzstein; die benachbarten Steine sind Schamotte. Man erkennt, daß der Mullitstein weit besser gehalten hat als die benachbarten Schamottesteine, obgleich er dem Glasangriff viel stärker ausgesetzt war als jene.

### 2.2 Reaktion des Glases und der Ofenatmosphäre mit schmelzgegossenen Steinen

2.2.1 Lochfraß. Nach unseren Erfahrungen ist der Lochfraß bei weitem die wichtigste Ursache für die Zerstörung der feuerfesten Steine. Bei gewöhnlichen Natronkalkgläsern ist es der Lochfraß senkrecht nach oben, bei dem eine Blase gewissermaßen als Antriebsmittel wirkt. Nach LÖFFLER[1]) hat man sich den Vorgang folgendermaßen vorzustellen: Die dünne Glasschicht zwischen Blase und feuerfestem Material ändert durch ihre Reaktion mit dem letzteren ihre Zusammensetzung. Dadurch erhöht sich die Oberflächenspannung bzw. die scheinbare Grenzflächenspannung gegenüber dem normalen Glas. Das Glas mit der höheren Grenzflächenspannung zieht sich zusammen, entfernt sich aus dem Spalt zwischen Blase und ff. Stein, und es strömt frisches Glas nach. Nach unserer

*) Gekürzte Fassung eines Vortrages vor dem Fachausschuß II der Deutschen Glastechnischen Gesellschaft am 1. 10. 1959.

Meinung spielt außer der Oberflächenspannung auch noch die Dichte der Reaktionsprodukte zwischen Glas und ff. Material eine Rolle. Bei Natronkalkgläsern ist diese größer als die Dichte des Glases, und die Reaktionsprodukte sinken darum ab, so daß in ein nach oben gerichtetes Loch immer frisches Glas nachströmen kann. Bei Bleigläsern sind die Verhältnisse umgekehrt, weil hier die Reaktionsprodukte zwischen Glas und ff. Material spezifisch leichter sind als das Glas. Darum kann hier kein Lochfraß senkrecht nach oben eintreten, wohl aber ein solcher nach unten. Dabei wirken Kügelchen metallischen Bleis als Antriebsmittel, genauso wie die Luftblasen beim Lochfraß nach oben. Die Bleikügelchen bilden sich, wenn das Glas reduzierendem Feuer ausgesetzt wird.

Abb. 1. Ecke eines Einlegevorbaus aus Mullitsteinen neben Schamotte.

Als Ansatzpunkte für den Lochfraß können Horizontalfugen dienen, die nicht völlig dicht schließen. JEBSEN[2]) hat gezeigt, daß selbst Fugen, die nur 1 mm oder noch weniger klaffen, sehr gefährlich werden können. Von großer Wichtigkeit ist auch die Entfernung etwa vorhandener Horizontalfugen von der Spiegellinie. Je geringer jene ist und je wärmedurchlässiger das Glas, desto gefährlicher werden die Korrosionsvorgänge an den Horizontalfugen, insbesondere der Lochfraß. Das Bild 2 zeigt eine Wanne, deren Seitenwände aus einer 60 cm hohen unteren Ringlage aus Mullit-Schmelzsteinen bestanden, auf die eine 30 cm hohe Ringlage aus Zirkon-Schmelzsteinen aufgesetzt war. Die Horizontalfuge zwischen den beiden Ringlagen war also nur etwa 27 cm unter dem Glasspiegel.

Abb. 2. Seitenwand einer Natronkalkglas-Wanne; starker Lochfraß besonders an der obersten Steinlage.

Im Bilde sieht man das Aussehen der Zirkonsteine der obersten Lage nach einer Betriebszeit von 15 Monaten, sie sind stark abgefressen, und zwar hauptsächlich durch Lochfraß. Tiefer unter dem Glasspiegel liegende Horizontalfugen sind wesentlich ungefährlicher. Die Abb. 3 zeigt eine solche Fuge, die 62 cm unter dem Glasspiegel gewesen ist. Es ist ein Stück der Seitenwand einer Natronkalkglaswanne, die mit Mullit-Schmelzsteinen zugestellt war. Obgleich die Wanne bereits drei Jahre in Betrieb war, ist der Angriff wesentlich geringer als bei den in Abb. 2 gezeigten Seitensteinen nach nur 15 Monaten Betriebszeit.

Abb. 3. Lochfraß an einer tieferliegenden Horizontalfuge.

Besonders gefährdet durch den aufwärts gerichteten Lochfraß ist der Durchlaßdeckstein, da er ganz ungeschützt dem Angriff der aufsteigenden Blasen ausgesetzt ist. Dementsprechend ist dieser Stein immer besonders stark angegriffen. Daß dieser Angriff wirklich nahezu vollständig auf den Lochfraß zurückzuführen ist, ergibt sich aus einem Vergleich mit den Seitensteinen des Durchlasses, die stets nur wenig angegriffen sind, selbst wenn der Deckstein schon weitgehend weggefressen ist. Abb. 4 zeigt einen Durchlaß, an dem die vorstehend beschriebenen Erscheinungen deutlich zu erkennen sind.

Abb. 4. Zerstörung eines Durchlaß-Decksteines durch Lochfraß. Durchlaß-Seitensteine mit typischen Erosionslinien.

Der Lochfraß senkrecht nach unten tritt bei Bleigläsern ein, wenn durch Reduktion Kügelchen metallischen Bleis ausgeschieden worden sind. Durch diese Art des Lochfraßes wird in erster Linie der Wannenboden zerstört. Die Abb. 5 zeigt den Boden einer Bleiglaswanne, der aus einem Pflaster von 10 cm starken Zirkon-Schmelzsteinen auf einer 20 cm starken Schamotte-Unterlage bestand.

Das Zirkonpflaster ist durch den Lochfraß nahezu vollständig weggefressen worden.

2.2.2 Blasenbildung. Bei der Reaktion des Glases mit ff. Material entstehen häufig Blasen. Gerade bei schmelzgegossenen Steinen ist diese Blasenbildung relativ stark, was zumindest teilweise auf feinverteiltes metallisches Eisen zurückzuführen ist, welches aus dem $Fe_2O_3$ der Rohstoffe beim Schmelzen des Materials im Lichtbogen mit Graphitelektroden entsteht.

Abb. 5. Angriff von metallischem Blei auf einen Zirkonbodenbelag.

Besonders gefährlich ist bei den schmelzgegossenen Steinen aber die Gußhaut. Die Steine werden in Sandformen gegossen, die mit einem organischen Bindemittel geformt sind. Infolgedessen enthält die Gußhaut stets Kohlenstoffteilchen. Bei der Berührung mit der Glasschmelze ergibt sich daraus eine starke Blasenbildung, die besonders unangenehm wird, wenn die Steine in der Arbeitswanne oder in Feederkanälen eingebaut sind. Es kann dann vorkommen, daß das erzeugte Glas so blasig ist wie Quarzgut. Solche Störungen können unter Umständen wochenlang anhalten, und es ist daher unbedingt erforderlich, die Gußhaut auf den Steinflächen, die mit dem Glas in Berührung kommen, zu entfernen. Dies geschieht zweckmäßig durch Sandstrahlen. Derart vorbehandelte Steine zeigen nur noch eine geringe Blasenbildung.

2.2.3 Erosion. Die Erosion spielt bei schmelzgegossenen Steinen nach unseren Erfahrungen keine große Rolle. Immerhin konnten wir in einigen Fällen, vor allem an den Seitensteinen von Durchlässen, deutliche Erosionslinien erkennen. An dem in Abb. 4 gezeigten Durchlaß treten diese Linien klar hervor. Man sieht aber auch zugleich, daß die Erosion den Stein nicht nennenswert angegriffen hat. Auch in der Nähe der Elektroden einer Zusatzbeheizung konnten wir deutliche Erosionslinien beobachten. Aber ebensowenig wie im vorhergehenden Beispiel war ein nennenswerter Verschleiß des Steinmaterials eingetreten.

2.2.4 Der Glasangriff an der Spiegellinie. Der Glasangriff an der Spiegellinie ist bei den schmelzgegossenen Steinen im Prinzip der gleiche wie bei den kaltgeformten Steinen. Er schreitet bei den erstgenannten allerdings langsamer fort, weil deren Widerstandsfähigkeit höher ist. Hinzu kommt, daß die schmelzgegossenen Steine eine höhere Wärmeleitfähigkeit haben als die kaltgeformten. Dadurch wird eine Abkühlung der Grenzfläche Glas—Stein und eine entsprechende Verminderung des Angriffs bewirkt, vor allem, wenn schon ein Teil des Steinmaterials weggefressen ist. Wir haben jedenfalls festgestellt, daß der Angriff an der Spiegellinie mit abnehmender Steinstärke schnell abnimmt und schließlich fast zum Stillstand kommt. Da die Hauptmenge des Steinmaterials an der Spiegellinie in der ersten Zeit des Betriebes weggefressen wird, ist die noch immer weitverbreitete Auffassung falsch, daß die Lebensdauer einer Wanne der Dicke der Wannensteine proportional sei.

2.2.5 Kühlung der schmelzgegossenen Steine. Der Kühlung der schmelzgegossenen Steine wird vielfach große Bedeutung beigemessen. Nach unseren

Erfahrungen scheint es jedoch so zu sein, daß die Kühlung bei neuen Steinen nicht viel nützt. Dies wird auch bestätigt durch die Messungen von MEISTER[3]), der selbst bei stärkster Kühlung nur eine Temperaturerniedrigung um wenige Grade an der Innenseite der Steine fand. Erst wenn die Steine schon stark abgetragen sind, dürfte die Kühlung eine merkliche Verlangsamung der weiteren Auflösung bringen.

2.2.6 Schmelzgegossene Steine oberhalb des Glasspiegels. Hersteller der schmelzgegossenen Steine raten im allgemeinen davon ab, derartige Steine oberhalb des Glasspiegels zu verwenden. Trotz dieser Bedenken haben wir sowohl Mullit- als auch Zirkon-Schmelzsteine für Brennerbankplatten und Nasensteine in unseren Öfen verwendet, weil wir von diesen Materialien ein vielleicht nicht ideales, aber doch wohl besseres Verhalten erwarteten, als von der bisher an diesen Stellen verwendeten Schamotte. Es zeigte sich, daß zumindest die Zirkon-Schmelzsteine für die Verwendung im Oberbau herrvoragend geeignet sind. Die

Abb. 6. Brennerbankplatten und Nasensteine aus schmelzgegossenem Mullit und Zirkon.

Mullitsteine waren dagegen kaum besser als kaltgeformte Steine. Eine gute Möglichkeit zum Vergleich der beiden Qualitäten bot uns eine Bleiglaswanne. Beim Bau dieser Wanne waren die Nasensteine und Brennerbankplatten in schmelzgegossenem Mullit bestellt worden. Aus fertigungstechnischen Gründen hatte uns das Lieferwerk jedoch eine halbe Brennerbankplatte und einige Nasensteine in schmelzgegossenem Zirkon geliefert. Die Abb. 6 zeigt die halb aus Zirkon und halb aus Mullit bestehende Brennerbank nach einer Betriebszeit von $2^1/_2$ Jahren. Man erkennt sehr deutlich, wie ausgezeichnet sich der Zirkon-Schmelzstein gehalten hat, und wie sehr er auch dem schmelzgegossenen Mullit überlegen ist. Im rechten Teil des Bildes erkennt man einige Zirkon-Nasensteine neben Mullit. Hier ist der Unterschied womöglich noch stärker als bei der Brennerbankplatte, weil hier eine besondere Beanspruchung durch tropfendes Silika-Material eingetreten war, welcher der Zirkonstein relativ gut widerstanden hat, während die Mullit-Nasensteine vollständig zerfressen worden sind.

Vereinzelt haben wir auch Zirkon-Schmelzsteine als Brennerzungen und für die Seiten- und Oberteile der Brennereinfassung verwendet. Hierbei ergaben sich jedoch Schwierigkeiten, weil infolge der geringen Temperaturwechselbeständigkeit der Steine Stücke abbrachen, so daß die Flammenentwicklung beeinträchtigt bzw. das Glas verunreinigt wurde. Bei Nasensteinen und Brennerbankplatten stört das Reißen der Steine anscheinend deshalb nicht, weil eine feste Auflage vorhanden ist. Jedenfalls haben wir nie beobachtet, daß Stücke solcher Steine ins Glas gefallen wären.

Während die Haltbarkeit der schmelzgegossenen Zirkon-Nasensteine und Brennerbänke voll befriedigte, sind doch insofern Schwierigkeiten aufgetreten, als die Glasphase, die in diesen Steinen stets vorhanden ist, aussaigerte und in das Glas tropfte. Bei Natronkalkglas stört dies nicht, weil die Tropfen vom Glas aufgelöst werden, aber das wenig aggressive Bleiglas löst die Verunreinigungen nicht oder doch nicht vollständig auf, so daß in dem erzeugten Glase Knoten und Steinchen auftraten.

2.2.7 Die Wiederverwendung schmelzgegossener Steine. Nach dem Abtempern von Wannen mit schmelzgegossenen Steinen zeigte es sich in vielen Fällen, daß ein großer Teil der Steine wieder verwendet werden konnte. Das Wiederantempern ging im allgemeinen glatt vonstatten; die Produktion war, sofern es sich um Natronkalkglas handelte, stets praktisch vom ersten Tage an einwandfrei. Bei Bleiglas traten dagegen Schwierigkeiten auf. Beim Abtempern der Wanne nach dem Ablassen des Glases bildet sich nämlich auf der Oberfläche von Mullit-Schmelzsteinen unter dem Einfluß der Alkalidämpfe der Ofenatmosphäre Nephelin. Dieser hat einen anderen Ausdehnungskoeffizienten als das Steinmaterial selbst und löst sich daher beim Wiederauftempern vom Stein ab; während Natronkalkglas diese Krusten rückstandslos auflöst, ist Bleiglas dazu nicht imstande, und es entstehen Steinchen und Knoten im erzeugten Glase.

2.2.8 Vergleich zwischen Mullit- und Zirkon-Schmelzsteinen. TATINCLOUX[4]) hat in seiner bekannten Arbeit über die Entwicklung des schmelzgegossenen Zirkonsteines u. a. an Hand eines eindrucksvollen Fotos gezeigt, wie stark dieser dem Mullit-Schmelzstein als Wannenstein überlegen ist. Ganz allgemein ist man in der Glasindustrie heute der Auffassung, daß die Zirkonsteine etwa doppelt so haltbar sind wie die Mullitsteine. Bei uns haben sich jedoch diese Erfahrungen nicht bestätigt. Zwei annähernd gleiche Kolbenwannen, von denen die eine mit schmelzgegossenem Mullit und die andere mit Zirkon zugestellt war, und in denen das gleiche Glas geschmolzen wurde, zeigten jedenfalls keine wesentlichen Unterschiede bezüglich der Haltbarkeit der Wannensteine. Eher erschien es uns, als ob der schmelzgegossene Mullit dem Zirkon etwas überlegen wäre. Dieser Widerspruch zur allgemeinen Erfahrung in der Glasindustrie erklärt sich vielleicht aus der extremen Zusammensetzung unseres Kolbenglases, das rund 17% Alkali enthält, also wesentlich mehr als die üblichen Tafel- oder Flaschengläser.

Oberhalb des Glasspiegels haben wir — wie bereits oben erwähnt — in Übereinstimmung mit der allgemeinen Erfahrung eine erhebliche Überlegenheit der Zirkon-Schmelzsteine gegenüber Mullit festgestellt.

## 3. Zusammenfassung

Die wichtigsten Punkte unserer Erfahrungen lassen sich wie folgt zusammenfassen:

1. Die schmelzgegossenen Steine sind um ein Mehrfaches haltbarer als kaltgeformte Steine.

2. Die schmelzgegossenen Wannensteine werden kaum durch direkten Angriff des Glases oder durch Erosion, sondern hauptsächlich durch Lochfraß zerstört. Aus diesem Grunde sind Horizontalfugen zu vermeiden oder wenigstens so tief wie möglich unter dem Glasspiegel vorzusehen.

3. Der Glasangriff an der Spiegellinie ist bei schmelzgegossenen Steinen wegen ihrer höheren Widerstandsfähigkeit und höheren Wärmeleitfähigkeit wesentlich geringer als bei kaltgeformten Steinen. Der Glasangriff wird mit abnehmender Steinstärke immer geringer, so daß es keinen Zweck hat, übermäßig dicke Steine zu verwenden.

4. Im Oberbau haben sich bei uns Zirkon-Schmelzsteine im allgemeinen sehr gut bewährt. Dagegen fanden wir Mullit-Schmelzsteine nicht wesentlich besser als kaltgeformte Steinqualitäten.

5. Bei der Wiederverwendung schmelzgegossener Steine hatten wir im allgemeinen keinerlei Schwierigkeiten, außer bei Bleiglasschmelzen.

6. Die in der Glasindustrie allgemein verbreitete Auffassung, daß schmelzgegossene Zirkon-Wannensteine den Mullitsteinen wesentlich überlegen seien, konnten wir nicht bestätigen, sondern fanden etwa gleiche Haltbarkeit der beiden Steinqualitäten.

## Literatur


[1] Löffler, J.: Glastechn. Ber. 27 (1954) S. 415—417.

[2] Jebsen-Marwedel, H.: Glastechn. Ber. 26 (1953) S. 150—151.

[3] Meister, R.: Vortrag vor dem Fachausschuß II der Deutschen Glastechnischen Gesellschaft in Frankfurt/Main am 26. 4. 1957.

[4] Tatincloux, R.: Verres et Réfractaires 4 (1950) S. 20—25.

# Autorenregister

# Namenregister

# Sachregister